Projektierte Himmel

Wolfenbütteler Forschungen

herausgegeben von der
Herzog August Bibliothek

Band 154

Harrassowitz Verlag · Wiesbaden 2019
in Kommission

Projektierte Himmel

herausgegeben von
Jörg Jochen Berns und Thomas Rahn

Harrassowitz Verlag · Wiesbaden 2019
in Kommission

Coverabbildung: Anonymer Holzschnitt aus: Carolus Bovillus (Charles de Bouelles): *Liber de intellectu. De sensibus* [...], Paris: Stephanus 1510, Bl. 60^{v}, Bayerische Staatsbibliothek München: 2° Ph.u. 14, s. hier Einleitung S. 12 f., Abb. 1.
Foto: Bayerische Staatsbibliothek München, urn:nbn:de:bvb:12-bsb10149761-1

Bibliografische Information der Deutschen Nationalbibliothek

Die Deutsche Nationalbibliothek verzeichnet diese Publikation in der Deutschen Nationalbibliografie; detaillierte bibliografische Daten sind im Internet über http://dnb.dnb.de abrufbar.

Bibliographic information published by the Deutsche Nationalbibliothek

The Deutsche Nationalbibliothek lists this publication in the Deutsche Nationalbibliografie; detailed bibliographic data are available on the Internet at http://dnb.dnb.de.

www.harrassowitz-verlag.de

Gedruckt auf alterungsbeständigem, säurefreiem Papier.
Druck: Memminger MedienCentrum Druckerei und Verlags-AG, Memmingen
Printed in Germany

ISBN 978-3-447-11066-2
ISSN 0724-9594

Inhalt

Himmelstheater

Transzendente Himmel

Vorwort

Die Beiträge dieses Bandes wurden zunächst als Referate für die Tagung ‚Projektierte Himmel', die 2013 in der Herzog August Bibliothek in Wolfenbüttel stattfand, konzipiert und danach für die Drucklegung überarbeitet. Wir danken allen Beteiligten für ihre innovativen Aufsätze und für die Geduld, mit der sie die Langwierigkeit der Fertigstellung dieses in seiner thematischen Spannweite hoffentlich anregenden Buches hingenommen haben.

Der Herzog August Bibliothek gilt unser Dank für die finanzielle Ermöglichung und Ausrichtung unserer Tagung – und dabei insbesondere Herrn Dr. Volker Bauer, der das Projekt organisatorisch betreute – sowie nicht zuletzt dafür, dass dieser Band in der renommierten hauseigenen Reihe „Wolfenbütteler Forschungen" erscheinen darf.

Berlin, im September 2017 Jörg Jochen Berns und Thomas Rahn

Einleitung

„Räsonieren wir ohne Furcht, der Nebel wird sich schon halten."
Samuel Beckett: Texte um Nichts

I. Pluralität der Himmel

Jeder kommt in den Himmel, an den er glaubt. Jedenfalls scheint es, imaginationslogisch und glaubensökonomisch, so am gerechtesten. Wie viele Himmel sich durch die verschiedenen Glaubens- und Wissensarten (der Unterschied ist nicht eben groß!) ergeben, lässt sich nicht mit Bestimmtheit sagen. Es ist ja denkbar und wurde jedenfalls oft behauptet, dass Menschen kollektiv an einen Himmel glauben, in Glaubensgemeinschaften. Doch ist dabei nicht ausgemacht, ob denn der gemeinsam beteuerte Glaube sich just auch auf ein und denselben Himmel und alle seine Winkel erstreckt.

So unterschiedlich der oder die Himmel projektiert sind, hat jedwedes Unterfangen, das sie setzt, doch aber den gleichen Ausgangspunkt. Jede und jeder nämlich himmelt den Himmel an, kraft aufrechten Gangs und Himmelwärtshebung des Gesichts. Nur weil das, was sich dabei darbietet und auftut, so weit ist und so imposant, blau oder gestirnt, sind wir offen dafür.

Sehr ungleich verteilt sind die Kompetenzen, zu den Himmeln Kontakt aufzunehmen, sich auf eigene Weise auf sie einzulassen, in logischen, metalogischen, theologischen Verfahren zu ihnen aufzusteigen, um in sie einzugehen, von ihnen abzuprallen oder sich aus ihnen ausstoßen zu lassen.

Die vielen Himmel, die man in der Frühen Neuzeit in den Raum über uns und um uns projizierte und als Projekte in ihm situierte, waren besonders unterschiedlich und mussten es sein, weil die physikalischen und philosophischen Eckdaten der Himmelsbestimmung sich in jenem Umbruch, für den die Namen Copernicus und Columbus, Gutenberg und Luther stehen, revolutionär verändert hatten. Doch verdrängten die neuen Daten die alten nicht abrupt, sondern überlagerten, überzeichneten und überschrieben sie. Mindestens bis ins späte 17. Jahrhundert noch bestanden sie nebeneinander. Das führte nicht selten zu Spannungen und dokumentierte sich in polemischen Auseinandersetzungen verschiedener konfessioneller Parteien und wissenschaftlicher Lager. Ihr Niederschlag in Text und Bild war reich.

Conrad Wiedemann hat 1994 die ‚Himmelsbilder des Barock' sortiert, wobei er dem „mythologischen Götterhimmel des Barockschlosses" den des kirchlichen Heiligenhimmels gegenüberstellte:

> Daneben steht das seiner historischen Eingrenzung und ästhetischen Grundstruktur nach mehr oder minder identische Pendant des kirchlichen Deckenfreskos in Gestalt des katholischen Allerheiligenhimmels, zu dem quasi als Begleittext eine in ihrer Masse schwer überschaubare und weitgehend vergessene theologische und poetische Himmelsliteratur gehört, die sich über beide konfessionelle Lager erstreckt.[1]

Jenseits dieser Himmel des Barockschlosses und der kirchlichen Kuppeln gab es indes eine Fülle anderer, wenig offiziöser Himmelsphantasmen, die mit den politisch und kirchlich akkreditierten nicht immer vereinbar waren. Gerade sie aber sollen hier nicht vergessen sein. Diese Himmelsprojekte der Frühen Neuzeit ergeben, sofern man sie nebeneinanderstellt oder gar miteinander verbindet, ein zumutungsreich absurdes Kompositbild. Eben weil der Himmel doch seit alters her als Theorie-Raum schlechthin gilt, widerspricht die Absurditätsanmutung der zusammengestellten Himmelsprojekte jedem Ordnungswunsch.

Dass es eine Pluralität von Himmeln gebe – ordentliche, unordentliche, extraordinäre –, gilt es, mit unserem Sammelband zu zeigen. Wenn es, jedenfalls bis zum Ende der Frühen Neuzeit, nicht den *einen* Himmel gibt, der mit der *einen* Theorie zu fassen ist, so liegt der Grund dafür – das ist so banal wie basal – in der Unverfügbarkeit des Himmels. Was sich über den Köpfen an Raum auftut, ist nicht erreichbar, was dort gesehen und gehört wird, nicht überprüfbar. Der Himmel ist reiner Schauraum, aber nicht (oder nur in Ausnahmefällen) Werk- und Experimentalraum. Just die Unüberprüfbarkeit der Sinnesdaten befördert aber die phantasmatische Verfügbarkeit des Himmels. Denn wenn er als Raum den Betrachter nicht einlässt, so öffnet er sich doch als Ort der *imaginatio*, wird zu Projektionsraum und -fläche vielfältiger Himmelsphantasien.

II. Projektionen und Projekte

Projektierte Himmel – die entschieden ungebräuchliche Titelformulierung dieses Bandes soll in drei Bedeutungen verstanden werden, die einander im Einzelfall auch überschneiden können. Sie bezeichnet: 1. topische und

1 Conrad Wiedemann: Himmelsbilder des Barock, in: ders.: Grenzgänge. Studien zur europäischen Literatur und Kultur, hrsg. von Renate Stauf und Cord-Friedrich Berghahn, Heidelberg 2005, S. 31–58, hier S. 42.

phantasmatische Projektionen, die in und auf den Himmel gerichtet sind, 2. Projektionen vom Himmel herab, d. h. ‚abgenommene' bzw. transformierte und in psychische, physiologische und apparative Behälter versetzte Himmel und 3. technische, theatrale und imaginäre Projekte der Erschließung, Eroberung und Nutzung des Himmels.

1. *Projektionen in den Himmel*: Der Himmel ließ sich, bis zum Ende der Frühen Neuzeit mindestens, – pointiert gesagt – nicht als ein Etwas hinnehmen und aushalten, das da ganz unverstanden gelassen und, in seiner entzogenen Gegenständlichkeit, einfach nur so hingenommen werden konnte. Hinter dem, was der Himmel den Blicken noch preisgibt, mussten Jenseits- und Götterwelten, musste der Ort Gottes verborgen sein. Und mit seinen sichtbaren Elementen mussten sich Zeichen zeigen – ob als ewiges System der Sternschriften und Sternbilder oder als jeweils ‚aktuelles' übernatürliches Kommunikationsmedium, das sich der Kometen, des Vogelflugs und der Wetterphänomene als Zeichensatz bedient.

Wie in den „Lufft-Gemählten"[2] der Prodigien Bilder menschlicher Erfahrungswirklichkeit an den Himmel gestellt werden, zeigt z. B. das in der Frühen Neuzeit fast inflationäre Sujet der Himmelsschlachten zu Land oder zu Wasser, die jeweils im Nachhinein auf konkrete Kriege und Kriegshandlungen gedeutet wurden. Was uns heute klar als assoziative Projektion bestimmbar ist, durfte aus zeitgenössischer theoretischer Sicht aber eben nicht das Ergebnis einer Imagination sein. Gerade weil man die assoziative Verführungskraft von alltäglichen Wolkenbildern bereits reflektierte,[3] sollten Prodigienbilder wie die Himmelsseeschlacht um der Bewahrung ihrer Autorität wegen als „von einem unnatürlichen Meister gekünstelt"[4] wahrgenommen werden.

Die Himmelsprojektionen erkennen Bilder und Zeichen – ja, sie entdecken sie als altbekannte *wieder*. Was da am Himmel erscheint, ist vorher auch nach irdischen Bildvorlagen schon gezeichnet, gemalt und geschrieben worden. Der projizierende Blick macht aus dem Himmel ein Medium: als Kommunikationsmedium wie als Durchgangsort zum Transzendenten.

2. *Projektionen/Abzüge vom Himmel*: Im ersten Typus der Himmelsprojektionen also werden andere (uneinsehbare) Orte oder (‚erkennbare') Bilder und Zeichen in den Himmel gestellt, in einem zweiten Typus dann wird der Himmel vom Himmel geholt und in irdische Körper, lebendige wie unbe-

2 Erasmus Francisci: Der Wunder-reiche Uberzug unserer Nider-Welt/ Oder Erd-umgebende Lufft-Kreys/ [...], Nürnberg 1680, S. 612.

3 Vgl. ebd., S. 631.

4 Ebd., S. 613.

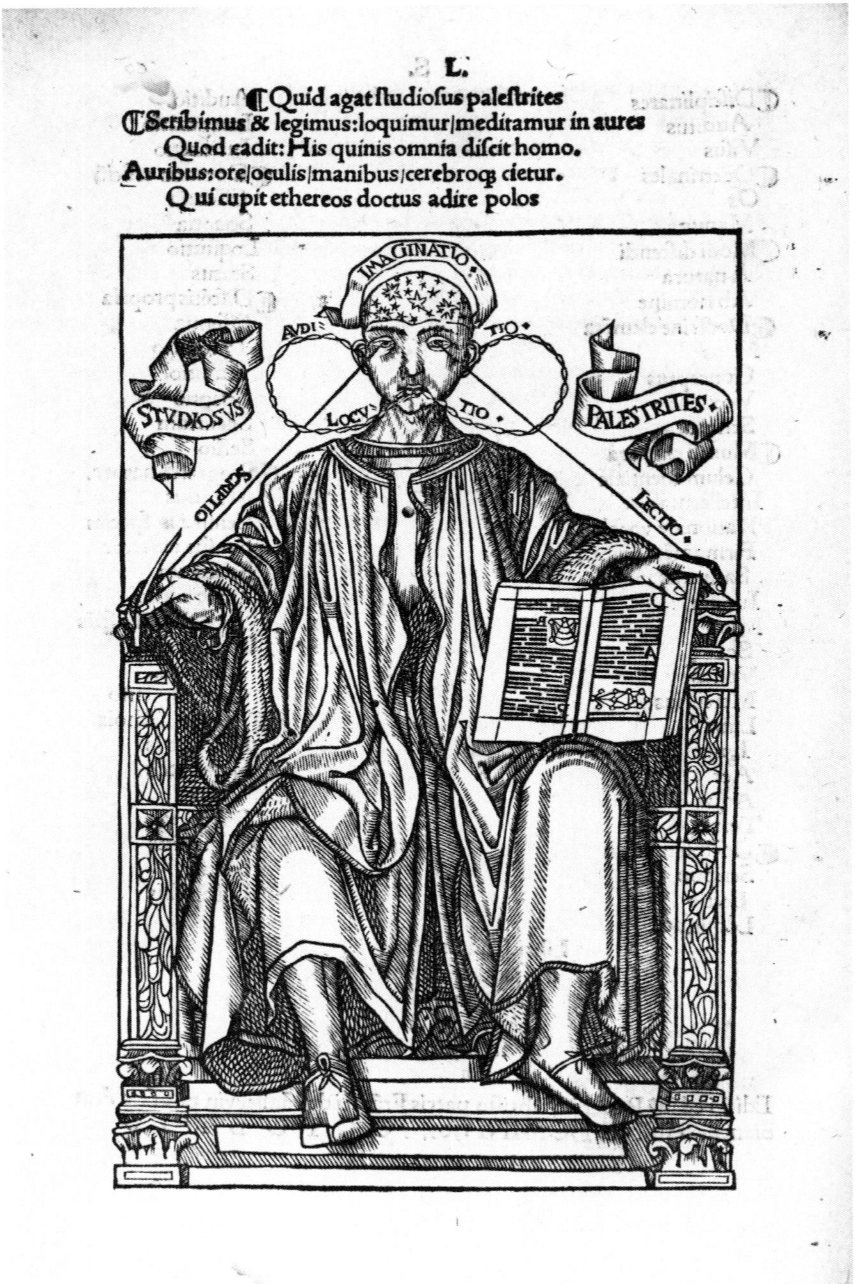

Abb. 1: Der Himmel der Imagination, anonymer Holzschnitt aus: Carolus Bovillus (Charles de Bouelles), Liber de intellectu. De sensibus […], Paris: Stephanus 1510, Bl. 60ᵛ, Bayerische Staatsbibliothek München: 2° Ph.u. 14

lebte, eingeschlossen. Zwei solche Himmelsspekulationen sollen hier exemplarisch ein wenig genauer vorgestellt werden, weil sie geeignet sind, für das bislang meist übersehene Feld transformierter, präparierter und implementierter Himmel empfindlich zu machen. Das sind: a) der Himmel in uns und b) der ins Glas gebannte Himmel.

a) *Der Himmel in uns*: Der Blick ins denkbar Kleine, das Auge einer Schwalbe, eröffnete dem Philosophen Kant – wie er einst seinem Freunde Christoph Wasianski anvertraute – den Blick ins denkbar Größte. „Eine Art von ernster Lieblichkeit strahlte aus Kants Gesichte, als er mit innigem Entzücken erzählte: wie er einst eine Schwalbe in seinen Händen gehabt, ihr ins Auge gesehen habe, und wie ihm dabei so gewesen wäre, als hätte er in den Himmel gesehen.“[5] Welcher Himmel mag das gewesen sein, dieser Schwalbenhimmel? Und sollte nicht auch die Schwalbe im Auge des Philosophen den Himmel gesehen haben: den Philosophenhimmel?

Dass freilich nicht alle Philosophen denselben Himmel meinen, entspricht der Multiplizität ihrer Theoreme. Nicht selten sahen fromme Frauen und Männer den Himmel nicht aus sich heraus und nicht über sich, sondern in sich, ins eigene Herz hinein oder, wie hier in einem Holzschnitt (**Abb. 1**) aus Charles de Bouelles' *Liber de sensibus* (Paris 1510), unter die eigene Schädelkuppel: als Imaginatio-Gestirn des eigenen Gehirns. So weiß Augustinus in sich, in der gewaltigen *aula* seines Gedächtnisses, *Himmel, Erde und Meer und alles, was ich von ihren Dingen mit meinen Sinnen fassen konnte*, gegenwärtig.[6] So sieht dann Paracelsus eine strikte Entsprechung von Macrocosmus und Microcosmus:

> Dann die Handt/ die Liecht vnd Finsternuß gescheiden hat/ vnd die Hand die Himmel vnd Erden gemacht hatt/ hat das vnter im Microcosmo auch gemacht/ auß dem obern genommen/ vnd beschlossen in die Haut des Menschen/ alles was der Himmel begreifft. Darumb so ist vns der eusser Himmel ein Wegweiser des innern Himmels: Wer wil dann ein Arzt sein/ der den eussern Himmel nit erkennt? Dann im selbigen Himmel sind wir/ vnd er ligt vns vor den Augen: Vnd der Himmel in vns/ ligt vns nit vor den Augen/ sonder hinder den Augen/ darumb so mögen wir jhne nicht sehen.[7]

5 Ehregott Andreas Christoph Wasianski: Immanuel Kant in seinen letzten Lebensjahren [1804], hrsg. von Martin Burckhardt unter dem Titel: Zuhaus bei Kant, Berlin 2006, hier S. 111.

6 Augustinus: Confessiones [ca. 400 n.Chr.] X, 8,14: „Intus haec ago, in aula ingenti memoriae meae. Ibi enim mihi caelum et terra et mare praesto sunt cum omnibus, quae in eis sentire potui […].“

7 Paracelsus: Paragrani Ander Tractat, Von der Anatomey, in: Theophrastus Paracelsus: Bücher und Schrifften, hrsg. von Johannes Huser, V Bde., Basel 1589, Nachdr. mit einem Vorwort von Kurt Goldammer, Hildesheim–New York 1971, Bd. I, Teil 2, S. 41–60, hier S. 47.

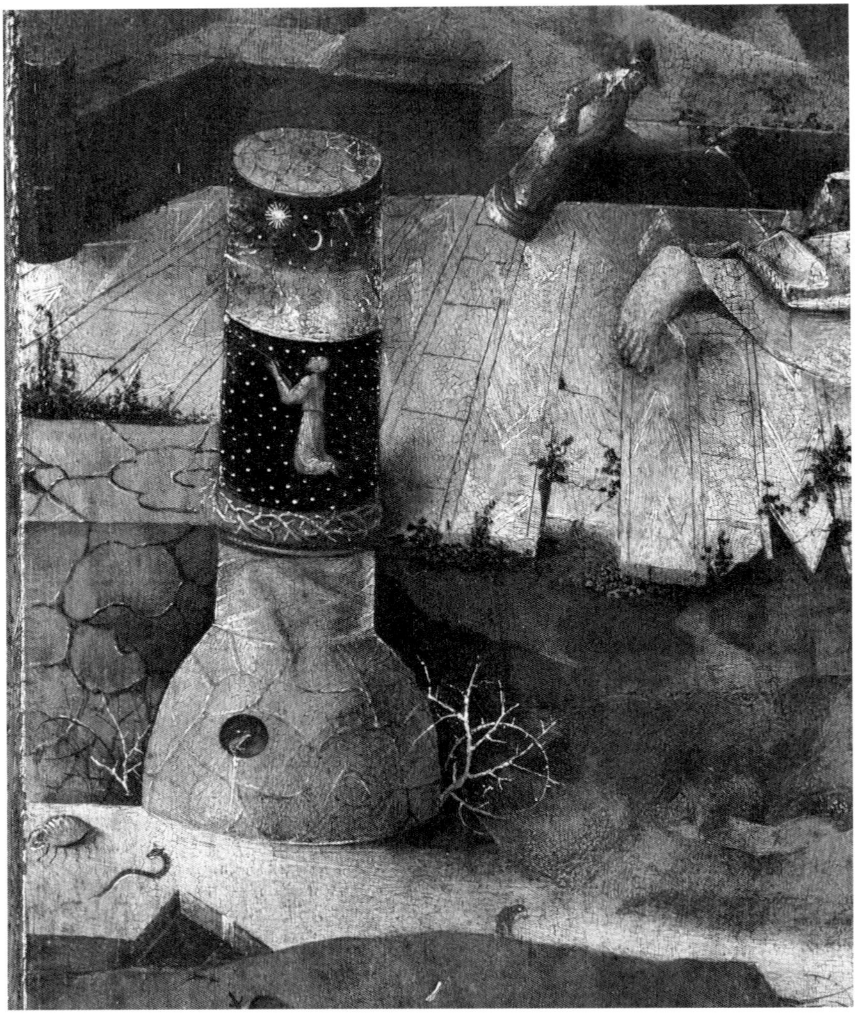

Abb. 2: Hieronymus Bosch, Eremiten-Triptychon – Mitteltafel (Detail), Öl auf Eichenholz, 85,7 x 60 cm, um 1495–1505, Gallerie dell'Academia, Venedig

> Dieweil nuhn im Menschen der Himmel ligt/ vnnd nicht anderst sein mag/ so wisset hierinn jhr Artzet alle/ das im Menschen ligen alle Ascendenten. [...] Dann der Himmel ist der Mensch / vnnd der Mensch ist der Himmel/ vnnd alle Menschen ein Himmel/ vnnd der Himmel nur ein Mensch.[8]

Wie eine Variante auf die paracelsischen Himmelsdispositionen liest sich dann Johannes Schefflers apodiktische Anweisung des *Cherubinischen Wandersmanns*:

> *Du must der Himmel seyn.*
> Jnn Himmel komst du nicht/ (laß nur von dem getümmel)
> Du seyst dann selbst zuvor ein lebendiger Himmel.[9]

Und selbst jene lakonische Feststellung, mit der Hegel 1828 den Studenten Heinrich Heine unterm Berliner Nachthimmel beschieden haben soll, fügt sich in diese Linie: „Die Sterne sind's nicht: doch was der Mensch hineinlegt, das ebens ist's."[10]

Der Sternenhimmel unter der Hirnschale des *studiosus palestrites*, den de Bouelles' Titelholzschnitt ins Bild setzt, meint jene egologisch-reflektorische Selbstkonstitution, welche von Augustinus, Paracelsus, Angelus Silesius, Hegel und hundert anderen gedacht wurde. Bezwungen ist durch solche Analogsetzung von Außen und Innen oder deren Inversion der Astralraum freilich nicht, sondern nur verschoben und verlegt.

b) *Ins Glas gebannt: Hermetischer Himmel oder Hieronymus Boschs häretische Monstranz*: Wer hat ihn da eingeweckt (**Abb. 2**)? Geht es um Selbstreservierung in Verbindung mit Selbstdemonstration eines Himmelsanbeters?

Hieronymus war der Taufname Boschs. Es ist deshalb davon auszugehen, dass dem Maler Vita und Werke des Kirchenvaters besonders gut vertraut waren. Wenn also inmitten des Eremiten-Triptychons der Heilige Hieronymus zwischen dem Heiligen Antonius und dem Heiligen Ägidius abgebildet ist, so darf und müsste man alle Details der Mitteltafel auf die Anekdotik der Heiligenlegende beziehen – was hier nicht geschehen kann.

Boschs Heiliger Hieronymus kniet, in der Darstellung nach rechts gewendet, betend in einem von Natur- und Architekturelementen durchsetzten, von Meer und Himmel hinterfangenen Landschaftssegment. Knapp hinter ihm zu seiner Rechten steht ein ungewöhnliches Gebilde: Ein lehm-

8 Ebd., S. 49 f.

9 Angelus Silesius: Cherubinischer Wandersmann [1675]. Kritische Ausgabe, hrsg. von Louise Gnädinger, Reclams Universal-Bibliothek 8006, Stuttgart 1984, S. 195.

10 Umwegiges, von Lasalle vermitteltes Zitat aus einem Gespräch Hegels mit Heine, dessen Entstehungsumstände und Kolportagegeschichte Blumenberg beschreibt. Vgl. Hans Blumenberg: Die Genesis der kopernikanischen Welt, Suhrkamp-Taschenbuch Wissenschaft 352, 3 Bde., Frankfurt a. M. 1996, hier Bd. 1, S. 86.

ofenartiges Gerät dient einem transparenten Zylinder als Sockel. Und in diesem Glaszylinder – dem hier unser vorrangiges Interesse gilt – wird, wie in einer Monstranz, ein weiterer Orant gezeigt, der in silhouettenhafter Signifikanz die linksgewandte Gegenbewegung zu dem nach rechts gewandten Oranten Hieronymus vorführt. Dass das Schaugerät tatsächlich eine heidnische Lehre visualisiert – eine Urszene der Idolatrie nachgerade –, wird durch das Faktum plausibilisiert, dass erst seit dem frühen 14. Jahrhundert Monstranzen üblich wurden, und zwar in der Gestalt von kreuzgekrönten Glaszylindern, in denen man Oblaten, Reliquien und gelegentlich auch Bildchen barg und zur Schau stellte. Was wird nun in dieser häretischen Monstranz im Kontext der Hieronymus-Darstellung demonstriert? Der Beter kniet wie schwebend in einem dunkelblauen sternendurchsetzten Fluid, das vom Boden des Zylinders über einem geflochtenen Dornenkranz aufsteigt und das dem (gleich der Hieronymusgestalt hellgewandeten) Oranten über den Kopf reicht. Danach aber unterbricht ein luftähnlich transparentes Fluidum die himmlische Sternensuppe, die dann aber wieder das oberste Viertel des Zylinders füllt, und in der nun überdies noch Sonne und Mond schwimmen. So demonstriert das Schaugerät in kompakt miniaturisierter Form eine idololatrische Aktion, wie sie Juden und Christen in ihren heiligen Texten geächtet hatten, etwa in der Mahnung des Propheten Moses an das Volk Israel (5. Mose 4, 15 ff.):

> [15] So hütet euch nun wohl – denn ihr habt keine Gestalt gesehen an dem Tage, da der HERR mit euch redete aus dem Feuer auf dem Berge Horeb –, [16] dass ihr euch nicht versündigt und euch irgendein Bildnis macht, das gleich sei einem Mann oder einer Frau […] [19] Hebe auch nicht deine Augen auf gen Himmel, dass du die Sonne sehest und den Mond und die Sterne, das ganze Heer des Himmels, und fallest ab und betest sie an und dienest ihnen. Denn der HERR, dein Gott, hat sie zugewiesen allen anderen Völkern unter dem ganzen Himmel.[11]

Das Schaugerät konserviert als Himmelskonserve, so steht zu vermuten, im Glase einen Modus von vorchristlicher Frömmigkeit, den Hieronymus im Akt seiner Heiligung hinter sich gelassen hat.[12]

---

11 Man vergleiche damit ‚Buch der Weisheit', Kap. XIII, 1–3: [1] ES sind zwar alle Menschen natürlich eitel, so von Gott nichts wissen, und an den sichtbarlichen Gütern, den, der es ist, nicht kennen, und sehen an den wercken nicht, wer der Meister ist. [2] Sondernhalten entweder das Feur, oder Wind, oder schnelle Lufft, oder die Liechter am Himel, die die Welt regieren, für Götter. [3] So sie aber an der selb[i]gen schönen Gestalt gefallen hatten, und also fur Götter hielten, Sollten sie billich gewust haben, wie gar viel besser der sey, der über solche der Herr ist, Denn der aller schöne [Schönheit] Meister ist, hat solchs alles geschaffen. [Zitiert nach der Luther-Bibel von 1545].

12 Die im Sturz begriffene kleine Skulptur oberhalb der Monstranz dürfte analog zu deuten sein.

3. *Projekte im Himmel*: Die Möglichkeiten, den Himmel zum Projektraum zu machen, sind in der Frühen Neuzeit naturgemäß beschränkt. Dennoch wird er bereits als Flugraum und als technisch bespielter Theaterraum konzipiert – in denkbar unterschiedlicher Funktion: als Ort der psychologischen Kriegsführung ebenso wie des ergötzlichen Schwebefigurenspektakels. Ob nun aber Jesuiten das Schreckbild eines Drachens an den Himmel stellen (vgl. den Beitrag Rössler) oder Johann Karl Enslen im ausgehenden 18. Jahrhundert noch einen „Rokoko-Götterhimmel" (Fama, Merkur, eine Nymphe, Cupido, eine calydonische Luftjagd etc.) aus Plastiken aufsteigen lässt (vgl. den Beitrag Oettermann): Es zeigt sich – wie bei den Sternbildern oder den Entzifferungs- und Deutungsprojektionen der Prodigien –, dass die Himmelsprojekte auf Wiedererkennbarkeit zielen. Innovativ ist nicht die Ikonographie, sondern zuvorderst der medientechnische Rahmen, d. h. die Gewinnung eines neuen und spezifisch suggestiven Theaterraums. Und selbst wenn, wie bei dem Luftfeuerwerk, das Repertoire der Formen ein originär technisches ist, rekurriert der erhabene Wirkungsanspruch der Technik noch auf das Modell numinoser Urheberschaft, auf göttliche Blitz- und Donnerproduktion.

Die Tendenz zum Bild- und Sujetkonservatismus zeigt sich sogar bei jenen fiktionalen Himmelsprojekten der Frühen Neuzeit, in denen eine imaginäre Technik den Menschen in den Luft- und Weltraum erhebt. In den Mondreiseerzählungen des 17. Jahrhunderts – man denke an Francis Godwins *The Man in the Moone* (1638) und Cyrano de Bergeracs *L'Autre Monde ou les Estats et Empires de la Lune* (1657) – sind die Protagonisten mit Ingenieursgeist versehen, spekulativen Flugtechnikphantasien wird breiter Raum gegeben, um die Reise zu entfernten Himmelsorten im Fiktionsrahmen plausibel zu machen. So innovativ die Flugtechnik, so altbekannt jedoch die ‚neuen Welten' im All, die in der Regel als monströse bzw. utopisch-satirische Inversionen der vertrauten Welt angelegt sind. Die auf den Himmel zielenden Technikprojekte führen immer nur zu topischen Projektionen ‚von hier aus' – und damit zurück auf die Erde.

III. Himmelssortierung

Wie ist nun Ordnung in die verschiedenen Himmel zu bringen? Die Unterscheidung zwischen Projektionen (an den Himmel, hinter den Himmel, vom Himmel herab) und Projekten bietet keine hinlänglich trennscharfe Typologie der Himmel. Denn die verschiedenen Projektionsmodi und Projekte greifen ineinander, gehen häufig ineinander über.

Die Rubriken, unter denen die Beiträge im vorliegenden Band erscheinen, unterscheiden nach epistemologischen bzw. pragmatischen Erschließungsweisen des Himmels.

1. Himmelsbilder: betreffen die topische Erschließung des sichtbaren (oder angedeuteten) Himmels.
2. Theaterhimmel: benennt Inszenierungen des sichtbaren oder imaginären Himmels und den Himmel als Inszenierungsraum.
3. Himmelstheater: als Bezeichnung für Inszenierungen numinosen oder pseudo-numinosen Ursprungs, die den Himmel als Medium von Botschaften, Drohungen und Befehlen nutzen.
4. Transzendente Himmel: also sakrale bzw. visionäre Himmel, die zur irdischen Sphäre sich öffnen bzw. inkorporiert werden

Erläuternd sei zu den Rubriken gesagt: *Himmelsbilder* bringen topisch(e) Ordnung(en) in den Himmel, ins Durcheinander der Sterne etwa: Was ist ‚auf den ersten Blick' unordentlicher als der Sternenhimmel? Doch die Sternbilder können Konstellationen gegen den Verdacht der Kontingenz plausibilisieren – und ein auf antik-paganer Grundlage ‚ikonographisierter' Sternenhimmel lässt sich christianisieren, indem ein neuer Bilderfundus auf der Assoziations-Grundlage ewig gleicher Lichtdaten in Konkurrenz zum alten tritt (Beitrag Solombrino). Im Fall der Sternbilder wird der Himmel allegorisch überzeichnet; die Sterne sind dabei nicht eigentlich Sujet, sondern ‚Zeichenmaterial'. Doch auch in Bildern, in denen die Himmelskörper und -phänomene selbst im Fokus stehen, greift ein Ordnungssinn, der epistemologisch bzw. bildtopisch je spezifisch wissenschaftliche Evidenz stiftet. An der Entwicklung der Monddarstellung in der Frühen Neuzeit lässt sich zeigen, dass je nach regierendem Denkstil die Konzepte von ‚Exaktheit' und ‚Akkuratheit' einer Darstellung variieren (Beitrag Zittel).

Himmelsbilder müssen den Himmel nicht einmal explizit ins Bild holen. Das ikarische Flug- und Sturzmotiv, das sich zu einem Leittopos der Moderne entwickelt, ist in van Dycks *Daedalus und Icarus* ganz in Ausdruck, Gestik und Interaktion der Figuren transformiert, der Himmel ist unsichtbar, aber im angedeuteten Himmelsprojekt als gefährlicher Raum präsent (Beitrag Bauer).

Unter dem Label *Theaterhimmel* geht es zum einen um die theatrale Präsentation von Himmeln, ob als imaginäre Himmel der barocken Opernbühne und der Musik (Beitrag Jahn) oder als architektonisch präparierte und eröffnete Ausschnitte des realen Himmels (Beitrag Brückle), zum anderen um den Himmel als Aktionsraum von technisch raffinierten Fluginzenierungen wie im Luftfigurentheater um 1800 (Beitrag Oettermann).

Im Theaterhimmel ist der Himmel Raum und/oder Sujet der Inszenierung. Im *Himmelstheater*, das seinen Spielort ebenfalls über den Köpfen hat, kommt hinzu, dass das Spektakel auch vom Himmel selbst inszeniert wird. Den Zeichen, Monstren und Schriften, die da oben gesehen werden, wird eine numinose Urheberschaft zugerechnet, oder sie behaupten und erschleichen sich, wo es sich um technische oder symbolische Nachahmungen von Wunderzeichen durch Menschen handelt, eine quasi-göttliche Autorität (Beiträge BERNS, RÖSSLER, RAHN).

Bei den *Transzendenten Himmeln* schließlich hat man es mit artifiziell hergestellten Himmelsdurchlässen zu tun, Schnittstellen zwischen sakralen bzw. visionären Himmeln und der ‚realen' Körper-Welt. Zu solchen medial simulierten Sphärenverkoppelungen zählen Deckenmalereien, die Öffnungen zum Himmel simulieren (Beitrag GANZ), Bilder, die das himmelsursprüngliche Glorienlicht, ein Medium der Gottesschau, in Szene setzen (Beitrag HECHT), das Schweben und Fliegen des ekstatischen Heiligen, der vom jenseitigen Himmel attrahiert wird (Beitrag IMORDE) – aber auch meditative bzw. durch Drogen bewirkte Himmelsintrospektionen, verinnerlichte Paradiese, deren Linie sich von Dante bis Baudelaire ziehen lässt (Beitrag BUTZER).

IV. Zu guter Letzt

Zwei Probleme müssen hier noch angesprochen werden: zum einen, dass Vielzahl und Vielfalt der frühneuzeitlich projektierten Himmel mit der vorliegenden Referatsammlung auch nicht annähernd vollständig vorgestellt sind; und zum anderen, dass besagte Vielzahl und Vielfalt seither, d. h. in den rund zweieinhalb Jahrhunderten nach der Frühen Neuzeit, geschrumpft sind oder doch zumindest an Valenz (oder auch nur an Sichtbarkeit) verloren haben.

Zum einen: Die Multiplizität der Himmelsprojekte ließ sich durch die Beiträge zwar andeuten oder markieren. Sie machen die zwischen ihnen klaffenden Lücken empfindlich, doch damit nicht auch schon systematisch beschreibbar. Die Aufgabe ist unendlich. Denn es ist davon auszugehen, dass die Menge der projektierten Himmel der Menge der frühneuzeitlichen Individuen entspricht.

Zum anderen: Darf man unterstellen, dass dieselben Faktoren, welche die Multiplizität der Himmel haben entstehen lassen, auch deren Schwund motivierten? Dann wären das namentlich vor allem: Ermöglichung von Autodidaxe und Selbstdenkerei aufgrund von Medieninnovation in Bereichen der Reproduktion (Bild- und Letterndruck), *perspicuitas* (Teleskopie, Mikroskopie) und Projektion (Camera obscura artificialis, Laterna magica, Katoptrik) sowie deren Ablösung durch Elektronik und Digitalisierung; Destruktion der Astralphysik der alten Welt und Konstruktion einer neuen; Inflation klassischer Mythologie und Metaphysik und Setzung von Ästhetik qua Kunstreligion.

Gewiss projektiert auch heute noch jedes Individuum seinen je eigenen Himmel, doch macht es dies Faktum nach Möglichkeit nicht publik. Denn welcherart könnte diese Publizität auch sein, wo die Gemeindlichkeit von Schwestern und Brüdern der Crowd von Followern weichen muss?

Nun, das steht in den Sternen. Vorläufig schicken wir alles in die Cloud.

Jörg Jochen Berns und Thomas Rahn

Bildnachweis

Abb. 1: Bayerische Staatsbibliothek München, urn:nbn:de:bvb:12-bsb10149761-1

Himmelsbilder

Claus Zittel

Der Mond der Künstler und der Mond der Philosophen

Zur Darstellung des Mondes in der Frühen Neuzeit

I.

Jahrtausende lang hat man den Mond beobachtet, ihn beschrieben, besungen und gemalt. Der Mond ist allgegenwärtig und – so scheint es – sein Antlitz allen wohlvertraut. Anhand eines winzigen Ausschnittes aus der langen Geschichte der wissenschaftlichen Mondbeobachtung möchte ich auf den folgenden Seiten auf einige Schwierigkeiten aufmerksam machen, die eine unbefangene Beurteilung solcher Mondbilder erschweren. In der Historiographie der Wissenschaften dominiert indes ein anderes Leitbild. Der einflussreichen Auffassung Albert Van Heldens und Mary Winklers zufolge, verbesserten sich die Monddarstellungen just im 17. Jahrhundert durch den Einsatz des Fernrohrs dramatisch. Sie seien empirisch immer getreuer geworden, bis eine einheitliche visuelle Standardsprache in der Wissenschaft von bis dato ungekannter Evidenz etabliert wurde. (**Abb. 1, 2, 3, 4, 5**) Für diesen Fortschritt sei maßgeblich der Danziger Astronom Johannes Hevelius verantwortlich gewesen.[1] (**Abb. 7, 9, 10**)

Horst Bredekamp wiederum befindet, dass der „[d]er Mond [...] im Verlauf des 17. Jahrhunderts, vor allem durch Claude Mellan, in kaum zu überbietender Präzision dargestellt worden“ sei, doch sei auch er noch überboten worden: „Keine Wiedergabe aber erreichte Galileis Verschmelzung von Erkenntnis und Präsentation“.[2] (**Abb. 6**)

Von Seiten einer konventionellen Fortschrittsgeschichte sind es neben jenen von Hevelius' jedoch meist Mellans Mondstiche, die gleich in dreifacher Hinsicht als Durchbruch in Richtung Schönheit, Realismus und

1 Mary G. Winkler, Albert Van Helden: Representing the Heavens: Galileo and Visual Astronomy, in: Isis 83/2 (1992), S. 195–217; dies.: Johannes Hevelius and the Visual Language of Astronomy, in: Judith V. Field, Frank A. J. L. James (Hrsg.): Renaissance and Revolution: Humanists, Scholars, Craftsmen and Natural Philosophers in Early Modern Europe, Cambridge, MA 1993, S. 97–116. Zu den frühen Monddarstellungen Harriots siehe: Stephen Pumfrey: Harriot's Naps of the Moon: New Interpretations, in: Notes and Records of the Royal Society of London 63/2 (20 June 2009), S. 163–168.

2 Horst Bredekamp: Galilei der Künstler. Der Mond, die Sonne, die Hand, Berlin 2007, S. 176.

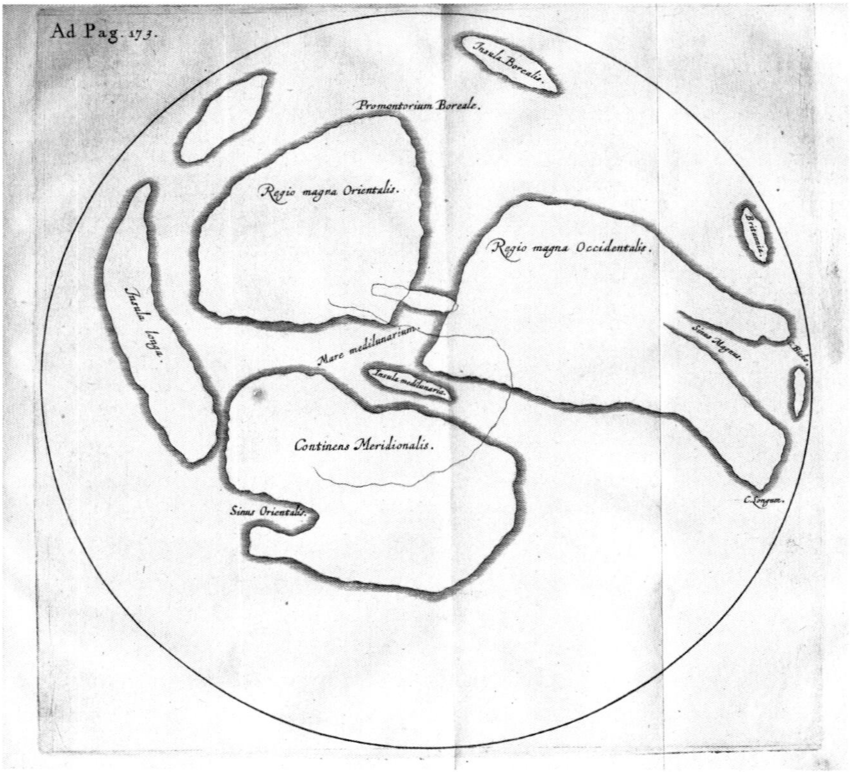

Abb. 1: Mondkarte, Kupferstich, aus: William Gilbert, De Mundo Nostro Sublunari Philosophia Nova, Amsterdam 1651, Tafel zu S. 173

Akkuratheit im Detail gefeiert werden, so jedenfalls in den Augen der Wissenschaftshistoriker Whitaker und Galluzzi.[3] William B. Ashworth meint gar, Mellans „stunning map" des Vollmondes „makes the map of Fontana,

3 „They represented a crucial step forward in terms of sheer beauty, realism and accuracy in detail." Ewen A. Whitaker, Paolo Galluzzi: Galileo. Images of the Universe from the Antiquity to the telescope, Florenz o. J., http://brunelleschi.imss.fi.it/galileopalazzostrozzi/object/ClaudeMellanPierreGassendiThreeMapsOfTheMoon.html [03.09.2018]. Oder: „One does not need to be a lunar expert to see that these images are infinitly more detailed, accurate, and aesthetically pleasing than any of their predecessores. For anyone who has looked at the moon through binoculars or a small telescope, the usual remark on seeing these images is that they ‚really look just like the Moon'." Ewen A. Whithaker: Mapping and Naming the Moon. A History of Lunar Cartography and Nomenclature, Cambridge, MA 1999, S. 17–35, hier S. 33. Siehe auch ders.: Selenography in the Seventeenth Century, in: René Taton, Curtis Wilson (Hrsg.): Planetary Astronomy from the Renaissance to the Rise of Astrophysics, Bd. 2, Teil A: From Tycho Brahe to Newton, Cambridge, MA 1989, S. 119–143.

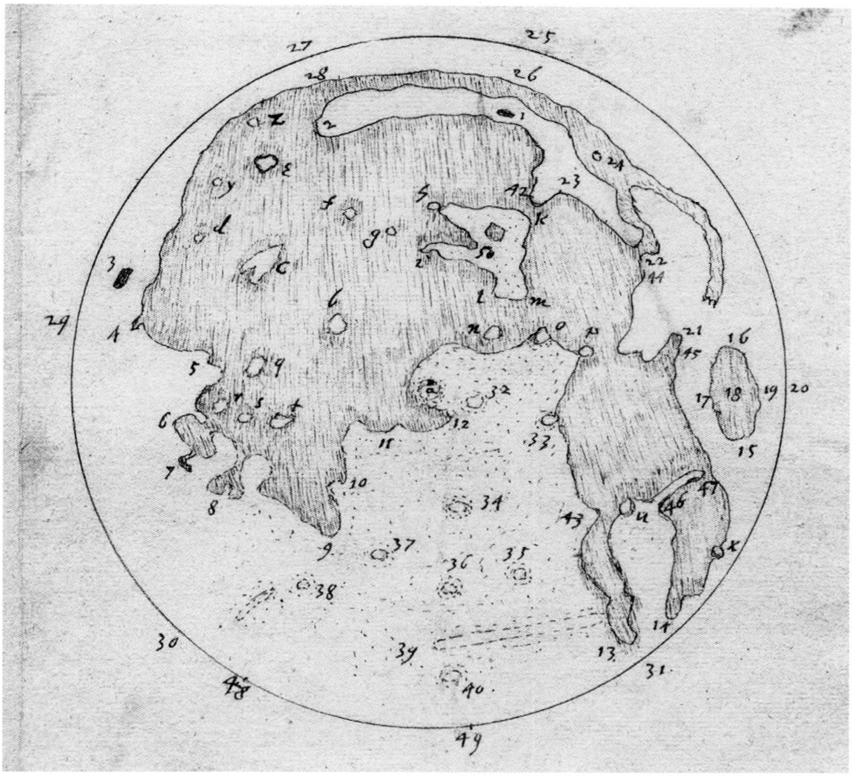

Abb. 2: Thomas Harriot, Mondkarte, Zeichnung, ca. 1610–1613, West Sussex Record Office, Chichester, Petworth House Archives: HMC 241/9, fol. 30

Scheiner, and Galileo, which have notable enough achievements just a few years earlier, appear totally insignificant“,[4] andere sprechen gar von einem „photographischen Realismus“, der alles, was vorher war, weit übertreffe.[5]

Doch was bedeuten in diesem Zusammenhang: Fortschritt, Schönheit, Realismus und Akkuratheit? Die ästhetische Dimension wird offensichtlich fatal unterschätzt und als bloßer Zierrat aufgefasst, der zu den allein als

4 William B. Ashworth, Jr: The Map of the Moon of Gassendi, Peiresc and Mellan, in: Annales de Haute-Provence 113 (1993), S. 323–324 u. 341. Siehe auch: O. Van De Vyver, S. J.: Lunar Maps of the Seventeenth Century, in: Vatican Observatory publications 1/2 (1971), S. 69–83.

5 Vgl. auch die Einschätzung von Tom Pope und Jim Mosher: „far superior in its photographic realism to any lunar map we are aware of from the 17th century […] Mellan's engravings are probably the most accurate representation we have of how the Moon looked to an early 17th century observer viewing it through a Galilean telescope.“ o. O. 2009, http://pacifier.com/~tpope/Mellan_Moon_Engraving.html [05.03.2017].

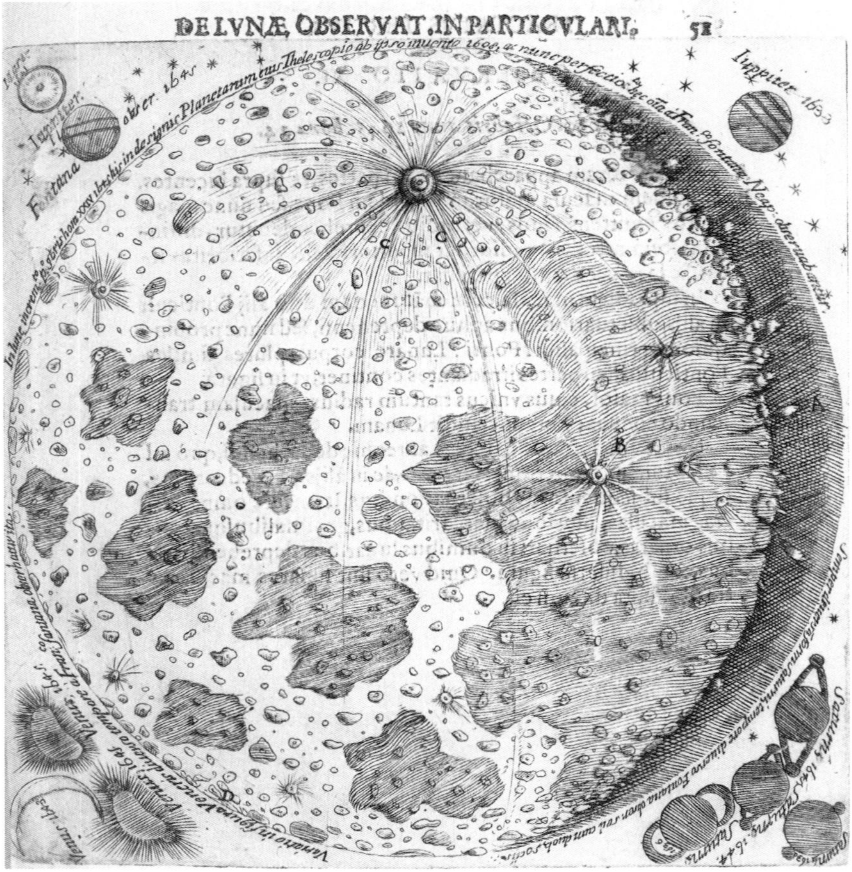

Abb. 3: Mondkarte, Kupferstich, aus: Francesco Fontana, Novae coelestium, terrestriumq[ue] rerum observationesm, Neapel 1646, S. 51

wissenschaftsfähig geltenden Kriterien der Akkuratheit und Exaktheit hinzutreten könne. Zudem fragwürdig und mittlerweile in der Wissenschaftsforschung obsolet geworden ist auch der in diesen Urteilen vorausgesetzte Fortschrittsbegriff.

Es ist müßig, wissenschaftliche Darstellungen gegeneinander auszuspielen, solange man nicht jeweils erklärt, in welchen Sinne bzw. nach welchen Kriterien ein Bild im Hinblick auf seine Exaktheit, Präzision oder Akkuratesse beurteilt werden soll. Angesichts von deutlich variierenden Urteilen erscheint es weit sinnvoller, nach deren jeweiligen Wertungskriterien zu fragen.

Schaut man sich zu diesem Zweck einige historische Urteile an, so zeigt sich, dass Galileis Monddarstellungen ihren Evidenzanspruch nicht lange

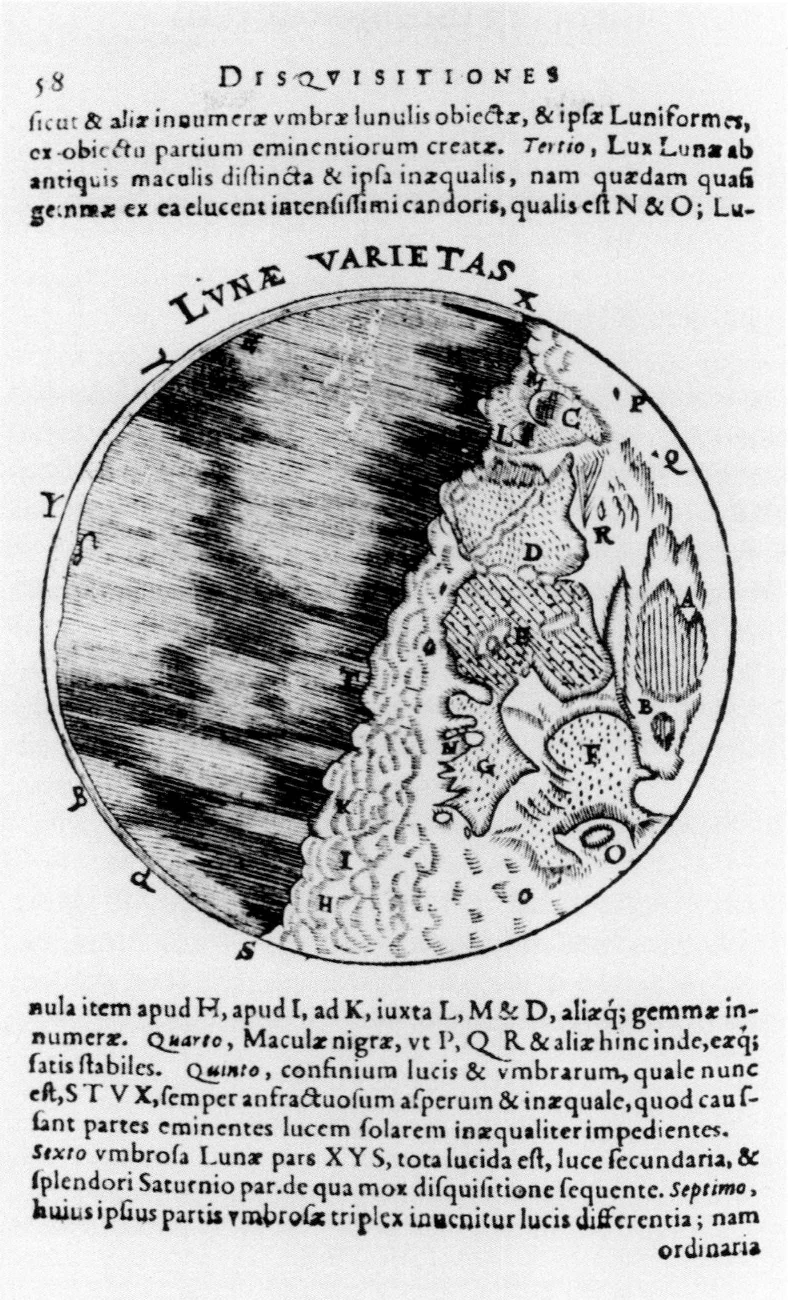

58 DISQVISITIONES

ſicut & aliæ innumeræ vmbræ lunulis obiectæ, & ipſæ Luniformes, ex obiectu partium eminentiorum creatæ. *Tertio*, Lux Lunæ ab antiquis maculis diſtincta & ipſa inæqualis, nam quædam quaſi gemmæ ex ea elucent intenſiſſimi candoris, qualis eſt N & O; Lu-

nula item apud H, apud I, ad K, iuxta L, M & D, aliæq́; gemmæ innumeræ. *Quarto*, Maculæ nigræ, vt P, Q R & aliæ hinc inde, eæq́; ſatis ſtabiles. *Quinto*, confinium lucis & vmbrarum, quale nunc eſt, S T V X, ſemper anfractuoſum aſperum & inæquale, quod cauſſant partes eminentes lucem ſolarem inæqualiter impedientes. *Sexto* vmbroſa Lunæ pars X Y S, tota lucida eſt, luce ſecundaria, & ſplendori Saturnio par. de qua mox diſquiſitione ſequente. *Septimo*, huius ipſius partis vmbroſæ triplex inuenitur lucis differentia; nam ordinaria

Abb. 4: Mondkarte, Kupferstich, aus: Christoph Scheiner (mit Stefan Locher), Disquisitiones mathematicae, de controversiis et novitatibus astronomicis, Ingolstadt 1614, S. 58

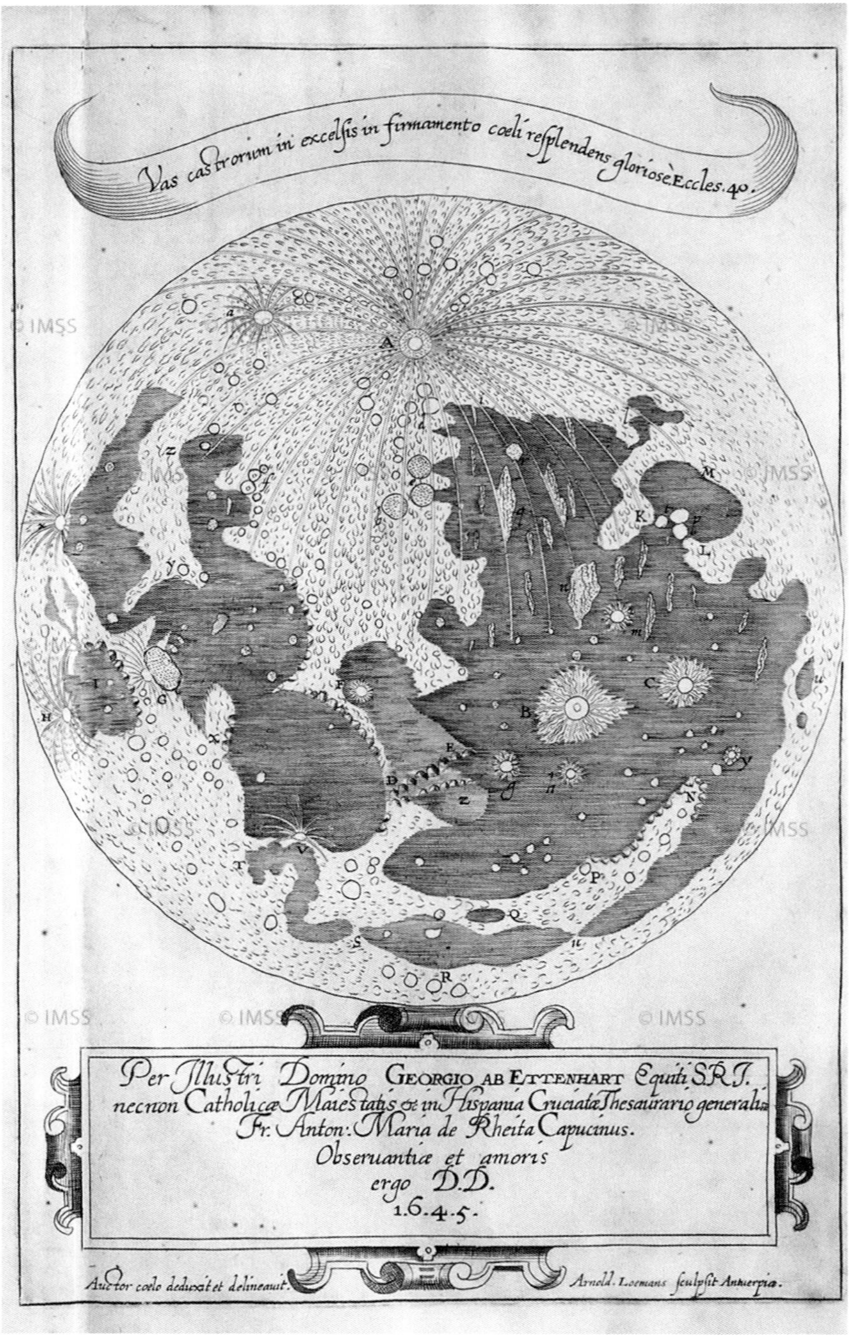

Abb. 5: Mondkarte, Kupferstich, aus: Antonius Maria Schyrleus de Rheita, Oculus Enoch et Eliae, sive radius sidereo-mysticus, Bd. 1, Antwerpen 1645, S. 51

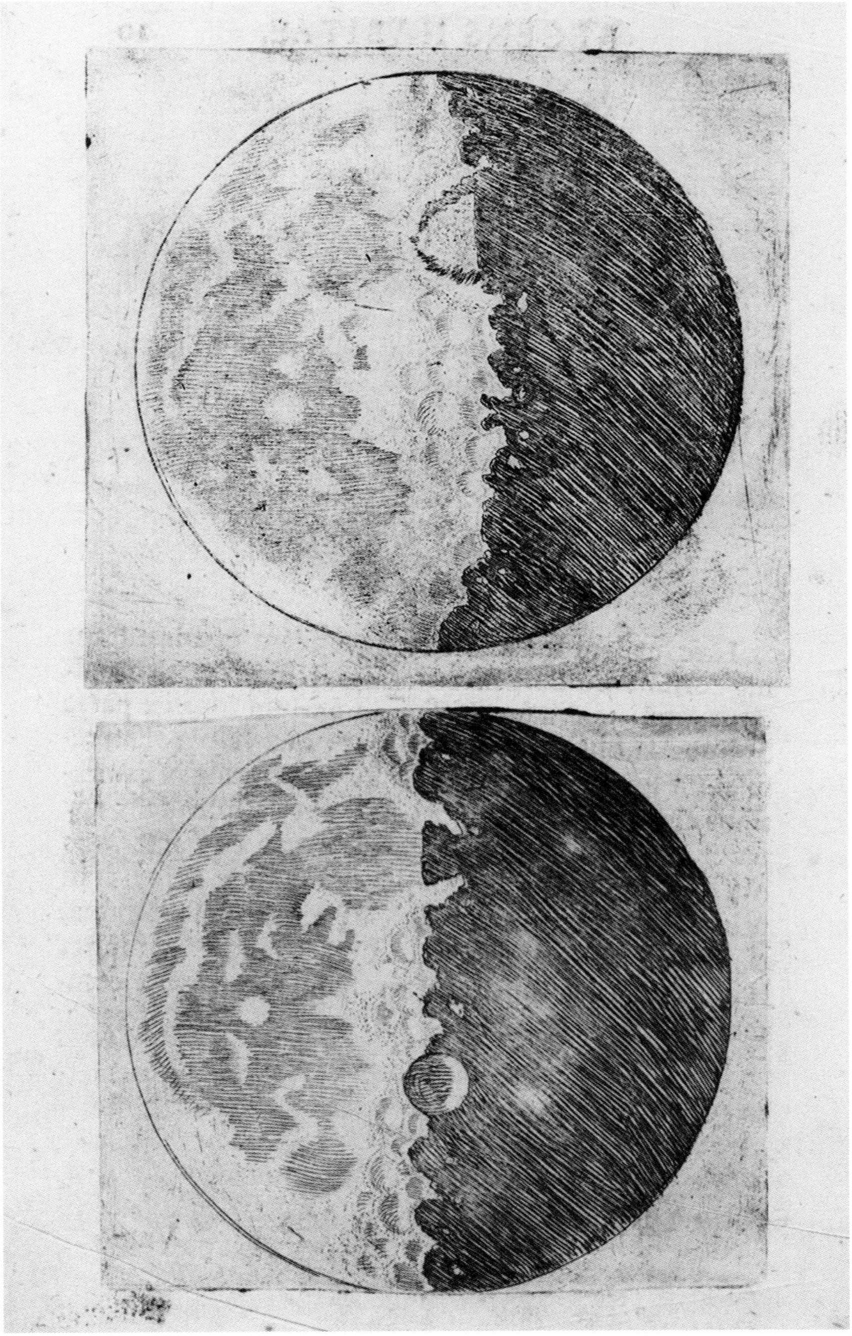

Abb. 6: Mondbilder, Radierungen, aus: Galileo Galilei, Sidereus Nuncius, Venedig 1610, S. 10^{v}

aufrechterhalten konnten. Nur wenige Jahrzehnte später erklärt Hevelius in der seinerzeit wirkmächtigsten Publikation zur Mondforschung, in seiner *Selenographia* (1647):

> Galileo hatte entweder nur ein unzulängliches Teleskop zur Verfügung, oder er konnte nicht hinlänglich sorgsam mit seinen Beobachtungen umgehen, oder, und das ist am wahrscheinlichsten, er kannte Maler- und Zeichenkunst nicht. Denn die sind für dies Werk nicht weniger als genaue Beobachtung, Geduld und Mühe.[6]

Hevelius' Urteil ist hinsichtlich der zeichnerischen Fähigkeiten Galileis offenkundig falsch, und will man ihm nicht schlicht Bösartigkeit unterstellen, muss man nach den Gründen für seine Einschätzung suchen. Zunächst die Bemerkung über das Teleskop: Wer einmal ein solches Teleskop in die Hand genommen hat, wird ernüchtert feststellen, dass es so schwer ist, dass man es gar nicht ruhig halten kann. Stellt man sich vor, dass Galilei durch solch ein solches Teleskop blickte und dann jeweils aus dem Gedächtnis zeichnen musste, was er sah, wird man Detailtreue nicht mehr erwarten, gleichgültig wie gut das Instrument ist – (die verbreiteten Darstellungen von Fernrohren auf Frontispizen oder Emblemen zeigen daher imaginäre Beobachtungsszenarien) – dafür erhebt sich die Frage, in welchem Sinne die von Bredekamp

6 Die interessante Passage lautet: „quod sane ad tam longe dissita corpora distincte cognoscenda, baud fufliciti & ideo, quod nobis tradiderunt ac reliquerunt, multis partibus eft ímperfectum incertumque. Cum autem Magnus ille de Galilaeis Galileius, paucos ante annos, Telescopium recèns inventum Cœlo applicuisset, oculoque ita armato, hoc negotium tentasset, longe multoque feliciùs labor omnis successit, teste Nuncio ejus Sidéreo: quandoquidem, reliqua ut taceam, Lunam non solúm probè, diftincteque oculis perspexit, sed & quinqué diversas delineationes, Macularum Lunarium, ejus beneficio, adumbrare potuit, quas brevi post, in praedicto illo Nuncio Sidéreo, cum universo Orbe Terrarum communicare haud detrectavit. Ultro quidem fateor, Galilaeum hunce plura in Luna deprehendisse, ac designasse, quam omnes ejus Antecessores, Veteres nimirum Astronomos quoscunque: interea tamen omnes & singulí, qui Lunae itidem non sunt hodie ignari, recteque judicare, hac de re volunt, nihil à me diversum statuent, quàm quód is ipse veré Lynceus (quod tamen pace magni istius Viri dictum esto) nonnisi aliquam verae genuine Lunae faciem cognoverit; maximam autem partem Macularum, rerumque ibi existentium, nequaquam animadverterit; id quod ex iconismis nostris, opinor, tam fiet manifestum, quam id quód videtur Sole, ut potest maxime, lucente. *Hinc vero plane colligitur, Galilaeum, aut satis idoneo Perspicillo caruisse, aut iisdem observationibus suis non satis vacare potuisse, aut quod potissimum, artem pictoriam & delineatoriam ignorasse; quae alias huic operi admodum inservit, uti non minus visus acutus, Patientia & Labor. Tale enim est hoc opus, quod non unico Mense aut Anno*; sed vix plurimis annorum periodis, perfici potest. Praeterea autem non sufficit, certam aliquam phasin, semel tantum delineare; sed est certè aliquoties necesse, ut eadem delineatio repetatur, si quid certi & emendati, hac in parte praestare animus sit." Johannes Hevelius: Selenographia, Danzig 1647, S. 205 (Hervorh. d. Verf.).

gerühmte Verschmelzung von Erkenntnis und Präsentation zu verstehen sei. Offenbar hatten sich die epistemischen Konfigurationen jener Zeit verändert und sich neue Denkstile ausgebildet, innerhalb derer bereits andere Evidenz-Vorstellungen regierten.

Wie Mario Biagioli[7] gezeigt hat, war es Galileis primäres Ziel, gegen die Aristotelische Lehrmeinung, dass der Mond ein perfekter Himmelskörper und damit vom sublunaren Bereich geschieden sei, visuell zu demonstrieren, dass er vielmehr eine erdähnliche Oberfläche hat. Galilei tat dies nicht auf der Basis einer empirischen Naturphilosophie, sondern er vertrat eine organizistische Kosmologie, die die Sonne als Zentrum des Wandels des Universums zunächst einmal genauso thetisch setzte, wie es die traditionellen Metaphysiken taten. Um die Veränderlichkeit und Imperfektibilität der Himmelskörper zu zeigen, mussten seine Abbildungen gerade nicht ‚realistisch' im Sinne möglichst getreuer Wiedergabe sein und waren nur akkurat in dem Sinne, als sie einen philosophischen Punkt machen konnten: „Galileis pictures managed to convey a philosophical point about the physical nature of the Moon by not representing it ‚the way it was' (that is in its specifity), but by exaggerating the irregularities of the lunar surface."[8] Daher seien seine Darstellungen der Mondoberfläche akkurat „only in the sense that they could sustain a visual narrative about the periodicity of the changing patterns of lights and shadows on the moon. Galileo's pictures of the Moon [...] did not need to be mimetic maps of its surface. They just needed to convey what mattered to construe his object as non-artificial: periodicity."[9] Somit nehmen die Monddarstellungen Galileis nicht auf den Mond als solchen Bezug, sondern auf die Vorstellung einer unregelmäßigen Mondoberfläche sowie auf die Aristotelische Theorie: „The referent of Galileo's pictures of the Moon [...] was both the irregularity of the lunar surface [...] and the erroneousness of Aristotle's cosmological assumptions."[10]

Für Hevelius war die ontologische Etablierung eines neuen wissenschaftlichen Objektes, die Galilei durchzusetzen versuchte, bereits geleistet. Sei-

7 Zu den Ursachen und Konsequenzen eines solchen Wandels hat Mario Biagioli einige weiterführende Überlegungen just anhand dieses Falles angestellt: „But because Galileo had substantial pictorial skills and telescopes improved only incrementally between 1610–1647, Hevelius' statements reflects not so much the evolution of the visual language of astronomy but the transition from a phase in which new kind of objects were beeing introduced to one in which they could be simply mapped and catalogued." Mario Biagioli: Picturing Objects in the Making. Scheiner, Galileo and the Discovery of Sunspots, in: Wolfgang Detel, Claus Zittel (Hrsg.): Ideals and Cultures of Knowledge in Early Modern Europe, Berlin 2002, S. 39–95, hier S. 46.

8 Biagioli: Picturing (s. Anm. 7), S. 42.

9 Ebd., S. 45.

10 Ebd., S. 45.

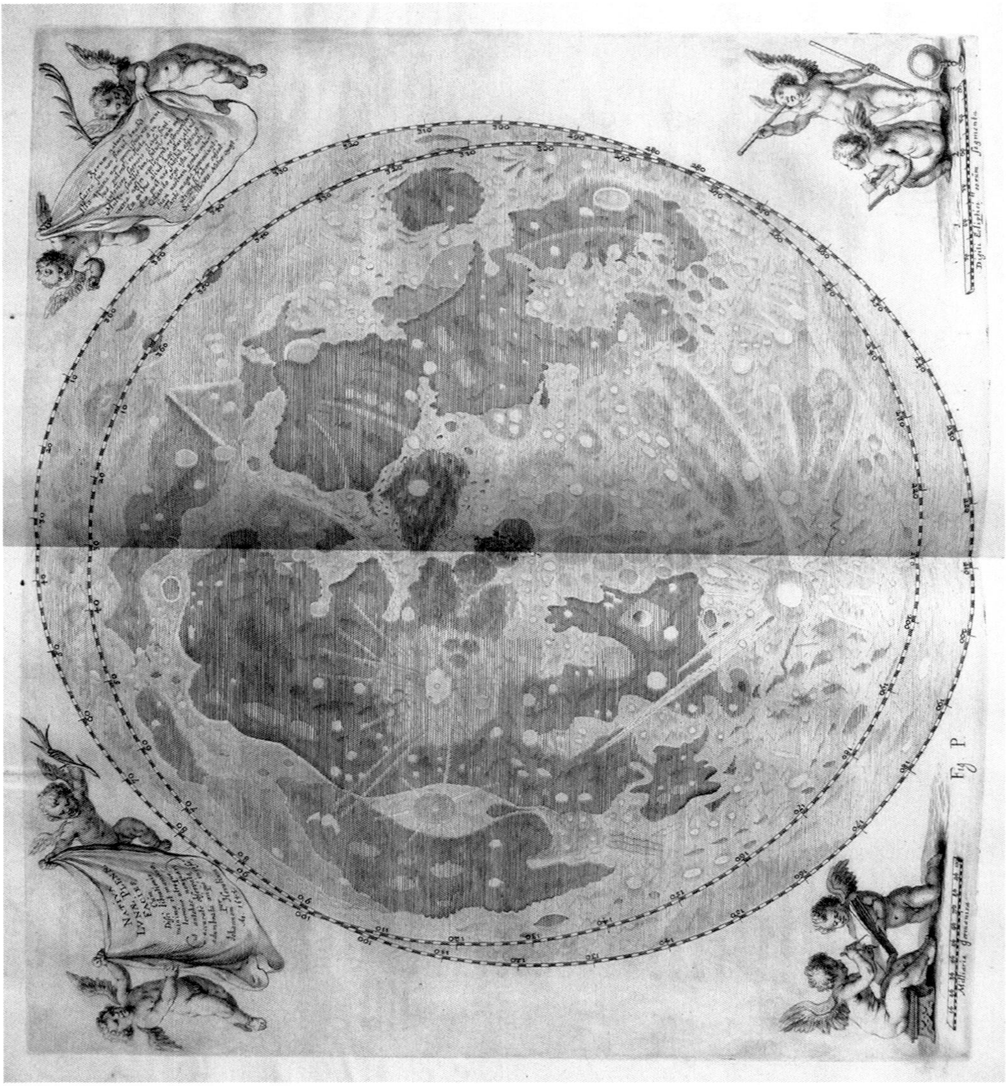

nen Augen erschien die Mondoberfläche selbstverständlich zerklüftet und für ihn war nun das Ziel, die Mondoberfläche immer genauer zu kartographieren. Nach diesen Maßstäben mussten ihm Galileis Monddarstellungen unzulänglich erscheinen. Man kann also nicht sagen, dass die Mondstiche des Hevelius besser, detaillierter oder realistischer als die Bilder Galileis waren. Biagioli folgert zu Recht daraus, dass empirische Akkuratheit ein höchst kontextuelles Kriterium ist, das nicht vermengt werden dürfe mit Detailtreue, die jemand in einem Bild wahrnehme.[11]

Ontologische Behauptungen wurden übrigens öfter mithilfe von Abbildungen bekräftigt, die nicht besonders detailreich zu sein hatten, sondern nur die Existenz eines Objektes suggerieren sollten, das betraf z. B. die Darstellungen der Venus- und Marsmonde. Bis ins 19. Jahrhundert hielten einige Astronomen die Venusmonde für Tatsachen, auch die Existenz der aufgrund ihrer Entfernung und geringen Größe nicht durchs Teleskop beobachtbaren Marsmonde hielt man, wie Helge Krah[12] dokumentiert hat, lange für wahrscheinlich, und zwar entweder aufgrund der physiko-theologischen Argumentation, der zufolge die Marsbewohner solche Monde nötig hätten, oder, wie Voltaire, aus Analogie-Gründen.

Wenn uns heute also Galileis Mondbilder als evident erscheinen, so liegt das an aktuellen Moden, die den zeichnerischen Entwurf als Modus der Wissenserzeugung und kognitiven Welterschließung beschreiben, – dadurch kommt es zu Rückprojektionen, also zu anachronistischen Überblendungen.

Anachronistische Wunschphantasien färben aber auch die heutige Bewunderung der Monddarstellungen des Hevelius (**Abb. 7**, **9**, **10**), denn auch sie wurden rasch kritisiert. Allein dies widerlegt die Behauptung, mit den Mondkarten des Hevelius sei ein nachmals für Jahrzehnte gültiger, einheitlicher visueller Stil in der Astronomie begründet worden.[13] Es war Robert Hooke, der am Ende seiner *Micrographia* (1655) den Monddarstellungen von Hevelius und Riccioli ausgerechnet vorwarf, dass sie sich zu weit von der Realität entfernten und vor allem nicht detailliert genug seien.

11 Ebd., S. 42.

12 Helge Kragh: The Moon that Wasn't – the saga of Venus' spurious satellite, Basel 2008. Vgl. auch Michael J. Crowe: The Extraterrestrial Life Debate. 1750–1900, Bd. 1: The Idea of a Plurality of Worlds from Kant to Lowell, Cambridge 1999.

13 Vgl. Winkler, Van Helden: Representing the Heavens (s. Anm. 1); dies.: Johannes Hevelius and the Visual Language of Astronomy (s. Anm. 1). Zur Kritik dieser Auffassung siehe: Claus Zittel: Begründungsprobleme neuzeitlicher Wissenschaft an der Schwelle zur Aufklärung. Der Fall Hevelius, in: Christoph Marx, Barbara Sapala (Hrsg.): Das geistige Leben in Preußen zur Zeit der Frühaufklärung, Olsztyn 2002, S. 7–29; Kathrin Müller: How to Craft Telescopic Observation in a Book. Hevelius's *Selenographia* (1647) and its Images, in: Journal for the History of Astronomy 41/3 (2010), S. 355–379.

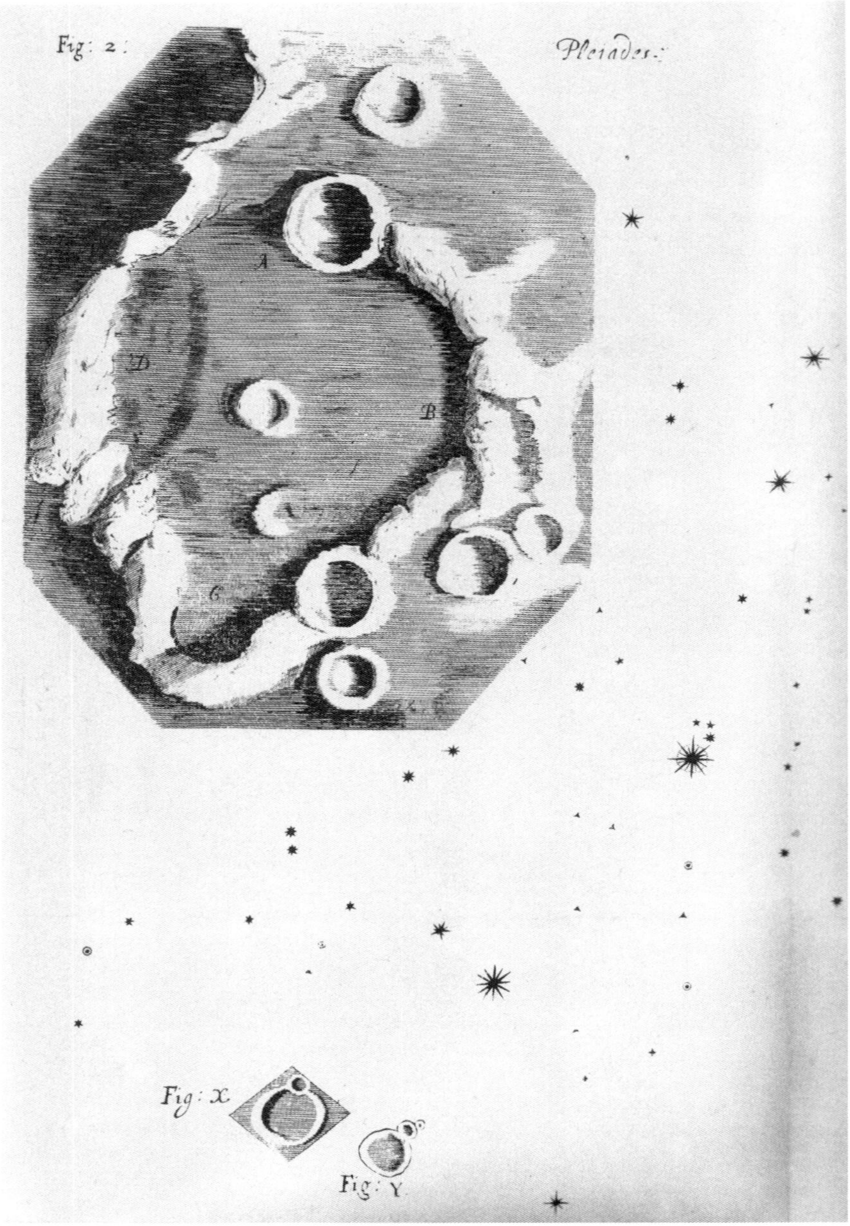

Abb. 8: Mondkrater, Kupferstich, aus: Robert Hooke, Micrographia, London 1665, Tafel 38

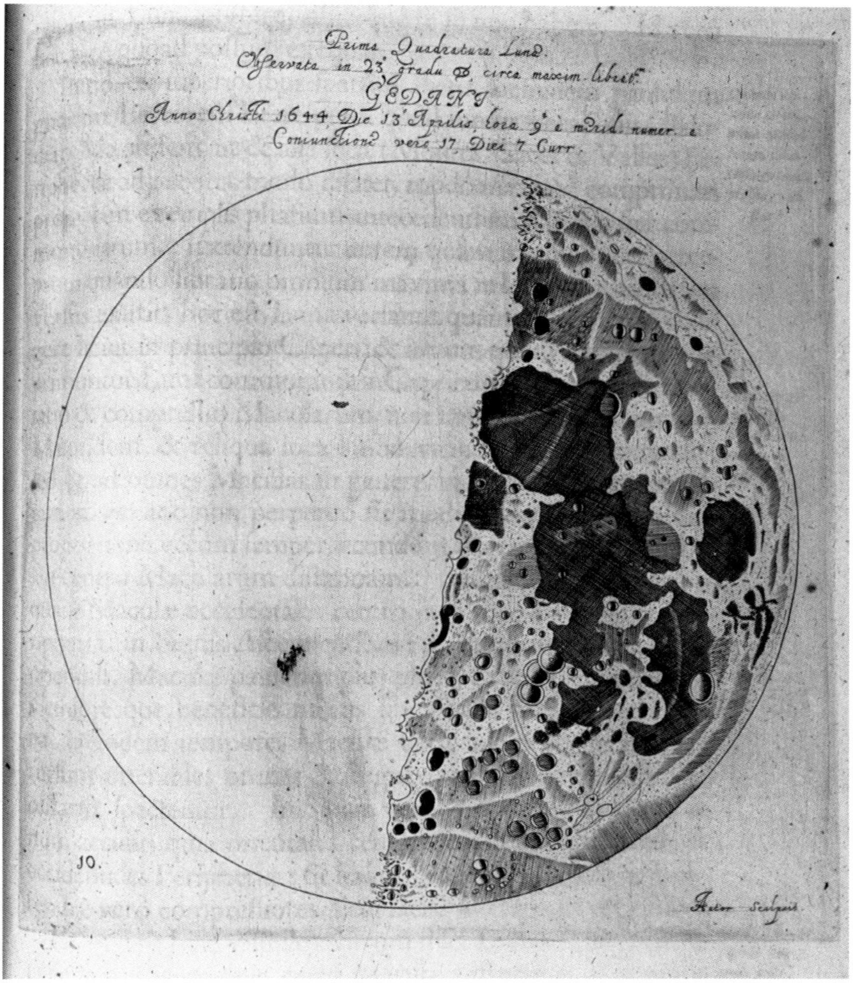

Abb. 9: Mondkarte, Kupferstich, aus: Johannes Hevelius, Selenographia, Danzig 1647, S. 31

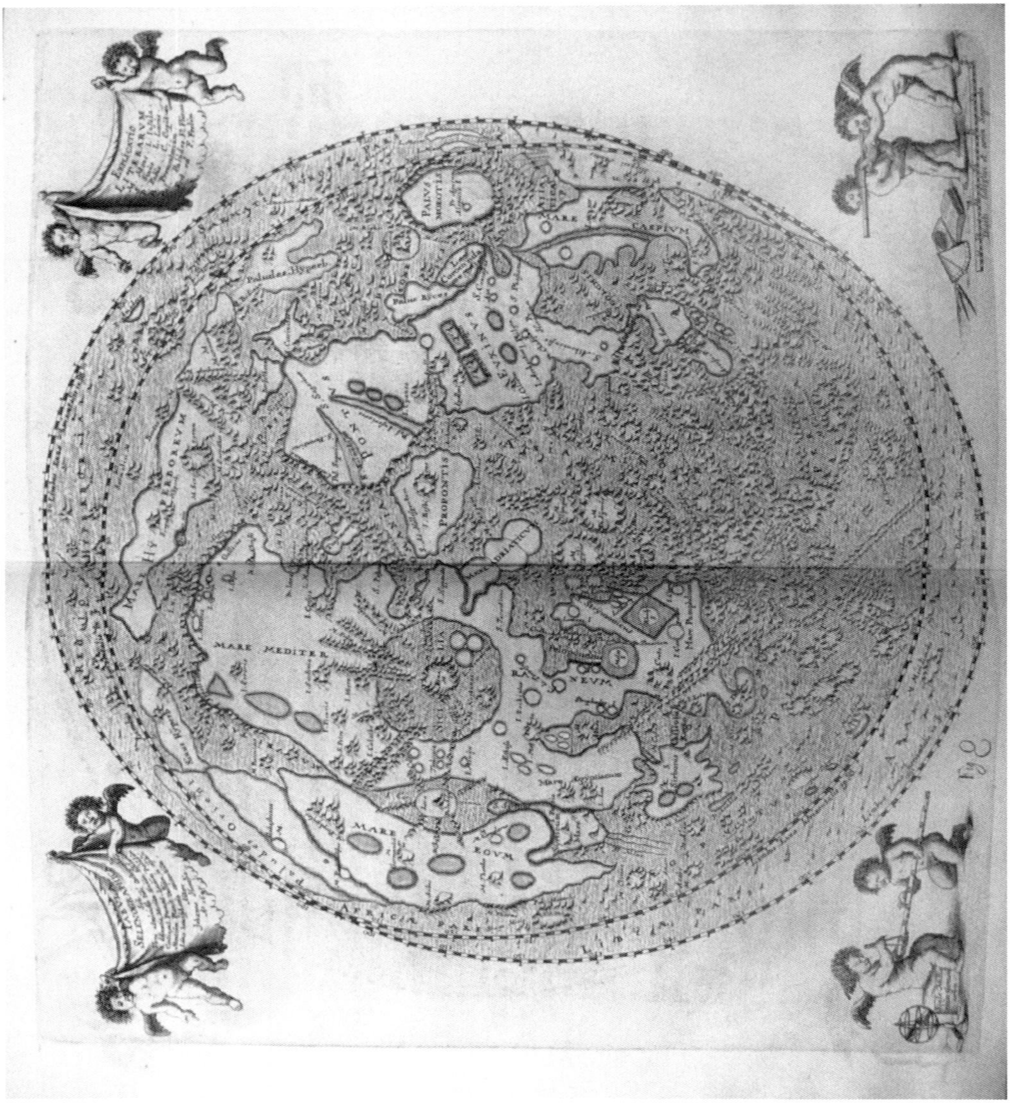

Abb. 10 Mondkarte, Kupferstich, aus: Johannes Hevelius, Selenographia, Danzig 1647, S. 49

Hooke trieb wiederum ein anderes Interesse um, denn er wollte herausfinden, welche Ursachen für das Entstehen der unregelmäßigen Oberflächen des Mondes in Frage kommen könnten, also ob beispielsweise Meteoriteneinschlag oder etwa vulkanische Aktivitäten die jeweiligen Krater erzeugt haben konnten. Um brauchbare Hypothesen über diese Ursachen aufstellen zu können, benötigte er close up-Darstellungen von Kraterformationen, die so genau waren, dass sie einen Vergleich mit irdischen Strukturen erlaubten. Dann konnte man auf der Erde durch Experimente Krater erzeugen und dann durch Strukturvergleich Rückschlüsse ziehen, welche Ursachen für die Mondkrater verantwortlich waren[14] (**Abb. 8**).

Kurzum: offenbar hängt es nicht am Bild als Bild, sondern das jeweilige theoretische Setting legt fest, wie auf eine Abbildung geblickt und was von ihr erwartet wird.[15]

II.

Im Folgenden will ich nun versuchen, ein solches Setting exemplarisch für die Monddarstellungen Mellans zu rekonstruieren (**Abb. 11**). Wie fügen sie sich in diesen Wechsel der astronomischen Denkstile ein? Auf welche Objekte und Theorien referieren sie? Zunächst sieht es aus, als würden sie ganz in Galileis Sinne die Unregelmäßigkeit der Mondoberfläche und die Wanderung des Schattens auf derselben augenfällig vorführen, und man hat sie entsprechend in die Tradition Galileis gestellt.[16] Nun hat jedoch Galilei selbst über Mellans Darstellungen ein vernichtendes Urteil gefällt:

> Ich habe die Zeichnungen des Mondantlitzes gesehen, von denen jene, die mit Bleistift und Kreide gefertigt sind, vernünftig [ragionevoli] sind, wobei ihnen allerdings noch die Darstellung eines Teils fehlt, den ich vor allen anderen am meisten wertschätze, und zwar sind das jene sehr langen Züge steiler Berge sowie andere Gruppen von abschüssigen Klippen, von denen ich keinerlei erblicke, wie auch nicht von jenen, die von vollendetem Anblick sind und die man ganz klar im Antlitz des Mondes sehen kann. […]

14 Robert Hooke: Micrographia. Or, Some Physiological Descriptions of Minute Bodies made by Magnifying Glasses, London 1665, S. 240–246.

15 Vgl. weiterführend: Bernard Cohen: The Influence of Theoretical Perspective on the Interpretation of Sense Data. Tycho Brahe and the New Star of 1572, and Galileo and the Mountains of the Moon, in: Annali dell' Istituto e Museo di Storia della Scienza di Firenze 6/1 (1982), S. 3–13.

16 Vgl.: „Gassendi et Peiresc semblent avoir été les premiers à imaginer un atlas lunaire et une sélénographie complète et utilisable. Leurs travaux s'intègrent dans le projet de Galilée et de ses émules de dresser une histoire exacte du ciel […]"; Anthony Turner: Pierre Gassendi, explorateur des sciences, Ausst.-Kat. Digne 1992, S. 146.

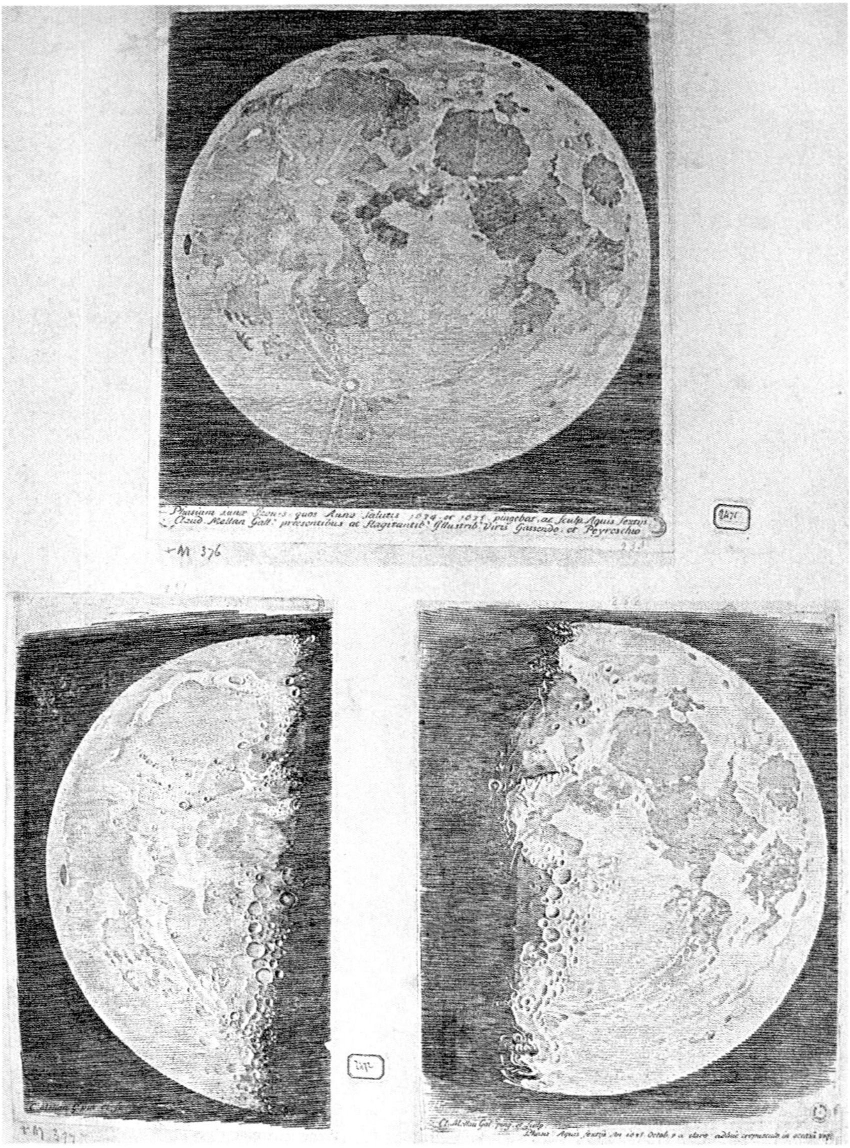

Abb. 11: Claude Mellan, verschiedene Mondphasen, Kupferstiche, 1636/37

> Die anderen beiden gedruckten Zeichnungen sind wirklich überaus unbeholfen und von jemandem gezeichnet, der noch nie das Antlitz des Mondes gesehen hat, sondern sich nach dem Bericht von ein paar sehr plumpen Personen gerichtet hat.[17]

Wie kommt Galilei zu dieser Kritik angesichts von Monddarstellungen, die doch vermeintlich seine Agenda unterstützten? Bredekamp meint, vor Galileis innerem Auge sei „natürlich [...] die Kraft der eigenen Zeichnungen aufgestiegen [...], in denen er die Krater in einem expressionistischen Stil betont hatte.“[18] Die Nachdrücklichkeit, mit der Bredekamp hier das visionäre Auge Galileis heraufbeschwört, scheint jedoch zu verraten, dass er sich hier doch nicht ganz seiner Sache sicher ist. Zudem: Sind es überhaupt Mellans Stiche, über die Galilei so harsch urteilt?

Bis in die jüngste Zeit werden die Mondstiche, die Galilei gesehen hatte, oft umstandslos Mellan zugeschrieben.[19] Jaffé und die ihm darin folgende Reeves[20] schreiben jedoch die Zeichnungen einem bislang nicht identifizierten Künstler namens Claudius Salvatus zu, auf Grundlage von dessen Zeichnungen dann Mellan später die Mondstiche angefertigt und sich als alleiniger Stecher ausgegeben habe. Wenn Reeves unter Verzicht auf Erklärungsversuche lediglich als Merkwürdigkeit konstatiert: „Galileo seems to have been for the most part unimpressed with even the best lunar representations“[21], so ist dies jedoch vor allem deshalb erstaunlich, weil sie es im Unklaren lässt, ob sich Galileis Urteil auch auf Mellan erstreckt und nicht nur auf Salvatus, der ja hier schwerlich als Schöpfer der besten Monddarstellungen angesprochen sein kann. Bredekamp wiederum bleibt in dieser Frage vorsichtiger und weist darauf hin, dass Peiresc für die Stiche, die noch heute aufgrund ihrer ‚Exaktheit‘ beeindruckten, Mellan als alleinigen Stecher angibt.[22]

Wir haben mit Mellans Stichen Monddarstellungen von superber Qualität vor uns, deren Funktion und Wirkung im Dunkeln liegt. Die Forschungsliteratur dazu ist spärlich und in sich widersprüchlich; einige der wichtigsten Informationen trage ich zunächst zusammen, um dann die mit ihnen einhergehenden Irritationen zu notieren.

17 Galilei an Benedetti Castelli, 24.10.1637, in: Le opere di Galileo Galilei, Teil XVII Florenz 1906, S. 204, deutsche Übersetzung zitiert nach Bredekamp: Galilei (s. Anm. 2), S. 316.

18 Ebd.

19 Paolo Galuzzi: Genesi e affermazione dell’ universo macchina, in: ders. (Hrsg.): Galileo. Immagini dell’universo dall’antichità al telescopio, Florenz 2009, S. 298–414, hier S. 363; Ewen A. Withaker: Rappresentatione e mappe della luna, in: Ebd., S. 256–262, hier S. 256.

20 David Jaffé: Mellan and Peiresc, in: Print Quarterly 7/2 (1990), S. 168–175, hier S. 171, Anm. 16, S. 173; Eileen Reeves: Painting the Heavens, Princeton 1997, S. 12.

21 Ebd.

22 Bredekamp: Galilei (s. Anm. 2), S. 314.

III.

Stets mit Blick und in Reaktion auf die neuesten Entdeckungen Galileo Galileis[23] betrieb der humanistische Gelehrte, Naturforscher, Astronomen und Mäzen Nicolas Claude Fabri de Peiresc (1580–1637)[24] in den Jahren 1610–1612, 1618 und 1628[25] auch astronomische Forschungen.[26] Im baconianischen Geiste baute er ein Netzwerk unter Forschern auf, die insbesondere zu Zeiten von Mondfinsternissen von ganz verschiedenen Punkten der Erde aus ihre Beobachtungen anstellten und sich dann ihre Berichte gegenseitig zuschickten. Mit seinem Freund Gassendi schlug er sich viele hundert Nächte um die Ohren, um den Nachthimmel durchs Fernrohr zu beobachten. Peiresc erwarb sich dadurch einigen Ruhm, so galt er bis noch vor Kurzem als Entdecker des Orionnebels.[27] Die langjährigen astronomischen Beobachtungen,[28] die in Aix-en-Provence bereits 1610 begannen, waren von der Nachricht ausgelöst worden, dass Galileo die Jupitermonde entdeckt habe, eine Beobachtung, die die kopernikanische Theorie stützte, da es nicht nur so aussah, dass die Monde um den Jupiter wie Planeten um die Sonne kreisten, sondern auch, dass sie dies nach den gleichen Gesetzen tun. Weitere Forschungen folgten, wobei Peiresc darauf achtete, sich möglichst rasch mit den aktuell besten Instrumenten zu versorgen. 1628 beob-

23 Vgl. dazu: Horst Bredekamp: Galileo Galileis „Sternenboote" von 1610. Der Beginn der neueren Mondbetrachtung, in: Andreas Blühm (Hrsg.): Der Mond, Ostfildern 2009, S. 88–93.

24 Siehe weiterführend Peter N. Miller: Peiresc's Mediterrenean World, Cambridge, Mass. 2015.

25 Die detaillierteste Schilderung und Datierung der einzelnen Beobachtungstage gibt Pierre Humbert: La première carte de la lune, in: Revue des questions scientifiques 108 (1931), S. 193–204.

26 Siehe dazu: Seymour L. Chapin: The Astronomical Activities of Nicolas Claude Fabri de Peiresc, in: Isis 48/71 (1957), S. 13–29; Pierre Costabel: Peiresc et Wendelin. Les satellites de Jupiter de Galilée à Newton, in: Anne Reinbold (Hrsg.): Peiresc ou la passion de connaître, Paris 1990, S. 91–109; Simon Arzano, Yvon Georgelin: Les astronomes érudits en Provence: Peiresc et Gassendi, o. O. 1996, http://www.peiresc.var-ww.fr/bibliotheque/ [03.09.2018]; Albert Tiberghien: Cartes Lunaires peu connues. II. Claude Mellan, in: Ciel et Terre 48 (1932), S. 106–111 u. 122–132; Pierre Humbert: Un amateur. Peiresc, Paris 1933; ders.: L'oeuvre astronomique de Gassendi, Paris 1937; ders.: Philosophes et savants, Paris 1953; Année Mondiale de l'Astronomie / Catalogue de l'exposition du Planétarium Peiresc, Ausst.-Kat. Aix-en-Provence 2009.

27 Guillaume Bigourdan: La découverte de la nébuleuse d'Orion par Peiresc, in: Comptes rendus de l'Académie des Sciences 162 (1916), S. 489 f. Dagegen: Harald Siebert: Peirescs Nebel im Sternbild Orion – eine neue Textgrundlage für die Geschichte von M42, in: Annals of Science 66/2 (2009), S. 231–246.

28 Siehe auch: Nicolas-Claude Fabri de Peiresc: Journal des observations, Bibliothèque Inguimbertine (Carpentras, Frankreich), Ms. 1803, Bl. 189r/v.

achteten Peiresc, Gassendi und Gaultier de la Valette von Südfrankreich aus eine Mondfinsternis und zogen zum Vergleich dann die Pariser Daten von Mersenne und Mydorge heran.[29] 1633 richtete sich die Aufmerksamkeit auf die Sonnenflecken.[30] 1634 und 1635 betrieb Peiresc Kampagnen zur Beobachtung von Mondfinsternissen und erhielt so Beobachtungsberichte nicht nur aus ganz Europa, sondern auch aus Afrika, dem Nahen Osten und der Neuen Welt.[31]

Bereits 1630 hatte Peiresc einen Maler namens Mathieu Fredeau mit der Aufgabe betraut, die von ihm gesammelten Kuriosa zeichnerisch festzuhalten, und Gassendi berichtet in seinem Tagebuch, dass Fredeau zwischen dem 9. und 10. Juli 1634 eine Kreideskizze des Vollmondes angefertigt habe, die allerdings so unbefriedigend ausfiel, dass man sich entschloss, den Mond mit lebendigen und unauslöschbaren Farben („vives et indélébiles")[32] malen zu lassen. Für diese Aufgabe engagierten sie im August 1634 den aus Rom kommenden Maler Claude Sauvé alias Claudius Salvatus.[33] Die Zusammenarbeit verlief offenbar unbefriedigend, Sauvé fehlte jede Erfahrung mit dem Teleskop, schlechtes Wetter und Nebel erschwerten zudem die Beobachtung, doch unter Anleitung von Gassendi und Gaultier gelang schließlich eine erste Zeichnung, weitere folgten, die von Gassendi dann aufbewahrt wurden.[34]

Im Jahr darauf kann Peiresc jedoch Gassendi stolz berichten, dass es ihm gelungen sei, Claude Mellan, „einen der großen Maler des Jahrhunderts, und der genaueste Kupferstecher", dafür zu gewinnen, in das gemeinsame Mondforschungsprojekt einzusteigen:

---

29 Humbert: La première carte de la lune (s. Anm. 25), S. 195.

30 Vgl. dazu: Luigi Guerrini: Nel dedalo del cielo. Gassendi e le macchie solari in un inedito del 1633, in: Nuncius 16 (2001), S. 643–672, hier S. 646.

31 Vgl. z. B. John Fletcher: Claude Fabri de Peiresc and the other French Correspondents of Athanasius Kircher (1602–1680), in: Australian Journal of French Studies 9 (1972), S. 250–273.

32 Humbert: La première carte de la lune (s. Anm. 25), S. 196.

33 Pierre Gassendi: Vita Peirescii (= VIRÏ ILLVSTRIS NICOLAI CLAVDII FABRICII DE PEIRESC, SENATORIS AQVISEXTIENSIS V I T A), Buch V, Paris 1641, S. 299 f.: „Desiderium nôrat, quo pridem flagrâram habendi phaseis Lunaî varias, varietatésque in singulis per Telescopium apparenteis, vivis suis coloribus, proportionibusque, & situ feruato, depictas. Hoc sane fine exoptâram, ac tandem obtinueram ab eximio Galileo unum quoddam prolixitate, perfectionéque praecellens; expetebámque solùm industrium, & patientem satis Pictorem. Ille itaque mei caussa, ut magna parte sùperioris anni, sic maxima huius detinuit redeuntem Româ egregium Pictorem Claudium Salvatum Alvernatem, qui, me operam dirigente, id muneris exsequeretur."

34 Vgl. dazu im Einzelnen: Humbert: La première carte de la lune (s. Anm. 25); Chapin: The Astronomical Activities (s. Anm. 26); Arzano, Georgelin: Les astronomes érudits (s. Anm. 26); Jaffé: Mellan and Peiresc (s. Anm. 20).

> Wir haben ihn auf einmal überredet, M. de la Valette und ich, es zu unternehmen, den Mond zu stechen und zu zeichnen [graver et desseigner la Lune en taille douce], was ein ganz und gar unvergessliches Werk sein würde. Und wenn ihr hier mit den Zeichnungen, die ihr bereits habt, und eurem guten Fernrohr, eingetroffen sein werdet, wird es möglich sein, dieses rühmliche Unternehmen zu verteidigen.[35]

Mellan wird vom September 1636 bis April 1637 in Aix-en-Provence bleiben, er kommt gleich gut mit der Arbeit voran. Auch Gassendi eilt dahin, um sich an den gemeinsamen Mondbeobachtungen auf der Montagne Sainte-Victoire zu beteiligen, wobei er sich vordringlich dem Studium der Mondlibrationen widmet. Gleichzeitig werfen sie die Propagandamaschine an, in Briefen hinausposaunend, dass hier eine spektakuläre und singuläre Zusammenarbeit zwischen Wissenschaft und Kunst im Gange sei, womit insbesondere Galilei beeindruckt werden sollte. Im Dezember 1636 kündigt Gassendi Galilei bereits an, dass man ihm bald die ersten Kopien der Mondstiche Mellans zukommen lassen wird, wobei er Mellan mit den nämlichen Worten, die Peiresc zuvor ihm gegenüber gebraucht hatte, rühmt.[36] Im Jahr darauf meldet Peiresc Galilei:

> Und hier in unserem Haus sticht ihn [den Mond] Herr Melan in Kupfer, – welcher mehr als zehn Jahre in Rom gewesen ist, ein besonderer Freund von mir, der sechs Monate damit verbracht hat, die [Sonnen]flecken mit großer Genauigkeit [con grand' esattezza] zu beobachten – in der Hoffnung, daß dieses Kunstwerk zum großen Gefallen der Wissenschaftler und zur Ehre von Euer Wohlgeboren gelingen würde, [und der uns ein Instrument mitgebracht hat, um den Mond] in der Form zu sehen, in der er ihn gestochen hat, als Vollmond; über diesen hinaus werden dann andere Phasen mit der Beobachtung des Schattens aller Berge oder Kaps gestochen werden, genauer [più esattamente], als das bisher praktiziert worden wäre.[37]

---

35 Peiresc an Gassendi, 29.8.1636, in: Philippe Tamizey de Larroque (Hrsg.): Lettres de Peiresc, 7 Tle., Paris 1888–1898, Teil 4, S. 599. Vgl. auch den Brief Peirescs an Gassendi, 12.9.1636, in: Ebd., S. 601–603.

36 Vgl. Gassendi an Galilei, Dezember 1636, in: Petrus Gassendi: Opera omnia, 6 Bde., Lyon 1658, Nachdr. Stuttgart 1968, Bd. VI, S. 92: „Scilicet eximio illo Telescopio, quo me beare dignatus es, effigiari Lunam procuro suis lineamentis, & coloribus; qua etiam in re Pictor iam adhibitus fuerat ante duos annos per complureis menseis. Nun eidem negotio tanto incumbo ardentius, quanto noster Fabricius, incomparabilis ille detinet heic Claudium Mellanum, Pictorem illum, Caelatoremque celeberrimum, quem tu Romae nosti (certe & ipse mihi de te quam plurima commemoravit) ut penicillo, scapelloque instituto subserviat. Sir res succedat, nemo te prius prometuisse Exemplum potest." Mellan hat bekanntlich dann Gassendi und Peiresc gezeichnet und von ihnen Porträts gestochen.

37 Peiresc an Galilei, 24.2.1637, in: Le opere di Galileo Galilei, Teil XVII, Florenz 1906, S. 35; Übersetzung zitiert nach Bredekamp: Galilei (s. Anm. 2), S. 314 [Hervorh. d. Verf.].

Peiresc kann Galilei im gleichen Brief schon mitteilen, dass mithilfe des neuen Fernrohrs, das Gassendi von ihm erhalten hatte, es gelungen sei, exakte Mondzeichnungen anzufertigen:

> Wir haben den Mondkörper, den wir mit dem Fernrohr gesehen haben, das von Euer Hochwohlgeboren schon an unseren Herrn Gassendi geschickt worden ist, in sachgemäßer Größe zeichnen lassen.[38]

Da Peiresc Galileis künstlerische Fähigkeiten durchaus anerkannte und sie gar unter Berufung auf die Sonderstellung von Künstlern zu einem Argument für dessen Verteidigung gegenüber der Inquisition machte,[39] hat dieser Brief einen Subtext, der angesichts der überlegenen Fähigkeiten Mellans eine implizite Relativierung der Meriten Galileis als Künstler anzudeuten scheint.

Wie dem auch sei: Peiresc und Gassendi sprechen jedenfalls nur mit der größten Wertschätzung über Mellans Arbeit.[40] Gassendi rühmt auch in anderen Briefen an Hevelius die Stiche Mellans und lässt ihm ebenfalls zwei Kopien von ihnen zukommen, die diesem bei seiner Arbeit an der *Selenographia* unterstützen sollten. Auch an Galilei wurde eine Kopie geschickt, und Chapin meint, dessen späte Entdeckung der Mondlibration von 1637, also einer Taumelbewegung, sei durch diese Stiche vielleicht ermöglicht worden,[41] was jedoch bedeuten würde, dass hier Gassendi die Priorität gebührte. Erstaunlich ist jedoch vor allem, dass die Stiche Mellans die Unebenheiten der Mondoberfläche genau zeigen und insofern (wenn Biagioli recht hat) von Galilei als weitere Belege für seine Position hätten angesehen werden können, die für sie nur eine andere, womöglich gar für diesen Zweck geeignetere Präsentationsweise gewählt haben. Warum also sollte er sie kritisieren und behaupten, die Stiche seien anhand von schlechten Zeichnungen und auf der Basis von mit unzulänglichen Teleskopen gemachten Beobachtungen gestochen worden? Warum haben sie dann aber

38 Peiresc an Galilei, 24.2.1637, in: Le opere di Galileo Galilei, Teil XVII, Florenz 1906, S. 35, Übersetzung zitiert nach Bredekamp: Galilei (s. Anm. 2), S. 314.

39 Vgl. dazu: Horst Bredekamp: Galileo as the Unpunished Artist. Peiresc's Argument, in: Massimo Bucciantini, Michele Camerota, Franco Giudice (Hrsg.): Il Caso Galileo. Una rilettura storica, filosofica, teologica, Florenz 2011, S. 311–320.

40 Vgl. Gassendi: Vita Peirescii (s. Anm. 33), S. 300: „Detinuit verò etiam sequente per complureis menseis Claudium Mellanum Abbavillaeum, *artificem inter pictores*, caelatoresque eximium, ipsum quoque Roma redeuntem; tum ut novas phaseis exquisito suo artificio depingeret, tum ut easdem, aut quasdam certè, *ingeniosa manu* incideret aeri." [Hervorh. d. Verf.]

41 Chapin: The Astronomical Activities (s. Anm. 26), S. 26f., Anm. 70. Humbert datiert Gassendis Beobachtungen der Mondlibration auf den Oktober 1636.

diese Qualität? Gassendi hatte zum Zeitpunkt, als Mellan in Aix war, ein exzellentes Teleskop zur Verfügung.[42]

Im September 1637 hatte Castelli Zeichnungen und Stiche von Salvatus an Galilei geschickt, und die Vermutung drängt sich auf, dass es diese waren, die von Galilei vernichtend beurteilt worden waren. Das wäre eine einfache Erklärung für sein Urteil. Doch wenn er Mellans Stiche vor Augen hatte, bliebe zu fragen, ob er nicht Gründe haben konnte, sie zu kritisieren, nämlich dann, wenn er sie an den Zielen maß, die mit ihnen verfolgt werden sollten.

Unabhängig davon, ob man dies annimmt, steht überhaupt die Frage im Raum, welchen Evidenzkriterien nun Mellans Stiche verpflichtet waren und wie ihr weiteres Schicksal war. Pierre Humbert berichtet, dass obwohl es nur sehr wenige Kopien von Mellans Stichen gab, sie dennoch bekannt waren und später Eingang in die einschlägigen französischen Enzyklopädien „als beste Bilder, die je vom Mond angefertigt wurden, fanden."[43]

IV.

Schauen wir also genauer auf Mellans Mondbilder[44] (**Abb. 11**). Der Mond wird im Durchmesser von 21 cm in drei Phasen gezeigt. Zunächst ist zu notieren, dass die Daten der Bildunterschriften so nicht stimmen können, offenbar wurde versucht, die Zeit des Mitwirkens Mellans zurückzudatieren und denselben als alleinigen Stecher auszugeben, oder es ist gemeint, dass es die Mondphasen aus dem Jahre 1634 und 1635 sind, die im Jahre 1636 dann in Anwesenheit von Peiresc und Gassendi nachträglich auf der Basis von Sauvés Zeichnungen gestochen wurden.

42 Albert Van Heldens Auffassung kann als widerlegt gelten: „Furthermore, although Gassendi had access to a variety of telescopes through his patron Nicolas Claude Fabri de Peiresc, the instruments with which he worked during this early period were of very poor quality." Albert Van Helden: The Telescope in the Seventeenth Century, in: Isis 65/1 (1974), S. 38–58, hier S. 42.

43 Humbert: La première carte de la lune (s. Anm. 25), S. 201.

44 Bildunterschriften: „*Phasium Lunae Icones, quos Anno salutis 1634 et 1635. pingebat, ac sculpebat Aquis sextijs Claud. Mellan Gallus Preasentibus ac flagitantibus Illustribus Viris Gassendo er Peireschio*" [Bilder einer Mondphase, die im Jahr 1634 und 1635 gemalt und gestochen vom Franzosen Claude Mellan nach den Anweisungen und in Anwesenheit der berühmten Männer Gassendi und Peiresc.] Auf dem Bild mit dem letzten Mondviertel: Cl. Mellan G. ping. Et sculp. Auf dem Bild mit dem ersten Mondviertel: Cl. Mellan Gal. Ping. Et sculp. – Phasis Aquis sextijs An. 1636 oct. 7 a claro adhuc crepusculo in occaso usque.

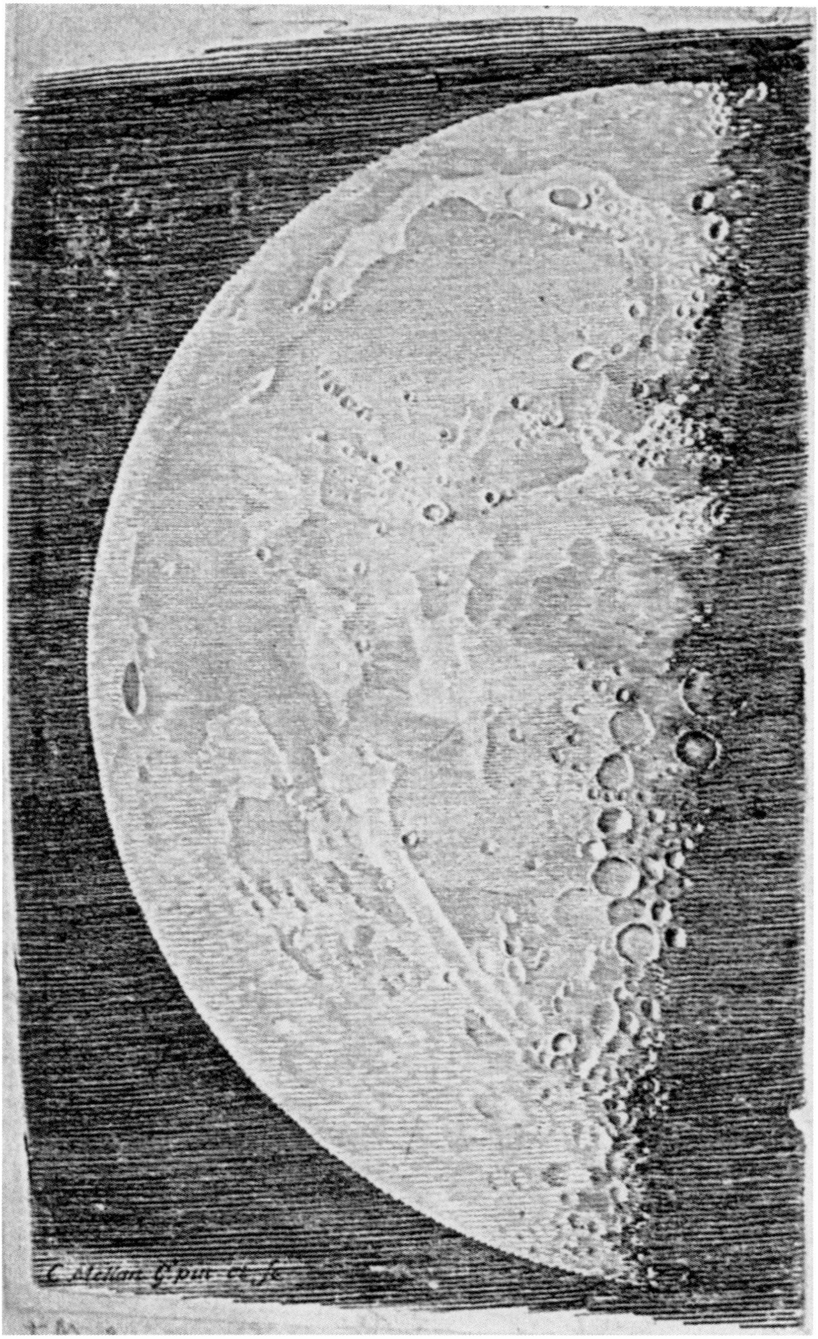

Abb. 12: Claude Mellan, Mondphase gegen Ende de dritten Viertels, Kupferstich, 1636/37

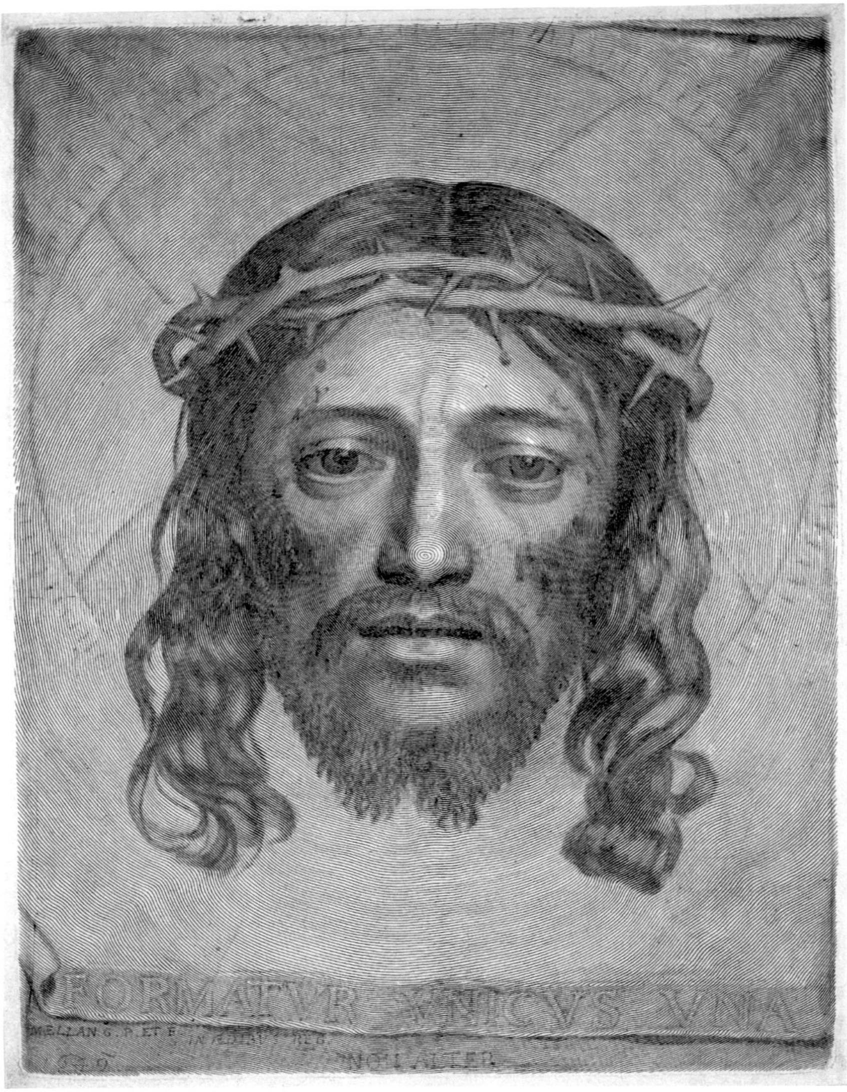

Abb. 13: Claude Mellan, Schweißtuch der Veronika (Sudarium), Kupferstich, 1649

Galilei hatte in seinen Mondzeichnungen und auch in den Stichen mithilfe von Parallellinien die Schattenseite des Mondes dargestellt.[45] Auch

45 Zur Mal-, Zeichentechnik und Stecherkunst Galileis siehe Bredekamp: Galilei (s. Anm. 2), S. 155–205. Zur Technik Mellans vergleiche zum folgenden Ashworth: The Map of the Moon (s. Anm. 4), S. 346–350 sowie den Katalog: Maxime Préaud, Barbara Brejon de Lavergnee: L'oeil d'or. Claude Mellan. 1598–1688, Ausst.-Kat. Paris 1988, S. 115–119.

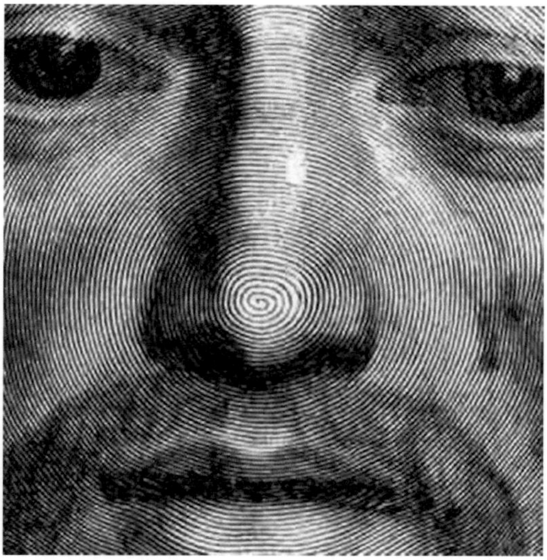

Abb. 14: Claude Mellan, Schweißtuch der Veronika (Sudarium), Kupferstich, 1649 (Detail)

Mellan verwendet Parallellinien, doch ausschließlich horizontale, die er zudem für die Darstellung der ewigen Nacht des Alls wie auch der Schatten auf der Mondoberfläche, aber auch für die beleuchteten Mondpartien einsetzt (**Abb. 12**)! Seine Schatten werden also auch nicht durch Schraffuren erzeugt, sondern allein durch die Variation der Dicke der gravierten Querlinien, also dadurch, dass eine Linie stellenweise mehr Tusche aufnimmt. Mellan hatte diese Technik in Rom gelernt; mit welchem Stolz er sie anwandte, belegt die Bildunterschrift zu seinem berühmten Stich des Schweißtuchs der Veronika (**Abb. 13**): „Aus einer einzigen Linie gemacht und keiner wird es mir nachmachen." Von der Nasenspitze ausgehend wird das gesamte Bild einschließlich der Schrift unten in einem einzigen, an- und abschwellenden Linienzug ausgeführt (**Abb. 14**).

Überträgt man diese Technik auf die Monddarstellung, werden ihre Vorzüge schnell offenbar, denn sie erlaubt eine überaus feine Licht-Schatten-Modulierung und eine subtile Darstellung der Oberflächenstrukturen. Mellan beginnt mit seiner Linienführung jeweils rechts und lässt die Linien dann an- und wieder abschwellen (**Abb. 15**). So zieht er die Linien vom Dunkel des Weltalls durch Licht-und Schattenseite des Mondes bzw. durch den Vollmond, um sie wieder im All enden zu lassen. Die Linien sind nur sichtbar, wenn man den Stich ganz nah vor Augen hat, mit etwas Abstand sieht man gestochen scharf die Konturen der einzelnen Krater und Gebirgszüge mit den jeweiligen unterschiedlichen Lichteinfällen.

Diese Technik machte offenbar Eindruck, denn nachdem Hevelius 1644 von Gassendi Mellans Stiche zugeschickt bekommen hatte, geht er ab 1645 dazu zu über, bei den Stichen für seine *Selenographia* die Schattenpartien

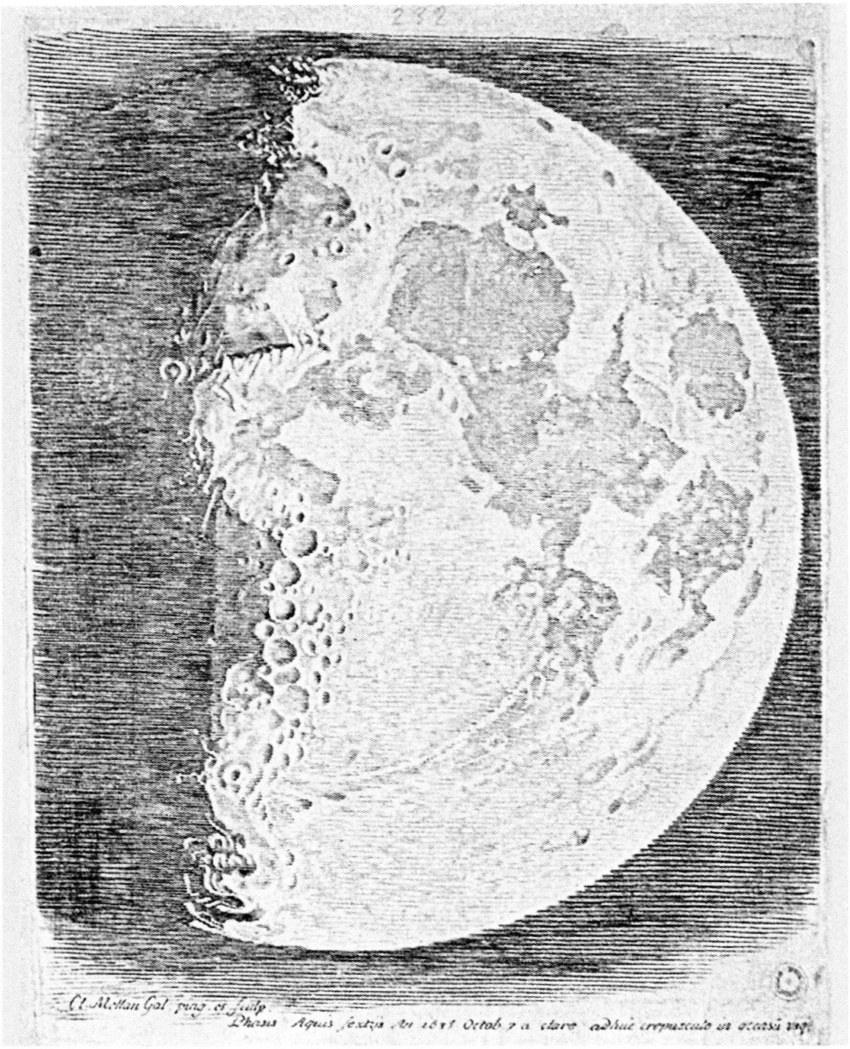

Abb. 15: Claude Mellan, Mondphase vom Beginn des zweiten Viertels, Kupferstich, 1636/37

anstatt mit Schraffuren mit Querlinien darzustellen, was man auch bei Hooke (s. **Abb. 10**) beobachten kann.[46] Auch bei der spektakulären Riesenmondkarte von 3,30 m Durchmesser mit bis dato ungekannter Auflösung und Schärfe im Detail, die Giovanni Domenico Cassini 1679 (**Abb. 16**) auf der Basis von 60, jeweils mit genauen Angaben zu den Umständen und

46 Vgl. Ashworth: The Map of the Moon (s. Anm. 4), S. 351.

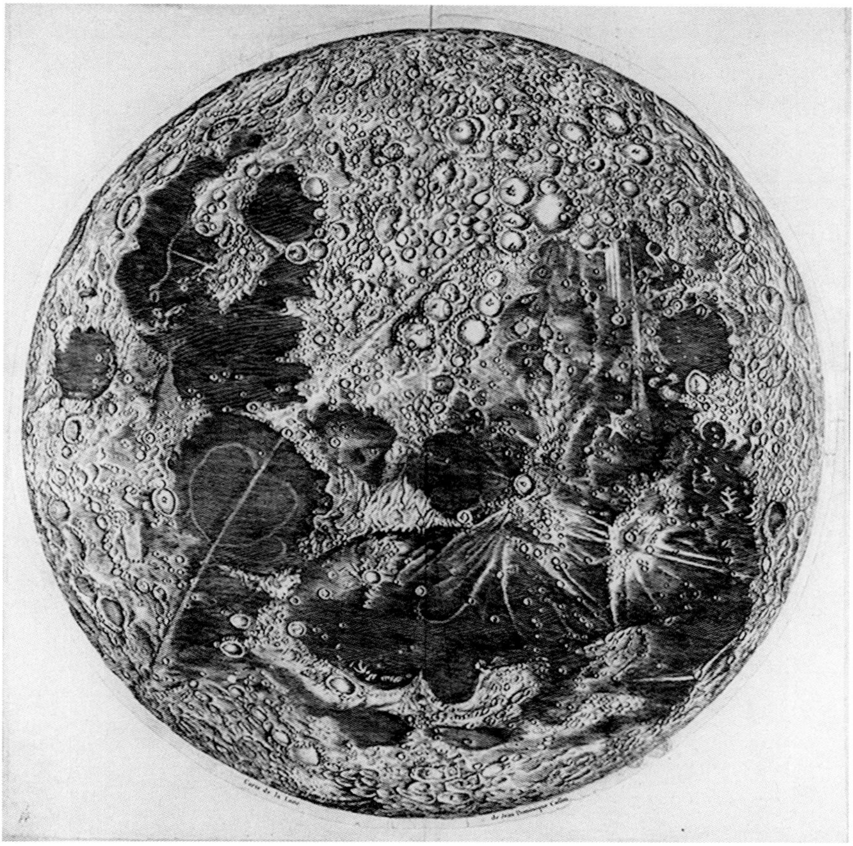

Abb. 16: Mondkarte, Kupferstich von Jean Patigny nach Zeichnungen bzw. Observationsergebnissen von Giovanni Domenico Cassini und Sébastien Leclerc, Durchmesser des abgebildeten Mondes 53 cm, 1679

Daten der Beobachtungen versehenen Zeichnungen erstellte und sich dabei der Mitarbeit des Geographen Sébastien Leclerc sowie des Künstlers Jean Patigny bediente, kam diese Technik zum Einsatz.[47] Diese Zeichnungen sind im Übrigen eine wunderbare Schatzgrube der zeichnerischen Erkenntnis.

Als Beobachtungsinstrumente dienten ihnen von Cassini aus Italien mitgebrachte Linsenfernrohre von Giuseppe Campani (1635–1715) mit Öffnungen von 8 und 10 cm und 550 cm Brennweite. Das Werk war 1679

47 Abbildungen und Scheden in Paolo Galluzi: Genesi e affermazione dell'universo macchina, in: ders. (Hrsg.): Galileo. Immagini dell'universo dall'antichità al telescopio, Florenz 2009, S. 298–414.

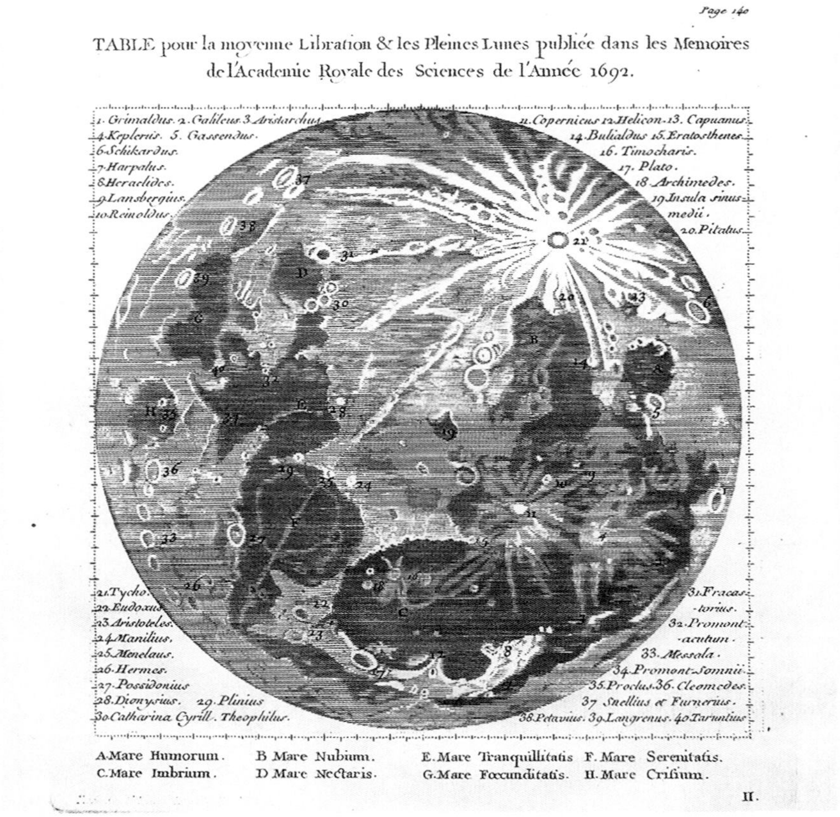

Abb. 17: Mondkarte, Kupferstich, aus: John Keill, Institutions astronomiques, Paris 1746, S. 140

vollendet und zeigte noch Strukturen mit einem Auflösungsvermögen bis hinunter zu 15 km, wobei das Gebiet um die Krater Petavius und Herklides sowie im Mare Serenitatis besonders zu betonen sind! Als nächsten Schritt ließ Cassini von dieser Karte eine Kupferplatte mit ungefähr 50 cm Durchmesser herstellen, die er zur Vervielfältigung benötigte. Unverständlicherweise jedoch kam es nicht zu einer Veröffentlichung. Die Beweggründe Cassinis, dieses zu unterlassen, sind nicht bekannt. Erst 1787 wurde sie in einer königlichen Druckerei wiedergefunden, Drucke erstellt und schließlich doch noch herausgegeben.[48]

Im Jahr 1692 veröffentlichte Cassini eine weitere Zusammenstellung von Mondzeichnungen, die auch zwei Arbeiten von Philippe de La Hire (1640–

48 Giovanni Domenico Cassini (1625–1712). o. O., o. J., https://www.der-mond.org/mondkarte/die-geschichte-der-mondkarte/ [04.03.2017].

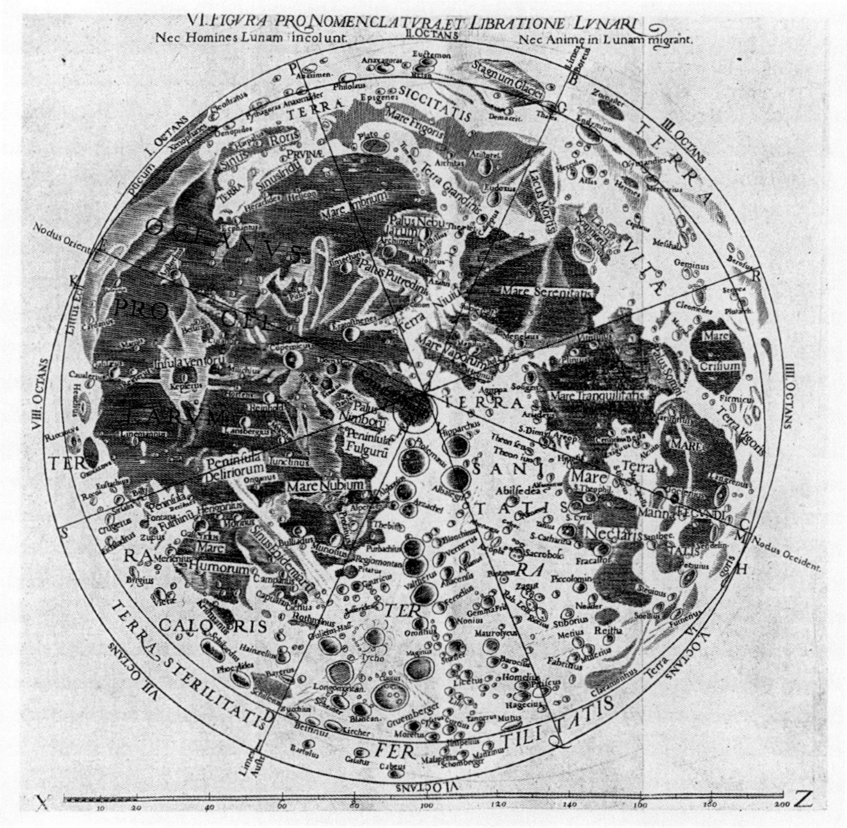

Abb. 18: Mondkarte, Kupferstich, aus: Giovanni Battista Riccioli, Almagestum novum, Bologna 1651, Tafel zu S. 204

1718), Mathematik- und Architekturprofessor in Paris, enthielt, wobei eine einen Vollmond aus dem Jahr 1682 zeigt. 1702 gab La Hire einen eigenen Katalog mit diversen Mondkarten heraus.

Das riesige Blatt Cassinis war jedoch äußerst unhandlich, also zirkulierten bald in den astronomischen und Traktaten und Handbüchern verkleinerte und vergröberte Versionen, die die Karten von Hevelius und Riccioli als Standardreferenzabbildungen ersetzten. Auch dieser Fall ist lehrreich: Cassinis Ruhm wuchs auf der Basis von Abbildungen, die seine Leistung nicht mehr erkennen ließen, aber noch von deren Ruf zehrten[49] (**Abb. 17**).

Um Mellans Mondstiche genauer beschreiben zu können, ist zunächst ein Blick auf die Mondkarte Ricciolis hilfreich, da deren Nomenklatur

49 Vgl. z. B. John Keill: Table pour le moyenne Libration & les Pleines Lunes, in: Keill, John: Institutions astronomiques [...], Paris 1746, Tafel gegenüber S. 140.

die Orientierung auf der Mondoberfläche erleichtern kann. (Die dunklen Flecke wurden für Meere gehalten, daher die entsprechenden Namen) (**Abb. 18**).

Nimmt man eine Wiedererkennbarkeit nach heutigen Kriterien zum Maßstab, lässt sich an Mellans Darstellungen keineswegs eine ‚photorealistische' Weise der Wiedergabe konstatieren, sondern viele Ungenauigkeiten im Detail kritisieren, was vor allem Humbert herausstrich.[50] So ist auf dem ersten Bild mit dem Vollmond die Darstellung noch eher grob und die Lage der östlichen Meere ungenau, auch die riesige westliche Mare-Region, nach Ricciolis Nomenklatur als Oceanus Procoelarum (Ozean der Stürme) bezeichnet, nachmals Landepunkt der Apollo 12, müsste viel dunkler dargestellt werden, doch wurden die Regenbogenbucht (Sinus Iridum) und der Krater Platon ziemlich gut getroffen. In Bezug auf Wiedererkennbarkeit aber auch im Hinblick auf die Beherrschung der Darstellungsmittel ist am besten die Darstellung des ersten Mondviertels ausgefallen, weshalb sie vermutlich als letzte entstand: Der Krater Eratosthenes liegt zwar etwas oberhalb des Terminators, doch ist er frappierend gut repräsentiert. Exakt sind auch die benachbarten Krater Ptolemäus, Alphonsus, Arzachel sowie Walter, Regiomontanus und Purbachius wiedergegeben. Hingegen fehlten die Apenninen gänzlich, und es sind zwei Krater der östlichen Alpen, Eudoxus und Aristoteles, mangelhaft positioniert. Bei der Darstellung des letzten Mondviertels müssten diese Krater eigentlich zum Beobachtungszeitpunkt im Schatten liegen, wenn, wie in der Mitte dargestellt, der Terminator gerade den Krater Albategnius durchzieht. Nun könnte man zwar argumentieren, dass gerade weil Mellans Stich am Terminator noch Einblicke in Krater zeigt, die eigentlich am Beobachtungstag noch nicht oder nicht mehr möglich sind, dies gerade einen Effekt der Libration darstellt, bei der unter flachem Winkel mit perspektivischer Verzerrung doch an der Schattengrenze Krater sichtbar sind, die eigentlich im Dunkeln liegen, doch dazu sind die Abweichungen der Terminatorlinie viel zu groß und manche Krater erhalten starke und tiefe Lichteinfälle, die so nicht beobachtbar sind. Zudem ist die gesamte Region westlich des Nektar-Meeres leer, obgleich dort Krater auch für die damaligen Beobachter hätten sichtbar sein müssen. Die auffällige Kraterkette westlich des Mare Imbriums lässt sich, vergleicht man sie mit heutigen Photographien,[51] nicht entdecken.

Man muss sich heutige Wertmaßstäbe nicht zu eigen machen und dennoch zugestehen, dass auch eine solche Bildbetrachtung Rückschlüsse er-

50 Vgl. Humbert: La première carte de la lune (s. Anm. 25), S. 205.

51 Siehe den Bildvergleich zwischen Mellans Stich und einer Mondphotographie des Lick Observatoriums, unter: o. O., o. J., http://www.thelivingmoon.com/47john_lear/02files/Lick_Observatory_Trip.html [03.09.2018].

laubt, inwiefern die Monddarstellungen Mellans im damaligen Kontext als akkurat gelten konnten. Gehen wir z. B. von dem Verlauf der Schattenlinie auf der Darstellung des letzten Mondviertels aus, die nördliche Mondpartien zu einem Zeitpunkt im Licht zeigt, der nicht zur Schattengrenze weiter im Süden passt, so kann man schließen, dass Mellan sehr wahrscheinlich Beobachtungen von verschiedenen Tagen synthetisiert hat. Doch was folgt aus dieser Feststellung?

Peiresc und Gassendi verfolgten mit den Mondbeobachtungen mehrere Ziele. Zunächst trieb sie die Idee um, dass wenn es ihnen gelingt, bei der Beobachtung einer totalen Mondfinsternis festzustellen, wann genau einzelne Regionen des Mondes vom Erdschatten verdunkelt werden, dies als Orientierung dienen konnte, um die Längendifferenz zwischen Paris und Aix-en-Provence zu bestimmen. Dazu musste man jedoch die Mondoberfläche kartographieren und markante Anhaltspunkte wie Krater und Gebirgszüge identifizieren. Hinzu kam die Hoffnung, auf diesem Umweg auch die für die Navigation auf dem Meer enorm wichtige Bestimmung des Längengrades auf der Erde vornehmen zu können, für die man die exakte Uhrzeit brauchte, die zu ermitteln seinerzeit ein Riesenproblem war, da man keine präzisen Uhren hatte.[52] Bei einer Mondfinsternis könnte man von jedem Punkt der Erde aus, wo der Mond über dem Horizont steht, den Augenblick erhaschen, an dem eine bestimmte Mondstruktur, beispielsweise ein Krater, erstmalig vom Erdschatten überdeckt wird, und so den exakten Zeitpunkt bestimmen. Dazu waren möglichst genaue Mondkarten nötig, die eindeutig identifizierbare und benennbare Struktureigentümlichkeiten der Mondregionen zeigen. Eine solche Mondkarte sollten Mellans Stiche vorbereiten, und Gassendi machte sich daran, eine eigene Nomenklatur auszuarbeiten. Das Projekt kam jedoch abrupt zum Ende, als Peiresc 1637 verstarb.

Im Unterschied zu Galilei waren Peiresc und Gassendi Baconianer, sie postulierten, man solle genaue Beobachtungen anstellen und möglichst viele Vergleichsbeobachtungen sammeln, um von diesen Daten aus Hypothesen über die möglichen Ursachen der Phänomene aufzustellen.

Für Gassendi ist die Astronomie daher nicht wie in der Antike eine statische Wissenschaft, die den unwandelbaren ewigen Lauf der Gestirne untersucht, sondern eine Erfahrungswissenschaft, die möglichst viele Beobachtungen anstellen muss, um auf der Basis dieser Beobachtungen Hypothesen aufstellen zu können, die dann die zukünftigen Generationen ergänzen und im Lichte besserer Theorien interpretieren können, sie schreitet daher beständig fort.[53] Die Astronomie ist dadurch aber auch eine historische und

---

52 Zur Einführung in die Problematik siehe: Dava Sobel: Längengrad, Berlin 2000.

53 Gassendi: Opera omnia (s. Anm. 36), Bd. VI, S. 209.

philologische Wissenschaft, da sie mithilfe der Philologie auch die Aufzeichnungen von Beobachtungen aus vergangenen Jahrhunderten zur Verbreiterung der Vergleichsbasis sammeln soll.[54] Hier trafen und ergänzten sich Gassendis Interessen mit denen des Humanisten und unermüdlichen Jägers und Dokumentators antiker Zeugnisse Peiresc. Dass jemand Beobachtungen und Experimente anstellt, sagt jedoch noch nichts über den methodologischen Status empirischer Erfahrung aus, und die Gemeinsamkeiten zwischen beiden endeten beim Problem, wie man die Beobachtungsdaten in einen theoretischen Rahmen einbetten kann, in dessen Lichte sie erst geprüft werden können, eine Frage, die den eher an praktischen Lösungen interessierten Peiresc weniger beschäftigte, dafür Gassendi aber umso mehr umtrieb. Ihm war bewusst, dass Beobachtungen und Experimente verschieden interpretiert werden und wissenschaftlich verwertbare Sätze daher nicht durch reine Beobachtungen alleine gesichert werden können, sondern auch überzeugend theoretisch erklärt werden können müssen, wenn sie Anerkennung finden sollen. Philosophieren müsse man mit den Augen, wer stattdessen nur disputiere und argumentiere, spinne sich in „figmenta", „chimaerae" und „insomnia" ein.[55] Sensus und intellectus müssten zusammenspielen, um wissenschaftliche Erkenntnisse zu ermöglichen.[56] Gassendi hatte zu diesem Zeitpunkt noch nicht seinen Atomismus entfaltet,[57] der ihm später die in diesem Zusammenspiel anvisierte theoretische Einbettung von Sinnesdata eröffnete, es fehlte ihm also noch das theoretische Rüstzeug.

In seiner *Vita des Peiresc* berichtet er daher im Rückblick ausführlich, dass Peiresc und er das Längengradproblem lösen wollten, beginnt dann aber über viele Seiten hinweg[58] die naturphilosophischen Konsequenzen der Mondbeobachtungen auszumalen. Hauptbefund ist, dass Mond und Erde vergleichbar seien, in dieser Frage ist Gassendi, wenn auch vor anderem Hintergrund, entschiedener Parteigänger Galileis. Er gibt dabei weiter zu bedenken, dass so wie auch auf der Erde es in einigen Regionen Erdformationen und Lebewesen gebe, die in anderen Regionen nicht anzutreffen

54 Ebd., S. 29.

55 Vgl. „Quam praeclarum interim est, quod de faciundis Philosophi experimentis rationaris! Quippe experientiam rerum Magistram iure confers cum oculo, quo qui destituuntur Andabateae fiunt, & non tam Philosophiam, quam Mataaeotechniam sectantur. Nam illi quidem sibi officio praeclare perfuncto videntor, cum disputationum, quaestionum, argutationum seriem struxere; at, quod ingenij potius figmentis, quam experimentis inaddificent; deprehenduntur nihil aliud, quam chimaeras coacervare, insomniaque pertexere." Ebd., S. 309.

56 Ebd., S. 29.

57 Vgl. dazu grundsätzlich: Wolfgang Detel: Die Einführung atomistischer Grundsätze bei Gassendi und Epikur, in: Philosophia Naturalis 16 (1976), S. 167–190; ders.: War Gassendi ein Empirist?, in: Studia Leibnitiana 65 (1975), S. 178–221.

58 Gassendi: Vita Peirescii (s. Anm. 33), S. 299–306.

sind, in Amerika Tiere und Pflanzen entdeckt wurden, die man in Europa nicht kannte. Man müsse daher auch beim Mond davon ausgehen, dass die dortigen Verhältnisse nicht einfach identisch mit denen der Erde seien, sondern wahrscheinlich nur teilweise übereinstimmten, man also eher annehmen müsse, dass dort andere Lebensformen und Phänomene entstünden. Diese Einsicht begründet dann die Forderung nach weiteren und immer genaueren Beobachtungen des Mondes.

Wir sind nun an einem Punkt angelangt, von dem aus endlich der Status der Monddarstellungen Mellans bewertet werden kann. Mellans Stiche sollten zunächst die aktuellen Beobachtungen festhalten und den zukünftigen Generationen eine Vergleichsbasis an die Hand geben. Außerdem erlauben sie, erste naturphilosophische Hypothesen zu formulieren, die im Lichte späterer Beobachtungen überprüft werden können. Für Peiresc und teils auch für Gassendi sollten sie aber vordringlich dazu dienen, eine Mondkarte vorzubereiten, mit deren Hilfe der Längengrad bestimmt werden könnte. Überhaupt forderte Gassendi die „Selenographie" als eine für Astronomie wie Physik gleichermaßen nützliche Wissenschaft zu etablieren.[59] Wenn aber, wie oben vorgeführt, Mellan Beobachtungen verschiedener Tage in seinem Stich zusammenfasst und den Terminator freizügig verlaufen lässt, ist dieser Zweck verfehlt. Auch Gassendis Projekt der Benennung des Mondes wurde recht bald abgebrochen, vermutlich, weil manche der Krater nicht in der von Mellan gezeigten Position wiederzufinden waren und nach Peirescs Tod die finanziellen Mittel fehlten, um neue Karten stechen zu lassen. Dies erklärt auch, weshalb Gassendi dazu überging, Kopien an Hevelius zu senden, denn die Monddarstellungen sollten zum einen zwar diesen unterstützen, zum andern aber auch durch ihn verbessert werden. Es wird vielleicht aber auch Galileis Urteil nachvollziehbar, nämlich dann, wenn wir unterstellen, dass er um den neuen Zweck der Karten wusste – was er sicher tat – und sie daher nicht im Lichte seiner eigenen früheren Agenda bewertete, sondern im Hinblick darauf, ob nach ihnen Mondkarten erstellt werden können. Für die naturphilosophischen Spekulationen Gassendis blieben Mellans Mondbilder indes ohne Einschränkung gültig, was erklärt, dass er noch viele Jahre später unermüdlich ihre überlegene Qualität preist.

„Mellan's three engravings" seien, so Albert Van Helden, „surely the finest artistic renderings of the Moon ever made, but they show an artist's Moon, not an astronomer's Moon"[60]. Die hier erzählte Geschichte der Mondbeobachtungen jedoch lehrt, dass die im Zyklopenauge (nicht nur) dieses Wissenschaftshistorikers erscheinende Spaltung zwischen einem Mond für

59 Gassendi: Vita Peirescii (s. Anm. 33), S. 300.

60 The Moon, o. O., o. J., http://galileo.rice.edu/sci/observations/moon.html [03.09.2018].

Künstler und einem für Astronomen nie existierte. Bei Galilei, Peiresc, Gassendi, Mellan, Hevelius, Hooke oder Cassini gab es bei der Erzeugung und Darstellung astronomischen Wissens immer ein Zusammenspiel von ästhetischen und wissenschaftlichen Faktoren. Was sich aber auch zeigte, ist, dass es kein absolutes Kriterium für künstlerische und wissenschaftliche Evidenz von Abbildungen gibt, sondern dass je nach regierendem Denkstil gemäß der dort immanent geltenden spezifischen Exaktheits- und Akkuratheitsvorstellungen Evidenzen gestiftet werden.

Patrizia Solombrino

Gestaltwandel am Himmel

Projekte christlicher Sternbilder im 17. Jahrhundert

Ein besonderes Exemplar unter den Kartenwerken stellt der Atlas *Coelum stellatum Christianum* von Julius Schiller dar (**Abb. 1**).[1] Er wurde wie der Archetyp der Sternkarten, die *Uranometria* von Johannes Bayer, in Augsburg herausgegeben.[2] Der große Unterschied der beiden Werke besteht darin, dass die kunstfertigen Bildfindungen zu den Sternbildern nicht die traditionellen, mythologischen Figuren zeigen, sondern stattdessen christliche Persönlichkeiten oder Symbole. Die beiden bemerkenswerten Werke trennen 24 Jahre. Schiller vermerkt im Titel, dass Johannes Bayer bei dieser neuen Uranometrie mitgearbeitet habe.[3] Worin genau sich diese Zusam-

1 Julius Schiller: Coelum stellatum Christianum [...] restitutum humili conatu et voto Julii Schilleri; sociali operâ Joannis Bayeri uranometriam novam [...] suppoditantis; Matthiae Kageri picturam primo concinnantis; scalpello qua imagines Lucae Kiliani; qua stellas Casparis Schecksii, Augsburg 1627. Es gibt keine weiteren Auflagen des Werks von Schiller, aber in Gestalt zweier meist handkolorierter Hemisphären wird die christliche Umdeutung in der *Harmonia macrocosmica* des Andreas Cellarius wiederaufgenommen. Andreas Cellarius: Harmonia macrocosmica, Amsterdam 1661, S. 22f.

2 Johannes Bayer: Uranometria, omnium asterismorum continens schemata, nova methodo delineata, aereis laminis expressa, Augsburg [1603]; ders.: Joannis Bayeri Rhainani Uranometria omnium asterismorum continens schemata nova methodo delineata [...], Ulm 1661. Sieben Auflagen erfuhren die Tafeln ohne Text, wenn man den ersten Raubdruck mit einberechnet. Fünf Auflagen kamen nur mit dem Text allein mit folgendem Titel heraus: *Explicatio characterum aeneis Uranometria imaginum, tabulis, insculptorem, addita et commodiore hac forma tertium redintegrata.* 1720 folgt eine deutsche Übersetzung des Werks: Johannes Bayer: Uranometrie; und deutliche Erklärung der Buchstaben und Zeichen so in der Kupfer-Tabellen Seiner Uranometrie Befindlich, Ulm 1720. Siehe für die verschiedenen Ausgaben: Ernst Zinner: Verschiedene Ausgaben von Schillers Coelum Stellatum Christanum, in: Vierteljahresschrift der astronomischen Gesellschaft 72 (1937), S. 64–68.

3 Johannes Bayer (1572–1625) schrieb sich 1592 für das Studium der Philosophie in Ingolstadt ein und war ab 1612 als Jurist in Augsburg mit einem Verdienst von 500 Gulden jährlich tätig. Die Auszahlung der Stadt Augsburg 1603 von 150 Gulden für die Herausgabe der *Uranometria* erscheint im Vergleich zu seinem Sold beträchtlich. Götz Freiherr von Pölnitz (Hrsg.): Die Matrikel der Ludwig-Maximilians-Universität Ingolstadt-Landshut-München, Teil 1, Bd. 1: 1472–1600, München 1937, Sp. 1272; Franz Babinger, Johannes Bayer: Der Begründer der neuzeitlichen Sternbenennung. Ein lebensgeschichtlicher Versuch, in: Archiv für die Geschichte der Naturwissenschaften und der Technik 5

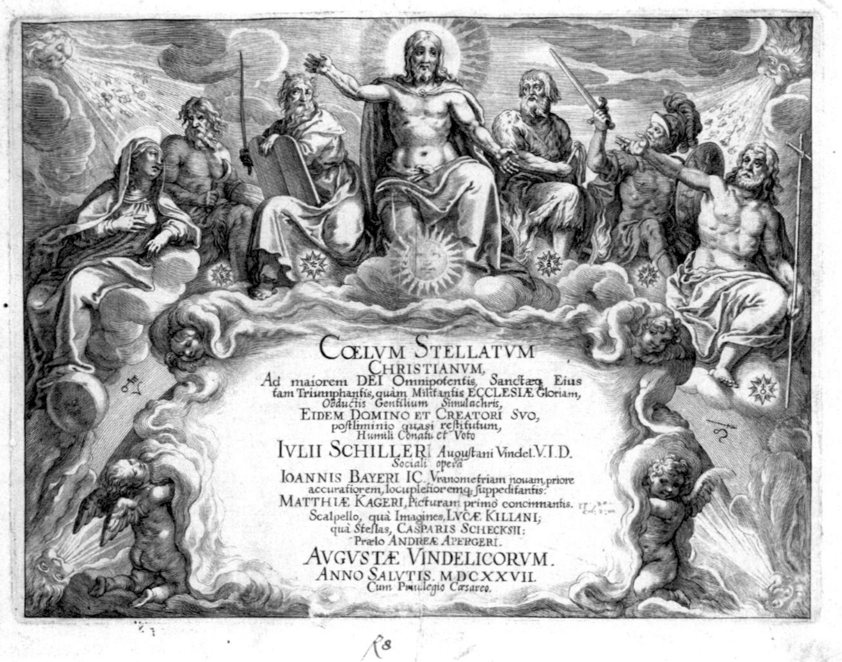

Abb. 1: Lucas Kilian (1579–1637), nach Johann Matthias Kager (1575–1634), Titelkupfer, aus: Julius Schiller, Coelum stellatum Christianum, Augsburg 1627, Universitätsbibliothek Basel: Kn I 4 Folio

menarbeit manifestierte, bleibt unklar. Da Schiller selbst aber, wie er in einem Brief an Wilhelm Schickard zugibt, nicht mit astronomischen Instrumenten umgehen konnte, wird Schiller vor allem für die Konzeption und Anordnung der christianisierten Bilder zuständig gewesen sein. Bayer hingegen verfügte über das nötige astronomische Wissen.[4] Nach dem Tod von Johannes Bayer 1625 übernahm Jacob Bartsch diesen Part. Als Julius Schiller zwei Jahre später, noch vor der Publikation des Werks verschied, vollendete Bartsch das Werk und brachte es zur Veröffentlichung.[5]

(1915), S. 108–113, hier S. 110; Hilmar W. Duerbeck: Die Uranometria des Johannes Bayer, in: Sterne und Weltraum 17/123 (1978), S. 405–411.

4 Julius Schiller an Schickard in Tübingen, Augsburg 10.6.1626 (20.6. n. St.), „Ego quidem Instrumentorum Mathematicorum nullum habeo usum, [...].“ Wilhelm Schickard: Briefwechsel, hrsg. von Friedrich Seck, 2 Bde., Stuttgart–Bad Cannstatt 2002, Bd. 1, Nr. 118, S. 213.

5 Julius Schiller (?–1627), studierte in Ingolstadt ab 1598 Recht. Er wird in einem Beileidsschreiben als Rechtsgelehrter, Gerichtsbeisitzer und städtischer Scholarch in Augsburg bezeichnet. Von Pölnitz (Hrsg.): Matrikel (s. Anm. 3), Sp. 1388; Hilmar W. Duerbeck:

Das ungewöhnliche Programm des *Coelum stellatum Christanum* wird durch den Titel deutlich: „Zum größeren Ruhm des allmächtigen Gottes und seiner heiligen so siegreichen wie streitkräftigen Kirche der christlich gestirnte Himmel, der einst durch heidnische Götzenbilder verhüllt war und jetzt dem Schöpfergott in seinem ursprünglichen Zustand zurückerstattet wird.“[6]

Die Leserschaft wird dank der Widmung an den Kaiser Ferdinand II. (1578–1637) und typischer katholischer Figuren und Symbole (die Heiligen Sylvester oder Mitra) als genuin katholisch definiert.[7] Es wird hier nicht, wie bei der *Uranometria* von Bayer, ein allgemeines Publikum von Astronomen angesprochen, sondern ein spezifisch katholisches. Es stellt sich die Frage, ob der Atlas für Astronomen gedacht war oder versucht durch die ästhetische Wirkkraft der Bilder eine breitere katholische Leserschaft anzusprechen. Diese These wird durch die betonte Darstellung der Konstellationen und sichtbare Rücknahme der Gestaltung der Sterne unterstützt.[8] Dennoch bietet der Sternatlas astronomische Informationen auf dem höchsten Niveau der Zeit.[9]

Der christliche Sternhimmel des Julius Schiller, in: Sterne und Weltraum 18/12 (1979), S. 408–413; Siegmund Günther: Art. „Julius Schiller“, in: Allgemeine Deutsche Biographie, hrsg. durch die Historische Comission bei der Königl. Akad. der Wiss., Bd. 31, Leipzig 1890, S. 249–250; Stadt Augsburg (Hrsg.): Welt im Umbruch. Augsburg zwischen Renaissance und Barock, 3 Bde., Ausst.-Kat. Augsburg 1980–1981, Bd. 2, S. 353.

6 „Coelum stellatum Christianum, ad maiorem Dei Omnipotentis Sanctaeque, Eius tam Triumphantis quam Militantis Ecclesiae gloriam, obductis Gentilium Simulachris, eidem domino et creatori suo, postliminio quasi restitutum […]“. Schiller: Coelum stellatum Christianum (s. Anm. 1), Titelkupfer.

7 1619 zum Kaiser des Römischen Reiches gekrönt. Ferdinand II. versuchte den absoluten Anspruch an Gültigkeit der katholischen Kirche in seinem Hoheitsgebiet durchzusetzen. Thomas Brockmann: Dynastie, Kaiseramt und Konfession. Politik und Ordnungsvorstellungen Ferdinands II. im Dreißigjährigen Krieg, Paderborn 2011, S. 455.

8 Dies wird auch durch die Wiederaufnahme der Stiche im Prachtband von Cellarius von 1661 bestätigt. Cellarius: Harmonia macrocosmica (s. Anm. 1) , S. 22f.

9 Gesamthaft werden im Schillerschen Werk etwa ein Drittel mehr Sterne aufgezeichnet als bei der *Uranometria* von Bayer. Es kann nachgewiesen werden, dass im *Coelum stellatum Christianum* Beobachtungen mit dem Teleskop aufgenommen wurden. Es wird beispielsweise vermerkt, dass Galileo Galilei vier Mal so viele Sterne (36) in den Plejaden (Sternbild Stier) als bisher (12) mit dem Teleskop entdeckt hätte. Somit gilt die Publikation von Schiller als akkuratester Atlas, den es vor der Herausgabe des Sternatlasses von Johannes Hevelius 1690 gab. Johannes Hevelius: Johannis Hevelii prodromus astronomiae, exhibens fundamenta, quae tam ad novum planè & correctiorem stellarum fixarum catalogum construendeum, quàm ad onmium planetarum tabulas corrigendas omnimodè spectant; nec non novas & correctiores tabulas solares, aliasque plurimas ad astronomiam pertinentes […] quibus additus est uterq[ue] catalogus stellarum fixarum, tam maior ad annum 1660, quam minor ad annum completum 1700. Acessit corollarii loco tabula motus

Im Aufbau, der Reihenfolge der Konstellationen und der Auflistung der Informationen gleicht Schillers Werk sehr stark seinem Vorbild, der *Uranometria* von Bayer. Die 54 Sternbilder wurden von Johann Matthias Kager gezeichnet[10] und von Lucas Kilian gestochen.[11] Kaspar Schecks hatte zuvor die Sterne auf den Stichen positioniert.[12] Ebenso wie auf dem Bayerschen Atlas spannt sich das trapezoide Gitternetz über die Bilder.[13] Im Gegensatz zu Bayer lässt Schiller aber die Sternbezeichnung durch griechische Buchstaben weg und ersetzt sie durch Zahlen, die jedoch nicht mehr der Helligkeit der Sterne folgen.[14]

Das Vorwort fällt im Vergleich zu Bayers Werk wegen der Verteidigung und Erklärung zu den christlichen Sternbilder deutlich länger aus.[15] Darin wird betont, dass jeder Tag der Ehre Gottes dienen soll, und deshalb sollte der Himmel mit dem Abbild vorbildhafter, christlicher Taten besetzt sein. Denn Bilder memorieren die Heilsgeschichte und regen den Gläubigen zu guten Taten an, im Gegensatz zu den verwerflichen Geschichten der

---

lunae libratori, ad bina secula proxime ventura prolongata, brevi cum descriptione, eiusque usu, Danzig 1690; Deborah Jean Warner: The Sky Explored. Celestial Cartography 1500–1800, Amsterdam 1979, S. 232.

10 Johann Matthias Kager (1575–1634) war katholischer Maler, Kupferstecher und Entwurfszeichner für Kunstgewerbe und Architektur. Er erhielt seine Ausbildung in München und war tätig für den Bayerischen Hof. Ab 1603 erhielt er das Bürgerrecht und Handwerksrecht in Augsburg. Ab 1611 Mitglied des großen Rates, ab 1615 Stadtmaler. Stadt Augsburg (Hrsg.): Welt im Umbruch (s. Anm. 5), Bd. 2, S. 122.

11 Lucas Kilian (1579–1637) war evangelischer Zeichner und Kupferstecher. Er hielt sich von 1601–1604 in Venedig auf und war Familienmitglied der bedeutenden Stecher-Familie Kilian. Ebd., Bd. 2, S. 256.

12 Über Kaspar Schecks ist nur sein Todesdatum 1665 bekannt. Ebd., Bd. 1, S. 354.

13 Die Koordinaten beziehen sich auf die Ekliptik (die scheinbare Bahn der Sonne am Himmel). Gegenüber dem Himmelsäquator, der dem Erdäquator gleichgesetzt ist, ist die Ekliptik um 23,5 Grad geneigt. Die Koordinaten geben die ekliptikale Länge, vom Frühlingspunkt aus gezählt, sowie die ekliptikale Breite an.

14 Johannes Bayer beschreibt die Sternpositionen nicht mehr in Worten, wie das gemeinhin seit Ptolemaios üblich war und was zu falschen Schlüssen führen konnte, sondern bezeichnete sie mit den Buchstaben des griechischen Alphabets. Diese praktische Neuerung stammte nicht von ihm, sondern wurde schon von Alessandro Piccolomini in seiner astronomischen Schrift *De le stelle fisse* verwendet. Alessandro Piccolomini: De le stelle fisse, Venedig 1540; Duerbeck: Uranometria (s. Anm. 3), S. 405. Mithilfe der alphabetischen Reihenfolge sind die Sterne für den Betrachter nach dem Grad ihrer Helligkeit erfassbar. Ashbrook zeigt auf, dass Bayer mit dem Grad der Helligkeit Fehler unterlaufen sind und schließt daraus, dass man höchstens auf die Größe der Sterne schließen könne. Die exakte Helligkeit der Sterne von 1603 könne folglich nicht aus dem Katalog herausgelesen werden. Ashbrook: Johann Bayer and his star nomenclature, in: Sky and Telescope 45 (1973), S. 293.

15 Schiller: Coelum stellatum Christianum (s. Anm. 1), S. 1–18.

Mythologie, die einen negativen Einfluss auf den Menschen haben und ihn verwirren können.[16] Ein die Welt umspannendes Himmelsgewölbe, auch wenn es ehemals mit heidnischen Figuren besetzt war, kann gemäß Schiller umgewandelt werden. Genauso wie dies für andere heidnische Orte geschehen war, wie beispielsweise beim Pantheon in Rom.[17]

Die Dreiteilung des Werks gliedert sich wie beim Vorbild der *Uranometria* von Bayer in die Beschreibung des nördlichen und südlichen Sternenhimmels und dazwischen den Tierkreis. Nur werden bei Schiller die mythologischen Figuren am nördlichen Sternhimmel durch die Figuren des neuen Testaments ersetzt,[18] der Tierkreis wird mit den zwölf Aposteln ausgetauscht[19] und den südlichen Sternhimmel bevölkern nun die Figuren des Alten Testaments. Die radikale Veränderung geht soweit, dass Schiller darüber hinaus auch die Planeten umbenennt. Die Sonne wird zu Christus, der Mond zur Jungfrau Maria, Saturn zu Adam, Jupiter zu Moses, Merkur zu Elias, Mars zu Josua und Venus zum Johannes dem Täufer. Allfällige Kritik dazu versucht er im Vorwort zu entkräften, indem er erklärt, dass die Verwendung der neuen Planetennamen nicht lächerlich klinge, da eine neue Art der Sternkultur entstehen würde, die vorbildhaft von der Heilsgeschichte erzähle. Die Sprache der Astrologen würde sich außerdem den religiösen Geschichten am Himmel anpassen. Die neugestalteten Sterne können nicht am Unglück und Leid der Menschen schuldig sein, da Heiligenfiguren nicht für Negatives verantwortlich sind.[20]

Schon vor der Publikation wurde das Werk von Schiller kritisiert. Erhalten geblieben ist uns ein Brief von Wilhelm Schickard, der sich 1624 an Kepler wendet, um ihn nach seiner Meinung zur bebilderten *Uranometria* von Schiller zu fragen, die demnächst herauskommen würde. Die Antwort von Kepler ging zwar verloren, dennoch bemerkte Wilhelm Schickard abschließend, dass der Autor, Julius Schiller, wohl heftig kritisiert werden würde. Er erinnert sich, wie schonungslos er selbst verurteilt wurde, als er

16 Schiller: Coelum stellatum Christianum (s. Anm. 1), S. 1f.

17 Ebd., S. 3.

18 Die Mitra, Silvester, Hieronymus, Benedikt und Katherina sind keine Objekte oder Figuren aus dem Neuen Testament, befinden sich jedoch auf der nördlichen Himmelsphäre.

19 Schiller beruft sich auf Hieronymus Drexel (Jeremias Drexel), der in rudimentärer Form 1618 und dann 1622 (1. Ausgabe) den *Zodiacus Christianus* herausgab und dabei die Tierkreiszeichen durch zwölf Sachsymbole (*Signa präedestiantions*) ersetzte. Schiller: Coelum stellatum Christianum (s. Anm. 1), S. 13; Jeremias Drexel: Jeremias Drexel's ‚Christian Zodiac'. Seventeenth-Century Publishing Sensation, übers. und komm. von Nicholas J. Crowe, Farnham 2013.

20 Schiller: Coelum stellatum Christianum (s. Anm. 1), S. 3.

seine christianisierten Vorschläge in leicht nachvollziehbaren Analogien in seinem Werk *Astroscopium* darlegte.[21]

In einem anonymen Brief wird Schiller auf die befremdlichen Formulierungen angesprochen, die seltsame Assoziationen hervorrufen, wie bspw.: Christus steht in Opposition zu Maria (Sonnenfinsternis) oder Christus steht in Konjunktion zu Maria (Neumond). Dieser kritische Brief begründet wohl auch die ausführliche Auseinandersetzung mit der Thematik im Vorwort.[22]

Spätere Wissenschaftler wie Athanasius Kircher,[23] aber auch der polnische Astronom Johannes Hevelius lehnten Schillers Ansatz der Neugestaltung des Himmels ab.[24] Ihr Hauptargument dagegen war die Verwirrung, die durch die Zurückweisung der traditionellen Namen entstand und den Vergleich von alten und neuen, astronomischen Beobachtungen verhinderte.

Ein weiterer Kritikpunkt lag darin, dass es nicht so ohne weiteres gelang, Gestalten komplett zu überschreiben. Denn die Bezeichnungen der Konstellationen vermitteln eine Bedeutung und stellen eine Tradition dar, die nicht mit ihrem Gegenteil überschrieben werden kann. Darauf bezieht sich auch Philipp von Zesen in seinem *Coelum astronomico poeticum* (1662), wenn er anhand des Beispiels des Widders erklärt, dass der lüsterne und unzüchtige Widder dem vorbildlich frommen Wesen des Heiligen Petrus widerspreche, den Schiller als Ersatz vorgeschlagen hatte. Zudem bestreitet er die Praktikabilität einer völligen Neuordnung des Himmels.[25]

---

21 Wilhelm Schickard an Johannes Kepler in Linz. Tübingen 30.09.1624. Schickard: Briefwechsel (s. Anm. 4), Bd. 1, S. 159f., Nr. 67.

22 Diesen kritischen, anonymen Brief legte Julius Schiller in einer Abschrift seinem Brief an Wilhelm Schickard in Tübingen bei, Augsburg 10.09.1624. Ebd., Bd. 1, S. 157–159, Nr. 66.

23 „Huic malo ut quoquo modo vel serò mederetur, Julius Scillerus, I.C. Augustanus, Anno 1627 edidit coelum Christianum, ubi mutatis antiquorum nominibus, singulas constellationes novis ac piis appellat nominibus, facitque ex Ursa minore S. Michaëlem […]. Sed nomina antiqua tam altas jecêre radices, ut ea vel inviti retinere cogamur." Athanasius Kircher, Kaspar Schott: […] Iter Exstaticum Coeleste. Quo Mundi opificium, id est, Coelestis Expansi, siderumque tam errantium, quàm fixorum natura, vires, proprietates, singulorumque compositio & structura, ab infimo Telluris globo, usque ad ultima Mundi confinia, per ficti raptus integumentum explorata, novâ hypothesi exponitur ad veritatem, interlocutoribus Cosmiele et Theodidacto, Würzburg 1671, S. 335.

24 Hevelius: Prodromus astronomiae (s. Anm. 9), 2. Buch, S. 10–17; Christian Freiherr von Wolff: Art. „Astrum", in: Christian Freiherr von Wolff: Mathematisches Lexicon darinnen die in allen Theilen der Mathematick üblichen Kunst-Wörter erkläret, und zur Historie der Mathematischen Wissenschaften dienliche Nachrichten ertheilet […], Leipzig 1716, Sp. 207–213.

25 Philipp von Zesen: Sämtliche Werke, Bd. 18, Teil 1: Coelum astronomico-poeticum sive mythologicum stellarum fixarum (= Astronomisch-dichterischer oder mythologi-

Erst in der ersten Hälfte des 18. Jahrhunderts werden die Sternbilder auf ihre rein mnemotechnische Aufgabe reduziert: Im Universallexicon von Zedler wird unter dem Begriff ‚Astra' vermerkt, dass die Bilder nur zufällig seien und dass sich der Sprung zur Bibel immer anbiete. Die Bilder selbst hätten im Grunde gar nichts mit der Astronomie zu tun, sondern seien nur Gedächtnisstützen.[26]

Christliche Umdeutungen am Sternenhimmel

Als christianisierende Neugestaltungen oder Umdeutungen zu den Sternkarten müssen folgende Vorläufer genannt werden: Wilhelm Schickard und Jacob Bartschs Unterweisung in die Astronomie[27] sowie weitere Beispiele aus der Mitte des 17. Jahrhunderts, die im Bereich der astronomischen Publikationen anzusiedeln sind: einerseits Georg Philipp Harsdörffers Kartenspiel (1656) und anderseits das mythographische Werk von Philipp von Zesen *Coelum astronomico-poeticum* (1662).[28]

Wilhelm Schickard bot beispielsweise in seinem *Astroscopium* (1623), einem handlichen Buch zur Astronomie (**Abb. 2**), christliche analoge Bilder für die heidnischen Konstellationen an. Das Werk erfuhr sechs Auflagen, denen zwei Karten beigefügt waren.[29] Charakteristisch für diese Sternkarten ist das Fehlen eines kleinen Segments, längs dessen Rändern es zu einem flachen Kegel verklebt wird. Dies hat den Vorteil, dass die Sterne so betrachtet werden konnten, wie diese sich am nächtlichen Himmel zeigten.[30]

---

scher Fixsternhimmel), hrsg. und übers. von Reinhard Klockow, Berlin 2011, S. 46–53, insbesondere S. 53; Reinhard Klockow: Philipp von Zesens Coelum astronomico-poeticum. Eine Vorschau auf die geplante Neuedition, in: Maximilian Bergengruen, Dieter Martin (Hrsg.): Philipp von Zesen. Wissen – Sprache – Literatur, Tübingen 2008, S. 161–180, hier S. 163–164.

26 Art. „Astrum", in: Johann Heinrich Zedler (Hrsg.): Grosses Vollständiges Universal-Lexikon, Bd. 2, Halle 1732, Sp. 1977–1981, hier Sp. 1981.

27 Wilhelm Schickard: Astroscopium, [Tübingen] 1623; Jacob Bartsch: Usus Astronomicus Planisphaerii Stellati, Straßburg 1624, http://www.atlascoelestis.com/Bartsch.htm [12.04.2014].

28 Zesen: Coelum astronomico-poeticum (s. Anm. 25).

29 Nämlich: 1646, 1655, 1659, 1665, 1687, 1698.

30 Den Ausgaben von 1623 fehlen die Sternkegel, der Auflage von 1655 ist ein Nachstich von Melchior Küsell (1626–1683) angefügt. Dieser wurde von Georg Wildeisen (1605–1665) herausgegeben und von Friedrich Schultes (nach 1620–1685) gedruckt. Hans Gaab: Georg Philipp Harsdörffer. Das erste astronomische Kartenspiel und die christlichen Sternbilder, in: Beiträge zur Astronomiegeschichte 10 (2010), S. 35–103, hier S. 63 f. Üblicherweise wird im 17. Jahrhundert der Sternenhimmel in Globusansicht und nicht in Himmelsansicht abgebildet.

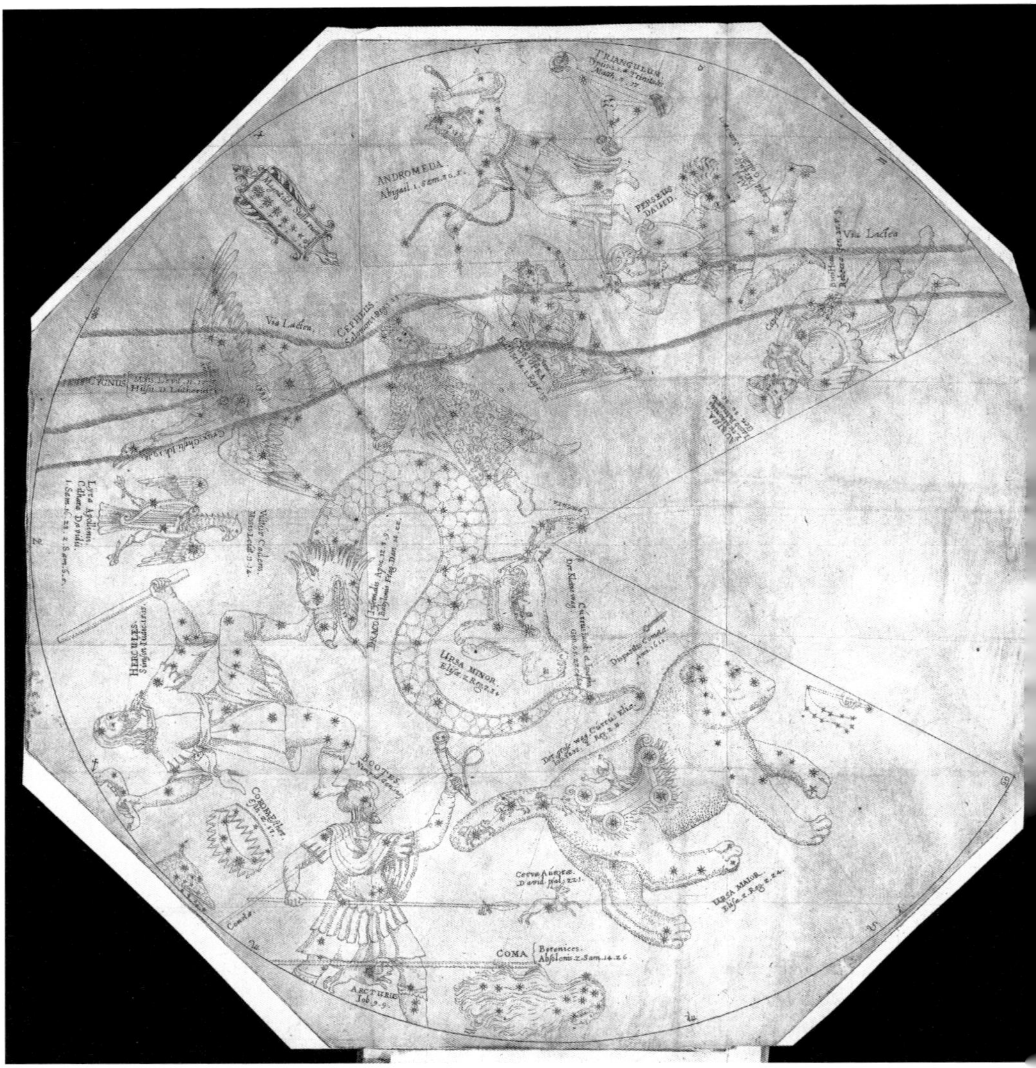

Abb. 2: Anonym, Nördlicher Sternhimmel, aus: Wilhelm Schickard, Astroscopium, Stuttgart 1646, Universitätsbibliothek Bern ZB: Klein o 182

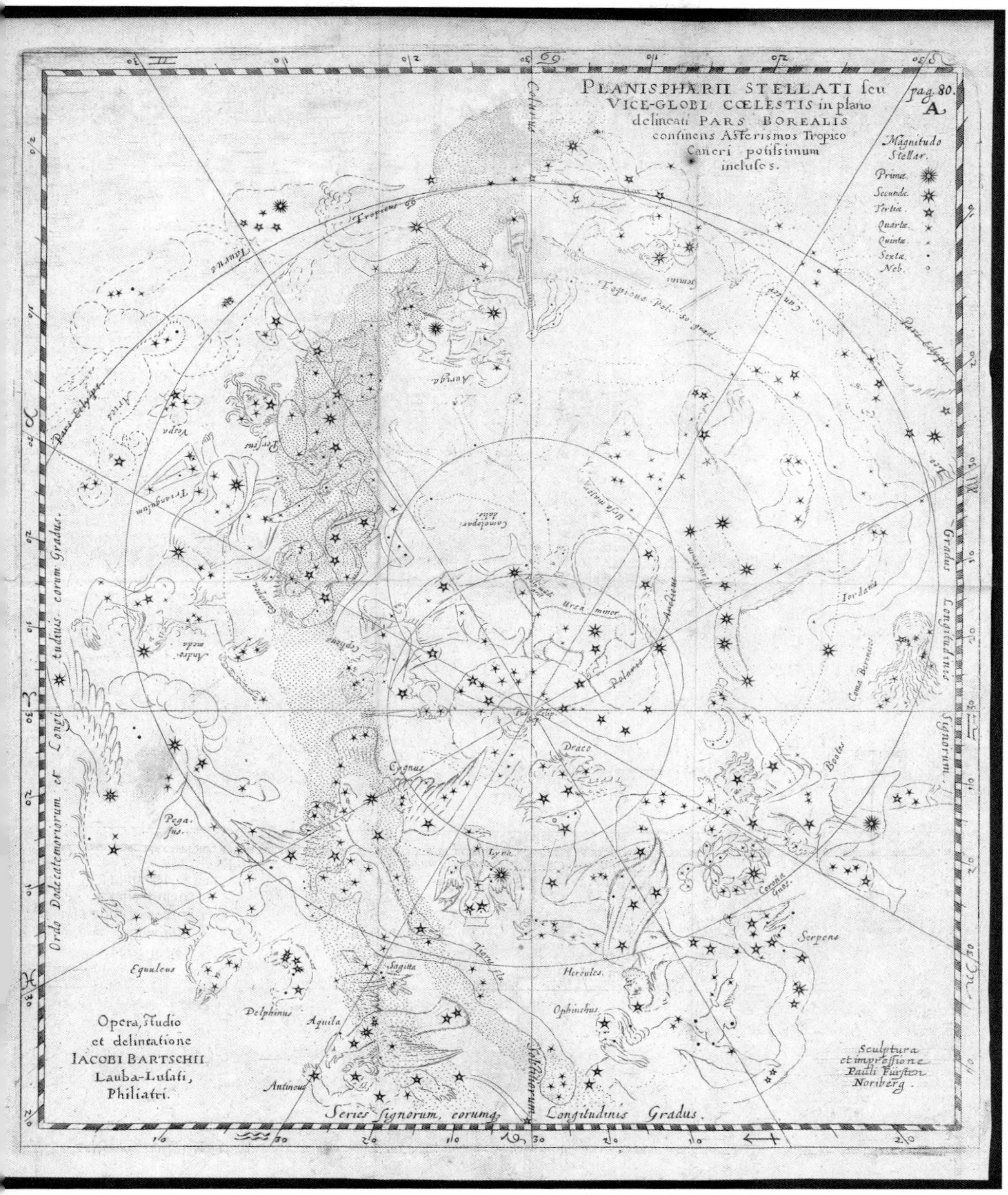

Abb. 3: Paul Fürst (1608–1666), Nördlicher Sternhimmel, aus: Jacob Bartsch, Planisphaerium stellatum, Nürnberg [1661], Universitätsbibliothek Basel: Km VIII 4

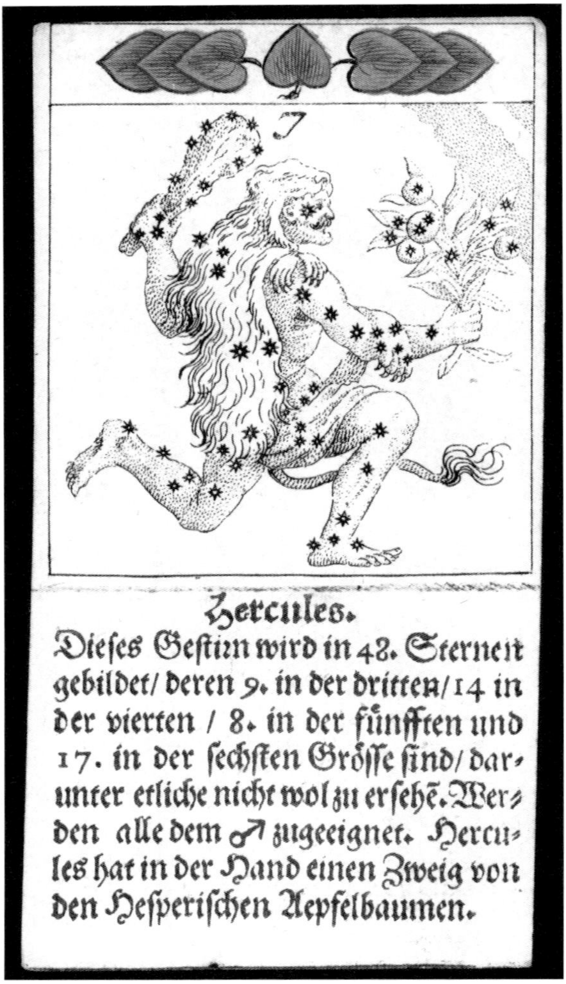

Abb. 4: Anonym, Spielkarte mit dem Sternbild Herkules, vermutlich aus: Georg Philipp Harsdörffer, Das Astronomischer Kartenspiel, Nürnberg 1656, Universitätsbibliothek Basel: Km VIII 12

Auf den künstlerisch wenig bemerkenswerten Karten finden sich die christlichen Umdeutungen der Konstellationen jeweils nur mit schriftlichen Angaben ohne die Angabe biblischer Bezugsstellen. Im Text selbst bot er für 17 Sternbilder eine christliche Deutung an, die nicht mit exakten Bibelverweisen belegt werden.[31]

Auch Jacob Bartsch hatte in seiner Unterweisung *Planispherum stellatum* (1624) eine christliche Umbenennung der Konstellationen vorgeschlagen

31 Wilhelm Schickard: Astroscopium Wilhelmi Schickardi […], hrsg. von Johann Ruff […], Nördlingen–Ulm 1659, S. 22–25.

(**Abb. 3**).[32] Bartsch weist ausdrücklich auf Wilhelm Schickard als Vorbild hin und übernimmt zum größten Teil seine Deutungen. Er belegt seine Interpretationen im Gegensatz zu Schickard mit den jeweiligen Bibelstellen, wobei er zu den Vorschlägen Schickards weitere Alternativen aufzählt.[33] Seine künstlerisch anspruchslosen Karten zeigen die traditionellen Sternbilder mit ihren altbekannten Namen.[34]

Georg Philipp Harsdörffer gab 1656 ein astronomisches Kartenspiel heraus, explizit für die Jugend, damit diese die Konstellationen besser erlerne (**Abb. 4**).[35] Im Vorwort schlägt er christianisierte Umdeutungen für die einzelnen Konstellationen vor, die sich jedoch in den Abbildungen nicht spiegeln – sie bleiben den heidnischen Motiven verhaftet.[36]

> Weil die Gestirne mit ihren Bildungen und Namen schwer zu behalten/ wie auch ihre Ordnung und Stelle an dem Himmel/ ist dieses Kartenpiel zu Behuff der Gedächniß dergestalt eingerichtet/ dass man bei vielem Spielen solcher Gestirne Bildung und der Sterne Unterschied gleichsam sonder Mühe bemerken muß.[37]

Harsdörffer erfindet die Gestalten am Himmelszelt nicht neu, sondern leitet christliche Analogien aus der Heiligen Schrift ab und hält sich bei sei-

32 Bartsch: Usus Astronomicus (s. Anm. 27). Weitere Auflagen 1661, 1674.

33 Jacob Bartsch: Jacobi Bartschii planisphaerium stellatum seu vice-globus coelestis in plano delineatus in quo breviter ac perspicue ostenditur, quomodo tam sidera praecipua, fixa pariter, atque erratica noctu in coelo quam maiores et minores sphaerae circuli [...], hrsg. von Andreas Goldmayer, Nürnberg [1661], S. 80–101.

34 Ebd., S. 80f., 88f., 92f.

35 Georg Philipp Harsdörffer oder Fabianus Athryus: Das Astronomische Kartenspiel: Das ist: Kunstrichtige Abbildung aller Gestirne am Himmel, ober und unter der Erden: Zu Behuf der lehrgierigen Jugend, Gleich dem Geographischen und Historischen Spielkarten verfasset, Nürnberg 1656; 2. Aufl. Nürnberg 1674; 1719 Neuauflage durch Johann Philipp Andreae: Johann P. Andreae: Neu inventirtes, belehrendes und ergötzendes astronomisches Karten Spiel. Das ist kunstrichtige Abbildung aller Gestirn d. gantzen Firmamentes. Zu sonderbahren Nutzen d. kunstliebenden Jugend vorgestellt durch Johann Philipp Andreae, Nürnberg 1719. Kurt Pilz verknüpfte 1969 erstmals die anonyme Vorrede mit dem astronomischen Kartenspiel und wies sie Harsdörffer zu. Kurt Pilz: 600 Jahre Astronomie in Nürnberg, Nürnberg 1977, S. 282; Karl Helmer: Weltordnung und Bildung. Versuch einer kosmologischen Grundlegung barocken Erziehungsdenkens bei Georg Philipp Harsdörffer, Paideia 7, Frankfurt a.M. 1982, S. 179.

36 Die Publikation beinhaltet 52 Spielkarten und eine Vorrede in vier Kapiteln. Siehe auch: Hans Gaab: Georg Philipp Harsdörffer. Das erste astronomische Kartenspiel und die christlichen Sternbilder, in: Beiträge zur Astronomiegeschichte 10 (2010), S. 35–103; Helmer: Weltordnung und Bildung (s. Anm. 35), S. 179–184.

37 Harsdörffer: Das Astronomische Kartenspiel (s. Anm. 35), S. 53f.

nen Vorschlägen nah an dem Vorbild des *Astroscopiums* von Schickard.[38] Er greift mit seinen Umdeutungen insbesondere auf die Geschichte des Alten Testaments zurück, die der heidnischen Mythologie näher steht als dem Neuen Testament.[39] Die Gestaltung der Figuren auf den Spielkarten geht eindeutig auf das Vorbild von Alexander Mair und seinen Formfindungen in der *Uranometria* von Bayer zurück.

Das Werk *Coelum astronomico-poeticum* von Philipp von Zesen bezieht sich klar auf Hygins Werk *Poeticon astronomicon*. Der erste Teil behandelt den Fixsternhimmel, der zweite, nie erschienene Teil sollte ursprünglich die Planeten beschreiben. Ausgehend von einem Globus von Willem Blaeu, wurden 64 Sternbilder eingehend besprochen. Die einzelnen Artikel geben zunächst die astronomischen Informationen wieder, schildern die mythologischen Geschichten, um schließlich die christlichen Bibelverweise anzufügen.[40]

> Wir behalten zwar, wie im Folgenden deutlich wird, die alte Verteilung der Sterne in bestimmte Bilder bei, ändern jedoch alle ihre Bezeichnungen, die zumeist den Fabeleien und Erfindungen der Dichter entnommen sind, und setzen, soweit wie möglich, wahre Namen aus den wahren Geschichten der Heiligen Schrift ein, Namen die dem Wesen dieser Sterne nicht wiedersprechen.[41]

Es wird deutlich, dass sich Zesen für die mythologischen Fabulae begeistert und sein Augenmerk auf ihre ausschweifenden Schilderungen legt, während die Nennung der Bibelverse wie eine mühselige Pflichtübung wirkt. Denn

38 „Man möchte zwar sagen/ daß man die Sachen an sich selbsten behalte und Namen sonder Abgötterey wohl gebrauche könne, allermaßen man sagt der Montag/ der Erigtag, der Donnerstag/ (dies Tonantis), der Sonnentag ec. (dies Solis) und daß solche als Kunstwörter verstanden/ und sonder Neuerung behalten werden sollen/ biß man durch die ganze Christenheit sich eines anderen vergleiche […]. Hierauf ist die Antwort/ daß man deßwegen die ganze Kunstverfassung noch umbstoßen/ noch/ nach Belieben/ was neues erdichten muss: sondern weil die Hebräer ihre Globos mit Hebräischen Buchstaben überschrieben/ die Araber mit anderen Thieren bemahlt und sich erstbesagte Bildungen vielfältig geändert/ als scheinet verantwortlich/ wann man eben dieser Bilder Gestirne aus heiliger Schrift abziehet/ wie hierinnen rühmlich vor gegangen Wilhelm Schickard in seinem Astroscopio." Ebd., S. 40–42.

39 Gaab: Kartenspiel (s. Anm. 36), S. 75–79.

40 Aufgeteilt in vier Teile werden folgende Aspekte des Fixsternhimmels erklärt: Sternenhimmel im Allgemeinen (Fixsternhimmel, Planeten, Milchstraße); Tierkreis und seine zwölf Zeichen; nördliche Sternbilder; südliche Sternbilder. Klockow: Zesens Coelum astronomico-poeticum (s. Anm. 25), S. 162.

41 Zesen: Coelum astronomico-poeticum (s. Anm. 25), S. 49 (Originalpassage auf S. 48 = S. 7 des faksimilierten Drucks).

auf die ‚wahren' Geschichten verweist meist nur die bloße Bibelstelle. Allerhöchstens werden willkürlich mehrere Stellen genannt.[42]

Im Werk von Schiller hingegen werden die heidnischen Konstellationen durch neue Bilder vollkommen ersetzt. Ursprüngliche Bildgrenzen werden ignoriert. Der Künstler Johann Matthias Kager kann die Bilder beliebig neu konzipieren und integriert mit Virtuosität sich aufbauschende Mantel oder Attribute, um alle Sterne zu umfassen. Alte und neue Konstellationen stehen folglich in keinem erkennbaren Zusammenhang mehr, wichtiger allerdings erscheint das Motiv der benachbarten Konstellation, was der Grund ist, warum die umgebenden Sternbilder in Umrisszeichnung angedeutet werden.

Die vorgestellten Werke von Schickard, Bartsch, Harsdörffer und Zesen bleiben in ihren Vorschlägen weniger radikal als Schillers Werk von 1627. Sie bildeten die Umdeutungen nicht ab und schlagen nur schriftlich und in mehreren Variationen christliche Analogien als Ersatz für heidnische Konstellationen vor. Diese Analogien beziehen sich stark auf die heidnischen Geschichten und suchen eine passende biblische Ersatzfigur oder Ersatzmotive, die mit den heidnischen Gestalten, weitgehend auch mit ihren Charakteren, übereinstimmen.

Das Sternbild des Herakles oder die Heiligen Drei Könige

Die im Vergleich mit anderen Sternbildern relativ große Figur des Herakles ist am nördlichen Himmelszelt zu sehen. Das auffälligste an ihrer Gestalt ist in ihrer Mitte die Form eines Trapezes (**Abb. 5**). Ursprünglich hieß das Sternbild bei den Griechen „der Kniende" und wurde erst in der klassischen Zeit mit der Figur des Herakles in Verbindung gesetzt.[43]

Herkules' Lebensgeschichte wird durch die Rachegelüste der Göttin Hera geprägt. Als diese ihn mit Wahnsinn schlägt, tötet Herakles die mit Megara gezeugten Kinder. Zur Tilgung dieser schrecklichen Untat muss Herkules während zwölf Jahren Eurystheus dienen und zwölf schwere Aufgaben (Dodekathlos) bewältigen. Herkules bewährt sich dank seiner übernatürlichen Kräfte und wird in der vom Christentum geprägten Zeit zum Symbol des mühevollen Kampfes.[44]

42 Vgl. dazu das Sternbild Herkules mit einer Beschreibung über mehrere Seiten, wobei nur die letzten 14 Zeilen die christliche Deutung beschreiben. Ebd., S. 342–393; Klockow: Zesens Coelum astronomicum-poeticum (s. Anm. 25), S. 164.

43 Richard Hinckley Allen: Star names. Their Lore and Meaning, New York, 1963, S. 238–240.

44 Andreas Beyer: Andrea Palladio. Teatro Olimpico. Triumpharchitektur für eine humanistische Gesellschaft, Frankfurt a. M. 1987, S. 58.

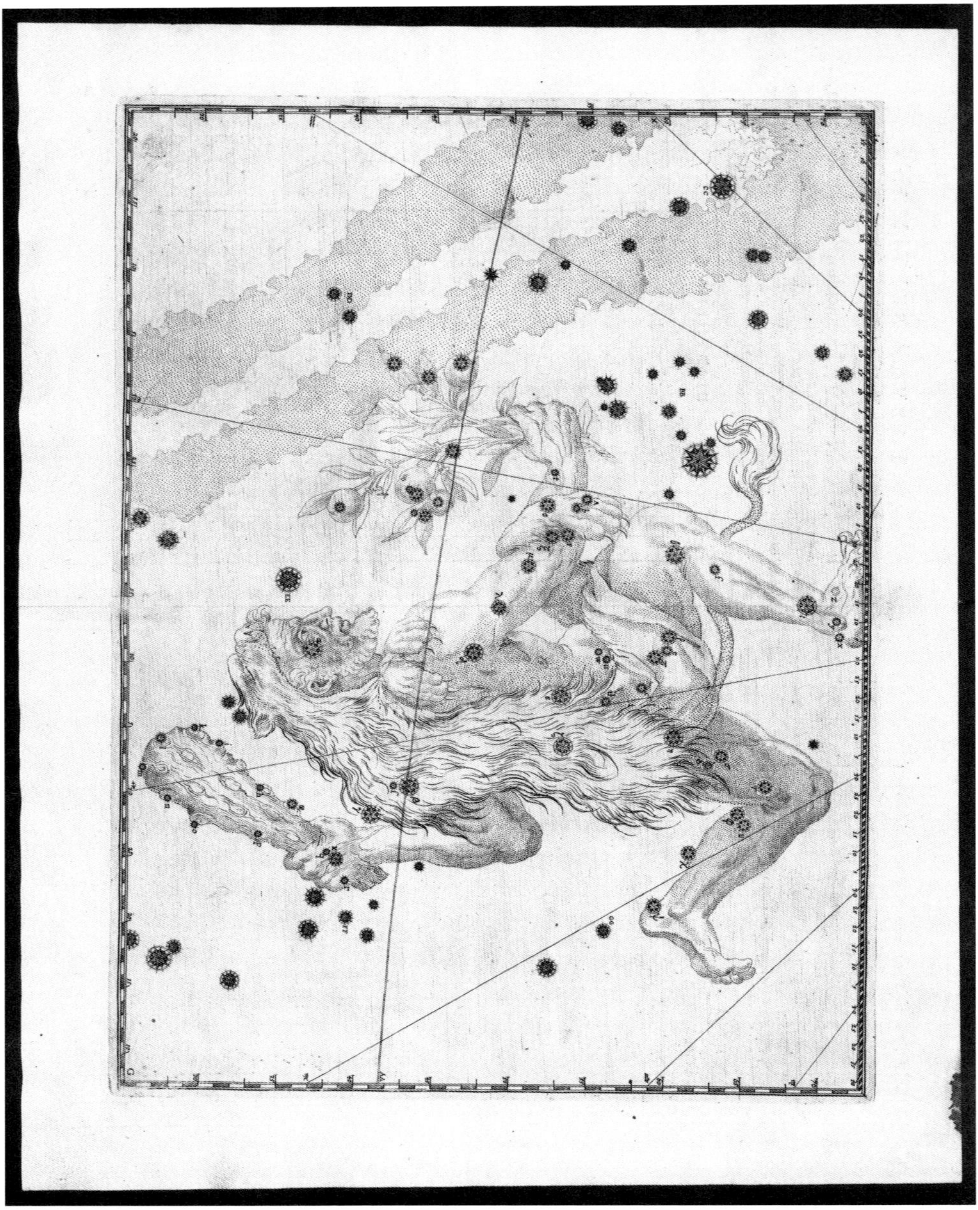

Abb. 5: Alexander Mair (1559– nach 1617), Sternbild des Herkules, aus: Johannes Bayer, Uranometria, Augsburg [1603], ETH

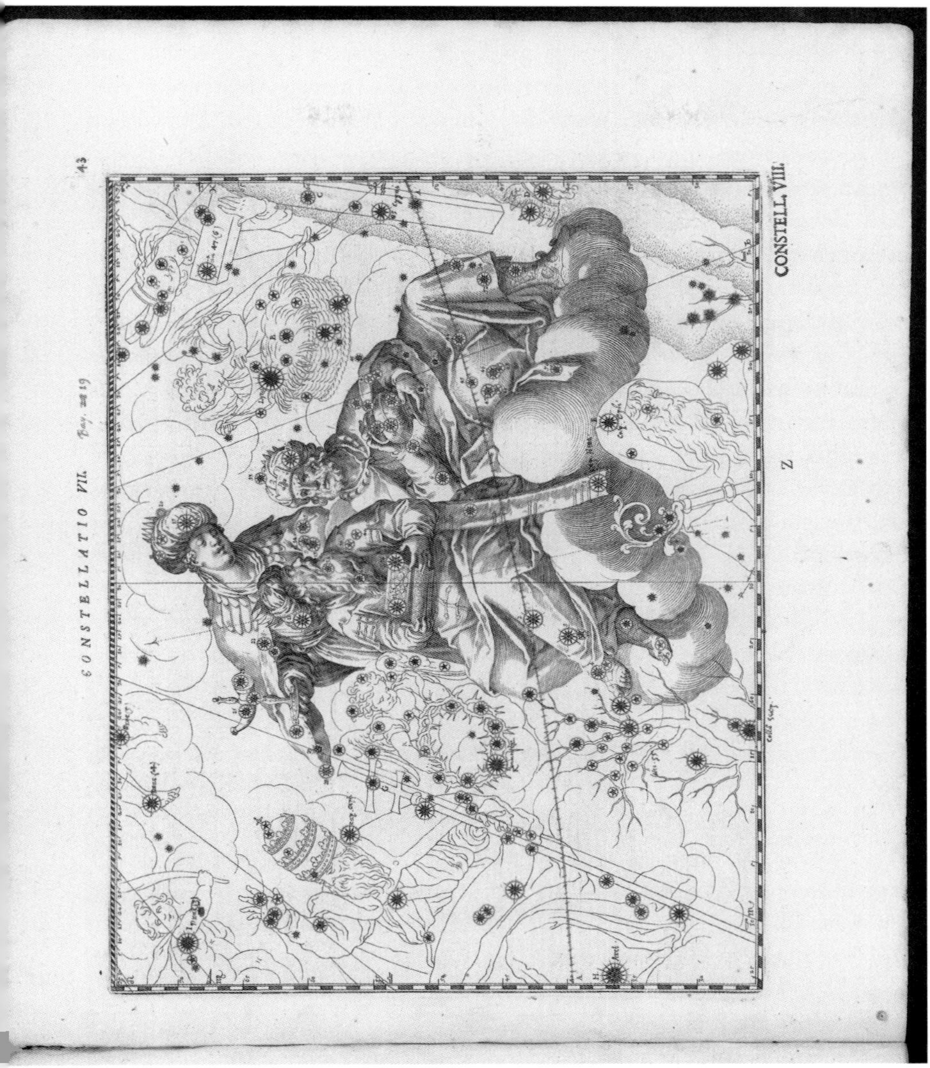

Abb. 6: Lucas Kilian (1579–1637), nach Johann Matthias Kager (1575–1634), Sternbild der Heiligen Drei Könige (= Herkules), aus: Julius Schiller, Coelum stellatum Christianum, Augsburg 1627, Universitätsbibliothek Basel: Kn I 4 Folio

Im 14. bis 16. Jahrhundert wird Herkules nachdrücklich positiv gedeutet und mit dem Heilswerk Christi in Analogie gesetzt. Die Überwindung der Feinde wird als Sieg über das Böse und die Laster gedeutet. Im einflussreichen *De laboribus Herculis* des Coluccio Salutati von 1391 werden seine vorbildhaften Taten beschrieben: Mit seinem Mut, seiner Beharrlichkeit und seiner Vorbildlichkeit trotzt er den Widrigkeiten seines Lebens.[45]

Seit dem 16. Jahrhundert treten neben der tugendhaften Stärke auch weitere Motive auf, die eher negativ konnotiert sind, wie bspw. der trunkene Herakles, oder Herakles als Frauenheld. Somit wird in der Rezeption die Ambivalenz der Figur wieder verstärkt wahrgenommen. Sie kann als tugendhaftes Vorbild gelesen werden, aber in ihr figurieren auch andere, archaische menschliche Handlungsweisen. Die Fortitudo, wie Herakles sie auslebt, vereint in sich Tugend und Laster. Sie kann ein destruktives und unethisches Verhalten nach sich ziehen, insbesondere, weil Herakles' Taten durch Exzesse gekennzeichnet sind. Seine Tapferkeit paart sich mit Jähzorn, seine Ausdauer mit Wollust und Völlerei.[46]

Schickard (**Abb. 2**), Bartsch (**Abb. 3**) und Harsdörffer (**Abb. 4**) nennen als christliches Pendant zur Herkules-Figur den biblischen Helden Samson, ein üblicher Vergleich aufgrund der Analogie des Löwenkampfes.[47] Samson galt als Überwinder des Bösen und damit als Präfiguration Christi:

45 Bei C. Salutati wird das Sinnbild des Tugendhelden ausgebildet, wobei er die zerstörerische Kraft des Herkules auslegen muss. Coluccio Salutati: Colucii Salutati de laboribus Herculis, hrsg. von B. L. Ullmann, Zürich 1951. Schon Francesco Petrarca beschreibt in einem unvollendeten Fragment Herkules als ruhmreiches Vorbild, dessen Taten nachgeahmt werden sollen. Francesco Petrarca: De viris illustribus, 4 Bde., Florenz 2006–2012, Bd. 1, hrsg. von Silvano Ferrone, Bd. 2, hrsg. von Caterina Malta, Bd. 3, hrsg. von Giacinto Namia, Bd. 4, hrsg. von Paolo de Capua; Beyer: Palladio (s. Anm. 44), S. 58–60; Ralph Kray: Wider „eine engbrünstige Imagination". Studien zur medien-, stoff- und motivgeschichtlichen Typogenese des Herakles/Herkulesmythos, in: Ralph Kray, Stephan Oettermann (Hrsg.): Herakles/Herkules, Teil II: Medienhistorischer Aufriß. Repertorium zur intermedialen Stoff- und Motivgeschichte, Basel u. a. 1994, S. 9–112, hier S. 38–44.

46 Stephen Orgel: The example of Hercules, in: Walther Killy (Hrsg.): Mythographie der frühen Neuzeit. Ihre Anwendung in den Künsten. Vorträge anläßlich des 12. Wolfenbütteler Symposions, Wolfenbüttel, 5.–8. Dezember 1982, Wolfenbütteler Forschungen 27, Wiesbaden 1984, S. 25–47; Kray, Oettermann (Hrsg.): Herakles/Hercules II (s. Anm. 45), S. 44–50.

47 Schickard: Astroscopium (s. Anm. 31), S. 41, Kap. 24; Bartsch: Planisphaerium stellatum (s. Anm. 33), S. 87. Harsdörffer: Das Atronomische Kartenspiel (Anm. 35), S. 45. Vgl. dazu: Caesariensis Eusebius: Werke, Bd. 7: Die Chronik des Hieronymus (= Hieronymi chronicon), hrsg. und in zweiter Aufl. bearb. von Rudolf Helm, Berlin 1956, S. 62a; „[...] und bei den Hebräern Simson Richter geworden war. Diesen hat man wegen seiner wunderbaren Stärke für Herkules gehalten." Aurelius Augustinus: Vom Gottesstaat, [aus dem Lateinischen übertragen von Wilhelm Thimme, eingel. und komm. von Carl Andresen], München 1977–1978, Kap. XVIII, 19, S. 445 f.

als kämpfender, leidender, sterbender und dann siegender Christus.[48] Philipp von Zesen erwähnt zusätzlich neben Samson auch Josua.[49]

Schiller wandelt die 57 Sterne des Herkules in die Heiligen Drei Könige um (**Abb. 6**). Nichts lässt mehr auf die ehemalige Bedeutung der Konstellation schließen. Der ursprünglich kopfüber am Himmel kniende Mörder und Dieb hätte es gemäß Schiller aufgrund seiner Zügellosigkeit und Lüsternheit nicht verdient, am Himmel abgebildet zu sein. Außerdem würde die Nähe zum Sternbild der Krippe (ehemals Lyra) und zum Sternbild der unschuldigen Kinder (ehemals Drache) die Umwandlung in die drei heiligen Könige bedingen.[50]

Die drei Figuren sind pyramidal angeordnet, der Vordere sitzt mit überkreuzten Beinen und blickt zurück, führt damit den Betrachter zu den beiden anderen. Der Linke ist lagernd dargestellt, während der Dritte im Hintergrund steht. Sie symbolisieren die drei unterschiedlichen Lebensalter, was bei der Darstellung der drei heiligen Könige häufig zu finden ist. Ikonographisch sehr ungewöhnlich ist allerdings die pyramidale Anordnung der Könige. Gewöhnlich sind die drei in Bewegung, entweder im Schreitmotiv oder während der Huldigung des Kindes dargestellt. Ihr regungsloses, fast schon gemütliches Lagern, Sitzen und Stehen ist dem herkömmlichen Darstellungstypus völlig entgegengesetzt. Die neue ikonographische Bilderfahrung führt die altbekannten und vertrauten Thematiken der Bibel vor, jedoch sind diese durch die überraschende Bildfindung für den Betrachtenden einprägsamer.

Das Verhältnis zur Mythologie im 17. Jahrhundert

Im 17. Jahrhundert stehen die Mythographie und Theologie in einem engen Verhältnis zueinander, da sich die beiden im Gesamtzusammenhang der *Historia mundi* ergänzen. Zwar bestimmt die biblische Chronologie die bekannten historischen Daten und setzt den Rahmen der alles bestimmenden Eschatologie fest, doch wird die Erzählung der Weltgeschichte durch die Mythen fortgeführt.[51] Ein weiterer Zusammenhang der Disziplinen besteht

48 Buch der Richter 14,5–6.

49 Buch der Richter 14, 16. Für Josua verweist er auf Vossius, *De idololatria* (1700) Buch 1, Kap. 26–27. Zesen: Coelum astronomic-poeticum (s. Anm. 25), S. 349, 353f., 383; Gerardus Joannes Vossius: Gerardus Joannes Vossius De Idololatria Gentili, Amsterdam 1700, Kap. 26–27, S. 70–77.

50 Schiller: Coelum stellatum Christianum (s. Anm. 1), S. 10f.

51 Walter Sparn: Mythographie und Theologie, in: Walther Killy (Hrsg.), Mythographie der frühen Neuzeit. Ihre Anwendung in den Künsten. Vorträge anläßlich des 12. Wolfen-

in der Methode der Auslegung der heidnischen und biblischen Geschichten: die natürliche, historische oder moralische Ausdeutung.[52]

Die Deutung des Heraklesmythos' war analog zu den biblischen Geschichten dreifach möglich. Einerseits interpretierte man in der natürlichen Auslegung Herkules als Sonne. Die zwölf Tierkreiszeichen standen in Analogie zu seinen zwölf Arbeiten. Bei der historischen Lesart bot sich die Figur des Herakles als Symbol für militärische und politische sowie zivile Ehrung an. Bei der moralischen Exegese hingegen wurde der kämpfende und duldende Herakles zum Vorbild in tugendethisch engagierten Texten.

Die beiden ersten Auslegungsweisen, die natürliche und historische Interpretation eines Mythos, können an die Vorstellungen des Christentums relativ leicht angepasst werden. Die moralische Erzählung des Mythos hingegen ist ursprünglich nicht durch christliche Normen bestimmt und setzt daher die christlich-theologische Moral den moralischen Einflüssen des Mythos aus.[53]

Die moralisch-allegorische Ausdeutung des Heraklesmythos führt zum „Zerfall der moralischen Plausibilität".[54] Daher flüchtet sich die moralpädagogische Poesie, ebenso wie die Astronomie, in den entsprechenden biblischen Stoff: Samson als Präfiguration Christi. Da dieser durch die Heilige Schrift legitimiert wird, bleibt er zunächst scheinbar von der amoralisch werdenden Allegorese verschont, was sich auf lange Sicht jedoch nicht bewahrheitet. Ebenso wie Herakles nicht mehr ein makelloses moralisches Vorbild ist, so entwickelt auch Samson in seiner Rezeptionsgeschichte negative Tugenden und wird beispielsweise als Frauenheld beschrieben.[55] Die Verwendung der heidnischen Figuren in moralischer Bedeutung hat die mythographische Tradition überfordert, solange die theologische Moral ihr Pendant bildete.[56]

---

bütteler Symposions, Wolfenbüttel, 5.–8. Dezember 1982, Wolfenbütteler Forschungen 27, Wiesbaden 1984, S. 73–107, hier S. 74, 87.

52 Jörg Jochen Berns: Mythographie und Mythenkritik in der Frühen Neuzeit. Unter besonderer Berücksichtigung des deutschsprachigen Raumes, in: Herbert Jaumann (Hrsg.): Diskurse der Gelehrtenkultur in der Frühen Neuzeit. Ein Handbuch, Berlin 2011, S. 85–155, hier S. 105.

53 Sparn: Mythographie (s. Anm. 51), S. 74.

54 Ebd., S. 91.

55 Der Roman von 1679 von Philipp von Zesen handelt vom Liebesheld Samson. Philipp von Zesen: Sämtliche Werke, Bd. 8: Simson, bearb. von Volker Meid, Berlin u. a. 1970.

56 Erst im 18. Jahrhundert werden die moralpädagogischen Deutungen des Mythos in den Bereich der rationalen Erkenntnis überführt. Die historische Kritik wird auf die mythologischen Traditionen angewandt, was den Mythos von religiösen Sinn befreit und die Verbindung von Erzählung und Erklärung auflöst, was zur historischen Distanz und zur Säkularisierung des Mythos führt. Ab diesem Zeitpunkt finden die Mythen ihre Da-

Es lässt sich feststellen, dass gegen Ende des 16. und zu Beginn des 17. Jahrhunderts in verschiedenen Bereichen und von unterschiedlichen Gelehrten über die Verwendung von heidnischen Motiven nachgedacht und davor auch explizit gewarnt wurde. Insbesondere durfte der mythologischen Tradition keine geistliche Bedeutung zugemessen werden, einzig ein weltlicher Gebrauch konnte gerechtfertigt werden, sofern er den christlich-moralischen Richtlinien nicht widersprach.

In den theoretischen Schriften der katholischen Bildertheologen kam es gegen Ende des 16. Jahrhunderts ganz klar zur Ablehnung von heidnischen und profanen Motiven in der Kunst. Beispielsweise können der Kardinal Gabriele Paleotti mit seinem *Discorso intorno alle immagini sacre e profane* (1584) genannt werden,[57] oder auch der Mantuaner Mönch Antonio Possevino mit seiner *Tractatio de poesi et pictura ethnica vel fabulosa collatis cum vera honesta ed sacra* (1594).[58]

Der Grund, warum die heidnischen Motive abgelehnt werden, liegt in ihrer möglichen schlechten Einflussnahme auf den Betrachter. Bilder mit profaner Thematik können zu frevlerischen Handlungen verführen. Explizit verboten wurden die heidnischen Motive unter anderem auch im Alten Testament der Heiligen Schrift.[59]

Bilder, insbesondere jene mit sakralem Inhalt, besitzen eine Überzeugungskraft und eine Wirkungsmacht als lehrhaftes Medium. Es bestand also die theoretische Möglichkeit, dass antike Bildmotive zum Aberglauben oder zur Verehrung der Götter anleiten konnten. In der Praxis konnte sich das Verbot der heidnischen Motive nie durchsetzen, da niemand auf die antiken Grundlagen in der Kunst, Bildung und Wissenschaft verzichten wollte. Die Mythologie war vorzüglich dazu geeignet, unendliche Variationen von Gelehrsamkeit auf den eignen Wänden zu präsentieren. Ihre Geschichten konnten letztlich auch symbolisch und moralisch gedeutet wer-

---

seinsberechtigung vor allem in der ästhetischen Verwendung der Kunst. Sparn: Mythographie (s. Anm. 51), S. 94–103.

57 Besonders Kapitel X. von Buch II. *Delle pitture di Giove, di Apolline, Mercurio, Giunone. Cerere et altri falsi dèi.* Gabriele Paleotti: Discorso intorno alle immagini sacre e profane, Bologna 1584, in: Paola Barocchi (Hrsg.): Trattati d'arte del Cinquecento. Fra manierismo e controriforma, Bd. 2, Bari 1961, S. 117–509, hier S. 289–293; Jean Seznec: The Survival of the Pagan Gods. The Mythological Tradition and its Place in Renaissance Humanism Art, Princeton, N.J. 1995, S. 266–268.

58 Antonio Possevino: Tractatio De Poesi & Pictura ethnica, humana, & fabulosa collata cum vera, honesta, & sacra. Adiectus in hac editione novus Index, qui omnia notatu digna complectitur, Lyon 1594; Christian Hecht: Katholische Bildertheologie im Zeitalter von Gegenreformation und Barock. Studien zu Traktaten von Johannes Molanus, Gabriele Paleotti und anderen Autoren, Berlin 1997, S. 313.

59 II. Mose 20, 2–3; Matth. 28, 16–20.

den, so dass hinter der mythologischen Fiktion eine christliche Wahrheit zu finden war.[60]

Schon Pietro da Cortona und der Jesuit Ottonelli sprechen sich im *Del giuditio che si puo fare dell' immagini die falsi d de' gentili* für die Verwendung von mythologische Erzählungen und deren moralische Deutung aus.[61] Gegen Ende des 17. Jahrhunderts sind die Mythen längstens ein legitimer Gegenstand für die Allegorie in der Bildkunst. In der *Iconologia Deorum* von Joachim von Sandrart (1680) dienen die mythologischen Geschichten als Verweis nicht auf einen längst überholten Glaubensinhalt, sondern auf eine philosophische und moralische Bedeutung, die sich in dieser Form nicht in der christlichen Überlieferung findet.[62]

Die mythologische Fabel hat sich somit in der Bildkunst schon früh von der Theologie losgelöst, kann in ihrer rein ästhetischen Verwendung oder als Grundlage für künstlerische Schöpfungen problemlos und ohne jegliche Rechtfertigung zur rationalen Erkenntnis verwendet werden.[63]

Zu Beginn des 17. Jahrhunderts beschäftigten sich protestantische Dichter im deutschsprachigen Raum in theoretischen Traktaten zur Dichtkunst mit der Frage, ob heidnische Götter in Poemen auftreten dürften und ob der Gebrauch der Götternamen im metaphorischen oder symbolischen Sinne gestattet sei. Insbesondere wurde die Frage in der protestantischen Dichtungstheorie im Rahmen der Kritik des katholischen Heiligenkultes diskutiert, da die Verehrung der katholischen Heiligen dem heidnischen Götterkult gleichgestellt wurde.[64]

---

60 Hecht: Bildertheologie (s. Anm. 58), S. 304.

61 Odomenigico Lelonotti, Britio Prenetteri (Anagramm: Giovanni Domenico Ottonelli, Pietro Berettini): Trattato della pittura e scultura, uso, et abuso loro [...] in cui si resolvono molti casi di coscienza intorno al fare e tenere l'immagini sacre e profane, Florenz 1652, S. 82–88; Seznec: The Survival of the Pagan Gods (s. Anm. 57), S. 268 f.

62 Dieses Verständnis geht zurück auf eine lange Tradition, ausgehend von der Antike über Giovanni Boccaccios *Genealogia deorum gentilium* (1347–1360, ab 1472 gedruckt) über Natale Contis *Mythologiae sive explicationis fabularum, libri decem* (Erstausgabe Venedig 1551) und Francis Bacons *De sapientia veterum liber* (Erstausgabe London 1609). Vgl. dazu Jörg Jochen Berns: Gott und Götter. Harsdörffer Mythenkritik und der Pan-Theismus der Pegnitzschäfer und dem Einfluss Francis Bacons, in: Italo M. Battafarano (Hrsg.): Georg Philipp Harsdörffer. Ein deutscher Dichter und europäischer Gelehrter, IRIS Ricerche di cultura europea 1, Bern u. a. 1991, S. 23–82, hier S. 47–54, Berns: Mythographie (s. Anm. 52), S. 122–126.

63 Michael Thimann: Künstlerwissen und Enzyklopädie im 17. Jahrhundert. Joachim von Sandrarts Teutsche Academie, in: Martin Schierbaum (Hrsg.): Enzyklopädistik 1550–1650. Typen und Transformationen von Wissensspeichern und Medialisierungen des Wissens, Pluralisierung & Autorität 18, Münster 2009, S. 413–455, hier S. 434.

64 Berns: Gott und Götter (s. Anm. 62), S. 26.

Die Dichter Johann Rist[65] und Sigmund von Birken[66] sowie der Ulmer Prediger Balthasar Gockel[67] wollten den Dichtern gegen Mitte des 17. Jahrhunderts die Verwendung von heidnischen Motiven verbieten und diese aus der Welt schaffen. Der christliche Gott sollte nicht mit heidnischen Götternamen gleichgesetzt werden. Die Allegorese barg in ihren Augen die Gefahr des Götzendienstes und der Ketzerei.[68]

Von Birken definiert die Bibel als Vorlage für die Dichtkunst, schließlich sei sie das Vorbild und die Quelle für die mythologischen Fabulae gewesen. Mit der Forderung nach bevorzugtem Einsatz von alttestamentarischen Geschichten bei der Allegorese überschreitet der Dichter jedoch die traditionellen Ansätze des systematisierten Altersbeweises.[69]

---

65 „Ein rechtgeschaffener Poete darff sich solcher Heydnischer Lumpen-Gedichte gahr nicht bedienen." Des Weiteren empört sich Rist über das Allegorisieren von erotischen Inhalten. Johann Rist: Poetischer Schauplatz, Hamburg 1646, Vorbericht, S. cij. „Generell wird die Einmischung heidnischer Götter überall das als besonders heikel empfunden, wo sie in traditionelle sakrale, insbesondere sakramental besetzte Zonen des christlichen Kultus reicht, wie eben den Sexualitätsbereich (Ehesakrament) und den Bereich des Sterbens (Sterbesakrament), während kirchenfernere Bereiche wie z. B. solche der Wissenschaft, des Militärs, der Politik, auch eher durch Heidengötter okkupiert werden dürfen." Berns: Gott und Götter (s. Anm. 62), S. 40–42, Zitat S. 42 f. Siehe kontrovers dazu: Ferdinand van Ingen: Mythenkritik und mythologische Invention. Daniel Heinsius, Sigmund von Birken, Philipp von Zesen, in: Euphorion 100 (2006), S. 333–358, hier S. 339–340.

66 „Die/ so es behaupten wollen/ halten dafür/ dass der Poesy gröste Zierde in einführung solcher Namen bestehe. Sie wenden auch vor/ man verstehe darunter nicht die Heidnische Götter, sondern die Tugenden/ Laster und andere Eigenschaften Gottes und der Menschen. Ferner spötteln sie/ es seyen nur Worte/ und keine Gefahr dabei/ dass jemand dadurch zum Heiden gemacht werde: weil man sie nur nenne/ aber nicht anbete." Siegmund von Birken: Teutsche Rede-bind und Dichtkunst, Nürnberg 1679, Nachdr. Hildesheim 1973, S. 62 f.; Van Ingen: Mythenkritik (s. Anm. 65), S. 342.

67 Gockel bekämpfte den alltäglichen Gebrauch der Götternamen in Poesie und Festkultur. Besonders verwerflich schien ihm Gott gleichzeitig mit den heidnischen Götternamen zu nennen oder gar zu identifizieren. Balthasar Gockel: Heidnische Poëterey. Christlich corrigiert und verbessert, Tübingen 1647, in: Joachim Dyck: Athen und Jerusalem. Die Tradition der argumentativen Verknüpfung von Bibel und Poesie im 17. und 18. Jahrhundert, München 1977, S. 143–171, hier S. 146.

68 Dyck: Athen und Jerusalem (s. Anm. 67), S. 135.

69 „Von solchen Poeten/ kan man mit eines vornehmen GottesLehrers Worten (d) sagen: Es ist zu zweifeln/ ob Gott deme beiwohne/ der an höllischen Göttern gefallen hat? und ob der an den Himmel recht gedenke/ der öfter die Venus als die GottesMutter Maria/ den Cupido als das HimmelKind Immanuel/ den ‚Phoebum' als den H. Geist/ den Berg Parnass als den Oelberg/ die Elysische Felder als das Paradeis und/ Fabeln als das himlische Wort der Wahrheit/ in dem Mund seiner Feder führet?" Von Birken: Dichtkunst (s. Anm. 66), S. 66 f. Dies gibt nur die Übersetzung von Andreae wieder. Johann P. Andreae: Neu inventirtes, belehrendes und ergötzendes astronomisches Karten Spiel. Das ist kunstrichtige Abbildung aller Gestirn d. gantzen Firmamentes. Zu sonderbahren Nutzen d. kunstliebenden Jugend vorgestellt durch Johann Philipp Andreae, Bd. 2, Nürnberg 1719, S. 35, vgl. auch: Dyck: Athen und Jerusalem (s. Anm. 67), S. 136;

> Die H. Schrift hat viel warhafte schöne Geschichten/ die man/ an stat dieser Lügen einführen kan. Es ist auch ohne das/ der Heidnische Götzen-Krempel/ lauter Affenwerk des Satans/ aus H. Schrift genommen. Was sind Jupiter und Juno anders/ als Adam und Eva/ das erste paar Menschen?[70]

Martin Opitz hingegen kann als Vertreter der Befürworter gelten, entschuldigt er doch im *Buch der Deutschen Poeterey* (1624) den Gebrauch von Namen der heidnischen Götter damit, dass andere vorbildhafte christliche Poeten sich ihrer ebenfalls bedient hätten. Zudem würden sie ja bekanntlich anderes bedeuten.[71] Georg Philipp Harsdörffer äußerte sich in seinem *Poetischen Trichter*[72] und den *Frauenzimmer Gesprächspielen*[73] weitaus ambivalenter, gestattete den vorsichtigen Gebrauch, vor allem wenn die heidnischen Gestalten fiktionalisiert würden.[74]

In den süddeutschen Traktaten zur Dichtkunst wurde intensiv über den Gebrauch der heidnischen Götternamen nachgedacht. Es wurde in der Theorie thematisiert, was aber die praktische Verwendung nicht nachweislich tangierte.[75]

Das gesteigerte Interesse am Sternenhimmel zu Beginn des 17. Jahrhunderts führte dazu, dass man sich in astronomischen Schriften und Kartenwerken mit der Tilgung der mythologischen Gestalten am Nachthimmel

---

Berns: Gott und Götter (s. Anm. 62), S. 43–47; Hartmut Laufhütte: Programmatik und Funktionen der allegorischen Verwendung antiker Mythenmotive bei Sigmund von Birken, in: Hans-Jürgen Horn, Hermann Walter (Hrsg.): Die Allegorese des antiken Mythos, Wolfenbütteler Forschungen 75, Wiesbaden 1997, S. 287–310, S. 292–295.

70 Von Birken: Dichtkunst (s. Anm. 66), S. 67.

71 „Nahmen der Heidnischen Götter [...] derer sich die stattlichsten Christlichen Poeten ohne verletzung jhrer Religion jederzeit gebrauchet haben." Martin Opitz: Buch von der Deutschen Poeterey (1624), nach der Edition von Wilhelm Braune neu hrsg. von Richard Alewyn, Neudrucke deutscher Literaturwerke 8, Tübingen 1963, S. 14; Van Ingen: Mythenkritik (s. Anm. 65), S. 334; Laufhütte: Programmatik (s. Anm. 69), S. 288.

72 „Wir Christen [...]/ sollen uns der Heyden Fabelwerck enthalten: [...]. Doch kan man mit Bescheidenheit derer Fabel wol gebrauchen/ in welchen natürliche Ursachen bedeutet/ oder sondere Lehren verborgen sind." Georg Philipp Harsdörffer: Poetischer Trichter, Nürnberg 1648–1653, Nachdr. Darmstadt 1969, Teil 1, S. 3; Berns: Gott und Götter (s. Anm. 62), S. 36–40.

73 Vier Jahre vor dem Poetischen Trichter lässt er die These zu, dass ein christlicher Poet heidnische Figuren auftreten lassen darf. Georg Philipp Harsdörffer: Frauenzimmer Gesprächspiele, hrsg. von Irmgard Böttcher, Deutsche Neudrucke. Reihe Barock 13–20, 8 Bde., Tübingen 1968–1969, Bd. 5, 150–152 [= S. 36–38 des faksimilierten Drucks]. Unter Berufung auf Johann Rist rät er davon ab, heidnische Götter auftreten zu lassen. Harsdörffer: Poetischer Trichter (s. Anm. 72), Teil 2, S. 40; Berns: Gott und Götter (s. Anm. 62), S. 36–40.

74 Ebd., S. 38.

75 Bspw. entsprach von Birkens Oeuvre nicht seinen eigenen theoretischen Vorlagen. Laufhütte: Programmatik (s. Anm. 69), S. 308–310.

beschäftigte. Insbesondere die Sterne als animierte Intelligenzen waren am beseelten, von Geistern erfüllten Himmelszelt gefährdet durch die Erweckung der heidnischen Göttergeschichten.[76]

Im 17. Jahrhundert hatte sich die Annahme, dass die Sterne Geschlecht, *humores*, Temperament und Intelligenz aufwiesen, noch nicht zersetzt.[77] Die Auffassung, dass die Sterne beseelt seien, geht auf das antike, aristotelische Denken zurück, welches das Animiertsein und die geistige Natur der Himmelskörper betonte. Jeder Planet und jedes Tierkreiszeichen enthielt eine Seele oder eine Intelligenz, die den Himmelskörper bewegten.[78]

Zu Beginn des 17. Jahrhunderts hatten mehrere Astronomen und Denker, darunter Tycho Brahe und Athanasius Kircher, die Planeten als beseelt definiert, im Gegensatz zu Kepler und Gerardus Vossius. Letzterer wies diese Annahme 1643 aufs Schärfste mit dem Hinweis zurück, dass weder in der Schöpfungsgeschichte, noch sonst in der Heiligen Schrift von einer Beseeltheit der Sterne oder des Himmels gesprochen werde, es sei denn tropisch.[79]

Daraus lässt sich schließen, dass, als Schiller sein Werk schrieb, die Überzeugung noch allgemein verankert war, dass Sterne mehr als nur reine Materie seien, dass die Sphären vielmehr von engelsgleichen Intelligenzen bewegt würden und der Bereich des *Praeternaturale*[80] noch existierte.[81] Auch wenn Kepler zur gleichen Zeit mit seinen Forschungen die Grundlage für die Verbindung des transzendentalen Himmels und der materiellen Erde

76 Berns: Mythographie (s. Anm. 52), S. 87 f.; William Clark: Der Untergang der Astrologie in der deutschen Barockzeit, in: Hartmut Lehmann u. a. (Hrsg.): Im Zeichen der Krise. Religiosität im Europa des 17. Jahrhunderts, Veröffentlichungen des Max-Planck-Instituts für Geschichte 152, Göttingen 1999, S. 433–472, hier S. 440.

77 Die Heilige Schrift bestätigte zumindest, dass Gott den Himmel benutzte, um den Menschen Botschaften zu senden. Auch wenn der Himmel nur einen beschränkten Einfluss auf die Menschen hatte, so bestand zumindest die Möglichkeit, den Himmel von einem Astrologen deuten zu lassen. Ebd., S. 441.

78 „[...] divinis animatae mentibus [...]“ Cicero, Somnium Scipionis, § 15. Diese These wurde in der frühchristlichen Tradition durch Origenes und Philon weitergetragen und vertreten. Die Sterne leben im eigentlichen Sinn und ihre Bewegung kommt nicht von einer äußeren, sondern einer inneren gestaltbildenden Form. Clark: Untergang der Astrologie (s. Anm. 76), S. 440.

79 Die Himmelskörper hatten bei Kepler keine Seele, Geschlecht, Temperament und Intelligenz mehr außer der Sonne und der Erde. Clark: Untergang der Astrologie (s. Anm. 76), S. 450; zu Kircher vgl.: ebd., S. 456; zu Vossius siehe: Vossius: De Idololatria Gentili (s. Anm. 49), Kap. 62, S. 236; Ralph Häfner: Götter im Exil. Frühneuzeitliches Dichtungsverständnis im Spannungsfeld christlicher Apologetik und philologischer Kritik (ca. 1590–1736), Frühe Neuzeit 80, Tübingen 2003, S. 241f.

80 Praeternaturale ist der Bereich in der die dämonische und astrale Magie, die beseelten Sterne und Geister Platz hatten. Clark: Untergang der Astrologie (s. Anm. 76), S. 464.

81 Jacques Solé: Christliche Mythen. Von der Renaissance bis zur Aufklärung, Frankfurt a. M. 1982, S. 221.

legte, die dann mit Newton und der Trennung von Materie und Geist ihre Bestätigung erhielt.

Die Vorstellung, dass die Götter nicht unbewegte Zuschauer seien, sondern allmächtige omnipräsente Mächte, die Einfluss auf die Menschen haben könnten, war beängstigend. Grund genug, den Ort, der Gott am nächsten war, von den heidnischen Figuren zu reinigen.

Zusammenfassung

An der hier vorgestellten Diskussion zur Umwandlung der Sternbilder wird offensichtlich, dass die Skepsis gegenüber den Mythen zu Beginn und in der Mitte des 17. Jahrhunderts im Bereich der Astronomie und der protestantischen Dichtungstheorie stark war. In der Bildkunst hatte sich hingegen, in der kunsttheoretischen Diskussion schon gegen Ende des 16. Jahrhunderts, eine Billigung des Mythos durchgesetzt.

Schickard, Bartsch, Harsdörffer und Zesen stehen in der Tradition der christlichen Umdeutung der biblischen Geschichte. Sie speisen ihre Ideen aus dem Konzept, dass die Mythen ein noch verborgenes Naturwissen in sich bergen, aus dem sich eine neue, nicht aus der Bibel zu erschließende Erkenntnis ziehen lässt. Diese Erstoffenbarung Gottes in der Natur liegt zeitlich vor dem *liber scripturae*, auch wenn die Schrift, was ihren Heils- und Wahrheitsrang angeht, über der Natur steht. In Verbindung mit der Bibel kann folglich die Mythologie den Gesamtzusammenhang der *Historia mundi* beleuchten.

Schillers völlige Neuerfindung der Bilder am Sternenhimmel steht dazu im starken Gegensatz. So überschreiben die Ersatzfiguren, bedingt durch die starre Einteilung in Altes und Neues Testament, den Himmel neu. Es wird dabei nicht nach analogen Geschichten aus der Bibel gesucht, sondern die Nachbarschaft bedingt die Bildfindung und nicht der ehemalige Charakter der Konstellation. Gerade diese Überschreibung stößt bei den Zeitgenossen auf harsche Kritik.

Der Atlas folgt den kritischen Überlegungen zur Mythologie der Zeit, denn am Himmel, dem Ort der Wahrheit, ist die Ablehnung der Mythologie besonders gut nachvollziehbar. Der Schillersche Atlas zeugt von der Skepsis gegenüber den Mythen und der Furcht vor dem Manifestwerden der Götterwesen durch ihre visuelle Form am Himmelszelt sowie der aus der Betrachtung und Deutung resultierenden potenziellen Schädigung des Menschen.[82]

---

82 Berns: Mythographie (s. Anm. 52), S. 147 f.

Dem entgegenwirkend sollte der Atlas als Schaubuch für die Auffrischung der Heilsgeschichte dienen – als mnemotechnische Stütze für die unverfänglichen und moralisch-exempelhaften katholischen Geschichten. Die propagandistische Verteidigung des wahren, katholischen Glaubens wird im Schillerschen Atlas deutlich. Der göttlich geordnete Kosmos verfügt über immanente vorbildhafte Bildergeschichten, die nur enthüllt werden müssen und die durch ihre Nähe zu Gott legitimiert sind. Es ist der Versuch, sich gegen die Auflösung der göttlichen Herrschaft des Himmels aufzulehnen und sich gegen den nach naturwissenschaftlichen Kriterien geordneten Himmel – gegen eine intelligible Natur – zu sträuben.[83]

Als Lehrbuch für die Astronomie hingegen ist der Atlas trotz seiner Aktualität und Genauigkeit weniger zu gebrauchen, da der Wiedererkennungseffekt am Sternenhimmel nicht intendiert ist. Die einprägsamen Bildfindungen dienen eher der persönlichen Andacht.[84]

---

83 Michel Foucault: Geschichte der Gouvernementalität. Vorlesung am Collège de France, hrsg. von Michel Sennelart, Bd. 1: Sicherheit, Territorium, Bevölkerung. Vorlesung am Collège de France, 1977–1978, Bd. 2: Die Geburt der Biopolitik. Vorlesung am Collège de France 1978–1979, Frankfurt a. M. 2004, S. 343. Vgl. dazu auch den Begriff der Episteme bei Foucault. Michael Ruoff: Foucault-Lexikon. Entwicklung, Kernbegriffe, Zusammenhänge, Paderborn 2013, S. 114–117.

84 Interessanterweise ist das Exemplar der Universitätsbibliothek Basel mit Notizen übersät. Diese stammen von einem englischen Besitzer vermutlich des 18. Jahrhunderts (Dr. Hack ?). Danach kam das Buch in den Besitz von Daniel Huber. Seine Bibliothek umfasste 12.500 mathematische und physikalische Werke und gelangte 1829, nach seinem Tod, in die Universitätsbibliothek Basel. Andreas Heusler: Geschichte der Öffentlichen Bibliothek der Universität Basel. Programm zur Rektoratsfeier der Universität Basel, Basel 1896, S. 63; Emil Alfred Fellmann: Art. „Daniel Huber. Mathematiker und Astronom", in: Neue Deutsche Biographie, hrsg. von der Historischen Kommission bei der Bayerischen Akademie der Wissenschaften, Bd. 9, Berlin 1972, S. 689 f.

Markus Bauer

Stürze vom Himmel

Zu Anthonis van Dycks ‚Daedalus und Icarus'

Tolomeo
Belle dee di questo core,
voi portate il ciel nel volto,
non ha il ciel più bel splendore
di quel ch'avete in doppie stelle accolto.[1]

Und dieses pfleget niemahls einiger Sünde unfehlbarer und gewisser zu widerfahren/ als der so gar unbeschränckten Hochmuth/ welche eben darumb so hoch zu steigen verlanget/ weil sie ihro selbst einen ungemeinen erschröcklichen Fall zu bereiten trachtet und ringet. Darum sieht man auch allerwegen / Daß GOtt gewohnet sey zu stürtzen die Tyrannen/ Wann sie die Tyranney zum höchsten wollen spannen.[2]

Vorspann

Bei Tag der blaue Himmel, bei Nacht das statisch wirkende Licht-Bild der Sternengruppierungen – das war für lange Jahrtausende der einzige *Screen*, der jedem Blick zugänglich war und ist. Neben den klimatischen Extremformen[3] gibt das kosmische Geschehen den irdischen Betrachtern immer neuen Anlass zu transzendenten, über die Erdatmosphäre hinausreichenden Überlegungen.

Die Himmelsbetrachtung beschränkt sich vorderhand auf menschheitsgeschichtliche Dimensionen, welche in den astronomischen Zeitabläufen noch nicht einmal wie ein Sekundenschlag stehen. Die Einsicht in den zeitlichen Ablauf kosmischer Konstellationen war und ist für das Zeitwissen auf der Erde konstitutiv wie auch für das Raumgefühl. Ob ihrer Gebundenheit an den Planeten mit der sich darüber wölbenden Atmosphäre ha-

1 Georg Friedrich Händel: Giulio Cesare in Egitto, 2. Akt, 9. Sz.

2 Morphei Moscovitische Schau-Bühne Oder Des Traumenden Rationis Status Curiose und Politische Schwätz-Gesichter: Uber den gegenwärtigen Statum Moscau Iriniphilus Nugaeserius Freymund, o. O. 1691, S. 21.

3 Vgl. zur historischen Wahrnehmung extremer Wetterphänomene in der Frühen Neuzeit den Beitrag von Jörg Jochen Berns in diesem Band, S. 181–207.

ben die Erdbewohner das fundamentale Raumgefühl von Oben und Unten entwickelt.[4]

In kosmogonischen Erzählungen ist in europäisch-vorderasiatischen Breiten ein Nexus von Ort und jeweiliger Götterwelt entstanden, der als allgemeinster Rahmen meines Beitrags zu den Himmelswelten gelten kann. Wenn dieser Nexus oft archaisch-mythologischen oder theologischen Denkweisen zugesprochen wird, so hält er sich heute doch immer noch in scheinbar peripheren Aspekten und Randgebieten, in Sprachbildern oder in sedimentiertem Populärwissen, während naturwissenschaftliche Forschung und von ihr angeleitete Technik sich bemühen, den Himmel als astrophysikalisches Phänomen zu rationalisieren.[5]

Im Folgenden soll der epistemologisch eh fragile Himmelsblick an einer Schwachstelle – dem Sturz aus dem Himmel – erprobt werden. Dabei sollen die zahlreich sich aufdrängenden Geschichten und Bilder, mit denen der Himmel von lange her befrachtet wurde, nur insoweit berücksichtigt werden, wie sie zur Mythologie des Sturzes beitrugen. An einem Beispiel der Malereigeschichte wird zu erörtern sein, was der Himmel sei oder gelte, wo er sich zeigt. Aus dem reichen Fundus der historischen „Fälle“[6] des ikari-

4 Carlo Ginzburg: High and Low: The Theme of Forbidden Knowledge in the Sixteenth and Seventeenth Centuries, in: Past and Present 73 (1976), S. 28–41, hier S. 34–36.

5 Wobei sich schon in die Begründung und Zielsetzung dieser Forschung und Technik immer wieder Motivationen einschreiben, die der Positionierung des Erdenmenschen als denkendem und zugleich emotionalen Wesen entsprechen. Furcht, Neugier und Überheblichkeit können dann durchaus neben die scheinbar rationalen Gründe etwa für die enormen Anstrengungen der Entwicklung von Mond- und in der Zukunft Marsflügen treten.

6 Vgl. Karin Luck-Huyse: Der Traum vom Fliegen in der Antike, Palingenesia 62, Stuttgart 1997. Unübersehbar ist der Reichtum an Flugversuchen inner- und außerhalb der antiken hellenisch-römischen Tradition. Von der Ikarus-Erzählung abhängig scheint das mittelalterlich besonders häufig aufgegriffene apokryphe Simon-Magus-Narrativ. Zu Lebzeiten des ersten Papstes Petrus soll da ein frevlerischer Himmelsflug des sinistren Simon Magus durch kraftvolle Gebete des Heiligenpaares Petrus und Paulus ausgebremst und eine Verletzung der himmlischen Sphäre zum Scheitern gebracht worden sein: ein Ikarus des christlichen Glaubens, wenn man so will. Deutlich sind auch die Anklänge an den Ikarus-Stoff in einem gelungenen Flugversuch. In der Edda als Velentsaga in Stabreimform und später in Prosa in der Volundarkvida überliefert, wird die Geschichte von dem Schmied Volundar oder Velent (Wieland) erzählt, der aus Rache die Söhne des Königs Nidud tötet und aus einer Gefangenschaft auf einer Insel mittels eines Federkleids wegfliegen kann. Später gelingt es ihm die Tochter des Königs zu heiraten. (Vgl. die Darstellung auf „Franks Casket“).
Auch die rumänische Volksmythologie „Meşterul Manole“ erzählt von einer Gefangenschaft: Nachdem er die Frage des Fürsten, ob er noch einmal etwas so Schönes wie das Kloster Argeş bauen könne, bejahte, wird Meister Manole mit seinen Maurern vom Fürsten auf dem Dach des Klosters gefangen gehalten, indem alle Wege zum Boden entfernt werden. Die Maurer entwerfen daraufhin Flügel aus Schindeln, mit denen sie sich in die Tiefe stürzen.

schen Himmelssturz-Mythologems sollen zwei entscheidende Wendemarken seiner Rezeption in den Fokus rücken, da der Mythos seinen Aussagekern in elastischen Grenzen bis in die Gegenwart hinein bewahrt hat.[7] Seine Deutung soll im Folgenden von der jüngeren Geschichte aus bis zu der entscheidenden Innovation der Frühen Neuzeit zurückverfolgt werden.

Der Bogen wölbt sich somit unter einem Himmel, von dem Georg Lukács unter Hinweis auf die Romantiker behauptete, dass ihm die Einheit fehle: „Kants Sternenhimmel glänzt nur mehr in der dunklen Nacht der reinen Erkenntnis und erhellt keinem der einsamen Wanderer – und in der neuen Welt heißt Menschsein: einsam sein – mehr die Pfade. Und das innere Licht gibt nur dem nächsten Schritt die Evidenz der Sicherheit – oder ihren Schein."[8] Es zeigt sich, dass diese ‚Entdeckung' des inneren Lichts der Individualität die Frühe Neuzeit prägte und danach die scheinbare Evidenz der Sicherheit ihre kollektive Übersteigerung nur noch potenzierte.

Vorschau, retrospektiv

Mit der Entwicklung der maschinellen Aviatik durch die Brüder Wright, durch Blériot und andere erhielt das 20. Jahrhundert eine seiner Epochensignaturen, die vielfach auch für seine Zukunftsbilder in Gebrauch genom-

---

Ebenso erfolgreich im nicht nur europäischen Mittelalter war die Erzählung vom Leben Alexander des Großen und seinem Flug, in zahlreichen Medien dargestellt und mit einer Ausstrahlung bis in die persisch-arabische Welt, von Theologen aber als *superbia* qualifiziert und in der Übersetzung als „Hoffart" – ‚hohe Fahrt' in die deutsche Sprache eingeführt.

7 Zum Ikarus-Mythos vgl. Achim Aurnhammer: Zum Deutungsspielraum der Ikarus-Figur in der Frühen Neuzeit, in: Martin Vöhler, Bernd Seidensticker (Hrsg.): Mythenkorrekturen. Zu einer paradoxalen Form der Mythenrezeption, Berlin–New York 2005, S. 139–164, hier S. 140; Felix Philipp Ingold: Ikarus novus. Zum Selbstverständnis des Autors in der Moderne, in: Harro Segeberg (Hrsg.): Technik in der Literatur. Ein Forschungsüberblick und zwölf Aufsätze, Frankfurt a. M. 1987, S. 269–350; ders.: Der Autor im Flug. Daedalus und Icarus. Könnerschaft und Inspiration, in: ders.: Der Autor am Werk. Versuche über literarische Kreativität, München–Wien 1992, S. 11–95.

8 Georg Lukács: Die Theorie des Romans. Ein geschichtsphilosophischer Versuch über die Formen der großen Epik, Berlin 1920, S. 19 f. Die Stelle geht weiter: „Von innen strahlt kein Licht mehr in die Welt der Geschehnisse und in ihre seelenfremde Verschlungenheit. Und ob die Angemessenheit der Tat an das Wesen des Subjektes, der einzige Wegweiser, der übrig bliebe, wirklich das Wesen trifft, wer kann es wissen, wenn das Subjekt für sich selbst zur Erscheinung, zum Objekt geworden ist; wenn seine innerste und eigenste Wesenheit nur als unendliche Forderung auf einem imaginären Himmel des Seinsollenden ihm entgegengestellt ist; wenn sie aus einem unermeßlichen Abgrund, der im Subjekt selbst liegt, heraustreten muß, wenn nur das aus dieser tiefsten Tiefe Emporsteigende das Wesen ist und niemand jemals ihren Grund betreten und zu erschauen vermag?"

men werden konnte. Unter ihnen schien am prägnantesten dasjenige des durch die Revolution von 1917/18 entstandenen Sowjetstaates mit seiner Ideologie eines unvermeidlichen Zusammenwirkens von Partei und technischer Innovation. Als Legitimation der Überwindung irdischer Schwernisse hielt das Flugwesen mit neuen Rekorden, der Eroberung der Lüfte, der umfassenden Durchdringung der Welt durch die Sowjetmacht her für die signifikante Kennzeichnung der neuen Ära. Wenn Lenin Kommunismus im Alltagsleben als „Sowjetmacht plus Elektrifizierung des ganzen Landes" definierte, so blieb dabei die Rolle der Aviatik als ideologischer Futurismus noch unerwähnt. Er nämlich sollte mit Eroberung der neuen Dimensionen und Sphären der Sowjetgesellschaft jenen transzendenten Touch liefern, ohne den die Mühen des Aufbaus weniger attraktiv erschienen wären.

Neben der technischen Entwicklung der Fluggeräte trugen insbesondere die Künste zur Verbreitung des Gefühls der Himmelsstürmerei bei. Diese ging einher mit der Propagierung neuer revolutionärer Kunst, die seit den italienischen und russischen Futuristen auf Geschwindigkeit, Technizität, neue Dimensionen abhob. Der Himmel wurde zum letzten Projektionsscreen für alles, was im revolutionären Überschwang noch zu wünschen übrig blieb – ein Ort, wo das irdische Jetzt endgültig überwunden werden konnte: „Der Sieg über die Sonne" (so die futuristische Oper von 1915 mit Beiträgen von Malevič) machte den Himmel und das All technisch verfügbar, der „Aviator" (so ein Gemälde Malevičs von 1913 betitelt)[9] wird zum Helden der Stunde.[10] Vladimir Majakovs'kij dichtete 1925 *Der fliegende Proletarier* und entwirft darin den künftigen Endkampf zwischen Kapitalismus und Sozialismus als Schlacht am Himmel:

Stabsleute,
an den Maschinen
gruppiert, verteilten
Himmelssektoren;
jedem sein Platz
für den Einsatz.
Und setzten beim Peilen

9 Malevič malte 1915 auch ein „Suprematistisches Gemälde: Fliegender Aeroplan" (Museum of Mod. Art, NY) und entwarf ein Hochhaus zur Besiedlung des Luftraums mit dem Namen „Haus des Piloten"; vgl. Wladimir Majakowski: Der fliegende Proletarier, übers. von Boris Preckwitz, Illustration Jakob Hinrichs, Nachwort Jan Kuhlbrodt, Berlin 2014, S. 99, Anm. zu Zeile 1190. Der Band bietet in den Anmerkungen zahlreiche Einzelheiten zur Luftfahrt in der frühen Sowjetunion.

10 James Stephan Dimitroff: Give Russia Wings: The Confluence of Aviation and Russian Futurism, 1909–14, Bd. I, Diss. Los Angeles 1998; Irina Gutkin: The Cultural Origins of the Socialist Realist Aesthetic, 1890–1934, Evanston, Ill. 1999, S. 127.

Marken an Sterne –
die Territorien künftiger Schlachten.[11]

Fliegen bestimmt zentral die sowjetische Mythologie als Vorsprung im Kampf mit dem Kapitalismus, ein Menschheitsfortschritt, der der entworfenen Utopie des Sozialismus bereits ähnlich sehe. Dem sekundiert die avantgardistische Kunst, indem etwa in einer Collage als Buchcover der Kopf Majakovs'kijs im Himmel hinter der Erde steckt, um die Flugzeuge kreisen.[12] Oder durch den ‚Ikarus' von Rod'čenko, eine klassische Collage, in der Majakovs'kij mit ausgestreckten Armen, als wolle er abspringen, auf einem Kirchturm über amerikanisch aussehenden Wolkenkratzern steht und hinter ihm ein Doppeldecker fliegt. Ein solcher auch im Ikarus-Mythos relevanter Turm verweist auf einen weiteren Komplex von Motiven, die auf die russische Erzählung vom im 16. Jahrhundert Flugversuche unternehmenden Nikitka zurückgehen (**Abb. 1**) und bis in die Ikonographie der Propaganda gegen die hitlerdeutsche Wehrmacht im Zweiten Weltkrieg reichen (**Abb. 2** und **Farbtafel 1**).[13] Alexander Deineka interpretierte den jungen Nikitka als einen keineswegs scheiternden Ikarus, sondern als einen wagenden; als einen nämlich, der, sich zeitgemäß in den sowjetischen Kontext fügend, das unmöglich Erscheinende wagt. Wie Karl Schlögel in seinem Kapitel „Jahr der Abenteuer: Sowjetischer Ikarus 1937" in seinem Buch zum stalinistischen Terror[14] ausführt, galten die Aviatoren als Helden der

11 Majakowski: Der fliegende Proletarier (s. Anm. 9), S. 17.

12 Abb. unter: http://www.moma.org/interactives/exhibitions/1998/rodchenko/texts/portraits_mayakov.html.

13 Vgl. das Gemälde von 1940 des von der Avantgarde zum sozialistischen Realismus wechselnden Alexander Deineka (1899–1969) mit dem von einem Turm springenden beflügelten Jugendlichen Nikitka und seinem erstaunten Publikum, das auf eine Überlieferung aus dem 16. Jahrhundert zurückgeht. Scott W. Palmer: Russian Icarus, East: The Symbolic Contexts of Russian Flight, in: The Slavic and East European Journal 49/1 (2005), S. 19–47. Auf sie reagiert 1943 seine Darstellung ‚Sbitij As' (*Abgeschossenes Flieger-Ass*) eines auf hochgestellte Eisenbahnschwellen kopfunter zustürzenden deutschen Fliegers, dessen mit einer dicken Rauchfahne dem Erdboden sich näherndes Flugzeug im Hintergrund sichtbar ist. Dessen satirisch-postmoderne Spiegelung bildet dann Dubossarsky und Vinogradovs ‚Beuys shooted down' (2009), das sowohl Deineka von 1943 imitiert, aber neben dem Beuys-typischen Hut auch einige der im ersten Bild Deinekas von 1940 versammelten Zuschauer aus dem 16. Jahrhundert zeigt – diesmal aber in der Kleidung jener Krimtataren, von denen Beuys behauptete, sie hätten ihm bei seinem Abschuss im März 1944 auf der Krim in der Kälte durch ihre Filzdecken und die Einreibung mit Fett das Leben gerettet (wie sich herausstellte eine pure Mystifikation der Vorgänge; vgl. Frank Gieseke, Albert Markert: Filz, Flieger, Vaterland. Erweiterte Beuys-Biographie, Berlin 1996).

14 Karl Schlögel: Terror und Traum. Moskau 1937, München 2008, S. 386–410 mit der Abb. von Deinekas ‚Nikitka, der russische Ikarus', wobei die Abb. des Fallschirmspringerturms (ebd., S. 525) parallel zu der von Deinekas Turm gesehen werden kann.

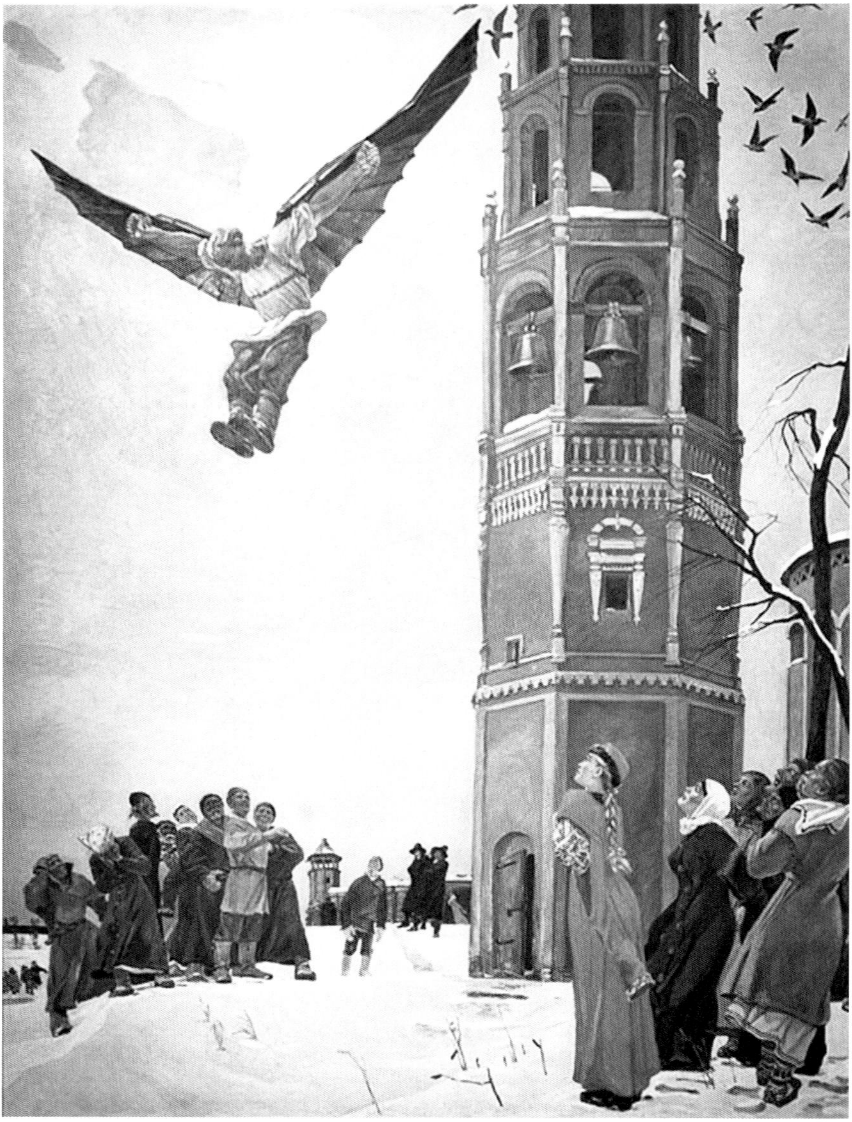

Abb. 1: Alexander Deineka, Nikitka, der erste russische Flieger, Öl auf Leinwand, 389 x 288 cm, 1940, Staatliche Tretjakow-Galerie, Moskau

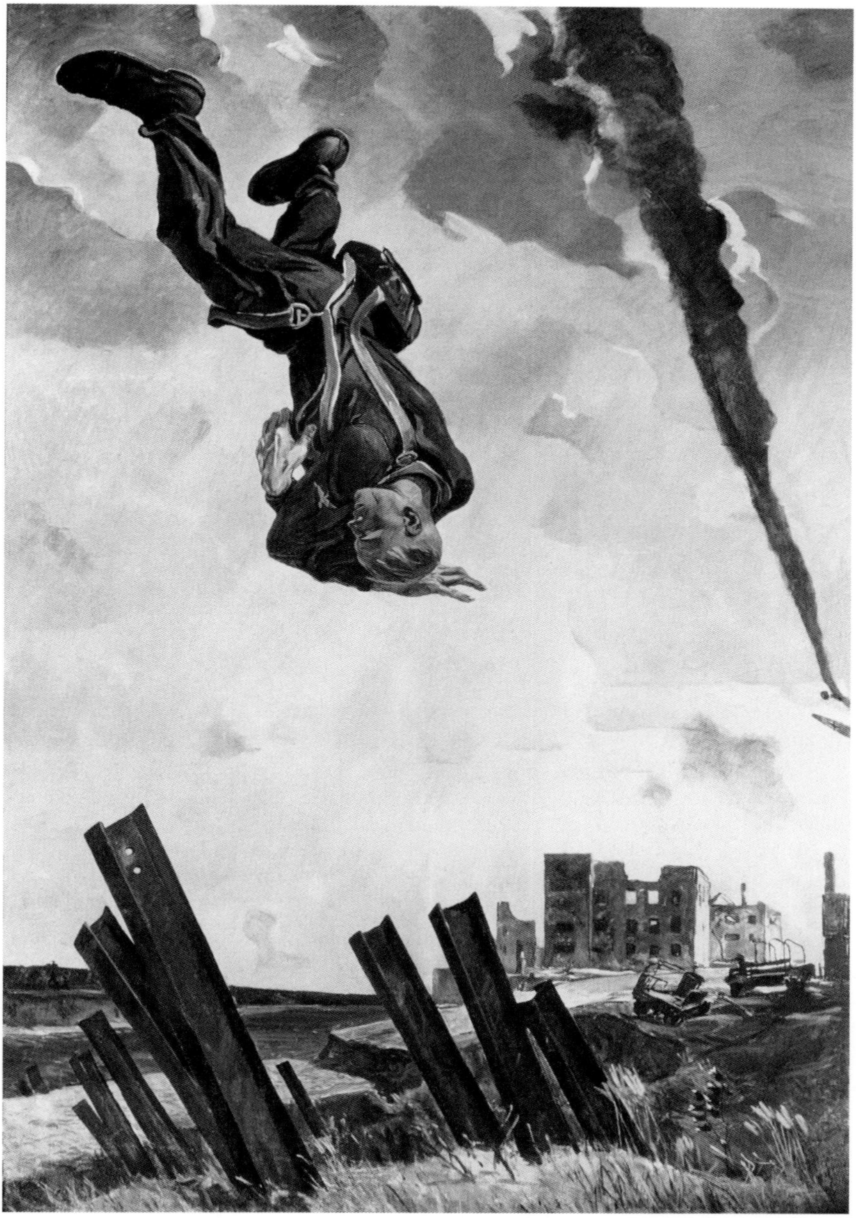

Abb. 2: Alexander Deineka, Abgeschossenes Flieger-Ass, Öl auf Leinwand, 283 x 188 cm, 1943, GRM – Staatliche Russische Museen, St. Petersburg

stalinistischen Epoche, deren utopische Träume in merkwürdigem Kontrast zu dem gleichzeitigen Terror gefeiert wurden.

Eine variierende Ausprägung solch positiver Deutung des Ikarus-Mythos und der Vorstellung vom Fliegen generell lag auch in der Selbstbespiegelung der DDR als eines ‚ikarischen Projekts'. Dichter und Maler zogen den Mythos heran, um zugleich Distanz und theoretische Zustimmung zur Gesellschaft des deutschen Nachkriegsstaates, der dem sowjetischen Modell nacheiferte, in ein Bild zu fassen. Zahllos sind die lyrischen Bezugnahmen und nicht seltener die in der Malerei. Ulrich Berkes' erster Band mit Prosagedichten, *Ikarus über der Stadt* (1976), enthielt drei Ikarus-Texte, Wolf Biermann sah sich als „preußischer Ikarus", der die wie eine Insel isolierte DDR verlassen will, Wolfgang Kunert dichtete *Ikarus 64*.[15] Retrospektiv untersuchte ein großes Ausstellungsprojekt die Malerei der DDR und zugleich den Staat selbst (bzw. seinen künstlerischen ‚Überbau') als ikarisches Unternehmen.[16] Der Mitorganisator Karl-Siegbert Rehberg ernennt im Vorwort des Katalogs Wolfgang Mattheuers ‚Sturz des Ikarus II' „zum bildhaften Leitmotiv der Ausstellung".[17] Künstler wie Mattheuer, Heisig, Grimmling

15 Achim Aurnhammer, Dieter Martin (Hrsg.): Mythos Ikarus. Texte von Ovid bis Wolf Biermann, Leipzig ²2001, darin: Wolf Biermann: Ballade vom preußischen Ikarus [1976]; Sascha Anderson: der meissner ikarus [1983]; Bettina Wegner: Ikarus [1974]; Günter Kunert: Ikarus 64 [1964]; ders.: Unterwegs nach Utopia I [1977]. Weitere Beispiele des Ikarus-Motivs in der DDR-Lyrik: Ulrich Berkes: Ikarus über der Stadt. Prosagedichte, Berlin–Weimar 1976 (Edition Neue Texte). Auch Gedichte des russischen Poeten Wjatescheslaw Kuprijanow erschienen unter dem Titel „Aufforderung zum Flug" (Berlin 1990) und nahmen vielfach Bezug auf das Ikarus-Motiv. Vgl. Birgit Lermen: „Über der ganzen Szenerie fliegt Ikarus." Das Ikarus-Motiv in ausgewählten Gedichten von Autoren aus der DDR, in: Deutsche Lyrik nach 1945, hrsg. von Dieter Breuer, Frankfurt a. M. 1988, S. 284–305; Ioana Crăciun: Die Politisierung des antiken Mythos in der deutschsprachigen Gegenwartsliteratur, Berlin–Boston 2002, S. 81–122 (zu Kunerts „Ikarus 64"); Anke Detken: „Fliegen ist schwer". Ikarus in lyrischen Texten nach 1945, in: Jahrbuch der deutschen Schillergesellschaft 51 (2007), S. 340–366.

16 Die umfassende Ausstellung des Verbundprojekts „Kunst in der DDR: Abschied von Ikarus. Bildwelten in der DDR – neu gesehen" (19. Oktober 2012 bis 3. Februar 2013, Neues Museum Weimar) mit dem Begleitkatalog: Karl-Siegbert Rehberg, Wolfgang Holler, Paul Kaiser (Hrsg.): Abschied von Ikarus. Bildwelten in der DDR – neu gesehen, Ausst.-Kat. Weimar, Köln 2012.

17 Karl-Siegbert Rehberg: Von der ‚Unmöglichkeit' einer Ausstellung. Einleitende Überlegungen zu „Abschied von Ikarus. Bildwelten in der DDR – neu gesehen", in: Abschied von Ikarus (s. Anm. 16), S. 20. Rehberg verweist zur Beantwortung auf die Frage „Warum Ikarus?" auf jenen Ausstellungsteil einer „melancholischen Antike", die sich in Bildern spiegelt, „die aus einer mythischen Erzähltradition nicht mehr das Selbstbewusstsein heroischer Zeiten, sondern eine reflexive Hintergründigkeit und nicht ohne Trauer erarbeitete kritische Distanz gewinnen." Also über Ikarus hinausgehend steht die Antike-Rezeption im Zeichen des Fliegers. „Bernhard Heisig und Wolfgang Mattheuer stellen mögliche Szenarien des Ikarus-Todes dar und am Ende sind nur noch die Requisiten

wählten wiederholt das Ikarus-Mythologem als Darstellungsgegenstand, um in der Breite seiner Interpretationsansätze zum einen die Enge des Staates und seiner Gesellschaft zu thematisieren, zum andern den modernen Menschen als scheiternden dazustellen oder, wie Mattheuer 1989 in einem Linolschnitt, den Aufstand der Bürger mit dem vieldeutigen Titel ‚Ikarus erhebt sich' aufzurufen.[18]

Der antike Mythos, der über Jahrtausende eine moralisch vielfach schillernde Bedeutung gehabt hatte, war in der späten Moderne zur Bezeichnung ganzer Gesellschaftssysteme befähigt. Das ‚Ikarische' diente fortan nicht mehr als Parabel für individuelles Verhalten, sondern beschwor und bezeichnete eine umfangreiche historisch-gesellschaftliche Konstellation – die Epopöe der Moderne.

Vor dem Sturz – die Moderne schaut nach vorne

Die Oberkörper zweier Personen in bewegter Positur (**Abb. 3** und **Farbtafel 2**): rechts ein jugendlicher Mann mit freiem Oberkörper und direktem Blick auf den Betrachter; links seitlich hinter ihm ein älterer Mann, in eine braune Toga gekleidet, etwas kleiner, mit dichtem braunen Bart und hoher Stirn, die Stirn in Falten, den Unterarm gebeugt und die Hand in Höhe des Ohrs zur Faust geballt, aber Zeigefinger und Daumen nach oben gereckt. Der merkwürdig schräg parallel zur diagonalen Bildachse in Bewegung erstarrte Oberkörper des Jungen hat den rechten Arm im rechten Winkel gebeugt und seine nach vorn gestreckte Hand macht die gleiche Fingerbewegung wie die des älteren Mannes – allerdings mit der fast offenen Handfläche nach oben liegend, so dass der Zeigefinger als Verlängerung des Unterarmes wie der Blick nach vorne auf den Betrachter zu weist. Unterhalb der Hand ist das lose aufbauschende rote Tuch zu sehen, das den Jungen unterhalb des Nabels bekleidet, kaum gehalten von einem lose anliegenden, schmalen blauen Band, das um die Hüften gebunden ist, und der linken Hand, die in der Verlängerung des herabhängenden linken Armes das reich gefältelte Tuch unterhalb des Bandes festhält; das Tuch liegt dort neben dem herabhängenden linken Arm im Schatten, so dass die größte Lichtansammlung auf den im Zentrum des Bildes situierten, leicht schräg zur Seite geneigten Oberkörper des Jungen fällt. Über ihm ist als Lichtzentrum nur noch die obere Innenseite eines großen Federflügels auffallend, während die Oberseite des linken Flügels hinter dem üppigen Haar-

der Überschreitung des Menschenmöglichen zu sehen, wie in Hans-Hendrik Grimmlings *Ikarus zu hause* (1978)." Ebd., S. 25.

18 Abb. ebd.

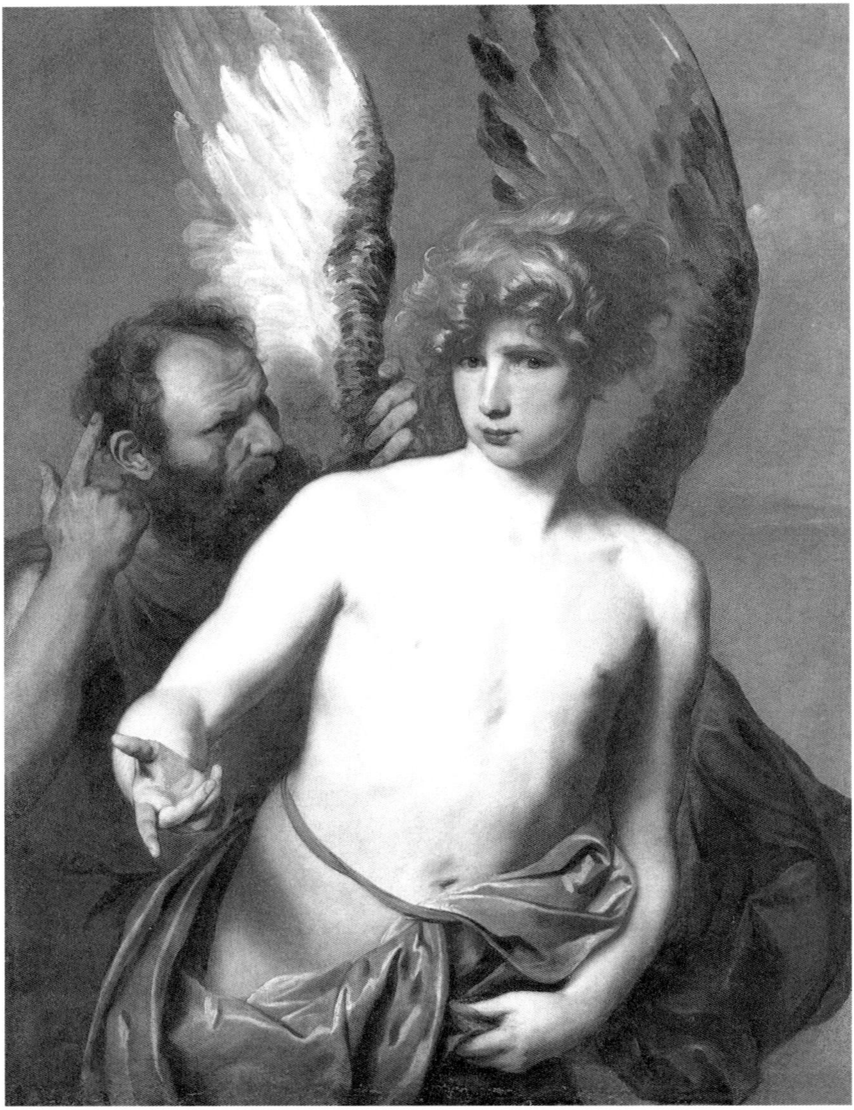

Abb. 3: Anthonis van Dyck [?], Daedalus und Icarus, Öl auf Leinwand, 115,3 x 86,4 cm, Datierung unsicher, Art Gallery of Toronto, Toronto

schopf des Jünglings ebenfalls im Schatten verdunkelt ist. An der hellen Seite des rechten Flügels sind zwischen Jünglingskopf und Flügel dicht über der Schulter des Jünglings die vier gekrümmten Finger der linken Hand des Älteren zu sehen, die den rechten Flügel umgreift und festhält.

Der intensive Blick des Älteren ist fast im Profil und fast parallel zur Bildoberfläche nahe an der Schulter des Jünglings auf dessen etwas dunkleres Gesicht gerichtet, das hingegen trotz des leicht zum Älteren gewendeten Kopf im rechten Winkel zur Blickrichtung des Alten auf den Betrachter schaut – die Augen durch in die Stirn fallende reiche blonde Haarlocken leicht verschattet, der Mund fest, fast trotzig entschieden, die Backen noch kindlich weich und rund, die ganze Haltung und das Antlitz scheinen des Älteren Eindringlichkeit zugleich gelassen und dennoch fast überheblich abzuwehren.

Die ganze Positur ist eine Argumentation: Von dem leicht nach rechts zum Älteren gedrehten Kopf des Jünglings (die Augen aber bleiben auf den Betrachter gewandt) wandert der Blick auf den kräftigen rechten Arm im hellen, von links oben einfallenden Licht mit den ausgestreckten Fingern und sogleich auf den daneben am Bildrand dunkler sichtbar erhobenen Arm des Älteren mit der eindringlichen nach oben gerichteten, fast gleichen Fingerhaltung. Gegen die Parallelität der Arme und des leicht geschrägten Oberkörpers des Jungen stößt der Rumpf des Älteren aus dem dunklen Hintergrund nach vorn, bis sein Kopf fast auf der gleichen Achse wie das Gesicht des Jünglings sich befindet und diesen in einer Bewegung des Armes mit der erhobenen Faust intensiv fixiert, während die andere Hand den rechten Flügel festhält. Die Darstellung der Flügel in ihrer Detailliertheit der schräg nach oben gerichteten Federn erhöht die Dramatik der Gesten und die auffallend betonte Ruhe des Jüngeren.

Der Hintergrund des Figurenpaars ist in einem diffusen grauen Dunkel gehalten, das vereinzelt nebulöse Strukturen erkennen lässt. Schwierig ist zu entscheiden, ob diese grauen Formen hinreichend eindeutig meteorologisch als Wolken oder Nebel zu deklarieren sind (obwohl sie je nach Interpretation des Figurenpaares auch als solche gedeutet werden können).[19]

Das aktuell in seiner Zuschreibung zu Anthonis van Dyck diskutierte Ölgemälde[20] (115,3 x 86,4 cm) (Datierung unterschiedlich) trägt den Ti-

19 Varianten des Gemäldes, deren Autorschaft und Abhängigkeit untereinander nicht eindeutig zu klären sind, zeigen hingegen eindeutig Wolken und eine Horizontlinie mit Wasseroberfläche und Land im Hintergrund, vgl. etwa die Abb.: http://www.sothebys.com/en/auctions/ecatalogue/2014/old-master-british-paintings-day-l14037/lot.184.html.

20 (Pseudo-?) Anthonis van Dyck, Daedalus und Icarus, Öl auf Leinwand, 115,3 x 86,4 cm, Toronto, Art Gallery of Toronto, Geschenk von Mr. und Mrs. Frank P. Wood,

tel ‚Daedalus und Ikarus'.[21] Die Einbeziehung dieses mythologischen Titels steuert die Wahrnehmung der Figuren durch den Betrachter signifikant: Der Jüngling wird von der *prima vista* möglichen Vermutung einer Engelsdarstellung befreit. Der Ältere kann nicht mehr als lediglich räsonierender alter Mann genommen werden. Als Daedalus, den Vater des Jünglings, weisen ihn nun der Flügel, an den er Hand legt, und das blaue schmale Band um die Hüften des Jungen aus, handelt es sich doch um Bestandteile jener Maschinerie, die, Ovid zufolge,[22] der „Ingenieur und Künstler" Daedalus entwarf, um fliegend dem Gefängnis des Labyrinths zu entfliehen, in dem Vater und Sohn auf Kreta von dem Herrscher Minos festgehalten wurden. Entgegen einer seit der Antike starken Traditionslinie, die vor allem den Sturz des Ikarus vom Himmel ins Meer als Sujet etabliert,[23] hat der Maler hier jenen Moment des Mythologems ausgewählt, in dem Daedalus seinem Sohn Ikarus morgens die künstlichen Flügel anlegt und ihm zugleich Rat-

---

1940; Provenienz: „formerly Althorp House, Earl of Spencer, now Toronto". Vgl. Margaret Min Damm: Van Dyck's Mythological Paintings, Diss. Michigan 1966, das einen Catalogue raisonnée der mythologischen Werkgruppe enthält, S. 127–136 u. 58. Alan MacNairn: The Young Van Dyck, Ausst.-Kat. Ottawa 1980, hält es für ein relativ frühes Werk van Dycks; Jacob E. Nyenhuis: Myth and the Creative Process. Michael Ayrton and the Myth of Daedalus, the Maze Maker, Detroit 2003, S. 307, für ein kurz nach Saracenis Tod 1620 entstandenes frühes Gemälde van Dycks; J. Douglas Stewart: Van Dyck and his Circle, in: Apollo 150 (1999), S. 453, schreibt das Gemälde Peter Thiijs zu und datiert auf 1655–1660. Katlijne van der Stighelen u. a.: Young Anthony van Dyck Revisited: A Multidisciplinary Approach to a Portrait Once attributed to Peter Paul Rubens, in: Art Matters. International Journal for Technical Art History 6 (2014), S. 21–35, hier S. 26, ziehen dies in Zweifel; in dem maßgeblichen Katalog von Susan J. Barnes u. a. (Hrsg.): Van Dyck. A Complete Catalogue of the Paintings, New Haven 2003, taucht „Daedalus and Icarus" nicht auf. Die Entscheidung ging auf die Expertise des verstorbenen Horst Vey (Karlsruhe) zurück, wie Frau Barnes freundlicherweise mitteilt.

21 Vgl. Manchester Guardian, 17. Januar 1925: „The ‚New York Times' states that Messrs. Duveen have acquired six paintings belonging to the late Earl Spencer, and they will be brought to America. There are […] and Van Dyck's ‚Daedalus and Icarus'. The ‚New York Times' adds that the price paid for them exceeds a million and a half dollars. Messrs. Duveen decline to deny or confirm the report." The Globe, 16. Januar 1925: „These have long been treasures of the Spencer family, and until now they have hung on the walls of Althorp Manor."

22 Ovid: Metamorphosen / Verwandlungen, VIII, 152–259; ders.: Ars amatoria / Liebeskunst, II, 17–98; abgedruckt in: Aurnhammer, Martin: Mythos Ikarus (s. Anm. 15), S. 18–31; eine detaillierte Diskussion der beiden Ovid-Texte bringt Luck-Huyse: Der Traum vom Fliegen (s. Anm. 6), S. 39–68; vgl. auch Marjorie Hoefmans: Myth into Reality: The Metamorphosis of Daedalus and Icarus (Ovid, Metamorphoses, VIII, 183–235), in: L'Antiquité Classique 63 (1994), S. 137–160.

23 Karl Kilinski II: The Flight of Icarus through Western Art, Lewiston, NY–Lampeter, Wales 2002.

schläge und Verhaltensvorgaben gibt, die bei dem nicht ungefährlichen Gebrauch der Flügel zu beachten seien.[24]

Die Vater-Sohn-Konstellation gibt dem Maler zunächst Gelegenheit zur Herausstellung von Altersunterschieden in der Tradition des Lebensalterdiskurses, der nicht nur körperliche Zustände unterscheidet, sondern diese auch mit philosophisch-moralischen und kulturellen Zuschreibungen verbindet. Neben den Altersanzeichen – dem schütteren Haar des Daedalus im Vergleich zu der Haarpracht des Ikarus, dem zerfurchten Gesicht gegenüber dem noch fast kindlich glatt erscheinenden Antlitz des Jünglings – verweist auch das verschattete Antlitz des Älteren im Gegensatz zu dem im Licht frontal auf den Betrachter gerichtete Gesicht des Ikarus auf die dem fortgeschrittenen Lebensalter zugeschriebene Melancholie als Temperamentsklassifikation.[25] Die Darstellung der Alter impliziert den Kontrast oder Konflikt zwischen dem Jugendlichen und dem Alten, zwischen den Generationen,[26] Sohn und Vater, und verweist zugleich auf die von Ovid dem Thema eingeschriebene Unmöglichkeit des Lernens bzw. der Risikobehaftung eigener Erfahrungen.

Der zeitgenössische ebenso wie der heutige Betrachter „kennt" die vor allem durch Ovid überlieferte Geschichte des Absturzes des jungen Ikarus. Der Mythos überlebte in unzähligen Darstellungen und in der Translation der Texte Ovids und Vergils[27] über das Mittelalter bis in die Frühe Neuzeit. Bildlich blieb die Geschichte präsent durch aus der Antike überlieferte Darstellungen auf Kameen oder Reliefs, Wandmalereien in Pompeji,[28] Statuen

---

24 Ovid: Metamorphosen (s. Anm. 22), VIII, 203–216. Das Motiv der Flügelanbringung ist vor allem auf Kameen und Kleinreliefs dokumentiert, erweitert um die Präsenz von Pasiphae und Artemis; vgl. Abb. Kilinski II: Flight of Icarus (s. Anm. 23), Vorsatzblatt u. S. 88 f. Unübersehbar die Parallele zu der bei Ovid (*Metamorphosen* 24–35, S. 267–272) wiedergegebenen Mythologie des Phaeton, der ebenfalls die Anweisungen bzw. Ratschläge des Vaters missachtet und bei der Fahrt mit dem Sonnenwagen vom Firmament ins Meer stürzt. Vgl. Christiane Hansen: Transformationen des Phaethon-Mythos in der deutschen Literatur, Berlin 2012, S. 49–54 zu Wickrams und Lorichius' Deutung der Metamorphosen als Fürstenspiegel – entsprechend wird der Sturz als Ergebnis der Hoffart des Jüngeren interpretiert. Aber im 17. Jahrhundert bei Ambrosius Metzger: Metamorphosis Ovidij in Meisterthöne gebracht, hrsg. von Hartmut Kugler, Berlin 1981, hier Nr. 27,3, V. 52–60, auch als kindliche Freude über die Fahrt.

25 Raymond Klibansky, Erwin Panofsky, Fritz Saxl: Saturn und Melancholie (1960), Frankfurt a. M. 1990, S. 417–421.

26 Anthonis van Dycks Gemälde ‚Die Lebensalter', Museo Civico, Vicenza vereint hingegen die vier personifizierten Lebensalter in einem Ensemble in der Natur.

27 Vergil: Aeneis (6. Buch).

28 Vgl. zu den römischen Wandmalereien in Pompeji A. Blanckenhagen: Daedalus and Icarus on Pompeian Walls, in: Mitteilungen des Deutschen Archäologischen Instituts Rom 75 (1968), S. 106–143. Im Internet eine Abb. mit Literaturangaben unter: http://amphi-theatrum.de/1742.html.

und Plastiken,[29] während nach dem Mittelalter Gemälde zum Thema Mythologie, Ovid-Illustrationen der Renaissance,[30] Emblembücher über Jahrhunderte den Mythos zugleich bewahrt und modifiziert haben.[31]

Dabei lässt sich eine unterschiedliche Fokussierung der Genres und Materialien unterscheiden, in denen die Geschichte erzählt wurde. Für die schriftlich-literarische Deutung stellt Christiane Hansen in Bezug auf den dem Ikarus-Mythos durch Mythen-Allianzen[32] verbundenen Phaeton-Mythos fest:

> In der literarischen Mythen-Rezeption der Frühen Neuzeit konkurrieren mittelalterliche Deutungsmuster mit unterschiedlichen Formen ihrer Auflösung. Auch wenn in der Renaissance die anachronistische Mediävalisierung von einem Verständnis der Antike als abgeschlossene Einheit abgelöst wird, konservieren mythographische Handbücher und Kommentare, Übersetzungen sowie später die Emblematik auch unter veränderten Rezeptionsbedingungen mittelalterliche Rezeptionsstrategien über die Epochenschwelle hinweg. Zugleich jedoch schlägt sich in satirisch aktualisierenden Wiederaufnahmen, skeptisch redimensionierten Mythentravestien oder spielerischen Korrekturen eine zunehmende Distanzierung nieder, die in konkurrierenden ästhetischen und kulturellen Paradigmen Ansätze einer Neuorientierung erprobt.[33]

Auch der Ikarus-Mythos wurde moralisiert, travestiert und ironisiert. Letzteres bezeugt 1657 die schon satirisch zu nennende Uminterpretation durch David Schirmer:

---

29 Vgl. Mirjana Sander: Uz Skulpturu Ikara Iz Daruvara / Contribution to the Sculpture of Icarus from Daruvar, in: Opusc. Archaeol 36 (2012), S. 105–142, hier S. 111f.

30 Vgl. Gerlinde Huber-Rebenich, Sabine Lütkemeyer, Hermann Walter (Hrsg.): Ikonographisches Repertorium zu den Metamorphosen des Ovid. Die textbegleitende Druckgraphik, Berlin 2014.

31 Der Ikarus-Mythos bildete zugleich ein Element in einem Strom der europäischen Überlieferung anderer Geschichten von fliegenden Menschen wie etwa der Alexander-Roman, Wieland der Schmied, Meister Manole etc. (vgl. Anm. 6).

32 Vgl. Dante: Divina Commedia, Hölle VII, 125; weiterhin die Beispiele bei Aurnhammer, Martin (Hrsg.): Mythos Ikarus (s. Anm. 15), S. 65 (Tansillo), S. 68 (de Herrera), S. 69 (Schoonhovius), S. 70 (Guarini), S. 71 (Tasso). Zur Mythenallianz Hansen: Transformationen des Phaethon-Mythos (s. Anm. 24), S. 70; Aurnhammer: Deutungsspielraum der Ikarus-Figur (s. Anm. 7), S. 143–146; Hendrik Ziegeler: Der Sonnenkönig und seine Feinde. Die Bildpropaganda Ludwigs XIV. in der Kritik, Petersberg 2010, S. 30–34. Ginzburg: High and Low (s. Anm. 4), S. 34, verweist auf Alciatis Emblembuch als Ort der Mythenallianz von Prometheus und Ikarus: „Icarus, falling from the sky, and Prometheus, punished for having stolen from the sky the divine fire, were seen as symbols of astrologers, of astronomers, of heretical theologians, of philosophers prone to bold speculations, of unnamed political theorists."

33 Hansen: Transformationen des Phaeton-Mythos (s. Anm. 24), S. 43.

Vergebens hat dein Sohn gemachet sich zum Sternen/
Viel besser wer es ihm/ er hette schwimmen lernen.[34]

Vorläufer dieser literarischen „Komisierung" sind bereits im 16. Jahrhundert zu finden.[35]

Auch die Deutung des ‚*heros*' Ikarus, der trotz seines Todes im Unglück ewigen Ruhm gewonnen habe, spielt in der literarischen Tradition eine Rolle. Dies zeigen im 16. Jahrhundert insbesondere Texte der Romania, die den Mut des großen Unternehmens loben und das Wagnis durch den gewonnenen Heldenruhm legitimieren. „Seine Mühe wurde reich belohnt, im Tod erwarb er ewigen Ruhm! Glücklich, wem solcher Tod beschieden und solch schöner Lohn den Schaden ersetzt!", heißt es 1530 bei Jacopo Sannazaro.[36] Dabei gewinnt für Dichter, die auf Sannazaro folgen, auch die (unendliche) Größe von Ikarus' (Meeres-)Grab Valenz. Im 17. Jahrhundert dann wird der Mut des Ikarus zum Emblem für die Überwindung des mittelalterlich-christlichen *curiositas*-Verbots. Gerade auch die naturwissenschaftliche Revolution gebar gegenüber dem religiösen Pochen auf die göttlichen Arkana den Leitspruch des *sapere aude*.[37] Ginzburg führt das Beispiel

34 David Schirmer: An den Dädalus, in: ders.: Poetische Rosen-Gepüsche, Dresden 1657, S. 491, zitiert nach Aurnhammer, Martin: Mythos Ikarus (s. Anm. 15), S. 86. Bereits 1541 heißt es bei Janus Gruter (Hrsg.): Delitiae Celio Calcagnini Italorum Poetarum, huius superiorisque aevi illustrium, Frankfurt a. M. 1608, S. 522, zitiert nach ebd., S. 226 zum „Casus Icari": „Icarus ruft aus: ‚Vater, hilf' mir! Wiederhole nicht vergebens die Regeln des unseligen Fluges, sage mir bitte vielmehr, wie ich schwimmen soll.'"

35 Aurnhammer: Deutungsspielraum der Ikarus-Figur (Anm. 7), S. 143 untersucht in der Versdichtung des 16. und 17. Jahrhunderts die Formen der Komisierung, Mythenallianz, Paradoxierung, Heroisierung und Antonomasie der Narration von Daedalus und Ikarus.

36 Jacopo Sannazaro: Icaro cadde qui, in: ders., Opere volgari, hrsg. von Alfredo Mauro, Bari 1961, S. 195, zitiert nach Aurnhammer, Martin: Mythos Ikarus (s. Anm. 15), S. 59. Vgl. Erich Unglaub: Steigen und Stürzen. Der Mythos von Ikarus, Frankfurt a. M. u. a. 2001, S. 40 f.; Aurnhammer: Deutungsspielraum der Ikarus-Figur (s. Anm. 7), S. 148 sieht in der paradoxalen lateinischen Fassung von Alciatos Emblem zum Astrologen „einen Kompromiß zwischen der üblichen *Moralisatio* und der modernen spielerischen Aufwertung des Ikarus", zu Sannazaros Heroisierung, ebd., S. 151–153.

37 Ginzburg: High and Low (s. Anm. 4), S. 38, überdehnt die Schrift des Jesuiten Daniello Bartoli: Dell'huomo di lettere difeso et emendato, Rom 1645, wenn er aus ihr einen direkten Vergleich von Ikarus und Columbus liest; Ikarus taucht konventionell als Beispiel für zu hohe Ziele auf, diesmal beim Schriftsteller, der über zu geringe Geisteskraft für große Themen verfügt; (dt. Vertheidigung der Kunstliebenden und Gelehrten anständigere Sitten. Aus dem Italianischen gedolmetschet von Einem Mitglied der Hochlöblichen Fruchtbringenden Gesellschaft den Kunstliebenden [d. i. Georg Adam von Kufstein], Nürnberg 1654, S. 176 zum Lob Kolumbus': „[...] hätte nicht anjetzo Europa weder Gewürtz noch die mänge des Goldes/ ja gar nicht die Kundschafft der halben Welt/ nemlich America?"; S. 409 zu Ikarus: „o wie viel sind deren/ so da handlen/

von Anselme de Boots „Symbola varia diversorum" 1686[38] an, der unter dem Motto *Nil linquer inausum* Ikarus mit den Entdeckungen der Neuen Welt verbindet.

Zu der Zeit, als das hier behandelte Gemälde ‚Daedalus und Icarus' entstand, hat demnach, zumindest in der Literatur, die Interpretation der Ikarus-Figur eine Wende hin zum wagemutigen, risikofreudigen Helden genommen. Unser Gemälde steht mithin am Beginn einer bildnerischen Exposition der verschiedenen Valenzen dieses Umbruchs, die für die folgenden Jahrhunderte prägend geworden sind.

Die emblematische Text-Bild-Relation hingegen argumentiert zur gleichen Zeit noch konservativ. Sie rezipiert und interpretiert in der Nachfolge der Ovid-Illustrationen den Ikarus-Mythos vor allem noch in moralisch-pädagogisierender Weise. Bildlich und inhaltlich steht deshalb fast ausschließlich der Absturz des Ikarus im Zentrum. Dieses Ereignis wird interpretiert als Zeichen der (jugendlichen) Überheblichkeit, auch der Vergeblichkeit des werbenden Liebhabers[39] oder des verstiegenen Wissenschaftlers,[40] auch des das Staatsschiff zum Kentern bringenden Herrschers und schließlich der die verborgenen Weisheiten suchenden Alchimisten und Esoteriker.[41]

---

wie Icarus in den Fabeln/ welcher weder ein guter Vogel in der Lufft/ noch ein guter Fisch in dem Wasser gewesen/ dieweil er im flug gefallen/ und im schwimmen ersoffen ist. Sein armer Vater/ als er sahe/ wie er das Ziel überschritte/ so er ihme fürgeschrieben hatte/ indem er ihme die Flügel an die Schultern angemachet/ folgte ihme von ferne nach/ und schrye: O unbesonnens Kind! was ist doch ietzt dein dencken/ daß du Liechtfaltern gleich/ dem Feur dich nahst so sehr: Erinnre dich/ was ich/ als ich dir thät anhencken die Flügel mit dem Wachs/ dir gab für eine Lehr. [...]").

38 Anselme de Boot: Symbola varia diversorum Principum, Archiducum, Ducum, Comitum & Marchionum totius Italiae, cum facili isagoge, Amsterdam 1686, S. 292–294, (http://reader.digitale-sammlungen.de/de/fs1/object/display/bsb11096256_00316.html?zoom=0.9000000000000004 [22.09.2015]). Hinweis bei Ginzburg: High and Low (Anm. 4), S. 38 (de Boot erwähnt Amerigo Vespucci als Beispiel von Wagemut).

39 Vgl. Aurnhammer: Deutungsspielraum der Ikarus-Figur (s. Anm. 7), S. 155–159.

40 Alciatis Emblem „In Astrologos" war in der ersten Ausgabe, Augsburg 1531 noch mit einem Sternengucker illustriert, der wegen des Blicks auf den Sternenhimmel nicht auf den Boden achtet, vgl. Ginzburg: High and Low (Anm. 4), Abb. 3. Aurnhammer: Deutungsspielraum der Ikarus-Figur (s. Anm. 7), S. 148, sieht in der paradoxalen lateinischen Fassung von Alciatos Emblem „einen Kompromiß zwischen der üblichen *Moralisatio* und der modernen spielerischen Aufwertung des Ikarus".

41 Vgl. Raz Chen-Morris: The Fall of Icarus and Kepler's *Camera Obscura*: The Theme of Forbidden Knowledge in the Sixteenth and Seventeenth Centuries Revisited (sydney.edu.au/science/hps/baroque_science/docs/Icarus_and_Kepler.doc). Hansen: Transformationen des Phaethon-Mythos (s. Anm. 24), S. 68 zur theologisch fundierten Verurteilung des Phaethon: „Typischer noch wird diese Mahnung mit Ikarus assoziiert, so etwa in Nikolaus Reusners Emblem *Inter utrumque tene* (1581) 60 oder in Geffrey Whitneys Emblem *In astrologos* (1586), der die englische *subscriptio* um ein beide Mythen kontaminierendes Zitat aus Ovids *Tristia* ergänzt."

Ein Blick auf die bildkünstlerische Rezeption des Ikarus-Mythos in dem Jahrhundert, das unserem Gemälde vorausging, zeigt, dass die Malerei der Renaissance und des frühen Barock kaum ein Beispiel kennt, das in seiner Motivwahl der hier vorgestellten – des Jünglings und des alten Mannes bei Anprobe der Flügel – entspräche.[42] Seit der Antike vor allem in kleinen Formen wie Gemmen und Reliefs bekannt, ist der Werkstatt-Szene meist auch Pasiphae und Artemis beigesellt.[43] Daedalus mit seiner Ingenieur- und Erfinderbiographie und der junge Ikarus sind hier Gegenstand der Darstellung. Wurde in der Kunstgeschichte vor van Dyck vor allem das rätselhafte ‚Ikarus'-Bild Pieter Bruegels (undatiert, um 1540) berühmt, das eine ganze Reihe von Interpretationen und auch bildliche und literarische Kommentare hervorrief[44], so fiel in der Generation vor van Dyck nur der ‚Caravaggist' Carlo Saraceni mit einer Serie von Ovid-Motiven auf, die sich auf die Szene mit dem Anlegen der künstlichen Flügel durch den Vater bezieht.[45] In der leuchtenden Farbigkeit Saracenis stehen Vater und Sohn in der Ferne deutlich abgegrenzt gegen den Himmel auf einem Hügel über dem Meer in enger Verbindung, als würde Daedalus dem Sohn bei dessen letzter Berührung mit der Erde noch beistehen.[46] Gerade in der Entstehungsepoche

42 ‚Konventionelle' Ikarus-Darstellungen mit dem Sturz als zentralem Motiv gibt es von Verhaecht, Paul Brill, van Dycks Lehrer Rubens in einer Skizze, Bol, Carracci u. a.

43 Abb. Kilinski II: Flight of Icarus (s. Anm. 23), Abb. Vorsatz; Sander: Uz Skulpturu Ikara (s. Anm. 29); John D. Beazley: Icarus, in: The Journal of Hellenic Studies 47 (1927), S. 222–233, hier S. 229.

44 Es zeigt in einer Meereslandschaft im Vordergrund einen pflügenden Bauer, während Ikarus am rechten Bildrand nur an dem noch aus dem Meer ragenden Bein beim Sturz zu erkennen ist. Vgl. Gisbert Kranz (Hrsg.): Gedichte auf Bilder. Anthologie und Galerie, München [2]1976, S. 76–87; Beat Wyss: Pieter Bruegel. Landschaft mit Ikarussturz. Ein Vexierbild des humanistischen Pessimismus, Reihe fischer kunststück 3962, Frankfurt a. M. 1990; Ulrich Schmitzer: Bruegel, Coecek und Ovid – ein Nachtrag, in: Zeitschrift für Kunstgeschichte 52 (1989), S. 423–425; Christian Vöhringer: Pieter Bruegels d. Ä. Landschaft mit pflügendem Bauer und Ikarussturz. Mythenkritik und Kalendermotivik im 16. Jahrhundert, München 2002.

45 Carlo Saraceni. Sturz des Ikarus, Öl auf Kupfer (1606/07). Neapel, Museo e Gallerie Nazionale di Capomonte. Eher selten ist die Sujetwahl in einem anderen der drei innerhalb des Zyklus von Ovid-Motiven entstandenen Ikarus-Gemäldes Saracenis, das die Grablege des Abgestürzten durch den Vater darstellt (Bestattung des Ikarus, 1606/07, Öl auf Kupfer, Neapel ebd.). Kilinski II: Flight of Icarus (s. Anm. 23), S. 224–231. Am Beginn des 15. Jahrhunderts hat Andrea del Sarto einen *Icarus* gemalt (1507; Öl auf Holz, Palazzo Davanzati, Florenz), der die Situation nach Anlegung der Flügel thematisiert: Der Jüngling steht auf einem Holzblock, am rechten Arm recht energisch gehalten von Daedalus, am linken von einer weiblichen Figur, die linke Hand des Ikarus fasst den Flügel durch einen Ring. Abb. in: Judith A. Peraino: Listening to the Sirens: Musical Technologies of Queer Identity from Homer to Hedwig, Berkeley u. a. 2006, S. 215, wo die gender-Frage im Vordergrund steht.

46 Noch deutlicher ist dieses Motiv bei Charles Paul Landon ‚Dédale et Icarus' (1799).

unseres Bildes gewinnt hingegen das bis dahin selten zum Gegenstand in Ölgemälden gewordene Motiv der Vorbereitung des Flugs eine plötzliche Relevanz:[47] Jan van Boeckhorst malt (möglicherweise zeitgleich) das Motiv ebenso wie Andrea Sacchi,[48] Jacob Jordaens,[49] Pieter Thijs d. Ä.,[50] Orazio Riminaldi,[51] Gerrit van Honthorst,[52] Charles le Brun[53]. Sie unterscheiden sich von van Dyck neben ihren individuellen Malstilen vor allem durch die Ausgestaltung der Positur – so, wenn Ikarus mit erhobenem Arm dargestellt wird, als wolle er seine Ungeduld durch den Hinweis auf das wartende Abenteuer unterstreichen (Sacchi, Riminaldi, Thijs, le Brun) – sowie durch die Wahl des Bildausschnitts (Halbkörper vs. Ganzkörper mit Elementen der Umgebung). Im Gegensatz zu diesen zeigt van Dyck die oben beschriebene Haltung des Armes und der ausgestreckten Hand auf den Betrachter zu. Gerade die zahlreichen Ähnlichkeiten der Ausstattung (das blaue Band zur Befestigung, die Flügel, der ältere, dunkel dargestellte Vater, dessen Hand am Flügel) heben van Dycks Bild aus diesem Ensemble von verwandten Darstellungen heraus. Auch unter van Dycks Variationen[54] erscheint die hier betrachtete Fassung als die sorgfältigst ausgear-

47 Kilinski II: Flight of Icarus (s. Anm. 23), S. 250–253 hält eine Shakespeare-Stelle in *King Henry VI* als literarisches Vorbild für diese „popularity of the Preparation theme in seventeenth-century art“ für möglich.

48 Andrea Sacchi (1599–1661) hat um 1645 eine erstaunlich ähnliche Szene gemalt, in der allerdings der Vater fast seitlich vor dem in Bewegung gezeigten Ikarus steht. Auffallend ist die fast identische Ausstattung des Gemäldes (blaues Band, aufgebauschter Umhang, Gestaltung des Vaters, diffuser Hintergrund, Farbgebung).

49 Jacob Jordaens (1594–1678) aus Antwerpen, wie van Dyck Rubens-Schüler; der Aufwärtsbewegung von Ikarus mit erhobenem Arm entspricht im Hintergrund die sich auftürmende Wolkenszenerie, Horizontlinie über dem Meer, Hand des Vaters auf der Schulter, einen Flügel hält Ikarus in der Hand, Positur sehr ähnlich wie bei Thijs (vgl. die folgende Fußnote); Abb. in: American Art News VI (1908), No. 33, S. 1.

50 Pieter Thijs (Thys) (1624–1677), Schüler van Dycks in Antwerpen malt Daedalus und Ikarus mit Horizontlinie über dem Meer und Wolken am Himmel im Hintergrund; Ikarus' Arm ist erhoben, er hält einen Flügel in der Hand. Daedalus befindet sich rechts hinter ihm.

51 Orazio Riminaldi (1586–1631), „Caravaggist“, malt ebenfalls Ikarus mit erhobener Hand. Ikarus sitzt mit dem Rücken zum Betrachter, Daedalus vor ihm, d. h. vom Betrachter aus gesehen im Hintergrund.

52 Kilinski II: Flight of Icarus (s. Anm. 23), S. 249, nennt einen „Daedalus und Icarus“ von Gerrit van Honthorst, das 1743 auftauchte und dessen Verbleib heute unbekannt ist. Vgl. J. Richard Judson: Gerrit van Honthorst. A Discussion of his Position in Dutch Art, Berlin 1959, S. 183, Nr. 80.

53 Charles LeBrun (1619–1690), „Daedalus und Ikarus“ auf 1642–1646 datiert; die Anlegung der Flügel in einer offenen antikisierenden Architektur mit Wolken am Himmel, Ikarus' Arm erhoben, um den Flügel anzupassen.

54 Es existieren mehrere Varianten des Gemäldes, deren wirkliche Autoren und Abhängigkeitsverhältnisse nicht eindeutig geklärt erscheinen: Wien, Akademie der Künste 1619;

beitete, inhaltlich reichste und psychologisch ausgefeilteste. In ihr ist die konzentrierte und beherrschte Selbstsicherheit des Ikarus gegenüber den Ermahnungen des Alten gemischt mit einer durch die ostentative Jugendlichkeit aufscheinende Möglichkeit des Verkennens der realen Gefahren. Damit wäre die Interpretation des Gemäldes bei der Frage angelangt, welcher Gegensatz hier zu sehen und welche Konzeption hier dargestellt ist: der Generationengegensatz Vater-Sohn, implizit die Oppositionen von Lebenserfahrung-Enthusiasmus, Ingenieur-Künstler,[55] Altertum-Moderne,[56] Moral-Verfehlung?[57]

Zunächst ist festzuhalten, dass die Konzentration auf das Motiv der Flügelanlegung die sonst gängigen Darstellungen des Ikarus-Mythos aus der sichtbaren Umwelt mit dem weiten Himmel und dem tiefen Meer hineinholt in eine intime Situation zwischen zwei Menschen – der Himmel wandert in die Betrachtung selbst, da der Titel des Gemäldes bereits die ganze bekannte Erzählung evoziert.[58] Was der Betrachter sieht, ist der entscheidende Moment – nicht der des Terrors des Sturzes, wie Dante ihn aufruft und wie Goltzius und fast alle Darstellungen des 16. und 17. Jahrhunderts ihn bevorzugen, sondern wie die Belehrung durch den Vater-Ingenieur an dem Jungen abprallt und dieser als eigene Gestalt/Persönlichkeit erscheint. Seine Bewegung ist eine paradoxe: eine des sich Ablösens vom Vater, des ins Licht Tretens, den Blick auf den Betrachter gerichtet und damit quasi eine Komplizenschaft herstellend, die vom Betrachter die Bestätigung für diesen Akt fordert. In einer Zeit, in der Ikarus als Symbol für den Aufbruch, das Risiko des Individuums und seiner Autonomie gelten kann – mithin die Ursprungssituation der Moderne[59] – liegt die Interpretation des Gemäl-

---

New York, Metropolitan Museum 1620/21; München, Alte Pinakothek 1620/21; Dallas, Collection of Lawson Ridgeway 1619; Petersburg, Eremitage.

55 Ingold: Ikarus novus (s. Anm. 7), S. 276 f. hebt hervor, dass in der Daedalus-Ikarus-Konstellation sich zwei konträre Künstlertypen gegenüber stehen: „Daedalus wird als Wahrer und Fortsetzer, Ikarus als Verächter und Vernichter kultureller Überlieferung faßbar.“ Dieses Argument ist vorbereitet bei Joseph Koerner: Die Suche nach dem Labyrinth. Der Mythos von Daedalus und Ikarus, Frankfurt a. M. 1983.

56 Ingold: Ikarus novus (s. Anm. 7), S. 277.

57 In Bezug auf den Phaethon-Mythos spricht Hartmut Kugler: Phaethons Sturz in die frühe Neuzeit. Ein Versuch über das Risikobewußtsein, in: Thomas Cramer (Hrsg.): Wege in die Neuzeit, München 1988, S. 129, von Georg Pencz' Deckengemälde im Nürnberger Hirschvogelsaal (ca. 1530), das „ganz dazu angetan scheint, das moralische Verdikt hinter die ästhetische Anziehungskraft des ‚großen Versuchs' zurücktreten zu lassen.“

58 Dies wäre als ein allegorischer Aspekt des Gemäldes aufzufassen.

59 Gerade in der ersten Hälfte des 17. Jahrhunderts spielen die naturwissenschaftlichen Entdeckungen und Revisionen der tradierten Kosmologie eine wichtige Rolle. Sie gehen einher mit religiösen Positionierungen gegenüber diesen revolutionären wissenschaftlichen Paradigmen.

des als eines Arguments für die Möglichkeit dieser Option nahe. Der Himmel wird über die allegorische Präsenz des Bildtitels hinaus hier zum nur noch diffus einen umgebenden Raum bildenden Hintergrund, während der Mensch das buchstäblich entscheidende Zentrum wird. Parallel zur wissenschaftlichen Erforschung der Himmelssphären wandert hier der Himmel in den Menschen hinein – das innere Gesetz ersetzt die göttlich besetzte Himmelskuppel.

Oder zumindest will es so scheinen. Denn: Lauert nicht eine fragwürdige Überheblichkeit um die Lippen dieses unreifen, sich überschätzenden Jünglings? Trotz der auffälligen Tatsache, dass Ikarus durch ein (Selbst?)Porträt van Dycks[60] dargestellt wird, wäre diese Wahrnehmung plausibel, wenn man annimmt, dass, über die Selbstdarstellung hinaus, ein Bildnis für die Personifikation einer bestimmten – auch negativen – Konzeption stehen kann. Wollte man diesem *portrait historié* also zugestehen, mit der Neuformulierung bzw. -akzentuierung des Ikarus-Mythos eine weit über die Innovation hinausreichende Fragestellung zu insinuieren, so läge sie gerade in dieser Hinterfragung jener durch die Wissenschaft induzierten Herausforderung, die am Ursprung der Moderne und ihres Gegensatzes zur Antike und der christlichen Welt steht – der Autonomisierung des Individuums gegenüber den Inanspruchnahmen durch Religion, Standesgesellschaft und kulturelle Autoritäten.[61] Eine solche Hinterfragung könnte sich dabei durchaus auf die Motive des Ikarus-Mythos selbst beziehen, denn bereits eine der ältesten Darstellungen der Vorbereitungsszene mit den künstlichen Flügeln, ein frühapulisches Vasenfragment (5. Jh. v. Chr.)[62], zeigt einen – je nach Wahrnehmung – unzufriedenen, sich wehrenden, sich befreienden Ikarus – „the essence of the whole figure is the strong twist on the axis" (Beazley). Wie van Dyck dieses alte Motiv des Mythos in eine vollkommen vermenschlichte Spannung zwischen Vater und Sohn und in eine latente Fragestellung nach den Folgen der modernen Individualisierung umwandelt, macht dieses Gemälde zu einer ästhetischen Wegscheide zwischen Alt und Neu. Der Himmel als Projekt(ion) der Moderne wird scheinbar unsichtbar – seine Fallstricke allerdings sind nicht zu übersehen.

---

60 Zu den Selbstporträts van Dycks vgl. Text und Abb. in Erik Larsen: The Paintings of Anthony van Dyck, Bd. 2, Freren 1988, S. 27–29 u. 197 f.

61 Van Dyck galt trotz seiner Exzentrizität als gläubiger Mensch, der Interesse an der katholischen Bewegung in Flandern nahm. Zugleich war es die unübersehbare wissenschaftliche Infragestellung des Götterhimmels und die Betonung des heroischen Risikos, die den Angriff auf die Autoritäten zum Beginn der Moderne machten.

62 Oxford, Ashmolean Museum 1922.208; Abb. in Kilinski II: The Flight of Icarus (s. Anm. 23) Nr. 7, auch bei Ingold: Icarus novus (s. Anm. 7), S. 280. Vgl. die Diskussion bei Beazley: Icarus, (s. Anm. 43), S. 222–233.

Theaterhimmel

Bernhard Jahn

Der barocke Opernhimmel im Verbund der Künste

Es gibt verschiedene Perspektiven auf den barocken Opernhimmel, und die Art der Annährung lässt jeweils verschiedene Himmel aufscheinen. Die Oper als Verbundsystem der Künste scheint es geradezu darauf anzulegen, hier unterschiedliche Interessen nicht nur zu bedienen, sondern auch zu forcieren. Wer etwa das *Neu-eröffnete Rüstzeug oder Machinen Hauß*[1] aufschlägt, das 1704 in der Serie *Des eröffneten Ritter-Platz. Anderer Theil* erschien, der wird einen barocken Opernhimmel präsentiert bekommen, der voller Maschinen hängt, will das Buch doch nichts anderes als eine Anleitung für galante Cavaliere sein, die sich mit den mechanischen Künsten auseinandersetzen. Im vierten Kapitel, das sich den „theatralischen Machinen" widmet, heißt es denn auch recht apodiktisch: In einer Opernaufführung seien „vor allem die Machinen zu betrachten/ die das beste an der Opera sind/ die Gemüther der Zuschauer mit Verwunderung anzufüllen".[2] Noch pointierter formuliert Erdmann Neumeister den maschinellen Himmelsbezug in der Oper: „Manche Gemüther können durch viel Machinen divertiret werden, und diese halten keine Opera vor tüchtig, worinnen nicht, nach ihrer Rede, etwas vom Himmel kömmet."[3]

Eine Darstellung des barocken Opernhimmels ließe sich nun so aufbauen, dass in ihr die je verschiedenen Opern-Himmel der einzelnen Künste vorgestellt werden, der mechanische, der gemalte, der poetische und der musikalische Himmel, sodass diese verschiedenen Künste-Himmel dann auf ihre Kon- und Divergenzen hin befragt werden könnten. Dieser Aspekt des Kon- und Divergierens der Künste wird im folgenden Aufsatz zwar berührt, jedoch nur am Rande, weil er die notwendige Folie bildet, um ein Spiel zu beschreiben, das auf dieser Diversität beruht, aber auf eine etwas anders gelagerte und paradox anmutende Pointe hinausläuft: Die an der Oper beteiligten Künstler sind bemüht, den Himmel gerade auch dort erscheinen zu

1 [Leonhard C. Sturm]: Das Neu-eröffnete Rüst-Zeug oder Machinen-Hauß [...], Des eröffneten Ritter-Platz. Anderer Theil/ Welcher zu Fortsetzung der vorigen noch andere galante Wissenschaften anweiset, Hamburg 1704.

2 Ebd., S. 46.

3 [Erdmann Neumeister] in Herausgabe durch Christian Friedrich Hunold (Ps. Menantes): Die Allerneueste Art/ Zur Reinen und Galanten Poesie zu gelangen [...], Hamburg 1722, S. 395.

lassen, wo ihn die Zuschauer nicht erwarten und zudem in einer Art, die Erstaunen garantiert.[4]

Um den überraschend aufscheinenden Himmel profilieren zu können, ist es zunächst notwendig, den erwartbaren Himmel als Norm zu skizzieren. Prinzipiell folgt die Organisation barocker Opernszenen einem topischen Ordnungsmuster, das von einer begrenzten Zahl von Szenentypen ausgeht, die dann variiert werden, vor allem aber durch die Kombination mit Text und Musik auf überraschende Art verfremdet werden können.[5]

Dieser topisch-kombinatorische Aufbau der Opernszene ist den Zeitgenossen nicht verborgen geblieben, und so finden sich schon im 17. Jahrhundert Systematisierungsversuche, von denen einer hier kurz vorgestellt sei, weil er direkt in den erwartbaren Himmel führt. Es handelt sich um Claude-François Ménestriers Typologie, die er in seiner Schrift *Des représentations en musique anciennes et modernes* 1681 vorschlug.[6] Alle Szenen ließen sich, so schreibt Ménestrier, auf 15 oder 16 Arten („especes“[7]) zurückführen, die dann ins Unendliche variiert werden können. Er selbst zählt im Folgenden allerdings nur elf auf, darunter als ersten Typ „Les Celestes“: „Les Celestes sont des assemblèes des Dieux, des Nuées, les diverses Spheres, l'arc en Ciel, le Firmament, le lever ou le coucher du Soleil, les Eclairs, les Tempétes, &c.“[8]

Zur Veranschaulichung dieses szenischen Himmelstopos sei zunächst die Standards setzende Realisierung aus Pietro Antonio Cestis Oper *Il Pomo d'oro* betrachtet, die in Wien zur Hochzeit Kaiser Leopolds mit Margarita uraufgeführt wurde.[9] Ludovico Burnacinis Bühnenbildentwürfe wurden

---

4 Diese für die barocke Oper typische Poetik der Überraschung ist schon von zeitgenössischen Theoretikern formuliert worden, so etwa von Barthold Feind: Gedancken von der Opera, in: ders.: Deutsche Gedichte, Stade 1708, Nachdr.: Hrsg. von W. Gordon Marigold, Nachdrucke deutscher Literatur des 17. Jahrhunderts 66, Bern u.a. 1989, S. 74–114, hier etwa S. 95, wo es um das Problem einer jeweils neuen Eröffnungsszene für die Oper geht.

5 Vgl. zu diesem Verfahren Bernhard Jahn: Die Sinne und die Oper. Sinnlichkeit und das Problem ihrer Versprachlichung im Musiktheater des nord- und mitteldeutschen Raumes (1680–1740), Theatron 45, Tübingen 2005, S. 82–104.

6 Claude-François Ménestrier: Des représentations en musique anciennes et modernes, Paris 1681, S. 170–174. Zu Ménestriers Szenentypologie vgl. Harald Zielske: Handlungsort und Bühnenbild im 17. Jahrhundert. Untersuchungen zur Raumdarstellung im europäischen Barocktheater, München 1965, hier besonders S. 37–46. Ménestriers Schriften werden zurzeit in einem Projekt unter Leitung von Nicola Gess an der Universität Basel ediert.

7 Ménestrier: Des représentations en musique (s. Anm. 6), S. 171.

8 Ebd.

9 Zitiert werden Text, Musik und Bild nach: Antonio Cesti: Il Pomo d'oro, hrsg. von Guido Adler, 2 Bde., Denkmäler der Tonkunst in Österreich 6 und 9, Wien 1896–1897.

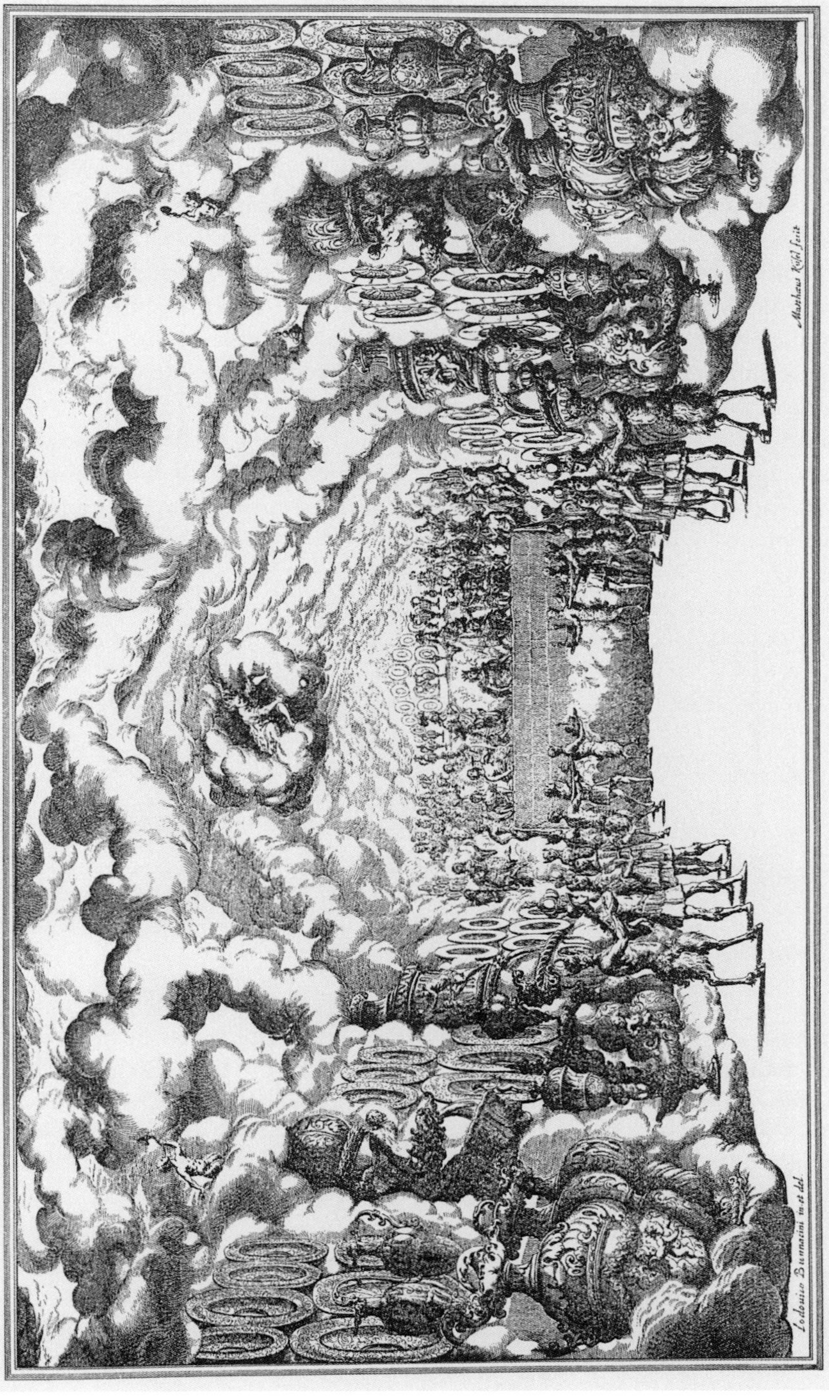

Abb. 1: Ludovico Burnacini, Bühnenbild zu ‚Il Pomo d'oro' für die Szenen I, 4–5, Kupferstich

bekanntlich als Kupferstichserie gedruckt.[10] Das Bühnenbild für die 4. und 5. Szene des ersten Aktes zeigt das, was Ménestrier „assemblèes des Dieux" nennen würde (vgl. **Abb. 1**).

Der Betrachter sieht ein Gastmahl auf dem Olymp: „Reggia di Giove co'l convito degli dei" heißt die Regieanweisung im Libretto.[11] Halbgötter und Satyrn bedienen die im Hintergrund tafelnden Götter mit Jupiter im Zentrum. Links und rechts befinden sich große Amphoren, die wohl den Götternektar Ambrosia enthalten. Dass wir es mit einer himmlischen Szene und nicht mit einem beliebigen irdischen Gastmahl zu tun haben, wird allein durch die Wolken angedeutet, die die Szene an den Seiten und im Hintergrund einhüllen. In der Mitte oben tritt gerade Discordia in einer Wolkenflugmaschine auf, um den goldenen Apfel, der sich als Apfel der Zwietracht erweisen wird, unter die Götter zu werfen.

Ähnlich sparsam wie die szenischen Mittel werden auch die musikalischen eingesetzt, um den Schauplatz als spezifisch himmlisch zu markieren. Es ist vor allem das Szene 4 eröffnende Eingangsritornell, das die himmlische Sphäre andeutet:

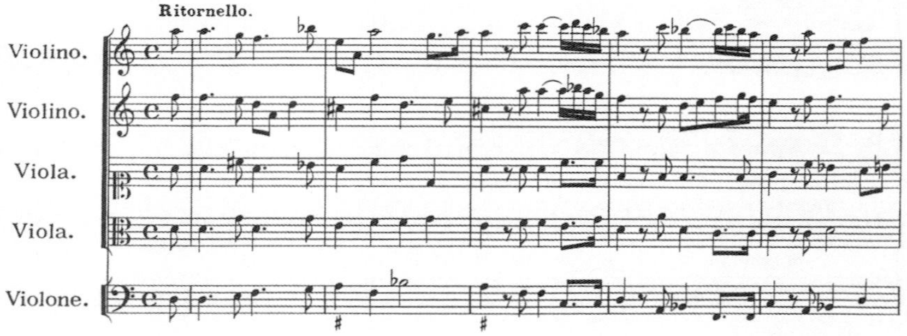

Notenbeispiel 1: Ritornell

Ein hoch geschlüsseltes Ritornell, wobei die erste Violine bis in die dritte Lage geführt wird und das d''' zu spielen hat. Das die himmlische Sphäre Charakterisierende des Ritornells wird deutlicher, wenn man das Einleitungsritornell der vorhergehenden, in Plutos Reich spielenden Szene betrachtet:

10 Zu Burnacini und seinen Bühnenbildern siehe Sabine Solf: Festdekoration und Groteske. Der Wiener Bühnenbildner Lodovico Ottavio Burnacini. Inszenierung barocker Kunstvorstellung, Studien zur deutschen Kunstgeschichte 355, Baden-Baden 1975.

11 Cesti: Pomo d'oro (s. Anm. 9), Bd. 1, S. 63.

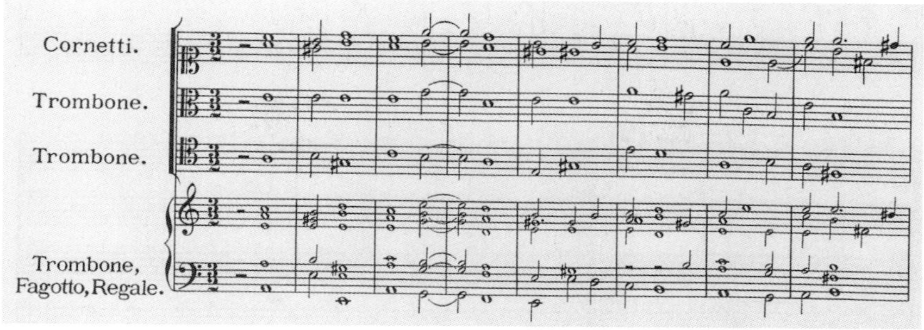

Notenbeispiel 2: Ritornell

Der Kontrast zwischen Himmel und Hölle entsteht sowohl durch die Instrumente, in der Hölle erklingen nach dem Vorbild von Monteverdis *Orfeo* (Mantua 1607) Posaunen und Zinken, im Himmel Geigen. Der Kontrast entsteht aber auch deutlich hörbar durch die Tonlage, der Himmel liegt gut eine Oktave höher als die Hölle und schließlich durch die in Terzen geführten schnellen Sechzehntel-Läufe im Himmels-Ritornell, während die Sekundschritte im Höllen-Ritornell wohl die Klagen der Höllenbewohner aufgreifen.

Beide Ritornelle funktionieren insgesamt wie Notenschlüssel, die die Höhe oder Tiefe der folgenden Szene musikalisch umreißen. Die den Ritornellen folgenden rezitativischen Passagen und Arien weisen dann musikalisch keine Unterschiede mehr zwischen Himmel und Hölle auf.

Der zweite Bühnenbildtypus, der Ménestriers Typologie der „Celeste" entspricht, findet sich im vierten Akt von *Il Pomo d'oro* für die Szenen 6–9. (vgl. **Abb. 2**) Die Librettoanweisung lautet: „Aerea con la via lattea e la sfera del Foco. Venere nella sua stella."[12]

Der Betrachter sieht in der Mitte in einer sternenförmigen Flugmaschine Venus auf der Höhe der Milchstraße. Darüber und darunter die Sphäre des Feuers, unter dieser die Sphäre der Luft, darunter wiederum die des Wassers. Links und rechts befinden sich Felsen, die das Element der Erde vertreten, von Feuer umzüngelt.

Das Kupfer gibt Szene 6 wider, Venus triumphiert in ihrer Allmacht. Wichtig für die Handlung wird das Bühnenbild mit den Sphären der vier Elemente dann erst für die folgenden Szenen, in denen Juno das Feuer auffordert, aus seiner Sphäre herauszutreten, um das Meer auszutrocknen. Die Milchstraße ist für die Handlung funktionslos. Anders als beim Göttersaal versucht Cesti bei den Sphären nicht, das kosmische Bühnenbild musikalisch umzusetzen.

12 Cesti: Pomo d'oro (s. Anm. 9), Bd. 2, S. 142.

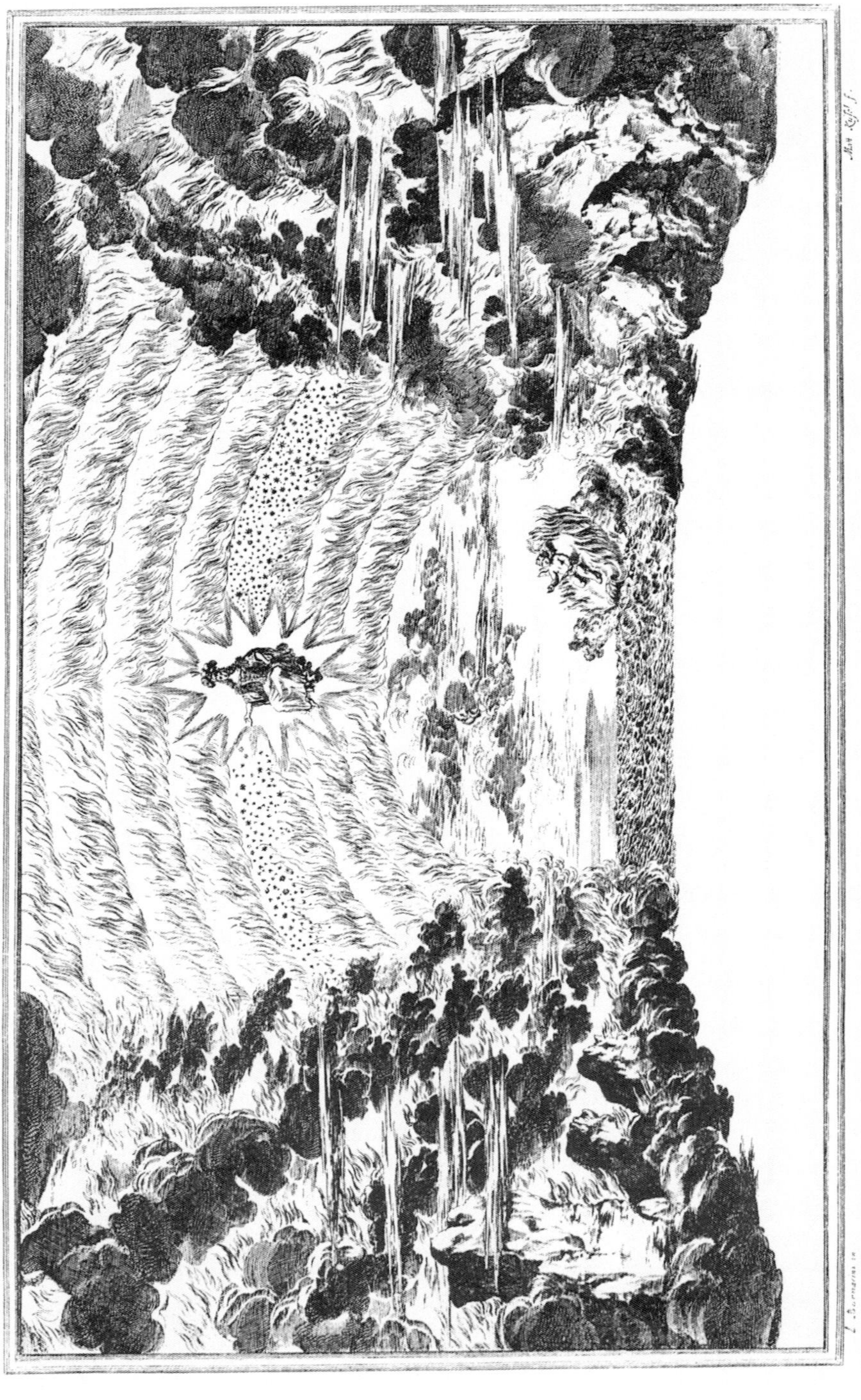

Abb. 2: Ludovico Burnacini, Bühnenbild zu ‚Il Pomo d'oro' für die die Szenen IV, 6–9, Kupferstich

Szenentypen wie die beiden eben vorgestellten finden sich in der italienischen Oper bis etwa 1700, dann fallen sie den Opernreformen Zenos, Metastasios und anderer Reformlibrettisten zum Opfer und werden allenfalls noch für casual gebundene Prologe herangezogen, wenn etwa die Namensinitialen der zu feiernden Personen in einem Sternenhimmel erscheinen.[13] In der französischen Oper hingegen werden diese Szenentypen bis mindestens zur Französischen Revolution gebraucht, was damit zusammenhängt, dass in Frankreich die mythologischen Sujets auch nach 1700 dominieren. Rameaus *Castor e Pollux* von 1737 als vielleicht prominentestes Beispiel endet mit einer großen Sternenhimmelszene, die die Apotheose der Dioskuren in den Sternenhimmel ermöglicht: „Les Cieux s'ouvrent, et laissent voir le Zodiaque; Le Soleil sur son Char commence à le parcourir; Dans les nuages du fond on découvre le Palais de l'Olympe, où les Dieux sont assembles."[14]

Rameaus Schlussszene kombiniert die beiden aus *Il Pomo d'oro* schon bekannten Szenentypen und vereinigt sie zu einem neuen Himmelsbild. Schon die beiden Szenen aus *Il Pomo d'oro*, mehr noch aber die Schlussszene aus *Castor et Pollux*, die in einem großdimensionierten Himmels-Ballett kulminiert, machen deutlich, dass die Himmelsbilder nicht als statische Präsentationen konzipiert, sondern dynamisch angelegt sind. Im Himmel bewegen sich jeweils Flugmaschinen[15], im Falle Rameaus etwa der Wagen der Sonne, später kommen die tanzenden Darsteller der Planeten und Sterne hinzu: „Plusiers globes de feu descendet sur des nuages et les Génies qui y président s'unissent aux Planètes et aux Astres pour former le divertissement."[16]

Schon in der venezianischen Oper des 17. Jahrhunderts waren die Theater-Architekten darum bemüht, den Himmel nicht nur durch Flugmaschinen zu dynamisieren, sondern schon die Wolken selbst zu bewegen, was durch Beleuchtung sowie diverse Maschinen erreicht wurde.[17]

Der Einsatz von Flugmaschinen diente vor diesem Hintergrund betrachtet nicht in erster Linie dazu, den Himmel zu dynamisieren, sondern stellte

13 Vgl. etwa die Beispiele aus Weißenfels bei Jahn: Die Sinne und die Oper (s. Anm. 5), S. 372.

14 Zitiert nach dem Booklet: Jean-Philippe Rameau: Castor & Pollux. Les arts florissants, William Christie. Harmonia Mundi France 901435.37, Arles 1993, S. 98.

15 Zu den Flugmaschinen vgl. Viktoria Tkaczyk: Himmels-Falten. Zur Theatralität des Fliegens in der Frühen Neuzeit, München 2011, S. 103–142.

16 Ebd., S. 100. Möglicherweise handelt es sich hier um einen Rückbezug auf die französischen Planetenballette des 17. Jahrhunderts.

17 Vgl. etwa die Konstruktion für eine Szene aus Giovanni Legrenzis *Germanico sul Rheno* (Venedig 1676), Abbildung in: The New Grove Dictionary of Music and Musicians, hrsg. von Stanley Sadie, Bd. 10, London 1980, S. 617, ferner Margarete Baur-Heinhold: Theater des Barock. Festliches Bühnenspiel im 17. und 18. Jahrhundert, München 1966, S. 135, Abb. 172.

ein maschinelles Mittel dar, um Überraschungseffekte zu erzeugen und den Himmel so vor der in der Oper tödlichen Gefahr der Langeweile zu bewahren. Der Grad der Überraschung beim Maschineneinsatz war dabei skalierbar, man kann, um die Skala der Möglichkeiten zu beschreiben, dem *Machinen-Hauß*[18] folgen und die Flüge nach dem technischen Schwierigkeitsgrad anordnen.

Die einfachste Bewegung des unerwartet sich mittels einer Maschine manifestierenden Himmels ist der Flug eines *deus* oder einer *dea ex machina* von oben nach unten (und wieder nach oben).[19] Der Auftritt des Maschinengottes aus dem Himmel herab, meist in einer Flugmaschine und mit der entsprechenden Flugmusik verbunden, gibt der Handlung eine entscheidende Wendung und speist seine wahrnehmungspsychologische Wirkung nicht allein aus dem Faszinosum des Fliegenkönnens, sondern auch aus der in Bibel und antiker Mythologie positiv konnotierten Bewegung des von oben kommenden Guten.

Ein Beispiel aus einer Oper, auf die später noch intensiver einzugehen sein wird, sei hier wenigstens angeführt, um das Gesagte zu illustrieren. In der Szene 13 des zweiten Aktes von Monteverdis *L'Incoronazione di Poppea*[20] steigt Amore aus dem Himmel herab, um die schlafende Poppea vor dem Mordanschlag ihres Ex-Geliebten Ottone zu bewahren.[21] Das Eingreifen der antiken Götter, seltener, vor allem in Hamburger Opern, auch das Eingreifen des christlichen Gottes, fällt ab 1700 verstärkt den Konzepten der Reformlibrettisten zum Opfer, hält sich aber in Frankreich wiederum bis zur französischen Revolution. Das Auftreten eines *deus ex machina* in seiner einfachsten technischen Form lässt sich hinsichtlich seines Überraschungspotentials nochmals skalieren. Während der *deus ex machina* am Ende einer Oper seinen erwartbaren Auftritt hat, um den dramatischen Knoten zu lösen, sind handlungsbeeinflussende oder auch die Deutung des Geschehens lenkende Götterauftritte innerhalb der einzelnen Akte wie das oben angeführte Beispiel aus *L'Incoronazione di Poppea* weniger gut vorhersehbar und können daher eine éclatartige Wirkung hervorrufen.

Verlässt man die Ebene der Handlungsführung und nimmt wieder die technische Perspektive des *Machinen-Haußes* ein, dann sind jene Flüge von besonderem Interesse für die Zuschauer, die sich nicht auf eine einfache Auf- und Ab-Bewegung beschränken, sondern diese mit diversen Flugrichtungen kombinieren, etwa mit einer Bewegung vom Hintergrund der

18 Machinen-Hauß (s. Anm. 1), S. 50–53.

19 Ebd., S. 50.

20 Zitiert nach: Tutte le opere di Claudio Monteverdi, hrsg. von G. Francesco Malipiero, Bd. 13: L'Incoronazione di Poppea. Drama in Musica, Asolo 1931.

21 Ebd., S. 187: „Amore scende dal cielo mentre Poppea dorme".

Bühne in Richtung Zuschauerraum.[22] Am schwierigsten in der technischen Realisation stellt sich für den anonymen Verfasser des *Machinen-Haußes* der sogenannte „Bellerophons Flug“[23] dar. Der Flug sieht so aus, „daß der Bellerophon auff dem Theatro etliche mahl in einen Circul/ und zugleich auch auff- und nieder fliegetl doch allezeit dabey auff dem Theatro sichtbahr bleibet. Diesen Flug daferne der Creiß groß sein soll/ haben etliche vor unmöglich gehalten“.[24]

Der Flug erhielt seinen Namen aufgrund seiner ersten Realisierung in Jean-Baptiste Lullys Oper *Bellérophon* (Paris 1679). In der den vierten Akt abschließenden siebten Szene findet sich der Luftangriff des Titelhelden gegen eine das Land verwüstende Chimäre:

> Pendant qu'on entend les cris des peuples épouvantés, la Chimère paraît au fond du théâtre e en même temps Bellérophon, monté sur Pégase, fond du haut de l'air; après un premier combat avec la Chimère, il se sauve dans les airs et traverse tout le théâtre [...] Bellérophon [...] parait pour la troisième fois et attaque de nouveau la Chimère, la blesse à mort et se sauve en l'air, faisant son vol en rond et après trois tours, on le voit se perdre dans les nues.[25]

Schon im Rahmen des aufgrund der Opernkonventionen erwartbaren Himmels ist innerhalb der einzelnen Künste, wie hier am Beispiel des Bühnenbildes und des Maschineneinsatzes skizziert wurde, eine gestuft einsetzbare Dramaturgie der Überraschung und Verwunderung möglich.

Doch um diese Art des überraschenden Himmels, die von den an der Oper beteiligten Künstlern bis in ihre feinsten Verästelungen ausdifferenziert wurde, soll es im Folgenden nicht gehen. Vielmehr seien drei Beispiele etwas näher vorgestellt, bei denen der Überraschungseffekt daher rührt, dass der Himmel nicht oder nicht ausschließlich als szenischer Himmel über das Bühnenbild realisiert wird, sondern auf jeweils unerwartete Art und Weise durch die Musik.

Das erste Beispiel für einen überraschenden Himmel stammt aus dem Zwischenbereich zwischen Oper und reinem Sprechtheater, aus dem weiten Feld des frühneuzeitlichen Sprechtheaters mit Musik.[26] Es ist Johann

---

22 Machinen-Haus (s. Anm. 1), S. 50f.

23 Ebd., S. 51.

24 Ebd., S. 52.

25 Zitiert nach dem Booklet: Jean-Baptiste Lully: Bellérophon. Les talents lyriques, Christophe Rousset. Harmonia Mundi France, Pantin 2010/11, S. 128.

26 Zum Sprechtheater mit Musik in der Frühen Neuzeit vgl. jetzt umfassend: Irmgard Scheitler: Schauspielmusik. Funktion und Ästhetik im deutschsprachigen Drama der Frühen Neuzeit, Bd. 1: Materialteil, Tutzing 2013, Bd. 2: Darstellungsteil, Beeskow 2015.

Rists Schauspiel *Das Friedewünschende Teutschland*[27] (Hamburg 1649) entnommen.

Sowohl das *Friedewünschende* wie auch das wenig später entstandene *Friedejauchtzende Teutschland* sind für eine Wanderbühnentruppe konzipiert worden, genauer für die Truppe des Andreas Gartner (oder Gärtner), eine aus Königsberg stammende Studententruppe, die mehrmals auch in Hamburg gastierte, unter anderem 1647, als der von Gartner gebetene Rist eigens für diese Truppe das *Friedewünschende Teutschland* schreibt. Gartners Truppe war sehr angesehen, sie spielte mehrmals vor dem polnischen König Johann Casimir und war wohl auf allegorische Schauspiele in der Art Rists spezialisiert. Gartner führte das *Friedewünschende Teutschland*, wie der Vorrede zu entnehmen ist, in Hamburg „auff offenem Schauplatze" auf, d. h. auf einem Marktplatz, ein großes Theatergebäude stand in Hamburg erst 1678 mit der Gänsemarkt-Oper zur Verfügung, „wobei denn viel tausend Menschen/ ja eine solche Anzahl der Zuseher sich befunden/ daß einer den anderen schier erdrukket hätte."[28]

Rists Schauspiel liegt eine Klangdramaturgie zugrunde, die mit drei Ebenen von Klängen operiert, die jeweils semantisiert sind. Die erste Ebene bilden die Kriegsgeräusche und -klänge. Es ist sozusagen die Ebene des brutalen Klanges:[29]

Mars kommt „herausgebrauset mit einem starken Schalle der Tromlen und Trompetten/ es werden zugleich unterschiedliche Büchsen und Pistolen hinter Jhme loß geschossen/ Er hat das Maul voller Rauch vom Tabak/ welchen Er stark heraus bläset/ hält einen blossen und bluhtigen Degen in der Hand und fähet an zu reden mit brüllender Stimme".[30]

Diese erste Klangebene ist allenfalls semi-musikalisch, sie wird dominiert vom Lärm, von Signalen und von rauen Artikulationsarten.

Die zweite musikalische Ebene konstituiert sich durch die eingelegten Generalbass-Lieder. Sie finden sich meist an den Aktschlüssen, haben kommentierende Funktion und sind musikalisch sehr einfach gestaltet, eine simple syllabische Deklamation dominiert den Aufbau der Strophen.

Die dritte Klangebene ist dem Himmel vorbehalten. Der Himmel wird dabei schon illuminationstechnisch deutlich hervorgehoben:

27 Im Folgenden zitiert nach: Johann Rist: Sämtliche Werke, unter Mitwirkung von Helga Mannack und Klaus Reichelt, hrsg. von Eberhard Mannack, Bd. 2: Dramatische Dichtungen (Das friedewünschende Teutschland, Das friedejauchtzende Teutschland), Berlin 1972.

28 Rist: Sämtliche Werke (s. Anm. 27), Bd. 2, S. 16.

29 Vgl. zu diesem Aspekt Thomas Rahn: Krieg als Störfall der Rhetorik. Die Friedensspiele von Johann Rist und Justus Georg Schottelius, in: Krieg und Rhetorik, hrsg. von Thomas Rahn, Rhetorik. Ein internationales Jahrbuch 22, Tübingen 2003, S. 43–57.

30 Rist: Sämtliche Werke (s. Anm. 27), Bd. 2, S. 116.

„Der Himmel öffnet sich/ in demselben sitzet GOtt in seiner Herrligkeit und klahrem Lichte/ so schön und prächtig man solches mit Faklen und Feuerspiegeln zwischen denen Wolken immer kann abbilden/ die heilige Engel stehen üm Jhn her/ mancherlei Musikalische Jnstrumenten und Bücher in den Händen haltende.“[31]

Aber erst durch die Musik entsteht eine konsequente Separierung als besondere Sphäre, erklingt hier doch die Musik der kompositorischen Avantgarde Deutschlands:

„Alsbald fahen die Engel/ welche hie und da zwischen den gemachten Wolken in grosser Klarheit sitzen/ an zu singen und zu spielen ‚Verleihe uns Frieden gnädiglich‘ u.s.w. wie dasselbe Herr Schütze oder Herr Schoop in die Melodeien haben versetzet.“[32]

Heinrich Schütz galt als der damals berühmteste und angesehenste Komponist des protestantischen Raums, Johann Schop (d. Ä.) war als Hamburger Ratsmusiker für sein Gamben- und Violinspiel berühmt. Er vertonte viele Liedtexte Rists. Greift man Rists Vorschlag auf und wählt eine Vertonung von Heinrich Schütz, so bieten sich bis 1649 zwei Möglichkeiten: entweder die Version aus den *Sinfoniae Sacrae II* (SWV 354), als konzertierendes Duett mit zwei Soloviolinen gestaltet, oder, wenn man die Version aus der *geistlichen Chormusik* zugrunde legt (SWV 372), dann als polyphoner, kontrapunktisch anspruchsvoller fünfstimmiger Satz. Dass Rist eine verlorengegangene Komposition Schützens im Sinne hatte, ist natürlich auch nicht auszuschließen.

Zwar korrespondieren in Rists Schauspiel Bühnenbild und Musik: auf der Bühne, es handelt sich um eine Hinterbühne, sehen wir wie in einem Schaukasten den visuellen Himmel als separiertes Schaubild, doch der sichtbare Himmel wird angereichert durch eine neue Musik nach italienischer Art (im Falle von SWV 354) oder durch eine stark polyphone Musik (im Falle von SWV 372), wie sie im *Friedewünschende Teutschland* ausschließlich in dieser Szene vorkommt. Die musikalische Dramaturgie ist auf die Himmelsmusik als ihren Höhepunkt hin entworfen, während die visuelle Himmelsszene im Kontext der szenischen Dramaturgie des Schauspiels nur eine neben mehreren anderen spektakulären Szenen darstellt.

Das zweite Beispiel für einen überraschend aufscheinenden, weil auf unerwartete Weise erklingenden Himmel stammt aus Agostino Steffanis 1688 in München uraufgeführter Oper *Niobe, regina di Tebe*.[33] Von Interesse ist hier zunächst die dreizehnte Szene des ersten Aktes: Im gedruckten italie-

31 Rist: Sämtliche Werke (s. Anm. 27), Bd. 2, S. 193.

32 Ebd., S. 200.

33 Luigi Orlandi (Libretto), Agostino Steffani (Musik): Niobe, regina di Thebe. Drama per musica, München 1688.

nischen Libretto heißt es: „Regio museo che ostenta la Reggia dell'armonia".[34] In der ebenfalls 1688 erschienenen deutschen Übersetzung des Librettos lautet die Passage: „Königliches Kunst-Gemach/ Welches abbildet die Wohnung der Thon-Kunst".[35] Wie die Szene in den Details ausgestaltet war, muss offen bleiben, da sich keine Kupferstiche erhalten haben. Von der Szenentypologie Ménestriers her betrachtet entspricht die Szene dem Typus der sogenannten akademischen Szenerie, worunter Ménestrier Bibliotheken, mathematische Kabinette, aber auch Maler-Ateliers fasst.[36] Der Szenentypus „akademische Szene" wurde in den venezianischen Opern auch öfters als Musikzimmer realisiert.[37] Ist die bühnentechnische Umsetzung der Szene also nicht ungewöhnlich, so ist es die musikalische umso mehr. Schon vor dem Steffani-Hype der letzten Jahre galt sie als Aushängeschild des Komponisten.[38]

Anfione (Amphion), der Gatte Niobes und König von Theben, ist in der Mythologie ein orpheusgleicher Sänger, dessen Musik den Bau der thebanischen Stadtmauer bewirkte. Die Oper indes zeigt ihn als ausgesprochen ambivalente Gestalt, amtsmüde wird er aufgrund seiner Passivität zur Marionette in der Hand seiner Frau Niobe.

In der 13. Szene des ersten Aktes flieht er vor den Staatsgeschäften in sein Musikzimmer und beschwört die Harmonie der Sphären, um so Ruhe für seine Seele zu finden. Die Sphären werden nun nicht bühnenbildnerisch umgesetzt, sondern rein musikalisch. Zum vierstimmigen Streichersatz tritt, in der Szene verborgen, ein aus vier Gamben bestehendes Bühnenorchester. Durch die zusätzlich zum Hauptorchester aus verborgener Quelle ertönende Musik entsteht ein geheimnisvoller Klangraum, der, da die Gamben als Instrumente sehr leise klingen, für den Zuhörer kaum wahrnehmbar ist.

---

34 Ebd., S. 20.

35 Niobe Königin in Thebe [...] Gesungener vorgestellet/ Jm Jahr 1688, München 1688, S. 21.

36 Ménestrier: Des représentations en musique (s. Anm. 6), S. 173 f.

37 Vgl. etwa Aurelio Aureli (Libretto), Antonio Sartorio (Musik): L'Orfeo. Drama per Mvsica, Venedig 1673, S. 45 (II,13): „Sala contigua à due Gabinetti l'vno con varij stromenti musicali d'Orfeo, l'altro con la Libraria d'Esculapio."

38 Zu Steffani vgl. Colin Timms: Polymath of the Baroque. Agostino Steffani and his Music, Oxford 2003. Zur *Niobe* Sebastian Werr: Politik mit sinnlichen Mitteln. Oper und Fest am Münchner Hof (1680–1745), Köln–Weimar–Wien 2010, S. 132–141; Sieghart Döhring: Herrscherallegorie und Charakterdrama. Agostino Steffanis *Niobe*, in: Stephan Hörner, Sebastian Werr (Hrsg.): Das Musikleben am Hof von Kurfürst Max Emanuel, Tutzing 2012, S. 273–290, hier S. 280 mit weiteren Literaturhinweisen zu dieser Szene.

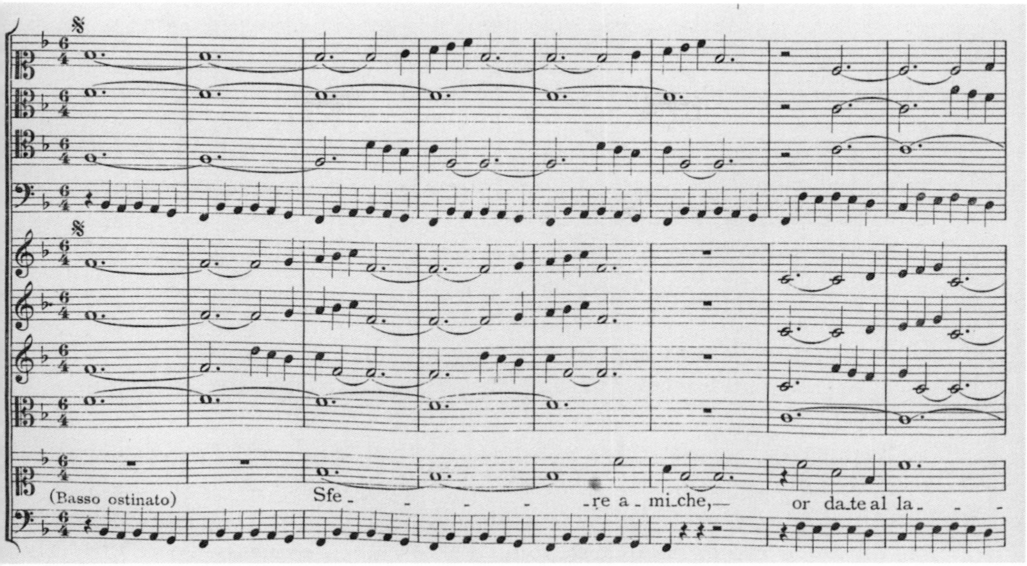

otenbeispiel 3: Agostino Steffani, Niobe, Beginn der Arie „Sfere amiche"

Die Arie ist über einem Basso ostinato aufgebaut, der eine in sich kreisende Bewegung vollzieht und in sieben Tonarten in Erscheinung tritt. Der Streichersatz besteht satztechnisch aus insgesamt sieben Stimmen (da die beiden Bassstimmen und die Flöten- mit der ersten Violinstimme identisch sind). Die Basso continuo-Instrumente Cembali und Theorben, so lautet die Spielanweisung zu Beginn der Szene, haben zu schweigen, was den sphärisch-überirdischen Charakter unterstützt. Der Orchestersatz und die Vertonung insgesamt bilden, darauf ist in der Forschung schon wiederholt hingewiesen worden, die himmlischen Sphären mit dem Kreisen der sieben Planeten musikalisch ab.[39] Der Himmel entsteht hier als Sphärenharmonie nur dem aufmerksam lauschenden Ohr, den Augen bleibt er unsichtbar.

Der sichtbare Himmel im Sinne des Szenentypus „Les Celestes" wird in der Oper ebenfalls anzitiert, jedoch im Zusammenhang mit einer misslingenden Deifizierung Anfiones diskreditiert. In der vierten Szene des zweiten Aktes muss Anfione auf Drängen seiner Frau einen sich öffnenden Globus

39 Vgl. etwa Gerhard Croll: Musik und Politik. Steffani-Opern in München, Hannover und Düsseldorf, in: Alberto Colzani, Norbert Dubowy, u. a. (Hrsg.): Il melodramma italiano in Italia e in Germania nell'éta barocca, Como 1995, S. 33–42, hier S. 39; Silke Leopold: Handbuch der musikalischen Gattungen, hrsg. von Siegfried Mauser, Bd. 11: Die Oper im 17. Jahrhundert, Laaber 2004, S. 270.

betreten: Es „eröffnet sich die Kugel/ vnd erscheinet ein Himmels-Pracht."[40] Anfione betritt diesen im Auftrag seiner Frau verfertigten Kunsthimmel, um sich, wieder auf Drängen seiner Gattin, als stellifizierter Gott huldigen zu lassen. Doch dieser visuelle Himmel ist im Gegensatz zum musikalischen Himmel kein echter Himmel, sondern stellt lediglich eine politische Propagandamaßnahme von Niobe dar. Die höllischen Geister zerstören ihn am Ende der Szene. Wollte man Steffanis Oper unter dem Paradigma des Wettstreits der Künste deuten,[41] müsste Steffanis Himmelskomposition als Sieg der Musik über die Malerei gelesen werden.

Das dritte Beispiel für den überraschend aufscheinenden Himmel, das hier erörtert sei, könnte man unter dem Motto ‚der verschwindende Himmel' präsentieren. Es stammt aus *L'Incoronazione di Poppea*, die auf ein Libretto von Francesco Busenello von einer Gruppe von Komponisten[42] unter Leitung von Claudio Monteverdi vertont wurde und 1642 in Venedig ihre Erstaufführung erlebte. *L'Incoronazione di Poppea* gilt als der Prototyp der historischen Oper,[43] deren Handlung auf die antike, und hier besonders auf die durch Tacitus überlieferte römische Geschichte sowie ab den 1670er Jahren dann auch die mittelalterliche Geschichte zurückgreift und die rein mythologischen Opern zumindest in Italien und Deutschland weitgehend verdrängt. Das hat auch Konsequenzen für den Himmel. Da die Handlung im rein innerweltlichen Raum spielt, ist kein Platz mehr für die obligatorische Götterszene aus Ménestriers Typologie. Die Götter können, wenn überhaupt, dann nur noch rahmend im Prolog als allegorische Figuren auftreten oder müssen als *deus* oder *dea ex machina*, wenn es gar nicht anders geht, in die Handlung eingreifen. Die Opernwelten der Reformlibrettisten[44] Apostolo Zeno ab circa 1700 oder später dann ab den 1720er Jahren Pietro Metastasios sind himmel- und flugmaschinenfrei.

An der *Poppea* lässt sich diese Tendenz zur Zurückdrängung des Himmels gut studieren. Gegenüber der im Rahmen einer Sammelausgabe 1656 gedruckten Version des Librettos fällt in der in der Biblioteca Marcia aufbewahrten Partitur auf, dass die Szene II, 4 mit der Apotheose des Seneca,

40 Niobe Königin in Thebe (s. Anm. 35), S. 52.

41 Vgl. zum Paragone in der Oper vgl. Bernhard Jahn: Die Künste als Schwestern? Das Zusammen- und Gegeneinanderwirken der Künste in der Oper als Problem für die zeitgenössische Operntheorie und Praxis, in: Basler Jahrbuch für historische Musikpraxis 33 (2009), Winterthur 2012, S. 53–65.

42 Vgl. Alan Curtis: La Poppea Impasticciata or, Who wrote the Music to ‚L'Incoronazione' (1643)?, in: Journal of the American Musicological Society 42 (1989), S. 23–54.

43 Vgl. Leopold: Handbuch der musikalischen Gattungen (s. Anm. 39), S. 129–172.

44 Vgl. zu diesem Prozess Robert S. Freeman: Opera without Drama. Currents of Change in Italian Opera, 1675–1725, Studies in Musicology 35, Ann Arbor 1981.

die man sich wohl im Himmel vorzustellen hat, gestrichen wurde und die Schlussszene, wenn man so will, eine Apotheose Nerones und Poppeas durch Venus, Cupido und Amoretten, stark gekürzt ist. Vor allem bildet diese Szene nicht den Schluss, denn bekanntlich endet die Oper sowohl in der neapolitanischen wie der venezianischen Fassung mit dem berühmten Duett der beiden Liebenden, das von Benedetto Ferrari stammt.

Die Zahl der Götter-Eingriffe in die Handlung ist auf drei beschränkt. Minerva, später dann auch Mecurio, steigt in einer Flugmaschine vom Himmel („dall ciel in terra“[45]), um Seneca seinen Tod anzukündigen und Amor „scende dal cielo mentre Poppea dorme“,[46] um Poppea vor dem Mordanschlag Ottones zu schützen.

Insgesamt ist ein schon recht eingeschränkter Flugverkehr zu konstatieren, vor allem, wenn wir dies mit Monteverdis wenige Jahre vorher in Venedig aufgeführtem *Ritorno d'Ulisse* vergleichen. Dieser schwindenden Präsenz des Himmels als traditionellem Kulissentypus wie auch als Flugraum korrespondiert seine merkwürdige Relativierung auf der Text- und Musikebene. Diese Relativierung des Himmels lässt sich als Effekt einer Umcodierung des Textes durch die Musik beschreiben.

Als Einstieg zur Erläuterung dieser These kann Szene I, 9 dienen, in der Seneca – noch ist er am Leben – Nerone vorwirft, einen unmoralischen Lebenswandel zu führen und sich über das Gesetz zu stellen, ein argut-gestalteter, stichomythischer Schlagabtausch, der mit einem Wutanfall Nerones endet. Nerone erklärt Seneca, das Gesetz sei für jene, die dienen, also die Untertanen, er als Kaiser aber könne jederzeit neue Gesetze schaffen. Er begründet dies mit einer Teilung der Machtsphären: „è partito l'imperio, e il ciel di Giove, ma dell mondo terren lo scetro il mio“.[47]

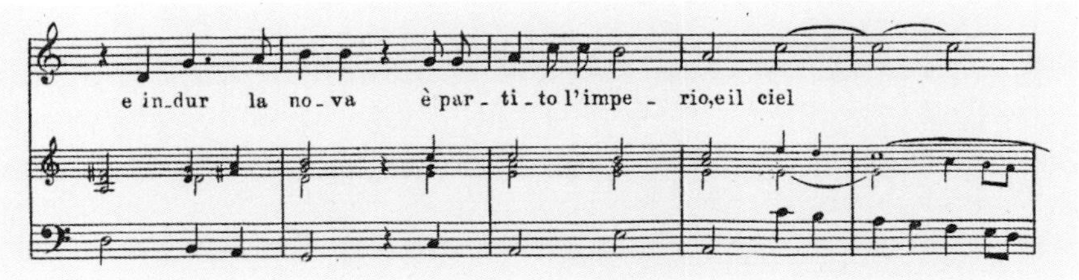

45 Monteverdi: L'Incoronazione (s. Anm. 20), S. 115.
46 Ebd., S. 187.
47 Ebd., S. 75.

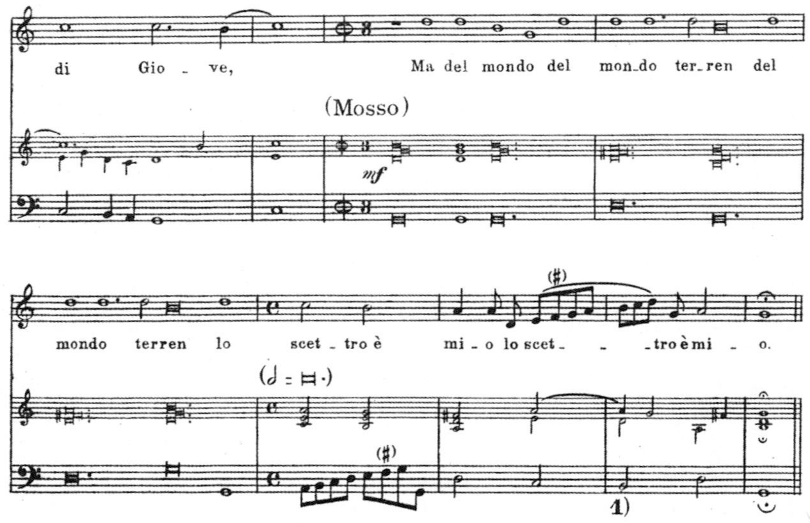

Notenbeispiel 4: Monteverdi, L'incoronazione di Poppea, aus I, 9

Die musikalische Umsetzung dieses Satzes weist einige Besonderheiten auf. Das Wort „ciel“ wird durch eine musikalische Figur illustriert, die als emblematisch gelten kann: Eine ruhende Liegenote in der Singstimme und ein diatonisch oder auch in Terzen absteigender Bass, der mindestens eine Oktave durchläuft. Ein musikalisches Sinnbild für Gott oder die göttliche Herrschaft, die alles, eben die ganze Oktave, umfasst. Monteverdi verwendet diese Figur häufiger, etwa schon in Takt 1002 ff. des ersten Aktes.

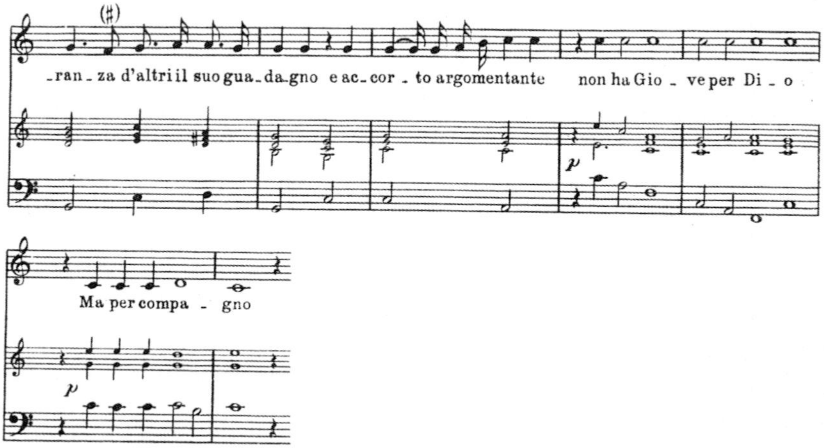

Notenbeispiel 5: Monteverdi, L'incoronazione di Poppea, aus 1, 6

Nerone ordnet sich diese emblemartige Figur im dritten Akt schließlich dann selbst zu:

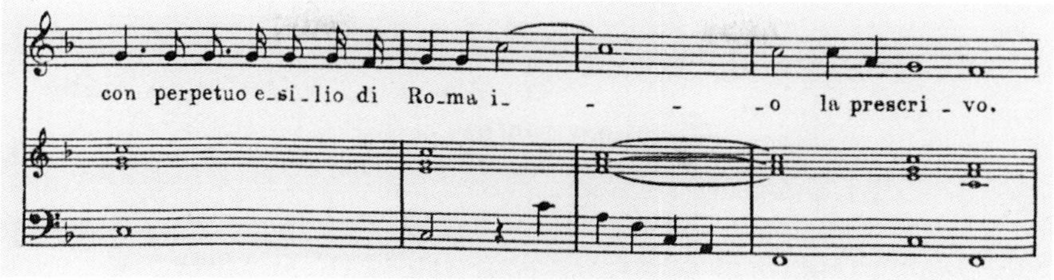

Notenbeispiel 6: Monteverdi, L'incoronazione di Poppea, aus III, 4

Nerone singt diese Figur nun auf das Wort „io". Wie das zu verstehen sei, ist nicht schwer zu deuten. Der römische Kaiser setzt sich an die Stelle Gottes, er ist Gott. Diese Vertauschung der himmlischen mit der irdischen Sphäre findet sich nun auch schon in unserem Ausgangsbeispiel (vgl. **Notenbeispiel 4**). Zwar bleibt hier in dieser auf der Textebene antithetischen Gegenübersetzung von Himmel und Erde das musikalische Gottesemblem Jupiter zugeordnet, doch direkt im Anschluss an das Emblem in Takt 1127 wechselt die Taktart. Sie wechselt in einem Umfeld, in dem der für das italienische Rezitativ obligatorische Vierertakt dominiert, drei Takte lang, nur ganz kurz also, in den Dreiertakt, um die Worte „ma del mondo terren, del mondo terren" zu illustrieren. Der Dreiertakt aber, er ist bei Monteverdi noch mit dem alten Zeichen des *tempus perfectum* notiert, steht im Kontext dieser Szene für die göttliche Sphäre und im Gegensatz zum Vierertakt, der die irdische Sphäre markiert. Die musikalische Umsetzung macht die Verkehrung deutlich, macht deutlich, wo der Himmel liegt, oder zumindest, wo Nerone ihn zu finden glaubt.

Nun mag das Schema der verkehrten Welt, wenn es denn dieser Verkehrung von Himmel und Erde überhaupt noch zugrunde liegt, vom Komponisten didaktisch motiviert eingesetzt worden sein, um Nerones *superbia* zu illustrieren, allerdings unternimmt der Komponist bzw. die Komponistengruppe musikalisch alles, um die Verkehrung zu plausibilisieren: Seneca wird vor allem auch musikalisch zur lächerlichen Figur,[48] der Himmel bzw. die Macht des Himmels als eines gerechten Himmels wird getilgt und einzig Amor regiert auf Erden, ungerecht zwar, wenn man Amors Opfer wie etwa Ottone betrachtet, aber für Nerone und Poppea schafft er den Himmel auf Erden und die Zuschauer können sich dank der Musik der Plausibilität dieses Himmels kaum entziehen.

48 Zur Darstellung Senecas vgl. Ellen Rosand: Seneca and the Interpretation of *L'incoronazione di Poppea*, in: Journal of the American Musical Society 37 (1985), S. 69–71.

Bildnachweis

Abb. 1: Antonio Cesti: Il Pomo d'oro, hrsg. von Guido Adler, 2 Bde., Wien 1896–1897, Bd. 1, Anhang
Notenbeispiel 1: Ebd., Bd. 1, S. 63
Notenbeispiel 2: Ebd., Bd. 1, S. 47
Abb. 2: Antonio Cesti: Il Pomo d'oro, hrsg. von Guido Adler, 2 Bde., Wien 1896–1897, Bd. 2, Anhang
Notenbeispiel 3: Agostino Steffani: Ausgewählte Werke, hrsg. von Hugo Riemann, Bd. 3, Leipzig 1912 (Denkmäler der Tonkunst in Bayern, Bd. 12, 2), S. 38
Notenbeispiel 4: Tutte le opere di Claudio Monteverdi, hrsg. von G. Francesco Malipiero, Bd. 13 Asolo 1931, S. 75
Notenbeispiel 5: Ebd., Bd. 13, Asolo 1931, S. 69
Notenbeispiel 6: Ebd., Bd. 13, Asolo 1931, S. 216

Stephan Oettermann

Aerostatische Figuren

Die fliegenden Plastiken des Johann Karl Enslen

Begonnen hatte er als Ballonkonstrukteur.

Zu einer Zeit, als Lichtenberg voll kindlicher Freude mit gasgefüllten Seifenblasen experimentierte, als Goethe mit dem Apotheker Buchholz im Weimarer Park vergeblich die „Lüfte peinigte“[1] und die gelehrte Welt noch aufgeregt darüber stritt, ob der stinkende Qualm der verbrannten Schafwolle, mit dem die Brüder Montgolfier ihre Ballons füllten, nicht doch eine unbekannte „Steig-Luft“ enthielte, als in allen Zeitungen pompös Ballonaufstiege annonciert wurden – die am Ende dann doch misslangen –, baute er, unbeirrt und seiner Sache völlig sicher, eine 80 Fuß hohe Montgolfiere: „Ohne die geringste Kenntniß der Mathematik und Physik, ohne Kenntniß irgendeiner Sprache als seiner [schwäbischen] Muttersprache, allein dafür mit einem unerschöpflichen Erfindungsgeist begabt, der ihm alles möglich machte.“[2]

Mit dem geglückten Aufstieg dieser Montgolfiere von der Straßburger Finkmatt am 15. Mai 1784 (s. **Abb. 2**), der als 11. Menschenflug in die Annalen der Luftfahrt einging, rückte der bis dahin unbekannte 22-jährige Johann Karl Enslen (**Abb. 1**) in die erste Riege der gefeierten und von aller Welt bewunderten Aeronauten auf.[3]

Wir wissen nicht, warum Enslen in Straßburg nicht selbst mit zur Besatzung der Gondel gehörte und warum er den Ruhm dem Finanzier des Unternehmens, einem Apotheker namens Adorne, überließ oder überlassen musste. Das Fliegen selbst, das Abheben vom festen Boden der Tatsachen, hat ihn, so scheint es, nie gereizt. Er hat auch später nie versucht, sich selbst dem unberechenbaren Spiel der Winde auszusetzen. Die Lust am Labilen war Enslens Sache nicht; er war kein Ikarus. Eher schon hatte er den Verstand und die Vor-Sicht des Daedalus. So erkannte er bereits 1784, wohl als einer der ersten, dass sich ein Ballon niemals würde lenken lassen

1 Vgl. Franz Maria Feldhaus: Goethe und die Luftschiffahrt, in: Illustrierte Aeronautische Mitteilungen 10 (1906), S. 297–299.

2 Christan Kramp: Geschichte der Aerostatik, historisch, physisch und mathematisch ausgeführt, Zweyter Theil, Strasburg 1784, S. 37 f.

3 Vgl. Fernand J. Heitz: Un Anniversaire. Les Debuts de l'aéronautique en Alsace 1784, Colmar 1933.

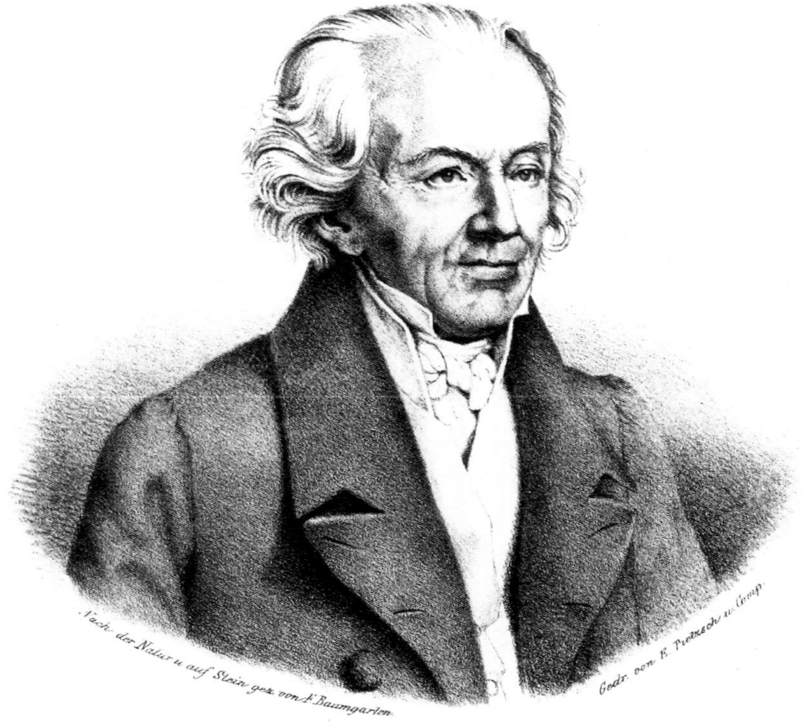

Abb. 1: Johann Karl Enslen (1759–1848), Altersporträt, Lithographie von Gustav F. Baumgarten, um 1840, Kupferstichkabinett, Dresden

Neben seinen aerostatischen Figuren zeigte Enslen Phantasmagorien (Geistererscheinungen mittels Laterna magica und Hohlspiegel) und konstruierte Automaten (darunter einen kleinen Flötenspieler, der Schikaneder die Anregung zur Figur des Papageno in Mozarts Zauberflöte gab). Er fertigte nach eigenen astronomischen Beobachtungen plastische Mondgloben und war der erste deutsche Fotopionier, als ihm im Februar 1839 – im Alter von 80 Jahren – „Lichtbilder in Talbotscher Manier" gelangen, wobei er ein eigenes Fixierverfahren erfand. *

* Zu Johann Karl Enslen (und seinem nicht minder interessanten Sohn, dem Panoramenmaler Karl Georg Enslen) im allgemeinen siehe Paul Gehring: „Die Herren Enslen aus Stuttgart, ihre Aerostaten und Panoramen", in: Besondere Beilage des Stuttgarter NS-Kurien mit Regierungsanzeiger, Nr. 4, 31. August 1935, S. 97–114, und Bernhard Müller: „Carl Georg Enslen und seine Panoramen", in: Alt-Frankfurt 3 (1911), S. 83–94. Zu Enslens Lichtbild-Inkunablen siehe Stephan Oettermann, „Johann Karl Enslen … und zuletzt auch noch Photographie-Pionier", in: Silber und Salz. Zur Frühzeit der Photographie im deutschen Sprachraum 1839–1860, Ausst.-Kat. Köln, Heidelberg 1989, S. 116–142.

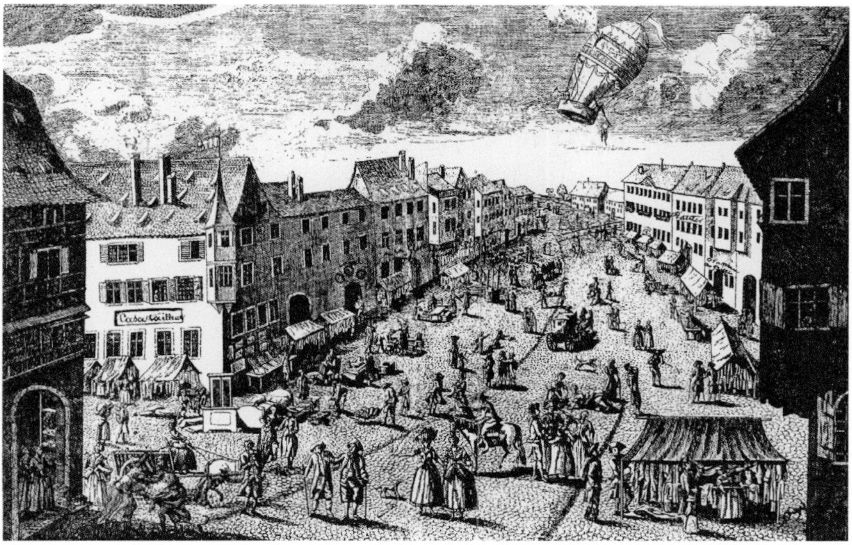

Abb. 2: Die von Enslen konstruierte Montgolfiere über dem Weinmarkt in Straßburg. Anonymer Kupferstich, 1784, Archive de la Ville, Strasburg

und dass man bestenfalls versuchen konnte, seine Richtung durch Sinken oder Steigen, durch Aufsuchen günstigerer Luftschichten, zu beeinflussen. Während seine Konkurrenten noch ein halbes Jahrhundert lang mit Segeln, Schleppseilen, Luftpaddeln, Windschrauben dem Wind ihren Willen aufzwingen wollten und vergeblich davon träumten, die Aeronautik der praktischen Verwertbarkeit, wie sie die neue Zeit zu fordern schien, zu unterwerfen, wandte sich Enslen – gar nicht träumend, sondern ganz und gar pragmatisch und nüchtern konstruierend – dem ästhetischen Aspekt der neuen Erfindung zu. Er erfand und schuf fliegende Plastiken: eine Fama, einen Merkur, eine Nymphe aérienne, einen Cupido, eine calydonische Luftjagd usw. Nach und nach kam ein ganzer Rokoko-Götterhimmel zustande. Gearbeitet waren diese Figuren aus Goldschlägerhäutchen. Das Material, das aus Teilen des Ochsendarms gewonnen und üblicherweise beim Schlagen von Blattgold verwendet wurde, war milchig bis klar, hauchdünn und zugleich zäh und luftundurchlässig. Mit Hausenblasen-Leim[4] wurde, teils frei Hand, teils über einer Modellform aus Gips, Stückchen für Stückchen aneinandergeklebt, bis sich eine Art zusammenhängender – man könnte sagen: „geschneiderter" – Hülle ergab, die erst, wenn sie mit Luft oder Wasserstoff gefüllt wurde, die eigentliche Skulptur formte. Dabei darf man sich

4 *Colla Piscium*, wasserfester elastischer Klebstoff, aus der getrockneten Schwimmblase des Stör gekocht.

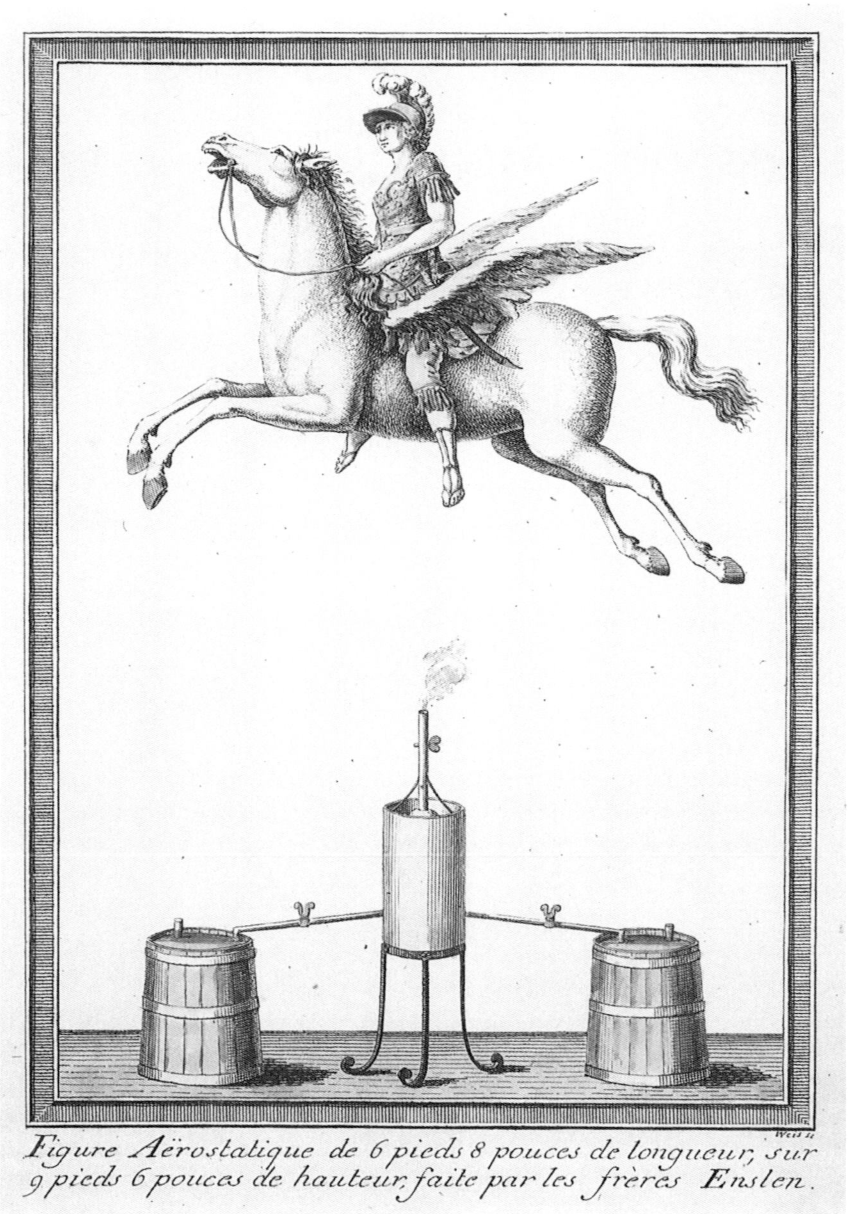

Abb. 3: Johann Martin Weis, Der aerostatische Reiter, auf dem Wasserstoff-Füllapparat, kolorierter Kupferstich, 1784, Hessische Landes- und Hochschulbibliothek, Darmstadt

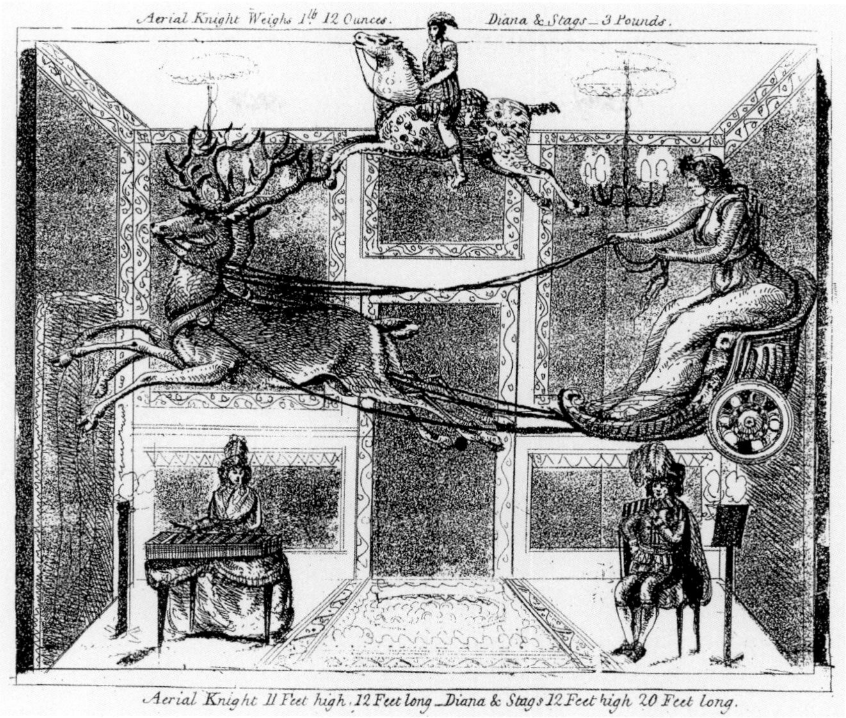

Abb. 4: Die aerostatischen Figuren der Reiter und die Diana und die Automaten Glasharmonika-Spielerin und Flöte blasender Spanier, Titelkupfer, aus: Sketch of the Performances at the Large Theatre Lyceum; and a short account of the origin, history, and Explanation of all the late Optical and Acoustic Discoveries called the Phantasmagoria, Ergascope, Phantascopia, Mesocopia &c. together with the Invisible Girl, London 1805, Sammlung Volker Huber, Heusenstamm

keine plumpen und irgendwie geblähten Figuren vorstellen; die zahlreichen zeitgenössischen Berichte bestätigen, was Kupferstiche (**Abb. 3** und **Farbtafel 3** sowie **Abb.** 4) zeigen: Es waren außerordentlich akribisch gearbeitete, künstlerisch qualitätvolle Plastiken in vollendeter Rokoko-Manier. Jede Figur bestand aus Hunderten kleiner und kleinster Teile, die mit großem Formgefühl und handwerklichem Geschick in monatelanger Tüftelarbeit zusammengefügt und am Ende mit lasierenden, das Material nur einfärbenden, nicht überdeckenden Farben bemalt wurde.

> Des Künstlers größtes Meisterstück bleibt die Göttinn Diana, welche in einem römischen Wagen sitzt. Zwei rasche Hirsche sind ihm vorgespannt, welche sie mit ihrem Leitseile regiert [...]. Diese ganze Figur wiegt zusammen nicht mehr als 2 Pfund 28 Loth und ist ebenfalls zum Auffliegen gebaut [...]. Die Göttin ist mit einem leichten grünen Gewände bekleidet,

> ihre Haare sind natürlich herabfallend, und hinter ihr sieht man den Köcher mit den gehörigen Pfeilen herunterhängen. Der Künstler [...] stellte sie so, wie sie eben in dem Begriffe ist, ihre feurig laufenden Hirsche um die Ecke auf einen anderen Weg zu lenken. Die Besorgniß, welche man auf dem Gesichte der Diana lieset, daß ihre Hirsche nicht in Unordnung gerathen und damit sie mit der größten Vorsicht lenket, muß man selbst sehen. Ein solcher Ausdruck läßt sich durchaus nicht hinlänglich beschreiben. Was vorzüglich die Göttinn Diana [an der allein Enslen anderthalb Jahre arbeitete, Anm. d. Verf.] zum vollkommensten Meisterstück macht, ist, daß sie nicht nur in einigen tausend zusammengesetzten Theilen besteht, sondern auch, wenn sie Luft erhält, die allerkleinste Falte mit der gehörigsten, pünctlichsten Proportion ausdrückt.[5]

Mit seinem „aerostatischen Kabinett", dessen ca. 30 meist überlebensgroßen Figuren sich in einem Reisekoffer verstauen ließen, bereiste Enslen rund 15 Jahre lang ganz Europa, von London bis Petersburg und Prag, von Kopenhagen bis Wien und Basel. Er begann seine Gastspiele damit, dass die Figuren zunächst in einer Art Glyptothek dem zahlenden Publikum präsentiert wurden. Die Plastiken, statt wie gewohnt auf Sockeln zu lasten, schwebten dabei an einem Pferdehaar von der Decke, und die leichte Luftbewegung im Raum schien ihnen Leben einzuhauchen.

Die Meinung des Publikums war einhellig:

> Solche Meisterstücke sahen wir noch niemals! [...] Seine Figuren, die in kolossalischer Größe ganz der Natur nachgeahmt sind, übersteigen an Schönheit, an den gut gewählten Stellungen, der Durchsichtigkeit und Leichtigkeit, dem Glanz ihrer Farben und der fürtrefflichen Proportionen alle Begriffe – und all das Schöne zusammengenommen verräth den größten Künstler, der mit den größten Bildhauertalenten die tiefste Einsicht in die Phisik verbindet.[6]

Nur in den größeren Städten, wo er mit genügend zahlendem Publikum rechnen konnte, oder dann, wenn die Finanzierung des Spektakels durch Subskription gesichert war, ließ er seine kostbaren Figuren aufsteigen. So etwa in Paris, wo der Aufstieg vom Faubourg Montmartre „avec les plus grand succes"[7] und bei einem „grand concours des spectateurs"[8] vonstattenging. In Wien lockte seine Vorstellung 6.000 zahlende Zuschauer[9], und bei einer zweiten, wenige Wochen später angekündigten, hatten allein 18.000

5 Tlantlaquatlapatli: Cronic von Berlin oder Berlinische Merkwürdigkeiten, Bd. 1, Berlin 1789, S. 622–625.

6 Vossische Zeitung, Berlin, 1.12.1788, Nr. 149.

7 Journal politique de Bruxelles, 5.11.1785, Nr. 45.

8 Mercure de France, 1785, Nov., S. 38 f.

9 Provinzialnachrichten aus den k.k. Staaten und Erbländern, Bd. 2, Wien 1788, S. 273.

Subskribenten vorab Eintrittskarten gezeichnet, so daß die „Speculation auf das Vollkommenste einschlug".[10]

Am 28. August 1796 veranstaltete er in Berlin eine sogenannte Luftjagd. „Der Zulauf an Menschen war unbeschreiblich", notierte ein Augenzeuge.[11] Nicht nur der Schützenplatz selbst, von wo aus die Figuren steigen sollten, auch die angrenzenden Gärten (deren Besitzer sich den Eintritt mit 2 Groschen zahlen ließen) und eine nahegelegene Anhöhe („wo der Eintritt ganz frei war") waren mit Schaulustigen dicht gedrängt. „Mehrere Dächer benachbarter Häuser waren theilweise abgedeckt und mit lauter Menschenköpfen besetzt." Die Schätzungen der Berichterstatter schwankten zwischen 45 und 90.000 Besuchern. – Zum Vergleich: Die Residenz Berlin hatte um diese Zeit einschließlich der Garnison gerade erst wenig mehr als 115.000 Einwohner! Buchstäblich die halbe Stadt, inklusive des königlichen Hofs, war auf den Beinen, um das „in ganz Europa noch ungewöhnliche Schauspiel" zu erleben.[12]

Wie immer hatte Enslen einen Tag mit „durchaus heiterer Atmosphäre" gewählt. Zunächst wurden die Figuren nach und nach mit Gas gefüllt, das sich in hölzernen Fässern aus einem Gemisch von Eisenfeilspänen, Wasser und „Vitriol-Öl" (Schwefelsäure) entwickelte. Inzwischen unterhielten „einige Hautboisten-Chöre", die mit „Janitscharen-Musick" abwechselten, das Publikum. Dann stieg – von der Hand der preußischen Kronprinzessin losgelassen – ein kleiner Probeballon zur Prüfung der Windverhältnisse, und endlich gegen Abend, weil dann „die Strahlen der Sonne allen ihren Glanz verbreiten und durch Vervielfältigung der Farben der versammelten Figuren, das Majestätische [des Anblicks] erhöhen", begann das Spektakel der Luftjagd:

> Den Anfang machte die americanische Harpy[13]. Ein Hund setzte ihr nach. Darauf folgte der wilde Eber, welchem zwei große Hunde nachsetzen. Diese

10 Tlantlaquatlapatli: Cronic (s. Anm. 5), Bd. 1, S. 687.

11 Ernst Ludwig Heim: Tagebuchnotiz 28. August 1796, in: ders.: Tagebücher und Erinnerungen, ausgewählt und hrsg. von Wolfram Krämer, Leipzig 1989, S. 102.

12 [Johann Wilhelm Andreas Kosmann:] Briefe über die neuesten Vorfälle in Berlin und seiner umliegenden Gegend, in: ders.: Denkwürdigkeiten und Tagesgeschichte der Mark Brandenburg und der Herzogthümer Magdeburg und Pommern, Bd. 2, Berlin 1796, S. 1002–1006.

13 Vorbild der Figur war nicht der reale süd- bzw. mittelamerikanische Raubvogel (*Harpia Harpya*), auch nicht das geflügelte Mischwesen mit dem Menschenkopf der antiken Mythologie, sondern eine „Zeitungs-Enten-Mischung" aus beidem, die im Herbst 1784 Tagesgespräch in Frankreich war, zahlreiche Abbildungen nach sich zog und Ausdruck der „Stimmung" kurz vor Ausbruch der Revolution war. Vgl. Langellier Philippe Halbert: „Heretofore Considered Legendary": The Harpy of 1784 and Meanings of Monstrosity in Eighteenth-Century France, Williamsburg 2011.

> Hätze geriet dem Künstler sehr, denn die Hunde holten wirklich den Eber ein, schossen in der Luft auf ihn [zu] und so, daß alles glaubte: Die Hunde hätten ihn wirklich an den Ohren gepackt. Als sich der Eber mit den Hunden aus dem Gesichts-Puncte verlor, so begann der Hirsch seine Luftreise. Ihn verfolgte ein schwarzgefleckter Hund […] Den Beschluß macht der Reiter zu Pferd.[14]

Ganz am Ende folgte noch ein Fallschirm-Experiment, bei dem der herabfallende Fallschirm ein vom Ballon aus abgeschossenes Feuerwerk zündete.

Alle Figuren stiegen frei, nicht etwa an Schnüren gehalten, und landeten dementsprechend irgendwo an unvorhersehbaren, häufig weitentfernten Orten, wo man sich auf die seltsamen, nie gesehenen „Himmelsboten" keinen Reim machen konnte.

> Ein Landmann, welcher des Tages Last und Hitze schon getragen hatte, ruhete sich auf dem Felde aus und verzehrte sein Vesper-Brot. Nicht weit von ihm kam die Fama herunter. Er sah sie, fiel schreckensvoll in Ohnmacht und glaubte, es käme ein Engel und wollte ihn, wie ehemals den Habacuc, mitnehmen.[15]

Ein im Spreewald gelandetes Wildschwein dagegen wurde für den leibhaftigen Gott-sei-bei-uns gehalten und von einem mutigen Forstaufseher mit Steinwürfen „erlegt"; das dabei austretende „mefitisch stinkende" Gas bestärkte den guten Mann in dem Glauben, es mit einem höllischen Ungeheuer zu tun zu haben. In Belgien hielt man die seltsame Himmelserscheinung des Pegasus für einen „Vorboten des Krieges", und in Österreich, wo der Jäger nach einer Luftjagd im Wiener Prater in einem Weinberg landete, versetzte er die Landbevölkerung in Angst und Schrecken: man glaubte an einen Türkeneinfall. Der Bauer, der ihn „unerwartet fands und beim ersten Anblicke so erschrack, daß er mit grossem Geschrey wieder hinwegsprang", rief seinem Begleiter zu: „Bleibe zurück! es siehet einem Türken gleich, oder ist vielleicht gar kein Mensch. Schau! wie er sich bewegt; und wie sein Pferd die vordem Beine gegen uns ausstreckt!" Erst nachdem die beiden im nächstgelegenen Dorf Hilfe geholt hatten, wagten sie sich näher an das grausige Untier. Der Tapferste schrie:

> Wanns du der Teufel bist, so gib dich zu erkennen! Im nämlichen Augenblick machte der Wind die Figur schwanken, worauf alle zurücksprangen, und in der Entfernung seine Bewegungen solange betrachteten, bis sie mehr Muth gefaßt hatten; worauf sie alle zugleich auf ihn loßgiengen, und schon

14 Tlantlaquatlapatli: Cronic (s. Anm. 5), Bd. 1, S. 622–625, 684–687.
15 Ebd., S. 589–592.

> im Begriff waren, ihm einen Messerstich zu geben, als sie zum Glück den mitgegebenen Brief (der Finderlohn versprach) fanden.[16]

Doch Enslen brachte nicht nur menschliche und tierische Figuren zum Fliegen, sondern auch Architektur. Anlässlich der Krönung Franz II. 1792 in Wien ließ er, umgeben von Genien und anderen allegorischen Figuren, einen „Tempel der Freude und Unsterblichkeit" in Kolossalgröße steigen, mit sechs „antiken Säulen", die einen Altar umgaben, sowie einer „beleuchteten und mit passenden Inschriften gezierten Pyramide". –

> Man stelle sich den reizenden Anblick vor, wenn sich ein, nach den Gesetzen der Malerey, Bildhauer- und Baukunst richtig gezeichnet und geformeter, mit den schönsten bunten Farben gezierter, durchsichtiger [Bau-]Körper unserm Auge eine Weile auf der Oberfläche der Erde in seinem schönsten Glänze zeigt, sodann nach und nach sich erhebet, und so, bey heiterm Himmel, in einer unermeßlichen Entfernung sich verlieret.[17]

Die Beliebtheit der aerostatischen Figuren und vor allem der große pekuniäre Erfolg lockten Nachahmer und Imitatoren, deren Luftplastiken aber, glaubt man den zeitgenössischen Berichten, selten die ästhetische Qualität der Enslenschen erreichten. So ließ der aus Hannover stammende Christoph Rothmeyer 1785 in Altona „zwey Türken-Köpfe", einen „Paradiesvogel" und eine „weibliche mohrische Figur" steigen.[18] Die Frau des Kunstreiters Johann Hyam kündigte drei Jahre später in Wien den Aufstieg der „Bruststücke eines ostindischen Fürsten von Bankal" und einer „ganz nach der Natur wohlgebildeten Sultanin" an.[19] Bei den „Luftschwimm-Experimenten" des Lilienthal-Vorgängers Jacob Degen 1808 in Wien stieg im Vorprogramm ein Aerostat in Form eines Merkurs, den der Bildhauer und Akademie-Professor Martin Fischer verfertigt hatte.[20] Im Juli 1800 zeigte ein „ingenious showman" eine „aerostatic machine in the shape of a Giant thirty feet high – dressed in a Turkish habit", die er „The Great Mustapha" nannte.[21] In einer Londoner Zeitung erschien 1803 folgende

16 Provinzialnachrichten (s. Anm. 9), Bd. 2, S. 255 f.

17 Anschlagzettel: „Neues Schauspiel im Prater [...] Der Tempel der Freude und Unsterblichkeit [...] Enßlen.", Typendruck, 33 x 18 cm, [Wien, o. J.], Stadt- und Landesbibliothek Wien, Sign. D 64.522.

18 Altonaischer Mercurius, 13.6.1785.

19 Wiener Zeitung, 14.9.1788.

20 Johann Christoph Stelzhammer: Fortgesetzte Nachrichten von den Versuchen des Uhrmachers Degen in Wien mit seiner Flugmaschine, in: Annalen der Physik 31 (1809), S. 192–203.

21 Vgl. Mathew Pethers: „Balloon Madness": Politics, Public Entertainment, the Transatlantic Science of Flight, and Late Eighteenth-Century America, in: History of Science 48 (2010), S. 181–226.

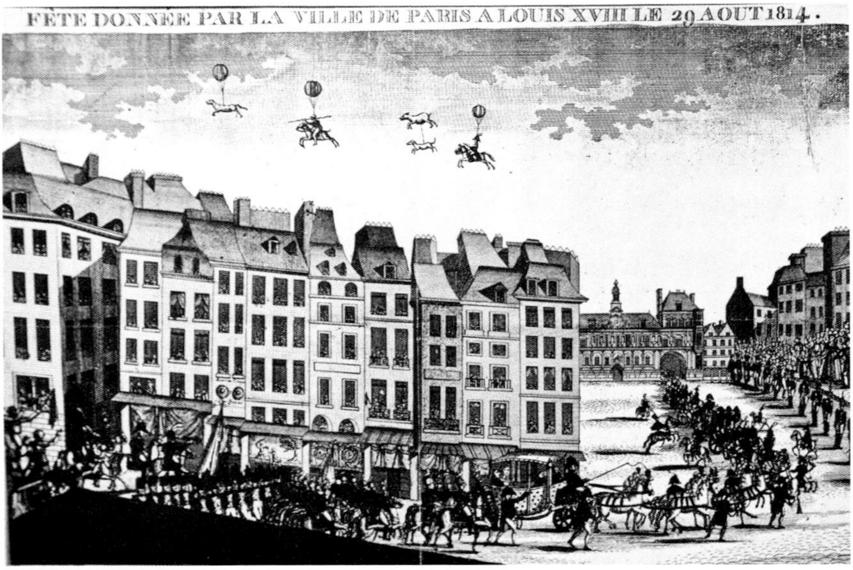

Abb. 5: Anonym, Luftjagd – Fête donnée par la ville de Paris à Louis XVIII, 29 août 1814, Kupferstich, 1814, Privatsammlung

Anzeige: „Great Novelty in aerostation! The aerial Mastif is filled with Gas in one Minute, and visits the Pit, Boxer and Gallery, under martial Music at the Ergascopic Theatre, Lyceum, Strand."[22] 1824 stieg vom New Yorker Vergnügungsort Castle Gardens ein „Ancient knight in amour […] astude the American Horse Eclipse".[23] – Vor allem Luftjagden[24] blieben bis in die 1820er Jahre ein immer wieder beliebtes Spektakel (s. **Abb. 5**).[25]

Im letzten Viertel des 19. Jahrhunderts waren fliegende Figuren und Luftplastiken, wenn auch in vulgarisierter Form, eine fast schon alltägliche Erscheinung und ein unverzichtbarer Bestandteil vor allem französischer Volksfeste geworden. Führend in der inzwischen fabrikmäßigen Herstellung dieser Figuren war die „Fabrik für Luftschifferei und allen Nebenbe-

22 N. Journal London und Paris, Bd. 14 (1804), S. 170, Anm. – Dabei handelte es sich um originale Enslen-Aerostaten, die dieser, nachdem er sich für eine Weile aus dem Schaugeschäft zurückgezogen hatte, an Schirmer & Scholl verkauft oder verpachtet hatte.

23 Vgl. Tom D. Crouch: The Eagle Aloft. Two Centuries of the Balloon in America, Washington, D.C. 1983, S. 119f.

24 Z. B. anlässlich des Namensfestes Ludwigs XVIII. in Paris; vgl. Morgenblatt für gebildete Stände, 8.9.1814.

25 Vgl. Gaston Tissandier: Les Figures Aérostatiques en Baudruche, in: La Nature, (18.7. 1903), S. 99–104, Abb.

darf" H. Lachambre in Paris-Vaugirard, die jährlich etwa 6.000 bis 8.000 Groteskballons in allen Formen und Größen herstellte: Policinelli, Clowns, Luftgendarmen, Pompiers, Marketenderinnen, Chinesen, Hunde, Katzen, Tiger, Krokodile, vor allem „aber Glücksschweine, die sich einer besonderen Beliebtheit erfreuen". „Der Verbrauch ist beträchtlich, namentlich bei Volksfesten, am stärksten am Bastillentag (14. Juli) in Paris."[26]

Bis ins 20. Jahrhundert wurden diese Aerostaten immer noch aus einzelnen, etwa 60 cm langen und 20 cm breiten Streifen Goldschlägerhäutchen gefertigt, die in einem komplizierten, inzwischen aber manufakturellen Prozess über Gips- und Papiermache-Formen zusammengeklebt und von Hand bemalt wurden. Der Verbrauch an Goldschlägerhäutchen belief sich 1880 allein bei der Firma Lachambre auf 100.000 Stück. Die Mehrzahl der Ballons waren verhältnismäßig kleine, etwa ein bis anderthalb Meter hohe Figuren. Auf Bestellung wurden aber auch größere Figuren zu Reklamezwecken hergestellt. So verbrauchte z. B. ein Elefant in enormer Größe, der für den Tee-Importeur Salmon warb, etwa 1.000 Häute. Der Reklame-Löwe für den Konkurrenten Lion's bestand gar aus 2.000 Häuten. Diese fliegenden Tiere waren ein beliebter Werbe-Gag auf den verschiedenen Pariser Weltausstellungen.

Mit der Erfindung des synthetischen Gummi elasticum (1892 durch W. A. Thüden in London) wurden die aus Einzelteilen zusammengesetzten Aerostaten durch die bekannten „99 Luftballons" vom Markt verdrängt. Damit geriet auch die Kunst der fliegenden Luftplastiken in Vergessenheit – bis 1986 der ‚poetische Resteverwerter' Andre Heller die Idee wieder aufgriff und sich von der Boulevardpresse als Erfinder seiner „Flugskulpturen" feiern ließ.[27]

N.B. Erst jetzt, bei Durchsicht der Korrekturfahnen, kommt mir zur Kenntnis der absolut einschlägige Aufsatz von Heinrich Trippel: *Ein deutscher Aérostatiker*, in: Deutsche Roman-Zeitung, 1872, Nr. 28, Sp. 308–313 (leider ohne Quellen-Nachweise). Der sehr gut unterrichtete Autor geht soweit – es ist kurz nach dem Deutsch-Französischen Krieg, in dem die französischen Ballons der Belagerungsring um Paris „Ätsche-bätsche" durchbrochen hatten – Enslens Ingenium mindestens auf die Stufe der Brüder Montgolfier und Blanchards zu stellen.

26 Ebd.

27 André Heller: Himmelszeichen / Flying Sculptures. Mit einem Essay von Jürgen Kesting. Mit Photographien von Reinhard Wolf, München 1987.

Wolfgang Brückle

Himmel ins Haus

Innenraumentgrenzung und Naturbildwerdung von der Aufklärungszeit bis heute

Bauwerke gestalten Raum. Diese Grundbehauptung gehört seit langem zu den wichtigsten Hilfsmitteln in der Bestimmung ihrer ästhetischen Leistung, also ihrer Leistung jenseits rein pragmatischer Nützlichkeitserwägungen und der repräsentativen Leistung architektonischer Zeichen. Raum seinerseits wird in der modernen Theoriebildung als ein Gestaltungsmittel von Bauwerken angesehen. In beiden Fällen wird er als abstrakte, nicht hintergehbare Erscheinung gefasst; schon darin haben wir einen für die Moderne bezeichnenden Vollzug ästhetischen Denkens über Kunst. Anspruch und Ansatz lassen sich aber weiter zurückverfolgen, auch in der Theorie. Davon wird im vorliegenden Beitrag mit Rücksicht auf den Himmelsraum die Rede sein. In vieler Hinsicht wird inzwischen das spätere 18. Jahrhundert als Keimzelle oder Anfangszeit der modernen Kunst betrachtet, und hier wird diese Ansicht übernommen, indem im Hinblick darauf, wie man die damalige Baukunst für die Erzeugung von Naturwahrnehmung eingesetzt hat, eine Krise und Erneuerung von Ausdrucksmitteln beschrieben wird: Wir begegnen in der Aufklärungszeit völlig neuartigen Versuchen, Gebäude zum Rahmen oder Träger von Erfahrungen des Himmels in seiner natürlichen Erscheinung zu machen. Damit ist ein Sonderfall künstlerischer Raumgestaltung gegeben – die strenge Unterscheidbarkeit von gegebenem Innenraum und der äußeren Welt verschwindet. Gewiss lassen sich Versuche, die Gebäudehülle zum Abbild des darüberliegenden Himmels oder des hinter jenem liegenden Kosmos zu machen, schon viel früher ausfindig machen.[1] Mit dem 18. Jahrhundert stellt sich diese Aufgabe aber, wie hier dargestellt werden soll, vor dem Hintergrund veränderter Vorstellungen von der Möglichkeit bildlicher Repräsentation neu. Siegfried Giedion hat in der Baukunst der Romantik ein besonderes Verhältnis zur Unendlichkeit erkennen wollen und, die „gestaltete Unendlichkeit“ des Barock dagegenhaltend, von einer „Ferne an sich“ als damals neuem Gegenstand von Gestaltung ge-

1 Siehe Karl Lehmann: The Dome of Heaven, in: The Art Bulletin 27 (1945), S. 1–27, S. 4 u. passim.

sprochen.[2] Man muss nicht allen seinen Behauptungen folgen und kann doch den Reiz seiner Unterscheidung anerkennen, gerade mit Rücksicht auf das von ihm gar nicht besonders beachtete Gebiet einer Nutzung der Himmelserscheinung als Bestandteil von Bauwerken, sei es mithilfe der Naturerscheinung selbst oder durch deren getreue Nachahmung. Erst am Ausgang der Frühen Neuzeit begegnen wir auf diese Weise dem Himmel nicht mehr nur als Bühne und Hintergrund für das übliche Schauspiel von Göttergeschichten oder der Heilsgeschichte. Erst jetzt wird sein bloßes Dasein zum Spektakel gemacht, indem Gebäude gewissermaßen als Sehmaschinen seine Erfahrbarkeit dramatisieren. Der Himmel ist freilich noch nicht einfach abstrakter Raum. Er ist Natur, und Natur ist Schöpfung, ist also von einer übernatürlichen Kraft durchwirkt. Trotzdem taucht die besagte Entvölkerung des Himmels nicht zufällig in der Aufklärung und Romantik zuerst auf. Wir haben es, wie mit Rücksicht auf andere, ähnliche Verschiebungen festgestellt wurde, mit der Folge einer Umwandlung der hergebrachten Repräsentationslogik zu tun. Robert Venturi und Denise Scott Brown schilderten, damals bereits im ablehnenden Rückblick auf die Moderne strenger Observanz, die Vergötterung des Raums in der Architektur des 20. Jahrhunderts als Ersatz für die Leerstelle, die „ein sich verflüchtender Symbolismus" hinterlassen habe.[3] Wir finden dieselbe Verflüchtigung gewohnter Zeichensprache schon einmal am Ende des 18. Jahrhunderts, und wir finden die Verlagerung des Göttlichen in die Darstellung der bloßen Unendlichkeit des Raums zum selben Zeitpunkt. Darstellung, das kann hier die mehr oder minder täuschende bildliche Wiedergabe des Himmels oder die Nutzung der Gestalt des Gebäudes für den Ausblick auf ihn selbst bedeuten. Im letzteren Fall wird der wirkliche Raum gewissermaßen zu einem Bild. Ist das möglich? Martin Seel, dessen Auffassung hier in Vertretung mancher ähnlicher Überlegungen angeführt sei, meint von ‚Bildlichkeit' schon nicht mehr sprechen zu dürfen, wo in der Wahrnehmung von Betrachtern „der Raum zum Bild" oder „das Bild zum Raum" wird.[4] Der Streit um die grundsätzliche Bestimmung der Sache soll hier nicht vertieft werden. Immerhin macht Seels Überlegung deutlich, dass wir es mit einer Grenzerscheinung zu tun haben, und die hier zu verhandelnden Beispiele eines durch Ästhetisierung bedeutsam gemachten Himmels kommen schlecht aus ohne die Vorstellung, dass er wie ein Bild zu lesen sei. Das erkannte bereits Étienne-Louis Boullée, der Raum als Gegenstand baukünstlerischer Gestaltung entdeckt zu haben für sich in Anspruch genommen hat. Es sei aber auch im Hinblick

2 Siegfried Giedion: Spätbarocker und romantischer Klassizismus, München 1922, S. 103.

3 Robert Venturi, Denise Scott Brown: Lernen von Las Vegas. Zur Ikonographie und Architektursymbolik der Geschäftswelt [1972], Braunschweig u. a. 1979, S. 174 u. S. 16f.

4 Martin Seel: Ästhetik des Erscheinens, München 2000, S. 288.

auf den am Ende dieses Beitrags stehenden Vorschlag, die Werke von James Turrell in unseren Zusammenhang einzuschließen, besonders betont.

Dass sich im Blick auf den Himmel ein unendlicher Raum zu erkennen gebe, haben erst die astronomischen Theorien der Aufklärung zu begreifen gelehrt.[5] Eine Schlüsselrolle in diesem Prozess hatten die bald in allen gebildeten Schichten verbreiteten Schriften von Isaac Newton. Seine Verehrung als bahnbrechender Erforscher der Naturgesetze nahm im 18. Jahrhundert Ausmaße eines regelrechten Personenkults an. Zahlreiche, zum Teil für einen großen Leserkreis verfasste Werke gaben seine damals im Deutschen als ‚Naturlehre' verbuchten Erkenntnisse weiter; in Frankreich pries Voltaire ihn dafür, dass er als erster eine freie Sicht auf die endlich entschleierten Himmel eröffnet habe.[6] Vor diesem Hintergrund entstand das vielleicht berühmteste, weil mit seiner Riesenhaftigkeit mindestens dem Anschein nach ins Phantastische reichende Denkmalprojekte der sogenannten Revolutionsarchitektur in Frankreich. Es handelt sich um ein Kenotaph, das vermutlich im Jahr 1784 der Architekt Boullée für den englischen Gelehrten plante, vielleicht in Vorbereitung einer Preisaufgabe der Pariser Akademie.[7]

---

5 Vgl. Thomas S. Kuhn: The Copernican Revolution. Planetary Astronomy in the Development of Western Thought, Cambridge–London 1957, S. 260 u. passim sowie Bernd W. Lindemann: Bilder vom Himmel. Studien zur Deckenmalerei des 17. und 18. Jahrhunderts, Worms 1994, S. 15. Ein frühes Zeugnis der Verbreitung astronomischen Wissens über die Unendlichkeit des Alls gibt Bernard le Bovier de Fontenelle: Entretiens sur la pluralité des mondes, Paris 1686, S. 300 f. u. passim.

6 Vgl. Jean-Marie Pérouse de Montclos: Étienne-Louis Boullée. De l'architecture classique à l'architecture révolutionnaire, Paris 1969, S. 200 und Adolf Max Vogt: Boullées Newton-Denkmal. Sakralbau und Kugelidee, Basel–Stuttgart 1969, S. 305 u. S. 312 f. mit Behandlung Voltaires und Jean-Silvain Baillys in Boullées Besitz befindlicher *Histoire de l'Astronomie moderne* von 1782, die Newton einen Ehrenplatz einräumt und auf der Boullées Kenntnisse von dessen Lehre vermutlich beruhten. Peter-André Alt: Aufklärung über den Himmel. Aspekte literarischer Himmelsbilder im 18. Jahrhundert, in: Euphorion 89 (1995), S. 367–391, bes. S. 378 u. S. 382 beschreibt die Erhebung Newtons zu einem verehrten Tat-Menschen in der Aufklärungsliteratur, allerdings vor allem mit Hinweisen auf deutsche Quellen. Kurze Hinweise auch bei Rainer Baasner: Das Lob der Sternkunst. Astronomie in der deutschen Aufklärung, Göttingen 1987, S. 48.

7 Allem Anschein nach im Jahr 1785 lobte die Akademie einen Preis für ein Newton-Kenotaph aus; er sollte gemäß der vielleicht von Boullée verfassten Aufgabenstellung „eine den Schriften des großen Newton gleichwertige, geistvolle Allegorie" hervorbringen. Siehe dazu Helen Rosenau: The Engravings of the Grands Prix of the French Academy of Architecture, in: Architectural History 3 (1960), S. 16–180, S. 26, und Pérouse de Montclos: Boullée (s. Anm. 6), S. 184 sowie ders.: Les Prix de Rome. Concours de l'Académie royale d'architecture au XVIIIe siècle, Paris 1984, S. 17, 190 f., S. 233. Die bei Oscar Reutersvärd, De „sjunkande" cenotafierna hos Moreau, Fontaine, Boullée och Gay, in: Konsthistorisk Tidskrift 28 (1959), S. 110–126, S. 116 f. vorgeschlagene Datierung von Boullées Entwürfen auf etwa 1790 und 1795 hat keinen Rückhalt in der Forschung gefunden und scheint auch mir haltlos.

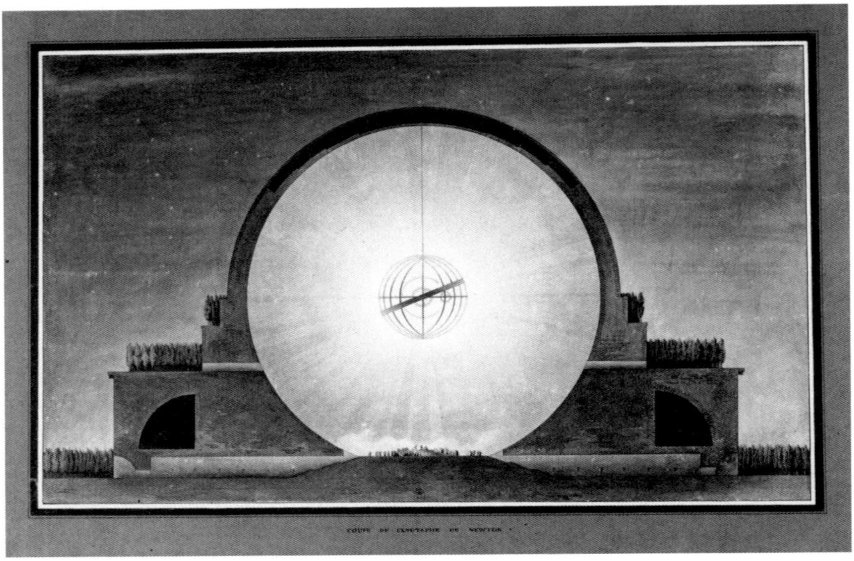

Abb. 1: Étienne-Louis Boullée, Kenotaph für Newton, Tagansicht, farbig lavierte Zeichnung, 49,5 x 73,7 cm, um 1784, Bibliothèque nationale de France, Paris

Das Bauwerk ist aus der Kugelgrundform entwickelt. Außen säumen Zypressenreihen den mehrfach abgestuften Sockel. Die von Boullée hinterlassenen Entwürfe zeigen Gänge, die Besuchern den Zugang ins Innere ermöglichen sollten. Sie hätten, wie es nur wenige Jahre später für die überall in Europa eingerichteten Panoramen üblich werden sollte, von unten den Raum betreten und wären so im unteren Scheitelpunkt der riesigen steinernen Kugel angelangt. Von einem nur leicht erhöhten Standpunkt aus hätten sie an jener Stelle das gesamte Rund mit ihren Blicken erfassen können. Ein Schnitt gibt unten Wolken oder Nebelschwaden zu erkennen, ohne dass deutlich würde, wie sie, wenn nicht als Malerei auf die Wandung aufgetragen, erzeugt worden wären, oder durch welches Feuer, wenn es sich um Rauch handeln soll, er entstanden sein kann (**Abb. 1**). Über den Besuchern hängt eine riesige Armillarsphäre, die, wie eine Totenleuchte verwendet, dem Gedenken an Newton nachhelfen soll.[8] In seinem handschriftlich hinterlassenen Traktat über die Baukunst macht Boullée einige Angaben zu dem Entwurf. Seinen Worten zufolge wird der Betrachter „wie durch einen

8 Étienne-Louis Boullée: Architecture. Essai sur l'art, in: Helen Rosenau (Hrsg.): Boullée's Treatise on Architecture, London 1953, S. 23–105, S. 83. Mit seiner Erklärung des Ausstattungsstücks als Verweis auf das „göttliche" System des Gelehrten geht Boullée jedoch in die Irre. Vogt: Newton-Denkmal (s. Anm. 6), S. 267 weist darauf hin, dass eine Armillarsphäre eigentlich eher Nikolaus Kopernikus' Erkenntnisse vor Augen rufe.

Zauber in die Lüfte gehoben und auf den Dämpfen der Wolken in die Unendlichkeit des Raums getragen".[9] Tatsächlich hätte das Auge, die glückliche Vollendung des Denkmals vorausgesetzt, auf der gewölbten Fläche nirgends einen Anhaltspunkt gefunden. Das gilt erst recht, wenn wir die erwähnten Wolkengebilde als Hilfsmittel zur Verunklärung der nächsten Umgebung des Betrachters ansehen. Die Unendlichkeitserfahrung wäre insofern über die bloße Anspielung auf die mit der natürlichen Erscheinung des Himmels ohnehin verbundenen Vorstellungen hinausgegangen und hätte die unter dem tatsächlichen Firmament auftretende Erfahrung des Maßstabsverlusts wiederholt. Boullées eigene Beschreibung der Wirkung seines Entwurfs als „erhaben" ist also, ohne dass wir daraus schon die Anlehnung an eine bestimmte philosophische Ästhetik entnehmen könnten, leicht nachvollziehbar. Er mag Edmund Burkes *Philosophical Enquiry Into the Origin of Our Ideas of the Sublime and Beautiful* gelesen haben oder auch nicht; er mag sich der Unterschiede zwischen dessen und der in Frankreich geläufigen Auslegung des Begriffs bewusst gewesen sein oder auch nicht: So oder so ist offensichtlich, dass er die Überwältigung der Betrachter durch die Unauslotbarkeit des sie überfangenden Himmels bezweckt hat.[10] Zwar findet sich in der Forschung auch die Ansicht, dass im hellen Lichtschein das Eingeschlossensein des Besuchers „erschreckend deutlich" geworden wäre.[11] Diese Auslegung ist aber mit Vorsicht aufzunehmen. Zumindest kann sie nicht in Boullées Sinn gewesen sein. Schon die Bestimmung des Raums als Denkmal für Newton würde einen solchen Eindruck unpassend erscheinen lassen. Noch dazu vermittelt die alles überstrahlende Lichtquelle, die Boullée vorsieht, eher den Eindruck eines menschheitsbeglückend hellen, in beiderlei Bedeutung ‚aufgeklärten' Raums. Dennoch gesteht der Urheber des Entwurfs, dass er mit dem Ergebnis nicht zufrieden gewesen sei.

9 Boullée: Architecture (s. Anm. 8), S. 84.

10 Edmund Burke: A Philosophical Enquiry Into the Origin of Our Ideas of the Sublime and Beautiful, London 1757, bes. S. 60 f.; Dora Wiebenson: ‚L'architecture terrible' and the ‚Jardin Anglo-Chinois', in: Journal of the Society of Architectural Historians 27 (1968), S. 136–139, S. 137 und Richard A. Etlin: Architecture and the Sublime, in: Timothy M. Costelloe (Hrsg.): The Sublime from Antiquity to the Present, Cambridge 2012, S. 230–273, S. 235, behandeln Boullées Erhabenheitsgedanken unter besonderer Berücksichtigung von Burke. Des Architekten angebliche Kenntnis von dessen Werk wird immer wieder aufgebracht. Es ist aber zu beachten, dass zumindest Burkes strenge Unterscheidung des Erhabenen vom Schönen von Boullée, der im Gegenteil alles Große mit Schönheit verbindet, nicht nachvollzogen wird. Vgl. Boullée: Architecture (s. Anm. 8), S. 48.

11 Manfred Klinkott: Licht und Schatten in der Architektur des romantischen Klassizismus, in: Peter I. Schneider, Ulrike Wulf-Rheidt (Hrsg.): Licht-Konzepte in der vormodernen Architektur, Regensburg 2011, S. 365–373, S. 366 scheint darin eine Absicht Boullées zu sehen.

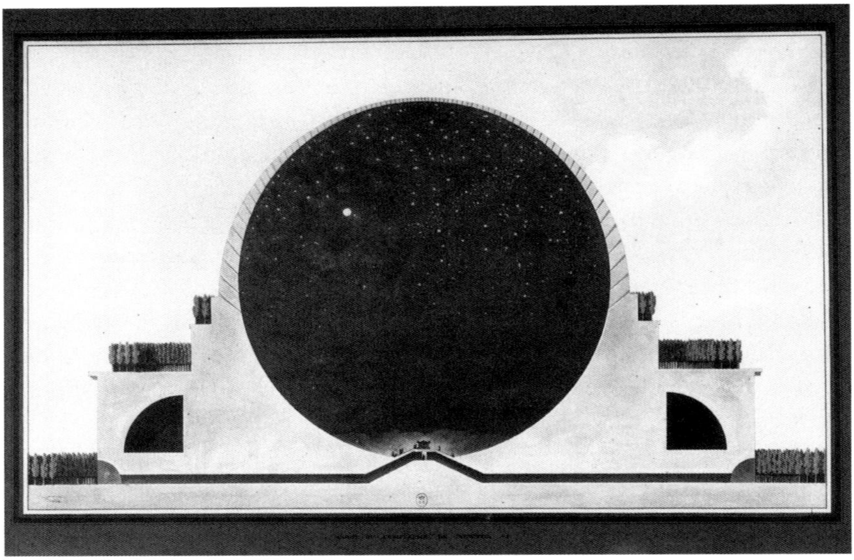

Abb. 2: Étienne-Louis Boullée, Kenotaph für Newton, um 1784, Nachtansicht, farbig lavierte Zeichnung, 49,5 x 73,7 cm, Bibliothèque nationale de France, Paris

Über die Gründe äußert er sich nicht. Womöglich erkannte Boullée, dass sich die Amillarsphäre nicht wirklich als ausreichender und ohne illusionsmindernden Schattenwurf nutzbarer Beleuchtungskörper einsetzen lassen würde. Oder er gestand sich, wie Jean-Marie Pérouse de Montclos vermutet hat, die Unausführbarkeit der von ihm entworfenen Beleuchtungsvorrichtung ein. Aber es kann auch einen Grund von weiter reichender Bedeutung gegeben haben: Vielleicht missfiel Boullée die Abhängigkeit seines Entwurfs von der ikonographischen Repräsentation, die mit der Amillarsphäre, dieses Entwurfs „einziger Schmuck" nach seinen Worten, einhergegangen wäre. Veranschaulichung des Unsichtbaren und Abstraktion des Sichtbaren gehen in diesem Gerät ineinander über. Ganz konnte das Boullée wohl nicht befriedigen. Denn er legte es darauf an, die Natur selbst sprechen zu lassen. Die Frage nach einer Beschwörung von deren großen Bildern habe ihn, so teilt er selbst mit, nach Vollendung des ersten Entwurfs nicht losgelassen.[12] Gemeint ist hier offensichtlich die wirkliche Erscheinung der Außenwelt

12 Boullée: Architecture (s. Anm. 8), S. 83 f. und Jean-Marie Pérouse de Montclos: De nova stella anni 1784, in: Revue de l'art 58/59 (1983), S. 75–84, S. 76. Barbara M. Stafford: Science as Fine Art. Another Look at Boullée's Cenotaph for Newton, in: Studies in Eighteenth-Century Culture 11 (1982), S. 241–278, S. 257 geht ohne erkennbaren Grund davon aus, dass Boullées Entwurf von Beginn an die Darstellung von ‚Tag' und ‚Nacht' als den zwei Erscheinungsformen der Natur eingeschlossen habe.

entsprechend der Gewohnheit des späteren 18. Jahrhunderts, eine wohlgestaltete Landschaft als Bild zu bezeichnen, also eigentlich als Bild ihrer selbst. Newton hatte einen herausragenden Beitrag zur Einsicht seiner Zeitgenossen in die harmonische Gestaltung des gesamten Weltalls geleistet. Angesichts der Zweckbestimmung des Gebäudes erschien deshalb Boullée die angemessene Einbeziehung der besagten „Bilder" unverzichtbar. In seinem nachgelieferten zweiten Entwurf beschränkt er sich eigentlich sogar ganz auf sie. Er schlägt jetzt unter Verzicht auf die Armillarsphäre vor, kleine trichterförmige Öffnungen in die Kuppelschale zu bohren und das eindringende Licht, das von innen „äußerst lebendig und leuchtkräftig" erscheinen müsse, für die Erzeugung eines von Sternbildern übersäten Himmelszelts nutzbar zu machen (**Abb. 2**). Gemäß dem Zeugnis eines Zeitgenossen war eine nachtblaue Ausmalung der Kuppelinnenwand vorgesehen. Dessen ungeachtet unterstreicht Boullée, dass die Mittel der Kunst vor der überzeugenden Wiedergabe des Nachthimmels versagen müssten und dass die „Richtigkeit von Ton und Wirkung", die sein Denkmal hervorbringe, nur erreicht werden könne, weil er mit der Natur selbst gemalt, sie „ins Werk gesetzt" habe.[13] Tatsächlich glaubte Boullée dies mit allen seinen Schöpfungen zu tun, indem er sie sämtlich auf die ‚vernünftige', von ihm ihrerseits als „Bild der Vollendung" bezeichnete Natur zurückzuführen versuchte. Das

13 Boullée: Architecture (s. Anm. 8), S. 85 und Vogt: Newton-Denkmal (s. Anm. 6), S. 270; vgl. auch Stafford: Science (s. Anm. 12), S. 261. Boullée sieht sich als den Erfinder dieser Beleuchtungsform. Zwar vermutete Adolf Max Vogt: Revolutionsarchitektur und Nazi-Klassizismus, in: Martin Gosebruch, Lorenz Dittmann (Hrsg.): Argo. Festschrift für Kurt Badt, Köln 1970, S. 354–363, S. 360 f., dass Boullée von türkischen Badehäusern, die ebenfalls gelegentlich sternförmige Löcher als Dampfabzug in der Kuppel aufweisen, angeregt worden sei. Bekanntschaft mit solchen Gebäuden kann Boullée über eine Abbildung in Johann Bernhard Fischer von Erlachs *Entwurff einer Historischen Architectur* von 1725 (dort Buch 3, Tafel 1) oder einen im 17. Jahrhundert verlegten, in Boullées Besitz nachgewiesenen Reisebericht von Jean-Baptiste Tavernier gemacht haben. Vgl. mit demselben Hinweis auch Günter Metken: Nr. 9 [Kenotaph Newtons. Inneres. Nachteffekt], in: ders., Klaus Gallwitz (Hrsg.): Revolutionsarchitektur. Boullée, Ledoux, Lequeu, Ausst.-Kat. Baden-Baden 1970, S. 38. Aber diese möglichen Vorbilder scheinen durchweg nicht den tatsächlich gegebenen Sternenhimmel nachahmen zu wollen. Dasselbe gilt für die bei Pérouse de Montclos (s. Anm. 12), S. 79 u. S. 82, in Anschlag gebrachten Vorbilder oder jedenfalls Vorläufer. Der Hinweis auf Boullées nachtblaue Kuppelausmalung steht bei Wilhelm von Wolzogen: „Dies ist der Mittelpunkt der Welt". Pariser Tagebuch 1788/1789, hrsg. von Eva Berié und Christoph von Wolzogen, Frankfurt a. M. 1989, S. 230. Bisher übersehen wurde die immerhin mögliche Anregung durch William Chambers: A Dissertation on Oriental Gardening, London 1772, wo auf S. 30 chinesische Lusthäuser in der Gestalt einer Hemisphäre, innen „mit einer Nachahmung des Nachthimmels und mit einer Unzahl von kleinen Löchern als Darstellung von Mond und Sternen" bemalt und durchbohrt, beschrieben werden. Aber auch damit ist für das Verständnis von Boullées Absicht nicht viel gewonnen.

Newton-Kenotaph ist mit Rücksicht darauf als Beispiel für eine architekturikonologische Vorgehensweise, in der eine bereits in die Überlieferung eingeschriebene Bedeutung aufgerufen worden sei, betrachtet worden.[14] Aber diese Folgerung ist nicht zwingend. Denn hier hält sich Boullée nicht nur an die Formgesetze der Natur. Er gibt auch ihre sichtbare Gestalt an der Grenze zur Tautologie, jedenfalls mit Rücksicht auf die Erscheinung des Inneren. Fast das gesamte Bauwerk, das man am ehesten als Planetarium bezeichnen kann, wird auf diese Weise gewissermaßen unsichtbar gemacht, und jede Bestimmung von Architektur als raumschaffende oder raumumschließende Form muss ihren Sinn verlieren. Eine Besucherin Boullées meinte denn auch, er habe „die Unendlichkeit" selbst zum Grabmal Newtons gemacht.[15] Die Verteilung der Löcher über die Kuppel sollte genau der Anordnung der Sterne am Himmel entsprechen und, wenn wir dem überlieferten Entwurf trauen dürfen, auch in ihrer unterschiedlichen Größe die Erscheinung des wirklichen Nachthimmels über der Erde wiedergeben. Noch dazu sollte die Zahl der Sterne verändert werden können, um unterschiedlich helle Nächte zu erzeugen.[16] Boullée hatte dem eigenen Zeugnis nach den Ehrgeiz, Newton in den Himmel zu versetzen. Erst mit dem zweiten Entwurf seines Denkmals schien ihm das, wenn auch wiederum nur auf dem Papier, zufriedenstellend geglückt. Wir können hinzufügen, dass er zugleich den Himmel in sein Kenotaph hineinversetzte, und auch dies erst im zweiten, von konventionellen Zeichen bereinigten, eine Verleugnung des Bauwerks zugunsten der Naturerscheinung des Himmels durchsetzenden Entwurf.

Boullée kann beanspruchen, mit seiner Gedenkstätte eine neue Form von Erlebnisarchitektur, die das Himmelslicht selbst zum Bestandteil von einem Bild macht, hervorgebracht zu haben. Die Verlorenheit des Besuchers im scheinbar grenzenlosen Raum spielt dabei eine große Rolle. In Boullées Abhandlung über die Baukunst heißt es über das Innere des Kenotaphs, dass der Betrachter sich der Umwandung nicht nähern könne und dass auf diese Weise sein Blick immer nur der „Unendlichkeit des Himmels" zugewandt bleiben werde.[17] Boulleé erzeugte auf diese Weise eine illusionäre

14 Boullée: Architecture (s. Anm. 8), S. 42 sowie Vogt: Newton-Denkmal (s. Anm. 6), S. 300 unter Berufung auf die bei Andrea Palladio: Quattro Libri dell'architettura, Venedig 1570, Buch 4, S. 73, gepriesene Rundheit des Kosmos. Pérouse de Montclos: Boullée (s. Anm. 6), S. 202f. geht in dieselbe Richtung, wenn auch nicht ohne auf S. 199 die Nachahmung des Naturschauspiels hervorzuheben.

15 Schilderung von Anne-Louis Brongniart nach einem Besuch bei Boullée am 7. Juni 1794; ohne Nachweis zitiert bei Louis de Launay: Une grande famille de savants. Les Brongniart, Paris 1940, S. 19.

16 Boullée: Architecture (s. Anm. 8), S. 84.

17 Ebd.

Wahrnehmung, wie wir sie noch in Peter Weirs *Truman Show* von 1998 vorgeführt bekommen, wenn auch, anders als in Weirs Spielfilmdarstellung einer durch Simulacra verstellten Welt, in dem Wunsch, das Gemüt des Betrachters zu einer quasi-religiösen Verehrung der göttlichen Natur zu erheben. Diese Haltung ist bezeichnend für eine Phase der europäischen Aufklärung, in der man alle Vernunft und die Grundsätze der Moral auf Naturerfahrung zu gründen suchte. In diesem Sinn hatte Boullée womöglich bereits in seinem vermutlich vor 1781 datierenden Entwurf für die Vollendung von Sainte-Madeleine zu Paris alles Ikonographische auf Naturillusion zu beschränken gewünscht. Die Kuppel über der Vierung sollte auf einem Tambour ruhen; vor diesen Tambour stellte Boullée einen Kolonnadenring, der, bei ihm als „Tempel“ bezeichnet, keine Gewölbelast zu tragen hatte und, wiederum seinen eigenen Worten zufolge, ein „Bild der Grenzenlosigkeit“ zu schaffen helfen sollte. Denn die ihn überwölbende Kuppel sollte mit einem Wolkenhimmel ausgemalt werden; so werde ein erhabenes „Himmelsbild“ über den Betrachtern schweben.[18] Adolf Max Vogt hat deutlich gemacht, dass Boullées Säulenstellung den Architektur- vom Naturbereich trennt, und er hat die Natur im Schauspiel des je nach Wetter und Tageszeit unterschiedlich einströmenden Lichts vergegenwärtigt erkannt.[19] Zur Klärung sei ergänzt: Zwar war es Boullée um dieses Spiel mit der wandelbaren Beleuchtung zu tun, aber wohl nicht, um den Lichteinfall vor dem Hintergrund der Kuppel zu einem das Gebäude belebenden Spektakel zu erheben, sondern um die Kuppelmalerei desto naturähnlicher erscheinen und so die Kuppel selbst verschwinden zu lassen. Umso mehr ist deshalb hervorzuheben, dass, wie auch Vogt betont hat, auf Darstellungen aus der Heilsgeschichte anscheinend verzichtet werden sollte. Ein Entwurf weist zwar in der Gewölbeausmalung verschiedene Gestalten auf (**Abb. 3**), aber in Boullées Traktat ist von ihnen nicht die Rede, obwohl er darin den ausgedehnten Himmel als Gegenstand dieser Bemalung benennt. Es scheint also, dass Boullée auch hier im Verlauf der Arbeit die Entscheidung zur Unterdrückung von ikonographischer Anreicherung der bloßen Naturerscheinung getroffen hat. Wohl erstmals in der europäischen Gewölbemalerei wäre bei Boullée der gemalte Himmel ohne Belebung durch irgendwelche Bewohner oder sonstige Mythologeme ausgekommen, wäre also als bloßes Naturschauspiel gegeben worden. In mittelalterlichen Kirchenge-

18 Vgl. Boullée: Architecture (s. Anm. 8), S. 53 („tableau de l'immensité“ und „tableau céleste“); siehe auch Pérouse de Montclos: Boullée (s. Anm. 6), S. 159. Auf S. 46 fordert Boullée, dass eine Kirche immer groß wirken und als das Universum erscheinen solle. Mit letzterer Bemerkung steht er aber vielleicht noch mit einem Bein in der abbildenden Architekturallegorese des Mittelalters, so sehr sich auch die Vorstellungen von diesem Universum jeweils unterscheiden mögen.

19 Vogt: Newton-Denkmal (s. Anm. 6), S. 178.

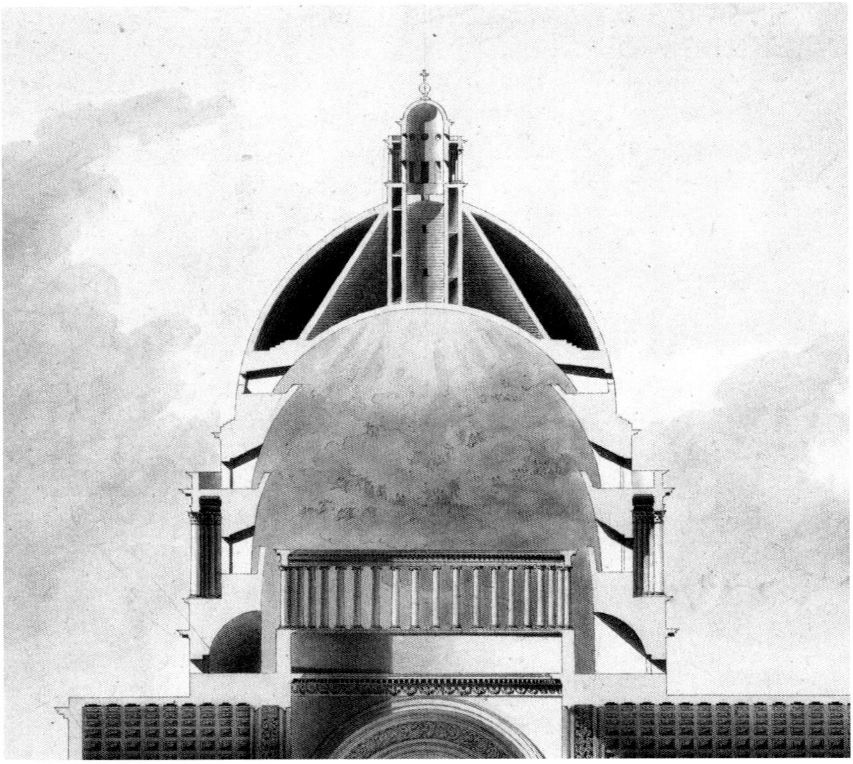

Abb. 3: Étienne-Louis Boullée, Entwurf für die Pariser Kirche Sainte-Madeleine [Ausschnitt], farbig lavierte Zeichnung, 40,0 x 59,0 cm, um 1777–1781, Bibliothèque nationale de France, Paris

bäuden stand, wo sternübersäte Gewölbekappen in Anwendung kamen, der Wunsch nach einer Vergegenwärtigung der symbolischen Einheit von Kirchen- und Weltgebäude im Vordergrund. In Boullées Entwurf begegnet uns umgekehrt der Versuch, die Erscheinungswirklichkeit gerade unter weitgehendem Symbol- und Metaphernverzicht nachzugestalten. Wir haben es hier zwar nicht mit einer wirklichen Profanierung der Dekoration zu tun. Denn im Gewölbescheitel schlug Boullée einen gemalten Lichtkranz – wohl die Sonne – als Andeutung der Gegenwart des Höchsten Wesens anzubringen vor.[20] Aber das Göttliche geht ganz im Sinn theistischer Theorien der Aufklärungszeit in der Natur auf; es gibt in dieser Gewölbegestaltung keinen Unterschied mehr zwischen einem in der Natur wirkenden Gott und der Göttlichkeit der Natur. Die Kolonnadenstellung, in deren unendlicher

20 Boullée: Architecture (s. Anm. 8), S. 53.

Reihung Boullée eine Möglichkeit der Erzeugung von Erhabenheitseindrücken erkannte, leitet über zur Erhabenheit der göttlich durchdrungenen unendlichen Natur. Angesichts einer solchen Natur wird für die Einstimmung auf eine Erfahrung von Transzendenz unerheblich, ob sich der Betrachter in einer Kirche oder im Denkmal für einen Forscher befindet. Die unterschiedliche Zweckbestimmung der Gebäude vermindert nicht die Ähnlichkeit der Erhabenheitseindrücke, auf die Boullée den Betrachter einstimmen will, und es bedarf kaum noch einer besonderen Betonung, dass sein Kenotaph zwar zum Kult Newtons beitragen mag, aber in der Steuerung von Himmelserfahrungen vor allem einen Kult der göttlichen Natur selbst befördert.

Im Jahr 1771 beschrieb der Franzose Louis-Sébastien Mercier die Fiktion einer zukünftigen Gesellschaft, deren zur Verehrung des Höchsten Wesens bestimmtes Gebäude „keine Bildsäulen, keine allegorischen Figuren, keine Gemälde" enthalten werde. Nur „ein reiner und heiterer Himmel" solle bei gutem Wetter die Güte, etwaige Gewitter sollten die Fürchterlichkeit des Schöpfers durch ein verglastes, nach oben den Himmel freigebendes Gewölbe erkennbar machen.[21] Boullée konnte sich angesichts solcher Gedanken im Einklang mit dem steigenden Misstrauen gegen hergebrachte Zeichen für das Göttliche sehen. Überhaupt scheint es, als hätten wir es im späten 18. Jahrhundert mit einer Krise künstlerischer Zeichensprache zu tun. Werner Busch hat im Hinblick auf die damalige Malerei sogar von einem säkularisierenden „Ende der Ikonographie" gesprochen, Bernhard Fischer die „Zersetzung des alten ikonographischen Vokabulars und seiner Syntax" auf dieselbe Zeit angesetzt.[22] Freilich war nicht der Umgang mit den hergebrachten Repräsentationsformen insgesamt gefährdet. Aber der ästhetisch angemessene Umgang mit Abstraktionen kam auf den Prüfstand. Johann Wolfgang von Goethe und Johann Heinrich Meyer erörterten „das gänzliche Missverhältnis der Kunst zu dem Gegenstand" unter Verweis auf deren dann auftretende Mängel, „wenn Bilder etwas vorstellen sollen, welches nicht vor den Sinn des Auges gebracht, noch durch denselben ge-

21 Anonym [Louis-Sébastien Mercier]: L'An deux mille quatre cent quarante. Rêve s'il en fût jamais, London 1772, S. 114f. mit einer anerkennenden Nebenbemerkung über die Bilderfeindlichkeit der Protestanten.

22 Werner Busch: Die notwendige Arabeske. Wirklichkeitsaneignung und Stilisierung in der deutschen Kunst des 19. Jahrhunderts, Berlin 1985, S. 14 und Bernhard Fischer: Kunstautonomie und Ende der Ikonographie. Zur historischen Problematik von ‚Allegorie' und ‚Symbol' in Winckelmanns, Moritz' und Goethes Kunsttheorie, in: Deutsche Vierteljahrsschrift für Literaturwissenschaft und Geistesgeschichte 64 (1990), S. 247–277, S. 247. David E. Wellbery: Lessing's Laocoon. Semiotics and Aesthetics in the Age of Reason, Cambridge 1984, S. 71 schreibt der Aufklärungszeit insgesamt ein krisenhaftes Verhältnis zum Zeichen zu.

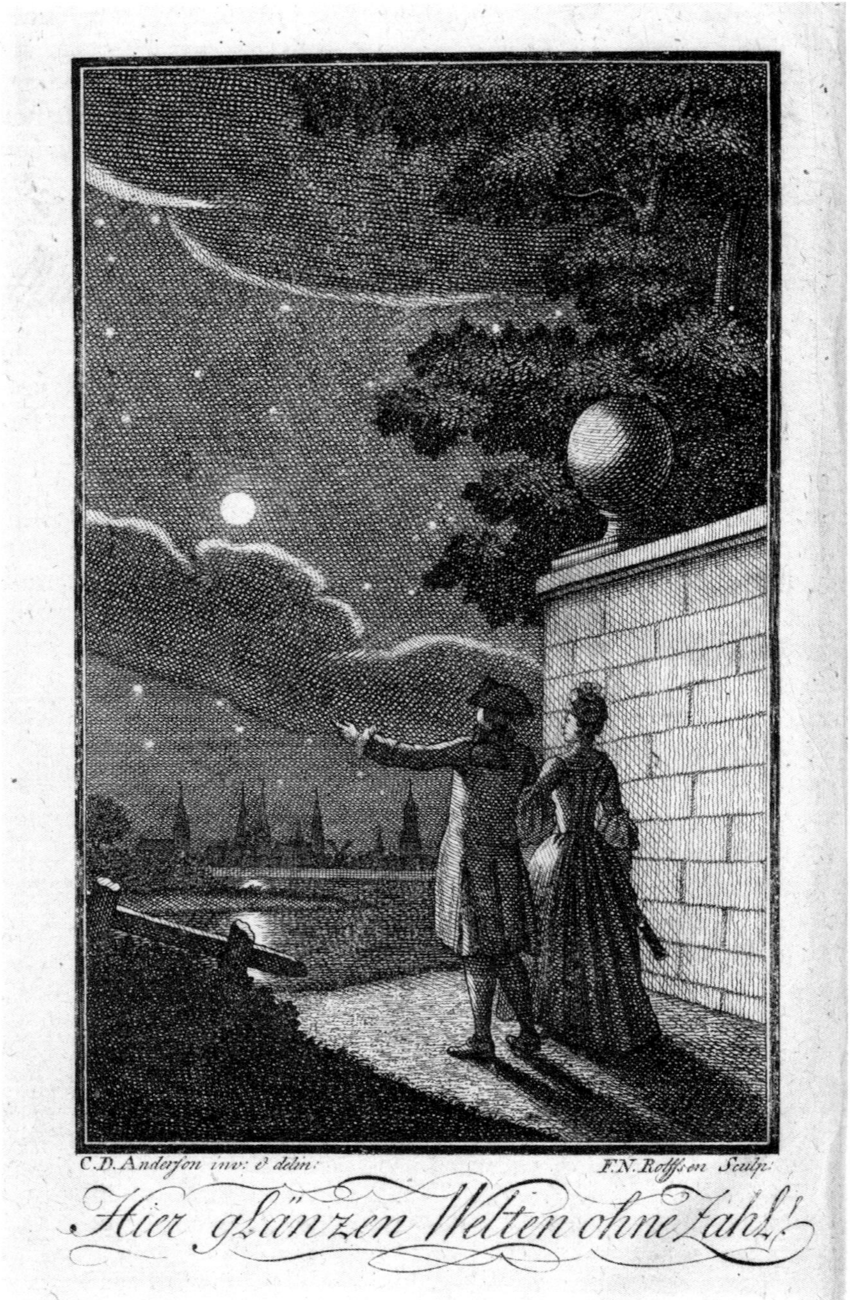

Abb. 4: Johann Elert Bode, ‚Deutliche Anleitung zur Kenntniß des gestirnten Himmels zum gemeinnützigen und beständigen Gebrauch' [1768], 2. vermehrte Aufl. Hamburg 1772, Titelkupfer, Bayerische Staatsbibliothek, München

fasst werden kann".[23] Alle Versuche, Transzendentes im Sinnlichen fassbar zu machen, sind in ihren Augen davon besonders betroffen. Offensichtlich lassen sich auch Einwände gegen des Astronomen Johann Elert Bodes Vorschlag, im Gedenken an den letztverstorbenen Preußenkönig ein neues Sternbild ‚Friedrichs Ehre' zu nennen, in diesem Zusammenhang begreifen: Hier werde, heißt es 1787 bei einem von mehreren ablehnend eingestellten Zeitgenossen, eine abstrakte Vorstellung „wider allen guten Geschmack" in ein Bild verwandelt.[24] Umgekehrt ist aber hervorzuheben, dass das gesamte tatsächliche Himmelsgewölbe als ausdrucksfähig wahrzunehmen damals offenbar niemandem widerstrebte. In Deutschland erschien im gesamten 18. Jahrhundert kein astronomisches Buch, das nicht von theologischen Leitsätzen und religiösen Gefühlen geprägt gewesen wäre.[25] Das Titelkupfer eines Werks des eben erwähnten Bode zeugt von der inbrünstigen Begeisterung, die angesichts der Erhabenheit des Himmels für schicklich gehalten wurde – ein religiöses Gefühl, dass aber nur in Erfahrung des sinnlich gegenwärtigen Gegenstands entstehen konnte (**Abb. 4**). Der „bestirnte Himmel" gibt Immanuel Kant Gottvertrauen, nicht ohne Rücksicht auf die Abhängigkeit solcher Gedankenverbindungen von der sinnlichen Wahrnehmbarkeit der Himmelserscheinung. Bei Friedrich Schleiermacher wird ganz in diesem Sinn das „Anschauen des Universums" als eigentliche Form der Religion angepriesen werden.[26] Man kann also, zumindest insofern unser Untersuchungsgegenstand betroffen ist, nicht gut von einer Krise der Repräsentation sprechen, ohne damit zugleich die Erweiterung des Repräsentationsraums zu meinen. Die auf verabredeten Zeichen beruhende Ikonographie versagt nicht grundsätzlich. Sie versagt vor den Ansprüchen der Zeitgenossen auf die Vereinigung ihrer Vorstellung von bestimmten Gegen-

---

23 Johann Wolfgang von Goethe, Johann Heinrich Meyer: Über die Gegenstände der bildenden Kunst [Fortsetzung], in: Propyläen 1 (1798/1799), Nr. 2, S. 45–81, S. 61.

24 Abraham Gotthelf Kästner: Brief vom 8. April 1787, in: Georg Christoph Lichtenberg: Briefwechsel, hrsg. von Ulrich Joost und Albrecht Schöne, 6 Bde., München 1983–2004, Bd. 3, S. 344–36, S. 345. Ähnliche Äußerung bei Anonym: Berlin [Friedrichs Sternendenkmal], in: Göttingische Anzeigen von gelehrten Sachen 39 (1787), S. 672.

25 Diese Tatsache ist auch gegen das bei Alt: Aufklärung (s. Anm. 6), S. 391 als Folge der aufklärerischen Himmelserforschung geschilderte „künstliche Paradies der Erkenntnisautonomie" abzuwägen. Vgl. Baasner: Sternkunst (s. Anm. 6), S. 193 und Johann-Christian Klamt: Sternwarte und Museum im Zeitalter der Aufklärung. Der Mathematische Turm zu Kremsmünster (1749–1758), Mainz 1994, S. 348 u. passim.

26 Immanuel Kant: Critik der practischen Vernunft, Riga 1788, S. 291 und ders.: Critik der Urtheilskraft, Berlin–Libau 1790, S. 92 („Erscheinungen, deren Anschauung die Idee der Unendlichkeit mit sich führt") u. S. 117 sowie Friedrich Daniel Ernst Schleiermacher: Über die Religion. Reden an die Gebildeten unter ihren Verächtern [1799], in: ders.: Schriften aus der Berliner Zeit 1769–1799, hrsg. von Günter Meckenstock, Berlin u. a. 1984, S. 185–326, hier S. 211.

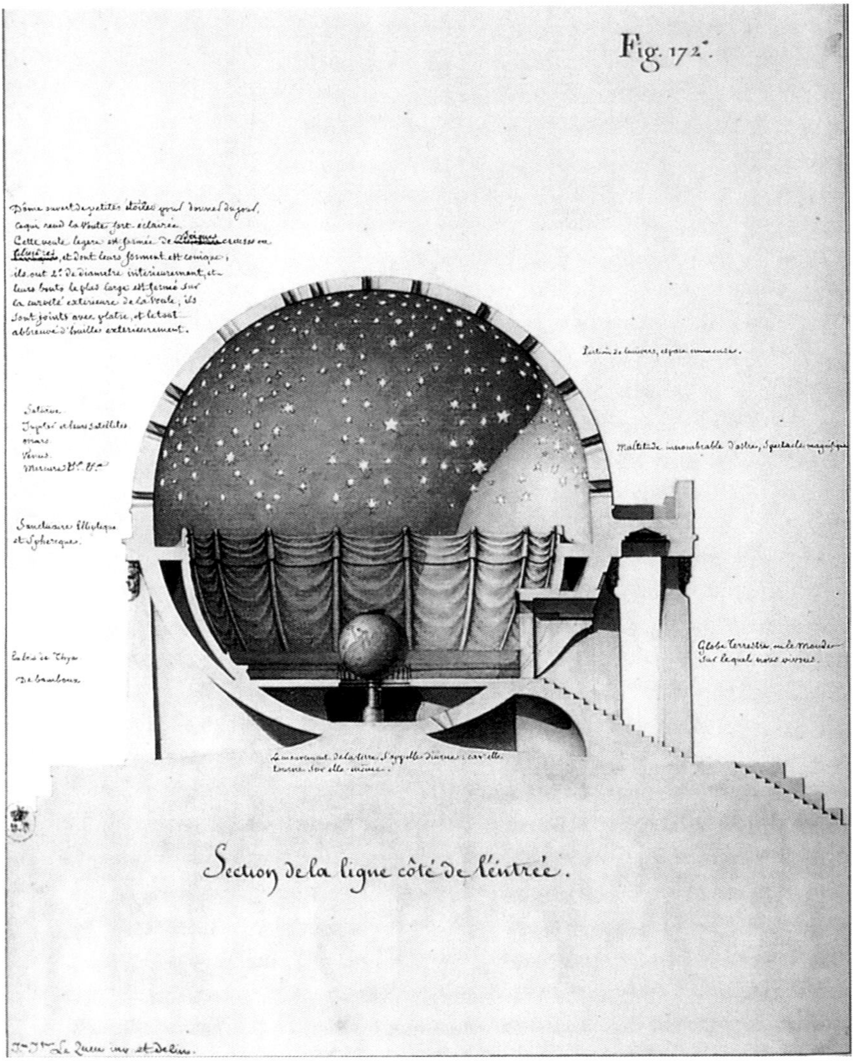

Abb. 5: Jean-Jacques Lequeu, Entwurf eines Temple de la terre [Ausschnitt], farbig lavierte Zeichnung; 51,5 x 35,1 cm, 1794, Bibliothèque nationale de France, Paris

ständen, darunter das Göttliche und die Schöpfung, mit ihrer gewandelten Vorstellung von der ästhetischen Erfahrung, die diesen Gegenständen angemessen ist. Noch die Vorliebe für ‚sprechende', Naturschauspiele aufrufende Titel der Bilder einiger abstrakter Expressionisten wird im zwanzigsten Jahrhundert davon zeugen, wie von Gehalten, für die keine angemessenen Bildzeichen mehr zur Verfügung stehen, in der Kunst Besitz ergriffen wird.

Robert Rosenblum hat in seinem Versuch, romantische Erhabenheitsgedanken in die Moderne hinein zu verfolgen, darauf verwiesen.[27] Er hätte gut daran getan hinzuzufügen, dass den von ihm untersuchten Gemälden gerade in der Spannung zwischen den Vorstellungen, die im Titel aufgerufen werden, und der Unmöglichkeit, diese Vorstellungen bildlich zu vergegenständlichen, die Fähigkeit zur Erzeugung von solchen Erhabenheitsgedanken mitgeteilt wird. Indem durch Betrachtung des unermesslichen Himmels die Vorstellung von der Unermesslichkeit des Göttlichen angeregt wird, ist eine ähnliche Erfahrung schon in der Aufklärungszeit gegeben. Das Missverhältnis von Zeichen und Bezeichnetem wird aufgehoben. Der Himmel kann auf diese Weise inmitten der Verunsicherung bezüglich des Orts, an dem das Göttliche zu finden sei, und vor dem Hintergrund der Entleerung hergebrachter Ausdrucksmittel zu einer Metapher werden, gerade wo er als bloßer Raum vor Augen kommt. Anders gesagt: Die Entvölkerung des Himmels hängt mit seiner steigenden Befähigung zur Aufnahme oder zum Ausdruck von Vorstellungsinhalten zusammen, bei Boullée und wo er später auf ähnliche Weise in Szene gesetzt wird. Boullée ist überhaupt der erste Architekt, der sich weniger für die Gestalt von Gebäuden als für den durch sie gestalteten Raum interessiert hat, und er hat im Newton-Kenotaph die Raumvergötterung, von der später Venturi und Scott Brown unter anderen Vorzeichen sprechen werden, vorangetrieben. Aber er hat diesen Raum nicht als von transzendentalen Assoziationen entblößt betrachtet. Im Gegenteil muss ihm eher vorgeschwebt haben, dass in der unendlichen Natur eine Einheit von Zeichen und Bezeichnetem das Göttliche ganz unkorrumpiert von bloßer Konvention zur Anschauung bringt.

Boullées Newton-Kenotaph hat viele mehr oder weniger deutliche Nachahmungen auf den Plan gerufen, insbesondere in seines französischen Zeitgenossen Jean-Jacques Lequeus *Temple de la Terre*, der 1794 sowohl die blau ausgemalte Kugelform wie die Lichtdurchlässe für das bestirnte Firmament aufnimmt. In der Raummitte sollte sich eine Darstellung der Erdkugel drehen; die abgeschrägten Rückenlehnen der seitlich angebrachten Sitzbänke für Besucher deuten aber an, dass die Aufmerksamkeit vor allem auf die Sternenpracht in der Kuppelwölbung gelenkt werden und dass in diesem Sinn ästhetische Erfahrung in den Vordergrund treten sollte (**Abb. 5** und **Farbtafel 4**).[28] Schon mindestens vier Jahre zuvor will Johann Adam Breysig

27 Robert Rosenblum: The Abstract Sublime, in: Art News 59 (1961), Nr. 10, S. 38–41 sowie S. 56 u. S. 58, hier S. 56.

28 Um trotz der gegenüber Boullée verkleinerten Maße des Ganzen den Eindruck eines weltumspannenden Firmaments aufrecht erhalten zu können, verdeckt Lequeu die untere Hälfte der inneren Kugelwand mit einer Zeltbahn. Emil Kaufmann: Jean-Jacques Lequeu, in: The Art Bulletin 31 (1949), S. 130–135, S. 314 übertreibt mit der Vorstel-

unter Einbeziehung einer bemalten Himmelskuppel das Panorama erdacht haben, noch dazu in der Hoffnung auf die Möglichkeit, den Mond und bewegliche leuchtende Glassterne am Himmelszelt anzubringen. Er hatte wohlgemerkt über die Erzeugung bloßer Naturähnlichkeit hinaus keine Darstellungsabsichten im Sinn und dachte sich das Gebäude offenbar vor allem als Veranstaltungsort für größere Gesellschaften.[29] Im Übrigen lässt sich keine Kenntnis Boullées bei ihm wahrscheinlich machen. Aber bald ist auch in Deutschland ein deutliches Echo von dessen Entwürfen feststellbar, obschon in seltsam unentschiedener Form. Seit 1803 betrieb die Vaterländisch-literarische Gesellschaft der Grafschaft Mansfeld die Errichtung eines Luther-Denkmals. Die Eingabe, zu der sich der württembergische Baumeister Johann Jakob Atzel anregen ließ, macht deutlich, dass er über die Einfälle von Boullée oder dessen Schülern im Bilde war. Jedenfalls folgte er der in diesem Umkreis aufgekommenen Vorliebe für die im Boden versunkene Kugelform. Er schlug vor, eine auf einer weiten Fläche erhobene große Halbkugel „als Nachbild des uns sichtbaren Universums" zu errichten. Atzel wünschte sich eine Ausmalung der Kuppel mit hervorragenden Vertretern aller christlichen Glaubensrichtungen. Bis dahin haben wir es nicht mit einer Beschwörung des Himmels selbst als einer Projektionsfläche für erhebende Gedanken zu tun. Aber die Kuppel sollte von oben durch ein verglastes Scheitelauge dergestalt beleuchtet worden sein, dass es „als eine lichte Wolke des Himmels" erschienen wäre, offensichtlich im Sinne einer Gottesvergegenwärtigung.[30] Insofern zeugt Atzels Architekturphantasie nicht an-

---

lung einer so entstandenen „riesigen Leere" wohl etwas. Eher erkennbar ist eine Nähe von Lequeus die Nutzung seines Gebäudes betreffenden Vorstellungen zu der von Peter Sloterdijk: Globen, Frankfurt a. M. 1999, S. 15 f. geschilderten Urszene eines Zusammenfalls von „Kult und Diskurs" auf einem Mosaik in Torre Annunziata; es zeigt einen Kreis von Philosophen in Betrachtung einer Kugel, die das sie umgebende All symbolisiert. Andere Nachfolger von Boullée werden erwähnt bei Rosenau: Engravings (s. Anm. 7), S. 26 und bei Susanne von Falkenhausen: Kugelbau-Visionen. Kulturgeschichte einer Bauform von der Französischen Revolution bis zum Medienzeitalter, Bielefeld 2008, S. 42 f. u. passim.

29 Zu einer Ausführung kam es nicht. Vgl. Johann Adam Breysig: Über meinen ersten Plan zu einem Panorama. Beitrag zu einer künftig zu schreibenden Geschichte des Panorama's, in: ders.: Skizzen, Gedanken, Entwürfe, Umrisse, Versuche, Studien, die bildenden Künste betreffend. Eine Gelegenheitsschrift, 2 Bde., Magdeburg 1800–1801, Bd. 1, S. 140–150, bes. S. 140 f. Siehe auch Stephan Oettermann: Das Panorama. Die Geschichte eines Massenmediums, Frankfurt a. M. 1980, S. 150 f.

30 Jakob Atzel: Über Dr. Martin Luthers Denkmal, in: Vaterländisch-literarische Gesellschaft der Grafschaft Mansfeld (Hrsg.): Dr. Martin Luthers Denkmal oder Beiträge zur richtigen Beurtheilung des Unternehmens diesem großen Manne ein würdiges Denkmal zu errichten, Halle 1804, S. 74–78, S. 76 u. 77 sowie Klaus Jan Philipp: Um 1800. Architekturtheorie und Architekturkritik in Deutschland zwischen 1790 und 1810,

ders als die von Mercier und als Boullées Simulationen von dem Versuch, die Natur mithilfe einer Öffnung des Gebäudes auf den Himmel hin in Szene zu setzen und als Bedeutungsträger im Innenraum ‚mitsprechen' zu lassen. Auch er bezweckt eine Ineinssetzung der bloßen Himmelserscheinung mit dem Göttlichen in der Natur. In der damaligen deutschen Kunst ist diese Neigung bekanntlich vielfach auszumachen, auch schon vor Atzels Entwurf. Nach 1794 erhielt die Pfarrkirche St. Mauritius im sächsischen Wolkenburg eine Deckenbemalung, deren von einer Kassettenkonstruktion umrahmter, sonnenbeschienener Tageshimmel den einzigen Gegenstand darstellt (**Abb. 6**).[31] Der Pfarrer predigte also im Angesicht einer in die Kirche geholten Schöpfungsunermesslichkeit. Zur selben Zeit predigte

---

Stuttgart–London 1997, S. 166. Atzel konnte die auf Boullées Newton-Kenotaph und seinen Tempel der Vernunft rekurrierenden Entwürfe von Pierre-Jules Delépine und Pierre-François-Léonard Fontaine für megalomane Kenotaphe kennen, vgl. Rosenau: Engravings (s. Anm. 7), Tafel 33, 34 u. 69. Kenntnis von französischen Entwürfen für Kugelsegmentbauten, die das Himmelszelt symbolisieren, bezeugt auch ein englischer Vorschlag für die Gestaltung eines Observatoriums, dessen blau bemaltes und mit Messingsternen geschmücktes Kupfergewölbe die südliche Hemisphäre abbilden und, um Beobachtungen mit dem Fernrohr möglich zu machen, abnehmbar sein sollte. Vgl. Charles Kelsall: Phantasms of an University. With Prolegomena, London 1814, S. 163 u. Abb. Nr. 23. Kelsall beruft sich auf Antoine-Laurent-Thomas Vaudoyers Entwurf für die *Maison d'un cosmopolite*, bekannt geworden durch eine Veröffentlichung von 1802. Ob ferner die Himmelsdarstellung an der Decke des Dining Room und in der Kuppel des sogenannten Circular Room in Henry Hollands zerstörtem Londoner Carlton House, ausgeführt 1783–1789 unter Hinzuziehung französischer Künstler, auf die oben dargestellten Zusammenhänge zurückführbar ist, lässt sich nicht mehr nachvollziehen. Die ursprüngliche Erscheinung beschreibt William Henry Pyne: The History of the Royal Residences of Windsor Castle, St. James's Palace, Carlton House, Kensington Palace, Hampton Court, Buckingham House and Frogmore, 3 Bde., London 1819, Bd. 3, S. 25 (Circular Room: „the hemispherical ceiling is painted to represent a sky"), S. 45 (Blue Velvet Room: „painted in imitation of clouds and sky"), S. 48 (Blue Velvet Closet: „the ceiling is painted simply as a sky"), S. 80 (Dining Room: „painted to represent a light summer sky") mit Abbildungen nach Zeichnungen von Charles Wild. Vgl. auch Bd. 1 desselben Werks für die Ausstattung zweier Räume im Queen's House zu Frogmore mit ebensolchen ‚einfachen' Himmelsdarstellungen, vielleicht in Anlehnung an Carlton House, jedoch mit von der Decke herabhängenden Lampen. Die Beschäftigung französischer Künstler im Carlton House erwähnt Dorothy Stroud: Henry Holland. His Life and Architecture, London 1966, S. 73 f. Als Wohnräume stehen die englischen Beispiele allein, soweit ich sehen kann. Die Decke im Balkonzimmer des Hohenheimer Schlosses zeigt heute einen Wolkenhimmel, den sie aber erst im Zuge von Restaurierungsarbeiten des 20. Jahrhunderts erhalten hat.

31 Die Wolkenburger Kirche entstand auf Veranlassung des örtlichen Patronatsherrn Detlev Carl Graf von Einsiedel. Anscheinend entwarf er auch das künstlerische Programm. Siehe für Einzelheiten Hartmut Mai: Kirchen in Sachsen. Vom Klassizismus bis zum Jugendstil, Berlin–Leipzig 1992, S. 265 f. In einigen evangelischen deutschen Landkirchen gibt es im 18. Jahrhundert Gewölbeausmalungen, die den Himmel ohne heilsgeschicht-

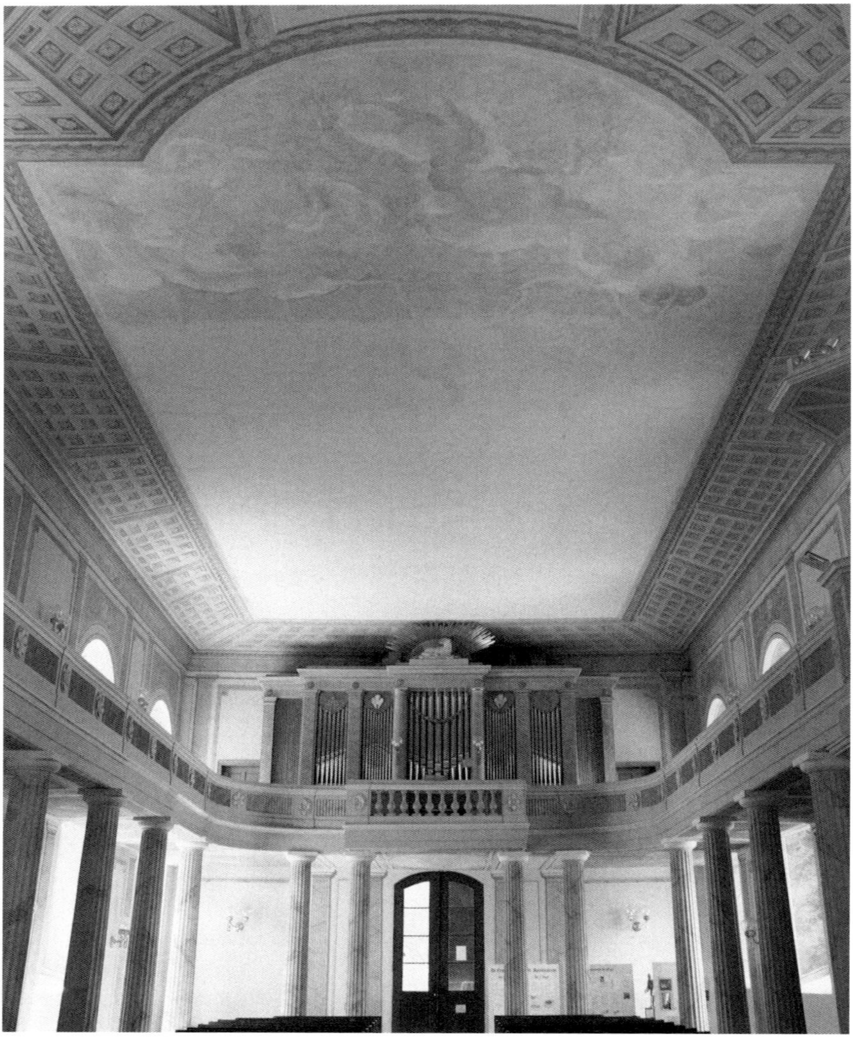

Abb. 6: Wolkenburg, St. Mauritius, nach 1797, heutiger Zustand, Blick ins Langhaus nach Westen, © Mirko Seidel, www.architektur-blicklicht.de

liches oder allegorisches Personal zeigen: zu unbekanntem Zeitpunkt in Bad Wildungen und 1745 in Ebsdorf; vgl. Folkhard Cremer, Tobias Michael Wolf (Hrsg.): Hessen I. Regierungsbezirke Gießen und Kassel, Georg Dehios Handbuch der deutschen Kunstdenkmäler, München u.a. 2008, S. 188 u. S. 78. In der naturwidrigen Verschränkung von Tag- und Nachthimmeln geben sie aber eigentlich doch eher Schöpfungsallegorien. Sie unterhalten auf diese Weise enge Verwandtschaft mit einer in freimaurerischen Kreisen beliebten Ikonographie.

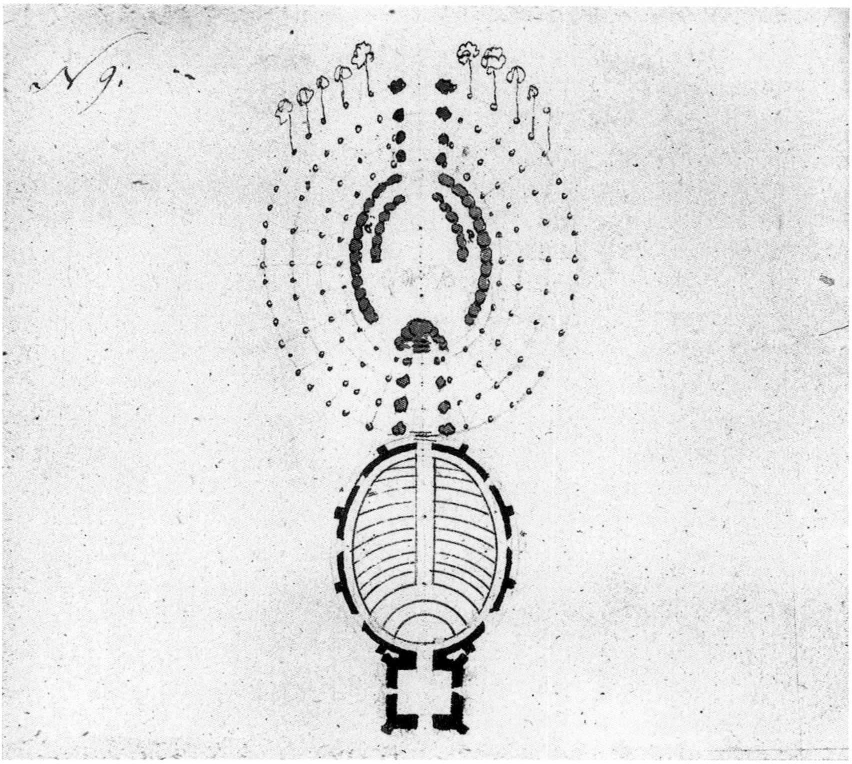

Abb. 7: Caspar David Friedrich, Grundriss einer Kirche mit vorgelagerter Predigtanlage, n. d., lavierte Federzeichnung, 11,1 x 11,9 cm, Germanisches Nationalmuseum Nürnberg

bei Vitt auf Rügen der Pfarrer Gotthard Ludwig Kosegarten tatsächlich im Freien, um dabei „die rings umher ausgebreitete Unermeßlichkeit des weiten Himmels und des offenen Meers“ mitsprechen lassen zu können, und es ist gut möglich, dass der mit ihm bekannte Caspar David Friedrich sich davon anregen ließ. Jedenfalls entwarf er etwas später ein Kirchengebäude, das vielleicht nur noch als Zufluchtsort für den Schlechtwetterfall dienen sollte, ganz ähnlich wie eine von Kosegarten für diesen Zweck erbaute Kapelle. Denn als Vorplatz gestaltete er eine Freilichtanlage mit Altar für Gottesdienste inmitten eines Baumrunds, das in seiner Anordnung den Grundriss dieses Gebäudes nachbilden sollte (**Abb.** 7).[32] Friedrichs Vor-

32 Ludwig Gotthard Kosegarten: Reden und kleine prosaische Schriften, hrsg. von Gottlieb Christian Friedrich Mohnike, 3 Bde., Stralsund 1831–1832, Bd. 1, S. 28 f. Mit seinen Uferpredigten schloss Kosegarten an einen bereits bestehenden Brauch an. Friedrichs Entwurf wurde bis vor Kurzem als Auftragsarbeit für Kosegarten selbst betrachtet;

schlag lieferte also einen Rahmen, in dem Architektur und Natur symbolisch miteinander verschränkt werden sollten. Nach oben wäre der Blick der Gemeinde in den wirklichen Himmel gegangen, gerahmt von einer in Natur zurückübersetzten Kapellenumfassung. Dieser Rahmen ist als eine Einrichtung zur Frömmigkeitserzeugung anzusehen, indem sich darin die unvermittelt gegenwärtige göttliche Natur und die Ausformulierung Symbolik des Kirchengebäudes, die dieser Naturvergöttlichung angepasst ist, zu einem Ineinander von Zeichen und unmittelbarer Präsenz verbinden. Friedrich hat die Natur selbst in eine Architekturmetapher, in der das wirkliche Himmelszelt die Bedeckung des Kirchenraums ersetzen sollte, verwandeln wollen. Wie nahe sich hier Kosegartens Gewohnheit, den Himmel über der Gemeinde zum Bestandteil der Messerfahrung zu machen, und Friedrichs eigenes pietistisches Verständnis vom Kosmos als einem göttlich durchwirkten Raum gekommen sein müssen, lässt sich auch unter Hinweis auf ein zu einem unbekannten Zeitpunkt entstandenes, heute verschollenes Gemälde von Friedrich stützen. Es zeigte den Meißener Dom als Phantasiestück im Verfallszustand; Friedrich erwähnt in seiner Beschreibung des Werks einen evangelischen Geistlichen, der, an die Überreste eines Bischofsdenkmals gelehnt, in Gedanken „die lichten leichten Wölkchen betrachtend“ nach oben schaut, wo einst das Gewölbe des Doms den Blick begrenzte.[33] Es liegt auf der Hand, dass in diesem auf den gemalten Betrachter einwirkenden Schauspiel des Himmels die Überwindung der Papstkirche, vielleicht überhaupt der Amtskirche zum Ausdruck kam. Der Himmel wird also als Gegenbild zum festen Bauwerk metaphorisch eingekleidet, jedoch gerade nicht unter Inanspruchnahme einer anderen als seiner bloßen eigenen Gestalt. Dieselbe Anschauungssache hatte Friedrich auch der versammelten Rügener

---

siehe aber die Gegengründe bei Johannes Grave: Caspar David Friedrich als Architekt für eine Kapelle zu Vitt? Überlegungen zu seinen Nürnberger Entwürfen für einen Kirchenbau, in: Zeitschrift für Kunstgeschichte 65 (2002), S. 251–264, bes. S. 261 mit dem Vorschlag einer Datierung auf die Zeit nach 1814. Siehe auch Gerhard Eimer: Zur Dialektik des Glaubens bei Caspar David Friedrich, Frankfurt a. M. 1982, S. 56 f. und Jörg Traeger: Die Kirche der Natur. Kunst und Konfession in der romantischen Epoche, in: Christian Beutler, Peter-Klaus Schuster, Martin Warnke (Hrsg.): Kunst um 1800 und die Folgen. Werner Hofmann zu Ehren, München 1988, S. 181–199, S. 185 f.

33 Caspar David Friedrich: Äußerungen bei Betrachtung einer Sammlung von Gemählden von größtentheils noch lebenden und unlängst verstorbenen Künstlern [um 1830], hrsg. von Gerhard Eimer und Günther Rath, Frankfurt a. M. 1999, S. 59. Das Werk stammt vermutlich aus der Zeit um 1829. Anlässlich der ersten Veröffentlichung der Notiz vermerkt der Herausgeber, dass sich im Nachlass des Künstlers noch die Untermalung des darin geschilderten Bildes befinde; siehe Carl Gustav Carus: Friedrich der Landschaftsmaler. Mit Fragmenten aus den nachgelassenen Papieren desselben, in: Kunstblatt. Beilage zum Morgenblatt für gebildete Leser Nr. 86 u. 87 (1840), S. 357–358 u. S. 362–363, S. 263.

Gemeinde zugänglich machen wollen: Gott in der Natur, im Einklang mit der von Joseph von Görres etwa gleichzeitig niedergelegten Bezeichnung der Natur als „Pantheon" und dessen Wahrnehmung von „Symbol, Gebet und Gottesdienst" in aller Naturerscheinung.[34] Angeblich durfte Friedrich beim Malen seiner Himmelsdarstellungen nicht gestört werden, was Jörg Traeger als ein Zeichen religiöser Hingabe gedeutet hat.[35] Nun sei es mit des Malers Versenkung in die eigenen künstlerischen Werke, wie es wolle. Für viele Figuren auf seinen Gemälden gilt ebenfalls, dass sie sich unter dem grenzenlosen Himmel einer Immersionserfahrung, die sich auf die Auslegung des unermesslichen Raums als einer religiösen Metapher „in absentia" gründet, ausliefern und den Betrachter zu gleichem ermuntern.[36] Auf diese Weise hat Friedrich Ergriffenheit auf der Grenze zwischen ästhetischer und religiöser Erfahrung ermöglichen wollen. Zumindest nach Maßgabe der berühmten Beschreibung Heinrich von Kleists hat denn auch sein *Mönch am Meer* dasselbe Grenzenlosigkeitserlebnis, das Boullées Kenotaph ermöglichen sollte, heraufbeschworen. Von einem Besuch in dem ersten überhaupt in Berlin gezeigten Panorama-Gemälde hatte sich Kleist im Jahr 1800 dazu anregen lassen, eine kugelrunde Raumform als der angestrebten Wirkung einzig wirklich angemessen zu bezeichnen. Ihm war wohl kaum bekannt, dass Boullée sich genau daran bereits versucht hatte, und er scheint seinen eigenen Vorschlag als unausführbar betrachtet zu haben. Zehn Jahre später wirkte Friedrichs Gemälde auf ihn andererseits auch ohne jede panoramatische Ausgestaltung, als ob ihm „die Augenlider weggeschnitten" wären, also als ob ein Fehlen der ästhetischen Grenze zu einer Immersion des Betrachters in die Kunst führen müsse (**Abb. 8**).[37] Der *Mönch am Meer* hat nach der

34 Joseph von Görres: Fall der Religion und ihre Wiedergeburt [1810], in: ders.: Gesammelte Schriften, hrsg. von Marie Görres, 9 Bde., München 1854–1874, Abt. 1, Bd. 1, S. 132–188, S. 172.

35 Traeger: Kirche (s. Anm. 32), S. 184 und zuvor Georg Syamken: „Wie alles auf dich wirkt, so gib es im Bilde wieder!" in: Werner Hofmann (Hrsg.): Luther und die Folgen für die Kunst, Ausst.-Kat. Hamburg 1983, S. 443–445, S. 444 verweisen auf Christoph Christian Sturms Betrachtungen über die Werke Gottes im Reiche der Natur, im Jahr 1772–1776 als pietistischer Lobpreis von Gottes Selbstausdruck im Schöpfungswerk veröffentlicht. In der Zeit um 1800 erschien das Werk mehrfach erneut in erweiterter Fassung.

36 Vgl. Hilmar Frank: Aussichten ins Unermessliche. Perspektivität und Sinnoffenheit bei Caspar David Friedrich, Berlin 2004, S. 127 mit Erörterung einer der individuellen Leseweise des Betrachters anheimgestellten Metaphorik, deren eigentlicher Bezugspunkt auf Friedrichs Gemälden unbestimmt bleibt.

37 Heinrich von Kleist: An Wilhelmine von Zenge [Brief vom 16. Aug. 1800], in: ders.: Sämtliche Werke und Briefe, hrsg. von Helmut Sembdner, 2 Bde., München 1984, Bd. 2, S. 515–522, S. 518 und ders.: Empfindungen vor Friedrichs Seelandschaft [1810], ebd., S. 327–328, S. 327. Der schon erwähnte Breysig war Miturheber des von Kleist beschriebenen Berliner Panoramas; vgl. Oettermann: Panorama (s. Anm. 29), S. 154.

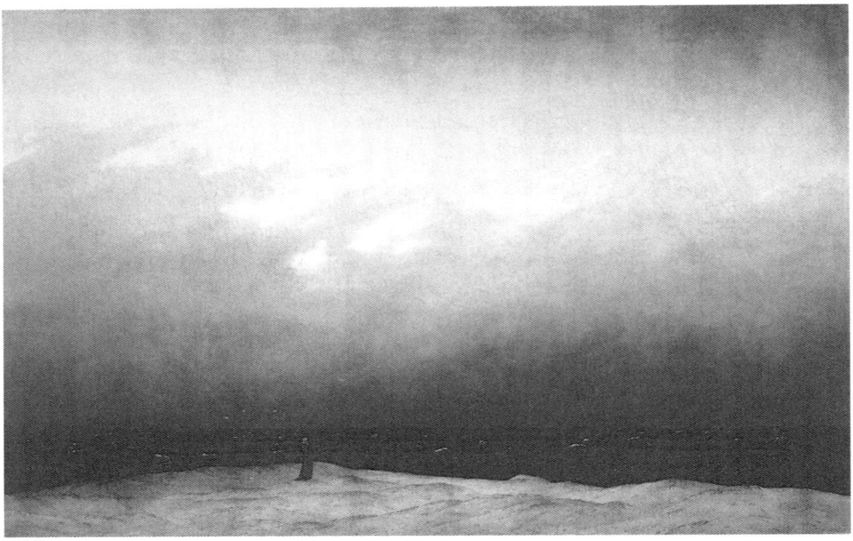

Abb. 8: Caspar David Friedrich, ‚Der Mönch am Meer', Öl auf Leinwand, 110 x 171,5 cm, 1808–1810, Alte Nationalgalerie, Berlin

Schilderung eines anderen Zeitgenossen, zugleich des Auftraggebers, „Ungeheures und Erhabenes" zum Gegenstand, und es ist wohl nicht von der Hand zu weisen, dass der Künstler auch in dieser Schilderung einer Schreckenslandschaft ein Sinnbild für das göttlich durchwirkte Universum schaffen wollte. Dafür hat er in einer wie auch immer vermittelten, wie auch immer ‚unreinen' Übernahme das Paradigma der Erhabenheit in Anschlag gebracht.[38] Wie genau er sich an welche Theorien angelehnt hat, ist für uns weniger wichtig als die Tatsache, dass hier im Zuge des uns nun schon bekannten Ikonographieverzichts noch einmal versucht wird, den Himmel als Inbegriff einer alles Fassbare übersteigenden Natur zu schildern.

Boullée hatte seine große Simulation des Himmels mit der Totenehrung verbunden. Nur wenige Jahre später begegnen wir dem erstaunlichen Fall einer tatsächlich umgesetzten Vortäuschung des offenen Nachthimmels im Leichenzeremoniell. Der schwedische König Gustav III. war ermordet worden; für seine feierliche Aufbahrung wurde 1792 in der Stockholmer Rid-

38 Johann Gottlob von Quandt: Brief an Julius Schnorr von Carolsfeld vom 4. März 1822, in: Helmut Börsch-Supan und Karl Wilhelm Jähnig: Caspar David Friedrich. Gemälde, Druckgraphik und bildmäßige Zeichnungen, München 1973, S. 176. Siehe auch Johannes Grave: Caspar David Friedrich und die Theorie des Erhabenen. Friedrichs Eismeer als Antwort auf einen zentralen Begriff der zeitgenössischen Ästhetik, Weimar 2001, S. 93 u. S. 96 sowie Christian Scholl: Romantische Malerei als neue Sinnbildkunst. Studien zur Bedeutungsgebung bei Philipp Otto Runge, Caspar David Friedrich und den Nazarenern, München–Berlin 2005, bes. S. 213.

darholmkyrkan eine zypressenumstandene, das tatsächliche Bauwerk ganz verhüllende Scheinarchitektur errichtet. Darüber leuchteten in einem unermesslich wirkenden Dunkel die Gestirne, groß hervortretend der Polarstern. Mit Rücksicht auf dessen mehrere Jahrzehnte zuvor eingeführte Nutzung als Wahrzeichen des Reichs, nie untergehend und deshalb der königlichen französischen Sonne überlegen, wird man eine Erhebung Gustavs in den Himmel als Gegenstand der Darstellung erkennen dürfen. (**Abb. 9** und **Farbtafel 5**).[39] Diese Inszenierung, in der das Gewölbe der Kirche scheinbar verschwand, beschritt völlig neue Wege. Eine Anregung durch Boullée ist angesichts der engen Beziehungen zwischen beiden Ländern nicht auszuschließen; der über die jüngste französische Baukunst gut unterrichtete Louis-Jean Desprez war damals sogar bestallter Hofkünstler in Stockholm. 1791 war der Däne Hans Olesen Rustad, seinerseits unverkennbar unter dem Eindruck französischer Anregungen, in seiner Eingabe für die Errichtung eines Denkmals Friedrichs des Großen auf ähnliche Weise verfahren. Das Tempelinnere auf einem seiner Entwürfe birgt einen kuppelüberfangenen Hauptraum, der jedoch nach oben geöffnet ist. Darüber erhebt sich eine zweite Kuppel, die wie Boullées Entwurf für Sainte-Madeleine Licht durch verdeckte Seitenfenster erhält und mit einem bewölkten Himmel ausgemalt ist (**Abb. 10**).[40] Soweit erkennbar, waren allerdings himmlische

39 Beschreibung bei Tora Göransson: Ättehögen i 1600- och 1700talens svenska gravkonst, in: Tidskrift för konstvetenskap 30 (1957), S. 185–209, S. 200; vgl. auch Pontus Grate: Bildkonsten, in: Göran Alm (Hrsg.): Den Gustavianska konsten, Lund 1998, S. 195–295, S. 218. Die Einsetzung des Polarsterns als Symbol des schwedischen Königreichs streift Carsten Bach-Nielsen: Emblematics in Denmark, in: Simon McKeown, Mara R. Wade (Hrsg.): The Emblem in Scandinavia and the Baltic, Glasgow 2006, S. 31–52, S. 36. Die einst zusammen mit der hier abgebildeten Darstellung von Gustavs III. Katafalk verwahrte zeitgenössische Beschreibung des Raumschmucks ist gemäß der freundlichen Auskunft des zuständigen Archivars Wolfgang Nittnaus im Nationalmuseum nicht auffindbar. Eine von den Feierlichkeiten in der Riddarholmkyrkan angeregte zeitgenössische Klagrede auf Gustav III. erwähnt zwar das Sternenlicht in der mit seinem Tod hereinbrechenden Nacht, aber sie lässt sich nicht mühelos auf ein Programm für das Leichenzeremoniell beziehen. Siehe Carl Michael Bellman: Konungens Död och Minne, på Klago-Dagen den 6 Junii 1792. Upläst uti Augusti-Orden, in: ders.: Dikter till Gustaf III och konungahuset, Stockholm 1938, S. 157–167, vgl. bes. S. 166 („Men nattens kyla rår, och stjernans bleka brand, Ur molnet fladdrar fram, bestrålande vår hydda").

40 Die Blätter wurden erst 1798 eingereicht und ausgestellt, vgl. Hans Rustad: Autobiografi [1818], in: Personalhistorisk Tidsskrift 4 (1883), S. 146–148, S. 147. Siehe außerdem Jutta von Simson: Das Berliner Denkmal für Friedrich den Großen. Die Entwürfe als Spiegelung des preußischen Selbstverständnisses, Frankfurt a. M. 1976, S. 144 sowie Eckhart Hellmuth: A Monument to Frederick the Great. Architecture, Politics, and the State in Late Eighteenth-Century Prussia, in: ders., John Brewer (Hrsg.): Rethinking Leviathan. The Eighteenth-Century State in Britain and Germany, Oxford 1999, S. 317–340, S. 326.

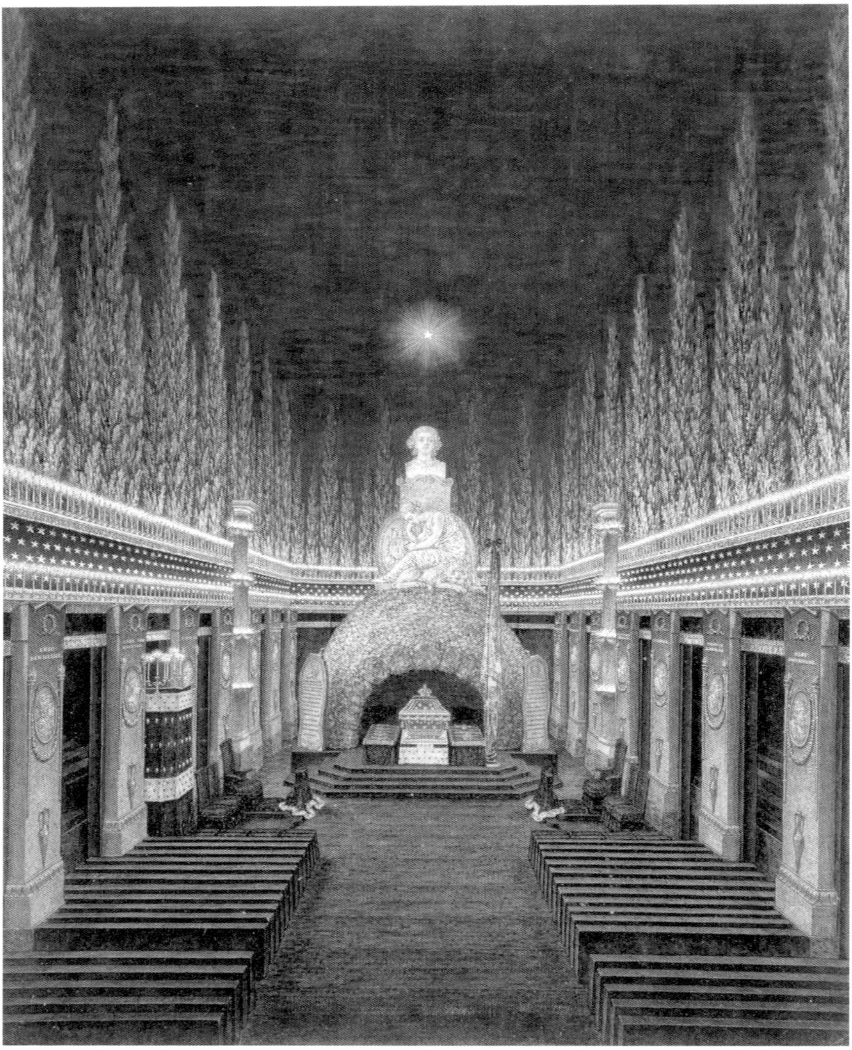

Abb. 9: Olof Fridsberg [zugeschrieben], Aufbahrung Gustavs III. in der Riddarholmkyrkan, Stockholm, aquarellierte Feder, 60,0 x 48,0 cm, 1792, © Nationalmuseum, Bodil Karlsson, Stockholm

Heerscharen oder wenigstens Allegorien für den Schmuck der Kuppelgewandung vorgesehen; ein geflügeltes Wesen scheint die Posaune zu blasen. Insofern ist sein Beitrag nicht mit Sicherheit oder wenigstens nicht gleichermaßen weitgehend der in Stockholm so deutlichen Austreibung christlicher Ikonographie aus der Totenehrung beizugesellen. Jedenfalls wird Rustad wie im Folgejahr den schwedischen Verantwortlichen daran gelegen gewesen

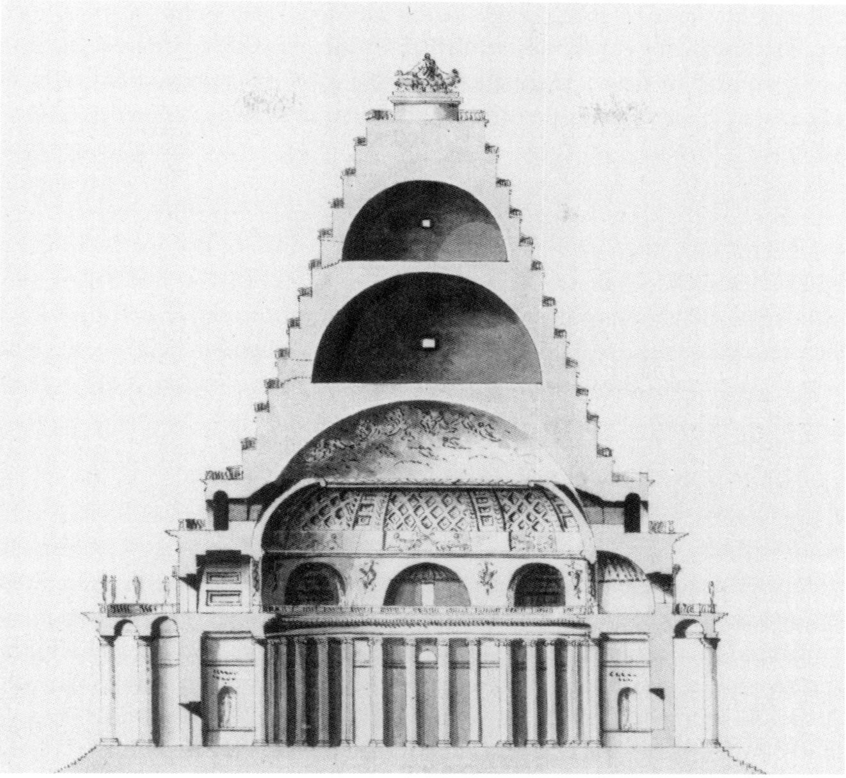

Abb. 10: Hans Olesen Rustad, Entwurf eines Denkmals für Friedrich den Großen [Ausschnitt], aquarellierte Feder und Tusche, 54,5 x 39,3 cm, 1791, Staatliches Architekturmuseum, Moskau

sein, eine Entrückung des geehrten Herrschers in den Himmel zum Ausdruck zu bringen. Vielleicht war ihm sogar der Vorschlag von Bode zu Ohren gekommen. Leider beschränkt sich nicht nur seine Zeichnung auf Andeutungen; auch zeitgenössische Äußerungen fehlen völlig. Weit kommen wir deshalb in diesem Fall nicht. Aber eine andere Eingabe für dasselbe Bauvorhaben erlaubt weitergehende Beobachtungen. Die Herrichtung des Himmels durch eine Rahmung, die ihn zum Gegenstand ästhetischer Erfahrung und zum Bedeutungsträger macht, beschäftigt nämlich 1796 auch den preußischen Baumeister Friedrich Gilly. Sein in der deutschen Architekturgeschichte epochemachender, wenn auch unausgeführt gebliebener Entwurf für ein Berliner Denkmal Friedrichs des Großen sieht im Dach eines vom athenischen Parthenon abgeleiteten Tempelgebäudes eine Öffnung vor, die großzügigen Lichteinfall von oben gestatten sollte. Auf diese Weise wäre das für den Innenraum vorgesehene Königsstandbild mithilfe unmittelbarer Sonneneinstrahlung beleuchtet worden. Man nahm damals noch an, dass auch der Parthenon selbst nach oben hin offen gewesen sei, und Gilly konnte in frühneuzeitlichen Quellen als Erklärung für die offenen Dächer in Zeustempeln den Hinweis finden, dass man damit den „Herrscher des Himmels" anschaulich würdigen wollte.[41] Aber damit ist der Einfall noch nicht erschöpft. Gilly macht sich während der Planungstätigkeit eine bemerkenswerte Notiz: „Ein bedeckter geschlossener Raum muß sehr groß sein, um einen großen Effekt zu machen. Alles Glas zur Bedeckung ist unschicklich. Ich kenne keinen schöneren Effekt als von den Seiten umschlossen, gleichsam vom Weltgetümmel abgeschnitten zu sein und über sich frei, ganz frei den Himmel zu sehen. Abends. Heraufsteigen zur Helle wie in Paestum?" Insofern mag Gilly zwar an eine Vergöttlichung Friedrichs des Großen gedacht und deshalb die Dachöffnung als passend empfunden haben, aber es ist ihm offenbar mehr um das Unendlichkeitserlebnis als um die gelehrte Anspielung zu tun. Das Gebäude bietet die Abschneidung vom Weltgetümmel und einen Rahmen, der die Himmelsbetrachtung zum ästhetischen Ereignis macht. Auf demselben Blatt steht: „Römische Tempel Pantheon das Weltall."[42] In letzterer Wortfolge ist eine Einschreibung von Unendlichkeitsgedanken in die Architektur zu greifen. Offenbar erblickte Gilly im römischen Pantheon eine Vergegenwärtigung des Himmelsgewölbes, was vor allem deshalb bemerkenswert ist, weil damals die Ausschmückung dieses Hauptzeugnisses römischer Baukunst durch metallene Sterne, die möglicherweise einst in den Kassetten angebracht waren, noch gar nicht zur Debatte stand. Die frühneuzeitliche Kunstliteratur hatte sich denn auch, ihren vielen Lobpreisungen des Pantheons als herausragendes Gebäude zum Trotz, mit dergleichen Bedeutungszuweisungen kaum aufgehalten. Ein kurzer Hinweis bei dem römischen Geschichtsschreiber Cassius Dio zeugt zwar davon, dass die gedankliche Verbindung zwischen der Kuppel und einer Kosmosvision bereits im Jahrhundert nach ihrer Ent-

41 Eine Notiz von Gilly bestätigt, dass ihm bei der Planung Andrea Palladios Abhandlung vorlag. Vgl. Rolf Bothe: Antikenrezeption in Bauten und Entwürfen Berliner Architekten zwischen 1790 und 1870, in: Willmuth Arenhövel (Hrsg.): Berlin und die Antike. Architektur, Kunstgewerbe, Malerei, Skulptur, Theater und Wissenschaft vom 16. Jahrhundert bis heute, 2 Bde., Ausst.-Kat. Berlin 1979, Bd. 1, S. 294–333, S. 299 und Palladio: Libri (s. Anm. 14), Buch 4, S. 6. Gilly benutzte Roland Fréart de Chambrays französische Ausgabe von 1650, worin Zeus als „maistre de l'air et du ciel" bezeichnet wird.

42 Alste Oncken: Friedrich Gilly 1772–1800, Berlin 1935, S. 48 u. Tafel 27 sowie Alfred Rietdorf: Gilly. Wiedergeburt der Architektur, Berlin 1940, S. 52. Carl Gotthard Langhans, Nachricht von den Entwürfen zu dem auf Seiner Majestät Befehl zu errichtenden Monumente Friedrichs des Großen, in: Berlinische Blätter 1 (1797), Nr. 3, S. 65–83, S. 72 erwähnt ein Glasfenster in der Öffnung nach oben, steht damit aber im Widerspruch zu Gillys Äußerung.

stehung gezogen wurde.[43] In der Neuzeit ist sie aber anscheinend zum ersten Mal bei Gilly zu finden, jedenfalls wenn man von einer ganz kurzen Bemerkung Sebastiano Serlios über das Kuppelgewölbe, „das wir als Himmel bezeichnen wollen", absieht und nicht Wilhelm Heinses nach einem Besuch des Gebäudes im Jahr 1781 bezeugtes „unendliches" Gefühl, in seiner Unbestimmtheit immerhin bemerkenswert, zeichentheoretisch auslegen will.[44] Vielleicht hat Gilly in der Erfahrung von Architektur außerdem Möglichkeiten performativ erzeugter Bedeutung erkannt. Den Weg zum Licht, den er – wohl in der irrigen Meinung, auch dort hätten die Tempel offene Dächer gehabt – mit Paestum verbindet, setzt er nämlich in einem anderen Entwurf für ein Mausoleum, dessen genaue Zweckbestimmung leider nicht mehr feststellbar ist, noch einmal in Szene. Gillys schriftlichen Anmerkungen zufolge sieht dieser Bau einen Grotteneingang, dahinter einen über breite Treppenstufen führenden Abstieg in eine Halle, deren schmucklose Gestaltung archaisch anmutet, und in deren Mitte den Austritt in eine von oben durch Tageslicht beschienene Rotunde vor. Auf einer Zeichnung von seiner Hand ist unter der von schwerem Gebälk getragenen Kassettendecke ein Sarkophag zu sehen; erst dahinter öffnet sich der Bau auf den Himmels-

43 Siehe Cassius Dio: Römische Geschichte [vor 229 n. Chr.], 16 Bde., Stuttgart 1831–1844, Bd. 8, S. 1077 (Buch 53,27). Der wiederholt vermutete Sternenschmuck in den Kassetten der Pantheonskuppel lässt sich nicht zweifelsfrei belegen; vgl. Christiane L. Joost-Gaugier: The Iconography of Sacred Space. A Suggested Reading of the Meaning of the Roman Pantheon, in: Artibus et Historiae 19 (1998), S. 21–42, S. 29.

44 Sebastiano Serlio: Libro terzo. Nel qual si figurano, e descriuono le antichità di Roma, e le altre che sono in Italia, e fuori d'Italia [1540], in: ders.: Regole generali di architettura sopra le cinque maniere de gli edifici, Venedig 1566, fol. 52r („in essa volta, o vogliam dire Cielo") und Wilhelm Heinse: Heinse in Rom [Brief an Friedrich Heinrich Jacobi vom 15. September 1781], in: Deutsches Museum 1 (1782), S. 170–173, S. 171. Andere, aber weniger deutliche Hinweise aus der Literatur der Frühen Neuzeit: Palladio: Libri (s. Anm. 14), Buch 4, S. 73 verweist auf einiger Leute Meinung, derzufolge das Gebäude die Gestalt der Welt („figura del Mondo") abbilden sollte. John Evelyn: An Account of Architects and Architecture. An Historical, Etymological Explanation of certain Terms particularly Affected by Architects. Much Enlarged and Improved since the former Impression [1697], London 1723, S. 48 schreibt unter Verweis auf das römische Pantheon, dass im Altertum die Kuppel oder „Hemispherical Concave" als Abbild des Himmels angesehen worden sei, jedoch ohne die Übernahme dieser Betrachtungsweise nahezulegen. Siehe ferner Tilmann Buddensieg: Criticism and Praise of the Pantheon in the Middle Ages and the Renaissance, in: Robert Ralph Bolgar (Hrsg.): Classical Influences on European Culture A.D. 500–1500, Cambridge 1971, S. 259–267, passim; aus seinen Beispielen für die frühneuzeitliche Auseinandersetzung mit dem Pantheon tritt die fast völlige Beschränkung auf Regeln der Baukunst hervor. Über Cassius Dio handelt Christof Spuler: Opaion und Laterne. Zur Frage der Beleuchtung antiker und frühchristlicher Bauten durch ein Opaion und zur Entstehung der Kuppellaterne, Diss. Hamburg 1973, S. 41f.

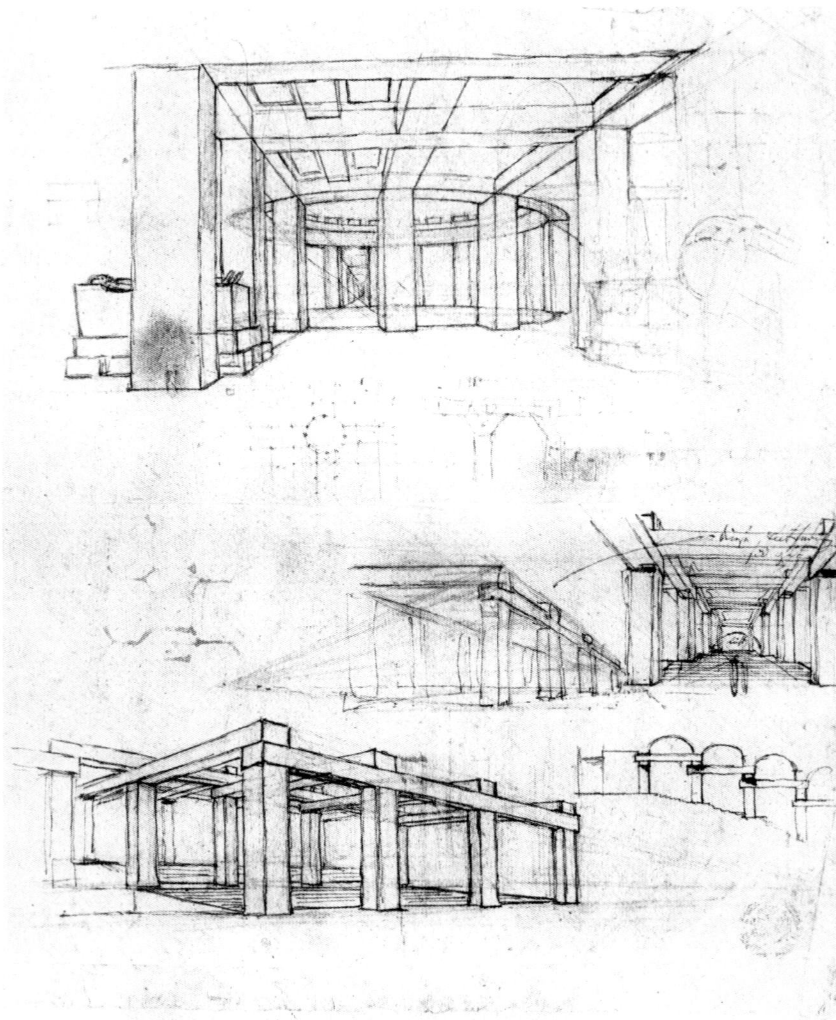

Abb. 11: Friedrich Gilly, Entwurf eines Mausoleums, vermutl. Tusche über Graphit, 33,5 x 40,5 cm, um 1795–1798, verschollen (ehem. Technische Hochschule, Berlin)

kreis hin (**Abb. 11**). Es lässt sich nicht mit Sicherheit entscheiden, ob, wie vermutet worden ist, in diesem Einsatz von Tageslicht ein freimaurerischer Initiationsweg nachgebildet wurde. Von der Ausstattung damaliger Tempel der Freimaurer ist jedenfalls nichts Ähnliches bekannt.[45] Dass Gilly aber in dem architektonisch gerahmten Ausblick auf den Himmel ein ergreifendes Bild sah und dass er die Weihe des Orts steigern wollte, indem er Lichteinfall von oben gewährleistete, geht aus den obigen Worten ebenso hervor wie aus der Erklärung, dass er das städtische Leben und dessen „profane und skandalöse Auftritte" ausschließen wollte.[46] Gilly beansprucht die Grenzen des Darstellbaren zu durchbrechen, gerade indem er mithilfe der Rahmung durch eine pseudosakrale Architektur den Himmel in ein Bild verwandelt, jedoch in ein Bild seiner selbst. Er wird zu einem Bild erhoben, das jedoch ohne Abbildungsleistungen auskommt, indem es bloße Natur ist. Das Stück Himmel verweist auf die göttliche Natur und gehört ihr zugleich an; das schlechthin Entzogene ist doch unmittelbar gegenwärtig. So kann, während auf Transzendenz verwiesen wird, doch zugleich auf alles Allegorische verzichtet werden.

Mehr als hundert Jahre vergehen, bevor wieder ähnliche Versuche einer Hervorbringung von erhabenen Himmelseindrücken mithilfe gerahmter Naturbildwerdung zu verzeichnen sind. In Frankfurt am Main gestaltet 1928 Hermann Senf eine Gedenkstätte für die Gefallenen des Weltkriegs als eingewölbten, nach oben offenen Rundbau, dessen Inneres er als eine

45 Marco Pogacnik: Der Hypaethraltempel in den tektonischen und bildenden Künsten. Ein Bautyp der deutschen Architektur der Aufklärung, in: Schneider, Wulf-Rheidt (Hrsg.): Licht-Konzepte (s. Anm. 11), S. 351–363, S. 358. Vgl. auch Oncken: Gilly (s. Anm. 42), S. 40, wo das Gebäude auf Grundlage zweier zusammengehöriger Blätter beschrieben wird, und Rietdorf: Gilly (s. Anm. 42), S. 46. James Stevens Curl: The Art and Architecture of Freemasonry. An Introductory Study, London 1991, S. 120/124 ordnet auch Boullées Newton-Kenotaph in die freimaurerische Gedankenwelt ein, allerdings ohne Begründung. Wohl erst im 19. Jahrhundert beginnt sich die Vorliebe für eine Vergegenwärtigung des Himmelsgewölbes in den Versammlungsräumen der Freimaurer durchzusetzen. Das früheste mir bekannte Beispiel hat sich in Zürich erhalten; der Architekt konnte sich im Jahr 1852 nur widerwillig zur Ausmalung der Decke mit einem Nachthimmel, in dem bestimmbare Sternbilder dargestellt sind, verstehen. Vgl. Alfred Messerli: Der Stempel des Geheimnisvollen. Das Logengebäude auf dem Lindenhof in Zürich als Gesamtkunstwerk von Gustav Albert Wegmann (1812–1858), Leipzig 2014, S. 86.

46 Zitiert aus Gillys Notizen bei Oncken: Gilly (s. Anm. 42), S. 43. Hermann Schmitz: Die Entwürfe für das Denkmal Friedrichs des Großen und die Berliner Architekten um das Jahr 1800, in: Zeitschrift für bildende Kunst 44 (1909), S. 206–214 spricht auf S. 212 von Gillys Versuch, „Empfindungen des Universums" und „grenzenlose Seelenzustände" zu wecken. Vgl. auch Fritz Neumeyer: Eine neue Welt entschleiert sich. Von Friedrich Gilly zu Mies van der Rohe, in: Friedrich Gilly und die Privatgesellschaft junger Architekten, Ausst.-Kat. Berlin 1984, S. 41–64, S. 62.

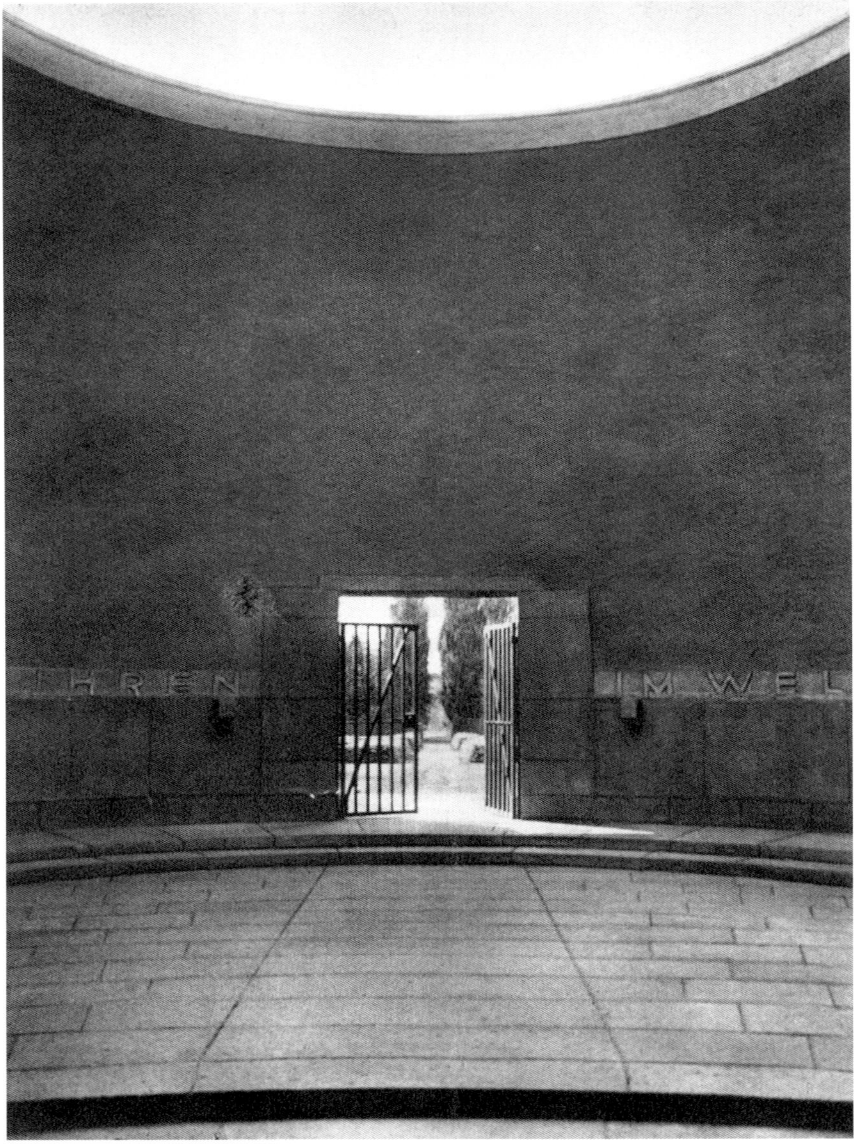

Abb. 12: Hermann Senf, Ehrenmal der Stadt Frankfurt a. M. für ihre im Ersten Weltkrieg gefallenen Bürger, 1928, zeitgenössische Fotografie, Hauptfriedhof, Frankfurt a. M., Archiv Verf.

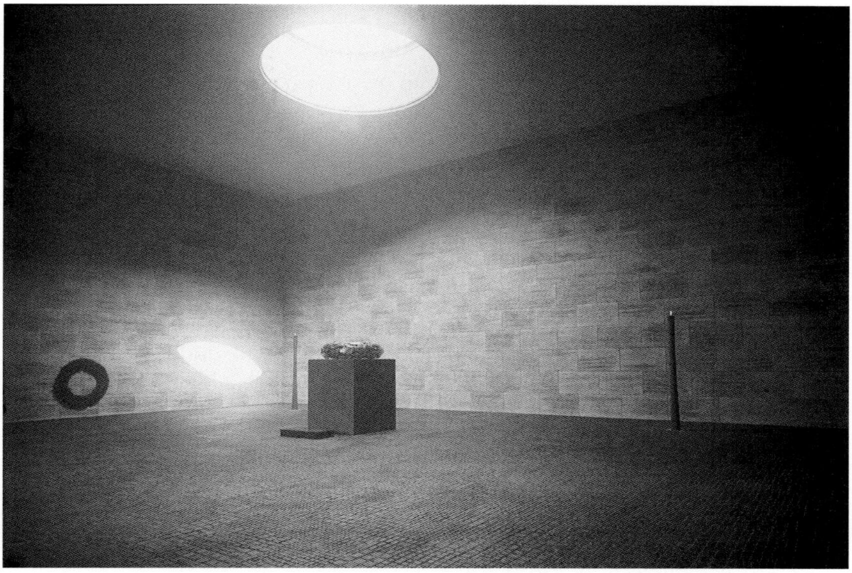

Abb. 13: Neue Wache, Berlin, Heinrich Tessenows Umgestaltung von 1931, zeitgenössische Fotografie, © Bundesarchiv, Berlin, Bild 102-11786, Fotograf: Georg Pahl

„sich aus dem Boden lösende" Kugel beschreibt und der zufolge dem Urheber den Blick ins Himmelslicht als Zeichen der Hoffnung darauf, dass das Opfer der Toten nicht umsonst gewesen sei, freigibt (**Abb. 12**).[47] Diese Selbstauslegung ist seltsam undeutlich gehalten. Aber darin bezeugt sich offenbar eine grundsätzliche Schwierigkeit, der die Belehnung von Natur mit Bedeutung in der fortschreitenden Moderne ausgesetzt ist. Drei Jahre später wählt, jetzt wiederum in Berlin, ein Architekt dieselbe Möglichkeit einer Öffnung des Dachs zum Himmel, als es eine Weihestätte zu schaffen gilt. Die Neue Wache, von Gillys Schüler Karl Friedrich Schinkel für die königliche Garde erbaut, war 1918 funktionslos geworden. Nach längeren Auseinandersetzungen wurde sie zum Ort eines Denkmals für die Gefallenen des Weltkriegs bestimmt. Den unter mehreren geladenen Architekten ausgetragenen Wettbewerb gewann Heinrich Tessenow mit einem Entwurf, der in größtmöglicher Schlichtheit einen fast schmucklosen Innenraum vorsah. Ein freistehendes Kenotaph mit einem darauf platzierten Kranz bildete den ideellen Mittelpunkt; die eigentliche Besonderheit aber war eine in das Dach eingelassene runde Öffnung, durch die der Himmel sichtbar wurde (**Abb. 13**). Eigentlich hatte die Ausschreibung einen Hof

47 Hermann Senf: Das Ehrenmal der Stadt Frankfurt a. M., in: Deutsche Bauzeitung 64 (1930), S. 645–648, S. 645.

mit Gedenkstätte unter freiem Himmel vorgesehen; darin stützte sich die Kommission auf einen Baugedanken, dessen Entstehung wir hier auf die Zeit von Boullée und Gilly zurückverfolgt haben.[48] Man kann ihn in dem großen Scheitelauge in Tessenows flacher Decke zumindest anklingen sehen, wenn auch so stark verkürzt, dass gerade die Entfernung des innen stehenden Besuchers von dem Himmel, von dem er einen kleinen Ausschnitt sieht, den Hauptakzent des beschränkten Austauschs mit der Außenwelt bildet. Jedenfalls bringt auch hier die Verbindung zum darüberliegenden Draußen Bedeutung hervor, wie Tessenow selbst in einer knapp gehaltenen Bemerkung unterstreicht. Darin heißt es unter Hintanstellung der im selben Zusammenhang erwähnten Raumausstattung mit Sarkophag und Eichenkranz, dass dem ganzen Raum die Öffnung zum darüber sichtbaren Himmel „das Licht oder den Sinn" gibt.[49] Auf eine Ausbuchstabierung dieses Sinngehalts lässt sich Tessenow ebenso wenig ein wie zuvor sein Kollege Senf. Aber offensichtlich sollte wie im Frankfurter Mahnmal Erinnerung an die deutschen Kriegsopfer in Berührung mit jenem Bestandteil der Natur, der Transzendenz und darin Erlösung vom Tod versprechen kann, vollzogen werden. Von diesem Gedanken zeugt denn auch eine wohlwollende Beschreibung, die Siegfried Kracauer bei Eröffnung der Gedenkstätte für die Frankfurter Zeitung verfasst hat. Kracauer erwähnt mit der bei ihm ohnehin üblichen Unbestimmtheit „die oberen Regionen", bei denen auch nach seiner Auffassung kurz zu verweilen Tessenows Deckenrundfenster den Besucher einlädt. Gleich im Anschluss wird er dann aber doch etwas deutlicher. „Als ich heute vormittag das Ehrenmal besuchte", heißt es bei Kracauer, „fiel Regen durch die Deckenöffnung nieder. Sein Einbruch störte nicht die Architektur, sondern machte sie erst vollkommen. Er rann auf den Fußboden, der sich durch die Feuchtigkeit dunkler färbte, und lief am Granitblock in schmalen, tiefschwarzen Strähnen herunter. Es war, als weinte das Postament."[50] Der abschließende Satz der Beschreibung mutet seltsam altertümlich, fast wie einem Romantiker aus der Feder geflossen an. Vor allem ist aber bemerkenswert, dass Kracauer die Zwiesprache des Himmels mit dem Gebäudeinneren in seine Darstellung einschließt und im Zuge

48 Siehe Jürgen Tietz: Schinkels Neue Wache Unter den Linden. Baugeschichte 1816–1993, in: Christoph Stölzl (Hrsg.): Die Neue Wache Unter den Linden. Ein deutsches Denkmal im Wandel der Geschichte, Berlin–München 1993, S. 9–93, bes. S. 28 f.

49 Heinrich Tessenow: Wettbewerb Neue Wache. Erläuterungsbericht, GStA I. HA Rep. 151 Finanzministerium IV 2387, Blatt 216–217 [Typoskript], S. 1; weiteres bei Sean A. Forner: War Commemoration and the Republic in Crisis. Weimar Germany and the Neue Wache, in: Central European History 35 (2002), S. 513–549, S. 543.

50 Siegfried Kracauer: Zur Einweihung des Berliner Ehrenmals [1931], in: ders.: Werke, hrsg. von Inka Mülder-Bach und Ingrid Belke, Bd. 5, Essays, Feuilletons, Rezensionen, Teil 3: 1928–1931, Berlin 2011, S. 543–545, hier S. 544 u. 545.

dessen eine zaghaft angedeutete Transzendenzerfahrung mit dem Selbstausdruck der Natur verbindet. Boullée hatte in seinem Newton-Kenotaph der erhabenen Natur Gelegenheit geben wollen, sich selbst darzustellen, und die Auflösung der Architektur in ein Bild dieser Natur zum Gegenstand seiner Entwürfe gemacht; Gilly und Friedrich waren in ihren Entwürfen für ein Denkmal und einen Predigtraum auf jeweils anderer Grundlage mit derselben Inszenierung des Himmels beschäftigt. Senf ging in dieselbe Richtung, und auch Tessenow scheint, wohlgemerkt noch unter Verzicht auf ein erst 1933 in der Halle aufgestelltes Kreuz, ein Stück Himmel als Projektionsraum für metaphysische Sehnsüchte anwesend gemacht zu haben.[51] Warum empfand Kracauer das Bauwerk gerade deshalb als vollkommen? Es verzichtete in seiner Schlichtheit weitgehend auf die Beschwörung von Inhalten durch verabredungsgemäß verwendete Zeichen; allzu deutliche ikonographische Festschreibungen seines Sinngehalts unterblieben. Oben war davon die Rede, dass Boullée eine Schwäche des ersten Entwurfs für sein Kenotaph in der Ikonographie der Innenausstattung gesehen haben könnte. Die Stärke des Denkmals von Tessenow, übrigens seinerseits ein Kenotaph, liegt für Kracauer offenbar in der schon von Boullée angestrebten Beschränkung auf die Sprachfähigkeit der Natur selbst. Tessenow muss eben diesen Gedanken auch gehabt haben, obwohl er wahrscheinlich nicht der Klage der Natur über das Weltgeschehen zum Ausdruck verhelfen wollte. Sein Himmelsbild zehrt von der Erhabenheit der göttlichen Natur, die schon in den Bauvorhaben der Zeit um 1800 beschworen wird, und soll sie als große Trösterin gegenwärtig machen.

Noch mehrfach wird im 20. Jahrhundert auf den Ansatz, der Senfs Ehrenmal und die Umgestaltung der Berliner Neuen Wache bestimmt hatte, für Denkmalanlagen zurückgegriffen. Dabei wird immer deutlich, dass der gerahmte Himmelsausschnitt als eine architektonische Pathosformel wahrgenommen wird: versehen mit dem Anspruch auf Bedeutsamkeit, ohne dass ein bestimmter Inhalt artikuliert würde, eine gestaltgewordene Geste im Verweis auf Unausgesprochenes. Sie hat im Rahmen der Förderung von

---

51 In der zuerst 1940 in München gezeigten Wanderausstellung *Deutsche Größe* wurde über einer Replik des Grabmals von Widukind ein ganz ähnlich aussehendes Scheitelauge in einen achteckigen Raum eingebaut. Vgl. die Abbildung in Hans Hagemeyer (Hrsg.): Deutsche Größe, München 1944, S. 53. Die Einzelheiten der Raumgestaltung lassen sich leider nicht mehr erschließen. Anscheinend war die Öffnung von einer geschlossenen Kuppel überfangen, deren Auflage jedoch so weit hinter die Kreisöffnung zurückgesetzt worden sein muss, dass sich der Anschein eines freien Luftraums über dem Rund zumindest andeutungsweise ergab. Die Ausstellung untersucht William Diebold: The Early Middle Ages in the Exhibition „Deutsche Größe" (1940–1942), in: Janet T. Marquardt, Alyce A. Jordan (Hrsg.): Medieval Art and Architecture after the Middle Ages, Newcastle 2009, S. 363–386, bes. S. 373 u. S. 376.

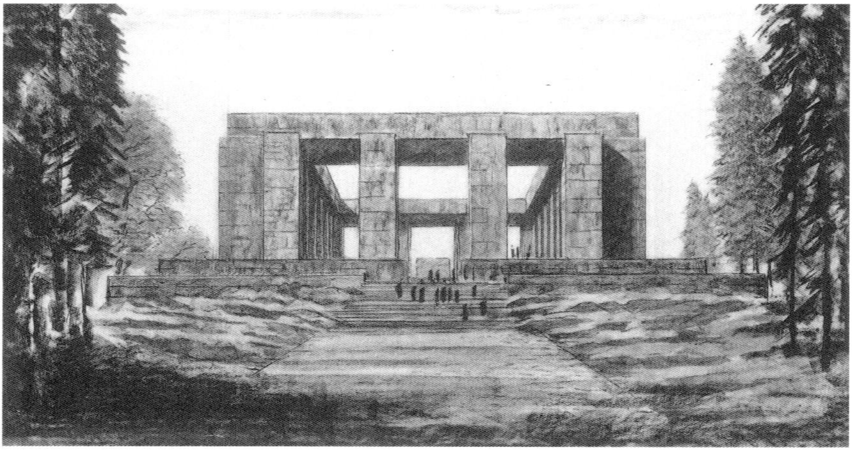

Abb. 14: Wilhelm Kreis, Entwurf für ein Reichsehrenmal in Bad Berka, Kohlezeichnung, 1932–1933, vormals Stadtarchiv, Köln, Verbleib derzeit nicht nachweisbar

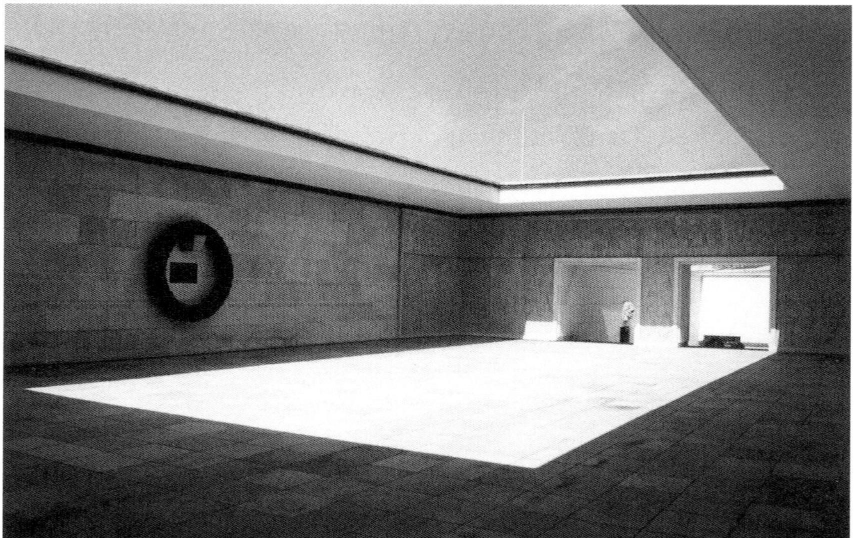

Abb. 15: Rudolf Wondracek, Ehrenhalle auf dem Äußeren Wiener Burgtor, Fotografie, 1934, heutiger Zustand © Bundesdenkmalamt Österreich, Wien

Selbstversenkung in das Überweltliche ihren immer gleichen eigentlichen Ort, wird in diesem Rahmen aber von ganz unterschiedlichen Parteien in Anspruch genommen. Wilhelm Kreis hatte wohl nicht lange vor 1930 für Bingen ein Bismarck-Denkmal, das mit seinem pfeilergetragenen Ring Gillys Entwurf einer Rotunde sehr ähnlich sah, entworfen. Wenige Jahre später brachte ein Wettbewerb für die Einrichtung eines Reichsehrenmals der Weimarer Republik für die Gefallenen des Weltkriegs in Bad Berka noch einmal die Gelegenheit, eine auf kultische Grundgedanken abgestellte ästhetische Himmelserschließung aufzunehmen. Es handelt sich um kaum mehr als einen über rechteckigem Grund auf turmhohen Pfeilern aufliegenden Architrav, der aber doch als Gebäude erscheinen kann und tatsächlich von einem Zeitgenossen als „offene Pfeilerhalle" beschrieben wurde (**Abb. 14**).[52] Auch dieser Entwurf erinnert an Gillys Formvorlieben. Ziel war die Ausschneidung eines Stücks Himmel über den Augen der Besucher dieses Hypaethraltempels in archaisierend-moderner Gestalt. Im einen wie im anderen Fall ging es um Totenehrung, im ersteren einer Persönlichkeit und im zweiten des Kollektivs. Dieser letzteren Aufgabe widmete sich 1934 auch Rudolf Wondracek, als er das Wiener Burgtor in eine Heldengedenkstätte für die Gefallenen der österreichischen Armee verwandelte. Er sorgte für einen über den Durchgängen gelegenen Aufbau mit vorkragender Bedachung der Seitenwände; so entstand ein großes Himmelsfeld über den Köpfen der Besucher (**Abb. 15**). Bei Wondracek heißt es dazu: Hat man die Treppen erklommen, so ist „alles Zeitliche" schon fast überwunden, und der Weg zum Himmel ist frei. Das gilt wohl für die geehrten Toten, aber auch für die Besucher, deren „Alleinsein mit einem Himmel" er ermöglichen wollte. Wondracek fügt ganz im Sinne der üblichen Projektion von kosmologischen Schöpfungsgedanken auf den sichtbaren Himmel hinzu, dass dieser Himmel die „erhabenste" Decke sei, die je geschaffen wurde.[53] Vielleicht

---

52 Siehe Gustav Lampmann: Zweiter Wettbewerb Reichsehrenmal, in: Zeitschrift für Bauwesen 53 (1933), S. 79–83, S. 83 sowie Martina Rudloff: Der Charonsnachen. Zum Werk von Gerhard Marcks, in: Pantheon 40 (1982), S. 23–31, S. 28 u. S. 31 und Ekkehard Mai: Von 1930 bis 1945. Ehrenmäler und Totenburgen, in: ders., Winfried Nerdinger (Hrsg.): Wilhelm Kreis. Architekt zwischen Kaiserreich und Demokratie 1873–1955, München 1994, S. 156–167, S. 160f. Ein spätes Bekenntnis zu Gilly als dem „Erwecker einer neuen heroischen Baukunst" bringt Wilhelm Kreis: Kriegermale des Ruhmes und der Ehre, in: Bauwelt 34, 11/12 (1943), S. 1–8, S. 5. Im Zusammenhang mit der bei Kreis beobachtbaren Formfindung verdient auch das 1928 errichtete sogenannte Abstimmungsdenkmal im ostpreußischen Allenstein Erwähnung; es zeigte seinerseits ein nach oben offenes Tempelrund von Pfeilern, die einen ringförmigen Architrav trugen.

53 Rudolf Wondracek: Bausteine zum Heldendenkmal, in: Alexander Hübner-Marton (Hrsg.): Gedenkschrift anläßlich der Weihe des österreichischen Heldendenkmales

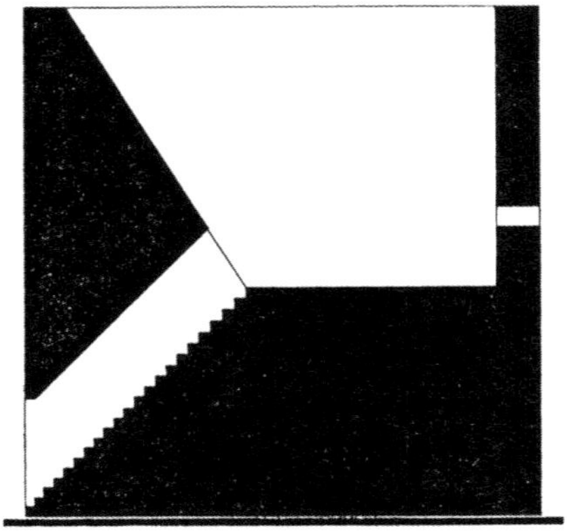

Abb. 16: Aldo Rossi, Luca Meda und Gian Ugo Polesello, Entwurf für ein ‚Monumento alla Resistenza' in Cuneo, 1962, in: Casabella Continuità Nr. 276 (1962), S. 41 u. S. 43

schwingt auch die Hoffnung mit, dass sich im Blick der Besucher auf die in den Himmel gewanderten toten Seelen ein imaginäres Kollektiv des Volks hergestellt werden könne. Insofern unterhält Wondraceks Beitrag zur staatlichen Gedenkkultur des Austrofaschismus nur noch von fern eine Verbindung zu unseren älteren Beispielen für die Verwandlung des Himmels in einen Betrachtungsgegenstand, obwohl sich zumindest bei Gilly, indem er Ansätze zur Vereinnahmung Friedrichs des Großen für den Nationalpatriotismus macht, diese Richtung schon angedeutet fand.[54] Allemal ist die damals erwirkte sakralisierende Transformation des Himmels durch den Rahmen, der dem Betrachter vorgeben wird, und auf dieser Grundlage seine Inanspruchnahme für die Aufgaben des Gebäudes bei Wondracek noch gegenwärtig. Jüngere Beispiele einer Aneignung der erhabenen Natur für eine politische Ästhetik von Staat und Volk reihen sich an. 1938 entwarfen Pietro Lingeri und Giuseppe Terragni ein den italienischen Faschismus als Erfüllung mittelalterlicher Reichsgedanken darstellendes Danteum; darin

am 9. September 1934, Wien 1934, S. 53–67, S. 57 u. S. 61. Vgl. auch Barbara Feller: Ein Ort patriotischen Gedenkens. Das österreichische Heldendenkmal im Burgtor in Wien, in: Jan Tabor (Hrsg.): Kunst und Diktatur. Architektur, Bildhauerei und Malerei in Österreich, Deutschland, Italien und der Sowjetunion 1922–1956, 2 Bde., Ausst.-Kat. Wien 1994, Bd. 1, S. 142–147, S. 147 mit einem Hinweis auf die Nutzung des Denkmals für Gottesdienste bis in die Gegenwart hinein. Tietz: Neue Wache (s. Anm. 48), S. 72 will eine Anlehnung an Tessenow erkennen, aber anders als im Fall des oben erwähnten Ausstellungsraums von 1940 ist eigentlich keine formale Ähnlichkeit gegeben.

54 Einen Hinweis auf die Verlagerung vom Herrscher- auf das Nationaldenkmal bei Gilly gibt Hellmuth: Monument (s. Anm. 40), S. 333 u. S. 339.

wird die *Divina Commedia* in eine Folge tatsächlicher Raumerlebnisse mit dem Fegefeuer und dem Paradies als nach oben offenen Hallen umgesetzt.[55] Wiederum dieselbe mit dem Blick ins Unermessliche verbundene große Geste scheint 1962 Aldo Rossi bei der Arbeit an einem Denkmal, das die Toten des italienischen Widerstandskampfs gegen den Faschismus in Cuneo würdigen sollte, vorgeschwebt zu haben. Ein Modell und eine Zeichnung machen Rossis zusammen mit Luca Meda und Gian Ugo Polesello entwickelte Grundidee deutlich: Über eine zunehmend verengte Stufenfolge gelangt der Besucher durch einen engen Durchlass in einen von der städtischen Umgebung fast völlig abgeschiedenen Raum, der den oberen Teil eines zwölf Meter hohen Kubus einnimmt und, auch wegen des schmalen Zugangs, fast wie eine große Grabkammer wirken muss (**Abb. 16**). Nur ein auf Augenhöhe angebrachter Schlitz in einer Wand ermöglicht den Blick auf die gebirgige Umgebung, in der Kämpfe gegen die deutschen Besatzer stattgefunden hatten. Nach oben hingegen sollte das Denkmal völlig offen sein. Rossi schweigt sich über die hinter der Planung stehende Idee aus; man findet nur den anscheinend von ihm selbst und seinen Kollegen verfassten kurzen Hinweis darauf, dass sein Denkmal als Teil der Stadt zu verstehen sei und wie „eine geschützte und angehobene Platzanlage“ wirken werde, also den umschließenden Wänden zum Trotz als ein Außenraum.[56] Noch einmal fühlt man sich an Gillys Beschwörung des Freiheitsgefühls beim Blick in den Abendhimmel erinnert oder an Friedrichs Phantasie des zerfallenen Meißener Doms. Vielleicht dachte Rossi sogar an Boullée, mit dessen Werk er sich schon 1958 beschäftigt hatte und dessen Abhandlung über die Baukunst er ins Italienische übersetzte, wenn auch erst fünf Jahre nach seinem Denkmalentwurf für Cuneo. Immerhin macht sich Rossi noch in der Einleitung zu dieser Ausgabe des Traktats Gedanken über die Bedeutung, die Boullées Umgestaltung eines großen Hofs in ein öffentliches Gebäude für

55 Vgl. Thomas L. Schumacher: Terragni e il Danteum, Rom 1983, S. 44 u. passim.

56 Anonym [vermutlich Luca Meda, Gian Ugo Polesello, Aldo Rossi]: Monumento alla Resistenza a Cuneo, in: Casabella continuità 276 (1963), S. 40–42, bes. S. 41; vgl. auch Gianni Braghieri (Hrsg.): Aldo Rossi, Bologna 1981, S. 16 und Aldo Rossi: Alcuni miei progetti, in: Alberto Ferlenga (Hrsg.): Aldo Rossi. Architetture 1959–1987, Mailand 1987, S. 13–68, S. 25. Carsten Ruhl: Analogie und Typus. Aldo Rossis Architektur des Blickes, in: Andreas Beyer, Matteo Burioni, Johannes Grave (Hrsg.): Das Auge der Architektur. Zur Frage der Bildlichkeit in der Baukunst, München 2011, S. 147–174, S. 158 f. behandelt das Denkmal, geht aber auf die Frage nach der Bedeutung der Himmelsöffnung nicht ein. Katharina Brichetti: Das Gedächtnis der Stadt. Von Boullée bis Rossi, Dortmund 2006 erwähnt es gar nicht. Nebenbei sei vermerkt, dass 1971 Rossi seinem Entwurf eines Friedhofs für die Stadt Modena die Bezeichnung *L'azzuro del cielo* gab.

die Typologie der nachfolgenden Architektur gehabt habe.[57] Es ist möglich, dass er den eigenen Vorschlag in derselben Nachfolge sah. Aber was sollte der Himmel, der die Besucher überfängt, bei Rossi mehr bieten als bloß Helligkeit und Frischluft? Am ehesten wird man sich vorzustellen haben, dass die Öffnung nach oben ein Freiheitsversprechen, das für die Gefallenen nur posthum als Reise der Seele oder des Geistes in überweltlich-erhabene Sphären vorstellbar war, ausdrücken sollte. Über diese vage Vermutung kommen wir wohl nicht hinaus bei einem Denkmal, das, indem es auf die leibliche Erfahrung von Architektur setzt, so sehr an die Grenze des Sagbaren stößt. Außer Zweifel steht jedenfalls, dass die dramatisierende Abfolge von Eintrittstunnel und weitem Firmament eine Verwandtschaft mit den auf die Rolle des Himmels für Erhabenheitserfahrungen abzielenden Denkmalentwürfen der Aufklärungszeit unterhält. Und es ist deutlich, dass die Verantwortung für die Aufladung der besonderen Erfahrung, die Besuchern hier ermöglicht wird, mit einer das bloß Gegebene überschreitenden Bedeutung ihnen selbst überantwortet ist. Man könnte im Hinblick darauf bei Rossi den fortgeschrittenen Prozess der Moderne gespiegelt sehen. Sogar dass in seinem Entwurf offenbar die Natur gegen das Herrschende aufgerufen wird, ließe sich mit Theodor W. Adorno als eigentlich moderne Erscheinungsform des Erhabenen erläutern.[58] So ‚intentionslos' elementarisch und ganz auf Entzug gegründet, wie er es sich dachte, tritt das Erhabene allerdings bei Rossi nicht auf. Das zeigt deutlich genug die Verwandtschaft von dessen Vorschlag mit unseren etwas älteren, mehr oder minder prätentiös auf die Transzendenz verweisenden Gefallenendenkmälern. Und wir haben gesehen, dass der Prozess einer Überantwortung der Zuweisung von Bedeutung an den Betrachter bereits in dem Augenblick einsetzt, als Boullée und andere Baukünstler der Aufklärungszeit das Erhabene zum Gegenstand von Erfahrungsgestaltung machten.

Wir haben uns anhand einiger Beispiele für Versuche, den Blick in den Himmel durch die Gestaltung von Bauwerken anzuregen und zu steuern, durch fast zweihundert Jahre bewegt. Sie lassen sich nicht in Nachzeichnung der fortschreitenden Entwicklung einer Form oder Bauaufgabe darstellen, und eine die Bilderzeugung in der Baukunst betreffende Diskurstradition, die einen unmittelbaren Zusammenhang zu erschließen helfen würde, gibt es nicht. Das gilt auch noch für die Werke des amerikanischen

---

57 Er bezieht sich dabei auf Boullées Vorschlag für ein Bibliotheksgebäude. Vgl. Aldo Rossi: Introduzione a Boullée, in: Étienne-Louis Boullée: Architettura. Saggio sull'arte, hrsg. von Aldo Rossi, Padua 1967, S. 7–24, S. 17 f. Frühere Äußerungen des Architekten über die französische Revolutionsarchitektur finden sich in Aldo Rossi: Emil Kauffmann e l'architettura dell'illuminismo, in: Casabella continuità 222 (1958), S. 42–47.

58 Vgl. Theodor W. Adorno: Ästhetische Theorie, Frankfurt a. M. 1970, S. 293.

Künstlers James Turrell. Sie hängen mit den oben zuvor besprochenen Himmelsausblicken zunächst nur insofern zusammen, als darin wieder der Himmel gerahmt und so für den Besucher eines Gebäudeinneren zum Gegenstand ästhetischer Erfahrung gemacht wird. Man könnte im Gedanken an die Probleme gegenstandsloser Malerei in der späten Moderne annehmen, dass diese Versuche mit unserem Gegenstand nur oberflächliche Ähnlichkeiten haben. Aber das hieße, Turrells eigene Ausreizung der Vieldeutigkeit seiner Arbeit außer Acht zu lassen. Er hat anfänglich mit Wahrnehmungspsychologen an Versuchsanordnungen zur Erforschung sogenannter Ganzfelder gearbeitet und daraus seine Bildkonzepte abgeleitet. Nach und nach hat er sich aber von dieser Anlehnung an die Wissenschaft entfernt. 1966 ersetzte Turrell in Ocean Park andere lichtspendende Öffnungen eines Hauses durch ein Fenster, das nach oben den Blick in den Himmel freigab und den Werktitel *Skyspace* erhielt. Besucher sollten darin das Wechselspiel von Wolken- und Sternenformationen betrachten können. Der Sammler Panza di Biumo gab für seine Villa in Varese weitere solche Fenster bei Turrell in Auftrag; die dabei entstandenen Einschnitte versah der Künstler mit verborgenen fluoreszierenden Lampen, die den im Tagesverlauf auftretenden Lichtwechsel zu verstärken halfen: ein Versuch also, mithilfe der Kunst die Natur selbst sprechen zu lassen, wie schon bei Boullée als Anspruch formuliert. Von 1980 bis 1986 verfolgte Turrell die Idee im PS1 in New York weiter. Dort öffnete er die Decke eines kubischen Raums zum Himmel hin und platzierte an der Wand Holzbänke für die Besucher; dahinter brachte er Osram-Leuchten an, deren gelborangefarbenes Licht das wahrgenommene Himmelsblau verstärkte. Bei längerer Betrachtung meint man, wie es in einer Beschreibung heißt, anstelle des Himmels eine materialisierte Lichtfläche anzusehen, also eine von der Wirklichkeit abstrahierende Form oder ein Bild.[59] Natürlich liegt diese Anverwandlung der Seherfahrung an das modernistische Paradigma der Gegenstandslosigkeit in einem Museum für zeitgenössische Kunst nahe, und Turrell selbst hat sie wahrscheinlich begrüßt. Das hinderte ihn jedoch nicht daran, andere diskursive Zusammenhänge auszubeuten. Boullées Kenotaph für Newton ist Sakralgebäuden verglichen worden – ein mit Rücksicht auf die Vergöttlichung der Natur in der Aufklärungszeit naheliegender Hinweis.[60] Aber auch Turrell hat mehrfach Kirchen entworfen, und nicht nur bei diesen Gelegenheiten verschob sich die semantische Ausrichtung seiner Erforschung ästhetischer Erfahrung. In seinem *Irish Sky Garden* will er „das Gefühl des Seins im Himmel“ befördern, und die Beispiele für eine Hinwendung zur Natur als benennbarem Gegen-

59 Anonym: Structural Cuts. Skyspaces, in: Jiri Svestka (Hrsg.): James Turrell. Perceptual Cells, Ausst.-Kat. Düsseldorf 1992, S. 28.

60 Reutersvärd: Cenotafierna (s. Anm. 7), S. 121.

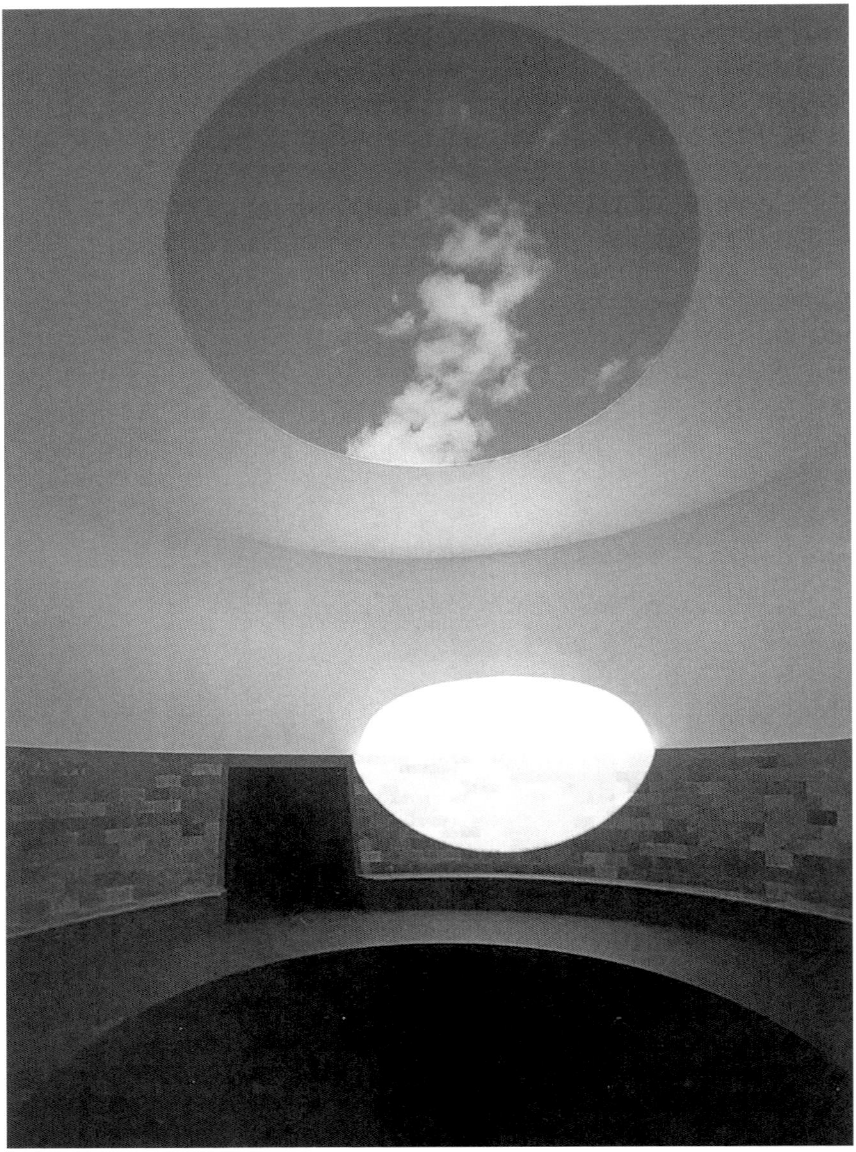

Abb. 17: James Turrell, Skyspace im Roden Crater, Fotografie, nach 1977, © promateria.org

stand der Inszenierung ließen sich leicht häufen.[61] Vor allem arbeitet Turrell seit mittlerweile vier Jahrzehnten an der Ausschachtung und Ausstattung des Roden Crater in Arizona mit einer Folge von Räumen, die in ihrer Anlage an die Grab- und Schatzkammern versunkener Kulturen erinnern. In seinen und anderer Kommentatoren Äußerungen ist nun nicht mehr so sehr die Rede von ‚Bildkonzepten' als vielmehr vom Erlebnis atmosphärischer Naturerscheinungen, kosmischer Ereignisse und von dem Bedürfnis, in Betrachtung des Himmels ein „überwältigendes Gefühl" zu erfahren. Wie in seinen früheren Versuchen, das Himmelslicht zum Bildträger und zu einem Mittel für die Erweiterung der ästhetischen Wahrnehmungsbereitschaft zu machen, stattet Turrell auch hier einige Räume mit Oberlicht-Öffnungen aus und verhilft dem natürlichen Licht durch künstliche Lichtquellen zu gesteigerter Leucht- und Farbkraft (**Abb. 17** und **Farbtafel 6**). Aber jetzt wünscht er sich die Benutzung der *Skyspaces* für eine Betrachtung des Himmels, die mit der Versenkung der indianischen Ureinwohner in den Kosmos vergleichbar sei.[62] Der Betrachter kann, jedenfalls nach Maßgabe der Kommentarliteratur, dessen Größe und sich selbst als Teil von ihm begreifen, wie es zuweilen auch von anderen Werken Turrells gesagt wird. Bestätigt sich hier wenigstens im Ansatz Robert Rosenblums Behauptung, dass in Gestaltungs- und Betrachtungsweise die abstrakte Kunst auf Ahnen in der Romantik zurückführt werden muss? Günter Metken geht mit einem in seiner Beschreibung des *Irish Sky Garden* ausgesprochenen Verweis auf Friedrichs *Mönch am Meer* in diese Richtung, wenn auch ohne Rosenblum zu erwähnen. Oder lässt sich noch immer, wie Rosalind Krauss über Turrells frühe Arbeiten sagte, von einer unverhohlenen Zurschaustellung von Domestizierungsabsichten und der Abwesenheit hergebrachter Erhabenheitskonzepte sprechen?[63] Der Künstler gibt sich zwar einerseits gleichgültig gegenüber

---

61 Vgl. Oliver Wick: Skyspace and Ganzfeld Aspects, in: Turske & Turske AG (Hrsg.): James Turrell. Long Green, Zürich 1990, S. 77–79, S. 78.

62 Vgl. Alison Sarah Jacques, Jiri Svestka: Collective Time, in: Svestka (Hrsg.): James Turrell (s. Anm. 59), S. 41–45, siehe bes. S. 41 u. S. 43; Alison Sarah Jacques, James Turrell: There Is Never No Light... Even When All the Light Is Gone, You Can Still Sense Light [Gespräch], ebd., S. 57–71, S. 69; Peter Weber: Sky People. Ein Reisebericht, in: Markus Brüderlin, Esther Barbara Kirschner (Hrsg.): James Turrell. The Wolfsburg Project, Ausst.-Kat. Wolfsburg 2010, S. 18–51, S. 44. Eine ausführliche Darstellung des Projektverlaufs gibt Craig E. Adcock: James Turrell. The Art of Light and Space, Berkeley 1990, bes. S. 180 f.; für Hinweise auf Turrells Sakralgebäude vgl. ebd., S. 130 u. S. 240, Anm. 13.

63 Rosenblum: Sublime (s. Anm. 27), S. 40 u. passim; Günter Metken: Der Himmel über Irland. Liss Lard, Himmelsgarten und ökologischer Park, in: Oliver Wick (Hrsg.): James Turrell. The Irish Sky Garden, Skibbereen 1992, S. 93–100, S. 98; Rosalind Krauss: Overcoming the Limits of Matter. On Revisioning Minimalism, in: John Elderfield (Hrsg.): American Art of the 1960s, New York 1991, S. 123–141, S. 138. Siehe auch

„Gedanken über den Kosmos“ und symbolischen oder literarischen Bezügen. Aber er spricht von „Geistigkeit“; er will die „Wirklichkeit“ des Universums sichtbar machen; er will fernab der Lichtverschmutzung in unseren Städten ein „überwältigendes Gefühl“ hervorzubringen helfen. Der Himmel scheint „hinabzufallen und sich genau über den Raum zu legen“, wie er über die *Skyspaces* nun sagt, während seine Kuppelgebilde, ebenfalls seinen eigenen Worten zufolge, „das himmlische Gewölbe und die kosmische Nähe“ fühlbar machen.[64] Dementsprechend ist die Gesamtanlage gut mit Boullées Kenotaph, aber auch mit Gillys Entwurf einer offenen Rotunde vergleichbar: Der Besucher bewegt sich auch bei Turrell durch einen langen unterirdischen Gang, an dessen Ende er, umrandet von den Kraterwänden, oberhalb der über einen Durchmesser von dreihundert Metern ausgedehnten Fläche nur den grenzenlosen Himmel wahrnimmt. Dass eines der Gebäude, die Turrell für seine Werke entworfen hat, 1990 tatsächlich den Namen *Boullée's Boule* erhielt, kommt insofern nicht von ungefähr.[65] Wie gut Turrell mit dessen Ansätzen und Ansprüchen vertraut ist, lässt sich nicht genauer nachvollziehen. Aber das ist wohl auch nicht wichtig. Bilder vom Himmel sind jedenfalls jetzt für ihn nichts anderes, als die Bilder der Natur für Boullée gewesen waren: nämlich ein und dasselbe wie der Natur wirkliche, schöne, überwältigende Erscheinung, die Turrell nicht mehr, wie in der Aufklärungszeit üblich, als ‚beseelt‘ beschreibt, deren Offenheit für die Zuschreibung von Erhabenheit aber dennoch hinter allen Zielsetzungen des Künstlers hervorlugt. Es ist mindestens beachtenswert, dass er sich selbst dazu aufgerufen fühlt, kulturelle Bezugsgrößen zu nennen, um die ‚reine‘ Erfahrung, die seine Abstraktionen hervorgebracht haben, diskursiv zu verankern. Er stützt sich auf eine Bildwerdung des Himmels, die ästhetische Erfahrung in den Vordergrund stellt, und auf die Unmittelbarkeit einer Himmelserfahrung, in der Zeichen und Bezeichnetes nicht aus-

---

Adcock: Turrell (s. Anm. 62), S. 227 und Ulrike Gehring: Bilder aus Licht. James Turrell im Kontext der amerikanischen Kunst nach 1945, Heidelberg 2006, S. 69 f.

64 Jacques, Turrell: Light (s. Anm. 62), S. 63 („celestial vaulting and the nearness of the cosmos“), S. 65, S. 69; vgl. auch Oliver Wick: Zum Irish Sky Garden. Gespräch mit James Turrell, in: Turske & Turske AG (Hrsg.): James Turrell (s. Anm. 61), S. 113–127, S. 123 f.

65 Auch andere Gebäude, die Turrell für seine Werke entworfen hat, legen in ihrer Beschränkung auf abstrakte geometrische Grundformen Vergleiche mit Boullée und Ledoux nahe; vgl. z. B. Svestka (Hrsg.): James Turrell (s. Anm. 59), Abb. auf S. 38. *Blue Sky* von 1989 erinnert besonders an Rossis Denkmal für Cuneo; vgl. Adcock: Turrell (s. Anm. 62), S. 135, Abb. 89. Die Kugelform hat wohlgemerkt bei Turrell nicht mehr die bei Falkenhausen: Kugelbau-Visionen (s. Anm. 28), bes. S. 23 f. u. S. 121 f., geschilderte Bedeutungstiefe. Im schweizerischen Zuoz errichtete Turrell 2003 einen Skyspace, dessen bauliche Grundform – eine aus roh behauenem Stein aufgeschichtete Trommel mit schlicht eingefasstem Einlass – sehr an Senfs Frankfurter Ehrenmal erinnert.

einanderfallen. Seit der Aufklärungszeit waren Erfahrungsgestalter, indem sie den Himmel als transzendierendes Medium nutzten, so verfahren, und in allen hier betrachteten Himmelserscheinungen von Heinses Pantheonerlebnis bis hin zu Turrell ergibt sich Sprachfähigkeit eben aus dem Zusammenhang einer großen verweisenden Geste mit dem Verzicht auf Inhaltsbestimmungen. Nur fragt sich, ob wir noch viel Begeisterung für Versuche einer Rückgewinnung erhabener Himmelserfahrungen in der Gegenwartskunst aufbringen sollen.

Himmelstheater

Jörg Jochen Berns

Wolkenspektakel

Theatrale Himmelsprodigien auf frühneuzeitlichen Flugblättern

In den Wolken, so kompakt sie sich geben, kann sich nichts Gewichtiges halten. Und doch machte man in ihnen dereinst Dinge aus, die dort, nach heutigem Dafürhalten, nicht hingehören: Herrschafts- und Gerichtsinsignien, Altargerät, Waffen, Arma Christi, heraldische Zeichen, Drachen, Menschen, ja ganze Militärformationen. Veritable Szenen sollen sich da – traut man den Berichten in Geschichtsbüchern,[1] Warnpredigten und Flugblättern[2] – seit dem späten 15. bis Ende des 17. Jahrhunderts abgespielt haben. Bildlich beglaubigt sind die befremdlichen Phänomene durch Hunderte und Aberhunderte von Flugblättern, die variantenreich beteuern, das dargestellte Unwahrscheinliche sei das Wahre, das Unwirkliche das Wirkliche, ja, es habe eine höhere Dignität als das alltäglich Vertraute, handele es sich doch um von Gott inszenierte Prodigien oder Wunderzeichen.[3] Seit dem 18. Jahrhundert fiel es jedoch zunehmend schwerer, und im 21. Jahrhundert ist es nachgerade unmöglich, jene Ungereimtheiten, die man doch in den frühneuzeitlichen Jahrhunderten beobachtet haben wollte und aufgezeichnet hatte, auch weiter noch in den Wolken wahrzunehmen.[4] So drängt sich die Frage auf, ob denn die frühneuzeitlichen Flugblattreportagen über besagte Wolkenszenen platterdings lügen. Oder ob sie vielleicht ein nur mehr transitorisch Wahres bezeugen? Zur Prüfung dessen ist vonnöten, die eigentümliche Wahrnehmungswirklichkeit in Erinnerung zu rufen, die im frühneuzeitlichen Deutschland während einer vorübergehenden

1 Zu den frühneuzeitlichen Geschichtsbüchern, die, meist in annalistischer Reihung, von Wundern und Wunderzeichen berichten, vgl. Jörg Jochen Berns: Wunderzeichen am Himmel und auf Erden. Der frühneuzeitliche Prodigiendiskurs und seine medientechnischen Bedingungen, in: Herbert Jaumann, Gideon Stiening (Hrsg.): Neue Diskurse der Gelehrtenkultur in der Frühen Neuzeit, Berlin–Boston 2016, S. 99–161. Dort auch ein umfängliches Quellenverzeichnis.

2 Vgl. dazu die diversen Flugblatteditionen von Harms, Paas, Schilling, Strauss, Weber u. a. m. sowie die teilweise digitalisierten Einblattdruckbestände der Bibliotheken und Archive von Coburg, Gotha, BSB München, HAB Wolfenbüttel, Wickiana Zürich u. a. m.

3 Zu Problemhorizont und Stand der jüngsten Prodigienforschung Berns: Wunderzeichen (s. Anm. 1).

4 Allerdings ließen sich die UFOs, die seit dem späten 20. Jahrhundert vorzugsweise am US-amerikanischen Himmel erscheinen, als Spätvariante der Himmelsprodigien deuten.

Koinzidenz gruppenpsychologischer und medientechnischer Wahrnehmungskonditionen bestanden haben muss. In den Blick zu nehmen ist damit ein Kapitel von Mediengeschichte, dessen präcinematisches Potential bislang unerkannt blieb.

Obwohl es seit der Antike sehr viele, sehr unterschiedliche Prodigienarten[5] gab, soll im Folgenden nur von einer die Rede sein, den *theatralen Himmelsprodigien*. Die sind medienhistorisch besonders interessant. Von ihnen wissen wir durch solche Einblattdrucke, welche in Bild und Text szenische Arrangements präsentieren, die unter Licht- und Windeinwirkung zwischen oder aus Wolkenkonstellationen entstanden sein mögen. Theatral sind sie insofern, als sie aus heterogenen Bildelementen – menschlichen, tierischen, dinghaften, monströsen – bestehen, die plötzlich und befristet, simultan oder sukzessiv sich in Wolkenhöhe am Himmel zeigen und in szenische Interaktion treten. Sie sind auf Erden jeweils nur von bestimmtem Orte aus bestimmten Menschen sichtbar[6] und werden nach Bericht der Augenzeugen in Kooperation mit Publizistikfachleuten in Einblattdrucken dargestellt und veröffentlicht.

Obwohl es freilich von alters her etliche andere Prodigienarten gab – beispielsweise biologische Missbildungen in Flora und Fauna, mythisch und biblisch bezeugte Monstra, die die Literatur seit der Antike zeigt[7] –, kam doch den Himmelsprodigien ihrer Menge und vor allem ihres Auftrittsortes wegen höchste Dignität zu: Der Himmel als hierophaner Raum gab per se

5 Zu der diversen Prodigienarten vor allem Marcus Tullius Cicero (106–43 v. Chr.): Über die Wahrsagung / De divinatione. Lateinisch – deutsch, hrsg., übers. und erl. von Christoph Schäublin, 3., überarb. Aufl., Berlin 2013. – Plinius Secundus (23–79 n. Chr.): Plinius Naturgeschichte, übersetzt von Johann Daniel Denso, Erster Band, Rostock–Greifswald 1764, Buch II [BSB München, digit.]; Julius Obsequens (4. Jh. n. Chr.): Iulii Obsequentis Prodigiorum Liber, ab Urbe condita usque ad Augustum, cuius tantum extabat Fragmentum, nunc demum Historiarum beneficio, per Conradum Lycosthenem Rubeaquensem, integritati suae restitutus. [...], Basel 1552 [BSB München digit.].

6 Wenn „aus denen vom Winde verschiedentlich zerrissenen und zusammen getriebenen Wolcken allerhand Figuren" vorgestellt würden, dann doch so, „daß aber niemals zwey oder drei Personen [dies] auf einerley Weise in verschiedenen Gegenden anmerckten, sondern einige ein Schwerdt, andere einen Säbel, andere ein Axt, wieder andere einen Besen, eine Baare, allerhand Buchstaben [...] erzwingen wollten." So in Zedlers Universal-Lexicon 58 (1748), Artikel „Wolcken=(und Monds=)Phänomenon", Sp. 349 f., hier Sp. 350.

7 Vgl. dazu die wichtigsten Lexikonartikel: Jürgen Beyer: Art. „Prodigien", in: Enzyklopädie des Märchens. Handwörterbuch zur historischen und vergleichenden Erzählforschung 10 (2002), Sp. 1378–1388; Götz Distelrath: Art. „Prodigium", in: Der Neue Pauly, Enzyklopädie der Antike 10 (2001), Sp. 369 f.; Will-Erich Peuckert: Art. „Vorzeichen, Prodigia", in: Handwörterbuch des deutschen Aberglaubens, hrsg. von Hanns Bächtold-Stäubli, Bd. 8, Berlin u. a. 1937, Sp. 1730–1760. Am wichtigsten für unsere Zwecke immer noch der Artikel „Wunder-Zeichen, Lat. Prodigia", in: Zedlers Universal-Lexicon 59 (1751), Sp. 2149–2166.

dem, was vor seinem Prospekt, auf seiner Bühne sich zeigte, besondere Bedeutung. Erschien es doch in Zonen, die dem Menschen mit bloßem Auge zwar überwachbar, doch aber physisch (noch) nicht erreichbar und insofern übermenschlich waren. Allerdings verlor der Himmel seit Beginn der Frühen Neuzeit zusehends seine Unnahbarkeit, sonst hätten ja Leonardo und der Schneider von Ulm sich schwerlich an Flugapparaturexperimenten versucht oder hätten Copernicus, Galilei und Kepler es nicht gewagt, die Erde aus dem Zentrum der Welt wegzurechnen. Vielleicht darf man deshalb die rapide Vermehrung der Himmelsprodigia, von denen hier die Rede ist, als Effekt der fortschreitenden Destabilisierung des Himmels lesen.

Einblattdrucke wurden bekanntlich seit Beginn des 15. Jahrhunderts (also schon Jahrzehnte vor der Gutenbergschen Erfindung des Letterndrucks) hergestellt. Ihre Menge und thematische Vielfalt vergrößerte sich binnen der nächsten zwei Jahrhunderte immens. Herrschten anfangs sakrale Themen vor, so wurden diese zusehends von weltlichen verdrängt. Eine Zwischenstellung zwischen beiden nahmen die prodigiösen Sujets ein. Anhand von sechs Einblattdrucken (vgl. **Abb. 1–6**) soll hier zunächst dargelegt werden, welche Probleme sich insbesondere bei der bildlichen und textlichen Darstellung prodigiös-theatraler Himmelsereignisse ergaben, die seit dem späten 15. Jahrhundert einsetzte. Danach wird dann generalisierend zu folgern sein, aufgrund welcher medienhistorischen und ideologiehistorischen Konditionen solche Zeugnisse möglich wurden.

1. Sechs Einblattdrucke

Die sechs Blätter, die hier vorzustellen sind, haben inhaltlich so gut wie nichts gemein, formal aber sehr viel. Sie setzen jeweils himmlisch-wolkige Erscheinungen druckgraphisch ins Bild (*pictura*). Die beigegebenen Textelemente, meist zweiteilig als *lemma* und *subscriptio* gesetzt, bieten Angaben zu Ort und Dauer der Erscheinung und zum Verlauf ihrer inneren Verwandlungen. Sie benennen Augenzeugen und Adressaten, und sie beteuern Schreck- und Warnanspruch der himmlischen Bildmitteilung, die allemal von Gott oder auch, auf dessen Geheiß, vom Teufel gegeben sei.

Einer der frühesten deutschen Einblattdrucke, der eine Himmelserscheinung als politisch-prodigiöses Zeichen in Bild und Text kenntlich macht (**Abb. 1** und **Farbtafel** 7), stammt von dem Nürnberger Graphiker Jörg Glockendon († 1514). Behauptet wird da, der Christengott habe 1590 zwecks Bestärkung seiner – wie immer guten – Sache ein „gesicht“[8] in Gestalt eines Monsterbildes (das gewiss nicht von ungefähr an das Reichswap-

8 Der deutsche Ausdruck ist hier gleichbedeutend mit ‚visio / Vision‘.

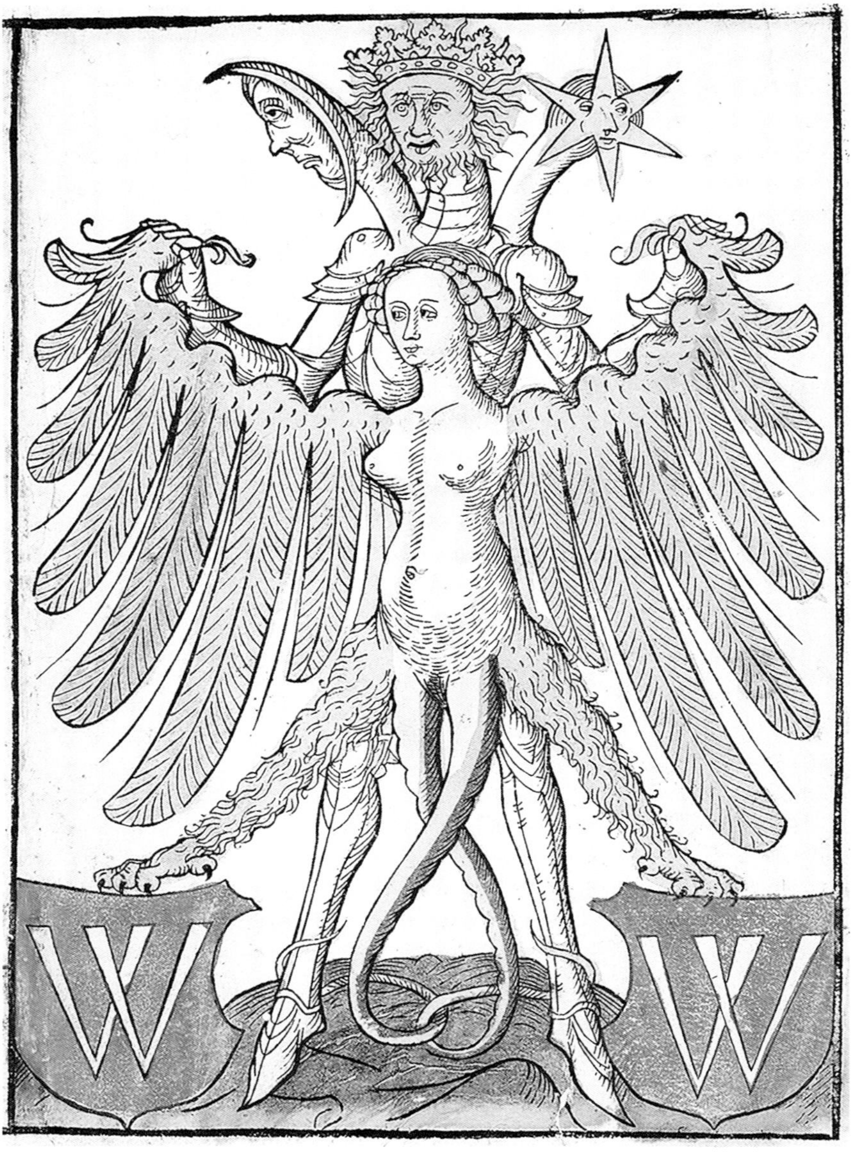

Abb. 1: Jörg Glockendon, Himmelserscheinung bei Konstantinopel, Flugblatt „Kunt und wissent sey allermeniglich das ein solich geschicht […] gesehen ist worden" (Ausschnitt), kolorierter Holzschnitt, Nürnberg, um 1490/91

pen, den Doppeladler, gemahnt)[9] nahe Constantinopel für vierundzwanzig Stunden in den Himmel gesetzt, um das den Christen widerstreitende Türkenheer zu schockieren und kampfunfähig zu machen. Gereicht dies Blatt dem christlichen Betrachter zum Trost, weil ihm demonstriert wird, wie sehr und auf welche Weise der christliche Gott die Seinen schützt, indem er ihre Feinde durch himmlische Schreckbilder malträtiert, so dienen die weitaus meisten anderen Darstellungen dieses Typs aber dazu, die christlichen Betrachter selbst zu erschrecken und zu warnen.

Wird in Glockendons Blatt nicht erwähnt, wer das Schreckzeichen beobachtete und wem also dessen Mitteilung zu danken ist, so verhält sich das in unserem zweiten Beispiel (**Abb. 2**) ganz anders. Im schweizerischen Sernftal, so erfahren wir aus dem Text, wird der Bauer Uly Murer zufällig Zeuge eines halbstündigen Himmelsspektakels, von dem er als Ich-Erzähler umständlich berichtet. Der Bauer nimmt durch ein Stubenfenster, das seinen Blick rahmt, zwischen den aufsteigenden Felswänden, die wie Seitenkulissen fungieren, drei Auftritte vor dem blauen Himmelsprospekt wahr: die Erscheinung eines lichten Kreuzes (die an Constantins Vision gemahnt), sodann zwei kämpfende Löwen in heraldischer Profildarstellung. Ihr Kampf wiederholt sich auf dritter Ebene als Konfrontation von zwei veritablen Militärformationen. Der Bauer, der die Bildfolge von seinem „hußgesindle" bezeugen lässt, versichert, über das „gesicht" habe er sich „treffenlich verwunderet",[10] doch bietet er keine weiterreichende Erläuterung und *Moralisatio* des spektakulären Vorgangs. Auffällig ist aber, wie sorgfältig die theatrale Disposition markiert ist.

Die Interaktion von prodigiösem Himmelsgeschehen und Reaktion auf Erden, die in den beiden bisher vorgestellten Blättern lediglich im Text kenntlich gemacht wurde, wird in vielen anderen Blättern in der *Pictura* selbst, meist durch deren Zweiteilung in Himmelszone und Erdzone, thematisch. So zum Beispiel in einem Einblattdruck (**Abb. 3**), der bedrohliche

9 Vgl. Jörg Jochen Berns: Aquila Biceps. Die mnemonische Belastbarkeit des Reichsadlers und das Problem der Schemaüberblendung, in: Jörg Jochen Berns, Wolfgang Neuber (Hrsg.): Seelenmaschinen. Gattungstraditionen, Funktionen und Leistungsgrenzen der Mnemotechniken vom späten Mittelalter bis zum Beginn der Moderne, Wien–Köln–Weimar 2000, S. 407–462, hier besonders S. 435 f.

10 Uly Murer [Text]: Flugblatt „ANno domini tusent fünffhundert siben vnd viertzig Jar/ vff den tag Marie Magdalene/ ist diß wunderbarlich gesicht erschinen [...]" [Straßburg 1547], in: Wolfgang Harms, Michael Schilling (Hrsg.): Deutsche illustrierte Flugblätter des 16. und 17. Jahrhunderts, Bd. VI: Die Sammlung der Zentralbibliothek Zürich, Kommentierte Ausgabe, Teil 1: Die Wickiana I (1500–1569), hrsg. von Wolfgang Harms und Michael Schilling, Tübingen 2005, S. 77 [Kommentar zum Flugblatt: S. 76].

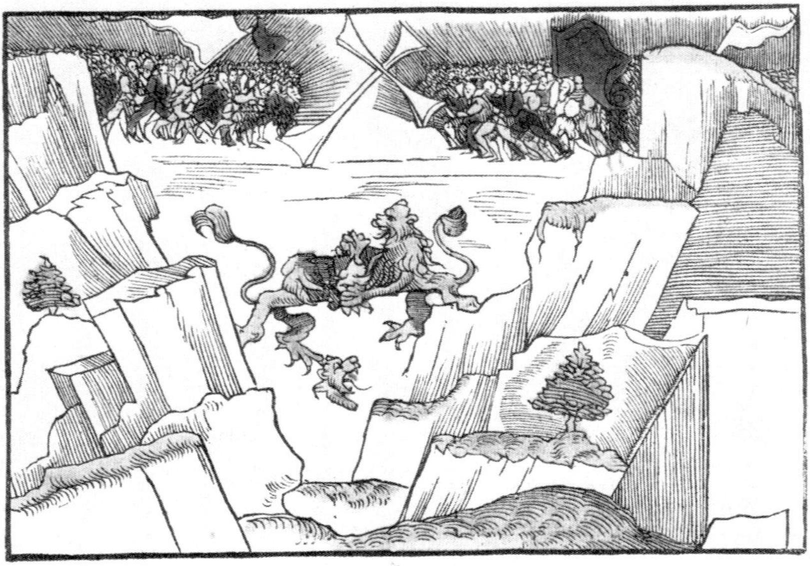

ANno domini tusent fünffhundert siben vñ viertzig Jar/vff den tag Marie Magdalene/ist diß wunderbarlich gesicht erschinen/vmb die vier vren nach mittag/ als ich on geferd in minem huß zů einem fenster vßlůgt / gegen der Sonnen Nidergang/ sach ich deß ersten am Himmel (der sunst heiter vnd schön blaw was) ein schön schynbar wyß Crütz/der gestalt wie hieoben stadt/vnnd vnder dem zween wolgestalt gål Löwen / die gegen einander zum theil sich vflånetend/vnd gegen einander fürend. Vnd als sy an einander kamend/beiß der vff der rechten syten (wie ich dargegen stůnd) dem vff der lincken syten sin kopff ab. Vnd von stundan neigt sich der one houpt dem anderen vnder sine füß. Demnach fürend sy beid vff die rechten syten/vnd kamend also hinder den berg/das ich sy nit mer sach. Darnach sach ich ob dem Crütz von beiden bergen vff yeder syten ein mechtigen kriegszüg mit Paner/Gschütz/Spiessen/vnnd allerley kriegsrüstung / Welche Züg beid fast mitten ob dem wyssen Crütz zůsamen stiessend/vnd sich wider einander hoch vflånetend/ vñ zugend da wider zů rugk all můßlich von einander/yegklicher wider deß wegs den er har kommen was/biß ich sy vor den bergen/die dann nach by einander sind/nit mee gesåhen mocht. Zum letsten weich ouch das wyß Crütz hinder den berg/so mir zů der lincken hand was/biß das es sich ouch gar darhinder verbarg. Ab welchem ich mich treffenlich verwunderet/vnnd deßhalben min hußgesindle zů mir nam/das sy es ouch såhind. Vnd weret dise gesicht alle by nach einer halben stund.

Vly Murer in Sernfftal.

Abb. 2: Himmelserscheinung im schweizerischen Sernftal, Flugblatt „ANno domini tusent fünffhundert siben vnd viertzig Jar […] ist diß wunderbarlich gesicht erschinen“, kolorierter Holzschnitt und Typendruck, Straßburg: Jacob Frölich 1547, Zentralbibliothek Zürich – Wickiana

Erscheinungen, die im Juni 1604 über der Stadt Biel sich gezeigt haben sollen, demonstriert: eine rutenbewehrte Sonne, eine schwertgerüstete Mondsichel und schließlich ein verkehrt aus den Wolken hängendes Gebäudeensemble. Die wunderliche Konstellation dieser Zeichen habe, wie das beigegebene Zeitungslied lehrt, das städtische Alarmsystem aktiviert. Die aufmerksamen Stadtwächter (die übergroß auf den Wachtürmen im unte-

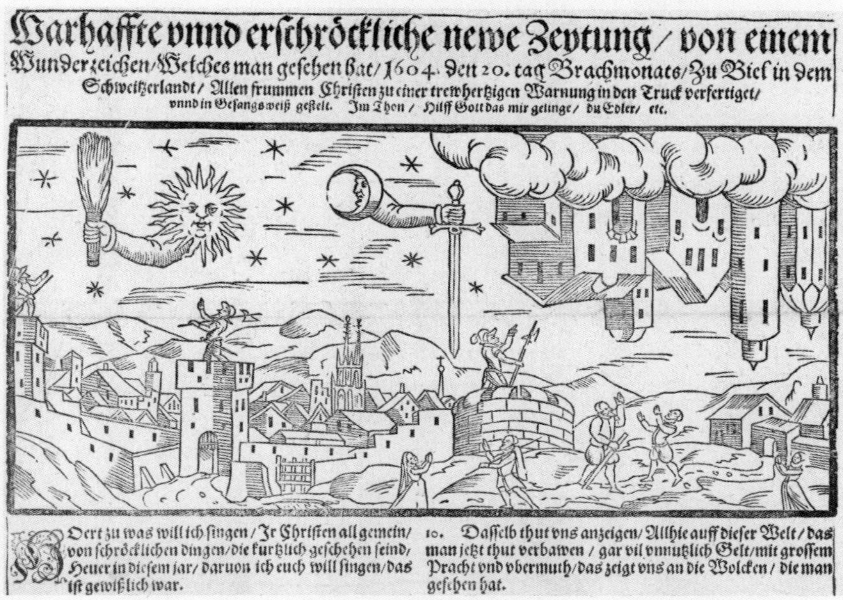

Abb. 3: Himmelserscheinung über Biel, Flugblatt „Warhaffte vnnd erschröckliche newe Zeytung/ von einem Wunderzeichen" (Ausschnitt), Holzschnitt und Typendruck, Bern? 1604, Hessische Landes- und Hochschulbibliothek Darmstadt

ren Bildteil dargestellt sind) sehen ob der Himmelszeichen die Kommune akut bedroht. Der visuelle Alarm Gottes am Himmel löst folglich das akustische Warnsystem der irdischen Kommune aus. Es veranlasst die Bürger zu einem Verhalten, das durch die städtische Alarmordnung geboten ist. So heißt es in dem Zeitungslied:

> 7. Die Leuth theten erwachen/ lieffen der gassen zu/ meinten es wer ein Brunste/ sie wolten außtragen thun/[11] Die Wechter sagten jhnen gar baldt/ Sie solten da beschauen/ des Himmels Firmament.

---

11 Wie im Brandfall üblich, schicken die Bürger sich an, die durch die Feuerordnung vorgeschriebenen Wasserbehälter „auszutragen". Gemeinhin bildete man vor Erfindung der Wasserschläuche (im späten 17. Jahrhundert) Menschenketten zum Weiterreichen von Eimern von Hand zu Hand. – Zur sozialen Choreographie und politischen Bedeutung kommunaler Feuerordnungen in der Frühen Neuzeit vgl. Jörg Jochen Berns: Feuerwehr und Feuerwerk. Techniken der Domestikation und Inszenierung von Großbränden in der Frühen Neuzeit, in: Vera Fionie Koppenleitner, Hole Rößler, Michael Thimann (Hrsg.): Urbs incensa. Ästhetische Transformationen der brennenden Stadt in der Frühen Neuzeit, Berlin–München 2011, S. 211–234.

8. Die Leuth mit großem schröcken/ sahen den Himmel an/ Ach Gott in deinem Trone/ Du wollest vns nit verlohn/ vergib vns vnser Missethat/[12] [...][13] [usw.]

Der Zeitungssinger weiß den Warnzeichencode zu deuten: Die Sonne mit Rute stehe für laxe Kindererziehung, der schwertbewehrte Mond für allgemeine Sündenvergessenheit, die sich vor allem in Fluchen und Schwören äußere; in einem Gebaren mithin, dessen sich auch die Reichspoliceyordnung[14] in ihren ersten Paragraphen annimmt. Die verkehrte Gebäudeformation schließlich sei als Mahnung an die Bürger, von ihrer Bauwut abzulassen, zu verstehen. Dieser Zeitungssinger hat also – anders als die meisten Prodigienbeschreiber sonst – keinerlei Deutungsprobleme. Er agiert recht pfäffisch, indem er eifrig Bekenntnis- und Gebetsfloskeln einflicht.

Die Kinesis, die für die Theatralität der himmlischen Zeichen von konstitutiver Bedeutung ist, ist in den verschiedenen Einblattdrucken unterschiedlich gut kenntlich gemacht. Der Einblattdruck Jörg Glockendons (**Abb. 1**) demonstriert sein Schreckbild in heraldischer Starre, kinetische Momente werden lediglich im beigegebenen Berichttext angedeutet. In der Bildreportage, die den Bericht Uly Murers (**Abb. 2**) umsetzt, ist die Kinesis hingegen klar ausgestellt. In dem Blatt zu dem Bieler Ereignis (**Abb. 3**) wird sie in der Interaktion von Erd- und Himmelszone sowie vermöge der Schilderung durch das Zeitungslied erkennbar. Besonders gut fasslich aber wird sie in einem Einblattdruck, der „Ein Wunderbarlich gesicht", das sich im Juni 1558 in Lanerstat[15] bei Nürnberg zeigte, graphisch umsetzt (**Abb. 4**). Der horizontal gegliederte Holzschnitt zeigt unten eine buschbestandene Landschaft mit gestikulierenden Augenzeugen und oben darüber auf zweiter Ebene eine architekturdurchsetzte Wolkenlandschaft, über der ein fliegender Drache agiert. Das „gesicht" zeigt bei Sonnenuntergang „Erstlich ein grosse Burgk inn der Wolcken", die sich über einer Ebene erhebt. Gegen diese Burg wendet sich „ein ander Wolcken/ wie ein grosser Drach gestalt/ mit fewrigem Rachen/ vnd eim drifachen Schwantz". Er dringt auf die Burg nieder und überdeckt sie, wie dann auch noch weitere Wolkenschlösser. Die Verlaufsphasen werden durch Nummerierung und Beschriftung leicht

12 Sie fangen also sofort an zu beten, da sie sich, als gute Christen, jederzeit etwelcher Missetaten bewusst sind.

13 Flugblatt „Warhaffte vnnd erschröckliche newe Zeytung/ von einem Wunderzeichen [...]" [Bern? 1604], in: Wolfgang Harms (Hrsg.): Deutsche illustrierte Flugblätter des 16. und 17. Jahrhunderts, Bd. IV: Die Sammlungen der Hessischen Landes- und Hochschulbibliothek in Darmstadt, Kommentierte Ausgabe, hrsg. von Wolfgang Harms und Cornelia Kemp, Tübingen 1987, S. 387 [Kommentar zum Flugblatt: S. 386].

14 Vgl. die drei frühesten Ausgaben bei Matthias Weber: Die Reichspolizeiordnungen von 1530, 1548 und 1577. Historische Einführung und Edition, Frankfurt a. M. 2002.

15 Heute bekannt unter dem Namen Lonerstadt.

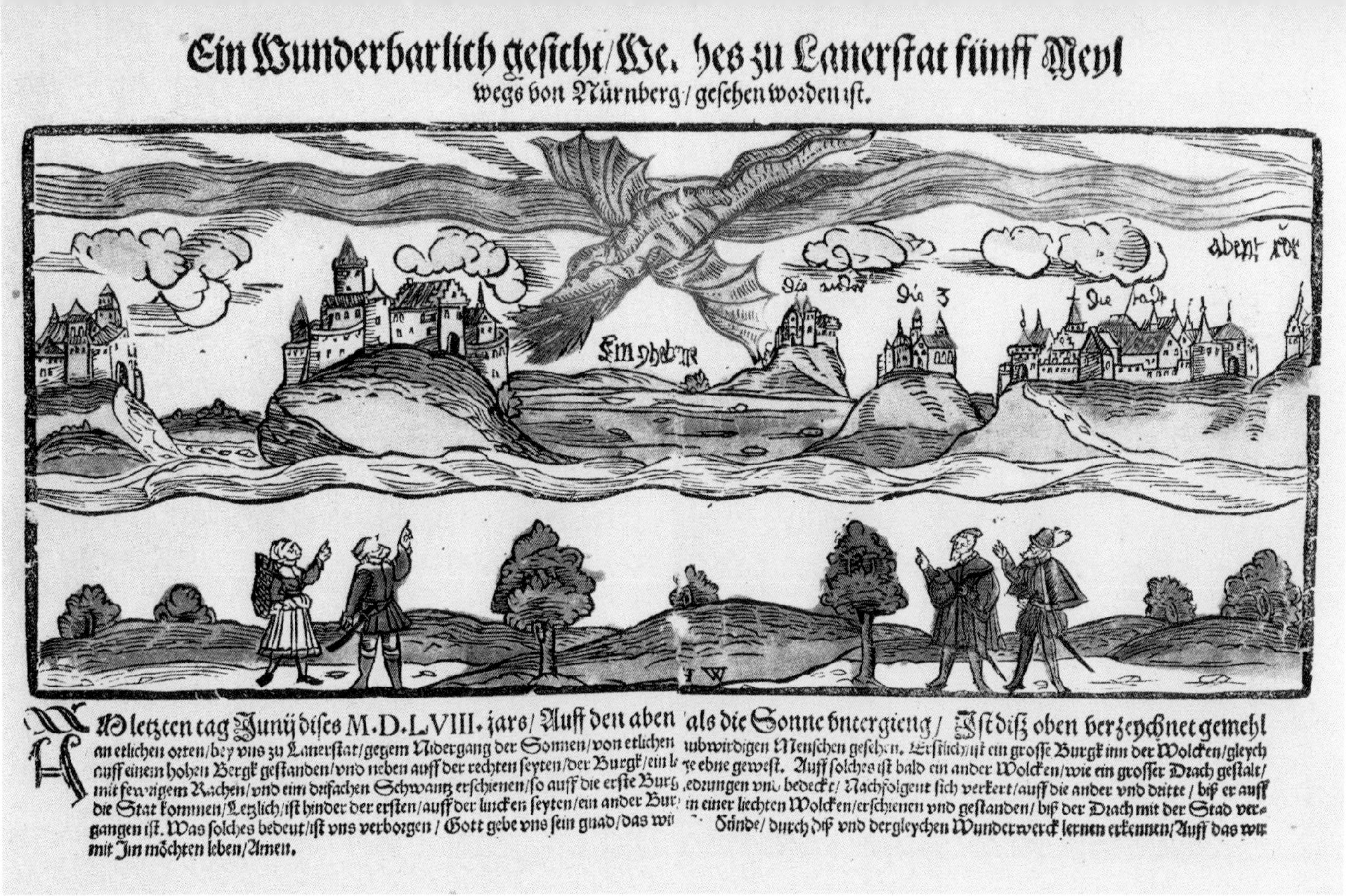

Abb. 4: Monogrammist HW, Himmelserscheinung bei Lonerstadt, Flugblatt „Ein Wunderbarlich gesicht We[lc]es zu Lanerstat […] gesehen worden", kolorierter Holzschnitt und Typendruck, Nürnberg: Wolfgang Strauch 1558, Zentralbibliothek Zürich – Wickiana

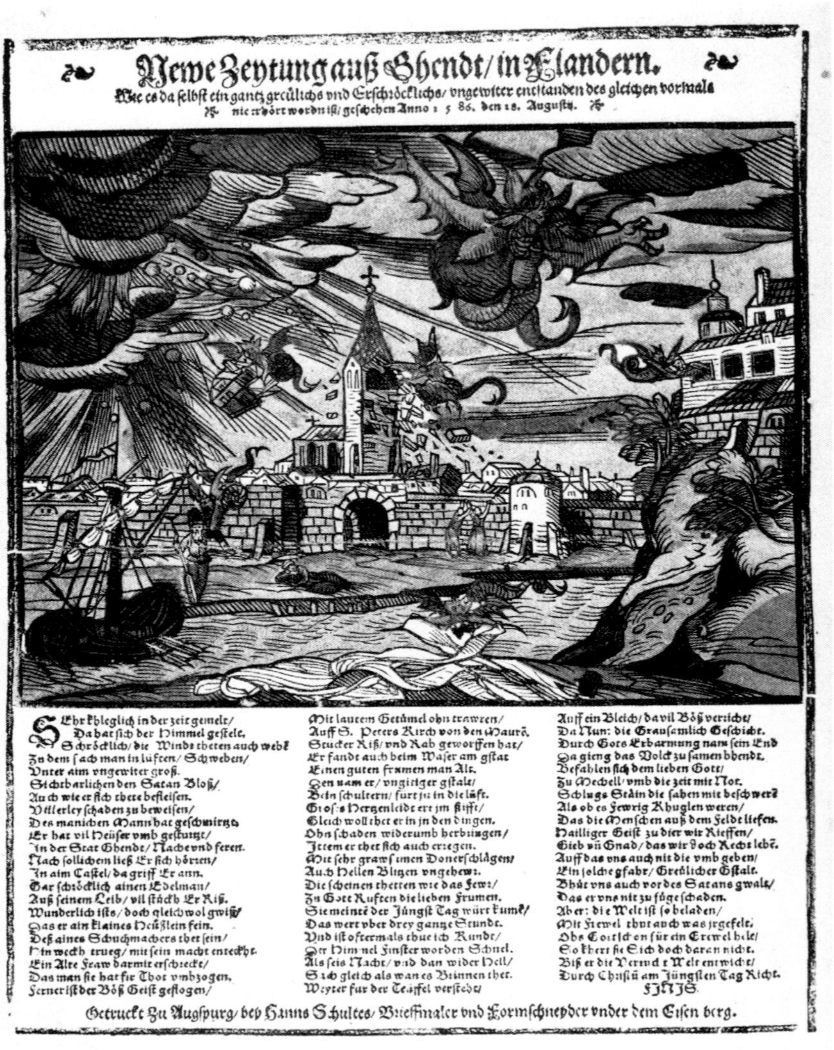

Abb. 5: Unwetter in Gent, Flugblatt „Newe Zeytung auß Ghendt/ in Flandern.", kolorierter Holzschnitt und Typendruck, Augsburg: Hans Schulte 1586, Zentralbibliothek Zürich – Wickiana

nachvollziehbar gemacht und überdies in der *Subscriptio* von „glaubwirdigen“ Augenzeugen erläutert.[16] Auffällig ist aber, dass die *Subscriptio* offen lässt, ob die Himmelsbilder *auf* Wolken stehen oder *aus* Wolken bestehen und entstehen.[17] Ob es sich um einen teuflischen Drachen handelt, der da die Architekturensemble attackiert, bleibt unerörtert[18].

Die Teuflischkeit wetterbedingter Flattergestalten lässt indes ein anderes Blatt (**Abb. 5**) nicht im Vagen. Die liedartige *Subscriptio* erklärt, dass es sich um einen Auftritt Satans handle. Der habe sich während eines dreistündigen Unwetters an verschiedenen Orten der Stadt Gent zu schaffen gemacht; „hat vil Heüser vmb gestürzt“, heißt es da, und dann:

Nach sollichem ließ Er sich hörren/
Jn aim Castel/ da griff Er ann/
Gar schröcklich ainen Edelman/
Auß seinem Leib/ vil stückh Er Riß.
Wunderlich ists/ doch gleichwol gewiß/
Das er ain klaines Heüßlein fein
Deß aines Schuchmachers thet sein/

16 Flugblatt „Ein Wunderbarlich gesicht We[lc]es zu Lanerstat [...] gesehen worden ist.“ [Nürnberg 1558], in: Harms, Schilling (Hrsg.): Deutsche illustrierte Flugblätter des 16. und 17. Jahrhunderts, Bd. VI (s. Anm. 10), S. 185 [Kommentar zum Flugblatt: S. 186].

17 Marcus Frytschius erklärt 1555, wie Drachengestalten durch Luftströmungen unterschiedlicher Temperatur aus Wolken entstehen, in: Meteororum, Hoc Est, Impressionum Aerarium Et mirabilia naturae operum, loci fere omnes, Methodo Dialectica conscripti, & singulari quadam cura diligentiaque in eum ordinem digesti ac distributi [...]. Nürnberg 1555. [BSB München, digit.], Scan 243. Fritsch bietet eine breite physikalische Erklärung und macht damit eine dämonisch-magische Deutung unwahrscheinlich. – In der *Meteorologia Philosophico-Politica* (Augsburg 1712) des Jesuiten Franciscus Reinzer heißt es noch anderthalb Jahrhunderte später ganz ähnlich wie bei Fritsch: „Der fliegende Drach ist eine hitzige/ nicht sonderlich dicke oder zusammengepreßte Ausdünstung [...]“. (S. 40) Auf die Frage, „Was dieses Meteorum oder Lufft-Feuer bedeute?“, antwortet er unter Hinweis auf Libertus Fromondus: „Die fliegende Drachen seyen Zeichen der Pestilentz und vieler Kranckheiten.“ Besonders bemerkenswert ist, dass Reinzer schließlich gar die Frage erörtert: „Ob man auch durch Kunst einen fliegenden Drachen nachmachen und zuwegen bringen könne?“; um gleich eine Bauanleitung zu liefern: „Ich antworte mit ja: Nehme lang-geschnittene lederne Riemen; beutze [i.S.v. beitze] sie in Brandwein/ worinnen zuvor Campher zerlassen worden; bestreue sie hernach mit Schieß-Pulver-Staub; zünde sie an/ und wirff sie von einem hohen Ort in die Lufft hinaus; so hast du einen fliegenden Drachen.“ (ebd.) Nicht allein die naturwissenschaftliche Erklärung, sondern erst recht die technische Imitierbarkeit nehmen dem Drachen jede dämonische Qualität.

18 Das Vermögen des Teufels, Prodigien zu schaffen, wird in den Prodigienbüchern des 16. und 17. Jahrhunderts ausgiebig erörtert. Dabei geht es vor allem um die Frage, ob der Teufel nur im Auftrag Gottes von Fall zu Fall agieren kann oder ob er, vor allem dann, wenn es um arglistige Täuschung von Menschen geht, generell auf eigene Faust handeln darf. Vgl. dazu Berns: Wunderzeichen (s. Anm. 1), Kap. 4.3.

Hin weckh trueg/ mit sein macht enteckht.
Ein Alte Fraw darmit erschreckt/
Das man sie hat für Thot vmbzogen.
Ferner ist der Böß Geist geflogen/
Mit lautem Getümel ohn trawren/
Auff S. Peters Kirch von den Mauren
Stück er Riß/ und Rab geworffen hat [...][19] [usw.]

In diesem Fall hat der Graphiker die Theatralität des Geschehens mittels einer szenisch sukzessiven Stationenfolge[20] kenntlich zu machen gesucht, bei der der fliegende Satan in Actu erneut in jeweils anderer Größe und anderer Körperwendung in anderer Raumposition gezeigt wird. Am oberen Bildrand endlich fliegt er mit offenen Fängen geradewegs auf den Bildbetrachter zu, sodass dieser in die Aktion einbezogen wird. Wenn übrigens das Teufelsspektakel von Gent von einem Briefmaler in Augsburg (der sich am unteren Blattrand nennt) graphisch umgesetzt wird, so beweist das – wie auch an anderen Blättern zu studieren wäre –, dass die räumliche Distanz die phantasmatische Lizenz steigert.

Wenn schon, wie am Gesicht des Uly Murer (**Abb. 2**) beispielhaft deutlich wurde, im Himmel bewaffnete Heeresformationen aufeinander eindringen, kann nicht weiter erstaunen, dass – namentlich in der Nähe von Hafenstädten – auch Seeschlachten in den Wolken ausgetragen werden. Das zeigt das Exempel (**Abb. 6**) vom 8. April 1665, das ein Leipziger Kupferstecher ins Bild gesetzt hat. Da wollen sechs Heringsfischer, wie sie „in öffendlicher Verhörung" darlegen, um zwei Uhr auf dem Meer vor Anker liegend, zunächst im Norden einen großen Vogelschwarm gesehen haben, der sich in „ein hervor ragendes Schiff verändert" habe, „deme im Augenblicke so viel andere Schiffe gefolget", dass man sie nicht habe zählen können. „Nachdeme diese Krieges-schiffe eine weile am Himmel herum geschweiffet",[21] sei von Süden her eine andere Kriegsflotte am Himmel

19 Flugblatt „Newe Zeytung auß Ghendt/ in Flandern." [Straßburg 1586], in: Wolfgang Harms (Hrsg.): Deutsche illustrierte Flugblätter des 16. und 17. Jahrhunderts, Bd. VII: Die Sammlung der Zentralbibliothek Zürich, Kommentierte Ausgabe, Teil 2: Die Wickiana II (1570–1588), hrsg. von Wolfgang Harms und Michael Schilling, Tübingen 1997, S. 347 [Kommentar zum Flugblatt: S. 346].

20 In einer Darstellungstechnik also, wie sie auch aus der zeitgenössischen Sakralmalerei bekannt ist.

21 Flugblatt „Eine abgebildete Beschreibung Von dem wunderbarlichen Stralsundischen Lufft-Kriege" [Leipzig 1665], in: Wolfgang Harms (Hrsg.): Deutsche illustrierte Flugblätter des 16. und 17. Jahrhunderts, Bd. I: Die Sammlung der Herzog August Bibliothek in Wolfenbüttel, Kommentierte Ausgabe, Teil 1: Ethica, Physica, hrsg. von Wolfgang Harms und Michael Schilling zusammen mit Barbara Bauer und Cornelia Kemp, Tübingen 1985, S. 429 [Kommentar zum Flugblatt: S. 428].

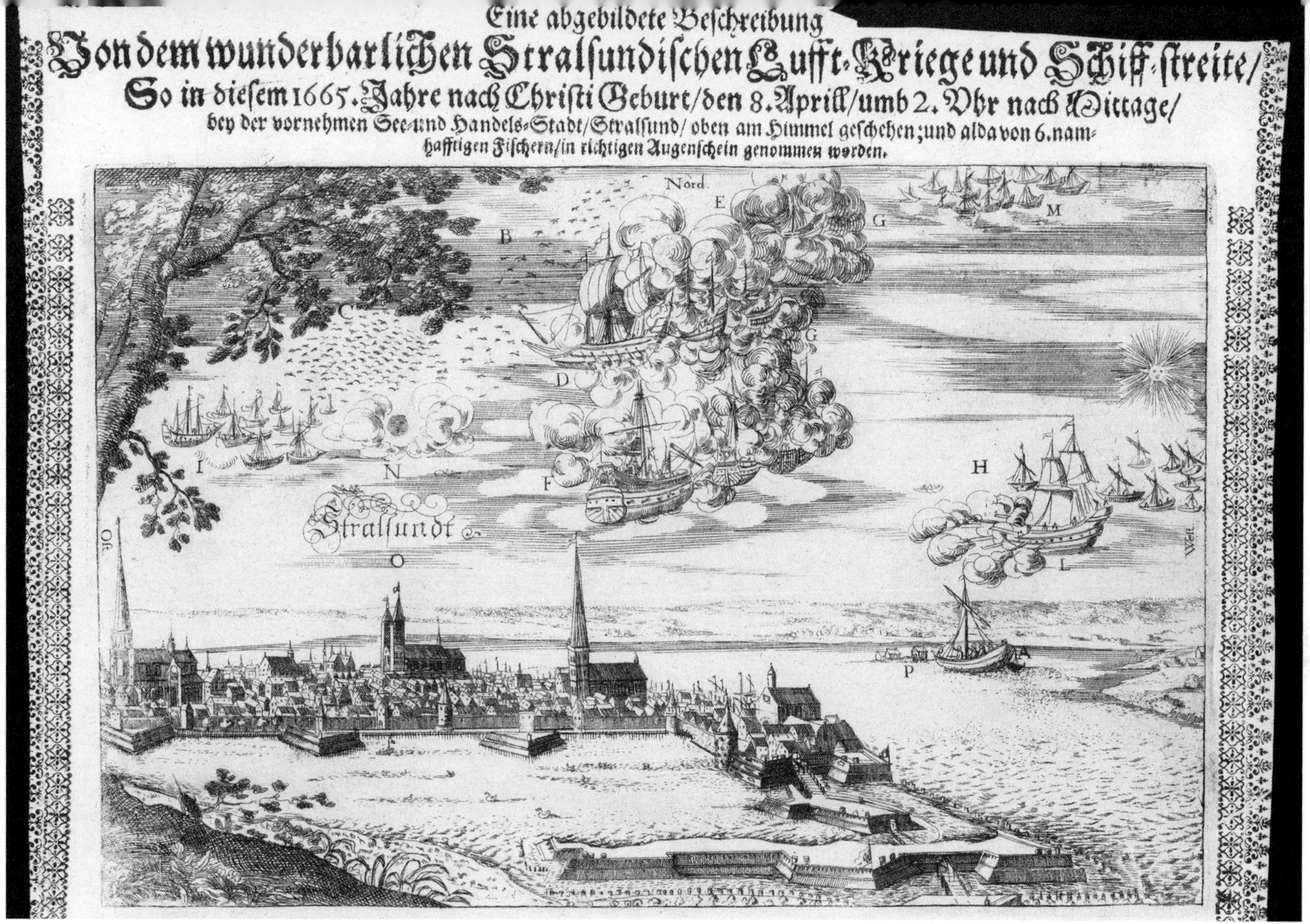

Abb. 6: Himmelserscheinung bei Stralsund, Flugblatt „Eine abgebildete Beschreibung Von dem wunderbarlichen Stralsundischen Lufft-Kriege" (Ausschnitt), Kupferstich/Radierung und Typendruck, Leipzig 1665, Herzog August Bibliothek Wolfenbüttel

erschienen, die sich mit der nördlichen Flotte eine mehrstündige Kanonenschlacht geliefert habe. Die Fischer, die sich endlich in ihre heimatlichen Hütten begaben, wollen der schrecklichen Himmelserscheinung wegen auch in den folgenden Tagen noch ein Zittern an Haupt und Gliedern gespürt haben.

2. Folgerungen

Aus den Beobachtungen, die an den sechs Blättern gewonnen wurden, lässt sich nun generalisierend folgern, welche theoretischen und praktischen Bedingungen für Konzeption und Produktion derartiger Flugblätter durchweg ausschlaggebend gewesen sein müssen.[22]

Zunächst ist bei allen diesen Darstellungen ein göttlicher Zeichenproduzent und -sender vorausgesetzt, der sehend, aber unsichtbar (*visus invisus*)[23] über oder hinter dem himmlischen Prospekt tätig ist. In seinem Inszenierungsraum operiert er mit konstanten visuellen Phänomenen: mit Fixsternen und mit den gewohnten unterschiedlich schnell bewegten Zeichen: Planeten, Sonne, Mond, Gewölk u. a. Dieser gewohnte Aktionsraum stellt als eine Art von Bühnen- und Kulissenraum mit seinen Licht- und Verschattungsverhältnissen die orientierenden Daten für ungewöhnliche Erscheinungen und Vorgänge bereit, aus welchen der menschliche Himmelgucker Zeichenbotschaften liest. Der himmlische Schauraum – und eigentlich nur er – bietet jene Bühne, auf welcher alle diese differenten, aber ideologiegenetisch verwandten Zeichen und Codes vor den Augen menschlicher Zuschauer agieren und dabei teils zusammenfinden, teils ihre Unverträglichkeit demonstrieren.

Das semantische Angebot ergibt sich aus *ad hoc* entstehenden Zeichenkombinationen, Zeichenballungen und Zeichentransformationen, deren Bestandteile vertraut, deren Zusammenstellungen aber befremdlich sind – und es sein müssen, wenn denn ein Schreckeffekt erzielt werden soll. Über

22 Die kaum überblickbare, weil bislang nirgends systematisch erfasste Menge frühneuzeitlicher Flugblätter himmlisch-prodigiöser Thematik – Hunderte und Aberhunderte haben sich erhalten! –, gestattet es im Rahmen eines Aufsatzes nicht, Themengruppen und Darstellungsgenera herauszuheben. Denn dazu müssten Abbildungsreihen zusammengestellt und statistisch ausgewertet werden.

23 Die Position des *visus invisus*, des Sehens, ohne selbst gesehen zu werden, ist eine göttliche, die als Maxime menschlicher Herrscherwürde in die abendländischen Krönungsordines eingeht und herrschaftspraktische Folgen hat, die sich sowohl in herrscherlichen Architekturkonzepten wie in (Geheim-)Diplomatie und Inkognitovisitationen von Herrschern niederschlägt.

die bekannten visuellen, in sich variablen Grundmitteilungen wie bewegte Lichteinstrahlungen, Verschattungen und Verfärbungen hinaus bedarf der himmlische Bühnenraum also weiterer semantischer Aufladungen. Sie werden durch partielle Einspeisung von Zeichen bestimmter anderweitig bekannter Codes unterschiedlichen Alters und unterschiedlicher semantischer Würde gewährleistet.[24]

Vielzahl und Verschiedenartigkeit der Codes brachten es mit sich, dass ein Himmelsprodigium wohl als Zeichenkonglomerat erkennbar, nicht aber als Compositum verständlich und dechiffrierbar war, weil die Zeichen nicht zusammenstimmten und ihr Kombinationsgesetz undurchschaubar blieb. Einen guten Eindruck von der Heterogenität des Zeichenmaterials vermittelt der Bildtitel einer 1507 erschienenen Flugschrift von Joseph Grünpeck[25] (**Abb.** 7), wie überhaupt Bildtitelblätter im 16. Jahrhundert nicht selten zur schematisch-mnemonischen Visualisierung von Prodigienarten genutzt wurden[26].

Die Kombinationen heterogener Codes lösten Befremden aus. Wenn viele Flugblattautoren die von ihnen ins Bild gesetzten Himmelsprodigien für unverständlich erklärten, so vor allem deshalb, weil Unverständlichkeit nachgerade als Indiz ihrer göttlichen Faktur und Bedingung ihrer Schrecklichkeit galt. Wobei der Umstand, dass alles dies vor himmlischem, menschlicher Manipulation nicht zugänglichem Prospekt stattfand, suggestionsverstärkend wirken musste.

Das Gesamtaufkommen der in eine einzelne Prodigienszene eingespeisten verschiedenartigen (auch unterschiedlich alten!) Signet-Codes war nicht friktionsfrei zu verwalten. Die Rätselhaftigkeit der Himmelsprodigien resultierte aus solcher Unvereinbarkeit. Die Unterstellung, dass jeder der aufgebotenen Codes, den der Himmel bemüht, zwar für sich wahr sei, dass aber ihre Konstellation und Zusammenbindung disharmonisch, wo nicht gar destruktiv sei, bildet den Erregungsherd des Deutens. So erklärt beispielsweise Philipp Melanchthon 1523 angesichts eines missbildeten Eselsfötus, den er als ‚Papstesel' deutet, das prodigiöse Ergebnis der in diesem Monstrum kombinierten Zeichen sei derart greulich, „das nicht muglich were eynigem menschen solchs zuertichten, Sondern man sagen muß, das gott selb

24 Man hat, soweit ich sehe, noch nicht versucht, diese Zeichen und ihre Codes zu ordnen. Das müsste aber möglich sein, wenn man Entstehungszeit, Entstehungsbedingungen und Geltungsbezirke der verschiedenen Codes in eine Reihe brächte, in der pagan-antike, alttestamentliche und neutestamentliche, mittelalterliche und frühneuzeitliche zu unterscheiden wären.

25 Vgl. die Deutung von Grünpecks Titelblatt bei Berns: Wunderzeichen (s. Anm. 1), S. 107–109.

26 Dazu ebd., Anm. 26.

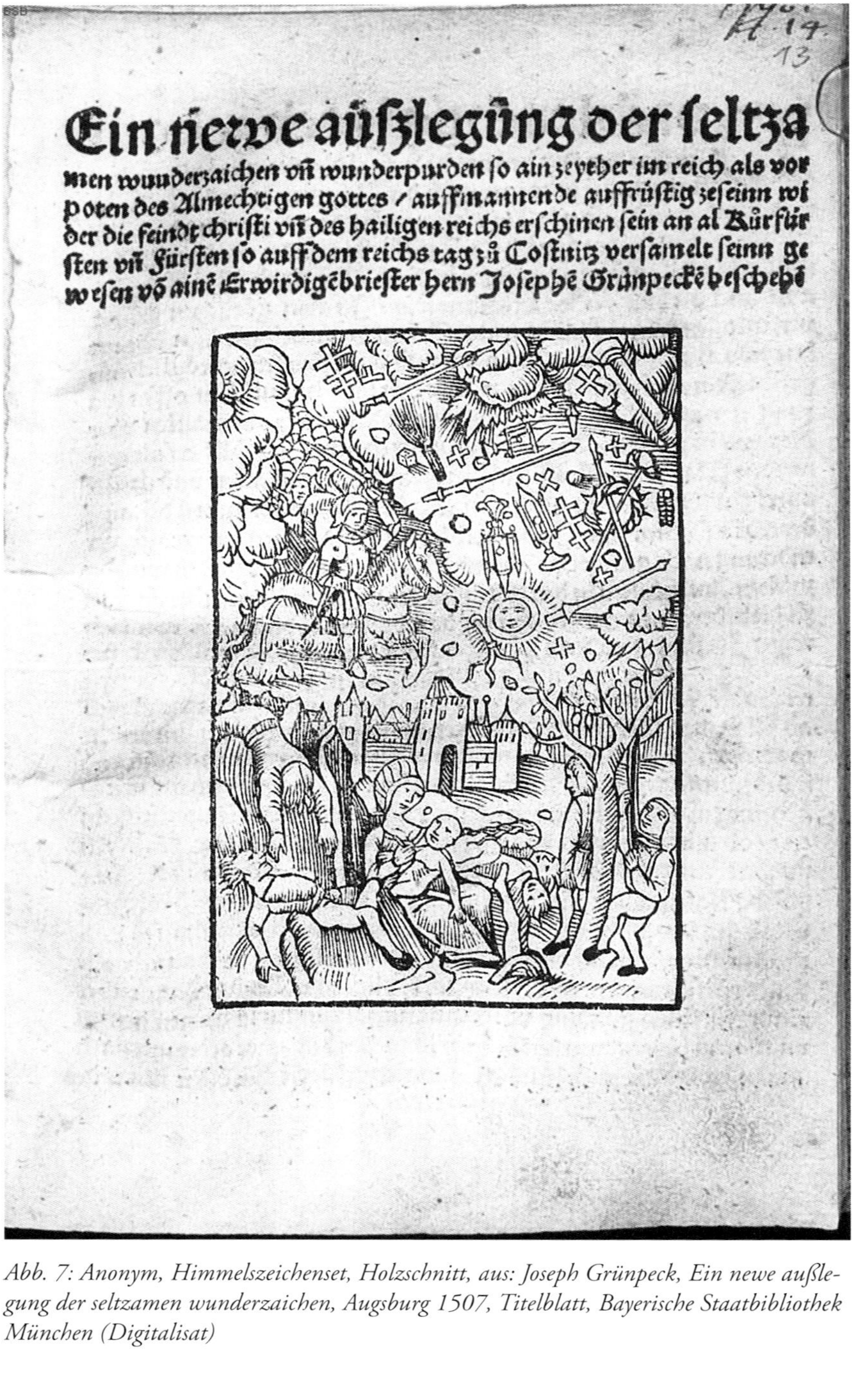
Ein newe aůßlegůng der seltza men wunderzaichen vñ wunderpurden so ain zeyther im reich als vor poten des Almechtigen gottes / auffmanende auffrůstig zesein wi der die feindt christi vñ des hailigen reichs erschinen sein an al Kůrfür sten vñ Fürsten so auff dem reichs tag zů Costnitz versamelt seinn ge wesen võ ainẽ Erwirdigẽ briester hern Josephẽ Grůnpeckẽ beschehẽ

Abb. 7: Anonym, Himmelszeichenset, Holzschnitt, aus: Joseph Grünpeck, Ein newe außlegung der seltzamen wunderzaichen, Augsburg 1507, Titelblatt, Bayerische Staatbibliothek München (Digitalisat)

disen greuel also abcontrofeyt habe."[27] Ähnlich pronociert 1647 der Jesuit Georg Stengel: „Je mehr etwas [vom Üblichen, Anm. d. Verf.] abweicht, desto monströser ist es; denn das Maß des Prodigiösen ist die Größe der Abweichung."[28] Gott wird somit zum Autor einer Schreckbildnerei erklärt, deren Schrecklichkeit jedwedes menschliche Phantasiepotential übersteigt.

Rezipienten der Himmelsprodigien waren allemal ganz bestimmte Menschen, Einzelpersonen oder ganze Gruppen. Das heißt aber zugleich: Himmelsprodigien waren adressiert. Der Adressat wusste sich von dem göttlichen Zeichenproduzenten und -sender gesehen und ausersehen. Zwar vermochte er seinerseits den Zeichenproduzenten nicht zu sehen, wohl aber dessen Zeichen. Dass er sich von dem Zeichenproduzenten ausersehen und gemeint wissen durfte, ergab sich ihm aus dem Faktum, dass er an seinem Ort die Zeichen sah, während andere andernorts sie nicht zu sehen vermochten. Daraus ergab sich auch die eigentümliche Schreckpotenz eines Himmelsprodigiums. Sie bestand in seiner Unerwartetheit, zugleich jedoch auch in der jähen Erkenntnis, dass das Ich, das dieses Prodigiums ansichtig wird, gemeint sei, ja erkannt sei. Denn der, der des schrecklichen Zeichens ansichtig wird, weiß sich zugleich gesehen. Im Innewerden des Gemeintseins liegt der Schreck. Auch die Tatsache, dass der Himmelsbetrachter das Zeichenkonglomerat partiell versteht, zeichnet ihn als gotterwählten Adressaten, ja mehr noch: als Visionär neuen Typs aus. Nicht von ungefähr verwenden viele der Einblattdrucke den Ausdruck „himmlisches Gesicht".[29]

3. Bedeutung der arbeitsteiligen Erstellung der Flugblätter

Mit welchem Recht aber darf man überhaupt fragen und anhand welcher Kriterien könnte man prüfen, was die Produzenten jener Einblattdrucke, auf welchen theatrale Himmelsprodigien dargestellt sind, denn zu ihrer Zeit wirklich und wahrhaftig gesehen haben – vielleicht auch, weil sie es sehen wollten oder sehen mussten? Gewiss haben sie Gewölk gesehen, bewegtes, sich in sich bewegendes Ungestaltes, das unter entgegenkommendem Verstehen des Augenzeugen Gestalt gewann. Erbracht wurde eine unwillkürli-

27 Philipp Melanchthon: Der Bapstesel [1523], in: Jörg Jochen Berns (Hrsg.): Von Strittigkeit der Bilder. Texte des deutschen Bildstreits im 16. Jahrhundert, 2 Bde., Frühe Neuzeit 184, 1.2, Berlin–Boston 2014, Bd. 1, S. 177–182 , hier S. 179.

28 Lateinischer Originalwortlaut: „Itaque quo magis deviat, magis est monstrum; & prodigij mensura est erroris magnitudo." In Georg Stengel S.J.: De Monstris Et Monstrosis, Quam Mirabilis, Bonus, Et Iustus, In Mundo Administrando, Sit Deus, Monstrantibus. Authore Georgio Stengelio Soc. Iesu Theologo, Ingolstadt 1647 [BSB München, digit.], S. 3.

29 Vgl. unter unseren Beispielen Abb. 1, 2 und 4.

che assoziative Mustererkennung (Apophänie), die unvermeidliche Verbildlichungsleistung menschlicher Imagination angesichts von Amorphem wie Wolken oder Flecken. Das aber heißt zugleich: Der Einblattdruck, der ein theatrales Himmelsprodigium zur Darstellung bringt, will so wenig Kunstwerk sein wie ein Gnadenbild. Im Unterschied zum Gnadenbild – das eine eigene Realität nicht nur abbildet, sondern ist – will die Himmelsprodigien-Graphik Realität abbilden, und zwar zeitraffend, in Addition verschiedener Momente des Erscheinens. Das macht die präcinematische Qualität dieser Darstellungsart aus.[30] Damit nicht genug, bietet die Himmelsprodigien-Graphik mittels Zeichenmischung und Codekombination eine eigene Art von Surrealismus. Gewiss hat das theatrale Himmelsprodigium nicht die Schönheit der „zufälligen Begegnung eines Regenschirms mit einer Nähmaschine auf einem Seziertisch",[31] doch bietet es aber eine ganz eigene, göttlicher Willkür entsprungene Bildmischung, die, sofern sie zu menschlicher Blickbeute wird, nicht Schönheits-, sondern Schreckempfinden auslöst.

Die prodigienpublizistische Produktion (und zumal die Darstellung von theatralen Himmelsprodigien) war, wie schon angedeutet, durch hohe Arbeitsteiligkeit gekennzeichnet. Augenzeugen als mündliche oder schriftliche Berichterstatter, textbearbeitende Redakteure oder Reimschmiede, Graphiker, Buchdrucker und Buchhändler hatten dabei in besonderer Weise zu kooperieren[32] und sich allesamt einer Präventivzensur[33] zu stellen. Dass ihre Interessen nicht allemal gleiche Ursachen hatten und nicht in die gleiche Richtung zielten, konnte zu Spannungen führen, die auch die Flugblattgestaltung selbst beeinflusste. Der Befund, dass von etlichen Prodigienphänomenen (nicht selten über Jahrzehnte hin) unterschiedliche graphische Darstellungen gefertigt wurden, bezeugt dies.[34]

30 Zur präcinematischen Bedeutung von Himmelserscheinungen, vgl. Jörg Jochen Berns: Himmelsmaschinen / Höllenmaschinen. Zur Technologie der Ewigkeit, Berlin 2007, S. 234 ff. sowie Gunnar Schmidt: Weiche Displays. Projektionen auf Rauch, Wolken und Nebel, Kleine Kulturwissenschaftliche Bibliothek 80, Berlin 2011.

31 So die berühmteste, Lautréamonts ‚Gesänge des Maldoror' (1869) entnommene Surrealismus-Formel des 20. Jahrhunderts.

32 Dazu Michael Schilling: Bildpublizistik der frühen Neuzeit. Aufgaben und Leistungen des illustrierten Flugblatts in Deutschland bis um 1700, Tübingen 1990; Bruno Weber (Hrsg.): Wunderzeichen und Winkeldrucker 1543–1585. Einblattdrucke aus der Sammlung Wickiana in der Zentralbibliothek Zürich, Zürich 1972.

33 Zur Präventivzensur von Druckgraphiken vgl. Berns: Von Strittigkeit (s. Anm. 27), hier Bd. 2, Nachwort, S. 1197–1211.

34 Als prominente Beispiele dürfen das lutherische Mönchskalb und Melanchthons Papstesel, aber auch das Himmelstheater aus dem Sernftal, ein Priesterschwein und Dürers

Dem Himmelsbetrachter oblag es, die Zeichen am Himmel, die ihm an seinem Ort – ähnlich einer Vision[35] oder Apparitio[36] – widerfuhren, mündlich, schriftlich, gelegentlich auch zeichnerisch[37] zu promulgieren. Das geschah, indem er (der oft auf dem Flugblatt namentlich genannt und in seinem sozialen Rang gekennzeichnet wurde, sonst aber zufällig und ungeschult war) sein Erlebnis Fachleuten mitteilte. Diese waren ihres Broterwerbs wegen auf solche Meldungen angewiesen. Denn die Existenz von Spezialgraphikern und ‚Briefmalern'[38] war bedroht, seit mit dem Vordringen der Reformation und der mit ihr einhergehenden Ächtung von Heiligenverehrung und Wallfahrtsbräuchen die Heiligenbildproduktion zusammengebrochen war. So konnte es nicht nur willkommen, sondern existenznotwendig sein, den Ausfall der Heiligenbildproduktion durch massenträchtige Graphikbilder von Mirakeln neuer Art zu kompensieren.

Bei alledem ergab sich das grundlegende Problem, wie denn ein im Nu des individuellen Innewerdens erfahrener Schreck überindividuell vermittelbar und womöglich gar in Wort und/oder Bild perpetuierbar, speicherbar und damit wiederholbar gemacht werden könne. Diese wahrnehmungspsychologische und medienstrategische Frage stellte sich in Konsequenz der Gutenbergschen Revolution neu, ja im Grunde erstmals in dieser Schärfe. Und sie stellte sich dem berichterstattenden Augenzeugen anders als dem Flugblattgraphiker, dem Redaktor einer *Neuen Zeytung* anders als dem theologischen Verfasser einer Mahnpredigt, dem Historiker, der die Einblattdrucke sammelte, anders als dem Enzyklopädisten, der sie zu systematisieren suchte.

---

monströser Wildschweinfötus gelten. Verschiedene Beispiele auch im Kommentarband von Till Borchert, Joshua P. Waterman (Hrsg.): The Book of Miracles. Facsimile of the Augesburg manuscript from the Collection of Mickey Cartin, Köln 2013, und bei Weber (Hrsg.): Wunderzeichen (s. Anm. 32).

35 Dazu ausführlich Peter Dinzelbacher: Revelationes, Typologie des Sources du Moyen Âge occidental 57, Turnhout 1991. Siehe auch David Ganz: Medien der Offenbarung. Visionsdarstellungen im Mittelalter, Berlin 2008.

36 Dazu Jörg Jochen Berns: Himmelsmaschinen / Höllenmaschinen (s. Anm. 30), bes. S. 189–251.

37 Der Artikel „Wolcken=(und Monds=)Phänomenon" im Zedler (1748) (s. Anm. 6), Sp. 350, berichtet von der phantasiefördernden Kraft bewegter Gewölkformationen: „Dergleichen aber eigentlich nichts in der That vorgestellet wurde, sondern es waren nichts anders, als zerrissene Stücken Wolcken, wovon man aber mit Verwunderung sahe, wie der einfältige Pöbel schleunigst diese und eine andere Gestalt, auch nur mit Kreide auf einen Pfal oder Bret, zuweilen ins Schieferbuch abzeichnete, und hernach mit der Einbildung, was noch fehlete, supplirte."

38 Dazu Weber (Hrsg.): Wunderzeichen (s. Anm. 32), S. 32–40 und Schilling: Bildpublizistik (s. Anm. 32), S. 13 f., 201–214.

4. Die vergängliche Wahrheit des Wahrgenommenen

Kehren wir zu der eingangs gestellten Frage zurück, wieso die Europäer und zumal die Deutschen des 16./17. Jahrhunderts am Himmel Dinge sahen, die schon seit dem 18. Jahrhundert dort nicht mehr gesehen wurden. Wie also war das Harte ins Weiche, das Konsistente in das Inkonsistente gekommen, und wie hatte es sich darin halten können? Es wäre zu einfach, den Einblattdruckproduzenten zu unterstellen, sie hätten aus freien Stücken erdichtet, was sie doch messerscharf per Holzschnitt oder Kupferstich sichtbar machten. Just die Schärfe ihrer Darstellungen von später nie mehr Gesehenem drängt zu der Vermutung, dass sie darstellten, was sie zu sehen befürchteten, mehr noch: was sie sehen mussten.

Warum aber mussten sie das sehen?

Es gab ein Geflecht von Motiven, die vermöge kollektiver Wahrnehmungssuggestion zu einer zeitweiligen Intensivierung von Prodigiengläubigkeit zusammengewirkt haben müssen.

Von fundamentaler Bedeutung waren Bild- und Textdruck, die einander verstärkend eine überregionale, tendenziell ubiquitäre Verbreitung und Standardisierung von Informationen ermöglichten. Gedruckte Darstellungen von Himmelsprodigien ermunterten fortan jedweden, beim Blick in die Höhe nach ähnlichen Phänomenen zu suchen. Jedes Prodigienflugblatt ein virtuelles Fahndungsbild! Der Wahrheitsanspruch einer prodigiösen Himmelserscheinung wurde noch gesteigert, wenn von verschiedenen Druckoffizinen an unterschiedlichen Orten Darstellungen eines einzigen Phänomens in Nachdrucken publiziert wurden.

Effekt der Druckerei war es auch, dass antikes Prodigienwissen wiederbelebt, verbreitet und standardisiert wurde, wie aus den vielen Druckausgaben und Auflagen von Ciceros *De divinatione*, Plinius des Älteren *Naturae historia* und – vor allem – Julius Obsequens' *Liber de prodigiis*[39] zu schließen ist. Pagane Vorstellungen wurden nun mit biblizistischen abgeglichen und stärkten gemeinsam die gleichermaßen angst- wie hoffnungsvolle Erwartung, dass dergleichen auch in der eigenen Lebensfrist zu gewärtigen sei.

Der Umstand, dass die antiken Prodigia und ihre Zeichencodes doch Mittel und Effekte polytheistisch-paganer Religionspraxis waren, störte nicht ernstlich dabei, sie für christliche Zwecke zu adaptieren und mit genuin christlichen Zeichen wie den *Arma Christi*, Altargerät, Kreuzregen u. dgl. m. zu kombinieren und so in die eigene Frömmigkeitspraxis einzu-

39 Allein im 16. Jahrhundert erschienen 29 Ausgaben! Vgl. Berns: Wunderzeichen (s. Anm. 1), Kap. 5.1.

bringen. Was die Adaption der paganen Zeichen nahelegte, war die seit dem hohen Mittelalter verbreitete Unterstellung, antik-pagane Religion und Mythologie seien lediglich verzerrte Varianten alttestamentlicher Religion und Geschichte, Varianten, die sich wieder entzerren und so dem christlichen Geschichtsbild gewinnbringend integrieren ließen.[40]

[Exkurs: Wie effektvoll ein Zeichenset, den man durch antike und alttestamentliche Historiographie verbürgt glaubte, in der eigenen Gegenwart neu erstarken und sich bestätigt sehen konnte, sei hier nur an einem einzigen Beispiel, dem Erscheinen von Militärformationen im Luftraum, dargetan. Kriegsheere in den Wolken gehören nachgerade zum piktographischen Standardrepertoire prodigiösen Himmelstheaters, stehen sie doch in prominenter Tradition. So schreibt Plinius in Buch II, Kap. 57, seiner Naturgeschichte:

> Wir haben Nachricht, daß in den Cimbrischen Kriegen ein Geräusch der Waffen und der Schall von Trompeten am Himmel gehöret sey; solches ist auch oft vorher und nach dem geschehen. Aber in dem dritten Bürgermeisteramte des Marius hat man bey den Amerinern und Tubertern am Himmel gewaffnete Heere gesehen, welche von Morgen und Abend her gegen einander trafen, wobey die von Abend geschlagen wurden. Daß der Himmel selbst brenne, ist gar kein Wunder, und man hat es öfters gesehen; wann die Wolken durch größere Gewalt des Feuers anbrennen.[41]

Julius Obsequens teilt in seinem *Liber prodigiorum*, einer im 4. nachchristlichen Jahrhundert zusammengestellten Sammlung von prodigiösen Exempeln,[42] etliche Ereignisse mit, bei denen es um das Erscheinen von Waffen,[43]

---

40 Vgl. dazu Jörg Jochen Berns: Mythographie und Mythenkritik in der Frühen Neuzeit. Unter besonderer Berücksichtigung des deutschsprachigen Raumes, in: Herbert Jaumann (Hrsg.): Diskurse der Gelehrtenkultur in der Frühen Neuzeit. Ein Handbuch, Berlin–Boston 2010, S. 85–155; ders.: Mythos / Mythologie, in: Der Neue Pauly, Supplemente, Bd. 9: Renaissance – Humanismus. Lexikon zur Antikerezeption, hrsg. von Manfred Landfester, Stuttgart u. a. 2014, Sp. 657–670, hier Sp. 659 f.

41 Zitat aus: Plinius Naturgeschichte (s. Anm. 5), Buch II, Kap. 57, S. 43. [BSB München, digit.] Im lateinischen Original: „Armorum crepitus & tubae sonitus, auditos e caelo Cimbricis bellis accepimus, crebrosque & prius & postea. Tertio uero consulatu Marij ab Amerinis & Tudertibus spectata arma caelesta, ab ortu occasuque inter se concurrentia, pulsis quae ab occasu erant. Ipsum ardere caelum minime mirum est, & saepius uisum, maiore ui ignis nubibus correptis." zitiert nach C. Plinii Secundi Divinum Opus Cui Titulus, Historia Mundi [...], Basel 1525, Lib. II, Cap. LVII, S. 18 [BSB München, digit.].

42 Ich beziehe mich auf die von Conrad Lycosthenes bearbeitete Ausgabe: Iulii Obsequentis Prodigiorum Liber (s. Anm. 5).

43 Ebd.: Lanzen und Speere am Himmel, ab urbe condita CCLI, 500 a. Chr. und ab urbe condita DC, 152 a. Chr.

von Militärformationen[44] oder auch um Seeschlachten[45] in wolkigen Sphären geht, und er teilt jeweils mit, in welchen politischen Ereignissen diese himmlischen Erscheinungen auf Erden ihre Einlösung fanden.

Die alttestamentliche Vorbildszene – die Matthäus Merian in seiner Ausgabe der Luther-Bibel ins Bild setzte – beschreibt im 2. Buch der Makkabäer das Auftreten von Schreckzeichen (*Signa terribilia*) im Himmel über Jerusalem:

> Vmb dieselbige Zeit/ zog Antiochus zum andern mal in Egypten. [2] Man sahe aber durch die gantze Stad/ vierzig tage nach einander in der lufft/ Reuter in güldem Harnisch/ mit langen spiessen in einer Schlachtordnung/ [3] Vnd man sahe/ wie sie mit einander traffen/ vnd mit den schilden vnd spiessen sich wehreten/ vnd wie sie die schwert zuckten/ vnd auff einander schossen/ vnd wie der gülden Zeug schimmert/ vnd wie sie mancherley Harnisch hatten. [4] Da betet jederman/ das es ja nichts böses bedeuten solt.[46]

Die Entsprechungen von paganen und biblischen Schilderungen wurden im frühneuzeitlichen Prodigiendiskurs bis an die Schwelle des 18. Jahrhunderts immer wieder unterstrichen. So beispielsweise durch den Mainzer Domprediger Friedrich Nausea, der 1532 in seinem *Mirabilia*-Buch der Frage „Quid exercitus in caelo vna cum bellicis instrumentis apparens, sit aut portenderit“[47] ein eigenes Kapitel widmete[48], in welchem er auf Autoren wie Plinius, Vergil, Horaz und Kirchenväter wie Josephus und Eusebius verweist. Sie alle hätten gezeigt, wie militärische Himmelsprodigien Kriegsereignisse auf Erden ankündigten: „Deus proinde Optimus Maximus avertat funesta bella & prælia, quæ illa creduntur olim futura prænunciasse.“[49]

---

44 Iulii Obsequentis Prodigiorum Liber (s. Anm. 5): Militär am Himmel, ab urbe condita DXL, 212 a. Chr.

45 Ebd.: Seeschlacht am Himmel, ab urbe condita DXXXVII, 213 a. Chr.

46 D. Martin Luther: Die gantze Heilige Schrifft Deutsch Wittenberg 1545, hrsg. von Hans Volz, München 1972, S. 1912. Vulgata-Fassung: „Eodem tempore Antiochus secundam profectionem paravit in Aegyptu. [2] Contigit autem per universam Ierosolymorum civitatem videri diebus quadraginta per aera equites discurrentes, auratas stolas habentes, et hastis, quasi cohortes, armatos, [3] et cursus equorum per ordines digestos, et congressiones fieri cominus, et scutorum motus, et galeatorum multitudinem gladiis districtis, et telorum iactus, et aureorum armorum splendorem, omnisque generis loricarum. [4] Quapropter omnes rogabant in bonum monstra converti.“

47 Dt.: Was es mit einem im Himmel samt Kriegsgerät erscheinenden Heer auf sich habe und was es ankündige.

48 Friedrich Nausea: Libri Mirabilii Septem, Köln 1532, Lib. IV, Cap. V, fol. XXXVII^{r}–XXXVIII^{r}.

49 Ebd., fol. XXXVIII^{r}.

Job Fincel, ein lutherischer Pfarrer, berichtete 1556 in seiner ‚Wunderzeichen'-Sammlung[50] wiederholt von Kriegstheatererscheinungen – er spricht von ‚Spectakeln'[51] – und erklärt jeweils, was sie prognostizierten.[52]

Der brandenburgische Lutheraner Andreas Angelus[53] handelte 1597 in seinem *WiderNatur und Wunderbuch* in einem eigenen Kapitel „Von Wunderlichen Erscheinungen in der Lufft vnnd auff Erden"[54] und liefert darin u. a. folgende dramatische Meldung:

> Jm 1555. jahr/ vmb Barthololmaei, hat man zu Cüstrin in der newen Marck eine grosse Feldschlacht am Himmel gesehen/ mit jämmerlichen geschrey/ vnnd grossem Getümmel. Auff dem Marckte sind zween vnbekandte Geharnischte Männer gesehen worden/ welche einander die Hände gegeben/ vnd bald darauff mit einem jämmerlichen geschrey verschwunden sind.[55]

Der Jesuit Franz Reinzer (1661–1708) handelt noch an der Wende zum 18. Jahrhundert[56] in einem umfänglichen Kapitel „Von denen ungewöhn-

50 Job Fincel: Wunderzeichen. Warhafftige beschreibung vnd gründlich verzeichnus schrecklicher Wunderzeichen vnd Geschichten/ die von dem Jar an M.D.XVII bis auff jtziges Jar M.D.LVI. geschehen vnd ergangen sind/ nach der Jarzal, 3 Bde., Jena 1556, 1559 u. 1562 [BSB München, digit.].

51 Ebd., Bd. I, Sc. 179: „Vnd zeigt Gott mit solchen Spectakeln an/ Das die jenigen die nichts denn krieg vnd blutregen suchen/ vnsinnige/ törichte hunde sind."

52 Ebd., 1520, Sc. 67; 1523, Sc. 71; 1530, Sc. 95; 1535, Sc. 122–125.

53 Andreas Angelus: WiderNatur vnd Wunderbuch. Darin so wol in gemein von Wunderwercken des Himmels/ Luffts/ Wassers vnd Erden/ als insonderheit von allen widernatürlichen wunderlichen Geschichten grössern theils Europae, fürnemlich der Churfürstlichen Brandenburgischen Marck, vom Jahr 490. biß auff 1597. ablauffendes Jahr beschehen/ gehandelt wird, […] Mit fleiß zusammen getragen/ durch M. Andream Angelum zu Straußberg/ inn Brandenburgischer Mittelmarck Pfarherr, Frankfurt a. M. 1597 [BSB München, digit.].

54 Ebd., S. 149 ff.

55 Ebd. S. 152 f.

56 Die lateinische Erstausgabe seiner *Meteorologia philosophico-politica* erschien 1697 in Augsburg, die deutsche Version, nach der hier zitiert wird, 1712 unter dem Titel: METEOROLOGIA PHILOSOPHICO-POLITICA, Das ist: Philosophische und Politische Beschreib- und Erklärung der Meteorischen/ oder in der obern Lufft erzeugten Dinge; Jn Zwölff zerschiednen Aus Metereologischen Fragen/ und Politischen Schluß-Reden bestehenden; wie auch mit zugleich untermischten schönen Sinn-Bildern gezierten Abtheilungen Sonderbahren Fleisses ehedem verfasst Durch Den Ehrw. P. FRANCISCUM REINZER, S.J. AA. LL. & Phil. D. & Prof. Ord. in Gymn. Lincensi &c. Anjetzo aber Wegen der darinnen enthaltnen raren und anmuthigen Materien/ curiosen Gemüthern zu Gefallen/ und zu nutzlicher Ergötzung/ nebst erstgedachten Authoris Vor-Ansprach an den Leser/ aus dem Lateinischen in das Teutsche übersetzt, Augspurg 1712 [Univ. u. Landesbibl. Düsseldorf, digit.].

lichen und wundersamen Bildern/ so zuweilen in der Lufft gesehen werden.“,[57] das er mit der Feststellung eröffnet:

> Es geschiehet zu Zeiten/ daß wiewohl selten unterschiedliche ungewohnte Wunderzeichen/ als da seyn völlige Kriegs-Heere/ auf einander treffende Trouppen/ Bataillonen und Squadronen/ gantze Flotten von Orlog-Schiffen und Galeeren: und dergleichen in der Lufft erscheinen/ einfolglich denen Menschen wegen besorglicher Bedeutung künfftiger Unglücks-Fällen nicht geringen Forcht und Schrecken verursachen.[58]

Reinzers Erklärung des Phänomens ist unentschieden, denn zum einen kennt und referiert er Luftspiegelungstheorien, wie sie im 17. Jahrhundert seine Sozietätsbrüder Athanasius Kircher und Caspar Schott entwickelt hatten, zum andern aber möchte er doch nicht in Abrede stellen, dass es sich gelegentlich auch um Wunderzeichen von prognostischem Wert handele:

> Derowegen will der Himmel durch dergleichen seltene Zeichen ein Vor-Spiel machen/ damit ein fürsichtiges Gemüth sich nach Schwerd und Harnisch umsehe; und wie ein Mensch von der Natur mit zweyen Augen versehen worden; also solter er auch mit einem zweyfachen Gesicht zugleich nach dem Gegenwärtigen und dem Zukünfftigen sich zu kehren wissen.[59]

Fazit: Als stets aktualisierbare Drohtheaterszenerien waren himmlische Treffen von Militärformationen nachgerade unentbehrlich, da sie ganze Völker und Herrschaften und damit die politischen Verhältnisse betrafen. Kriegsbilder waren warntheologisch und politisch bevorzugt.]

Was hier an nur *einem* Exempel – dem der Militärformationen im himmlischen Raum – gezeigt wurde, ließe sich in gleicher Weise auch an anderen prodigiösen Zeichen und Codes – etwa solchen von Drachenerscheinungen,[60] wunderlichen Niederschlägen wie Blut-, Milch-, Stein-, Kreuz- oder Brotregen, tierischen und menschlichen Fötenmissbildungen (*monstrositas*-Phänomenen), Tierkämpfen, Insektenplagen u. a. m. – dartun. Es ließe sich, beginnend bei antiken Autoren und endend bei den (teils bebilderten) Wunderzeichen-Kompendien des 16. und 17. Jahrhunderts, unschwer eine Datenbank erarbeiten, die als ikonographisches Findemittel der verschiedenen Prodigiencodes auch für benachbarte Disziplinen wie Alchemie, Emblematik, Heraldik, Hieroglyphik, Mythologie und Physiognomik hilfreich sein könnte.

---

57 Reinzer: Meteorologia (s. Anm. 56), S. 142–148.

58 Ebd., S. 142.

59 Ebd., S. 147.

60 Vgl. dazu die Hinweise oben in Anm. 17.

Neben den beschriebenen Effekten von Bilddruck- und Letterndruckerfindung gab es noch etliche andere Innovationen, die für die Prodigiengläubigkeit motivierend wurden. Vor allem drei sind hervorzuheben: die Politisierung der Astrologie; sodann die mit der Spaltung der Kirche intensivierte Endzeiterwartung; und schließlich das Kompensationsbedürfnis der durch die protestantischen Konfessionen erwirkten Heiligen- und Bildkritik.

Die Aufwertung der Astrologie als Wissenschaft, die noch im Spätmittelalter erfolgt war, zeigte sich vor allem auf universitärem und politischem Gebiet. An vielen Universitäten wurde in Zusammenhang mit medizinischen Studien auch iatroastrologisches Wissen (z. B. bei Bindung bestimmter Eingriffe an astronomisch-astrologische Daten) gelehrt, wurden persönliche Horoskope gestellt und mit Prodigienwissen kombiniert. Im politischen Bereich führten entsprechende Überlegungen zur Einrichtung von kommunalen und fürstlich-höfischen Physicus- und Mathematicus-Ämtern[61] beispielsweise in Augsburg, Basel, Leipzig, Nürnberg, Straßburg, Jena oder am Hofe Kaiser Maximilians I., die mittels ihrer astrologischen und prodigienprognostischen Spezialkenntnisse bei der politischen Entscheidungsfindung beratend tätig wurden.

Die Endzeiterwartung wurde im Sog der Reformation und der Verfestigung der Konfessionsspaltung durch Theologen aller Lager gesteigert, wobei bestimmte Prodigien, die man aus Jesus-Worten[62] und aus der Offenbarung des Johannes[63] kannte, besonders wichtig wurden. Man diffamierte ebenso Luther wie den Papst als Verkörperung des Antichrists, dessen Auftreten den Jüngsten Tag ankündige.

Schließlich ist zu unterstellen, dass die Bildlichkeit der Prodigien die durch protestantische Bewegungen betriebene Unterdrückung und Beseitigung von Heiligenbildern kompensierte, zumal (wie oben schon dargelegt) bei jenen Bildproduzenten und Händlern, die von der Massenbildproduktion lebten. Die durch Heiligenbilder gesteuerte Andacht konnte, wenigstens partiell, durch eine durch Prodigienbilder vermittelte Naturaufmerksamkeit ersetzt werden; wobei freilich Erbauung gegen Schrecken ausgetauscht wurde. Zu berücksichtigen wäre, dass insbesondere die Wolken-

---

61 Dazu Barbara Bauer: Die Rolle des Hofastrologen und Hofmathematicus als fürstlicher Berater, in: August Buck (Hrsg.): Höfischer Humanismus, Weinheim 1989, S. 93–117; dies.: Die Krise der Reformation. Johann Jacob Wicks Chronik außergewöhnlicher Natur- und Himmelserscheinungen, in: Wolfgang Harms, Alfred Messerli (Hrsg.): Wahrnehmungsgeschichte und Wissensdiskurs im illustrierten Flugblatt der Frühen Neuzeit (1450–1780), Basel 2002, S. 193–236.

62 Vgl. die Ankündigung der Verfinsterung von Sonne, Mond und Sternen Mt 24, 29. Ankündigung von falschen Propheten Mt 24, 24 u. a. m.

63 Apoc 16: Ankündigung von sieben Plagen; Ankündigung des Antichrist Apoc 13 und 16.

bildnerei von der Antike bis ans Ende der Frühen Neuzeit insgesamt einen Bildset akkumulierte und zu Verfügung halten konnte, der die Lesbarkeit der Wolken und ihrer prodigiösen Warnungen mehr oder minder steuerte.[64] Man könnte nachgerade von einem mnemonischen Bildthesaurus sprechen, der fortgeerbt wurde, von den heidnischen Divinationsspezialisten auf die Christen, immer aber mit religiöser Rechtfertigung. Die Wolkenbildseherei, die – auch und gerade im deutschsprachigen Kulturraum der Frühen Neuzeit – sich zu spezialistischer Kennerschaft entwickelt hatte, diente einer Schreck- und Warntheologie, einer Seelensteuerung mittels ikonischer *territio* und *punctatio*, welche durch Flugblätter und Predigten verbreitet wurden. Erst als die Götter samt dem christlichen Gott die Wolken verließen, verloren sie samt ihren Bildern ihre Schrecken.

Wenn die Nachfrage nach Einblattdrucken, auf denen Himmelsprodigien dargestellt waren, im Verlauf des 17. Jahrhunderts sank, so gab es auch dafür mehrere Gründe. Die Zeitrechnung änderte sich so, dass die Endzeiterwartung die Dringlichkeit einer Naherwartung verlor. Die Himmelsbeobachtung, die zunehmend durch Teleskopie verschärft wurde, half einen anderen Objektkanon und damit einen neuen Objektivitätsanspruch durchzusetzen. Denn der Wunderlichkeitsstatus wolkiger Wunderzeichen hatte vor dem armierten Auge zunehmend keinen Bestand mehr. Er zerging in Wasser und Licht.

Den Umschlagspunkt bezeichnet in der ersten Hälfte des 18. Jahrhunderts beispielsweise Zedlers Universal-Lexicon, wenn es dort im Artikel ‚Wolcke' heißt:

> Seit dem die Menschen ihren Verstand von Vorurtheilen, und Träumen gereiniget, und eine tieffere Einsicht in die Natur und ihre Würckungen zu erlangen sich bemühet haben: so sind die seltsamen Erscheinungen in den Wolcken fast gäntzlich unterblieben. Heutiges Tages redet man sehr selten von blutigen Wolcken; man siehet keine, und glaubt so wenig, daß Wolcken mit Blut gefärbet wären, als daß es Blut, oder Frösche regne. [...] Sonst sind auch fürchterliche Kriege in den Wolcken geführt worden; und Leute, die gut haben sehen können, haben in denselben Türcken-Köpffe, Säbel, Blut, und andere gefährliche Dinge gantz genau wahrgenommen. [...] Ob nun gleich nicht zu läugnen ist, daß GOtt ehemals seinen Willen auf solche Art bekannt gemacht, [...] so ist doch diese Art zu reden nach der Zeit nicht mehr gehöret worden.[65]

64 Vgl. dazu Jörg Jochen Berns: Die Lesbarkeit der Wolken, in: Ulrich Stadler, Hans Kofler (Hrsg.): Lesen, Schreiben, Edieren. Über den Umgang mit Literatur. Festschrift für Elmar Locher aus Anlass seines 65. Geburtstages am 14. Februar 2016, Frankfurt a. M.–Basel 2016, S. 13–30.

65 Art. „Wolcke" in: Zedlers Universal-Lexicon 58 (1748), Sp. 309–343, hier Sp. 330 f.

Im Artikel ‚Wunder-Zeichen' heißt es im gleichen Tenor:

> Das meiste, was man für Wunder-Zeichen außgegeben, und davon die Historien überall voll sind, kann man für nichts anders als für Lufft--Erscheinungen und Feuer-Zeichen halten [...] Heutiges Tags, nachdem man die natürlichen Begebenheiten genauer untersuchet, weiß man von solchen Wunder-Zeichen nichts mehr.[66]

Nach Prüfung von historischen Konditionen, von Machart und Wirkungsintentionen der Wolkenspektakel-Flugblätter, die eine höchst eigentümliche Wahrnehmungswirklichkeit behaupten, dürfen sie nun als Zeugnisse eines nur mehr transitorisch Wahren gelten. Ihr ebenso unerkannter wie unschätzbarer Wert besteht darin, dass sie Einblick in eine abgestorbene Wahrheit, eine ausgestorbene Wirklichkeit gewähren, die einer *vorübergehenden* Koinzidenz gruppenpsychologischer und medientechnischer Wahrnehmungskonditionen entsprang und daran bis in ihr Ungültigwerden gekoppelt war.[67]

Bildnachweis

Abb. 1: Dr. Jörn Günther Rare Books AG
Abb. 2: Bruno Weber (Hrsg.): Wunderzeichen und Winkeldrucker, Zürich 1972, S. 58
Abb. 3: Wolfgang Harms (Hrsg.): Deutsche illustrierte Flugblätter des 16. und 17. Jahrhunderts, Bd. IV, Tübingen 1987, S. 387
Abb. 4: Bruno Weber (Hrsg.): Wunderzeichen und Winkeldrucker, Zürich 1972, S. 82
Abb. 5: Bruno Weber (Hrsg.): Wunderzeichen und Winkeldrucker, Zürich 1972, S. 134
Abb. 6: Wolfgang Harms (Hrsg.): Deutsche illusrierte Flugblätter des 16. und 17. Jahrhunderts, Bd. I, Tübingen 1985, S. 429

---

66 Art. „Wunder-Zeichen" in: Zedlers Universal-Lexicon 59 (1751), Sp. 2149–2199, hier Sp. 2150 f.

67 In den Blick zu nehmen wäre von hier aus weiter ausgreifend die variantenreiche Faszinationsgeschichte der bewegten Bilder; jene Geschichte, die sich – nicht von ungefähr gleichzeitig – in der technischen Optimierung von Camera obscura-Projektionen sowie in Herstellung von mechanischen und chymischen Kunstmenschen und schließlich in Versuchen bekundete, den eigenen Imaginationsfluss haptisch, etwa durch Rosenkranzrotation in den eigenen Händen, zu steuern. Vgl. dazu Jörg Jochen Berns: Film vor dem Film. Bewegende und bewegliche Bilder als Mittel der Imaginationssteuerung in Mittelalter und Früher Neuzeit, Marburg 2000; ders.: Die Jagd auf die Nymphe Echo. Zur Technisierung der Wahrnehmung in der Frühen Neuzeit, Presse und Geschichte. Neue Beiträge 53, Bremen 2011.

Hole Rössler

Himmelsgrausen

Luftkriegsszenarien der Vormoderne*

„Packe dich hinweg/ du Gottloses Teutschland/ ehe dich der Gerechte GOtt in seinem billigen Eyffer und Zorn/ mit Donner unnd Blitz vom Himmel verzehre.“[1]

Die Bezwingung des Auges

Der Vormoderne war es eine unzweifelhafte Gewissheit, dass sich militärisches Siegesglück göttlichem Ratschluss verdankte und nicht ohne himmlischen Beistand zu erlangen war.[2] Das stets entscheidende Eingreifen der Götter und später des einen Gottes oder der von ihm gesandten Engel und losgelassenen Dämonen in das Kriegsgeschehen gehörte zum essenziellen Motivbestand des europäischen Denkens. Die Zeugnisse und Spuren dieser Vorstellung in Texten, Bildern und materiellen Objekten sind Legion und böten mithin reichlich Material für eine Imaginationsgeschichte des Krieges. Indes geben das Thema dieses Bandes und der begrenzte Raum Anlass zur Beschränkung: Im Folgenden wird es daher zunächst um Äußerungen

* Ich danke Katharina Gietkowski und Lea Hagedorn für die kritische Lektüre des Manuskripts und ihre hilfreichen Hinweise.

1 Georg Rollenhagen: Hundstägige Erquickstund: Das ist/ Schöne/ Lustige Moralische und Historische Discurß und Abbildungen: Von wunderbarlichen geheimen und offnen Sachen/ der Natur/ und Verlauff der jetzigen Welt/ und Zustand deß Römischen Reichs/ und anderer Königreichen, Frankfurt a. M. 1650, S. 233.

2 Vgl. Wolfgang Speyer: Die Hilfe und Epiphanie einer Gottheit, eines Heroen und eines Heiligen in der Schlacht, in: Ernst Dassmann, Karl Suso Frank (Hrsg.): Pietas. Festschrift für Bernhard Kötting, Münster 1980, S. 55–77; Marco Frenschkowski: Offenbarung und Epiphanie, 2 Bde., Tübingen 1997, S. 104–107; Werner Eck: Vom See Regillus zum flumen Frigidus. Constantins Sieg an der Milvischen Brücke als Modell für den Heiligen Krieg?, in: Klaus Schreiner (Hrsg.): Heilige Kriege. Religiöse Begründungen militärischer Gewaltanwendung. Judentum, Christentum und Islam im Vergleich, München 2008, S. 71–91. Für die europäische Tradition der ‚Militarisierung' von Göttern und Heiligen siehe die klassische Studie von Ernst H. Kantorowicz: Götter in Uniform, in: Götter in Uniform. Studien zur Entwicklung des abendländischen Königtums, übers. von Walter Brumm, hrsg. von Eckhart Grünewald und Ulrich Raulff, Stuttgart 1998, S. 46–72.

gehen, in denen die metaphysische Dimension des Krieges Grundlage militärtaktischer Erzählungen und Entwürfe darstellt, denen gemeinsam ist, dass sie den Luftraum in den verfügbaren Bereich menschlicher Handlungsmöglichkeiten einbeziehen und zur Bühne einer inszenierten Parteinahme himmlischer Mächte erklären. Daran anschließend werden frühneuzeitliche Konzepte zur flugtechnischen Erschließung des Himmels hinsichtlich der sich in ihnen abzeichnenden Ersetzung göttlicher Intervention durch Militäraviatik betrachtet. Der Luftkrieg, so könnte daran erkennbar werden, war ein langwieriges Phantasma, dessen unheilvolle Realisierung im 20. Jahrhundert noch deutliche Spuren der vormodernen Herkunft trug.

Literarischen Niederschlag fand der Gedanke von der Möglichkeit einer Simulation himmlischen Beistands durch Menschenhand in einer Binnenerzählung des zuerst 1542 gedruckten *Erasto*-Romans. In dieser ist die Belagerung und wundersame Rettung der chaldäischen Stadt Ur durch drei Weise (*Magi*) geschildert. Auf dem zentralen Turm der Zitadelle fertigen diese ein riesenhaftes Kostüm an, das vollständig mit Spiegeln und farbigen Gläsern bedeckt ist. Des Weiteren stellen sie ein Paar goldener Flügel, zwei blutrote Schwerter und eine glänzende Krone her. Zwei der drei Weisen verlassen nach diesen Vorbereitungen die Stadt und ziehen sich bis zum nächsten Morgen ins nahegelegene Gebirge zurück. Der Dritte lässt bei Sonnenaufgang Feuer und Rauch aufsteigen und fabriziert mit Kesseln einen Lärm, „als würde die Stadt untergehen". Dann erscheint er geflügelt im riesigen Kostüm auf der obersten Terrasse des Turmes, von wo aus dieses die Sonnenstrahlen reflektiert und alle jene blendet, die die Erscheinung zu sehen versuchen. Nachdem er eine Weile die Flügel auf- und zugeklappt hat, beginnt er mit den Schwertern Kampfbewegungen zu machen. Währenddessen eilen die beiden anderen Weisen in das Lager der persischen Belagerer und verkünden dem König, dass er und seine Truppen des Todes seien. Es sei nämlich der Gott der Chaldäer vom Himmel herabgestiegen, um die Stadt zu verteidigen, so dass nunmehr alle Angreifer um ihr Leben fürchten müssten. Ihr Gefährte bereits sei von dem unbarmherzigen Gott zerschmettert worden, als er versucht habe, diesen durch ein Opfer zu besänftigen. So werde es auch den Persern ergehen, wenn diese nicht bis zum Abend abgezogen seien. Dies gesagt, fliehen die Weisen in vollem Galopp aus dem Lager, was ihnen die verängstigten Perser umgehend nachtun, so dass die Belagerung nach weniger als einer Stunde aufgehoben ist.[3]

Wie eine Variante der Erzählung im Buch der *Sieben weisen Meister*, in der auf gleiche Weise eine Belagerung Roms durch die vermeintliche

3 Vgl. Erasto dopo molti secoli ritornato al fine in luce et con somma diligenza dal greco fedelemente tradotto in iltaliano, Mantua 1546, Bl. 78^{v}–80^{r}.

Erscheinung Gottes beendet wird, zeigt, ließ sich das Motiv der fingierten Epiphanie umstandslos auf den christlichen Raum übertragen.[4] Wahrscheinlichkeit und Glaubwürdigkeit bezog dieses Motiv aus dem Glauben an gottgesandte Unterstützung im Kriegsfall, der in zahlreichen Berichten Ausdruck und Bestätigung fand.[5] Grundlegend waren neben heidnisch-antiken Überlieferungen vor allem alttestamentarische Erzählungen, in denen der Sieg jüdischer Truppen über ihre jeweiligen Feinde allgemein mit der Gnade und Hilfe Gottes begründet wird, die aber bisweilen auch recht konkrete Formen annehmen konnte, etwa wenn der Engel des Herrn über Nacht einen Großteil des assyrischen Belagerungsheeres vor Jerusalem niedermacht (2 Könige 19,35; 2 Chron 32,21)[6] oder wenn den Soldaten des Judas Makkabäus ein weißgewandeter Reiter mit goldblitzender Rüstung erscheint, der ihnen voranzieht und sie zum Sieg in der Schlacht von Beth-Sur führt (2 Makk 11,8).[7]

Derartige Manifestationen waren auch im Mittelalter und in der Frühen Neuzeit nicht unbekannt. So berichtet der Basler Chronist Johannes Knebel, dass sich vor der Schlacht der Eidgenossen gegen Karl den Kühnen am 22. Juni 1476 die Regenwolken gelichtet hätten und am Himmel „die Heerscharen der (Zehntausend) Ritter" (der Legende nach als christliche Märtyrer gestorbene römische Legionäre) erschienen seien, um den Schweizern voranzuziehen und die Burgunder in die Flucht zu schlagen.[8]

Beobachtungen wie diese waren ein Beleg dafür, dass es Gott bisweilen gefiel, sein Eingreifen ebenso bildhaft in Szene zu setzen, wie die Maler den Himmel über den Schlachtfeldern mit schwebenden Hilfstruppen besetz-

---

4 Vgl. bspw. Die sieben weisen Meister, Nürnberg 1670, o. P. [Bl. Giii^{v} f.]. Auf die motivische Parallele hat bereits der Literaturwissenschaftler Adelbert Keller hingewiesen. Vgl. Hans von Bühel: Dyocletianus Leben, hrsg. von Adelbert Keller, Oldenburg–Leipzig 1841, S. 61.

5 Grundlegend ist hier freilich 5. Mose 20,1–4. Zur frühneuzeitlichen Rezeption siehe bspw. Johann Jacob von Wallhausen: Defensio Patriae Oder Landrettung, Frankfurt a. M. 1621, II, S. 28.

6 Eine frühneuzeitliche Darstellung findet sich in Johann Ludwig Gottfried: Historische Chronica, Oder Beschreibung der Fürnemsten Geschichten/ so sich von Anfang der Welt/ biß auff das Jahr Christi 1619. zugetragen, [Frankfurt a. M.] 1674, S. 59.

7 Für weitere Belegstellen siehe Walter Groß: Keine „Heiligen Kriege" in Israel. Zur Rolle Jhwh's in Kriegsdarstellungen der Bücher Jos bis 2 Kön, in: Andreas Holzem (Hrsg.): Krieg und Christentum. Religiöse Gewalttheorien in der Kriegserfahrung des Westens, Paderborn u. a. 2009, S. 107–127, hier S. 112 f.

8 Werner Mayer: Religiös-magisches Denken und Verhalten im eidgenössischen Kriegertum des ausgehenden Mittelalters, in: Michael Kaiser, Stefan Kroll (Hrsg.): Militär und Religiosität in der Frühen Neuzeit, Münster 2004, S. 21–32, hier S. 22 f. Vgl. Wilhelm Vischer (Hrsg.): Basler Chroniken, Bd. 3 (= Hans Knebels des Kaplans am Münster zu Basel Tagebuch, Juni 1476–Juli 1479), Leipzig 1887, S. 33.

ten.[9] Aus diesem Wissen um die Möglichkeit einer sichtbaren Demonstration göttlicher Unterstützung leitete sich die schlichte Logik der Erzählungen vom taktischen Einsatz einer inszenierten Epiphanie ab: Ihr Erscheinen sollte den Gegner unmissverständlich die Aussichtslosigkeit seiner militärischen Ambitionen erkennen lassen.

Schilderungen von der furchteinflößenden und mithin demoralisierenden Wirkung, die eine fingierte Intervention übernatürlicher Mächte auf den Gegner ausüben konnte, finden sich bereits in Schriften antiker Historiker und gingen vermittelt über die Humanisten in den gelehrten Diskurs der Frühen Neuzeit ein. Herodot, Polyainos und Pausanias etwa berichten, wenige Jahre vor der persischen Invasion (480 v. Chr.) hätten sich einige hundert phokische Krieger für den nächtlichen Überfall auf ein Lager des thessalischen Heeres die Körper mit Gips eingerieben und weiße Rüstungen angelegt, was bei den Gegnern den Eindruck eines göttlichen Einwirkens erweckt habe.[10] Caesar bemerkt über die Britannier, diese würden sich mit Pflanzenfarbe blau bemalen, was „ihren Anblick im Kampfe umso schrecklicher“ (*hoc horribiliores sunt in pugna adspectu*) mache.[11] Und Tacitus schrieb über den Stamm der Harier, dass dessen Angehörige ihre angeborene Wildheit im Kriegsfall noch durch künstliche Mittel und durch die Wahl des richtigen Zeitpunkts verstärkt hätten:

> [Denn] schwarz sind die Schilde, bemalt die Oberkörper; finstere Nächte wählen sie zum Kampf, und so jagen sie schon durch die grauenhafte, schattenhafte Erscheinung des gespenstischen Heeres [*feralis exercitus*] Schrecken

9 Als ein Beispiel unter vielen sei hier Giorgio Vasaris Fresko von der Seeschlacht von Lepanto (Rom, Vatikanpalast, Sala Regia) genannt, in dem Christus in der Pose des Iuppiter Tonans gemeinsam mit bewaffneten Heiligen und Pfeile schleudernden Putti von einer Wolke aus der christlichen Flotte zum Sieg über die Osmanen verhilft. Vgl. dazu Iris Wederholm: Sieg mit den Pinseln. Vasaris „Schlacht von Lepanto“, in: Uwe Fleckner (Hrsg.): Bilder machen Geschichte. Historische Ereignisse im Gedächtnis der Kunst, Berlin 2014, S. 113–126. In einem 1603 entstandenen Fresko eines unbekannten Künstlers in der Kirche Santa Maria di Pazzalino in Pregassona (Tessin) sind es gar Kanonenkugeln, die von Maria, dem Christusknaben und einem Putto auf die osmanischen Schiffe hinuntergeworfen werden. Weitere Bildbeispiele sind zu finden in Klaus Schreiner: Kriege im Namen Gottes, Jesu und Mariä. Heilige Abwehrkämpfe gegen die Türken im späten Mittelalter und in der Frühen Neuzeit, in: ders. (Hrsg.): Heilige Kriege. Religiöse Begründungen militärischer Gewaltanwendung. Judentum, Christentum und Islam im Vergleich, München 2008, S. 151–192.

10 Vgl. Herodot: Historien, hrsg. von Josef Feix, 2 Bde., Düsseldorf, Zürich 2001, Bd. 2, S. 1075 [VIII, 27]; Polyaenus: Polyaeni Stratagematum Libri Octo, Frankfurt a. M. 1601, S. 210 [VI, 18]; Pausanias: De Veteris Graeciae Regionibus Commentarii, Frankfurt a. M. 1624, S. 558 [X, 1, 11].

11 C. Iulius Caesar: Der Gallische Krieg, hrsg. von Georg Dorminger, München 1966. S. 200/201 [V, 14].

ein, da kein Feind dem entsetzlichen, gleichsam infernalischen Anblick standhält; denn zuerst werden in allen Schlachten die Augen bezwungen.[12]

Dieses ästhetische Grundprinzip der psychologischen Kriegsführung fand seine Fortsetzung ebenso in den Illustrationen der kriegstechnischen Literatur des Spätmittelalters und der Frühen Neuzeit[13] wie auch in etlichen historiographisch-anekdotischen und polemischen Erzählungen. Gegenüber anderen Strategien der Demoralisierung und Täuschung in der antiken und frühneuzeitlichen Kriegstheorie nimmt die Simulation übernatürlicher Phänomene gleichwohl einen randständigen Platz ein, was nicht zuletzt wohl Zweifeln an der praktischen Realisierbarkeit und der Verlässlichkeit der Wirkung geschuldet war. Motiv- und mithin geistesgeschichtlich bedeutsam ist dennoch die erkennbare Entwicklung, dass in zunehmendem Maße der Himmel in den Bereich menschlicher Verfügungsgewalt geriet und als Bühne für die strategische Hervorbringung furchteinflößender Erscheinungen denkbar wurde.

Projizierte Prodigien

Obwohl spätestens seit Ciceros *De divinatione* die Frage im Raum stand, ob Wunderzeichen nicht natürliche Phänomene seien, denen bloß aufgrund ihrer Seltenheit und den Umständen ihres Auftretens besondere Bedeutung beigemessen werde,[14] war der Glaube an die Mitteilungsfunktion von Missgeburten, meteorologischen und astrologischen Erscheinungen sowie katastrophischen Ereignissen unabhängig von sozialen und konfessionellen Unterschieden bis weit ins 18. Jahrhundert (und womöglich darüber hinaus) fester Bestandteil der europäischen Mentalität.[15] Die Prodigiensammlungen

12 Tacitus: Germania, übers. von Gerhard Perl, Berlin 1990, S. 121 [XLIII, 4].

13 Zu den bekanntesten Beispielen gehören die phantastisch gestalteten Geschütztürme, Sturmwägen u. dergl. in Roberto Valturio: De Re Militari, Verona 1472; Mariano Taccola: De Ingeneis. Liber Primus Leonis, Liber Secundus Draconis, übers. und hrsg. von Gustina Scaglia, Frank D. Prager und Ulrich Montag, 2 Bde., Wiesbaden 1984; Conrad Kyeser aus Eichstatt: Bellifortis, übers. von Götz Quarg, 2 Bde., Düsseldorf 1967. Siehe dazu Jörg Jochen Berns: Bildterror. Wirkungsintentionen und Wirksamkeitsgrenzen von Schreckbildern, insbesondere in der Frühen Neuzeit, in: Barbara Stollberg-Rilinger, Thomas Weißbrich (Hrsg.): Die Bildlichkeit symbolischer Akte, Münster 2010, S. 127–153.

14 M. Tullius Cicero: Über die Wahrsagung. De Divinatione, übers. und hrsg. von Christoph Schäublin, München u. a. 1991, S. 189 ff. [II, 58–62].

15 Vgl. Benigna von Krusenstjern: Prodigienglaube und Dreißigjähriger Krieg, in: Hartmut Lehmann, Ann-Charlott Trepp (Hrsg.): Im Zeichen der Krise. Religiosität im Europa des 17. Jahrhunderts, Göttingen 1999, S. 53–78, hier S. 55 sowie Rudolf Schenda:

von Julius Obsequens und seinen frühneuzeitlichen Nachfolgern – allen voran Conrad Lycosthenes, Caspar Goltwurm und Job Fincel – demonstrierten nicht nur in unzähligen Exempeln aus der Geschichte die Mitteilsamkeit der Götter bzw. Gottes, sondern vielmehr noch, dass der geschichtliche Verlauf (und mithin auch das individuelle Schicksal) abhängig sein könnte von der menschlichen Fähigkeit, die Wunderzeichen zu verstehen und angemessen auf sie zu reagieren.[16]

Verstanden als drohende Ankündigung zukünftiger Ereignisse im Falle ausbleibender Verhaltensänderung kam Prodigien im per se unsicheren Geschäft des Krieges notwendig eine erhöhte Aufmerksamkeit zu. In seiner im ersten nachchristlichen Jahrhundert entstandenen Sammlung von Kriegslisten kommt Sextus Iulius Frontinus auch auf die militärische Bedeutung von Vorzeichen zu sprechen.[17] Zwar führt er nur Exempel an, in denen es Heerführern auf verschiedene Weise gelungen sei, den Soldaten die von den Prodigien ausgelöste Furcht zu nehmen, doch verweist er damit zugleich auch auf deren potenziell demoralisierende Wirkung. Konkreter weiß etwa Plutarch davon zu berichten, dass der Athener Feldherr Nikias über eine Mondfinsternis so erschrocken war, dass sein 4.000 Mann starkes Heer von den Syrakusanern aufgerieben wurde.[18]

Die unerwartete und außergewöhnliche Erscheinung von Wunderzeichen, vor allem aber ihre Bedeutung als von Gott in Bildern formulierte Androhung einer Strafe für lasterhaftes Verhalten schien auch in christlicher Zeit geeignet, Truppen in Angst und Schrecken zu versetzen.[19] „Wer sollte“, schreibt Niccolò Machiavelli in seinem *Libro della arte della guerra* (1521), „mehr von Gottesfurcht durchdrungen sein, als der, welcher täglich unzähli-

Wunder-Zeichen. Die alten Prodigien in neuen Gewändern. Eine Studie zur Geschichte eines Denkmusters, in: Fabula. Zeitschrift für Erzählforschung 38 (1997), S. 14–32.

16 Siehe dazu einschlägig Rudolf Schenda: Die deutschen Prodigiensammlungen des 16. und 17. Jahrhunderts, in: Archiv für Geschichte des Buchwesens 4 (1963), Sp. 637–710, sowie den Beitrag von Jörg Jochen Berns in diesem Band, S. 243–280.

17 Frontin: Kriegslisten, übers. von Gerhard Bendz, Berlin 1978, S. 61ff. [I, 12]. Zu Wunderzeichen im Zusammenhang mit Krieg siehe auch Cicero: Über die Wahrsagung (Anm. 14), S. 77–81 [I, 72–78], 97–101 [I, 97–101] u. passim.

18 Vgl. Plutarch: De la superstition/ΠΕΡΙ ΔΕΙΣΙΔΑΙΜΟΝΙΑΣ, in: ders.: Oeuvres Morales, hrsg. von Jean Defradas, Jean Hani, Robert Klaerr, Bd. 2, Paris 1985, S. 239–267, hier S. 259/260 (169 A). Dass der Zusammenhang zwischen der entmutigenden Himmelserscheinung und dem Untergang des Athener Heers vielleicht weniger unmittelbar war, als es Plutarch darstellt, wird aus Thukydides’ Schilderung ersichtlich: Thuk., historiae VII, 50.

19 Vgl. Jörg Jochen Berns: Schmerzende Bilder. Zu Machart und mnemonischer Qualität monströser Konstrukte in Antike und Früher Neuzeit, in: ders.: Die Jagd auf die Nymphe Echo. Zur Technisierung der Wahrnehmung in der Frühen Neuzeit, Bremen 2011, S. 243–270, hier S. 256–261.

gen Gefahren ausgesetzt, ohne Unterlaß Gottes Beistand bedarf?“[20] Mit diesem Beistand war allerdings nicht selbstverständlich zu rechnen, denn, wie Martin Luther in seiner Schrift *Ob Kriegßleutte auch ynn seligem stande sein künden* (1526) bemerkt, konnten Zweifel an der Rechtmäßigkeit und Gottgefälligkeit des militärischen Handelns durchaus aufkommen, da dem einzelnen Soldaten eine Überprüfung der Kriegsgründe innerhalb komplexer Auseinandersetzungen kaum möglich war.[21] Die unterstellte Unsicherheit ist freilich vor allem theoretischer Natur: Unabhängig davon, in welcher Weise das Kriegsvolk tatsächlich um sein Seelenheil bangte, bildete die seitens der Gelehrten vermutete Angst vor dem göttlichen Strafgericht den psychologischen Hintergrund, vor dem Berichte und Entwürfe von fingierten Himmelserscheinungen und ihrer Wirkung plausibel erscheinen mussten.

Während es sich bei den Wunderzeichen, die Frontinus erwähnt, überwiegend um meteorologische Phänomene oder menschliche Fehlleistungen (Stolpern, Ausrutschen) handelt, denen nur aufgrund des Zeitpunkts ihres Auftretens Aufmerksamkeit und Bedeutung zuteilwurde, kennt die antike wie die jüdisch-christliche Historiographie auch Erscheinungen, die in ihrer Gestalt sehr viel konkreter Bezug auf das irdische Kampfgeschehen nahmen. So wird etwa das aramäische Belagerungsheer vor Samaria durch den Lärm „von Rossen, Wagen und großer Heeresmacht“ zur Flucht bewogen (2 Könige 7,6), und im zweiten Makkabäerbuch geht den blutigen Verheerungen Jerusalems durch Antiochus das Bild kämpfender Reiterscharen über der Stadt voraus, die „fast vierzig Tage lang“ gegeneinander anrannten (2 Makk 5,2–3).[22] Derartige Erscheinungen in seiner eigenen Zeit seien, so bemerkt 1684 der deutsche Polygraph Erasmus Francisci, als „*Project* oder Entwurff künfftiger Empörungen“ anzusehen, sowie als Erinnerung „daß der Himmel/ über den hochversündigten Erdboden/ dessen Missethaten biß an den Himmel reichen/ wie andere Land-Straffen/ also auch den Krieg/ im Fall beharrender Unbußfertigkeit/ schicke.“[23]

20 Niccolò Machiavelli: Die Kriegskunst in sieben Büchern nebst den kleinen militairischen Schriften, übers. von Johann Ziegler, Karlsruhe 1833, S. 2.

21 Martin Luther: Ob kriegsleutte auch ynn seligem stande seyn künden, in: Martin Luthers Werke. Kritische Gesamtausgabe, Bd. 19, Weimar 1897, S. 623–662, hier S. 649 ff. Als Lösung empfahl Luther die bedingungslose Treue zum Fürsten, der selbst am meisten dem Gebot des *bellum iustum* verpflichtet war. Zum „gerechten Krieg“ siehe auch Wilhelm Janssen: Krieg, in: Geschichtliche Grundbegriffe. Historisches Lexikon zur politisch-sozialen Sprache in Deutschland, hrsg. von Otto Brunner, Werner Conze, Reinhart Koselleck, 8 Bde., Stuttgart 1972–1997, Bd. 3, S. 567–615, hier S. 571–576.

22 Ähnliche Berichte von bewaffneten Kämpfen am Himmel finden sich auch bei Plinius, Nat. hist. II, lviii, 148 u. Tacitus, Hist. V, 13.

23 Erasmus Francisci: Der blutig-lang-gereizte/ endlich aber Sieghafft-entzündete Adler-Blitz/ Wider den Glantz deß barbarischen Sebels/ und Mord-Brandes, Nürnberg 1684, S. 192.

Hatte Machiavelli eineinhalb Jahrhunderte zuvor in Hinblick auf die von Frontinus beschriebenen Vorzeichen und ihr Wirkpotenzial noch feststellen können, dass derlei nicht mehr vorkäme, „entweder weil die Menschen jetzt nicht so abergläubisch sind, oder weil unsere Religion alle solche Meinungen ausschließt",[24] hatte sich die kulturelle Situation seit der Mitte des 16. Jahrhunderts im Zuge der interkonfessionellen Auseinandersetzungen deutlich gewandelt. Insbesondere die von beiden Lagern mittels aggressiver Religionspropaganda betriebene Frömmigkeitsintensivierung sowie die Ausbreitung von – politisch keineswegs erwünschten – Endzeiterwartungen führte zu einem Erstarken des Prodigienglaubens. Berichte von Kriegsgetümmel und Schlachten am Himmel finden sich in Flugblättern und Flugschriften, Predigten, Chroniken, Dissertationen, der gelehrten Traktatliteratur und in Selbstzeugnissen der Frühen Neuzeit in erklecklicher Zahl, was sich neben einer durch Krisen- und Kriegserfahrung gesteigerten Aufmerksamkeit für Anzeichen bevorstehender Veränderungen nicht zuletzt auch dem expandierenden Nachrichten- und Publikationswesen und den damit einhergehenden Effekten einer variantenreichen Reproduktion von Information verdankte. Es spielt dabei an dieser Stelle keine Rolle, ob es sich bei der Vielzahl von überlieferten Wunderzeichenbeobachtungen um ein kulturell-perzeptives oder diskursiv-mediales Phänomen handelte (ohne dass sich beides notwendig gegenseitig ausschließt).[25] Entscheidend ist vielmehr, dass sich die Erscheinung von streitenden und mitunter auch einander unter Feuer legenden Heerscharen am Himmel von allen anderen Arten der Prodigien in ihrer figürlich-konkreten Gestalt unterschied und damit einer Reduktion des Deutungsspielraums wesentlich Vorschub leistete.[26] Insbesondere in der ersten Hälfte des 17. Jahrhunderts, zur Zeit des Dreißigjährigen Krieges, in der eschatologisch-apokalyptische Interpretationen von Vorzeichen gegenüber konkreten, zeithistorischen Bezügen deutlich in den Hintergrund traten, musste es naheliegend erscheinen, die himmli-

---

24 Machiavelli: Kriegskunst (s. Anm. 20), S. 160.

25 Schwegler etwa führt die Berichte auf Nordlichterscheinungen zurück, in die bestimmte Figuren „hineingedeutet" bzw. die zum Zwecke der Mitteilung mit bekannten Dingen „verglichen" worden seien. Michaela Schwegler: „Erschröckliches Wunderzeichen" oder „natürliches Phänomenon"? Frühneuzeitliche Wunderzeichenberichte aus Sicht der Wissenschaft, München 2002, S. 82 u. 84. Jankovic hingegen zeigt, wie Himmelserscheinungen erst im Zuge einer politischen Instrumentalisierung ihre konkrete, bildhafte Form erhielten. Vladimir Jankovic: The Politics of Sky Battles in Early Hanoverian Britain, in: Journal of British Studies 41/4 (2002), S. 429–459.

26 Siehe etwa Franz Reinzer: Meteorologia Philosophico-Politica, Das ist: Philosophische und Politische Beschreib- und Erklärung der Meteorischen/ oder in der obern Lufft erzeugten Dinge, Augsburg 1712, S. 145 f.

schen Scharmützel – zumindest *ex post* – als Antizipation irdischer Kampfgeschehen aufzufassen.[27]

Dass die Luftschlachten sich an ganz verschiedene Adressatengruppen richten konnten, beschreibt Francisci in einer 1690 erschienenen Sammlung von Teufels- und Dämonengeschichten: Man könne zwar nicht wissen, wer der Urheber der Erscheinungen sei, vermutlich aber würde Gott bisweilen Notleidenden durch gute Engel auf diese Weise zur Hilfe kommen oder Frommen eine Warnung vor Augen stellen. Ebenso aber könne es Gott zulassen, dass böse Engel dem Ziel der göttlichen Gerechtigkeit zuarbeiteten, indem sie

> denen Tyrannen und Gottlosen/ von welchen die schwächere und gerechtere Parthey überzogen/ oder bestritten wird/ auf dergleichen Art/ einen Schrecken einjagen/ der sie/ mit Spott/ Schande/ und Verlust/ plötzlich zurück treibe.[28]

Wenn Francisci im Folgenden auf schwarzmagische Evokationen von Geisterheeren im Dreißigjährigen Krieg zu sprechen kommt, die in beiden konfessionellen Lagern stattgefunden hätten, geht es ihm indes allein um den Nachweis, dass auch Dämonen in der Lage seien, derartige Scheinbilder hervorzubringen, die in diesen Fällen aber nur den Anschein einer militärischen Übermacht erwecken sollten, nicht aber als Prodigien fungierten.[29] Dass es indes der Magie gar nicht bedürfe, um im Kriegsfall taktisch profitable Himmelserscheinungen zu produzieren, hatte der englische Franziskaner Roger Bacon bereits in der zweiten Hälfte des 13. Jahrhunderts dargelegt. Im fünften Teil seines 1267 abgeschlossenen *Opus maius* behandelt Bacon umfänglich die physiologischen, physikalischen und kognitiven Faktoren der visuellen Wahrnehmung. Abschließend unterstreicht er die Relevanz der Optik für das Verständnis und die Auslegung der Motive des Sehens in der Heiligen Schrift, um dann einige praktische Anwendungsmöglichkeiten des Wissens über die Funktionsweisen von Reflexion und Refraktion anzuführen. Dabei nimmt die militärstrategische Nutzung einen

---

27 Konkrete Voraussagen auf Grundlage der Prodigien blieben hingegen die Ausnahme. Vgl. Krusenstjern: Prodigienglaube (s. Anm. 15), S. 58 ff.

28 Erasmus Francisci: Der Höllische Proteus/ oder Tausendkünstige Versteller, Nürnberg 1690, S. 214.

29 Ebd. Siehe dazu auch Georg Rudolf Widmann: Das ärgerliche Leben und schreckliche Ende deß viel-berüchtigen Ertz-Schwartzkünstlers D. Johannis Fausti, komm. von Johann Nicolaus Pfitzer, Nürnberg 1674, S. 439–443; Paul Christian Hilscher: Curiöse Gedancken von Wütenden Heere, Dresden–Leipzig 1702, S. 60 f. Gregor von Tours zufolge bedienten sich auch die Awaren zu ihrem Sieg über den Frankenkönig Sigibert derartiger Zauberkünste. Gregor von Tours: Zehn Bücher Fränkischer Geschichte, übers. von Wilhelm von Giesebrecht, 2 Bde., Leipzig 1878, Bd. 1, S. 184 (IV, 29).

großen Raum ein: So könnten etwa Spiegel in der Weise platziert werden, dass „ein Mensch als viele erscheine und ein Heer als mehrere".[30] Unter Berücksichtigung der zuvor erörterten Regeln der Reflexion könnten mithilfe von Spiegeln „zum Nutzen des Landes" Erscheinungen vorteilhaft und „gegen die Ungläubigen" furchterregend gemacht werden.[31] Die Kenntnis der Regeln der Lichtbrechung wiederum eröffne die Möglichkeit, „die Sonne, den Mond und die Sterne dem Anschein nach herabsinken und über den Köpfen der Feinde erscheinen lassen – und dergleichen mehr –, so dass derjenige, dem die Wahrheit unbekannt ist, nicht standhalten" könne.[32]

In der vermutlich nach dem *Opus maius* entstandenen, erstmals 1542 in Paris gedruckten Abhandlung *De mirabili potestate artis & naturae* (später auch unter dem Titel *Epistolae de secretis operibus artis et naturae* verbreitet) ist die militärische Anwendung der Optik erneut thematisiert:[33] Mit „durchsichtigen Dingen" und mit Spiegeln (*perspicua & specula*) könne man „jeder Stadt und jedem Heer unermessliche Schrecken bereiten, auf dass sie entweder wegen der Menge Sterne oder wegen den Menschen, die über ihnen versammelt sind, verzweifeln".[34] Welcher Art diese *perspicua* und *spe-*

---

30 „unus homo videbitur plures, & unus exercitus plures". Hier und im Folgenden zitiert nach der Separatausgabe des fünften Teils: Roger Bacon: Perspectiva. In Qua, Quae Ab Aliis Fuse Traduntur, Succincte, Nervose & Ita pertractantur, Ut Omnium Intellectui Facile Pateant, hrsg. von Johann Combach, Frankfurt a. M. 1614, S. 166.

31 „Si ergo ordinarentur specula utroque istorum modorum, quot voluerimus, manifestum est, quod una res apparebit in tot imaginibus, quot cupimus, & sic pro utilitatibus Reipublicae & contra infideles possent huiusmodi appericationes [apparitiones] fieri utiliter & terribiliter". Ebd. In der von Samuel Jebb besorgten, 1733 gedruckten Edition des *Opus Maius* wird das satzlogisch unpassende „& terribiliter" durch „& in terrorem" ersetzt. Roger Bacon: Opus Maius, hrsg. von Samuel Jebb, London 1733, S. 356. Siehe dazu auch die Anmerkungen von David C. Lindberg: Roger Bacon and the Origins of ‚Perspectiva' in the Middle Ages. A Critical Edition and English Translation of Bacon's ‚Perspectiva' with Introduction and Notes, Oxford 2006, S. 391, Anm. 638.

32 „sic etiam faceremus solem & lunam & stellas descendere secundum apparentiam hic inferius, & super capita inimicorum apparere, & multa consimilia, ut animus mortalis ignorans veritarem non posset aliqualiter sustinere." Bacon: Perspectiva (s. Anm. 30), S. 167.

33 Datierung und Autorschaft dieser Schrift sind bislang nicht eindeutig geklärt. Crombie hält *De Mirabili Potestate Artis & Naturae* gleichwohl für das am frühesten gedruckte authentische Werk Bacons. Alistair C. Crombie: Science, Art and Nature in Medieval and Modern Thought, London 1996, S. 63.

34 „sic omni civitati & exercitui possunt fieri terores infiniti, ut vel propter multitudinem apparitionum stellarum, vel hominum super ipsos congregatorum dispereant, praecipue si sequatur instrumentum cum quo primo habeantur". Roger Bacon: De Mirabili Potestate Artis & Naturae, Libellus, beigef. z. Claudius Coelestinus: De His Quae Mundo Mirabiliter Eveniunt, Paris 1542, S. 37^r–52^r, hier S. 42^v f. Für eine deutsche Übersetzung siehe Roger Bacon: Send-Schreiben von Geheimen Würckungen der Kunst und der Natur/ und von der Nichtigkeit der falschen Magiae, in: Friedrich Roth-Scholtz (Hrsg.):

cula sein könnten, erschließt sich aus dieser Passage nicht; an anderer Stelle aber wird deutlich, dass Bacon neben technischem Gerät offenbar auch an die Nutzung einer optischen Eigenschaft des Himmels selbst dachte:

> Wenn einer wüsste, dass die Luft so verdichtet ist, dass er durch sie eine Spiegelung erhielte, könnte er viele ungewöhnliche Erscheinungen dieser Art erzeugen. Man nimmt an, dass die Dämonen auf diese Weise den Menschen Heerlager, Armeen und viele Wunder erscheinen lassen.[35]

Die von Bacon angesprochene physikalische Theorie und die vermutete dämonische Praxis hatten ihre Herkunft in der weithin rezipierten *Meteorologie* des Aristoteles, in der die Reflexionseigenschaft von verdichteter Luft, d. h. von Wolken zur Erklärung für verschiedene Phänomene wie Regenbogen und Halos herangezogen wird.[36]

Eine konkrete Anleitung, auf welche Weise sich Menschen oder Dämonen des himmlischen Spiegels bedienen könnten, bleibt Bacon schuldig, was der Verbreitung seiner Auffassung von der Nutzbarmachung des Himmels für die Projektion potentiell Schrecken erregender Bilder im 16. und 17. Jahrhundert nicht zuwiderlief. Cornelius Agrippa von Nettesheim, der sich selbst als Leser Bacons empfiehlt, erwähnt in seiner Abhandlung *De occulta philosophia* (1530) die Eigenschaft gewisser Wolken, verschiedene irdische Gegenstände – etwa Schlösser, Berge, Pferde und Menschen – zu reflektieren.[37] In ähnlicher Weise könnten durch einen Kunstgriff mit

> gewissen Spiegeln in der Luft, auch ziemlich entfernt von den Spiegeln, beliebige Bilder hervorgebracht werden, welche von unerfahrenen Leuten für Dämonen oder die Geister von Verstorbenen gehalten werden, während es doch nichts anderes sind, als leere, von Menschen hervorgebrachte, alles Leben entbehrende Spiegelbilder.[38]

Deutsches Theatrum Chemicum, 3 Tle., Nürnberg 1728–1732, Teil 3, S. 245–286, hier S. 260.

35 „si quis noverit aerem densare, ut reflexio fierit ab eo, posset multas huiusmodi appericationes [sic!] insolitas procurare. Sic vero creditur, quod daemones ostendunt castra, & exercitus, & multa miraculosa hominibus". Bacon: Perspectiva (s. Anm. 30), S. 166.

36 Aristoteles: Meteorologie. Über die Welt, übers. von Hans Strohm, Berlin 1970, S. 17 (I, 5; 342 b 6–9) u. 80–89 (III, 2–6; 371 b–378 a). Zur Rezeption siehe Jurgis Baltrušaitis: Der Spiegel. Entdeckungen, Täuschungen, Phantasien, Gießen 1986, S. 69 f.

37 Vgl. Heinrich Cornelius Agrippa von Nettesheim: De Occulta Philisophia Libri Tres, hrsg. von Perrone Compagni, Leiden–New York–Köln 1992, S. 97 (I, vi).

38 „Similiter speculorum quorundam artificio quas volumus imagines in aëre etiam remote, extra specula producuntur, quae tunc imperiti homines videntes daemonum aut animarum umbras se videre putant, cum tamen non sint, nisi simulachra quaedam sibi ipsis cognata ac vitae omnis expertia." Ebd., S. 97 (I, vi). Übers. nach Heinrich Cornelius Agrippa von Nettesheim: Magische Werke, Bd. 1, Stuttgart 1855, S. 67 [Übersetzung

Und ebenso in erkennbarer Nähe zu Bacons Äußerungen sieht auch der jesuitische Gelehrte Athanasius Kircher, der in seiner *Ars magna lucis et umbrae* (1646) umfänglich die Ursachen von Fata Morgana-Phänomenen behandelt, die Möglichkeit gegeben, dass aufgrund der Spiegelwirkung von Wolken eine einzelne Person als ein ganzes Heer (*exercitus*) am Himmel erscheinen könnte.[39]

Der Frage, ob derartige Tricktechniken auch in Konflikten zwischen Christen erlaubt seien oder nur im Kampf gegen Andersgläubige, nehmen sich die Autoren nicht explizit an. Zumindest im Falle von Bacon scheinen dessen Ausführungen zum Einsatz der Optik „contra infideles" die Auffassung der neueren Forschung zu stützen, er habe das *Opus maius* und die dazugehörigen Schriften nicht, wie lange vermutet, als Apologie seiner vermeintlich kontroversen Wissenschaftsauffassung verfasst, sondern vielmehr als Reaktion auf die weltpolitische Situation der Kirche und als Beitrag zur wissenschaftlich-technischen Fundierung der *ecclesia militans*.[40] Dennoch muss aufgrund der Bezugnahme auf den christlichen Prodigienglauben davon ausgegangen werden, dass bei diesen und den noch folgenden Vorschlägen und Entwürfen immer auch und vielleicht sogar vorwiegend an einen Einsatz gegen den gegnerischen *miles christianus* gedacht war.

Fliegende Schreckbilder

Mit Blick auf göttlichen Beistand und somit das Kriegsglück war der Einsatz von Kriegslisten stets gut abzuwägen. Es sei, so mahnt Johann Sebastian Gruber, „wol in acht zu nehmen/ daß nicht ein jeder listig und verschlagener Fund gut geheissen/ und gebilliget werde/ sondern man soll mit Fleiß dahin sehen/ damit nicht unter dem Vorwand und Schein angewen-

---

leicht verändert]. Die Möglichkeit einer Erzeugung von Prodigien (d. h. Heeren, bewaffneten Reitern und Schlachten am Himmel) mit den Mitteln der Optik erwähnt auch Johann Zahn: Specula Physico-Mathematico-Historica Notabilium Ac Mirabilium Sciendorum, 3 tom., Nürnberg 1696, tom. 1, S. 419. Einen Beleg für ihre Machbarkeit konnten diese allenfalls vagen Schilderungen in kleinen katoptrischen Apparaturen finden, mittels derer dreidimensionale Spiegelbilder von Gegenständen als scheinbar in der Luft schwebend erzeugt werden konnten. Siehe dazu Sven Dupré: Images in the Air. Optical Games, Magic and Imagination, in: Christine Göttler, Wolfgang Neuber (Hrsg.): Spirits Unseen. The Representation of Sublte Bodies in Early Modern European Culture, Leiden–Boston 2008, S. 71–92.

39 Athanasius Kircher: Ars Magna Lucis Et Umbrae, Rom 1646, S. 802.

40 Siehe dazu die vorbildliche historiographiekritische Studie von Amanda Power: A Mirror for Every Age. The Reputation of Roger Bacon, in: The English Historical Review 121/492 (2006), S. 657–692, bes. S. 691f.

deter Kriegs-List die gemachte Hoffnung zernichtet", d. h. Gottes Zorn herausgefordert werde.

> Derohalben darff man unter die Strategemata nicht mit einmischen/ Treulosigkeit/ Meineyd/ Verrätherey/ Meuchelmord/ Mordbrennerey/ Vergifftung der Lebens-Mittel/ des Wassers und der Brunnen/ der Kugeln und anderer Waffen/ Zauberey/ Festmachen und andere dergleichen verkehrte und gottlose Mittel/ weil alle diese Sachen all allen Rechten/ Tugenden und aller Tapfferheit zuwiderlauffen/ wie sie dann auch meistentheils gantz keinen oder doch keinen rechten Theil haben/ an der Gewalt der Waffen [...].[41]

Grundsätzlich aber waren Kriegslisten, wie Casimir Simienowicz in seiner *Artis magnae artilleriae* (1650) deutlich macht, legitim, solange sie sich legitimer, d. h. natürlicher bzw. technischer Mittel bedienten. Im Kapitel über „Dampff und Blend-Kugeln", die zur Verschleierung der Truppenbewegungen eingesetzt werden könnten, kommt Simienowicz auf die Erzeugung desselben Effekts durch schwarzmagische Praktiken zu sprechen:

> Die unzuläßlichen Manieren aber solches zu *praesenti*ren will ich gantz von unserer Kunst ausgeschlossen/ und aus den Gräntzen der Christlichen Militz verwiesen haben: denn sie sind unehrlich/ weil sie mit Beschwerung der unreinen Geister/ und anderm Betrug des unverantwortlichen/ und Gott und allen Menschen auffrichtiges Gemüths verhasten Gödischen und Theurgischen Aberglaubens (denn es ist nicht werth/ daß mans eine Kunst nenne/) überschwärtzet. Ich entsetze mich zu erzehlen/ was ich zum öfftern mit meinen Augen von den Tartaren/ Moscowitern und unsern Cosacken durch Hülffe der Teuffel habe verrichten sehen. Und damit ich ihre andere schändliche Stücke/ die sie vermittelst dieser höllischen Unterricht zu wege bringen/ übergehe: So sind sie Sturm und Ungewitter in der Lufft zu machen/ die das Licht verfinstern/ und das Gesicht verhindern/ so vollkommene Künstler/ daß man meynen solte/ sie hätten *Zoroastrem* den Perser/ oder den *Plutonem* selbst/ mit seiner gantzen Versammlung zum Lehrmeister gehabt. Aber gleich wie sie ohne göttliche Hülffe dergleichen Blendungen zu machen pflegen: davon gar bald keine Spur mehr überbleibet/ also wird/ ihre ungerechte Pfeile/ die sie unschuldig Blut zu vergiessen aufflegen und verschiessen/ auff ihre eigene Köpffe fallen [...].[42]

Während Simienowicz die Produktion von Blitz und Donner durch Artillerietechnik, von der selbst Mars und Herkules „ein mit Furcht vermischtes Schrecken in ihr Gemüth" bekämen, unproblematisch erscheint,[43] gilt ihm

41 Johann Sebastian Gruber: Die Heutige Neue Vollkommene Kriegs-Politica, Frankfurt a. M. 1699, S. 258.

42 Casimir Simienowicz: Vollkommene Geschütz-Feuerwerck- Und Büchsenmeisterey-Kunst, übers. von Thomas Leonhard Beer, Frankfurt a. M. 1676, S. 168.

43 Vgl. ebd., o. P. [An den Leser].

die Erzeugung von „Sturm und Ungewitter in der Lufft" durch Zauberei als Methode, die zwar kurzfristig militärischen Erfolg bringen könne, notwendig aber Gottes Zorn auf sich ziehe.[44]

Die Frage der Legitimität der technischen Imitation von Vorzeichen, die ja wie meteorologische Ausnahmeerscheinungen als genuine Äußerungsform Gottes galten (wenn sie mit diesen nicht ohnehin identisch waren), musste den damit befassten Autoren auch deswegen kein Kopfzerbrechen bereiten, insofern Gott selbst an einem entscheidenden Punkt der Geschichte explizit dazu aufgefordert hatte. Wie Eusebius in seiner Lebensbeschreibung Kaiser Konstantins berichtet, hatte dieser vor der Schlacht an der Milvischen Brücke „am Himmel selbst, über der Sonne befindlich, ein Wendemal [τρόραιον, Siegeszeichen; Anm. d. Verf.] eines Kreuzes, aus Licht bestehend, gesehen, und mit ihm eine Schrift verbunden, die besagte: ‚durch dieses siege!'"[45] Zunächst ratlos über die Bedeutung des Zeichens erhält der Kaiser im Traum von Christus den Auftrag zu dessen Nachahmung und Gebrauch als Schutz in der Schlacht. Diese, von Eusebius ausführlich beschriebene Standarte, habe der Kaiser fortan „als Abwehr jeder sich entgegenstellenden kriegerischen Macht" benutzt und überdies angeordnet, „daß Nachbildungen von diesem alle Heere anführen sollten."[46]

Bemerkenswert an dieser Erzählung ist weniger die apotropäische Funktion des Feldzeichens als vielmehr, dass sich dessen Gestaltung einer Himmelserscheinung verdankte, mithin eine Kopie eines von Gott erzeugten Bildes darstellte.[47] Als Gefüge aus Symbol und Simulation gab das Kreuz Solidarität und Unterstützung von übernatürlichen Mächten zu erkennen.

Von der Antike bis in die Frühe Neuzeit waren Feldzeichen nicht nur Orientierungs- und Kommunikationsmittel, sondern in Verbindung mit christlichen Symbolen und Heiligendarstellungen auch religiös-magische Kampfmittel, die sich Schutz und Sieg verheißend im Luftraum über dem Schlachtfeld bewegten.[48] Daneben existierten Feldzeichen, die dazu dienen

---

44 Siehe dazu auch Hole Rößler: Salmoneus' Blitz in Salomons Haus. Experimentelle Meteorologie und das Denkbild des Raumes in der frühneuzeitlichen Naturphilosophie, in: Karin Friedrich (Hrsg.): Die Erschließung des Raumes. Konstruktion, Imagination und Darstellung von Räumen und Grenzen im Barockzeitalter, 2 Bde., Wiesbaden 2014, Bd. 2, S. 601–631.

45 Eusebios: Über das Leben des glückseligen Kaisers Konstantin (De Vita Constantini), übers. und hrsg. von Paul Dräger, Oberhaid 2007, S. 71 (I, 28).

46 Ebd., S. 73 (I, 31).

47 Zur Auffassung von Prodigien als Bilder siehe Jörg Jochen Berns: Nachwort, in: ders. (Hrsg.): Von Strittigkeit der Bilder. Texte des deutschen Bilderstreits im 16. Jahrhundert, 2 Bde., Berlin–Boston 2014, Bd. 2, S. 1067–1213, hier S. 1145–1150.

48 Siehe grundlegend Percy Ernst Schramm: Beiträge zur Geschichte der Fahnen und ihrer Verwandten. Fahne, Banner, Wimpel, Feldzeichen, in: Herrschaftszeichen und Staats-

sollten, den Gegner in Furcht zu versetzen.[49] Von der Wirkungsweise dieser mobilen und häufig kinetischen Schreckbilder berichtet der polnische Gelehrte Martin Cromer in seiner Chronik *De origine et rebus gestis Polonorum* (1555) und führt die Niederlage der deutsch-polnischen Truppen gegen das Mongolenheer in der Schlacht bei Liegnitz (1241) auf den Einsatz einer derartigen „zauberey" zurück:

> Es was inn der feinden letsten hauffen ein nammhafftiger fanen/ so ein zeichen gefüret/ als wann es der buchstab v gewesenn. Zuo oberest auff dem spitz was ein schwartze scheützliche bildnuß/ so eines menschenn haupt mit dem bart gehabt. Wie nun der fendrich dises Paner dapffer erschüttet/ gieng ein dicker dampff unnd stinckender naebel darauß. Der selbig nebel vollbracht nit allein das die unseren diese ungleübigen nit mehr sachen/ sonder sie starbend auch von disem bösen gestanck: deßhalben was unser gantz zeüg ab disem neüwen handel unnd grossen wunderwerck gar erstaunet unnd erschrocken.[50]

Darstellungen von Feldzeichen, die primär auf das Erschrecken des Feindes zielten, finden sich vereinzelt in der historiographischen und kriegstechnischen Literatur des Mittelalters und der Frühen Neuzeit, wobei die Zeichnung eines Reiters mit Flugdrachen aus dem Göttinger Exemplar von Konrad Kyesers *Bellifortis* (um 1405) als die eindrücklichste gelten darf (**Abb. 1**).[51] Kyesers Drache lässt sich auf antike Feldzeichen, vor allem die

---

symbolik. Beiträge zu ihrer Geschichte vom dritten bis zum sechzehnten Jahrhundert, 4 Bde., Stuttgart 1954–1978, Bd. 1, S. 643–673. Zur magischen Dimension der Feldzeichen siehe Werner Meyer: Der stier von Ure treib ein grob gesang. Fahnen und andere Feldzeichen in der spätmittelalterlichen Eidgenossenschaft, in: Alfred Haverkamp (Hrsg.): Information, Kommunikation und Selbstdarstellung in mittelalterlichen Gemeinden, München 1998, S. 201–235, hier S. 208 f. u. 222 f. Siehe dazu auch Klaus Schreiner: Maria Victrix. Siegbringende Hilfen marianischer Zeichen in der Schlacht auf dem Weißen Berg (1620), in: Johannes Altenberend (Hrsg.): Klöster – Stadt – Region. Festschrift für Heinrich Rüthing, Bielefeld 2002, S. 87–144; ders.: Siegbringende Marienbilder. Formen und Funktionen bildhafter Kommunikation in militärischen Konflikten des späten Mittelalters und der frühen Neuzeit, in: Peter Strohschneider (Hrsg.): Literarische und religiöse Kommunikation in Mittelalter und Früher Neuzeit, Berlin 2009, S. 844–903.

49 Vgl. Meyer: Fahnen und Feldzeichen (s. Anm. 48), S. 227 ff. u. 234; Heinrich Angermann: Ausweitung des Kampfgeschehens und psychologische Kriegsführung im frühen Mittelalter, Diss. Würzburg 1971, S. 70.

50 Martin Cromer: Mitnächtischer Völckeren Historien, Basel 1562, S. cclxv.

51 Siehe dazu auch Rainer Leng: Ars belli. Deutsche taktische und kriegstechnische Bilderhandschriften und Traktate im 15. und 16. Jahrhundert, 2 Bde., Wiesbaden 2002, hier Bd. 1, S. 109 f. u. Bd. 2, S. 333; Clive Hart: Kites. An Historical Survey, London 1967, S. 62 f.

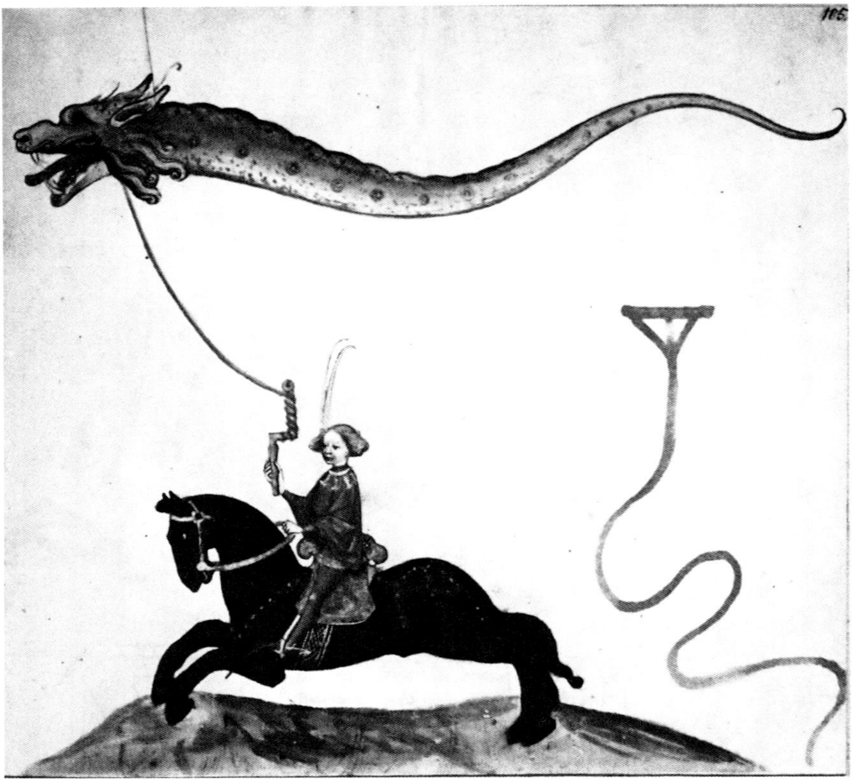

Abb. 1: Conrad Kyeser aus Eichstätt, Bellifortis, Niedersächsische Staats- und Universitätsbibliothek Göttingen: 2° Cod. Ms. philos. 63, Bl. 105r

spätrömischen Drachenzeichen (*dracones*) zurückführen, von denen Ammianus Marcellinus berichtet, sie seien „aus Purpurfäden" gewebt und „an der Spitze vergoldeter und mit Edelsteinen verzierter Lanzen angebracht" gewesen; sie „blähten sich mit weit geöffnetem Rachen im Winde und sahen so aus, als ob sie gereizt züngelten, und ihre Schweife schlängelten sich im Wind."[52] Die drachenförmige Standarte wurde offenbar erst im frühen zweiten Jahrhundert nach Christus nach dem Vorbild dakischer Feldzeichen in die römische Armee eingeführt.[53] Inwieweit sie in der Antike auch als Instrument der Schreckerzeugung diente, wie die humanistischen Mili-

52 Ammianus Marcellinus: Römische Geschichte, übers. von Wolfgang Seyfarth, 4 Bde., Darmstadt 1968–1971, Bd. 1, S. 177 [XVI, x, 7].

53 Vgl. Jonathan Charles Nelson Coulston: The ‚draco' Standard, in: Journal of Roman Military Equipment Studies 2 (1991), S. 101–114.

tärhistoriker des 16. und 17. Jahrhunderts behaupten,[54] ist angesichts der Quellenlage nicht eindeutig zu entscheiden. Zwar bemerkt Cicero (vor der römischen Verwendung der *draco*-Standarte), dass nicht nur das Schlachtgetümmel selbst, „sondern oft bereits das Geschrei der Soldaten oder der Anblick der aufgepflanzten Feldzeichen große Truppenmassen verjagt" habe, doch geht daraus nicht hervor, ob die konkrete Gestalt der Zeichen Auslöser der Furcht gewesen sei oder vielmehr deren schiere Menge (anhand derer sich die Truppenstärke ablesen ließ) bzw. die durch sie angezeigte Kampfteilnahme einer bestimmten (mithin gefürchteten) Heereseinheit.[55]

Die Schreckfunktion von Feldzeichen, vor allem der *dracones*, denen ein längeres Nachleben beschert war, wird erst in Text- und Bildzeugnissen des Mittelalters klar fassbar.[56] Dies dürfte nicht zuletzt mit der Christianisierung Europas und der damit einhergehenden semantischen Umbesetzung heidnischer Symbole sowie der Wahrnehmung des Krieges als göttlichem Strafgericht zusammenhängen. Insofern Gott sich des Krieges bediente, die von ihm abgefallenen oder ihn verleugnenden Völker zu strafen,[57] musste es naheliegend erscheinen, sich zum Zwecke der Einschüchterung einer Schreckikonographie zu bedienen, die sich an den biblisch bezeugten Pla-

54 Vgl. etwa Nikolaus Marschalk: Institutionum Reipublice Militaris Ac Civilis Libri Novem, Rostock 1515, o. P. [Lib. I, Cap. XXXI]; Justus Lipsius: De Militia Romana Libri Quinque, 3. Aufl., Antwerpen 1602, S. 172.

55 M. Tullius Cicero: Pro A. Caecina oratio / Rede für A. Caecina, in: Die Prozessreden, übers. und hrsg. von Manfred Fuhrmann, 2 Bde., Zürich, Düsseldorf 1997, Bd. 1, S. 250–361, hier S. 295.

56 Vgl. Schramm: Geschichte der Fahnen (Anm. 48), S. 659–664. Eine Darstellung des Feldzugs Joabs im Goldenen Psalter von St. Gallen aus dem späten 9. Jahrhundert zeigt einen Reiter mit einer Stange, an dessen Spitze ein fischähnlicher, feuerspeiender Drachen befestigt ist. Stiftsbibliothek St. Gallen, Cod. Sang. 22, fol. 140 [http://www.e-codices.unifr.ch/de/csg/0022/140 (17.08.2018)]. Siehe dazu auch Percy Ernst Schramm: Über Illustrationen zur mittelalterlichen Kulturgeschichte, in: Historische Zeitschrift 137 (1928), S. 425–441, hier S. 431. Der Stricker erwähnt in seiner Lebensbeschreibung Karls des Großen (um 1125), dass sich die Heiden bei ihrem Kampf gegen den Kaiser eines vom Wind bewegten Drachenbanners bedient hätten. Der Stricker: Karl der Große, hrsg. von Karl Bartsch, Berlin 1956, V. 9640–9646. Siehe dazu Ulrich Ernst: Zauber – Technik – Imagination. Zur Darstellung von Automaten in der Erzählliteratur des Mittelalters, in: Klaus Grubmüller, Markus Stock (Hrsg.): Automaten in Kunst und Literatur des Mittelalters und der Frühen Neuzeit, Wiesbaden 2003, S. 115–172, hier S. 129.

57 Vgl. Anton Schindling: Das Strafgericht Gottes. Kriegserfahrung und Religion im Heiligen Römischen Reich Deutscher Nation im Zeitalter des Dreißigjährigen Krieges. Erfahrungsgeschichte und Konfessionalisierung, in: Matthias Asche, ders. (Hrsg.): Das Strafgericht Gottes. Kriegserfahrungen und Religion im Heiligen Römischen Reich Deutscher Nation im Zeitalter des Dreißigjährigen Krieges. Beiträge aus dem Tübinger Sonderforschungsbereich „Kriegserfahrungen – Krieg und Gesellschaft in der Neuzeit", Münster 2002, S. 11–51, bes. S. 44–51.

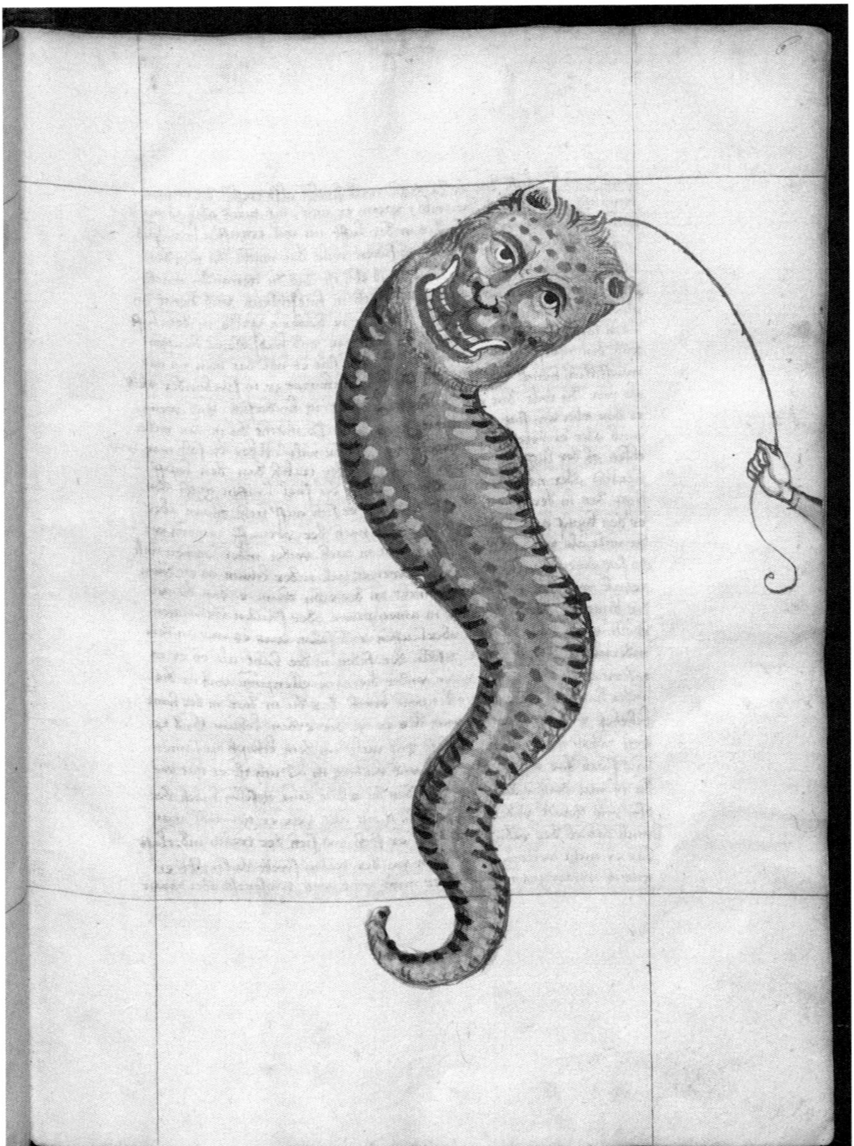

Abb. 2: Unbekannter Verfasser, Anleitung für einen Drachen, um 1430, Österreichische Nationalbibliothek Wien: Cod. 3064, fol. 6r

gen und Strafen orientierte. Was mithin durch die fingierte Beteiligung des Himmels signalisiert wurde, war nicht die drohende Niederlage, sondern die totale Vernichtung, für die in der Bibel ausreichend Belege existierten.

Dass sich Gott im Zorn auch monströser Kreaturen bediente, ging aus dem Buch Hiob unzweideutig hervor, in dem die beiden Ungeheuer Behemoth und Leviathan beschrieben werden, die als Schreck- und Vernichtungswaffen gegen die sündigen Völker ins Feld geführt wurden (Hiob, 40, 15–41).[58] In dieser Traditionslinie standen auch die Drachen, deren Gestalt resp. Ikonographie sich erst erheblich später ausgebildet hatte.[59] Drachen erschienen immer wieder als Vorboten von Unglücksfällen, Kriegen, Epidemien und Naturkatastrophen, wenn sie nicht gleich selbst als ausführendes Organ der göttlichen Strafe auftraten und Ernten vernichteten oder die Menschen mit ihrem Giftatem töteten.[60]

Kyesers Drache entsprach in seiner Konstruktion im Grunde noch dem Windsack der *draco*-Standarten; dagegen bot der ursprünglich aus China stammende Papierdrachen neue aerotechnische und militärstrategische Möglichkeiten – insbesondere, weil auf Haltestangen oder künstlichen Vortrieb (galoppierendes Pferd) verzichtet werden konnte. Ein um 1430 entstandenes deutschsprachiges Manuskript gibt eine detaillierte Anleitung zum Bau eines Drachens von „würmisch gestalt" (**Abb. 2** und **Farbtafel 8**). Technisch handelt es sich um einen flachen, von Stäben gestützten Pergament-Drachen, dem ein bemalter Schwanz aus Seide von elf Ellen Länge angehängt ist.[61] Wenngleich sich der Text allein auf die Konstruktions-

58 Vgl. Berns: Bildterror (s. Anm. 13), S. 130 ff.

59 Vgl. Jurgis Baltrušaitis: Das phantastische Mittelalter. Antike und exotische Elemente der Kunst der Gotik, übers. von Peter Hahlbrock, Frankfurt a. M.–Berlin–Wien 1985, S. 195 ff.; Elisabetta Lucchesi Palli: Art. „Drache", in: Engelbert Kirschbaum SJ (Hrsg.): Lexikon der christlichen Ikonographie, Rom u. a. 1994, Bd. 1, Sp. 516–524; Christa Tuczay: Drache und Greif – Symbole der Ambivalenz, in: Mediaevistik 19 (2006), S. 169–211.

60 Vgl. bspw. Wolfgang Harms, Michael Schilling (Hrsg.): Deutsche illustrierte Flugblätter des 16. und 17. Jahrhunderts, Bd. VI, 2: Die Sammlung der Zentralbibliothek Zürich, Teil 1: Die Wickiana I (1570–1588), Tübingen 2005, S. 314 f. [VII, 156] u. 346 f. [VII, 172] u. passim. Siehe dazu auch Johannes Tripps: Nordisches Spätmittelalter oder italienische Frührenaissance? Zum Rätsel der Wolkenbilder auf den Cäsar-Tapisserien des Historischen Museums in Bern, in: Norberto Gramacini, Marc Carel Schurr (Hrsg.): Kunst und Kulturtransfer zur Zeit Karls des Kühnen, Bern u. a. 2012, S. 85–110; Hole Rößler: Ira Dei ex machina. Kirchers ‚Drachen' als boundary objects frühneuzeitlicher Wissensfelder, in: Tina Asmussen, Lucas Burkart, Hole Rößler (Hrsg.): Theatrum Kircherianum. Wissenskulturen und Bücherwelten im 17. Jahrhundert, Wiesbaden 2013, S. 189–226, hier S. 201–205.

61 Unbekannter Verfasser: „Mota wie du ainen tracken artificialiter machen und regieren solt das er in dem lufft swebt und fert als er lebendig sey", um 1430, Österreichische Nationalbibliothek Wien, Cod. 3064, fol. 4^{v}–7^{r}, hier fol. 5^{r}.

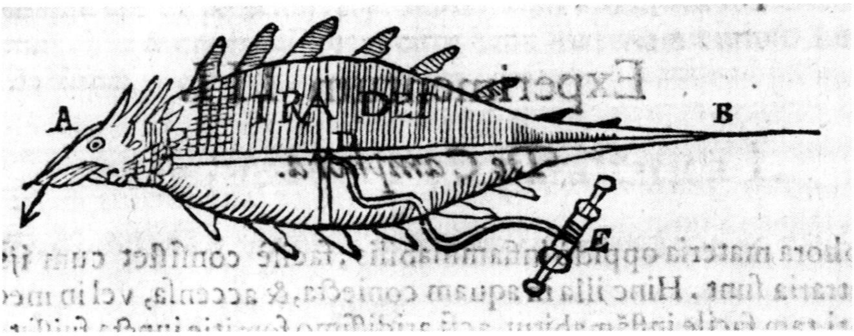

Abb. 3: Athanasius Kircher, Ars Magna Lucis Et Umbrae, Rom 1646, S. 826, Universitätsbibliothek Bern: Signatur: Math Q 53

weise des Fluggeräts beschränkt, so deutet gleichwohl ihr Ort innerhalb einer kriegstechnischen Sammelhandschrift darauf hin, dass an einen militärischen Einsatz gedacht war.[62]

Auf das in den Text- und Bildquellen erkennbare allgemeine Wissen um die Bedeutung von Drachenerscheinungen als Zeichen resp. Vorzeichen von Gottes Zorn rekurriert auch die Erzählung von der wirkungsvollen Konstruktion eines künstlichen Prodigiums, die sich bei Athanasius Kircher findet:

> Dank dieser Erfindung wurden einige unserer Patres in Indien aus größter Gefahr durch die Barbaren [*barbares*] gerettet. Sie waren eingekerkert und wussten nicht, wie sie sich aus der Gefangenschaft befreien konnten. Einer von ihnen, schlauer als die anderen, erdachte folgenden Kniff [*machinamentum*]: Zunächst drohte er den Barbaren, dass, wenn sie seine Mitbrüder nicht freiließen, bald übernatürliche Dinge geschehen würden und sie den deutlichen Zorn der Götter zu spüren bekamen. Darüber lachten die Barbaren. Er aber machte einen Drachen [*draco*] aus sehr dünnem Papier, in dessen Mitte er eine Mischung aus Schwefel, Pech und Wachs anbrachte, die entzündet den Apparat [*machina*] beleuchten würde und ihnen zugleich die Worte „Zorn Gottes" [*ira Dei*] in ihrer Sprache zu lesen geben würde. Danach heftete er einen Schwanz an die Maschine und lies ihn in die Luft steigen. Bald ergriff ihn ein Wind und er flog fort in der furchteinflößenden Gestalt eines feurigen Drachens [*draconis igniti species*]. Die Barbaren, als sie die außergewöhnlichen Bewegungen der Erscheinung sahen, waren wie vom Blitz gerührt, und befürchteten, nachdem sie sich der zornigen Gottheit und der Worte der Patres erinnerten, die angekündigte Strafe zu erleiden. Daher öffneten sie rasch den Kerker und ließen die Gefangenen frei. Unterdessen wurde die Maschine mit Getöse vom Feuer ergriffen und

62 Vgl. auch Jules Duhem: Histoire de l'arme aérienne avant le moteur, Paris 1964, S. 31.

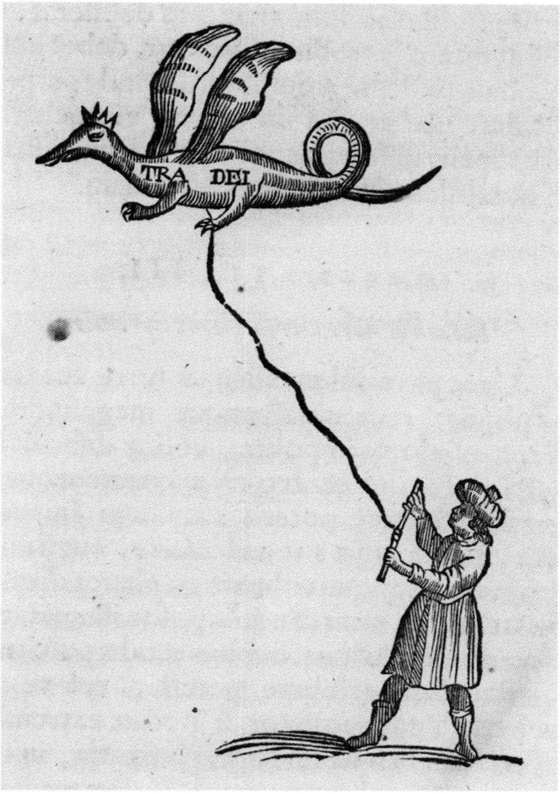

Abb. 4: Athanasius Kircher, Mundus Subterraneus, In XII. Libros Digestus, 2 Bde., Amsterdam 1665, Bd. 2, S. 479, Universitätsbibliothek Basel: Signatur: Hn I 1

verbrannt, als würde sie ihre Zustimmung zeigen, und sie sank von selbst bewegungslos herab. Somit erreichten die Patres durch Mittel eines Naturschauspiels [*naturae spectaculum*], allein durch die Erzeugung von Furcht, was Gold nicht vermocht hatte.[63]

Anders als in der Erzählung zeigt der beigefügte Holzschnitt allerdings einen flachen (Papier-)Drachen, der eine inwendige Beleuchtung nicht zugelassen hätte (**Abb. 3**).[64] Eine Konstruktion, die der beschriebenen Funktionsweise entspricht, findet sich erst in Kirchers knapp zwanzig Jahre später veröffentlichtem *Mundus subterraneus* (1665) abgebildet (**Abb. 4**).[65] Ohne

63 Kircher: Ars Magna Lucis Et Umbrae (s. Anm. 39), S. 826.

64 Vgl. Hart: Kites (s. Anm. 51), S. 76 f.; Rößler: Ira Dei (s. Anm. 60), S. 196.

65 Athanasius Kircher: Mundus Subterraneus, In XII. Libros Digestus, 2 Bde., Amsterdam 1665, Bd. 2, S. 479. Das Bild zeigt den Drachen in Gebrauch, doch nunmehr in Händen einer durch Turban als Orientale ausgewiesenen Figur. Die Kopfbedeckung ebenso wie die Beine des Drachens sind aber offenbar Hinzufügungen des ausführenden Künstlers resp. Formschneiders, die sich in der erhaltenen Vorzeichnung von Kirchers eigener

die Geschichte der geretteten Patres explizit zu erwähnen, behandelt Kircher hier erneut die Herstellung von fliegenden und leuchtenden Ungeheuern, deren Schreckpotenzial sowohl durch eine Beschriftung wie auch durch Feuerwerksraketen vergrößert werden könnte.[66]

Kirchers Ausführungen sind aber vor allem deswegen relevant, weil in ihnen die techniksoziologische Grundlage der Wirkungserwartung der fliegenden Schreckwaffen explizit gemacht wird. So bemerkt er bezüglich der künstlich beleuchteten und nächtlich aufsteigenden Flugdrachen, dass man „allein durch dieses Kunststück und gleichsam gewisse Wunderzeichen eine unwissende Armee in die Flucht schlagen“ könne, „besonders eine der Barbaren, wie es die der Türken ist“.[67] Freilich ist die hier in Anspruch genommene Differenz von *docti* und *indocti* in ihrem jeweiligen Wissensstand und der daraus resultierenden affektiven Reaktion seit der Antike ein Gemeinplatz elitärer Selbstdarstellung.[68] Tatsächlich finden sich in der mathematisch-technischen Unterhaltungsliteratur des 17. Jahrhunderts die Beschreibungen bzw. Bauanleitungen für Drachen häufig verknüpft mit Erzählungen, in denen Bauern gleichsam als Verkörperung der Unwissenheit

---

Hand so nicht finden. Des Weiteren fehlen das in der Zeichnung erkennbare Kreuz aus Holzstäben, das die Konstruktion als flachen Papierdrachen ausweist, sowie der die Beschriftung ergänzende Imperativ „fugite“ (flieht). Siehe dazu ausführlich Rößler: Ira Dei (s. Anm. 60), S. 194 ff., 216 u. passim, sowie Berns: Bildterror (s. Anm. 13), S. 144 f.

66 Zur Geschichte der ‚Himmelsschriften‘ siehe Thomas Rahn: Explosion und Konstruktion. Feuerwerk und Illumination als Modelle für Lichtreklame und Kunstlichtästhetik der Avantgarde, in: Helmar Schramm, Ludger Schwarte und Jan Lazardzig (Hrsg.): Spuren der Avantgarde: Theatrum machinarum. Frühe Neuzeit und Moderne im Kulturvergleich, Berlin u. a. 2008, S. 240–270 sowie dessen Beitrag in diesem Band, S. 243–280. Zwei Skizzen eines pyrotechnisch ausgerüsteten Drachens finden sich in dem vermutlich vom Florentiner Hofingenieur Giulio Parigi stammenden ‚Lehrbuch‘ aus der Mitte der 1620er Jahre: Sketchbook on Military Art, including Geometry, Fortifications, Artillery, Mechanics, and Pyrotechnics, Library of Congress, Rosenwald Coll. ms. 27, fol. 181^{r} [https://www.loc.gov/resource/rbc0001.2003rosen1363/?sp=364 (17.08.2018)].

67 „Hoc solo artificio veluti prodigiis quibusdam, exercitum integrum in fugam converti posse credo, praesertim in Barbarorum, cuiusmodi Turcicus est, […].“ Kircher: Ars Magna Lucis Et Umbrae (s. Anm. 39), S. 827.

68 Der *locus classicus* ist bekanntlich Quint. inst. IX, 4, 116. Jenseits berechtigter Zweifel am Realitätsbezug derartiger Selbst- und Fremdbeschreibungen bleibt die Frage nach dem für ein ‚Durchschauen‘ der Bilder notwendigen Wissens und dessen soziokulturell bedingten Verbreitung aktuell. Percy Ernst Schramm bemerkte zwar, dass die mittelalterlichen Drachenbanner wohl kaum furchteinflößende Wirkung gehabt haben könnten, da sie als bloßer Tuchsack zu erkennen gewesen seien, doch hat Jörg Jochen Berns darauf hingewiesen, dass die für weite Teile der Bevölkerung zu konstatierende Seltenheit von Erfahrungen mit Bildwerken das Wirkungspotenzial von Schreckbildern mit Sicherheit erheblich vergrößerte. Schramm: Geschichte der Fahnen (s. Anm. 48), S. 663; Berns: Bildterror (s. Anm. 13), S. 127.

durch derartige simulierte Himmelserscheinungen in Angst und Schrecken versetzt werden.[69]

Die angenommene emotionale Steuerbarkeit derjenigen, denen die künstliche Ursache unbekannt war, ist auch Ausgangspunkt einer Methode, fliegende Bilder für den militärischen Ernstfall zu erzeugen, die der Mailänder Gelehrte Girolamo Cardano in seiner dickleibigen Kompilation *De rerum varietate* (1557) beschreibt: Wenn man „einen aufferzognen adler/ so in die höhe fliegen/ ein bildnuß an die fueß hencket/ unnd diser wider hinab fahret/ vermeinet man es seye ein seltzam gesicht vorhanden". In diesem Fall zielt die Erscheinung jedoch nicht auf das Erschrecken des Gegners, sondern soll – wie die in der Schlacht mitgeführten oder auf Feldzeichen abgebildeten Heiligenfiguren – der Ermutigung der eigenen Truppen dienen: „Diese kunst brauchen wir der kriegsleüten gemueter zuostercken/ wann zweyn heüffen gegen einander liegen/ so miteinander streitten woellen."[70]

Vorschnell wäre es freilich, aus den Erzählungen und Entwürfen künstlicher Himmelsbilder zu folgern, der zugrundeliegende Prodigienglaube sei allein ein Phänomen der Volksreligion gewesen, dem die gebildete und gelehrte Elite fern genug stand, dass sie ihn bedenkenlos instrumentalisieren konnte. Vielmehr beruhten die Versprechen von der Wirkung fingierter Vorzeichen auf der Annahme einer grundständigen intellektuellen und religiösen Differenz. Deutlich wird dies in der erstmals 1634 gedruckten Kritik am Wunderzeichenglauben des Lübecker Pastors Jacob Stolterfoht. Ganz im Sinne des lutherischen Schriftprinzips führt er den Nachweis, dass Gott seinen Willen durch die Bibel den Menschen gegenüber ausreichend offenbar gemacht hat, so dass – mit wenigen Ausnahmen – die nachantiken Wunderzeichen auf Missverständnis, Einbildung oder Betrug beruhten.[71]

---

69 Bspw. John Bate: Mysteryes of Nature and Art, London 1634, S. 81; Daniel Schwenter: Deliciae Physico-Mathematicae. Oder Mathemat[ische]: und Philosophische Erquickstunden, Nürnberg, 1636, S. 472; Caspar Schott: Magia Universalis Naturae Et Artis Pars III et IV, Würzburg 1658, Pars III, S. 624.

70 „[C]ompediosior enim ratio in Aesopi fabella descripta est: nutrita enim aquila ex his quae in sublime volant, annexaque pedibus imagine, deinde dimissa, spectri videndi causam subministrabit, His quidem artibus ad accendendum militum animos, dum pugnace exercitus prope positi sunt, non inutiliter utimur." Hieronymus Cardanus: De Rerum Varietate Libri XVII, Basel 1557, S. 594. Übers. nach ders.: Offenbarung Der Natur unnd Natürllicher dingen, übers. von Heinrich Pantaleon, Basel 1559, S. dclxvii. Cardano bezieht sich in seinem Entwurf auf eine Episode in der *Vita Aesopi*, der zufolge der Fabeldichter vier junge Adler dazu abrichtete, dass sie im Flug von Knaben, die in Körben an ihren Füßen saßen, gelenkt werden konnten.

71 Jacob Stolterfoht: Consideratio Visionum, Oder Schrifftmessiges Bedencken/ Was von Gesichtern heutiges Tages zu halten sey, Lübeck 1634, S. 127–154. Zu den von Stolterfoht anerkannten Vorzeichen gehören der Komet von 1618, der Bergsturz von Plurs sowie die Fastnachtsflut von 1625. Ebd., S. 91f.

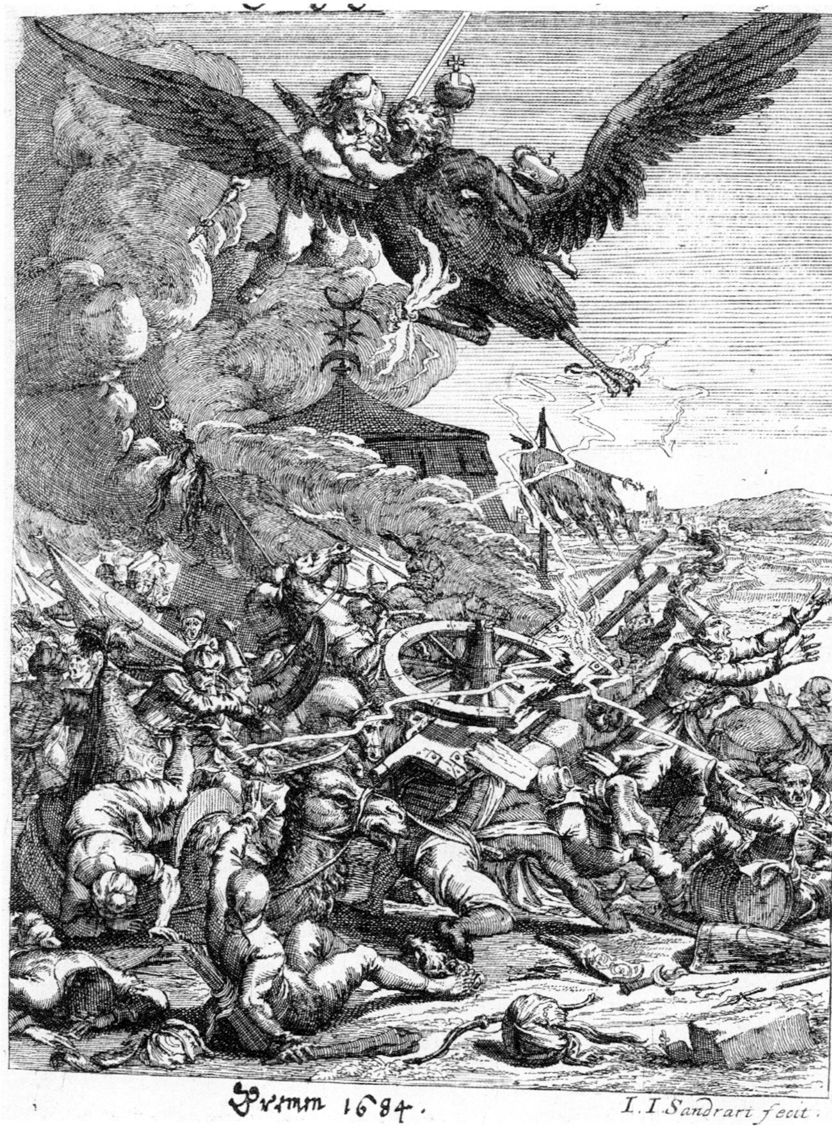

Abb. 5: Erasmus Francisci, Der blutig-lang-gereizte/ endlich aber Sieghafft-entzündete Adler-Blitz/ Wider den Glantz deß barbarischen Sebels/ und Mord-Brandes, Nürnberg 1684, Frontispiz, Herzog August Bibliothek Wolfenbüttel: M: QuN 100 (1)

Unter Aufbietung aller rhetorischen und exegetischen Mittel versucht Stolterfoht in seinen Lesern, die er explizit außerhalb der Kreise der Gelehrten ausmacht, da diese es ohnehin besser wüssten, ein kritisches Bewusstsein zu wecken, da Einfalt und Leichtgläubigkeit empfänglich machten für teuflische Anfechtungen und (katholischen) Priesterbetrug.[72] Diese von Stolterfoht so langatmig bekämpfte und kriegsbedingt erhöhte Empfänglichkeit für Vorzeichen seitens des Volks,[73] das ja auch die Hauptmasse der kämpfenden Truppen ausmachte, bildete die kulturpsychologische Grundlage der himmlischen Schreckwaffen.

Schreckbilder des Fliegens

Konkrete Luftangriffe blieben während der Frühen Neuzeit ein Privileg Gottes, dessen Aneignung durch weltliche Mächte allenfalls in der Allegorie möglich erschien. Johann Jakob von Sandrarts Frontispiz zur Franciscis Geschichte der Türkenkriege etwa stilisiert den Entsatz von Wien und den Sieg über die osmanischen Truppen bei der Schlacht am Kahlenberg (1683) zu einer verheerenden Offensive, die eine sinnreiche Amalgamierung des Habsburgischen Wappenvogels mit dem blitzeschleudernden Jupiteradler gegen einen osmanischen Haufen fliegt (**Abb. 5**).

Seit der Mitte des 16. Jahrhunderts mehrten sich jedoch zum einen die Berichte über konkrete Flugversuche, wie zum anderen die Diskussion über die Möglichkeit einer *ars volandi* im gelehrten Diskurs zunehmend großen Raum einnahm, wobei immer wieder auch die Frage der militärischen Nutzbarkeit behandelt wurde.[74] Noch ganz dem Paradigma der Schreckwaffe verpflichtet ist eine Überlegung in Johann Staricius' auflagenstarkem *Heldenschatz* (Erstausgabe 1615), einem vornehmlich magisch-kriegspraktischen Fragen gewidmeten Werk aus der Gattung der *Secreta*-Literatur.[75] Mit

---

72 Vgl. ebd., o. P. [Eingang an den Christlichen Leser], S. 82 f. u. 189–200.

73 Vgl. Krusenstjern: Prodigienglaube (Anm. 15), S. 63. Berg hat die besondere Aufmerksamkeit für Wunderzeichen in Kriegszeiten anhand zahlreicher Quellen für die Stadt Erfurt herausgearbeitet: Nils Holger Németh Berg: Military Occupation under the Eyes of the Lord. Studies in Erfurt during the Thirty Years War, Diss. Florenz 2008, S. 89.

74 Siehe Jules Duhem: Histoire des idées aéronautiques avant Montgolfier, Paris 1943; ders.: Histoire de l'arme aérienne (s. Anm. 62); Clive Hart: The Prehistory of Flight, Berkeley, Los Angeles–London 1985; Wolfgang Behringer, Constanze Ott-Koptschalijski: Der Traum vom Fliegen. Zwischen Mythos und Technik, Frankfurt a. M. 1991, S. 221–301.

75 Zu Staricius und zur Verfasserschaft des *Heldenschatzes* siehe Helmut Möller: Staricius und sein HeldenSchatz. Episoden eines Akademikerlebens, Göttingen 2003, bes. S. 49–61.

Verweis auf die angeblich erfolgreichen Flugversuche des Nürnberger „Lobsingers“ im späten 15. Jahrhundert wird dort die Nutzung der Flugkunst zur psychologischen Kriegsführung in Aussicht gestellt:[76]

> Wann ein Feldtherr oder KriegsObrister solcher Ingenieur etliche bey sich hette/ die sich bey Tunckel oder finsterer Nacht umb eine Vestung herumb in der Lufft mercken und sehen liessen mit brennenden Fackeln oder Windliechtern an sich gebunden/ so vom Windt oder Wasser nicht außgelescht werden mögen/ was man hiedurch denen in der Vestung wol vor seltzame Gedancken machen köndte/ ob ihnen durch dergleichen mittel nicht eine solche Forcht eingejagt werden solte/ daß sie sich ehe ergeben/ dann sie sonsten je im Sinn gehabt.[77]

Wo indes Spekulationen über die Techniken des Fliegens – von mechanischen Schwingen bis magnetgesteuerten Luftschiffen – einem Nachdenken über konkrete Anwendungsmöglichkeiten wichen, mehrten sich skeptische und argwöhnische Stimmen.[78] Den euphorischen Versprechungen von Luft- und Weltraumreisen traten düstere dystopische Szenarien zur Seite, wenn Formen und Folgen der kriegerischen Nutzung des Fliegens ausgemalt wurden. 1627 führte der Tübinger Professor für klassische Sprachen Friedrich Herrmann Flayder in seinen drei Reden *De Arte Volandi* die nachantiken Erfindungen als Argument für die kurz bevorstehende Entwicklung des Menschenfluges an. Dem Muster einer akademischen *disputatio* entsprechend folgt auf die Behauptung der technischen Machbarkeit und gesellschaftlichen Wünschbarkeit die Gegenrede mit einer Warnung vor unsittlichem, kriminellem und militärischem Missbrauch: „Es würden hin und wieder die schönsten Städte [...] von dergleichen gottlosen Vögeln angezündet, ausgeplündert und in die Asche geleget werden“.[79]

---

76 Zur legendären Figur des Nürnberger „Lobsingers“ siehe Behringer/Ott-Koptschalijski: Der Traum vom Fliegen (s. Anm. 74), S. 213f.

77 Johannes Staricius: HeldenSchatz/ Das ist/ Naturkündliches Bedencken uber und bey Vulcanischer/ auch Natürlicher Magischer Fabrefaction und zubereitung der Waffen deß Helden Achillis in Griechenlandt, Frankfurt a.M. 1615, S. 12.

78 Vgl. Johan Hendrik Jacob van der Pot: Die Bewertung des Technischen Fortschritts. Eine systematische Übersicht der Theorien, 2 Bde., Assen 1985, Bd. 1, S. 110–112.

79 Friedrich Hermann Flayder: De Arte Volandi. Cuius ope, quivis homo, sine periculo, facilius, quam ullum volucre, quocunque lubet, semetipsum promorere potest, [Tübingen] 1627, S. 22. Übers. nach ders.: Curieuse Gedancken Von der Kunst zu fliegen, Krafft welcher ein jeder Mensch, ohn Gefahr, und leichter/ denn ein Vogel/ wohin es ihn beliebt, sich selber durch die Lufft schwingen kann, Frankfurt a.M.–Leipzig 1737, S. 10. Vgl. Wilhelm Kühlmann: Gelehrtenrepublik und Fürstenstaat. Entwicklung und Kritik des deutschen Späthumanismus in der Literatur des Barockzeitalters, Tübingen 1982, S. 178–181.

1670 erschien in Brescia eine Sammlung von Erfindungen des Jesuiten Francesco Lana de Terzi, in der dieser eine Methode beschreibt, mithilfe von evakuierten Metallkugeln ein Schiff in die Luft zu heben. Er schließt seine Ausführungen mit der Bemerkung, dass Gott die Realisierung seiner Erfindung trotz der grundsätzlichen Machbarkeit wohl verhindern werde, denn „auf diese Art wäre keine Stadt mehr vor Eroberung sicher, da man mit einem solchen Schiff über sie kommen, und mitten inne Soldaten aufsetzen könnte". Überdies sei es möglich „Kunstfeuer, Kugeln und Bomben" (*con fuochi artificiati, con palle, con bombe*) auf Schiffe, Häuser, Schlösser und Städte fallen zu lassen.[80]

Der Rinteler Professor Philipp Lohmeier begegnete Lanas frommer Hoffnung auf göttliche Prävention mit dem lakonischen Hinweis, dass Gott auch die Erfindung von Säbel, Kanonen und Schießpulver nicht verhindert habe. Daran anschließend formuliert Lohmeier eine Logik der Aufrüstung und gerät damit zum Vordenker der Luftschlacht: „gleichwie wir Flinten gegen Flinten, und Canonen gegen Canonen gesetzt haben, so würden wir auch Luftschiff gegen Luftschiff vorrücken lassen, und förmliche Luft-Bataillen liefern".[81]

Im selben Jahr wie Lanas Buch erschien die kleine Schrift *See-Farth nach der Neuen Welt/ ohne Schiff und Segel* (1670) aus der Feder des Kieler Medizinprofessors Johann Daniel Major, eine enzyklopädische Zusammenstellung unterschiedlichster, überwiegend technisch-empirischer Wissensfelder im literarischen Gewand einer Utopie. In der Vorrede unterzieht Major Kompass, Schießpulver und Buchdruck, die seit dem 16. Jahrhundert beständig als Ausweis des technischen Fortschritts seit der Antike fungierten, einer kritischen Revision.[82] Alle drei Erfindungen besäßen nicht nur großen Nutzen, sondern hätten in mindestens gleichem Maße auch Schaden und

80 Franceso Lana de Terzi: Prodromo overo saggio di alcune inventioni nuove premesso all'arte maestra, Brescia 1670, S. 61. Übers. nach ders.: Ein Schiff zu machen, das sich in der freyen Luft mit Rudern und Segeln regieren lasse, mit Beweiß, daß der Vorschlag würklich ausführbar seye, in: Franz Lana, Philipp Lohmeier: Von der Luftschiffkunst, Tübingen 1784, S. 1–28, hier S. 27 f. Ganz ähnlich erachtet es Juan Caramuel Lobkovitz als Gnadenakt Gottes, dass dieser dem Menschen die Fähigkeit zu fliegen nicht verliehen habe. Andernfalls nämlich sei kein Leben, kein Haus und keine Stadt mehr sicher und ein friedliches Leben unmöglich. Juan Caramuel Lobkowitz: Mathesis Biceps. Vetus Et Nova, Campania–Lyon 1670, S. 740.

81 Philipp Lohmeier: Exercitatio Physica De Artificio Navigandi Per Aerem, Rinteln 1676, S. 27. Übers. nach ders.: Von der Kunst, durch die Luft zu schiffen, in: Franz Lana, Philipp Lohmeier: Von der Luftschiffkunst, Tübingen 1784, S. 29–75, hier S. 71.

82 Zu dieser topischen Motivgruppe siehe Marcus Popplow: Neu, nützlich und erfindungsreich. Die Idealisierung von Technik in der frühen Neuzeit, Münster u. a. 1998, S. 177–186.

Leid über die Menschen gebracht. Die möglichen Folgen technischer Innovation sind es, aufgrund derer Major daran anschließend zwar bemerkt, dass er die Kunst des Fliegens zwar für „gar *practicabel* halte", jedoch „klärer nicht davon schreiben mag":

> Was für Verrätherey/ Diebstahl und Meuchelmord/ was für andre Sünd und Schanden würden umb so viel mehr sich häuffen? Da würden Städt und Schlösser/ da würden gantze *Provincien* und Königreiche/ vermuthlich bald genötiget werden/ entweder mit öfftteren *Canoni*ren in die Höh/ und Erregung auffsteigenden Rauchs zu erfüllen; oder mit grossen eisernen Gittern/ als Netzen/ sich umb und umb zu beschirmen/ und wo nicht für gäntzlichem Einfall/ jedoch für vielfältigem Einwurff Feuers und Steine/ gegen die fliegende Kriegsheere sich zu retten/ die als *Lucianis*che Raubvögel aus den Ländern des Mondens gleichsam herab stürtzende/ sonst alles zu grund und boden werffen möchten. Von welchem handel allein die Welt tausendmahl heßlich- und zerrütteter aussehen würde/ als ingesamt von obberührtem Mißbrauch des Compasses/ des Pulvers/ und der Buchdruckerey.[83]

Die bisherige Geschichte der Erfindungen und ihrer Folgen führt Major zu dem Schluss, dass eine einseitige Geheimhaltung und damit die Schaffung eines militärtechnischen Innovationsmonopols unrealistisch seien. Weitaus bemerkenswerter an seinen Ausführungen wie auch denen von Flayder und Lana ist allerdings die hellsichtige Antizipation der Konsequenzen für den zivilen Lebensraum, die die kaum zu kompensierende Schutzlosigkeit gegenüber einem Angriff von oben hätte. Nicht einem Einsatz in der offenen Feldschlacht widmen die Autoren ihre Aufmerksamkeit, sondern den Möglichkeiten, die das Fliegen bei der Überwindung städtischer Fortifikationsarchitekturen bot. Wie Major prognostiziert auch der französische Gelehrte Noël-Antoine Pluche knapp sechzig Jahre später, dass die Kunst des Fliegens, die er allerdings ebenfalls aufgrund göttlicher Fürsorge für unerreichbar hält, „die Beschaffenheit des Erdbodens gänzlich verändern würde". Da Stadt und Land nicht mehr sicher seien, müssten sich die Menschen „Höhlen in die Erde graben" oder sich „auf unzugänglichen Felsen und steilen Bergen einnisten".[84]

83 Johann Daniel Major: See-Farth nach der neuen Welt/ ohne Schiff und Segel, 2. Ausg., Hamburg 1683, S. 11f. Zu Majors Vorwegnahme des Luftkrieges: Vgl. Karin Unsicker: Weltliche Barockprosa in Schleswig-Holstein, Neumünster 1974, S. 208.

84 „cet art changeroit entièrement la face de la terre. Nous ferions contraints d'abandonner le séjour des villes & des campagnes & de nous creuser des antres sous terre, ou d'imiter les aigles & les oiseaux de proie. Nous nous retirerions comme eux dans les rochers inaccessibles & sur les montagnes escarpées […]." Noël-Antoine Pluche: Le spectacle de la nature, ou entretiens sur les particularités de l'histoire naturelle, Paris 1754 [EA 1732],

Der Rückzug aus den Städten in die Höhle als Zufluchtsort vor Angriffen aus der Luft war motivisch vorbereitet durch die Geschichte Lots, der nach dem Untergang von Sodom und Gomorrha mit seinen Töchtern aus Furcht in eine Höhle flieht (1 Mose 19,30). Mit erkennbarem Unbehagen deutet sich in den frühneuzeitlichen Luftkriegsszenarien die Denkbarwerdung einer mit technischen Mitteln zu leistenden Entgrenzung des gewaltsam verfügbaren und der Vernichtung preisgegebenen Raumes an, die zuvor allein Gott vorbehalten war. Hatte die Entwicklung der Artillerie zur Fortifizierung der Städte geführt, so würde diese Kunst wiederum hinfällig werden, „[w]enn die Menschen, wie die Vögel fliegen, oder durch die Erde und Wasser, wie die Geister, könten gehen lernen, und so ungewöhnlich in die festen Plätze eindringen" – Fähigkeiten mithin, die nur die von Gott geschickten Engel oder Dämonen besaßen.[85]

Vor dem Hintergrund des wenige Jahre zurückliegenden Zweiten Weltkriegs formulierte Carl Schmitt die These vom radikalen Wandel, der durch den militärischen Einsatz des Flugzeuges stattgefunden habe. Der Luftkrieg sei „eine völlig neue Kriegsart", insofern er im Unterschied zu den bisherigen Formen des Land- und Seekrieges „kein Beutekrieg, sondern reiner Vernichtungskrieg" sei.[86] Der „Vernichtungscharakter des Luftkrieges" sei erkennbar vor allem an der Distanzierung des Fliegers zu seinem Angriffsziel, die „Beziehungslosigkeit des Kriegführenden gegenüber dem Boden und der auf ihm befindlichen feindlichen Bevölkerung".[87] Schmitts These von der Neuheit des von aeronautischer Technik ermöglichten „Vernichtungskrieges" fügte sich gut in die Reihe der Modernitätsnarrative, die – mal euphorisch, mal warnend – Technisierung und Destruktivität als zwei wesentliche Merkmale des vollzogenen Epochenbruchs hervorkehrten.[88] An-

tom. 1, S. 290 f. Übers. nach ders.: Schau-Platz der Natur, oder Unterredungen von der Beschaffenheit und den Absichten der Natürlichen Dinge, Wien–Nürnberg 1750, Teil 1, S. 333.

85 Hanns Friedrich von Fleming: Der Vollkommene Teutsche Soldat, welcher Die gantze Kriegs-Wissenschafft insonderheit was bey der Infanterie vorkommt, ordentlich und deutlich vorträgt, Leipzig 1726, S. 77.

86 Carl Schmitt: Der Nomos der Erde im Völkerrecht des Jus Publicum Europaeum, Köln 1950, S. 294.

87 Ebd., S. 297 f.

88 Vgl. dazu Karl Heinz Bohrer: Erinnerung an die Zerstörungsmetapher, in: Merkur. Deutsche Zeitschrift für europäisches Denken 39, 9/10 (1985), S. 725–733; Hans Ulrich Gumbrecht: Art. „Modern, Modernität, Moderne", in: Geschichtliche Grundbegriffe. Historisches Lexikon zur politisch-sozialen Sprache in Deutschland, hrsg. von Otto Brunner, Werner Conze, Reinhart Koselleck, 8 Bde., Stuttgart 1972–1997, Bd. 4, S. 93–131, hier S. 126 f.

gesichts des zuvor dargestellten Materials sind indes auch in diesem Fall Zweifel gegenüber den Behauptungen von der absoluten Originalität der Moderne angebracht. Denn zum einen finden sich in der Geschichte des modernen Luftkrieges literarische und bildliche Motive, deren vormoderne Herkunft deutlich erkennbar ist. Zum anderen aber hatten Autoren des 17. Jahrhunderts wie Lana und Major den Vernichtungscharakter eines aus der Luft geführten Krieges lange vor dessen Realisierung recht deutlich erfasst. Man muss Schmitt vielleicht recht geben, dass sich die rechtliche und moralische Diskriminierung, d. h. Kriminalisierung des Feindes, die dessen Vernichtung erlaubte, einer Legitimierung der Kriegsmittel verdankte und nicht einer Wiederkehr der christlichen Lehre vom *bellum iustum* (der zufolge sich jeder Sieg als gerechte und gottgegebene Strafe der unterlegenen Partei auffassen ließ).[89] Gleichwohl war es den kriegführenden Parteien offenbar nicht gänzlich möglich, der Versuchung zu widerstehen, das eigene Handeln im Lichte dieser Tradition erscheinen zu lassen. Der rhetorische und ikonographische Rückgriff auf vormoderne Motive, in dem sich eine zusätzliche, nicht-juristische Grundierung der militärischen Aeronautik manifestierte, verweist auf die von Hans Blumenberg beschriebene Diskrepanz zwischen einer faktisch „wissenschaftlich-technisch geprägten Welt" und einer „vorwissenschaftlich-vortechnischen Bewusstseinsverfassung" in der Moderne.[90] Dazu zwei Beispiele zum Schluss.

Nachdem bereits im Ersten Weltkrieg Flugzeuge vereinzelt mit heraldischen und zoologischen Motiven dekoriert worden waren, versahen etliche Piloten der kriegsbeteiligten Nationen (aber auch der Schweiz) ihre Jagdflugzeuge (zum Teil auch Flugzeuge anderer Gattungen) mit einer „Haifisch"-Bemalung (**Abb. 6**).[91] Anders als die Comic- oder Pin-up-Motive auf amerikanischen Bombern, die aufgrund der Flughöhe vom Boden ohnehin nicht wahrgenommen werden konnten, war diese Bemalung darauf angelegt, vom Gegner (in der Luft oder am Boden) gesehen zu werden. Durch die Hinzufügung von Augen und aufgerissenem Maul nahmen die Flugzeuge die Gestalt bio-mechanoider Ungeheuer an, womit der Waffen-

89 Schmitt: Der Nomos der Erde (s. Anm. 86), S. 298 f.

90 Hans Blumenberg: Einige Schwierigkeiten, eine Geistesgeschichte der Technik zu schreiben, in: Geistesgeschichte der Technik, hrsg. von Alexander Schmitz und Bernd Stiegler, Frankfurt a. M. 2009, S. 7–47, hier S. 28.

91 Vgl. Jean-Denis Lepage: Aircraft of the Luftwaffe 1935–1945. An Illustrated Guide, Jefferson 2009, S. 52. Für die in der Literatur kursierende Behauptung, diese Bemalung sei zuerst für Flugzeuge der deutschen Luftwaffe verwendet worden, konnte im Rahmen der vorliegenden Studie kein hinreichender Beleg gefunden werden. Dieses Thema bedürfte angesichts der bislang publizierten (Sach-)Literatur zur „nose art" in der Geschichte der Militäraviatik einer eingehenderen, vor allem wissenschaftlich fundierten Untersuchung.

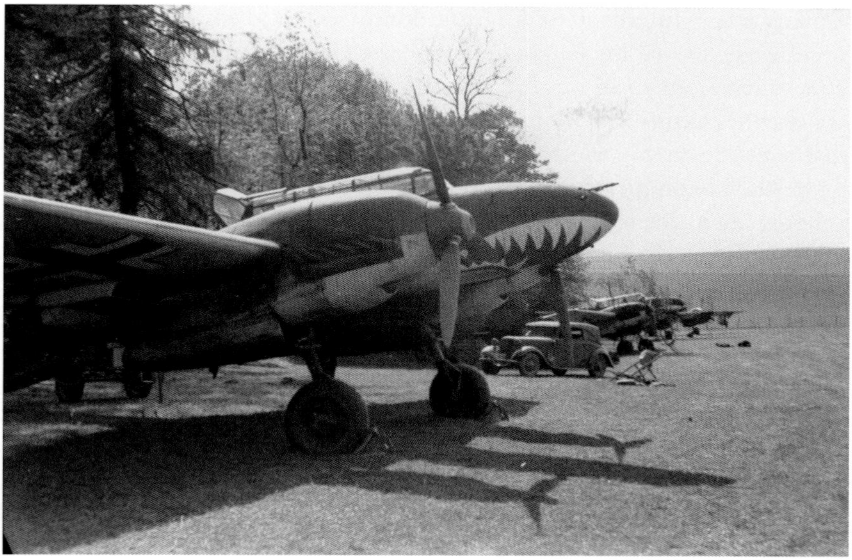

Abb. 6: Flugzeuge (Messerschmitt Bf 110) des „Haifischgeschwaders" auf einem Staffelliegeplatz (vermutlich 1940), Bundesarchiv, Berlin: Bild 101I-382-0211-22 / Benno Wundshammer

gang eine phantastische, tendenziell übernatürliche Dimension erhielt.[92] Der Eindruck einer Verwandtschaft mit den drachengestaltigen Schreckwaffen der Vormoderne erhärtet sich noch durch den Umstand, dass – insbesondere für die Blitzkriegsstrategie – Überraschung und Schrecken zentrale Faktoren der Luftkriegsführung darstellten, was u. a. auch am Einsatz der „Jerichotrompete" genannten Sirene am Fahrwerk der JU 87 (Stuka) erkennbar ist, deren Zweck einzig in der psychischen Demoralisierung des Gegners bestand.[93] Ein Fortleben der vormodernen Rhetorik von der Wirk-

92 Zur Frühgeschichte dieser Hybride siehe Jörg Jochen Berns: Technomonster. Zur Geschichte der Menschtiermaschinen, in: Roland Borgards, Christine Holm, Günter Oesterle (Hrsg.): Monster. Zur ästhetischen Verfassung eines Grenzbewohners, Würzburg 2010, S. 77–102, hier S. 458–462; ders.: Bildterror (s. Anm. 13), S. 146f.

93 Vgl. Wolfgang Schivelbusch: Die Kultur der Niederlage. Der amerikanische Süden 1865. Frankreich 1871. Deutschland 1918, Darmstadt 2001, S. 272f. Zur „Jerichotrompete" siehe auch Peter C. Smith: Stuka. Die Geschichte der Junkers Ju 87. Technik, Taktik, Einsätze, München, Stuttgart 1974, S. 17f. Auch der Einsatz akustischer Schreckwaffen hat eine ‚Frühgeschichte'. Siehe dazu Werner Friedrich Kümmel: „Das hertz ich weck der unsern und die feind erschreck". Zur psychologischen Funktion militärischer Musik in der Frühen Neuzeit, in: Jutta Nowosadtko, Matthias Rogg (Hrsg.): „Mars und die Musen". Das Wechselspiel von Militär, Krieg und Kunst in der Frühen Neuzeit, Münster 2008, S. 303–321, bes. S. 315–318.

samkeit der Schreckwaffen aufgrund kultureller und intellektueller Rückständigkeit, wie sie bei Kircher begegnet ist, deutet sich an etwa im Bericht über einen Luftangriff auf französische Truppen während des Westfeldzuges in einer deutschen Propagandaschrift: Während die übrigen Truppenteile sich zu verteidigen suchten, seien die algerischen Infanteristen (an deren rassisch bedingten Inferiorität der Autor keinen Zweifel hegt) durch das „Herannahen der feuerspeienden Flugzeuge mit dem unheimlichen Haifischrachen" in die Flucht geschlagen worden.[94]

Noch deutlicher wird der Zusammenhang zwischen modernem Luftkrieg und vormodernen Vorstellungen von der Zerstörungsgewalt des Himmels, wo die Bezugnahme auf biblische Erzählungen explizit gemacht wurde. Vom 24. Juli bis 3. August 1943 flogen Bomber der britischen und amerikanischen Luftwaffe sieben große Angriffe auf Hamburg, wobei 8.500 Tonnen Spreng- und Brandbomben auf die Stadt niedergingen.[95] Hinsichtlich der Opferzahlen wie auch des Ausmaßes der Zerstörung übertraf dieser Luftangriff bei weitem alle bisherigen Bombardierungen. Die Dimension der Vernichtung zumindest ansatzweise vorausahnend war dem Einsatz der Name „Operation Gomorrha" gegeben worden. An dieser demonstrativen Selbststilisierung zum ausführenden Organ göttlichen Zorns wird vor allem eines deutlich, das seither noch die abgelegensten Schauplätze westlicher Landesverteidigung bestimmt: Die Aufgabe der Vernichtung aus der Luft, vormals göttliches Privileg, ist nunmehr zur Obliegenheit des ‚deus per machina' geworden, der dieselbe Rechtmäßigkeit und Gerechtigkeit für sein gewaltsames Handeln behauptet, wie der „Herr der Heerscharen" (Zebaoth).

Dass sich der Gedanke an ein Gottesgericht immer wieder auch auf Seiten der Betroffenen einstellte, verdeutlicht nur, wie gering das Angebot an sinnstiftenden Vergleichs- und Deutungsmöglichkeiten angesichts der Katastrophe ausfiel. Hans Erich Nossack, der die Bombardierung Hamburgs erlebt hatte, hielt im November 1943 fest: „Ich habe nicht einen einzigen Menschen auf die Feinde schimpfen oder ihnen die Schuld für die Zerstörung geben hören. [...] Eine viel tiefere Einsicht in die Dinge verbot uns, an einen Feind zu denken, der dies alles verursacht haben sollte; auch er

94 Benno Wundshammer: Flieger – Ritter – Helden. Mit dem Haifischgeschwader in Frankreich und andere Kampfberichte, Gütersloh 1942, S. 148.

95 Vgl. Horst Boog: Strategischer Luftkrieg in Europa und Reichsluftverteidigung 1943–1944, in: Militärgeschichtliches Forschungsinstitut (Hrsg.): Das Deutsche Reich und der Zweite Weltkrieg, 10 Bde., Stuttgart–München 1979–2008, Bd. 7, S. 3–415, hier S. 35–45; Ursula Büttner: „Gomorrha" und die Folgen. Der Bombenkrieg, in: Forschungsstelle für Zeitgeschichte in Hamburg (Hrsg.): Hamburg im „Dritten Reich", Göttingen 2005, S. 613–632.

war uns höchstens ein Werkzeug unerkennbarer Mächte, die uns zu vernichten wünschten."[96] Es ist zweifellos richtig, dass eine derartige „Rhetorik der Schicksalshaftigkeit", wie W. G. Sebald kritisierte, den Blick „auf das technische Unternehmen der Zerstörung" verstellt.[97] Doch diese Blickverstellung war keineswegs ein verklärendes Rückzugsgefecht realitätsverweigernder Antimodernisten, sondern vielmehr das Resultat einer nur unzureichend geleisteten Profanisierung und Modernisierung des Himmels.

96 Hans Erich Nossack: Der Untergang, Frankfurt a. M. 1976, S. 42. Bezeichnend für diese Sicht ist überdies, dass Nossack die Bombardierung als „Gericht" (S. 20), „Sintflut" (S. 18, 21, 44) oder „jüngsten Tag" (42) bezeichnet.

97 W. G. Sebald: Zwischen Geschichte und Naturgeschichte. Versuch über die literarische Beschreibung totaler Zerstörung mit Anmerkungen zu Kasack, Nossack und Kluge, in: Orbis Litterarum 37 (1982), S. 345–366, hier S. 350.

THOMAS RAHN

Numinose und künstliche Himmelsschriften in Früher Neuzeit und Moderne

> „Du achtest, man schreibt nicht Licht auf dunkles Feld, das Alphabet der Sterne nur kündet sich so, angedeutet oder unterbrochen, der Mensch verfolgt schwarz auf weiß“
>
> (Mallarmé)[1]

> „Wenn's schon am Himmel steht, wird's stimmen: Nimm nur Persil noch für Dein Linnen“
>
> (eine Berliner Hausfrau)[2]

Im Jahr 1927 und auch noch in den folgenden Jahren erschien an verschiedenen Orten Deutschlands ein wundersamer Schriftzug am Himmel. Mal aus Wolkenlinien gebildet am Tage, mal als Leuchtschrift in der Nacht (**Abb. 1**) konnte man hoch oben „I – M – I“ lesen. Fromme Bauern auf dem Feld, so wird kolportiert, fielen auf die Knie, als sie sahen, was sie für die Abbreviatur von ‚Jesus, Maria und Joseph‘ hielten.[3] Mit technischen Mitteln war es der Firma Henkel gelungen, mit dem Namen eines Waschmittels – „IMI“ – jenen Raum zu besetzen, der Jahrtausende lang nur Gott als Schriftgrund zugestanden hatte, ob nun dieser darauf schrieb oder ob sein Name darauf geschrieben stand. Wer die Artifizialität der Himmelsschrift

---

1 Stéphane Mallarmé: Das Buch betreffend [Erstdruck 1892], in: ders.: Sämtliche Dichtungen. Französisch und deutsch. Mit einer Auswahl poetologischer Schriften. Übersetzung der Dichtungen von Carl Fischer. Übersetzung der Schriften von Rolf Stabel. Nachwort von Johannes Hauck, München 1992, S. 288–304, hier S. 289. „Tu remarquas, on n'écrit pas, lumineusement, sur champ obscur, l'alphabet des astres, seul, ainsi s'indique, ébauché ou interrompu; l'homme poursuit noir sur blanc.“ Stéphane Mallarmé: Quant au livre, in: ders.: Œuvres complètes, Teil II, bearbeitet und kommentiert von Bertrand Marchal, Bibliothèque de la Pléiade 497, Paris 2003, S. 214–228, hier S. 215 (aus dem Abschnitt „L'action restrainte“, Erstdruck in La Revue blanche, 1. Februar 1895).

2 Anonymes Scherzgedicht „von einer Berliner Hausfrau“ in einer Zusammenstellung von Leserzuschriften: „Unsere Himmelsschrift im Volksmunde“, in: Blätter vom Hause: Monatsschrift für die Werkgemeinschaft Henkel 7 (1927), S. 138 (aus dem Juli-Heft: „Sondernummer: Himmelsschrift“).

3 Vgl. Dirk Schindelbeck: „Lieber Herr Flieger! Schreiben Sie doch einmal Ursel ... So heiße ich ...“. Aufstieg und Fall der Himmelsschreiber von Henkel (Copyright Dirk Schindelbeck 2008), http://dirk-schindelbeck.de/archives/1387.

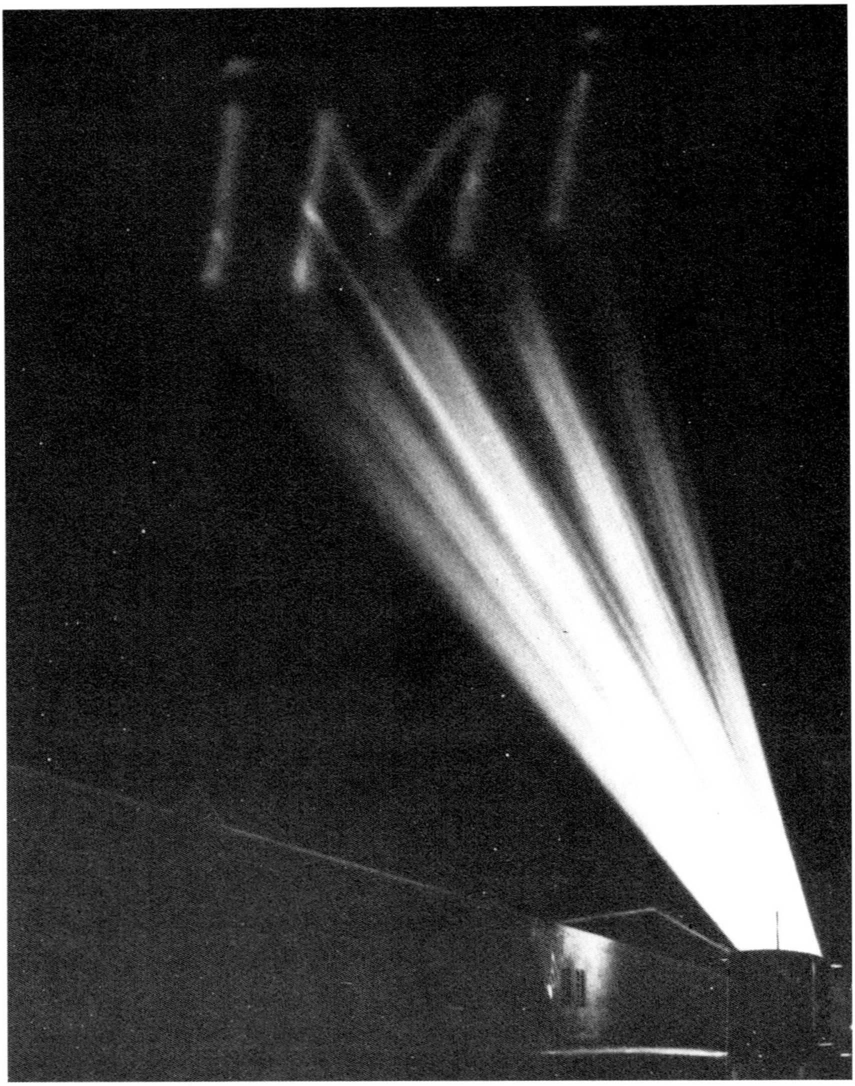

Abb. 1: IMI-Wolkenprojektion der Firma Henkel, Fotografie, 1930

nicht durchschaute, konnte die Annonce wohl selbst noch im 20. Jahrhundert für ein Wunderzeichen halten. – Allerspätestens mit der Werbeschrift in der Höhe, das zeigt die Anekdote auch, wurden himmlische Wunderzeichen *simulierbar* und damit für immer obsolet.

Henkels Himmelswerbung ist ein spätes Kapitel in einer langen Geschichte der Himmelsschriftphantasien, um die es im Folgenden gehen soll. Die Disparatheit dieser Phantasien macht es schwer, die relevanten Quellen zu einer kohärenten Geschichte *der* Himmelsschrift zusammenzuführen. Man hat es mit sehr verschiedenen Himmelsschriften zu tun, die allerdings eine imagologische Gemeinsamkeit aufweisen: den Bezug auf einen numinosen Ursprung der Schrift, ob dieser nun wirklich geglaubt oder nur simuliert wird. Das Material ist in vier Abschnitte sortiert. Die ersten beiden stellen mit den Sternenschriften und den Visions-Beschriftungen die zwei Hauptfelder der numinosen Himmelsschrift vor, der dritte die künstlichen Himmelsschriften (d. h. Schrifterscheinungen mit pseudonuminosem Gestus), der vierte schließlich die himmlische Inszenierung von Namen, Marken und Signaturen zwischen Sakralisierung und Ironisierung.

1. Sternenschriften

Sternenandacht. Ohne dass dabei ein *konkreter* Schriftcharakter der Sterne ausgeführt würde, begegnet die Rede von der Sternenschrift gelegentlich in Zusammenhang mit einem bekannten Andachtstopos, der auf die Erhabenheit des gottgeschaffenen Kosmos abhebt und wenigstens bis in das 19. Jahrhundert hinein zum Arsenal der geistlichen Lyrik und Himmelsbetrachtung gehörte.[4] Der Sternenhimmel erscheint hier als Schriftmedium nur insofern, als er komplementär zur Heiligen Schrift einen Offenbarungscharakter zugesprochen bekommt. Der Begriff ‚Sternenschrift' etikettiert also lediglich einen bestimmten Aspektbereich der Weltbuchmetapher.[5]

Eine imaginäre *Beschriftung* der Gestirne im Rahmen der Andachtspraxis projektiert der Jesuit Friedrich Spee in den 1620er Jahren in seinem *Güldenen Tugend-Buch*:

So bald die Sonn: verjagt den Mon,
  Vnd sich bekleid mitt stralen,
Auch zart vnd rein: mit purpurschein
  Die berg, vnd feld thut malen,
Wunsch ich in heisser lieb entzünd
  Daß Gottes nahm der reine,
Recht in der Sonn gemahlet stünd
  Mit noch so klarem scheine;
Vnd dan mit sampt der Sonn geschwind
  Die welt thet vber-fahren;
Damitt doch alle menschen kind,

4 Vgl. etwa das Andachtsgedicht von Albert Knapp: Sternenschrift und Bibelschrift, in: Theophania. Taschenbuch religiöser Dichtungen zur Erweckung der Andacht, hrsg. und des Vaterlandes gebildeten Töchtern gewidmet von H. August, Wesel 1838, S. 53–58.

5 Vgl. zur Geschichte der Weltbuchmetapher Hans Blumenberg: Die Lesbarkeit der Welt, 2. durchges. Auflage, Frankfurt a. M. 1983.

Man, weib, jung, alt von jahren,
Beid arm vnd reich, beid groß vnd klein,
Den nahmen dises Herren,
So vill es immer mögte sein,
All theten doch verehren.

Wan aber nacht: den tag verjagt,
Vnd thier vnd menschen schlaffen,
Auch sich auffmacht: die Sternenwacht,
Bekleid in gülden waffen;
Wünsch ich, der nahm des Herren wer
In iedem Stern geschrieben:
Vnd weil der Himmel eilet sehr,
Mit ihn wurd vmbgetrieben;
Damit doch immer tag, vnd nacht
Thet leuchten also prächtig,
Voll herrlichkeit, vnd ehren pracht
Der Gottes nahm allmächtig.[6]

Spee entwirft die sichtbare Bewegung der Gestirne im Tag-Nacht-Zyklus als Andachtsmaschine, die den Namen Gottes – am Tag in der Sonne und in der Nacht in den Sternen – über allen Menschenkindern dahinwandern lässt. Der Wechsel der Tageszeiten gerät zu einem unablässig neuen Aufgehen des Gottesnamens und bewirkt damit einen ständigen und getakteten Andachtsimpuls. Spees Gestirnbeschriftungsphantasie steht im Kontext von Automatisierungstendenzen der frühneuzeitlichen Frömmigkeitskultur, auf die Jörg Jochen Berns aufmerksam gemacht hat – bei Spee selbst zu greifen auch in der Auffassung des automotorischen menschlichen Pulssystems als Gottesuhr, deren Takt sich dem immerwährenden Gesang der Engel akkordieren kann.[7]

Spees Beschriftungsimagination ist als Überbietung der geläufigen Ikonographie des Gottesnamens angelegt. In der Druckgraphik etwa erscheint das ‚Jachwe' in der Regel – ganz an die *irdische* Medienmaterialität gebunden – in schwarzen Buchstaben auf dem weißen Grund einer Lichtsphäre.[8]

6 Friedrich Spee: Sämtliche Schriften. Historisch-kritische Ausgabe, hrsg. von Emmy Rosenfeld, Bd. 2: Güldenes Tugend-Buch, hrsg. von Theo G. M. van Oorschot, München 1968, S. 294 (Edition auf Grundlage der Düsseldorfer Handschrift; Niederschrift der Erstfassung [= Pariser Handschrift] nach der Datierung Oorschots: November 1627 bis November 1628; Erstdruck 1649).

7 Dazu Jörg Jochen Berns: ‚Vergleichung eines Vhrwercks, vnd eines frommen andächtigen Menschens.' Zum Verhältnis von Mystik und Mechanik bei Spee, in: Italo Michele Battafarano (Hrsg.): Friedrich von Spee. Dichter, Theologe und Bekämpfer der Hexenprozesse, Gardolo di Trento 1988, S. 101–106.

8 Zu dieser Schriftikonographie Abschnitt 4 dieses Beitrags, S. 271–279.

In Spees kosmischer Andachtsmaschine wird dagegen „Gottes nahm […] Mit noch so klarem Scheine“, d. h. mit Licht in Licht geschrieben – in ein Licht allerdings, in das man nicht schauen kann. Der Gottesname, der als Stellvertreter des unsichtbaren Gottes fungiert, wird in der Konsequenz des Gedankenexperiments selbst unlesbar. In die blendende Sonne gestellt oder als Inschrift der Sterne, die als Schriftträger für das bloße Auge zu weit entfernt sind und zudem von den „menschen“, die „schlaffen“, nicht bemerkt werden kann, wird der Name so unverfügbar wie das Bild Gottes: eine paradoxe Andachtstopik.

Hundert Jahre nach Spee liest Barthold Heinrich Brockes den Gottesnamen weiß auf schwarz am Sternenhimmel in einem „Wunder-ABC der Sternen“: in einer Schrift, in der sich die Gestirne zu „Zeilen“ und zu „Lettern größer […] als hundert tausend Meilen“ fügen und noch die „Puncte selbsten Sonnen sein“:[9]

> Noch jüngst, als ich im Buch der Sternen
> Mit inniglicher Lust studir'te,
> Und voller Ehrfurcht buchstabir'te;
> So deucht mich, daß ich hie und da
> Und überall geschrieben sah
> Den grossen Namen JEHOVA.[10]

Die andächtigen Buchstabierübungen entziffern einen distinkten Schriftzug in einem dichten Punktesystem, in welchem, wie Brockes selbst ausführt, eigentlich alles erkannt werden kann:

> Es ist kein' einzige Figur
> Im ganzen Reiche der Natur
> zu finden, ja nur zu erdenken,
> Die, wenn wir Blick und Witz in diese Höhe senken,
> In diesen tiefen Gründen,
> In dem unzälichen Gestirn, nicht auch zu finden.[11]

Wenn *alles* im Sternenhimmel zu finden ist, lässt sich strenggenommen gar nicht entscheiden, ob die Bilder und Schriftformen, die sich von Lichtpunkt zu Lichtpunkt nachzeichnen lassen, tatsächlich zuvor von einer nu-

9 Barthold Heinrich Brockes: Die himmlische Schrift, in: ders.: Irdisches Vergnügen in GOTT, bestehend in Physicalisch- und Moralischen Gedichten, nebst einem Anhange verschiedener dahin gehörigen Uebersetzungen, Zweyter Theil, uebersehen und mit einer Vorrede begleitet von [Christian Friedrich] Weichmann, Hamburg 1727, S. 180–188, hier S. 187. Vgl. Ralph Häfner: Götter im Exil. Frühneuzeitliches Dichtungsverständnis im Spannungsfeld christlicher Apologetik und philologischer Kritik (ca. 1590–1736), Frühe Neuzeit 80, Tübingen 2003, S. 455–457.

10 Brockes: Die himmlische Schrift (s. Anm. 9), S. 188.

11 Ebd., S. 187 f.

minosen Instanz ‚gezeichnet' und ‚geschrieben' wurden oder ob die Sterndichte nicht nur ein formales Rastersystem für einen projizierenden Blick abgibt. Brockes Argument der graphischen Unermesslichkeit des Sternenhimmels ist zugleich ein Einfallstor für die Kritik am Konzept der Sternenschrift.

Dem möglichen Einwand, es handele sich nicht um eine regelrechte Schrift, weil sie nicht evident codiert, ja nicht einmal als Schriftsystem erkennbar sei, begegnet Brockes mit dem Hinweis auf die perspektivengebundene Fremdartigkeit irdischer Schriftsysteme wie des chinesischen, arabischen und kyrillischen, deren spezifische Ordnung sich nicht auf den ersten Blick erschließe und die dennoch für den Eingeweihten „Gar oft voll Geist und Weisheit stecken".[12]

Kabbalistische Sternenlektüre. Das genaueste Modell einer Sternenlektüre liefert der französische Hebraist Jacques Gaffarel (1601–1681) in seinen *Curiositez Inouyez* von 1629,[13] einem Erfolgsbuch, das Neuausgaben bis in das 18. Jahrhundert erlebte, aber auch ein Skandalbuch, das mit seinen Ausführungen zu geheimwissenschaftlichen Gegenständen wie persischen Talismanen und hebräischen Sternalphabeten ‚prekäres Wissen' versammelte,[14] das im 17. Jahrhundert zunehmend in die Kritik geriet. Gaffarel diskutiert in seinem Buch verschiedene Schriftbildungen am Himmel.[15] Wolkenschrift hält er ob der schnellen Veränderlichkeit von Wolken für potentiell subjektivistisch, buchstabenähnliche Flugformationen von Kranichen für jeweils spezifisch windbedingt und die mögliche Ähnlichkeit von Kometen mit einzelnen hebräischen Buchstaben für zufällig. Ein zuverlässiges himmlisches Schriftsystem bieten ihm allein die Sterne.[16]

12 Brockes: Die himmlische Schrift (s. Anm. 9), S. 188.

13 Jacques Gaffarel: Curiositez Inouyes, Sur La Sculture Talismanique Des Perses, Horoscope des Patriarches, Et Lecture des Estoilles, Paris 1629.

14 Martin Mulsow: Prekäres Wissen. Eine andere Ideengeschichte der Frühen Neuzeit, Berlin 2012, S. 330–333.

15 Vgl. zur Bedeutung von Wolkenbildungen und Meteoren Gaffarel: Curiositez (s. Anm. 13), S. 506–575 (Kapitel 12), zur Lektüre der (hebräischen) Sternenschrift ebd., S. 576–644 (Kapitel 13). Vgl. Häfner: Götter im Exil (s. Anm. 9), S. 447–458.

16 Vgl. zu älteren Sternschriftphantasien Wilhelm Gundel: Sterne und Sternbilder im Glauben des Altertums und der Neuzeit, mit einem Nachtrag von Hans Georg Gundel, Hildesheim–New York 1988, S. 54 f. Den aus Sternkonstellationen abgeleiteten ‚himmlischen' Schriftsatz der Hebräer präsentiert Agrippa von Nettesheim in *De occulta philosophia*. Heinrich Cornelius Agrippa von Nettesheim: Magische Werke [...]. Zum ersten Male vollständig in's Deutsche übersetzt, Bd. 3, Berlin ^{4}1921, S. 166 f. Die Sternenschriften und andere Typen von leuchtenden Schriften bis in die Moderne hinein behandelt Ulrich Ernst: Leuchtschriften. Vom Himmelsbuch bis zur Lichtinstallation, in: Christina Lechtermann, Haiko Wandhoff (Hrsg.): Licht, Glanz, Blendung. Beiträge zu

Mit Bezug insbesondere auf jüdische Kabbalisten und Guillaume Postels Zeichenlehre der Sterne[17] identifiziert Gaffarel den Himmel als Schriftfläche für die hebräischen Buchstaben (**Abb. 2**) – und damit für das seiner Meinung nach älteste Schriftsystem, mit dem eine Sprache geschrieben wird, die Gottes eigene Sprache sei. Die Rekonstruktion der Sternenkonstellationen als Schrift hält der Autor der jüdischen bzw. christlichen Perspektive für angemessener als das heidnische Modell der Stern*bilder*, mit welchem erschreckende Monstrositäten aus dem Himmel herausgelesen würden.

Methodisch kritisiert Gaffarel an der Sternbildkonstruktion die Willkürlichkeit der Bildung von Figuren, von denen in der Regel auch redundante Sterne eingeschlossen werden. Die hebräischen Buchstaben können dagegen durch einen Fokus, der auf der konstatierten quadratisch-modularen Anlage ihrer Formen beruht, klar identifiziert werden – ein letternartiges Modularisierungsprinzip, das in einer Abbildung des Gaffarel-Referats, welches Athanasius Kircher 1653 in seinem *Oedipus Aegyptiacus* gibt (**Abb. 3**), noch deutlicher zu erkennen ist als in der Tafel mit dem hebräischen Himmelsalphabet aus den *Curiositez Inouyes*.

Die einzelnen Buchstaben fügen sich am Himmel in abfallender Linie zu Worten bzw. Botschaften, die bevorstehende geschichtliche bzw. heilsgeschichtliche Ereignisse wie etwa das Ende großer Reiche ankündigen. Die Sternenbotschaft weist in vertikaler Richtung auf den Ort bzw. das Territorium, das von einer Änderung betroffen sein wird. Ankündigungen von Unheil sind dabei von Norden nach Westen geschrieben, Ankündigungen von positiven Ereignissen von Westen nach Osten. Besondere Aufmerksamkeit fordern solche Botschaften, die erst durch neuerscheinende Sterne entstehen.

Ist ein Wort identifiziert, verweist in der Regel nicht allein seine literale Bedeutung auf ein Ereignis, sondern auch seine zahlenkabbalistische Codierung. Ein Beispiel: Fünf Sterne bilden eine Konstellation, in der die Buchstabenfolge Chet, Resch und Beth gelesen werden kann (**Abb. 4**). Das dadurch entstehende Wort ‚Charab' bedeutet in der zweiten Konjugation so viel wie: ‚zerstört'. Durch einen Permutationsakt, der auf der Zahl 12 als der identischen Summe der einzelnen kabbalistischen Zahlenwerte der Buchstaben beruht, lässt sich das am Himmel lesbare Wort in das hebräische Wort für Griechenland übertragen. Ergo: die Sterne künden Verwüstungen in Griechenland an.

---

einer Kulturgeschichte des Leuchtenden, Publikationen zur Zeitschrift für Germanistik 18, Bern u. a. 2008, S. 71–89.

17 Vgl. Guillaume Postel: De Cosmographica Disciplina Et Signorum cœlestium vera configuratione Libri II. Ex Museo Joan. Balesdens In principe Senatu Advocati, Leiden 1636.

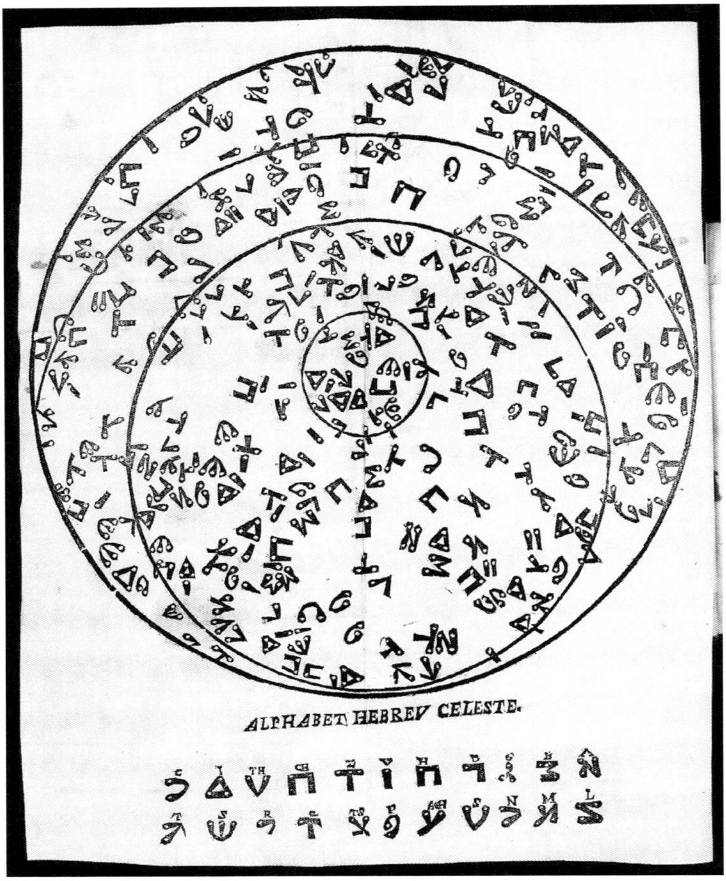

Abb. 2: Hebräisches Himmelsalphabet, aus: Jacques Gaffarel, Curiositez inouyes, [o. O.] 1650, Tafel vor S. 1, Niedersächsische Staats- und Universitätsbibliothek Göttingen: 8 PHYS I, 1050

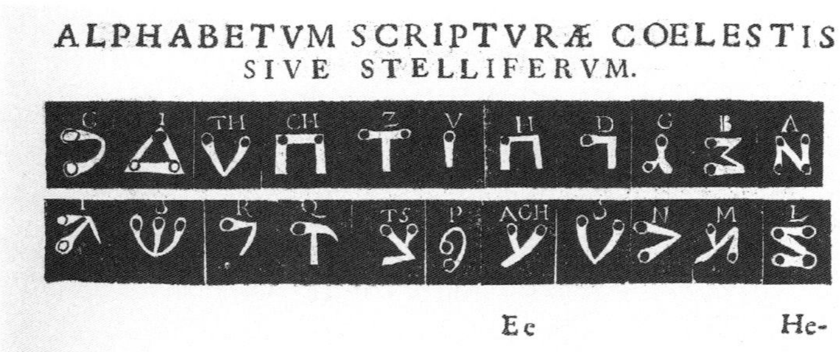

Abb. 3: Hebräisches Himmelsalphabet, aus: Athanasius Kircher, Oedipus Aegyptiacus, Rom 1653

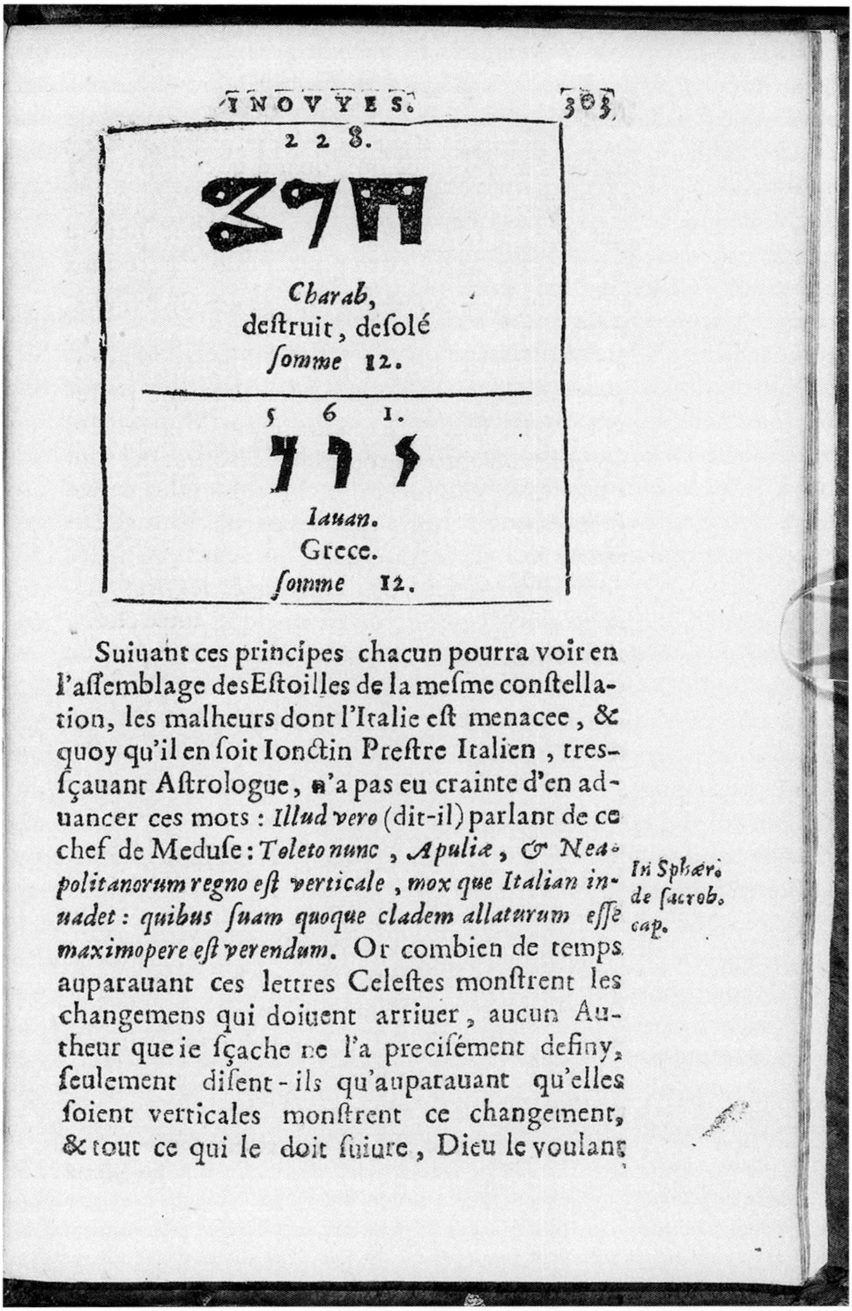

INOVYES. 303

2 2 8.

Charab,
deſtruit, deſolé
ſomme 12.

5 6 1.

Iauan.
Grece.
ſomme 12.

Suiuant ces principes chacun pourra voir en l'aſſemblage des Eſtoilles de la meſme conſtellation, les malheurs dont l'Italie eſt menacee, & quoy qu'il en ſoit Ionctin Preſtre Italien, tres-ſçauant Aſtrologue, n'a pas eu crainte d'en aduancer ces mots: *Illud vero* (dit-il) parlant de ce chef de Meduſe: *Toleto nunc, Apuliæ, & Neapolitanorum regno eſt verticale, mox que Italian inuadet: quibus ſuam quoque cladem allaturum eſſe maximopere eſt verendum.* Or combien de temps auparauant ces lettres Celeſtes monſtrent les changemens qui doiuent arriuer, aucun Autheur que ie ſçache ne l'a preciſément definy, ſeulement diſent-ils qu'auparauant qu'elles ſoient verticales monſtrent ce changement, & tout ce qui le doit ſuiure, Dieu le voulant

In Sphær. de ſacrob. cap.

Abb. 4: Das hebräische Wort ‚Charab' in Sternenschrift, aus: Jacques Gaffarel, Curiositez inouyez, [o. O.] 1650, S. 303, Niedersächsische Staats- und Universitätsbibliothek Göttingen: 8 PHYS I, 1050

Kompliziert wird es dadurch, dass der spezifische zahlenkabbalistische Schlüssel von Wort zu Wort unterschiedlich sein kann. So kündigten elf Sterne mit dem Wort ‚Hikschich', das im Wortsinn ein Verwerfen, ein Aufgeben ohne Gnade bezeichnet, die Zerstörung des Tempels in Jerusalem an, weil die Zahlenwerte von drei Buchstaben des Wortes, das aus insgesamt fünf Buchstaben besteht, zusammen die Zahl 423 ergeben – und damit genau die Zahl der Jahre, die das Gebäude stand.

Eine grundsätzliche Methodenkritik an Gaffarels Sternlesekunst übt Athanasius Kircher, der in seinem *Oedipus Aegyptiacus* die These von der Lesbarkeit der Sterne im Rahmen einer bibelphilologischen Beweisführung grundsätzlich ablehnt.[18] Er moniert vor allem zwei Dinge: Zum einen sei es willkürlich, differente Buchstaben aus der gleichen Anzahl und Konstellation von Lichtpunkten abzuleiten, wie es Gaffarel tut, zum anderen könne der vertikale Deutungsgestus der Sternworte nicht auf einen besonderen und definierten Ort verweisen, wenn die Konstellationen doch an verschiedenen Orten sichtbar seien und daher eigentlich immer auf den gesamten Erdkreis bezogen werden müssten.

2. Beschriftete Visionsbilder

Konstantins Kreuzesvision. Die göttliche Sternenschrift ist eine Kryptographie. Himmlischer Klartext scheint nur dort üblich zu sein, wo die Schrift erläuternd zu einer Bild-Chiffre hinzutritt, d. h. wo der Schrift eine Hilfsfunktion für die Himmelszeichenauslegung zugewiesen wird. Diese Assistenzrolle hat die Himmelsschrift bereits in Erzählungen der Kreuzesvision, die Kaiser Konstantin und seinem Heer im Jahr 312 vor der Schlacht gegen Maxentius an der Milvischen Brücke erschienen sein soll und die in der spätantiken Historiographie häufig zum Hauptimpuls der Konstantinischen Wende stilisiert wurde.[19] Die erste Schilderung, in welcher das zen-

18 Vgl. die Darstellung und Diskussion der Sternenschrifttheorien in Athanasius Kircher: Oedipi Aegyptiaci Tomi Secundi Pars Altera Completens Sex posteriores Classes. Felicibus Auspicijs Ferdinandi III. Caesaris, Rom 1653, S. 215–224.

19 Peter Weiß: Die Vision Constantins, in: Jochen Bleicken (Hrsg.): Colloquium aus Anlaß des 80. Geburtstages von Alfred Heuß, Frankfurter althistorische Studien 13, Kallmünz 1993, S. 143–169; Gregor Weber: Kaiser, Träume und Visionen in Prinzipat und Spätantike, Historia: Zeitschrift für alte Geschichte. Einzelschriften 143, Stuttgart 2000, S. 274–294; Klaus Schreiner: „sygzeichen". Symbolische Kommunikationsmedien in kriegerischen Konflikten des späten Mittelalters und der frühen Neuzeit, in: Ute Frevert, Wolfgang Braungart (Hrsg.): Sprachen des Politischen. Medien und Medialität in der Geschichte, Göttingen 2004, S. 20–94, hier S. 22–41; Alexander Demandt: Wenn Kaiser träumen…: Die Visionen Konstantins des Großen, in: ders., Josef Engemann (Hrsg.): Konstantin der Große. Geschichte – Archäologie – Rezeption. Internationales

trale Bildmotiv der Vision mit einem definierenden Schriftzug in Verbindung gebracht wird, findet sich in der zwischen 337 und 340 publizierten *Vita Constantini* des Eusebius:

> Um die mittäglichen Stunden der Sonne, als sich der Tag bereits neigte, habe er mit eigenen Augen gesehen, wie er sagte, daß am Himmel das Siegeszeichen des Kreuzes, das aus Licht bestand, die Sonne überlagerte, und damit sei ein Schriftzug verknüpft gewesen: ‚Durch dieses siege!' Staunen habe ihn über das Schauspiel da ergriffen ebenso wie das gesamte Heer, das ihm, als er irgendwohin aufbrach, nachfolgte und zum Zuschauer des Wunders wurde. Und so sagte er zu sich selbst, daß er ratlos sei, was die Erscheinung denn eigentlich bedeute. Er führte sich die Sache zu Gemüte und machte sich noch lange Gedanken darüber, als die Nacht über ihn hereinbrach. Da habe er im Schlaf den Gesalbten Gottes (*sc.* Christus) mit dem Zeichen, das am Himmel erschienen war, gesehen, und er habe ihm befohlen, eine Nachbildung des Zeichens, das er am Himmel gesehen hatte, anfertigen zu lassen und dieses als Abwehrmittel für die Gefechte mit den Feinden zu verwenden.[20]

Der Kaiser lässt das kreuzförmige Labarum anfertigen und führt seine Truppen zum Sieg. Manifestes Himmelszeichen, Traumanweisung und Feldzeichenherstellung sind als abgestufte mediale Devisenübertragung vom Himmel auf die Erde angelegt. In einer anderen Erzählvariante, die in der *Legenda aurea* (veröffentlicht 1263–1266) überliefert wird, ist die hermeneutische Spannungsdramaturgie der Abfolge von Mittagsvision (Erscheinung von Bild- und Schriftzeichen) und Nachtvision (Auslegung der Zeichen) getilgt, dafür wird jedoch die Medieninszenierung der Zeichenkombination präzisiert. Sie steht als Leuchtinstallation am Nachthimmel. In der Version der *Legenda aurea* erscheint die Vision dem Kaiser, nachdem er das Heer der Feinde hat wachsen sehen und mit Schrecken erkannt hat, dass eine Schlacht unmittelbar bevorsteht.

> Da wurde er in der folgenden Nacht von einem Engel geweckt und ermuntert, nach oben zu blicken. Er blickte zum Himmel und sah das Zeichen des Kreuzes, das aus hellstem Licht bestand und in goldenen Lettern folgende

Kolloquium vom 10.–15. Oktober 2005 an der Universität Trier zur Landesausstellung Rheinland-Pfalz 2007, Schriftenreihe des Rheinischen Landesmuseums Trier 32, Trier 2006, S. 49–59; Nikolaus Staubach: In hoc signo vinces. Wundererklärung und Wunderkritik im vormodernen Wissensdiskurs, in: Frühmittelalterliche Studien 43 (2009), S. 1–52; Johannes Wienand: Der Kaiser als Sieger. Metamorphosen triumphaler Herrschaft unter Constantin I., Klio: Beiträge zur Alten Geschichte. Beihefte 19, Berlin 2012, S. 258–265.

20 Eusebius von Caesarea: De vita Constantini. Über das Leben Konstantins, eingel. von Bruno Bleckmann, übers. und komm. von Horst Schneider, Fontes Christiani 83, Turnhout 2007, S. 183–185.

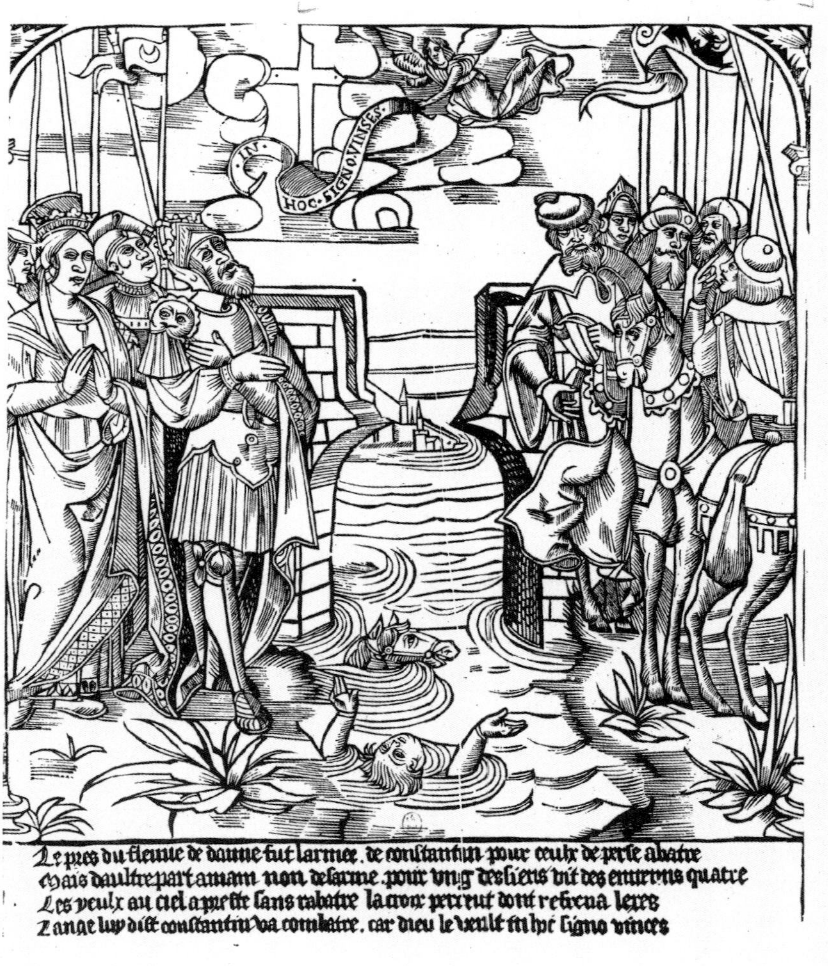

Abb. 5: Konstantins Kreuzesvision, anonymer Holzschnitt aus der Folge „Invencio Sancte Crucis", 44 x 37 cm, französisch, um 1500, Bibliothèque Nationale, Paris

Aufschrift trug: „In diesem Zeichen wirst du siegen." Von dieser himmlischen Vision gestärkt machte er eine Nachbildung des Kreuzes und ließ diese seinem Heer vorantragen, brach auf die Feinde ein, schlug sie in die Flucht und tötete eine große Menge.[21]

21 Jacobus de Voragine: Legenda aurea. Goldene Legende, Einleitung, Edition, Übersetzung und Kommentar von Bruno W. Häuptli, 2 Bde., Freiburg i. Br. 2014, Bd. 1, S. 945. „Sequenti igitur nocte ab angelo excitatur et, ut sursum respiciat, admonetur. Qui in caelum aspiciens vidit signum crucis ex clarissimo lumine factum litteris aureis hunc titulum habens scriptum: ‚In hoc signo vinces.' Qui caelesti visione confortatus si-

Die besondere Zeichenautorität des Schriftzuges verlangt ein prächtiges Materialdecorum: goldene Lettern in der *Legenda aurea*. Und auch in der spätantiken Visionserzählung des Philostorgius, entstanden um 430 und in einem Druck ediert zuerst 1642,[22] wird die bei Eusebius medial unbestimmte Himmelsschrift materialikonographisch veredelnd auf Linie gebracht: Nun ist das Kreuz, das noch heller als die Sonne scheint, von der (jetzt lateinischen) Schriftbotschaft kreisförmig umgeben wie von einem Regenbogen, wobei Sterne die Buchstaben formieren.[23]

Wie wird die Materialität der Himmelsschrift im Bild dargestellt? In einem französischen Holzschnitt, um 1500 entstanden, aus der Folge *Invencio Sancte Crucis* (**Abb.** 5) kommt mit einem Spruchband eine Bildformel zum Einsatz, die in spätmittelalterlichen Bildern von Engelsbotschaften häufig anzutreffen ist. Das „In hoc signo vinces" wird auf einem Schriftbanner in das Gesichtsfeld Konstantins gehalten, an den sich die Mitteilung richtet. Der Graphiker versucht nicht, den Kommunikationsakt der spezifischen Medialität des Himmels anzupassen; die Schrift der Vision erscheint hier nicht etwa aus Licht oder Sternenlettern gebildet wie in den Erzählungen, sondern sie erscheint in einem irdischen Medienformat: schwarz auf weiß auf einem Schriftträger, den man sich als papieren oder textil vorstellen muss. Das Wunderbare der Erscheinung und der göttliche Schriftursprung sind allein durch den Engel als eine Chiffre transzendenter Kommunikation angezeigt. Im Gegensatz dazu setzen spätere Bilder der Vision auf die Ausweisung eines wunderbaren, weil für den Menschen (damals noch) unverfügbaren Schriftgrunds: das Licht. Das Motto der Himmels-Devise ist in der Illustration, die dem Versepos *Constantinus sive idololatria debellata* des Petrus Mambrunus im Druck von 1650 vorangestellt ist, einem Lichtbalken eingeschrieben.[24] Das Kreuz schwebt in einer Glorie, aus welcher ein beschrifteter Lichtstrahl auf Konstantin abgeschossen wird, dessen Haltung und Gestik offen lassen, ob ihn das Wunder auf die Knie fallen lässt oder ob er umgekehrt aus einer Gebetshaltung aufschreckt. Das Kreuz in einem Lichtrahmen, die Lichtunterlegung der Schriftbotschaft, die Adressierung des Kaisers durch einen Lichtstrahl: die ikonographischen Formeln und einige kompositorische Versatzstücke der Mambrunus-Illustration rekurrie-

militudinem crucis fecit et ipsam ante suum exercitum ferri iussit irruensque in hostes ipsos in fugam vertit et multitudinem maximam interfecit." Ebd., S. 944.

22 Iacobus Gothofredus (Hrsg.): Philostorgii Cappadocis [...] Ecclesiasticae Historiae libri XII. a Photio Patriarcha Constantinopolitano [...] in epitomen contracti, Genf 1642.

23 Vgl. Demandt: Wenn Kaiser träumen (s. Anm. 19), S. 52; ebd. der Hinweis, dass auch bei dem byzantinischen Geschichtsschreiber Johannes Zonaras (12. Jahrhundert) Kreuz und Inschrift der Vision aus Sternen formiert sind.

24 Petrus Mambrunus: Constantinus sive idololatria debellata, Paris 1658, S. 1 (der zweiten Paginierung). Abb. auch in Schreiner: „sygzeichen" (s. Anm. 19), S. 21.

ren auf die von Raffael entworfene *adlocutio*-Szene in der vatikanischen Sala di Costantino,[25] in welcher das Himmelszeichen erscheint, während sich Konstantin an sein Heer wendet. Die Wandmalerei aus den 1520er Jahren,[26] die auch durch Reproduktionsgraphik bekannt war,[27] positioniert das von Engeln getragene Kreuz, hinterfangen von sakralem Himmelslicht, in einer aufgebrochenen Wolkenformation. Von der Himmelserscheinung her dringen Lichtstrahlen durch die Wolken: nach links unten, in Richtung auf das Haupt des Kaisers, und, in zwei deutlich prominenteren Lichtbündeln, nach rechts unten – auf der (allegorischen) Ebene des Historienbilds als Gegenangriff auf einen von rechts anfliegenden Drachen (ein Luftstreit der Feldzeichen: Labarumvorbild vs. Draco), auf der Ebene des Rahmen-Programms der Sala di Costantino aber ganz direkt in Richtung des Hauptes einer gemalten Nischenfigur, die den sitzenden Clemens I. mit Porträtzügen Leos X. darstellt. Das obere der beiden Lichtbündel trägt – dunkel auf licht – die Inschrift „ΕΝ ΤΟΥΤΩΙ ΝΙΚΑ“; die Siegverheißung adressiert demnach Leo X. als jemanden, der Konstantins heilsgeschichtliche Rolle in der Gegenwart übernommen hat.[28]

25 Vgl. zum Bildprogramm der Sala di Costantino Rolf Quednau: Die Sala di Costantino im Vatikanischen Palast. Zur Dekoration der beiden Medici-Päpste Leo X. und Clemens VII, Studien zur Kunstgeschichte 13, Hildesheim–New York 1979; Philipp P. Fehl: Raphael as a Historian: Poetry and Historical Accuracy in the Sala di Costantino, in: artibus et historiae: an art anthology 28 (XIV) (1993), S. 9–76; Michael Rohlmann: Leoninische Siegverheißung und clementinische Heilserfüllung in der Sala di Costantino, in: Zeitschrift für Kunstgeschichte 57 (1994), S. 153–169; Jan L. de Jong: Universals and Particulars. History Painting in the ‚Sala di Costantino' in the Vatican Palace, in: Karl A. E. Enenkel, Jan L. de Jong, Jeanine De Landtsheer (Hrsg.): Recreating Ancient History: Episodes from the Greek and Roman Past in the Arts and Literature of the Early Modern Period, Intersections 1, Leiden u. a. 2001, S. 27–56; Julian Kliemann, Michael Rohlmann: Wandmalerei in Italien. Die Zeit der Hochrenaissance und des Manierismus 1510–1600, München 2004, S. 143–145, 174–181, 484f. u. 490; Birgit Ulrike Münch, Andreas Tacke: In diesem Zeichen siege! Die Kreuzesvision Konstantins und ihre bildkünstlerische Umsetzung seit Raffael, in: Alexander Demandt, Josef Engemann (Hrsg.): Konstantin der Große, Ausst.-Kat. Mainz 2007, S. 470–473; Rolf Quednau: Zum Wandel des Konstantin-Bildes in der Kunst: Raphael und Rubens / Pietro da Cortona, in: Demandt, Engemann (Hrsg.): Konstantin der Große (s. Anm. 19), S. 273–284, hier S. 271–277.

26 Leo X. beauftragte Raffael im Jahr 1519 mit der Ausmalung des Festsaals. Dieser konnte bis zu seinem Tod noch die Entwürfe für zwei Wände des Saals anfertigen. Auf dieser Grundlage realisierten Giulio Romano und Giovan Francesco Penni das Projekt zwischen 1520 und 1524. Kliemann, Rohlmann: Wandmalerei (s. Anm. 25), S. 143.

27 Cornelia Höper, in Zusammenarbeit mit Wolfgang Brückle und Udo Felbinger: Raffael und die Folgen. Das Kunstwerk im Zeitalter seiner graphischen Reproduzierbarkeit, Ausst.-Kat. Stuttgart, 25. Mai bis 22. Juli 2001, Stuttgart 2001, S. 419.

28 So die evidente These von Rohlmann: Leoninische Siegverheißung (s. Anm. 25), S. 158.

Was der reale Betrachter und der gemalte Papst hier sehen, ist eine Himmels*schrift*, die aber strenggenommen eine Himmels*rede* ‚graphiert', denn Raffael bezog sich als Quelle auf eine Erzählversion der Kreuzesvision, die sich in Rufinus' lateinischer Bearbeitung der *Historia ecclesiastica* des Eusebius findet, die seit 1497 im Druck vorlag.[29] Dort ist nicht von einer Himmelsschrift die Rede, sondern von einer akustischen Engelsbotschaft, die das Kreuz erläutert. Konstantin „vidit angelos dicentes: Contantine quod est in hoc vince."[30] Raffaels Darstellung, die naturgemäß gezwungen ist, die akustische Botschaft in eine visuelle zu übersetzen, betont dabei den numinos-medialen Charakter des Schriftzuges, denn mit dem Licht, das hier durch die Wolken sticht und das Motto auf die Erde projiziert, ist ein originär himmlisch-sakrales Schriftmaterial gewählt.[31]

Strahlen zwischen oben und unten sind als Markierung einer *akustischen* Botschaft vom Himmel ein geläufiger Bildtopos und in der päpstlichen Kunst bis in das 16. Jahrhundert hinein gebräuchlich.[32] Die Bilddarstellungen der Kreuzesvision offenbaren ein mediales Paradox der Himmelsschrift im Bild: Akustische Botschaften können im Bild nur als Schrift erscheinen, Himmelsrede wird dort *immer* zur Himmelsschrift. Umgekehrt sorgen aber die üblichen Bildtopoi der vokalen Himmelsbotschaft (Schriftbanner, beschriftete Strahlen) dafür, dass auch die – durch entsprechende Quellenkenntnis des Betrachters – als solche erkannte und eingeordnete Himmelsschrift der Kreuzesvision doch eher als medial transponierte Rede wahrgenommen wird. Die Schrift steht ja nicht eigentlich am Himmel, sondern bewegt sich sozusagen, dem Richtungsgestus ihrer jeweiligen Schriftträger folgend, auf einzelne bildimmanente Adressaten zu. Der imaginative Fokus kippt um von dem, was für alle zu sehen ist, zu dem, was anscheinend an bestimmte Ohren gerichtet ist.

29 Vgl. den Nachweis der Quelle für Raffaels Programm bei Quednau: Sala di Costantino (s. Anm. 25), S. 330–332.

30 Eusebius von Caesarea: Ecclesiastica historia, lat. Übersetzung/Bearbeitung von Tyrannius Rufinus, Mantua 1497, zitiert nach Fehl: Raphael as a Historian (s. Anm. 25), Abb. 17 (Abbildung der Textstelle in der Inkunabel) auf S. 23 (aus dem Kapitel „De victoria Constantini Imperatoris"). Im griechischen Originaltext des Eusebius steht die Visionsszene nicht; die Erwähnung einer Himmelsschrift (aber nicht einer Himmelsrede) findet sich erst in der späteren, oben zitierten *Vita Constantini* des Eusebius.

31 Vgl. generell zur Ikonographie sakralen Lichts Christian Hecht: Die Glorie. Begriff, Thema, Bildelement in der europäischen Sakralkunst vom Mittelalter bis zum Ausgang des Barock, Regensburg 2003 sowie den Beitrag von Christian Hecht in diesem Band: Das Licht der sakralen Himmelsikonographie, S. 317–331.

32 Vgl. Rohlmann: Leoninische Siegverheißung (s. Anm. 25), S. 157.

Joachim Greulichs Visionen. In dem Visionstagebuch des Nürnberger Apokalyptikers Joachim Greulich (eigentlich wohl: Wolf Greulich, 1638–1670)[33] aus dem Jahr 1653,[34] die Gottfried Arnold in seiner *Kirchen- und Ketzer-Historie* überliefert, gerät der Himmel zum Emblembuch. Im Großteil der über 50 geschichtsprophetischen Visionssequenzen tritt eine spezifizierende Subscriptio zu einem Bild bzw. Bildgeschehen am Himmel hinzu. Das Setting der Visionen entspricht exakt jenem der Kreuzesvision Konstantins in der Version der *Legenda aurea* (vgl. das Zitat oben): Greulich wird nachts von einem Engel geweckt, der ihn auffordert, an den Himmel zu blicken. Dort sieht der Visionär eine zumeist allegorische Bildkonstruktion, deren Gegenstand bzw. Thema durch Beschriftung in goldenen Buchstaben ausgewiesen ist. Wo der Sinn der Zeichenkombination dem Visionär noch unklar bleibt, liefert der Engel eine Auslegung des Bildes. In den allermeisten Fällen sorgt der Schriftanteil des Visionsbildes nur für eine Einordnung der betroffenen bzw. beteiligten personalen oder territorialen Größen. Die Beischriften benennen Herrscher, Länder, Städte und dienen somit lediglich als Auslegungshilfe. Seltener liefert die goldene Schrift eine vollständige Deutung, wie in Greulichs Vision vom 14. August 1653:

> [...] in der mitternacht-stund/ da sagte mir der engel GOttes/ ich solle in den himmel sehen; da ward der himmel wie ein rothes blut/ und in dem blut gieng auf eine schöne lilie/ und ein blutiges schwerdt darneben/ und neben der lilie stund geschrieben mit güldenen buchstaben: Du schöne stadt Strasburg/ du wirst viel sieg erlangen; und auff der andern seiten stund wieder geschrieben mit güldenen buchstaben: Königl. Majestät in Franckreich ihr schutzherr/ daß sie einen grossen krieg mit einander anfangen werden/ ihrer müntz und ehrgeitzigkeit wegen.[35]

Was an dieser Vision inhaltlich relevant ist, wird von der Schriftbotschaft eigentlich komplett geboten. Die ikonographische Chiffrierung wirkt hier nur noch wie ein Vorwand, um die Präsentation des Klartextes zu motivieren. Das Bildzeichen tendiert zur Redundanz. Das Beispiel lässt deutlich werden, was mit dem Schriftanteil der Vision auf dem Spiel steht. Der (antiallegorische) Klartext droht die ‚Allegorizität' des Bildes als Auszeichnung

33 Vgl. Helmut Baier: Die Person des Nürnberger apokalyptischen Visionärs „Joachim" Greulich. Anmerkungen zu einem Kapitel von Gottfried Arnolds Kirchen- und Ketzerhistorie, in: Zeitschrift für bayerische Kirchengeschichte 61 (1992), S. 113–118.

34 Gottfried Arnold: Fortsetzung und Erläuterung Oder Dritter und Vierdter Theil der unpartheyischen Kirchen- und Ketzer-Historie/ Bestehend In Beschreibung der noch übrigen Streitigkeiten im XVIIden Jahrhundert, Frankfurt a. M. 1700, S. 248–259 (Kapitel 26: „Von Joachim Greulichs gesichtern und offenbarungen.").

35 Ebd., S. 250 f.

und Würdeform des Visionsmodus zu marginalisieren und mithin die Autorität des ganzen Zeichenduos aus Bild und Schrift zu untergraben.

Dramaturgische Plausibilität gewinnt der Schrifteinsatz am Himmel, wenn die Botschaft den Charakter eines Sprechakts hat, wie in einem Visionsbild vom 11. August 1653, in welchem über dem thronenden polnischen König ein Fluch zu lesen ist: „verflucht/ verflucht von GOTT bistu König in Polen/ und auch dein gantzes land mit".[36] Wo die Aktion derart in das (schriftlich fixierte) Sprechen selbst verlegt ist, bieten die semantischen Grenzen des Bildes keine Darstellungsalternative, die dasselbe bedeuten könnte. Zudem ist in dem Fluch der Fluchende mitgesagt. Die Schrift stellt eine Mitteilungssituation her (und aus) und macht den numinosen Urheber der Botschaft präsent. Das Gleiche gilt für alle konkreten geschichtsprophetischen Adressierungen („Du schöne stadt Nürnberg"[37] etc.) in Himmelsschrift, die sich in Greulichs Visionen finden.

In der Regel jedoch verbleibt die Hauptrolle der Vision beim Bild, sowohl den Sinngehalt als auch das ästhetische Faszinationspotential betreffend. Schrift, selbst goldene, ist vergleichsweise unspektakulär, es sei denn, sie verschwindet – ein Visionstheatereffekt:

> [...] ich solte in den himmel sehen/ wie er so blutig sey/ da sahe ich darinnen ein blutiges schwerd/ und ein kreyß oben darauff/ und auff der rechten seiten neben dem schwerd stund geschrieben mit güldenen buchstaben: Jhr Königl. Majestät in Franckreich/ und auf der lincken stund abermal mit güldenen buchstaben geschrieben: Schönes Franckreich/ es wird jämmerlich mit dir zugehen/ da fragte ich den Engel GOttes/ was das bedeuten wird/ da sagte er zu mir/ siehe wol an den himmel/ wie des Königes in Franckreich sein name sich daran verdunckelt/ und er hat sich gantz verlohren/ das bedeut/ daß er soll mit den seinen verjagt und verderbet werden/ und es wird ein sterben auch dazu kommen.[38]

Das Verschwinden der Namenszüge setzt die drohende Vernichtung in Szene; auch die Schrift ist in diesem Fall der allegorischen Bild-Logik unterstellt.

Schrift als Bestandteil von Visionen ist generell eine Seltenheit. Die Emblematisierung des Himmels stellt kein Erfolgsmodell dar, mutmaßlich um der Autorität der Botschaft willen. Denn der Text im Zeichenverbund bringt, wie bereits angerissen, eine Gefahr mit sich. ‚Erledigt' ein Klartext ein kryptisches Bild, entzieht es dem Modus der Vision die Dignität und Glaubwürdigkeit, denn es kann, wie Jörg Jochen Berns mit Blick auf die

---

36 Arnold: Fortsetzung (s. Anm. 34), S. 254.
37 Ebd., S. 252.
38 Ebd., S. 253.

Himmelsprodigien ausführt, „Unverständlichkeit nachgerade als Indiz ihrer göttlichen Faktur“[39] gelten. Wo die Schrift in der Vision erscheint, ist ihr neben der Aufgabe, als Deutungsanstoß den Referenzgegenstand der Prophetie zu identifizieren, vor allem eine deiktische Rolle angemessen. Sie hat auf das ‚eigentliche‘ Zeichen: das Bildzeichen zu zeigen und darauf, dass es ein Zeichen ist: „in hoc signo“.

3. Künstliche Himmelsschriften

Es lassen sich in der Frühen Neuzeit zwei artifizielle Imitationsvarianten numinoser Himmelsschriften ausmachen: die Beschriftung eines künstlichen Prodigiums zum Zwecke der psychologischen Kriegsführung und ‚gloriose‘ pyrotechnische Himmelsbuchstaben im Rahmen der zeremoniellen Herrschaftsinszenierung. Der funktionale Einsatz dieser Himmelsschriften ist denkbar unterschiedlich: die Verknüpfung mit Schreckmaschinen auf der einen Seite, die Verknüpfung mit Divertissementmaschinen auf der anderen. Beide Techniken treffen sich allerdings darin, dass sie auf mächtige Urheber verweisen.

Psychologische Kriegsführung. Die maschinelle Simulation eines Prodigiums durch Missionare präsentiert Athanasius Kircher in Text und Bild in *Ars magna lucis et umbrae* (1646), *Mundus subterraneus* (1665) und *Physiologia kircheriana experimentalis* (1680):[40] Als im Rahmen der Indienmission eine Gruppe von Patres von den Heiden entführt wird, greift ein Jesuit zu einem ‚kriegspsychologischen‘ Mittel, um seine Ordensgenossen zu befreien. Mithilfe eines Flugdrachens in Basiliskengestalt, der sich an einer Schnur halten und lenken lässt, wird die numinose Botschaft fingiert, dass Gott auf der Seite der Gefangenen steht. Die von innen beleuchtete Schwebefigur, auf deren Leib die Worte „Zorn Gottes“ Kirchers Erzählung nach in der Sprache der Entführer erscheinen (in den Abbildungen nicht in der fremden Schrift, sondern leserorientiert als „IRA DEI“ geboten), verfehlt ihre Wirkung nicht und die Barbaren, „maximo stupore attoniti“,[41] lassen die Jesuiten frei.

39 Jörg Jochen Berns: Wolkenspektakel. Theatrale Himmelsprodigien auf frühneuzeitlichen Flugblättern, in diesem Band, S. 181–207, hier S. 195.

40 Dazu ausführlich Hole Rößler in diesem Band: Himmelsgrausen. Luftkriegsszenarien der Vormoderne, S. 209–241, hier S. 228–230; vgl. auch Hole Rößler: Ira Dei ex machina. Athanasius Kirchers „Drachen“ als *boundary objects* frühneuzeitlicher Wissensfelder, in: ders., Tina Asmussen, Lucas Burkart (Hrsg.): Theatrum Kircherianum. Wissenskulturen und Bücherwelten im 17. Jahrhundert, Wiesbaden 2013, S. 189–226.

41 Athanasius Kircher: Physiologia kircheriana experimentalis […], Amsterdam 1680, S. 118.

Das von Kircher beschriebene Schwebemonster als künstliches Prodigium, das seine Auslegung in Form einer Inscriptio gleich selbst mitbringt, ist, soweit ich sehe, das einzige Beispiel einer kriegspsychologischen Schriftinszenierung am Himmel. Die Schrift hat hier allerdings, das muss betont werden, eine bloß definierende Assistenzfunktion, sie versieht den furchterregenden Drachen mit einem Absender. Wirksam wird hier weniger die Numinosität der Schriftbotschaft an sich als das Schreckpotential der mechanischen Pictura.

Pyrotechnische Himmelsschrift. Eigenständige artifizielle Himmelsschriften, die deutlich auf numinose Kommunikationsaspekte Bezug nehmen, finden sich in der festlichen Pyrotechnik der Frühen Neuzeit.[42] Dabei kommt insbesondere der Materialität des Feuerwerks eine besondere Bedeutung zu. Die Schreibfläche des Feuerwerks – der nächtliche Himmel – und sein Schreibmaterial – das Feuer – sind konnotativ besetzt, denn Himmels- und Feuerzeichen sind ursprünglich eine göttliche Domäne. Man denke an die Feuersäule, die das Volk Israel nächtens durch die Wüste führt, an den Stern über Bethlehem oder an Kometenerscheinungen, die als heilsgeschichtliche Prodigien verstanden werden. Wenn plötzlich Flammenschriften am Himmel erscheinen, wird, mit Rekurs auf die mediale Form des biblischen Menetekels: die brennende Schrift, ein besonderer Autorisierungsgrad der Botschaft suggeriert, ihre göttliche Approbierung sozusagen.

Die Pyrotechnik des 17. Jahrhunderts setzt die Monogramme hoher Personen und die Anfangsbuchstaben von Motti an den Himmel. Beim Wiener Feuerwerk zur Hochzeit Kaiser Leopolds I. mit Margarita von Spanien (1666) etwa stiegen unter anderem „drey hundert Raggeten/ jede von drey Pfunden in die Höhe/ nach welchen die Buchstaben A. E. I. O. U. (Austria Erit In Omne Ultimum bedeutend) in der Lufft zu sehen waren".[43] Die

42 Arthur Lotz: Das Feuerwerk. Seine Geschichte und Bibliographie. Beiträge zur Kunst- und Kulturgeschichte der Feste und des Theaterwesens in sieben Jahrhunderten, Leipzig 1941; Eberhard Fähler: Feuerwerke des Barock. Studien zum öffentlichen Fest und seiner literarischen Deutung vom 16. bis 18. Jahrhundert, Stuttgart 1974; Gereon Sievernich unter Mitarbeit von Hendrik Budde (Hrsg.): Das Buch der Feuerwerkskunst. Farbenfeuer am Himmel Asiens und Europas, Nördlingen 1987; Georg Kohler unter Mitarbeit von Alice Villon-Lechner (Hrsg.): Die schöne Kunst der Verschwendung. Fest und Feuerwerk in der europäischen Geschichte, Zürich–München 1988; Kevin Salatino: Incendiary Art. The Representation of Fireworks in Early Modern Europe, Bibliographies & Dossiers. The Collections of the Getty Research Institute for the History of Art and the Humanities 3, Los Angeles, Calif. 1997; Philip Butterworth: Theatre of Fire. Special Effects in Early English and Scottish Theatre, London 1998; Simon Werrett: Fireworks. Pyrotechnic Arts and Sciences in European History, Chicago–London 2010.

43 Zitiert aus der Feuerwerksbeschreibung des *Theatrum Europaeum* (Teil 10, S. 194–196) nach dem Quellenanhang in Fähler: Feuerwerke des Barock (s. Anm. 42), Textanlage 4,

Feuer(werks)schrift am Himmel kann durch ihre Anspielung auf numinose Schrifterscheinungen ihren Text ‚von höchster Instanz' bestätigt sein lassen, sie kann aber auch mit der göttlichen Schriftinstanz explizit in Konkurrenz treten, wie dies André Felibiens Beschreibung der Friedensfeierlichkeiten am 18. Juli 1668 im Garten von Versailles suggeriert. Im Finale des nächtlichen Feuerwerks steigen von einem Turm aus Raketen in den Himmel auf, von denen einige epiphanisch Buchstaben figurieren:

> Tout le haut de cette Tour sembloit estre embrasé, & de moment en moment elle vomissoit une infinité des feux, donc les uns s'eslevoient jusques au ciel, & les autres ne montant pas si haut, sembloient se jouër par mille mouvemens agreables qu'ils faisoient; Il y en avoit mesme qui marquant les chiffres du Roy par leurs tours & retours, traçoient dans l'air de doubles L toutes brillantes d'une lumiere tres-vive & tres-pure. Enfin, apres que de cette Tour il fut sorty à plusieurs fois une si grande quantité des fusées, que jamais on n'a rien veu de semblable, toutes ces lumieres s'éteignirent, & comme si elles eussent obligé les étoiles du ciel à se retirer; l'on s'apperceut que de ce costé-là la plus grande partie ne se voyoit plus, mais que le jour jaloux des avantages d'un si belle nuit, commençoit à paroître.[44]

Am Himmel erscheinen gepaart feurige L-Buchstaben als Namensmonogramm des Königs Louis. Die Abbreviatur, die vermutlich auch aus pyrotechnisch-pragmatischer Perspektive gefordert ist, hat zugleich den Vorteil, als pseudokryptisches Zeichen für die Königsperson eine Würdeform darzustellen: Das ‚L' ist eine Marke.

Die Sterne, so liest man, hätten sich schließlich wohl durch die pyrotechnische Konkurrenz zum Rückzug gezwungen gesehen – und damit Platz für den Tag gemacht. Die Feuerwerksbeschreibung verwendet damit einen Topos, der sich sehr viel später noch in literarischen Reflexionen der Lichtreklame finden wird: das Argument von der Verdrängung der Sterne. Wenngleich hier ein ‚als ob' noch mitgesagt wird, vermag doch die technisch-zeremonielle Macht des weltlichen Herrschers in der Luftsphäre seines Gartens die Sterne in der kosmischen Macht-Sphäre des himmlischen Herrschers zu vertreiben. Mehr noch: Nicht der göttlich gesetzte Zyklus

---

S. 237–239, hier S. 239. Theatrale Himmelsinitialen im zeremoniellen Kontext sind auch für das Bühnenbild der Oper bezeugt, so das aus Gestirnen gebildete Monogramm einer Fürstin in einer Weißenfelser musikalischen Vorrede von 1701. Vgl. Bernhard Jahn: Die Sinne und die Oper. Sinnlichkeit und das Problem ihrer Versprachlichung im Musiktheater des nord- und mitteleuropäischen Raumes (1680–1740), Theatron 45, Tübingen 2005, S. 372.

44 André Félibien: Relation de la feste de Versailles. Du dix-huitiéme [!] Iuillet mil six cens soixante-huit, Paris 1668, S. 58 f.; vgl. zu den Festbeschreibungen Félibiens Stefan Germer: Kunst – Macht – Diskurs. Die intellektuelle Karriere des André Félibien im Frankreich von Louis XIV., München 1997, S. 235–243.

von Tag und Nacht regiert das Fest, sondern das Fest wird zum Impulsgeber des Tageszeitenzyklus. Im topisch-argumentativen Kontext des Zitats erscheint hier Schrift deutlich nicht durch Gottes Macht, sondern aus eigener (Über-)Macht des Königs.

Lichtreklame als Himmelsschrift. An der modernen Werbetechnik, wie sie sich in der ersten Hälfte des 20. Jahrhunderts entfaltet, lassen zwei miteinander verschränkte Motive feststellen: die Besetzung des Himmels und der Rekurs auf den numinosen Ursprung von Schriftbotschaften. In der Epoche der Lichtreklame wächst die Schrift topisch-imaginär – und auch real, wie noch ausgeführt werden soll – in den Himmel.[45] In Essays und literarischen Texten der Moderne wird immer wieder der Topos von der Vertreibung des Mondes und der Gestirne durch die Lichtreklame variiert, und auch Bilddarstellungen der neuen Werbeform heben häufig auf die Besetzung des Himmels durch die Reklame ab. Die fotografische Avantgarde reflektiert (und affirmiert) die ästhetische Wirkung der innovativen Werbetechnik, indem sie großstädtische Lichtreklamen in Bildüberblendungen von der Architektur löst und als chaotischen Schrifthimmel inszeniert, der die unruhige Reizlage des Großstadtlichtes in einer visuellen Metapher erfasst, so Walker Evans 1930 am Beispiel von New York (**Abb. 6**) und Man Ray 1931 am Beispiel von Paris (**Abb. 11**). Und wenn *Die Reklame* als Fachzeitschrift im Jahr 1926 eine Karikatur (**Abb.** 7) veröffentlicht, in welcher das Berlin um 2000 als Ort prophezeit wird, an welchem die Werbeschrift in den Himmelsraum über der erleuchteten Stadt ausgreift, so ist diese Vision wohl nur halb ironisch, halb aber auch pathetisch.

In der Ikonographie der (natürlich noch ‚terrestrischen') Lichtreklamen aus dem ersten Drittel des 20. Jahrhunderts lässt sich immer wieder ein Bezug auf den Modus des göttlichen Himmelszeichens feststellen:[46] Ein Lichtreklameschild der Schokoladenfirma Hildebrand aus den 20er Jahren zum

45 Zur Geschichte der Lichtreklame, vor allem im ersten Drittel des 20. Jahrhunderts, Carola Jüllig: „Wo nachts keine Lichter brennen, ist finstere Provinz". Neue Werbung in Berlin, in: Susanne Bäumler (Hrsg.): Die Kunst zu werben. Das Jahrhundert der Reklame, Ausst.-Kat. Köln 1996, S. 65–75; Janet Ward: Weimar Surfaces. Urban Visual Culture in 1920s Germany, Berkeley–Los Angeles–London 2001, S. 92–141; Anne Hoormann: Lichtspiele. Zur Medienreflexion der Avantgarde in der Weimarer Republik. München 2003, S. 247–269; Alexander Schug: „Deutsche Kultur" und Werbung. Studien zur Geschichte der Wirtschaftswerbung von 1918 bis 1945, Q-Serie der Humboldt-Universität zu Berlin 10, Berlin 2011, S. 142–153.

46 Dazu Thomas Rahn: Explosion und Konstruktion. Feuerwerk und Illumination als Modelle für Lichtreklame und Kunstlichtästhetik der Avantgarde, in: Helmar Schramm, Ludger Schwarte, Jan Lazardzig (Hrsg.): Spuren der Avantgarde: Theatrum machinarum. Frühe Neuzeit und Moderne im Kulturvergleich, Theatrum Scientiarum 4, Berlin–New York 2008, S. 240–270, hier S. 251–256.

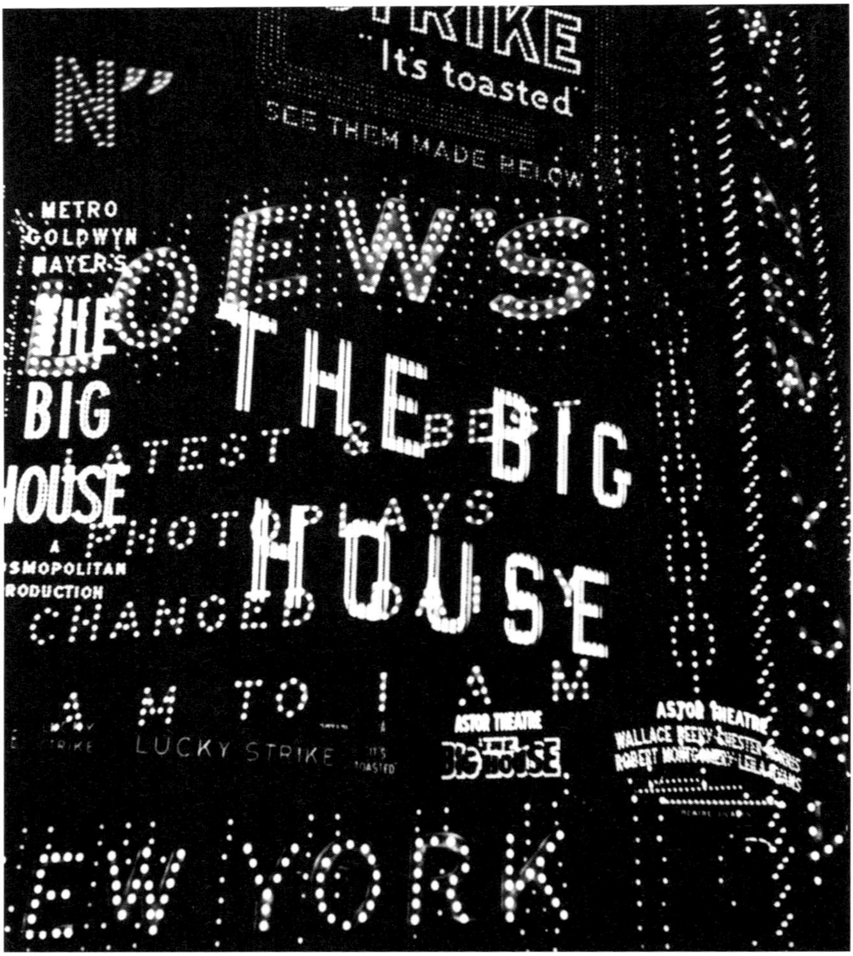

Abb. 6: Walker Evans, New Yorker Lichtreklamen, Fotoüberblendung, 27 x 23,5 cm, 1930, J. Paul Getty Museum, Los Angeles

Beispiel verbindet das Faszinationsmoment der numinosen Schriftentstehung mit dem assistierenden Prodigiensignalement eines Kometen, der über der Werbeschrift schwebt. Der Name der Firma, eine Dach-Installation in Schreibschrift, entsteht nach und nach, „als wenn das Wort von einer Hand geschrieben wird".[47] Der Urheber des Schriftzugs bleibt verborgen; die suggestive Handlung einer unsichtbaren Hand verweist auf eine – wunderbare – Leerstelle, die sich assoziativ mit der Vorstellung einer göttlichen Instanz füllen soll. Der Hildebrand-Installation konzeptionell sehr ähnlich

47 Gerhard Schmidt: Werbewirksame Licht-Reklame, Berlin [1925], S. 27; vgl. Abb. ebd.

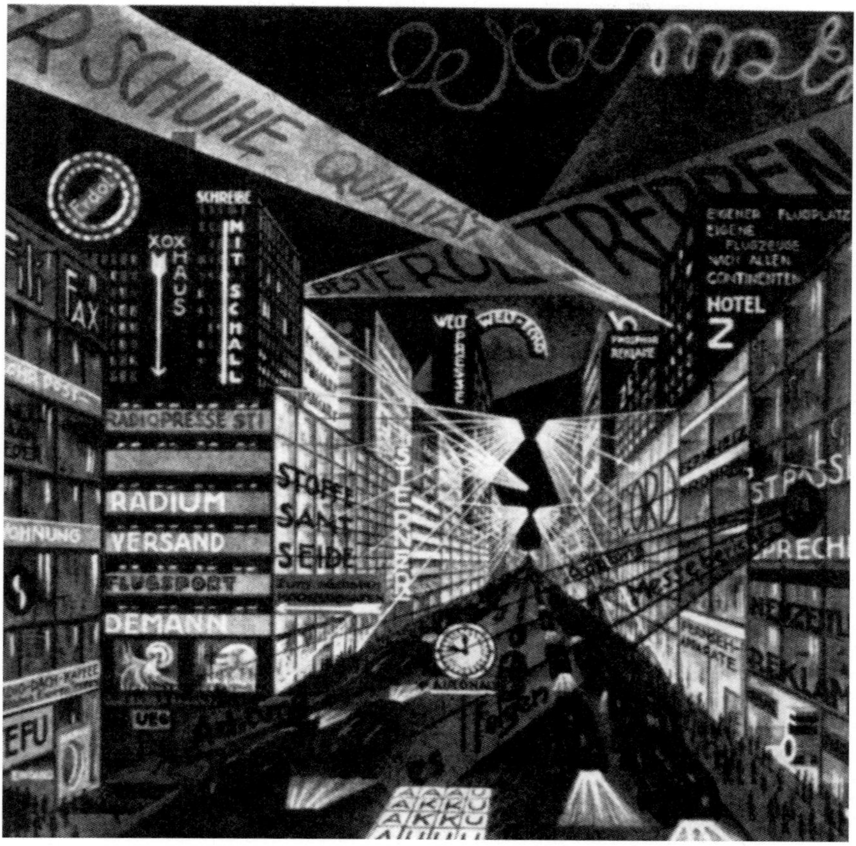

Abb. 7: Zukunftsvision „Berlin um 2000", Illustration aus: Die Reklame (1926), S. 1225

ist eine Berliner Weinbrandwerbung, die sich in den 20er Jahren auf dem Potsdamer Platz befand: Nachdem sich die Parole „Dujardin der wundervolle Weinbrand" allmählich schreibschriftartig eingeschaltet hat, lässt der Schaltapparat zum Schluss unter der Schrift die Sonne an einem imaginären Horizont „aufflammen und flimmern".[48] Die Sonne, die in der Nacht aufgeht, verstößt gegen die gewohnte Ordnung der Natur und fungiert mithin als Wunderzeichenzitat, durch das die Werbeaussage autorisiert wird. Dass die Lichtreklame auch die antiken Götterzeichen bemüht, zeigt eine Hannoveraner Bankenwerbung aus den frühen 30er Jahren,[49] in der ein aus der

48 Schmidt: Licht-Reklame (s. Anm. 47), S. 28; vgl. Abb. ebd.

49 Vgl. die Abb. in Willi Kirchner: Licht-Reklame, in: ders., H. Lingenfelser, L. Schneider, B. Seeger (Hrsg.): Steigerung des Stromverbrauchs durch Pflege des Lichtbedarfs, Berlin 1927, S. 31–38, hier S. 37.

Höhe des Himmels kommender blitzartig gebrochener Pfeil auf ein antikisches Banken-Portal zeigt. Der Befehl „SPAREN SIE BEI UNS“, der als Himmelstext von dem Pfeil getragen wird, erhält Gewicht und Autorität durch die ironische Anspielung auf den blitzeschleudernden Zeus, der jedem, der hier nicht spart, mit göttlicher Bestrafung droht.

Essayistische Reflexionen der großstädtischen Lichtreklame belegen, dass das numinose Konnotationspotential dieser avancierten Reklametechnik auch bei zeitgenössischen Betrachtern aufgerufen wurde. So wird die Lichtreklame in einem Berliner Reisefeuilleton von Hans Heinrich Ehrler aus dem Jahr 1928 direkt auf die Modelle des biblischen Menetekels und des frühneuzeitlichen Prodigientyps der vervielfachten Sonne bezogen: „Worte zeigen sich buchstabenweise und werden ausgewischt wie an Belsazars Wand, Sonnen brennen aus spiegelnden Portalen“.[50]

Himmelsschreiber und Wolkenprojektoren. Buchstäblich am Himmel – im doppelten Wortsinn – erscheinen Werbetexte seit dem Beginn des 20. Jahrhunderts. Nachdem bereits für das erste Jahrzehnt das Verfahren bezeugt ist, den nächtlichen Himmel zu „beschreiben“, indem unsichtbare Luftschiffe mit „Flammenschrift“ über den Himmel wandern,[51] erobert die Werbung mit zwei Verfahren schließlich massiv die quasi-göttliche Schriftautorität: mit Himmelsschreibern und mit Wolkenprojektoren.

Bei der Himmelsschreiberei,[52] wie sie nach dem Ersten Weltkrieg Jack Clifford Savage, ein Ex-Major der Royal Air Force, erfand, werden im Kunstflug Buchstaben mit Paraffinöl gezogen, das unter Druck und durch den Flugzeugmotor erhitzt in der Atmosphäre abgelassen wird. In Deutschland wurde diese Form der Werbung durch die Firma Henkel eingeführt und exklusiv von ihr genutzt. Fast 5.000-mal schrieben Flieger zwischen 1927 und 1936 an verschiedenen Orten den Produktnamen „Persil“ in den Himmel (**Abb. 8**).

Parallel zu den Himmelsschreiberaktionen am Tage annoncierte Henkel seine Produkte nächtens durch Wolkenprojektionen[53] von mobilen Pro-

50 Hans Heinrich Ehrler: Reise nach Berlin [Vossische Zeitung vom 10 Juni 1928], in: Christian Jäger, Erhard Schütz (Hrsg.): Glänzender Asphalt. Berlin im Feuilleton der Weimarer Republik, Berlin S. 24–29, hier S. 25.

51 Hermann Neye: Die Lichtreklame, Diss. Berlin 1929, S. 10.

52 Harald Kimpel (Hrsg.): Himmelsschreiber. Dimensionen eines flüchtigen Mediums, Marburg 1986; Jörg Steber: Der Himmelsschreiber. Geschichte und Technik der Luftwerbung, Planegg–München 1988; Dirk Schindelbeck: „Lieber Herr Flieger!“ (s. Anm. 3); ders.: Geflogene Slogans. Sie waren die Sensation der frühen Reklamewelt – und ihre Botschaften unübersehbar: die Himmelsschreiber, in: Badische Zeitung, 5. September 2009.

53 Johanna Werckmeister: Werbung als Erleuchtung. Die fragmentarische Geschichte der Wolkenprojektion, in: Kimpel (Hrsg.): Himmelsschreiber (s. Anm. 52), S. 11–21;

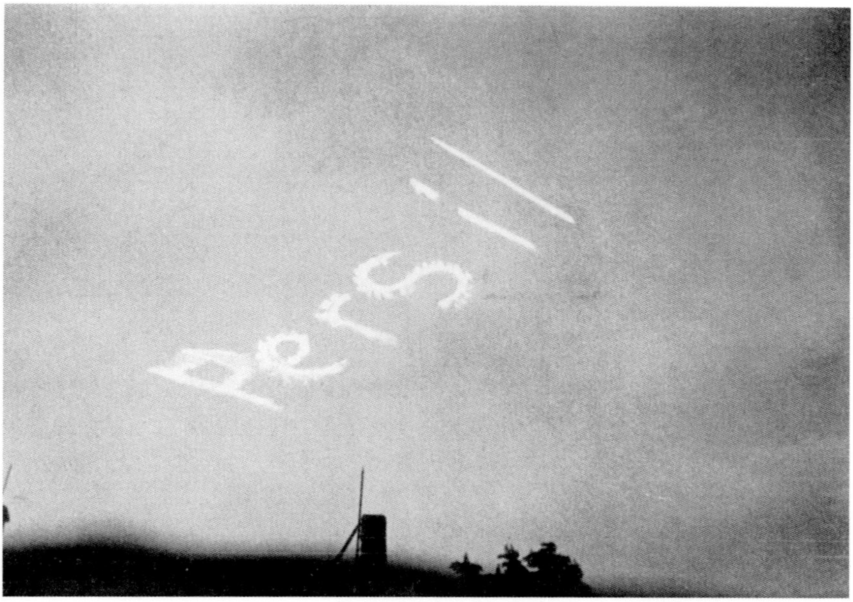

Abb. 8: Himmelsschreiber der Firma Henkel, „Liebhaberaufnahme aus Leipzig"

jektoren auf Lastwagen und Schiffen (**Abb. 1**). Dieses Projektionsverfahren war bereits auf der Chicagoer Weltausstellung von 1893 vorgeführt worden. Eine Illustration aus der französischen Zeitschrift *La Nature* präsentiert die Lichtkanone, wie sie ausgerechnet den Zeitschriftentitel „LA NATURE[.] REVUE DES SCIENCES" in den Himmel projiziert (**Abb. 9**) – eine symbiotische Repräsentationsschleife, in der zwei Medien einander gegenseitig affirmieren, aber, bezogen auf die Himmelsschrifttopik, auch eine raffinierte ikonographische Verkoppelung von Projektionsmaschine und naturwissenschaftlicher Zeitschrift zum Gegenschriftapparat. Die Anzeige im Himmel okkupiert ja nicht allein die göttliche Schriftsphäre, sondern projiziert von unten nach oben Schrift in einen Raum, in dem die numinose Schrift immer von oben nach unten kam, und sie sendet inhaltlich das säkulare Konzept der Naturerklärung in den Schrift- und Bildgrund der Prodigien und Visionen. Die Wolkenprojektion ist implizit ein Anti-Wunder-Zeichen (und enthält zugleich die Behauptung, dass die Wunder nunmehr technisch hergestellt werden).[54]

Gunnar Schmidt: Weiche Displays. Projektionen auf Rauch, Wolken und Nebel, Berlin 2011, S. 48–69 u. 149–152.

54 Auffällig ist auch die Marginalisierung des echten Mondes links in den Wolken durch den ungleich größeren Projektionsspot. Das Bild greift zudem Motive und Kompositionselemente aus den Illustrationen zu Jules Vernes Erfolgsroman *De la Terre à la Lune*

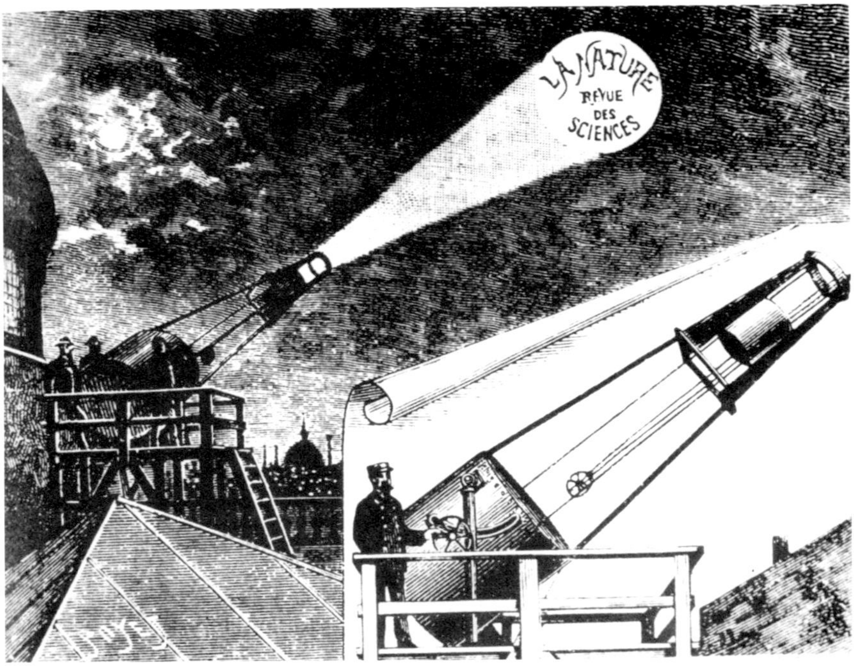

Abb. 9: Wolkenprojektionsapparat auf der Weltausstellung in Chicago 1893, Illustration aus: La Nature 22 (1894)

Generell spielen die werbenden Himmelsschriften mit der assoziativen Besetzung des Himmels als Medium numinoser Botschaften – überdeutlich geradezu in einer Werbung von 1955 für die schweizerische Uhrentraditionsmarke Doxa.[55] Durch die himmlische Erscheinung des Firmennamens

(1865) auf, nimmt also Bezug auf einen Text, der kaum dem Mond, sondern fast ausschließlich der Vorbereitung der Mondreise auf der Erde gewidmet ist, d. h. die Frage der technischen Machbarkeit in den Vordergrund stellt. In der einleitenden Illustration (vor Kapitel 1) sieht man links unten ein Segment der Erde und rechts oben den Mond. Durch eine dramatische Wolkensphäre spannt sich zwischen beiden Himmelskörpern der Romantitel in Versalien, die als Punktschrift aus Sternen gebildet sind (auch eine Himmels-Schrift). Ganz ähnlich ist eine Illustration zu Kapitel 28 komponiert: unten links das Rohrende der Kolumbiade, die zum Start des Raumreisegeschosses dient, rechts oben der Mond, dramatisches Wolkentheater dazwischen (vgl. Jules Verne: De la Terre à la Lune, Paris: Hetzer 1865, S. 164). Beide Bilder sind auf der Einbandillustration zu einer Sammelausgabe von Vernes *Voyages extraordinaires* (Paris: Hetzer 1867) überblendet: Nun beschriftet der Romantitel, der vormals im Himmel ausgespannt war, die bilddiagonal gestellte Kolumbiade, die den Mond beschießt. Das Wolkenprojektionsbild aus der Zeitschrift *La Nature* stellt sich sehr deutlich in die Linie dieser Himmelsstürmer-Ikonographie.

55 Vgl. die Abbildung in Kimpel (Hrsg.): Himmelsschreiber (s. Anm. 52), S. 12.

wird dessen liturgisch-sakrales Konnotationspotential stark betont. ‚Doxa' ist gleichlautend mit dem griechischen Begriff für die Herrlichkeit Gottes, eine Entsprechung zu dem in der westlichen Liturgie geläufigen ‚Gloria'. Der leuchtende Firmenname alludiert und transformiert die Bildformel des im Lichtkranz erscheinenden Gottesnamens.

Zugleich bedient sich die Luftwerbung gelegentlich der Würdeform der abbreviativ-kryptographischen Himmelskommunikation, die ja auch im frühneuzeitlichen Feuerwerk zum Einsatz kam. Wenn Wolkenschreiber im Jahr 1923 das Kürzel ‚LSMFT' über 300 amerikanische Städte setzten, konnte man wissen oder nicht wissen: Es bedeutet „Lucky Strike means fine tobacco". Die eigentlich banale Werbebotschaft wird zum rätselhaften Kürzel, das Eingeweihte und Uneingeweihte trennt. Der Slogan gewinnt seine Autorität durch den Dechiffrierungsakt, den er fordert.

Wie im Eingang zu diesem Aufsatz bereits angesprochen, konnte die Luftwerbung in ihren Anfangszeiten noch die Prodigiengläubigkeit einzelner Augenzeugen mobilisieren. So berichtet die Lokalzeitung des Ortes Helmsdorf anlässlich einer Himmelsschreiberaktion der Firma Henkel:

> Augenzeugen berichten, daß das Flugzeug über der Marienkirche in Mühlhausen in einer Höhe von circa 2000 m schwebte und das Wort Persil in rasendem Fluge in den Aether schrieb. Manche Leute haben in weiter Entfernung das Wort „Pest" am Himmel gelesen ohne den Flieger zu sehen und sind von einem panischen Schrecken befallen worden. – Nun ist alles wieder gut![56]

Der Pseudoprodigiencharakter der Himmelswerbung wurde Gegenstand der Satire – und die Satire wieder zur Werbung: In einem anonymen Gedicht, das die Firmenzeitschrift *Blätter vom Hause Henkel* im Juliheft von 1927 abdruckte, konvertiert die fromme Liselotte, die im entstehenden Markennamen zunächst eine Ankündigung des Weltendes vermutet, gerettet und erleichtert zum ‚Persil':

> „Ach Gott, ach Gott, jetzt kommt's",
> ruft schmerzlich Liselotte,
> „seht doch die Zeichen hoch
> vom guten Christengotte!"
>
> Sie sinkt verzückt in's Knie
> sie faltet stumm die Hände:
> „Fahr wohl, du schnöde Welt,
> mit Dir geht's nun zu Ende."
>
> Doch als die Zeichen formten
> sich zum Reklamespiel,
> sang gleich zu Lob und Preise
> das Lied sie vom ‚Persil'.[57]

56 Blätter vom Hause: Monatsschrift für die Werkgemeinschaft Henkel 7 (1927), S. 132.
57 „Lob- und Preislied auf Persil", ebd., S. 150.

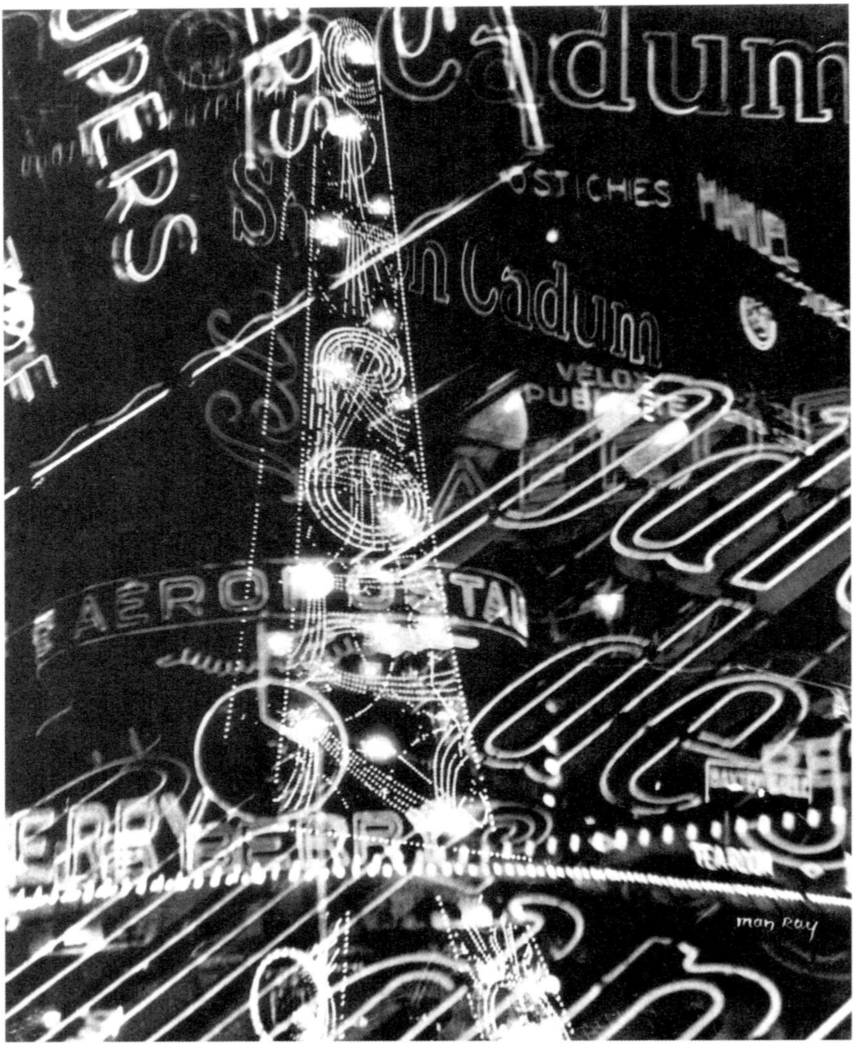

Abb. 10: Man Ray, Pariser Lichtreklamen, Fotoüberblendung, 1931

In einem anderen Text der Zeitschrift entsteht der komische Effekt vor allem durch den Kontrast zwischen der pathetischen Bilanzierung von bekannten Topoi numinoser Botschaften und der profanen Annoncierung des Waschmittels:

> Himmelsschrift! In hohe Träume
> Führt's mich fort:
> Was enthüllt der ewgen Räume
> Rätselwort?
>
> Himmelsschrift! In Flammenzeichen
> Wird die Welt
> Worte lesen ohnegleichen,
> Sternerhellt!
>
> Himmelsschrift als Friedenskünder!
> „Waffen, ruht!"
> „Wenn ihr würdet wie die Kinder…"
> „Gott ist gut!"…
>
> Himmelsschrift! Aus allen Himmeln
> Niederfiel
> Meine Seele: in den Himmeln
> Stand: Persil…[58]

Am Ende der Profanierung des Himmels durch die Werbung steht schließlich die paradoxe Möglichkeit einer Kritik der Religion mit den ureigensten Pathosformeln der Religion. Die australische Künstlerin Deborah Kelly ließ vermittels einer Wolkenprojektion 2005 über Sidney die Warnung „Beware of the God" leuchten (**Abb. 10**).[59] In der Kunstaktion, mit der sich Kelly gegen christlichen Fundamentalismus und Kreationismus positionierte, äußert sich vordergründig der strenge und strafende Gott selbst, doch die anagrammatische Anspielung auf das omnipräsente Hundewarnschild „Beware of the Dog" degradiert die göttliche Schöpferinstanz und versetzt sie auf der *scala naturae* auf die Stufe des vernunftlosen Tiers, der bellenden und bissigen Kreatur. Im postnuminosen Himmelsschriftraum ist aus der Warnung Gottes eine Warnung vor dem Glauben geworden.

4. Name, Marke, Signatur

In der Werbung als Himmelsschrift ist der bloße Name – als Marke – ein Befehl, dem göttliche Autorität zugeschrieben wird. 1929 beschreibt

58 Zitiert nach Schindelbeck: „Lieber Herr Flieger!" (s. Anm. 3).
59 Schmidt: Weiche Displays (s. Anm. 53), S. 69.

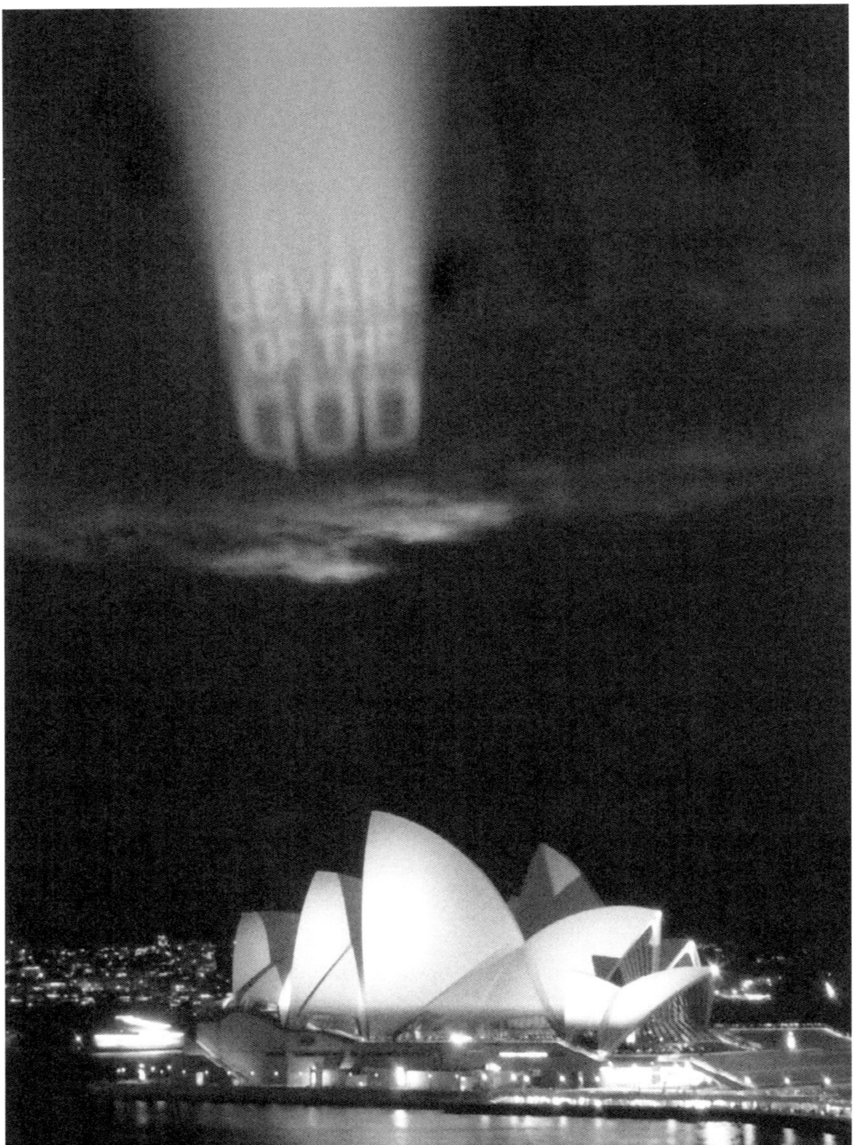

Abb. 11: Deborah Kelly, Wolkenprojektion ‚Beware of the God', Sidney 2005

Ilja Ehrenburg in *10 PS* die mediale Grundlegung der Markengläubigkeit am Beispiel einer spektakulären Pariser Lichtreklame:

> Es heißt, in Paris gebe es die Abgeordnetenkammer und die Venus von Milo, den ägyptischen Obelisk und Paul Valéry, hervorragende Schneider und die weise Sorbonne. Der Fremde, der zum erstenmal abends in diese Stadt kommt, wenn die Venus und der Professor von der Sorbonne schon schlafen, sieht nur ein Wort vor sich; es flammt in ellenlangen Buchstaben am Eiffelturm: es ist die Visitenkarte des Herrn André Citroën. Der große Name strahlt. Rings um ihn schlängeln sich Blitze, und von der Erde zum Himmel lodern die Zungen der mystischen Flamme. Das sind 200 000 Glühbirnen und 90 Kilometer Leitungsdraht. Das ist auch eine neue Offenbarung, es sind die Gesetzestafeln des Berges Sinai: Besinnet Euch! Entschließt Euch! Kauft unverzüglich! – 10 PS, das neue Modell.[60]

Die monumentale Werbeinstallation des Illuminateurs Fernand Jacopozzi, deren Offenbarungsgestus Ehrenburg hier kenntlich macht, war 1925 aus Anlass der *Exposition internationale des Arts décoratifs et industriels modernes* in Betrieb genommen worden und blieb bis 1934 im Einsatz: Am Eiffelturm prangten, in vertikaler Leserichtung anschwellend, riesige Leuchtbuchstaben und bildeten den Namen CITROEN;[61] Die Einbindung dieses – regelmäßig aufleuchtenden – Namens in die Himmelssphäre wurde ikonographisch dadurch unterstützt, dass am Turm außerdem noch Himmelskörper und Tierkreiszeichen zu sehen waren. Die vielfotografierte, postkartenheischende Werbung, mit der, Ehrenburg zufolge, in der Nacht die Pariser Hochkultur überschrieben wird, steht auch im Zentrum von Man Rays fotografischer Lichtreklamenüberblendung von 1931 (**Abb. 11**) – aufrecht und fest, als ‚Leitreklame' im Durcheinander der nächtlichen Pariser Zeichen.

Ehrenburg versteht das Strahlen des ‚großen Namens' – im Kontext eine doppeldeutige Formulierung, bei der offenbleibt, ob der Referent des Namens groß ist oder nur die Schriftzeichen, die den Namen bilden – als mediale Transformation: Der Werbeturm ist „die Visitenkarte des Herrn André Citroën", aus Druckschrift wird Lichtschrift. Die Werbung, verstanden als quasi-göttliche „Offenbarung" und als „Gesetzestafeln", formuliert zugleich ein Kaufgebot. CITROEN befiehlt: Kauft Citroëns! Der Schriftzug ist Name (als Instanz betont) und Marke in einem. Zu fragen ist, weshalb das Erscheinen des profanen *Namens* (bzw. der Marke) am Himmel

---

60 Ilja Ehrenburg: Das Leben der Autos. Roman [dt. Erstausgabe Berlin: Malik 1930; russ. Erstausgabe unter dem Titel: 10 PS. Chronik unserer Zeit, Leningrad–Berlin 1929]. Aus dem Russischen von Hans Ruoff, Cotta's Bibliothek der Moderne 16, Stuttgart 1983, S. 52f.

61 Alexander Kluy: Der Eiffelturm. Geschichte und Geschichten, Berlin 2014, S. 126f.

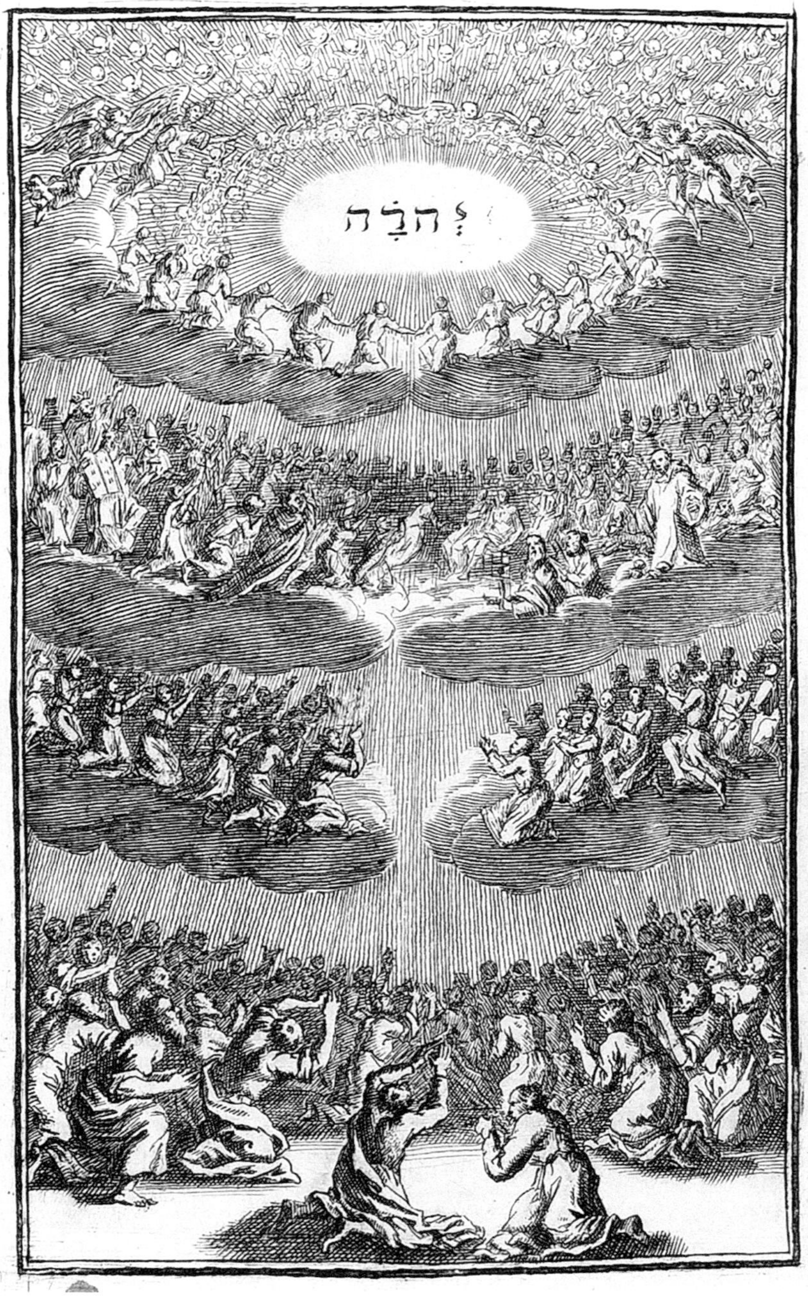

Abb. 12: Die Himmlische Weißheit/ In Christlich-Gottseeligen Betrachtungen/ De Quatuor Novissimis, Oder: Vier letzten Dingen deß Menschen, Augsburg 1697, Herzog August Bibliothek Wolfenbüttel: Yv 446.8° Helmst.

die Assoziation einer göttlichen Autorität aufrufen kann. Wenn Gott den Menschen erscheint oder mit ihnen kommuniziert, ist er allegorisch getarnt, aber nicht *als Schrift* präsent. Tatsächlich gründet die Allusion ja nicht auf einer dichten Tradition von himmlischer Schriftkommunikation Gottes, sondern auf einer omnipräsenten Schrift-Ikonographie des Gottesnamens, die den Namen des unvorstellbaren Gottes in eine Lichtsphäre stellt. Die paradoxe Medienlogik dieser Ikonographie lässt sich an einem Himmels-Bild aus dem Erbauungsbuch *Die Himmlische Weißheit* (1697) verdeutlichen (**Abb. 12**). Der diesseitige Betrachter wird hier Zeuge einer Zeugenschaft, in welcher Gott bereits anders gesehen wird, als er auf dem Blatt erscheint. Denn die jenseitigen himmlischen Anbetungsformationen begegnen Gott *face to face*:

> [...] wir werden GOtt [...] von Angesicht zu Angesicht anschauen/ 1. Joh. 3. Das ist/ seine innerliche Natur erkennen/ und seine Göttliche Majestät und Herrlichkeit sehen/ in der Apostel-Geschicht 21. Cap. Sie därfften keiner Sonnen/ noch des Monden/ daß sie ihnen scheinen/ denn die Herrlichkeit GOttes erleuchtet sie [...][62]

Im Bild adressiert das Licht quasi den jenseitigen Betrachter,[63] die Schrift den diesseitigen. Der Gottesname – schwarz auf weiß – ist gerade die Chiffre eines Nicht-Sehens, die Negativ-Form einer fremden Sichtrealität, die im Diesseits nicht möglich und auch nicht medial simulierbar ist. Aus der Perspektive dieser Welt kann der Himmel nur als Anbetung des Gottesnamens als (ewiger) Schriftinstanz vorgestellt werden. Die Gottesvorstellung wird in das hebräische Tetragramm JHWH verschoben. Dessen Aussprache ist nach jüdischer Vorstellung zu vermeiden. In dem christlichen Bild codiert es ein optisches Tabu; die sichtbare Schrift ist ein deutlicher Gestus der Bildvermeidung.

Das Medium leugnet nicht seine Unfähigkeit, Gott abzubilden. Die Ausstellung dieses ‚blinden Flecks' in Gestalt der Schrift, kann sogar explizit zum Teil eines Bildarguments werden: In einer Pictura (**Abb. 13**) aus Otto van Veens Emblembuch *Amoris Divini Emblemata* (Erstausgabe 1615) *liest* man in einer wolkenumrahmten Himmelsschrift, dass man etwas *nicht sehen* (und nicht hören) kann: „OCVLVS NON VIDIT, NEC AVRIS AVDI-

62 Die Himmlische Weißheit/ In Christlich-Gottseeligen Betrachtungen/ De Quatuor Novissimis, Oder: Vier letzten Dingen deß Menschen [...], Augsburg 1697, S. 206.

63 Genauer: Der Betrachter der Graphik sieht die Abbildung eines Glorienlichtes, von dem er weiß, dass es, auserwählten Menschen auch schon auf Erden, die unmittelbare Anschauung Gottes ermöglicht (vgl. den Beitrag von Christian Hecht in diesem Band, S. 317–331); er sieht, als solche, die mediale Repräsentation einer Repräsentation, die ihn nicht adressiert bzw. erreicht.

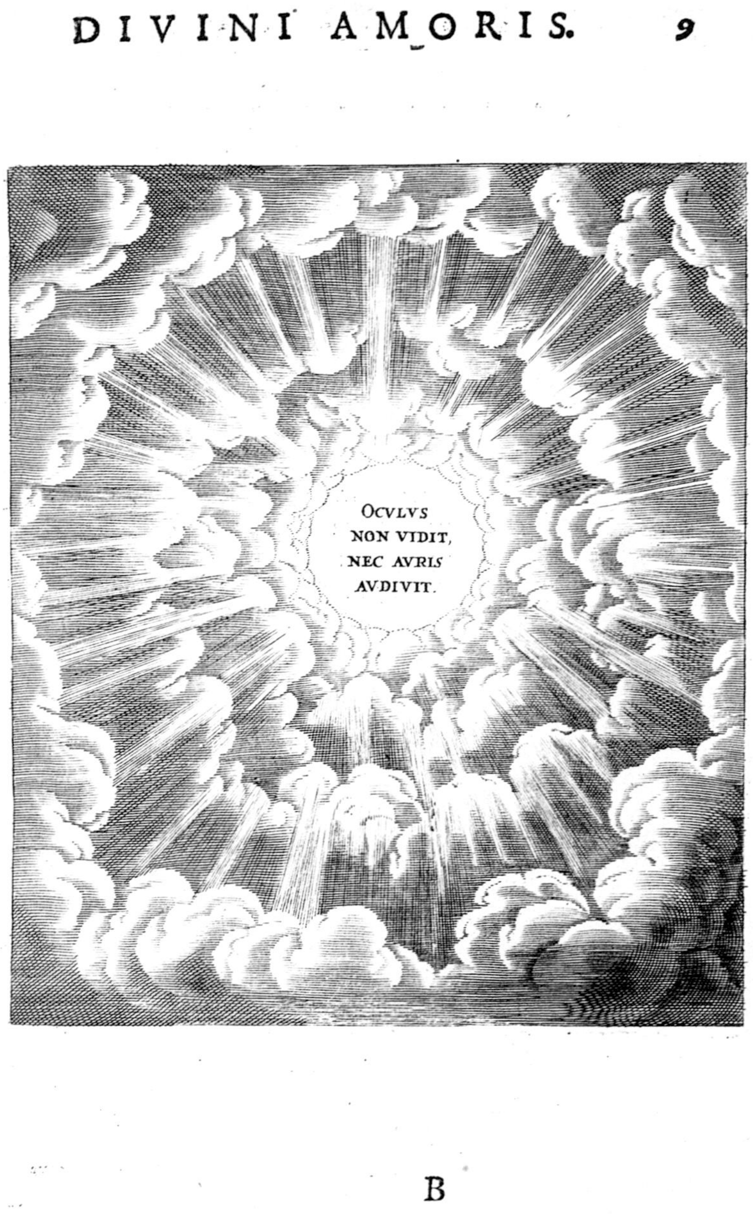

Abb. 13: Otto van Veen, Amoris Divini Emblemata, Antwerpen 1660, S. 9, Herzog August Bibliothek Wolfenbüttel: 97.10 Theol.

VIT."[64] Die zitierte biblische Stelle (1 Kor 2,9) bezieht sich auf die in einem Geheimnis verborgene Weisheit Gottes. Ausgesagt wird hier nicht allein eine Unsichtbarkeit von etwas, sondern im Bild thematisch wird auch diese Unsichtbarkeit *am Ort der Schrift*. Was es zu ergründen gilt, ist im Lichtzentrum des Bildes genau durch jene Schrift verstellt, welche die Verborgenheit des Geheimnisses anzeigt. Dadurch ist der Schriftzug im Emblem nicht nur Motto, er ist ineins damit auch Teil der Pictura. Die Graphik inszeniert, den zitierten Text umsetzend, vor dem Leser/Betrachter eine Schwelle, die überwunden werden muss.

Im Himmelsbild aus der *Himmlischen Weißheit* sieht der Betrachter eine Blickbeziehung im Jenseits, an der er (noch) nicht teilhat. Dabei bleibt der göttliche Referent als JHWH in der Schrift verborgen. Dieses ikonographische Modell begegnet sehr häufig auch auf frühneuzeitlichen Bildern, die eine transzendentale Kommunikation zwischen himmlischer und irdischer Sphäre in Szene setzen. Auf dem Frontispiz zu Johannes Schefflers *Heiliger Seelen-Lust* (Erstausgabe 1657) sieht die verliebte Seele ihren Geliebten Jesus als Schrift (**Abb. 14**). Das IHS (das im Übrigen auch mit dem *In hoc signo* der Kreuzesvision, also mit einer ‚historischen' Himmelsschrift in Verbindung gebracht wird) bricht auf einem Lichtstrahl durch eine dunkle Wolkendecke. Man sieht eine Projektionsanlage, bei welcher der Himmel zur Laterna magica gerät: Jesus wird in die Seele projiziert, anders gesagt: die zu Jesus gewandte Seele wird per ‚Dia' mit dem IHS belichtet.[65] Der einmal menschgewordene (d. h. sichtbar gewordene) Gott muss sich in dieser Projektionsanlage zunächst wieder entkörperlichen (entbildlichen) und in ein Schriftzeichen verwandeln – vom göttlichen Körper als Zeichen zum göttlichen Zeichen-Körper werden –, um in die Seele zu gelangen.

---

64 Otto van Veen: Amoris Divini Emblemata, Antwerpen 1660, S. 9.

65 Eine etwas andere Himmelsschriftprojektion bietet der illustrierte Einblattdruck *Geheimniß Menschlicher Vernunfft* (nach 1637), der den falschen (teuflischen) Blick des Curiosus in den Himmel (die instrumentelle Himmelbeobachtung bei Nacht, mit einem Fernrohr) und den richtigen Bezug auf den Himmel kontrastiert. Der wahre Gottsucher kniet, auf einem zum Himmel führenden Weg, in einem Erleuchtungs-Raum. Vom Mund des Erlösers in den Wolken läuft eine Linie bis zur linken Hand des Gläubigen; auf der Linie steht das Wort „VERBUM". Das Wort Gottes als ‚Leitlinie' zum Himmel, ein heilsgeschichtlich zurückliegender Offenbarungsakt also, wird im Bildmedium zu einer aktuellen, selbstreferentiellen Himmelsschrift. Vgl. zu dem Einblattdruck Jörn Münkner: Himmlische Lichtspiele in frühneuzeitlichen Einblattdrucken, in: Lechtermann, Wandhoff (Hrsg.): Licht, Glanz, Blendung. (s. Anm. 16), S. 159–161; Wolfgang Harms (Hrsg.): Deutsche illustrierte Flugblätter des 16. und 17. Jahrhunderts, Bd. III: Die Sammlung der Herzog August Bibliothek in Wolfenbüttel, Kommentierte Ausgabe, Teil 3: Theologica. Quodlibetica. Bibliographie. Personen- und Sachregister, hrsg. von Wolfgang Harms und Michael Schilling zusammen mit Albrecht Juergens und Waltraud Timmermann, Tübingen 1989, S. 190 f.

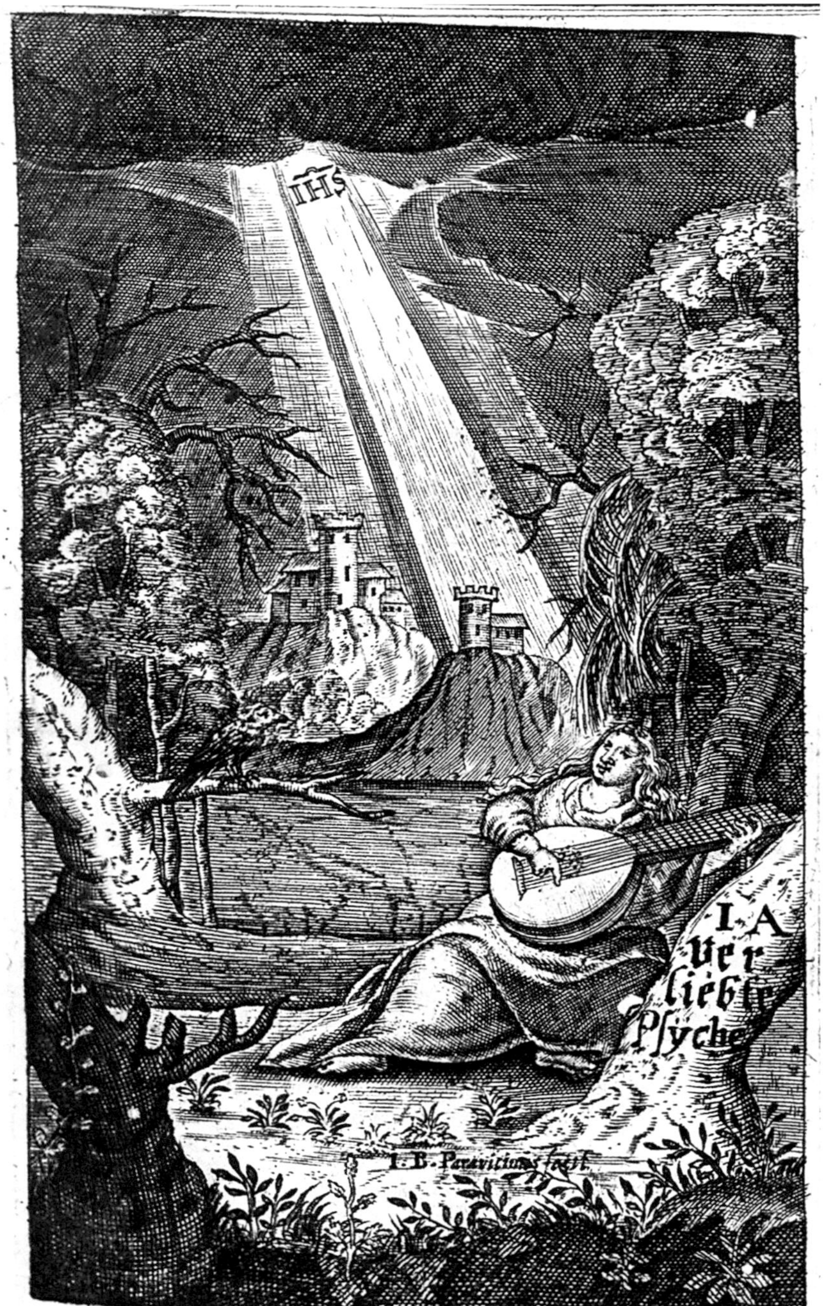

Abb. 14: Titelkupfer aus: Johannes Scheffler (Ps. Angelus Silesius), Heilige Seelen-Lust, Breslau 1657

Zurück zum Profanen: Die Himmelsinszenierungen von Namen und/als Marken, ob im alten Feuerwerk oder in den neuen Reklametechniken, greifen auf einen andachtspraktischen ikonographischen Fundus zurück, auf Himmelserscheinungen des Gottesnamens, die in einer spezifischen Medialität der Andacht ihren Ursprung haben. Dieses Feld wird in der profanen Sphäre jedoch nicht nur in der höfischen Propaganda oder in der Produktwerbung angespielt, sondern auch in der Kunst, in solcher Kunst nämlich, in der die Signatur des Künstlers als Himmelsschrift selbst zum Kunstwerk wird: Der niederländische Konzeptkünstler Marinus Boezem ließ 1969 in der Aktion „Signing the sky above the port of Amsterdam with an aeroplane" seinen Namen an den Himmel setzen, eine vermeintlich „Allmacht demonstrierende Himmelssignierung",[66] die wohl „als ironischer Kommentar zu den faktisch gegebenen Wirkungsmöglichkeiten der Kunst"[67] gewertet werden darf. Und Sigmar Polke verbindet auf seinem „Sternhimmeltuch" von 1986, das ein Sternkartenraster zeigt, einzelne Sterne mit feinen Linien zu einer krakeligen Signatur. Am Fuß des Bildes liest man: „DER STERNHIMMEL AM 24. 6. 24 UHR ZEIGT ALS STERNBILD DEN NAMENSZUG S. POLKE". Die Sterne figurieren ein Bild, und dieses Bild ist eine Schrift, und diese Schrift zeigt nur einen Namen – den eines Künstlers, der das Weltall zwar nicht erschaffen hat, aber per Signatur als Ready-made in sein Werk aufnimmt.

Was ist aus der Autorität und auch der Poesie des Himmels geworden? Die Himmelsschriften der Künstler ironisieren ihn, die Werbung profaniert ihn, was – in Reaktion auf die himmlischen Persil-Kampagnen – auch schon in den 20er Jahren des vorigen Jahrhunderts gesehen wird:

> Nun fällt die Himmelspoesie.
> Seht, die Reklame tötet sie;
> Weil auf der Erde schon kein Ort,
> an dem nicht prangt ein Werbungswort,
> so nutzt man denn das Himmelslicht. – –[68]

Tröstend: „Doch wenn es regnet, geht es nicht!"[69]

66 Annette Gilbert: Ephemere Schrift. Flüchtigkeit und Artefakt, in: Susanne Strätling, Georg Witte (Hrsg.): Die Sichtbarkeit der Schrift, München 2006, S. 41–58, hier S. 51.

67 Kimpel (Hrsg.): Himmelsschreiber (s. Anm. 52), S. 85.

68 Anonymes Scherzgedicht unter dem Titel „Das Ende aller Himmels-Poesie" in: Blätter vom Hause: Monatsschrift für die Werkgemeinschaft Henkel 7 (1927), S. 128.

69 Ebd.

Bildnachweis

Abb. 1: Harald Kimpel (Hrsg.): Himmelsschreiber. Dimensionen eines flüchtigen Mediums, Marburg 1986, S. 15
Abb. 3: Ignacio Gómez de Liaño: Athanasius Kircher. Itinerario del éxtasis o las imágenes de un saber universal, tomo II, Madrid 1986, S. 47
Abb. 5: akg-images
Abb. 7: Anne Hoormann: Lichtspiele. Zur Medienreflexion der Avantgarde in der Weimarer Republik, München 2003, S. 269
Abb. 8: Blätter aus dem Hause Henkel 7 (1927), S. 145, Archiv des Autors
Abb. 9: Harald Kimpel (Hrsg.): Himmelsschreiber. Dimensionen eines flüchtigen Mediums, Marburg 1986, S. 13
Abb. 10: Wolfgang Schivelbusch: Licht, Schein und Wahn. Auftritte der elektrischen Beleuchtung im 20. Jahrhundert, Berlin 1992, S. 71
Abb. 11: Gunnar Schmidt: Weiche Displays. Projektionen auf Rauch, Wolken und Nebel, Berlin 2011, Taf. IX

Transzendente Himmel

David Ganz

Öffnungen

Visionäre Himmelsbilder und die Deckenmalerei des Barock

Als Charles Dickens (1812–1870) 1844 durch Oberitalien reiste, beobachtete er in der Bologneser Kirche San Petronio ein seltsames Schauspiel: Ein Loch im Gewölbe des nördlichen Seitenschiffs ließ genau zur Mittagsstunde das Sonnenlicht eintreten und projizierte einen hellen, runden Fleck auf den Boden (**Abb. 1** und **Farbtafel 9**). Das Lichtspiel in der Kirche war Teil eines aufwendig berechneten Zeitmessapparats, der es erlaubte, auf einer am Boden eingetragenen Skala das jeweilige Datum auf den Tag genau abzulesen (**Abb. 2**). Seine Planung um die Mitte des 17. Jahrhunderts ging auf den Mathematiker Giovanni Domenico Cassini (1625–1712) zurück. Was Dickens verblüffte, war der Kontrast zwischen der technischen Apparatur und dem frommen Treiben der Gläubigen, die kniend ihre Gebete verrichteten: „Even though [...] there were nothing else to remember it by, the great Meridian on the pavement of the church of San Petronio, where the sunbeams mark the time among the kneeling people, would give it a fanciful and pleasant interest."[1]

Der Meridian der Bologneser Kirche war eine von mehreren Vorrichtungen dieser Art, die zwischen dem 16. und dem 18. Jahrhundert in Kirchen der Apenninhalbinsel realisiert wurden.[2] Ein schmales Loch im Gewölbe verwandelte die Kirchen in eine gigantische Camera obscura, auf deren abgedunkeltem Boden sich ein Bild der Sonnenscheibe abzeichnete. Die Meridiane transformierten die Bewegung des Himmelslichts in den Zeiger einer riesigen Jahresuhr, die wegen der großen Distanz von Einfallsöffnung und Messlinie eine kalendarische Bestimmung des Ostertermins von unerreichter Präzision ermöglichte.

Weitaus häufiger als diese optischen Projektionsvorrichtungen waren in den Kirchen des frühneuzeitlichen Italiens gemalte Darstellungen anzutreffen, die Bilder des Himmels in die Gewölbe projizierten: Bilder, die eine Öffnung des Kirchendachs fingierten und in dieser Öffnung die göttlichen

1 Charles Dickens: Pictures from Italy, London 1846, S. 100.

2 Weitere Beispiele sind der Dom von Florenz, die römische Basilika Santa Maria degli Angeli, der Mailänder Dom und die Kathedrale von Palermo. Vgl. John L. Heilbron: The Sun in the Church. Cathedrals as Solar Observatories, Cambridge, MA 1999.

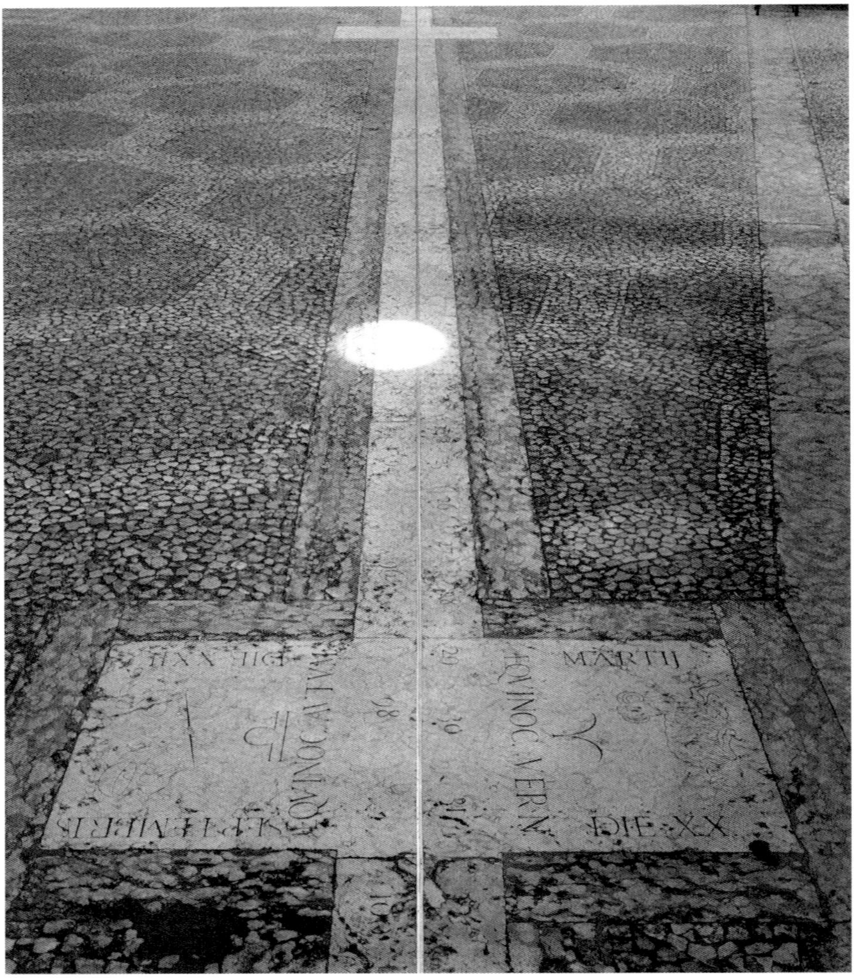

Abb. 1: Meridian im Langhaus von San Petronio in Bologna, um 1655

Personen, Engelsscharen und Kollektive von Heiligen sichtbar machten. Allein schon durch ihre Omnipräsenz in den katholischen Kirchen der Zeit dürften diese Bilder die kollektive Himmels-Imagination umfassender und nachhaltiger geprägt haben als jede andere christliche Himmelsvorstellung zuvor. Das Kuppel- oder Gewölbefresko mit Heiligenhimmel war eine Systemstelle der katholischen Barockkirche: diese Orte des Sakralraums mussten mit himmlischen Bildern ausgefüllt sein.

Deckenbilder und Meridiane bezogen sich auf unterschiedliche Ebenen des Himmels – den Himmel der Transzendenz und den der Astronomie. In einem Punkt trafen sich jedoch: Sie waren Apparaturen der Sichtbar-

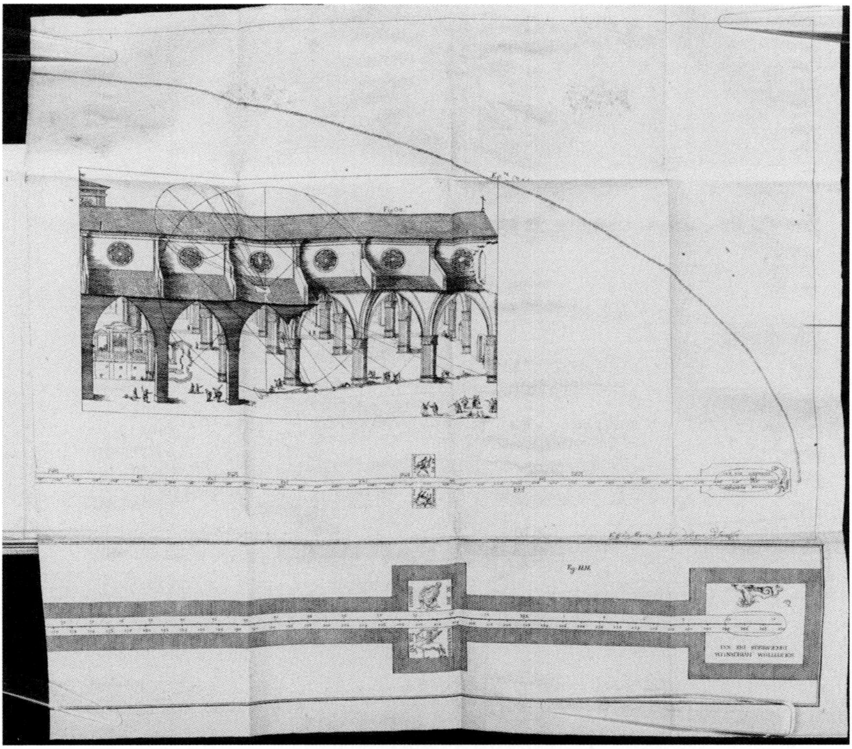

Abb. 2: Längsschnitt und Grundriss von San Petronio mit dem Meridian, Kupferstich, aus: Giovanni Domenico Cassini, La meridiana del tempio di S. Petronio tirata, e preparata per le osseruazioni astronomiche l'anno 1665. Riuista, e restaurata l'anno 1695, Bologna 1695, fig. 7

machung von Himmelsbildern und Inszenierungsmaschinen des Kirchengebäudes als eines Ortes besonderer Himmelsnähe. Die Projektion des Himmels in den Deckenbildern erfolgte unter nicht weniger artifiziellen Bedingungen als im Fall der Meridiane.

Ausgehend von dieser Einstiegsbeobachtung fragt mein Beitrag nach der spezifischen Medialität der gemalten Himmelsbilder in den Barockkirchen. Nur bei flüchtiger Betrachtung kann es so scheinen, dass diese Gemälde einen illusionistischen Ausblick in den Himmel eröffnen. Was sie zeigen, sind vielmehr selbst schon Bilder, in denen sich der transzendente Himmel selbst zur Darstellung bringt.

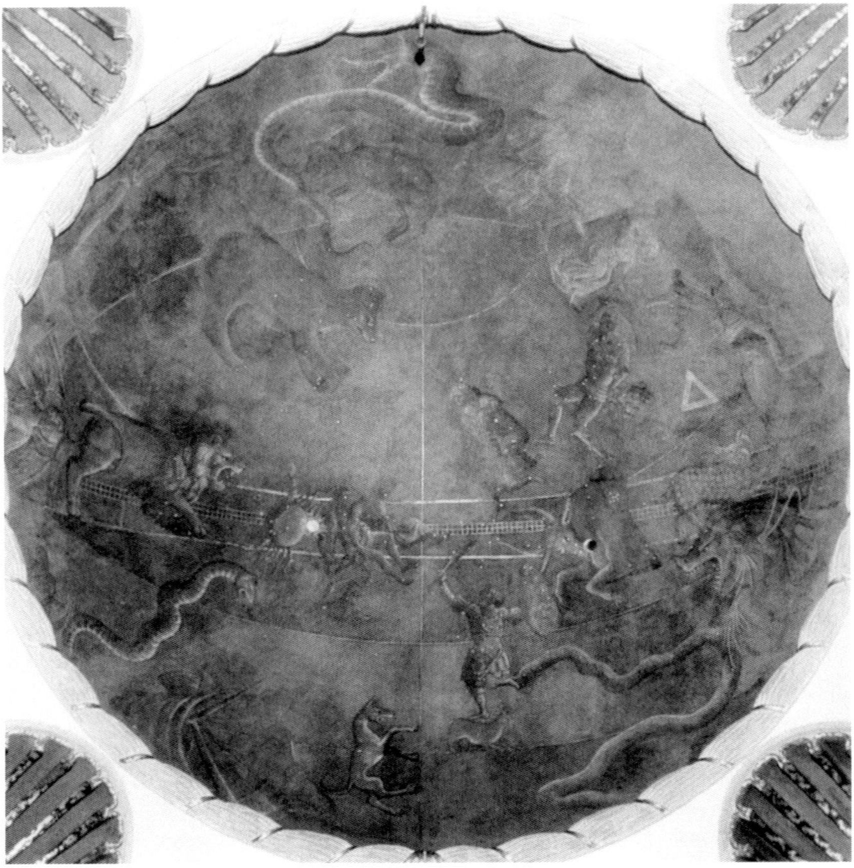

Abb. 3: Giuliano d'Arrigo, Florentiner Sternenhimmel am 4. Juli 1442, Kuppelfresko im Altarraum der Sagrestia Vecchia von San Lorenzo in Florenz, 1442/1443

1. Ein astrologisches Himmelsbild über dem Altar – der cupolino der Alten Sakristei

Zu Beginn der Frühen Neuzeit experimentierte die kirchliche Deckenmalerei mit ganz unterschiedlichen Modellen eines gemalten Himmels. Das anonyme Kuppelfresko in der Alten Sakristei der Florentiner Kirche San Lorenzo (**Abb. 3** und 4) steht für eine Option, den astronomischen Himmel der Gestirne an die Stelle des transzendenten Himmels zu setzen.[3] Kurz vor

3 Vgl. Patricia Fortini Brown: Laetentur Caeli. The Council of Florence and the Astronomical Fresco in the Old Sacristy, in: Journal of the Warburg and Courtauld Institutes 44 (1981), S. 176–180; Monica Campione, Lorena Gianlorenzo: Firenze: il planetario della

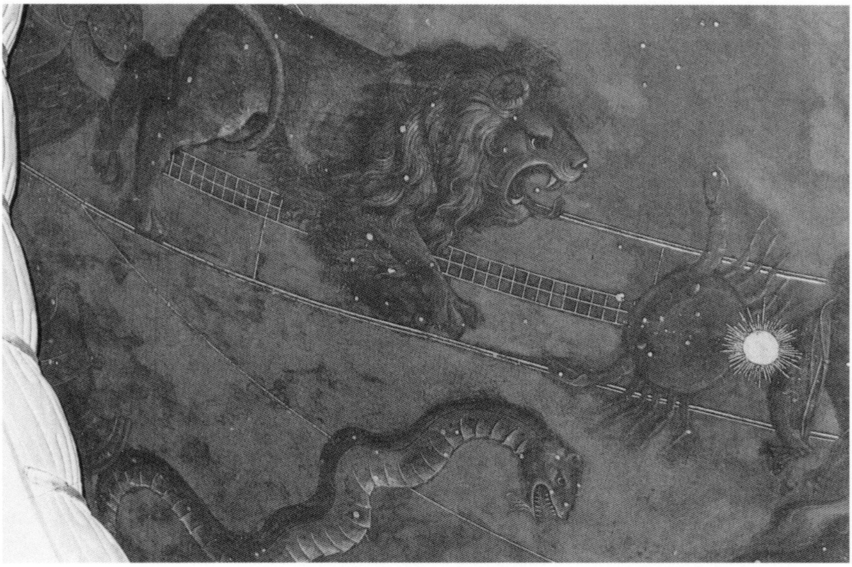

Abb. 4: Giuliano d'Arrigo, Löwe, Krebs und Sonne, Detail des Kuppelfreskos im Altarraum der Sagrestia Vecchia von San Lorenzo in Florenz, 1442/1443

der Mitte des 15. Jahrhunderts im Auftrag der damals in Florenz regierenden Medici gemalt, ist es der radikalste Vorstoß zu einer scheinbaren Öffnung der Kirchendecke auf das darüber sich weitende Firmament. Die kartographische Projektion der astronomisch exakt berechneten Lichtpunkte sorgte für einen Planetariumseffekt, für die Illusion, den Florentiner Himmel in einer einmaligen Konstellation von Sternen und Planeten zu betrachten, wie sie an einem bestimmten Datum zustande gekommen war: dem 4. Juli 1442 um 10:30 Uhr vormittags.[4]

Die Bildstruktur des Freskos ordnete sich weit weniger umstandslos einem realistischen Idiom unter, als es zunächst den Anschein hat. Dafür

Sagrestia Vecchio di San Lorenzo, in: Ananke 9 (1995), S. 84–91; Dieter Blume: Regenten des Himmels. Astrologische Bilder in Mittelalter und Renaissance, Berlin 2000, S. 126–138; Oliver Götze: Der öffentliche Kosmos. Kunst und wissenschaftliches Ambiente in italienischen Städten des Mittelalters und der Renaissance, München 2010, S. 134–137.

4 In der älteren Literatur wurden andere Zeitpunkte vertreten (Aby Warburg: 9. Juli 1422; Gertrud Bing: 6. Juli 1439; Alessandro Parronchi: 16. Juli 1416). Erst 1985/86 wurden im Zuge einer Restaurierung die Darstellungen der Planeten entdeckt, die eine genauere Eingrenzung erlaubten. Eine direkte Zuordnung zu den Lebensdaten des Stifters oder wichtigen Ereignissen der Zeitgeschichte besteht nicht, vgl. die Diskussion der verschiedenen Vorschläge in Andreas Beyer: Der Himmel der Kunstgeschichte, in: ders. (Hrsg.), Die Lesbarkeit der Kunst. Zur Geistes-Gegenwart der Ikonologie, Kleine kunstwissenschaftliche Bibliothek 37, Berlin 1992, S. 84–94.

spricht schon allein die Tatsache, dass das Kuppelbild eine für Beobachter in Florenz unsichtbare, nur durch Berechnungen zu ermittelnde Konstellation am helllichten Tag unter den Sichtbarkeitsbedingungen des nächtlich verdunkelten Himmels zeigte.[5] Dafür spricht auch die Kombination der ersten, kartographischen Bildschicht des Freskos mit einer zweiten, die hinter den Lichtpunkten der Gestirne die heidnischen Sternbilder in schattenhafter Gestalt aufleuchten ließ. Die Verbindung der beiden Bildschichten machte einen astrologischen Wirkungszusammenhang sichtbar: Sie fixierte einen bestimmten Tag, eine exakt einzugrenzende Stunde und beschwor zugleich die Macht der Sternbilder und Planeten über das menschliche Schicksal.[6]

Die astrologische Orientierung des Freskos stand in einem Spannungsverhältnis zum Ort seiner Anbringung: Der cupolino überfing den Altar der von Filippo Brunelleschi (1377–1446) geplanten Sakristei, die als Grabkapelle der Medici diente. An dieser Stelle wurden Gedächtnismessen für den Stifter Giovanni di Bicci de Medici (1360–1429) abgehalten. Wo die liturgischen Rituale den Glauben an einen göttlichen Richter über das menschliche Seelenheil aufriefen, artikulierte das Fresko den Glauben an eine von den Sternen ausgehende Vorbestimmung des menschlichen Lebenswegs.[7]

Eine Brücke zwischen beiden Modellen bot das Bildprogramm des Hauptraums der Sakristei an (**Abb. 5**). Zwar blieb Brunelleschis Schirmkuppel unbemalt, allein die vom Scheitelpunkt ausstrahlenden Rippen strukturierten das weiße Gewölbe. Doch in den Pendentifs waren vier Terrakotta-Tondi Donatellos (1386–1466) angebracht, die Szenen aus dem Leben Johannes des Evangelisten zum Gegenstand hatten (**Abb. 6**). Dieser war nicht nur der Namenspatron des in der Sakristei bestatteten Giovanni di Bicci, sondern auch der wichtigste christliche Himmelsvisionär.[8] Während drei der vier Bilder die Macht des Heiligen zur Überwindung des Todes vorführten (die Ölmarter, die Auferweckung der Drusiana und die Selbstbestattung), ließ der vierte Tondo Johannes als Visionär auftreten, der das große Zeichen am Himmel schaute, die mit der Sonne bekleidete Frau, die auf der Mondsichel stand und eine Krone aus Sternen trug. In der Lünette über dem

5 Vgl. Beyer: Der Himmel der Kunstgeschichte (s. Anm. 4), S. 92.

6 Zu astrologischen Bildpraktiken der Renaissance vgl. Blume: Regenten des Himmels (s. Anm. 3), S. 139–194; Philippe Morel (Hrsg.): L'art de la Renaissance entre science et magie, Paris 2006.

7 Vgl. Jean-Patrice Boudet: Entre science et nigromance. Astrologie, divination et magie dans l'Occident médiéval (XIIe–XVe siècle), Paris 2006; Brendan Dooley (Hrsg.): A Companion to Astrology in the Renaissance, Brill's Companion to Christian Tradition 49, Leiden–Boston 2014, darin besonders den Beitrag von Graziella Federici Vescovini, The Theological Debate, ebd., S. 99–140.

8 Zum Gesamtprogramm der Sakristei vgl. Gabriel Blumenthal: The Science of the Magi. The Old Sacristy of San Lorenzo and the Medici, in: Source: Notes in the History of Art 6 (1986), S. 1–11.

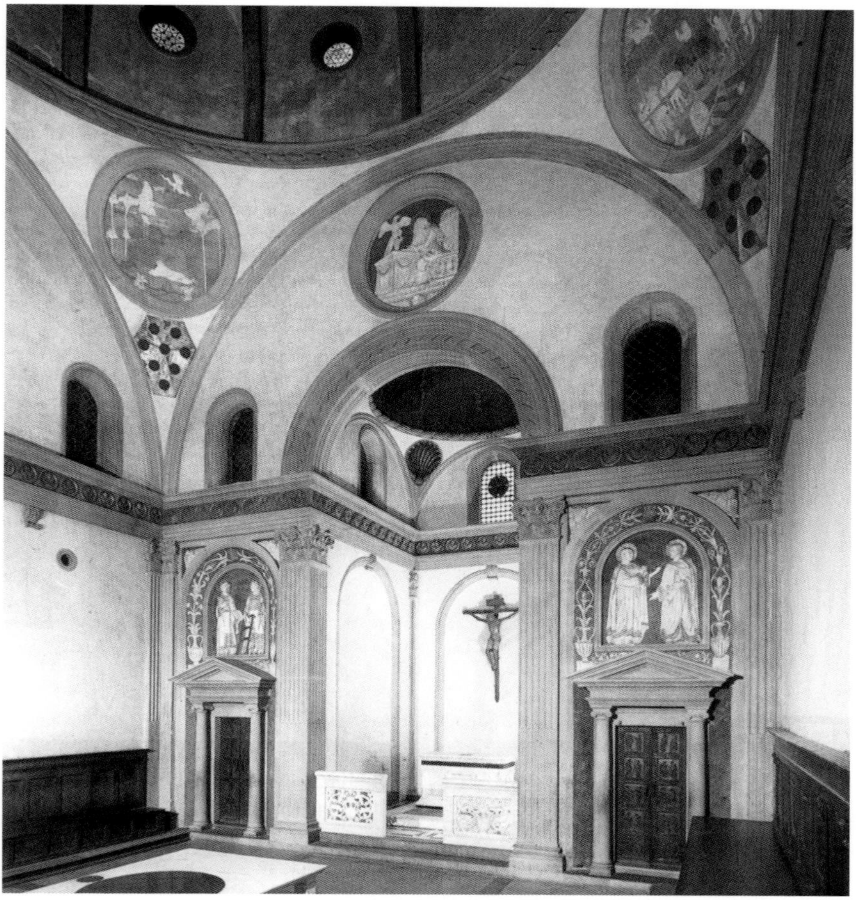

Abb. 5: Inneres der Sagrestia Vecchia der Florentiner Kirche San Lorenzo, 1420–1428

Altarraum wiederum war Johannes als Autor zu sehen, der in nachdenklicher Pose und mit halbgeschlossenen Augen über die himmlischen Geheimnisse seines Evangelien-Prologs meditierte. Schon seit der Spätantike galt der ihn begleitende Adler als Verkörperung der Fähigkeit des Heiligen, Himmlisches zu schauen und zu erkennen.[9] Auch wenn alle diese Darstellungen innerhalb der christlichen Konventionen blieben und nirgendwo eine direkte Verbindung zum Planetarium des Altarraums zogen, wurde Johannes hier allein schon qua räumlicher Nachbarschaft zu einer Brückenfigur zwischen christlichem Glauben und humanistischer Astrologie aufgebaut.

9 Vgl. Jeffrey F. Hamburger: St. John the Divine. The Deified Evangelist in Medieval Art and Theology, Berkeley–Los Angeles–London 2002.

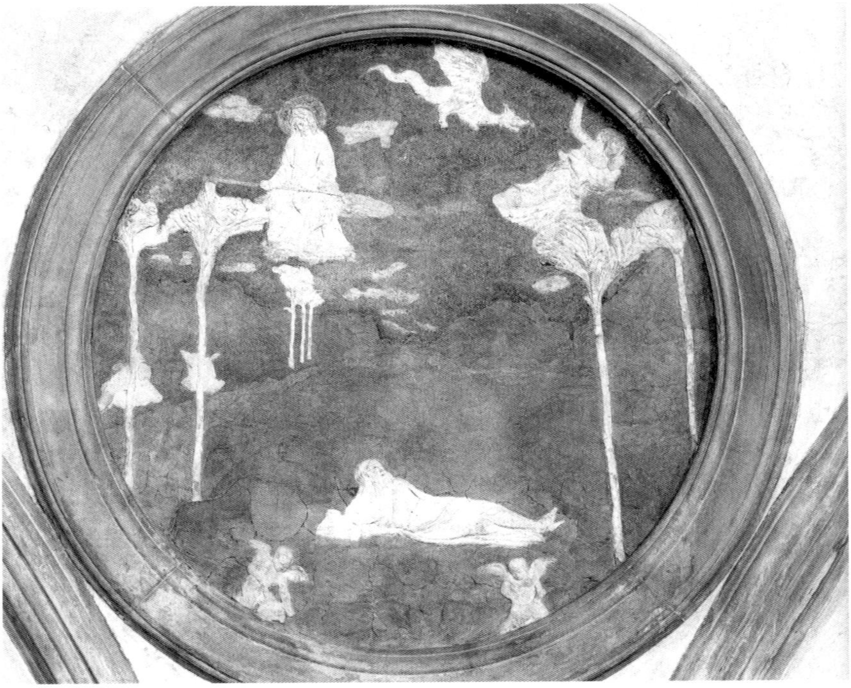

Abb. 6: Donatello, Die apokalyptischen Visionen des Johannes auf Patmos, Terrakotta-Tondo im Hauptraum der Sagrestia Vecchia von San Lorenzo in Florenz, 1428/1432

2. Das Auseinanderdriften der Himmelsbilder

Am Beispiel der Alten Sakristei können wir somit zweierlei ablesen: zum einen die Attraktivität des Visionären als Modells der Sichtbarmachung unsichtbarer Himmelsbilder, ein Thema, auf das ich gleich zurückkommen werde. Zum anderen die Friktionen zwischen unterschiedlichen Himmelsmodellen, die sich im Laufe der Frühen Neuzeit durch den Zuwachs an astronomischem Wissen durch Himmelsbeobachtung und -berechnung verschärften. Dieses Wissen war nicht allein Instrument einer naturwissenschaftlichen Welterklärung in heutigem Sinne, sondern stand noch lange im Dienst einer sich als exakte Wissenschaft verstehenden Astrologie.[10] Nicht zuletzt deswegen wurde eine Verschränkung des supralunaren Himmels der Astronomie und des empyreischen Himmels der Theologie, wie sie die aris-

10 Vgl. zusammenfassend H. Darrel Rutkin: Astrology, in: Lorraine Daston, Katharine Park (Hrsg.): The Cambridge History of Science, Bd. 3: Early Modern Science, Cambridge 2006, S. 541–561; William Donahue: Astronomy, ebd., S. 562–595.

totelischen Kosmosmodelle des späten Mittelalters noch postulierten, zunehmend prekär. Zwar vertrat die Kosmologie katholischer Observanz im Anschluss an Tycho Brahe (1546–1601) noch bis ins 18. Jahrhundert hinein einen Weltaufbau, der hinter der Kristallschale der Fixsterne das Empyreum als Aufenthaltsort der Himmelsbewohner lokalisierte. Nach wie vor hielt man in diesem Kontext auch an der Impetus-Lehre fest, welche die Bewegung der Gestirne an einen permanenten Anschub durch Gott oder die Engel koppelte. Mit dem Zuwachs an astronomischem Wissen verschärfte sich jedoch der erkenntnistheoretische Gegensatz zwischen der Berechenbarkeit des einen und der Unberechenbarkeit des anderen Himmels.

Bildlich zeigt sich dieses Auseinandertreten prägnant an den beiden Himmelsdarstellungen, die der Sieneser Bankier Agostino Chigi (1466–1520) im frühen 16. Jahrhundert in Rom in Auftrag gab: die nach Entwürfen Raffaels (1483–1520) gestalteten Kuppelmosaiken der Grabkapelle Chigis in Santa Maria del Popolo setzten Gott als ersten Beweger in Szene, der über die Engel das Kreisen der Planeten und Fixsterne kontrollierte (**Abb.** 7 und **Farbtafel 10**).[11] Der Einfluss der Gestirne wurde hier auf das nicht zu berechnende Wirken göttlicher Providenz zurückgeführt. In Chigis Gartenvilla dagegen malte Baldassare Peruzzi (1481–1537) den Plafond der Loggia di Galatea mit einem anspielungsreichen Horoskop aus. Stark vereinfacht ausgedrückt, wurde hier die zweite Bildschicht des Florentiner cupolino zu einem astrologisch-mythologischen Schema erweitert.[12] Hier wurden die antiken Götter als Mächte über das Schicksal gefeiert.[13]

11 Kathleen Weil-Garris Brandt: Cosmological patterns of Raphael's Chigi Chapel in S. Maria del Popolo, in: Christoph L. Frommel (Hrsg.): Raffaello a Roma. Il convegno del 1983, Rom 1986, S. 127–158.

12 Vgl. Mary Quinlan-McGrath: The Astrological Vault of the Villa Farnesina. Agostino Chigi's Rising Sun, in: Journal of the Warburg and Courtauld Institutes 47 (1984), S. 91–105; Kristen Lippincott: Two Astrological Ceilings Reconsidered. The Sala di Galatea in the Villa Farnesina and the Sala del Mappamondo at Caprarola, in: Journal of the Warburg and Courtauld Institutes 53 (1990), S. 185–207; Peter Schiller: Die himmelskundliche Ikonographie der Decke der Sala di Galatea in der Villa Farnesina in Rom, in: August Buck (Hrsg.): Die okkulten Wissenschaften in der Renaissance, Wiesbaden 1992, S. 255–288; Mary Quinlan-McGrath: The Villa Farnesina, Time-Telling Conventions and Renaissance Astrological Practice, in: Journal of the Warburg and Courtauld Institutes 58 (1995), S. 52–71; Francesca Manzari: La volta affrescata della Loggia di Galatea nella Villa Farnesina. Interpretazioni astrologiche da Saxl ad oggi, L'uomo antico e il cosmo, Roma 2001, S. 423–441.

13 Dagegen wurde das „kartographische" Konzept der Florentiner Kuppel später nie mehr mit vergleichbarer Konsequenz aufgegriffen. Auch Adam Elsheimers Sternenhimmel im Hintergrund der *Flucht nach Ägypten* (1609) beruht zwar auf Himmelsstudien durch ein Teleskop, die dabei beobachteten Elemente sind jedoch frei zusammengesetzt. Vgl. zuletzt Andreas Thielemann: Himmelsfeuer. Kosmologie und Theologie in Adam Elsheimers „Flucht nach Ägypten", in: Andrea Albrecht, Giovanna Cordibella, Volker R.

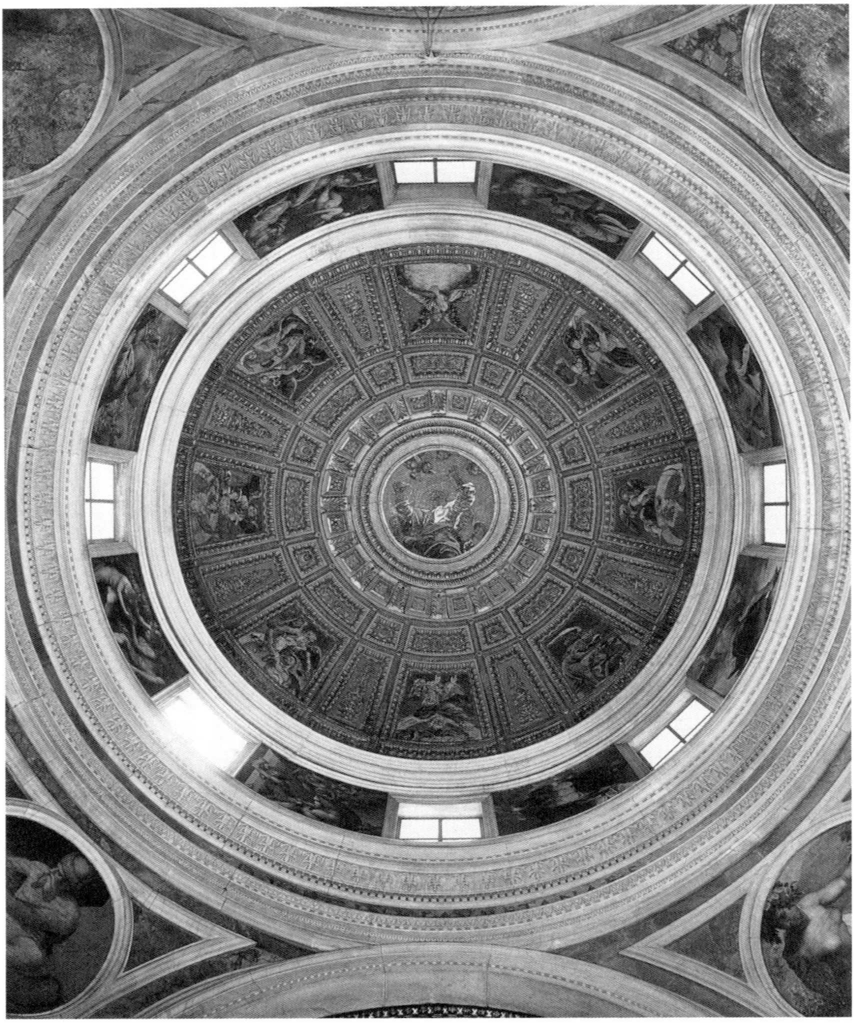

Abb. 7: Raffael, Gottvater, Planeten, Tierkreiszeichen, Kuppelmosaik der Cappella Chigi in Santa Maria del Popolo in Rom, 1516

Mit diesem Prozess der Ausdifferenzierung veränderten sich auch die Rahmenbedingungen für Himmelsdarstellungen innerhalb der Kirchen selbst. Diese ließen sich unter den Vorzeichen frühneuzeitlicher Himmelskunde nicht einfach als Offenlegung des transzendenten Himmels gestal-

Remmert (Hrsg.): Tintenfass und Teleskop. Galileo Galilei im Schnittpunkt wissenschaftlicher, literarischer und visueller Kulturen im europäischen 17. Jahrhundert, Spectrum Literaturwissenschaft 46, Berlin 2014, S. 125–165.

ten.[14] So operierten die Himmelsprospekte des katholischen Barock mit einer doppelten Markierung von Differenzen: Signale der Öffnung korrespondierten mit Anzeichen der Abgrenzung – und dies sowohl gegenüber dem empirisch beobachtbaren wie dem transzendenten Himmel. Was durch das scheinbar geöffnete Kirchendach sichtbar wurde, war also gerade nicht der „offene Himmel".[15] Die Bilder lassen sich am besten als Überblendung dessen beschreiben, was durch das geöffnete Kirchendach zu sehen sein müsste – bei Tageslicht oder bei nächtlicher Dunkelheit. Was sich dem Auge der Kirchenbesucher darbot, war die Fiktion eines vom (transzendenten) Himmel produzierten Bildes, das den empirischen Himmel überlagerte. Dieser Fiktionsrahmen ist konstitutiv für die eigentümliche Medialität dieser Himmelsbilder. Ich möchte ihn mit dem Begriff der „gemalten Vision" fassen, den auch verschiedene jüngere Beiträge ins Spiel bringen.[16]

3. Reenactment der Himmelfahrt im Kirchenraum – Lanfrancos Kuppelfresko in Sant'Andrea della Valle

Ich konzentriere meine Beobachtungen auf das Kuppelfresko Giovanni Lanfrancos (1582–1647) in Sant'Andrea della Valle (**Abb. 8** und **9**), unbestritten ein Schlüsselwerk der uns interessierenden Gattung.[17] Die Ausmalung des Hauptraums der römischen Theatinerkirche durch Lanfranco und Domenichino in den Jahren 1622–1628 markiert den Punkt, an dem die großformatige Bebilderung der Gewölbe endgültig einen festen Platz in den katholischen Kirchenräumen der nachtridentinischen Zeit fand. Für die große Beachtung des Projekts sorgte nicht zuletzt die Tatsache, dass es sich um die Hauptkirche einer jener neuen Ordensgemeinschaften handelte, die

14 Ähnlich argumentieren auch Bernd W. Lindemann: Bilder vom Himmel. Studien zur Deckenmalerei des 17. und 18. Jahrhunderts, Worms 1994, S. 28–46; Christian Hecht: Die Glorie. Begriff, Thema, Bildelement in der europäischen Sakralkunst vom Mittelalter bis zum Ausgang des Barock, Regensburg 2003, S. 34–48.

15 Vgl. etwa Esther Meier: Der offene Himmel. Theologie und Gestalt des Bildprogramms der Stiftskirche zu Waldhausen, in: Acta historiae artis Slovenica 16 (2011), S. 117–126.

16 Vgl. Lindemann: Bilder vom Himmel (s. Anm. 14), S. 50; Hecht: Die Glorie (s. Anm. 14), S. 46f. u. 308–315. Eigene Überlegungen zum Verständnis von Deckenbildern als „gemalter Vision", habe ich angestellt in David Ganz: Barocke Bilderbauten. Erzählung, Illusion und Institution in römischen Kirchen 1580–1700, Studien zur internationalen Architektur- und Kunstgeschichte 14, Petersberg 2003, S. 73–77.

17 Vgl. u. a. Philippe Morel: Morfologia delle cupole dipinte da Correggio a Lanfranco, in: Bollettino d'Arte 23 (1984), S. 1–34; Alba Costamagna: „... l'aria dipingeva per lui". Giovanni Lanfranco e la Gloria del Paradiso a Sant'Andrea della Valle, in: dies.: Daniele Ferrara, Cecilia Grilli (Hrsg.): Sant'Andrea della Valle. Presentazione di Claudio Strinati. Introduzione di Alba Costamagna. Saggi di Cecilia Bernardini e Maria Grazia Bernardini, Mailand 2003, S. 195–248; Hecht: Die Glorie (s. Anm. 14), S. 249–253.

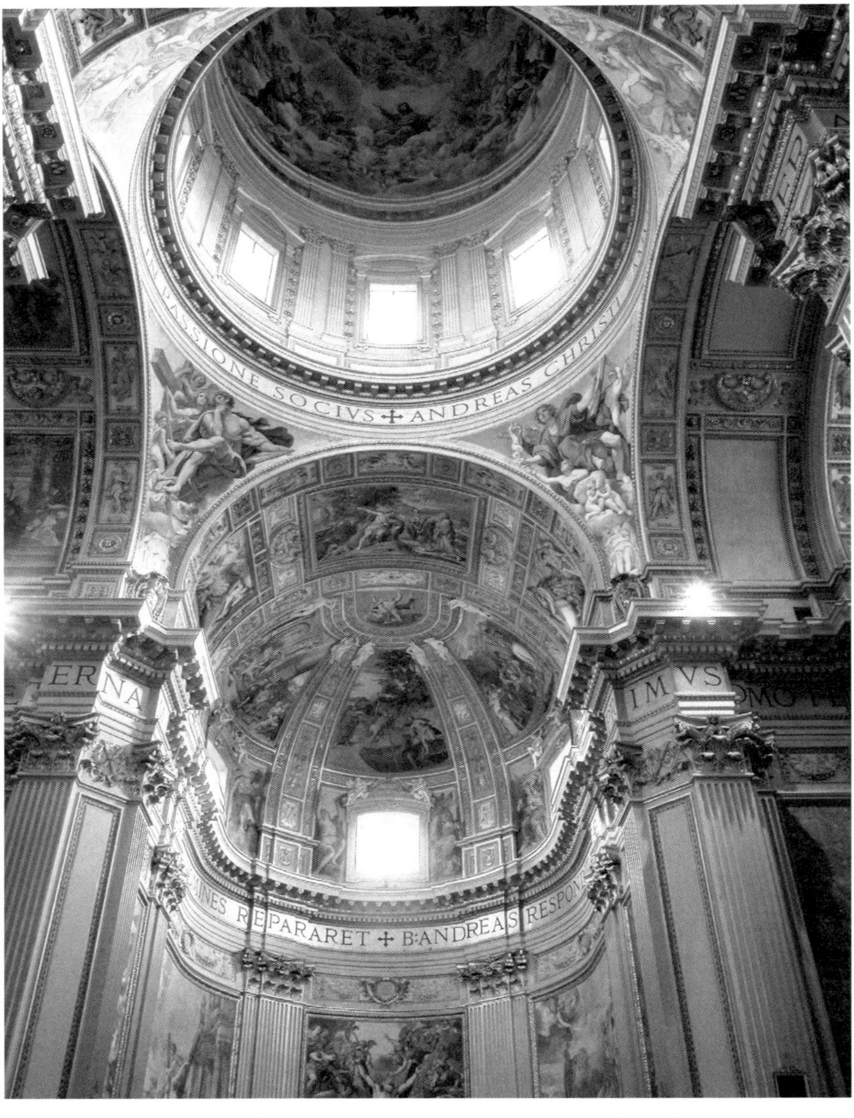

Abb. 8: Blick in den Ostteil der römischen Kirche Sant'Andrea della Valle

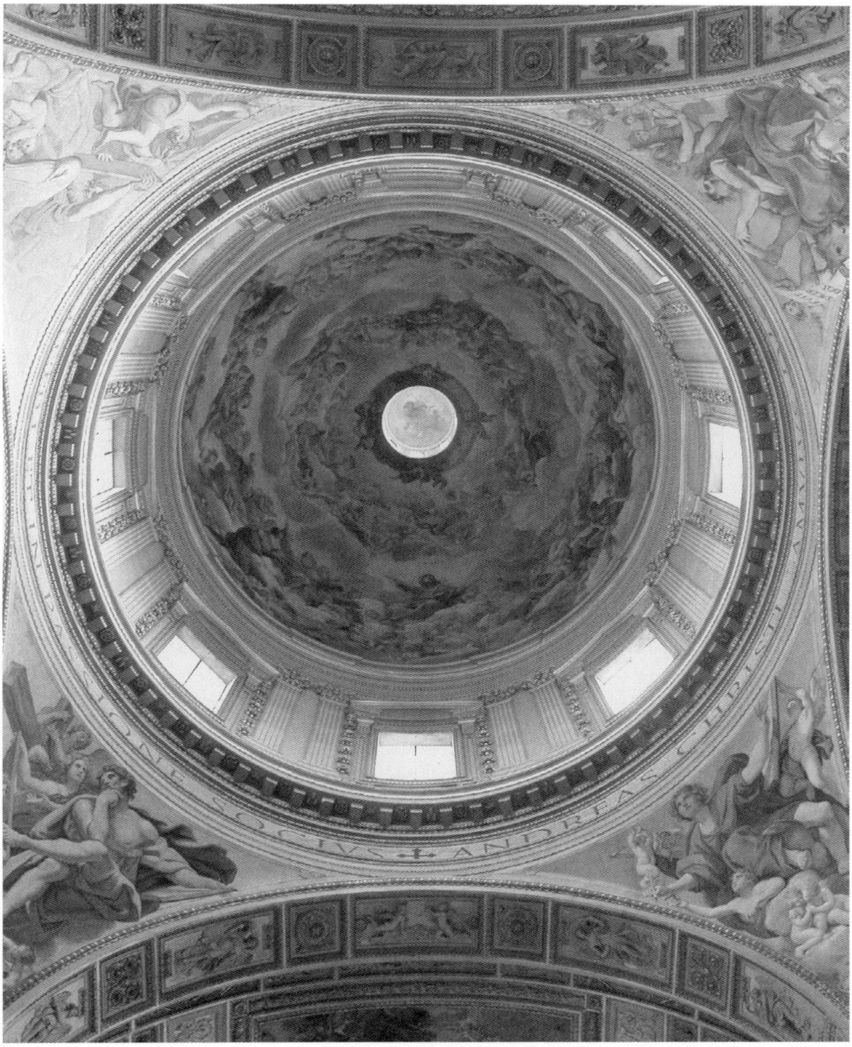

Abb. 9: Domenichino und Giovanni Lanfranco, Ausmalung der Pendentifs und der Kuppel in der römischen Kirche Sant'Andrea della Valle, 1625–1628

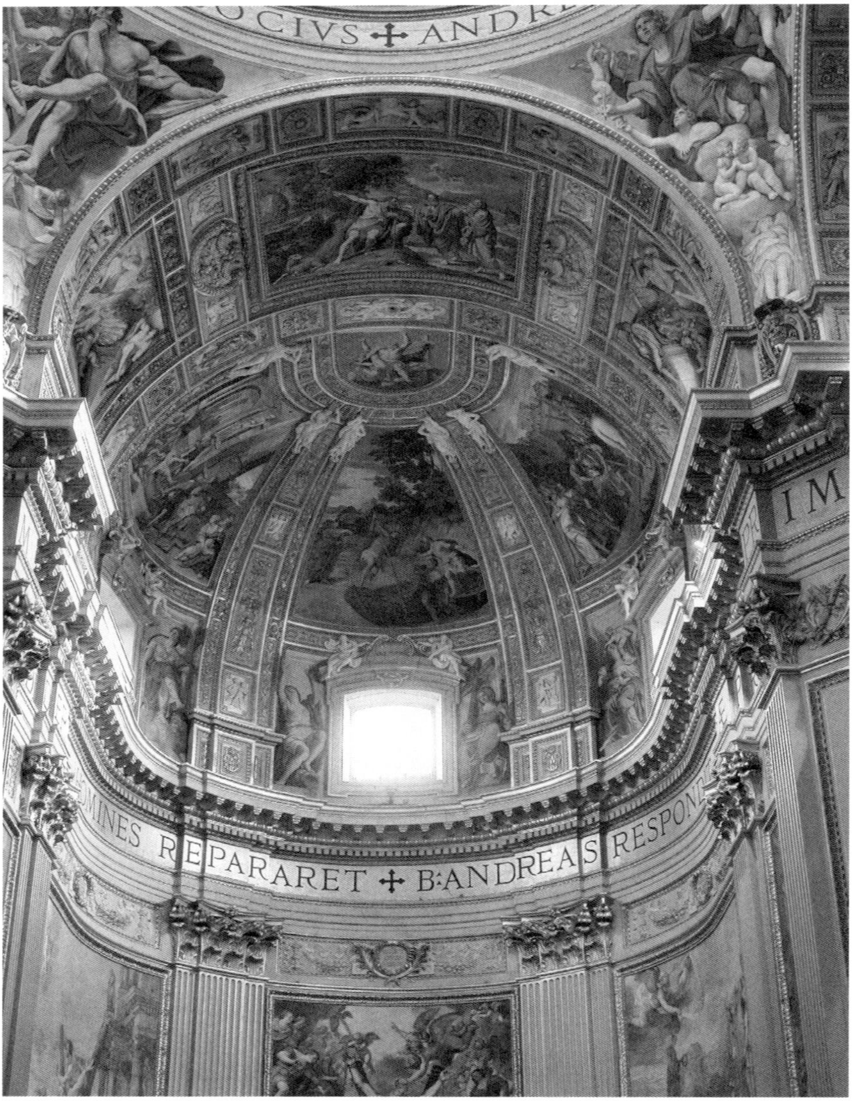

Abb. 10: Domenichino, Ausmalung des Chorgewölbes der römischen Kirche Sant'Andrea della Valle, 1621–1628

die maßgeblichen Impulsgeber der Reorganisation der katholischen Kirche nach dem Konzil waren.[18]

Das Himmelsbild des Kuppelgewölbes war in einen narrativen Bildzusammenhang integriert: das Gewölbe des Presbyteriums hatte Domenichino (1581–1641) mit einem Zyklus zum Leben des Kirchenpatrons Andreas ausgemalt (**Abb. 10**). Dargestellt waren die Berufung des Andreas zum Jünger und sein Leidensweg im Zeichen des Kreuzes, der mit der Aufnahme des Heiligen in den Himmel prämiert wurde. Seine Anschlussfähigkeit an diese Erzählung gewann Lanfrancos Kuppelfresko dadurch, dass es die himmlische Szenerie mit Momenten des Ereignishaften ausstattete: Eine wichtige Achse des Freskos wurde von Handlungselementen gebildet, die sich auf die Ereignisse der Himmelfahrt und die Krönung Mariens beziehen ließen. In diesem Vorgang fand die Erzählung des Andreaslebens ihren Fluchtpunkt: Die Aufnahme Mariens in den Himmel war das Modell für die Aufnahme des Apostels unter die Seligen.[19]

Gleichwohl war Lanfrancos Fresko kein Ereignisbild: Maria war Teil einer scheinbar über dem Kuppeltambour von Sant'Andrea eingeschwebten Versammlung von Heiligen und Patriarchen, die in kreisrunder Ordnung auf Wolken lagerten (**Abb. 11** und **12** mit **Farbtafel 11**). Dieser Versammlung gehörten auch mehrere Personen an, die einige Jahre nach Maria gestorben waren – wie die Apostel Andreas, Petrus, Johannes und Paulus – oder mehrere Jahrhunderte nach Maria gelebt hatten – wie der Heilige Sebastian und die beiden Theatinerseligen Kajetan und Andrea Avellino.

Gegenstand des Kuppelfreskos war nicht die Erhebung der Gottesmutter nach ihrem Tod, sondern eine Wiederaufführung der Ankunft Mariens unter den Heiligen und ihrer Krönung durch Christus. Nicht zu Unrecht hat man immer wieder auf die „theatralischen" Anteile barocker Kirchendekorationen verwiesen. Die Verwandlung des Kirchenraums in ein *theatrum sacrum* lässt sich gerade am „Schauspiel" der uns interessierenden Himmelsbilder festmachen.[20]

---

18 Zu den Etappen dieser ab 1580 zunächst in Kirchen kleinerer Dimension zu beobachtenden Rückkehr der Bilder in den Hauptraum ausführlich Ganz: Barocke Bilderbauten (s. Anm. 16); zur frühen Phase vgl. David Ganz: Rückeroberung des Zentrums, Anschluss an die Vergangenheit und institutionelle Selbstdarstellung. Konfessionalisierung im römischen Kirchenraum zwischen 1580 und 1620, in: Susanne Wegmann, Gabriele Wimböck (Hrsg.): Konfessionen im Kirchenraum. Dimensionen des Sakralraums in der Frühen Neuzeit, Korb 2007, S. 263–283.

19 Ganz: Barocke Bilderbauten (s. Anm. 16), S. 18–44 u. 263–273.

20 Vgl. Karsten Harries: The Bavarian Rococo Church. Between Faith and Aestheticism, New Haven, CT 1983; Ursula Brossette: Die Inszenierung des Sakralen. Das theatralische Raum- und Ausstattungsprogramm süddeutscher Barockkirchen in seinem liturgischen und zeremoniellen Kontext, Marburger Schriften zur Kunst- und Kulturgeschichte 4, Weimar 2002; Alessandra Buccheri: The Spectacle of Clouds, 1439–1650. Italian Art and Theatre, Farnham 2014.

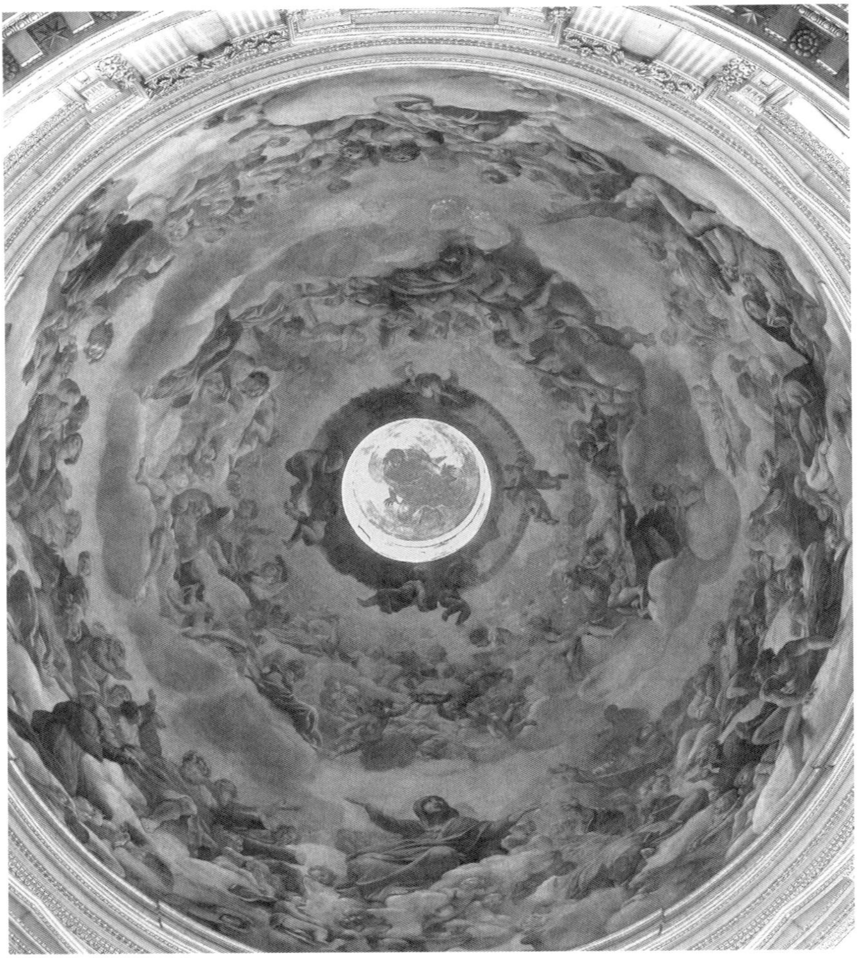

Abb. 11: Giovanni Lanfranco, Kuppelfresko der römischen Kirche Sant'Andrea della Valle, 1625–1628

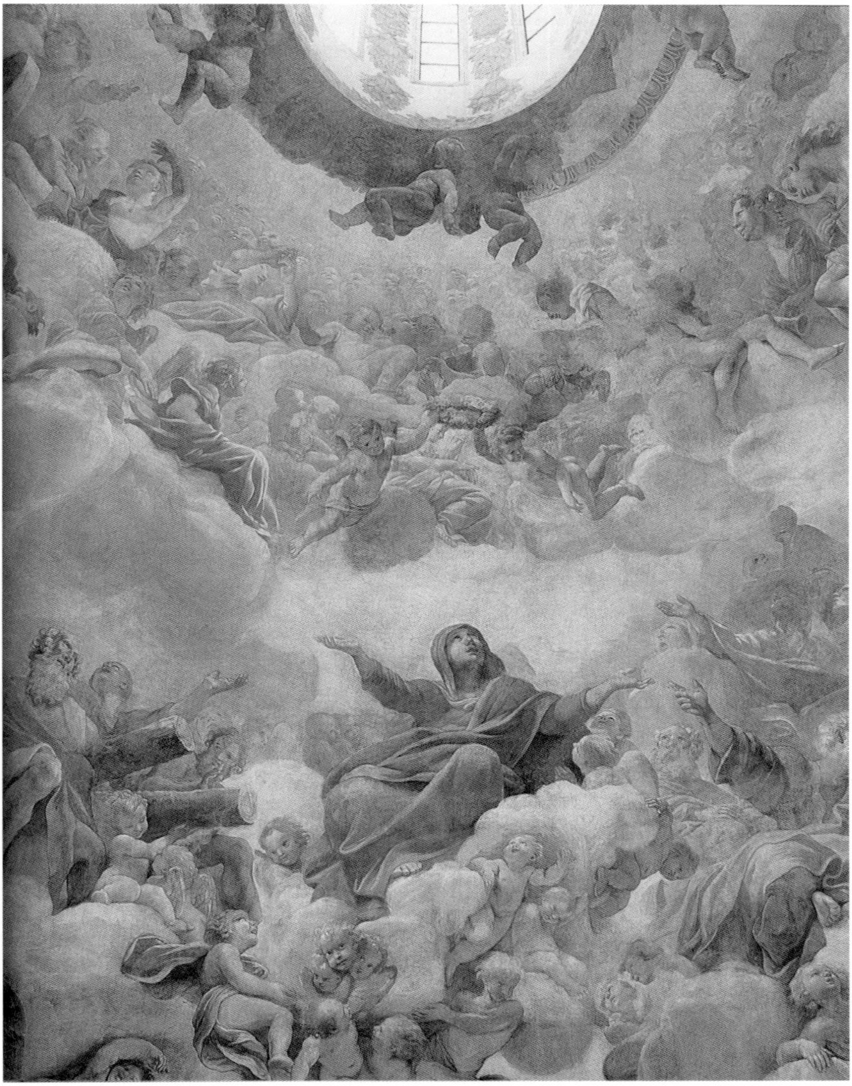

Abb. 12: Giovanni Lanfranco, Detail aus dem Kuppelfresko der römischen Kirche Sant'Andrea della Valle, 1625–1628

Signale für den Aufführungscharakter des gemalten Geschehens waren bei Lanfranco Kranzelemente unterschiedlicher Abmessung, die Ausschnitte der Darstellung bildhaft rahmten: die untere Wolkenbank, die sich mit ihren Bewohnern vor den blaufarbigen irdischen Himmel schob, der obere Wolkensaum, der sich als Rahmen um ein golden leuchtendes Himmelsbild legte. Durch einen wolkengesäumten Kanal eröffnete sich allein Maria ein Zugang zu dem weiter oben formierten Engelsreigen, aus dem der Gottesmutter ein Kranz entgegengereicht wurde. In einem von Putten um den cupolino gelegten Girlandenrahmen wurde Christus sichtbar, der zu Maria hinabflog.

4. Dreierlei Imagination. Ferrante Carlos Rahmenhandlung für das Kuppelfresko

Das irritierende Oszillieren zwischen Ereignishaftigkeit und Überzeitlichkeit war Anlass für einen zeitgenössischen Kunststreit, aus dem der Diskussionsbeitrag des Dichters Ferrante Carlo (1578–1641) überliefert ist.[21] Schon bei der Enthüllung des Kuppelfreskos im Sommer 1627 wurden Vorwürfe laut, Lanfranco habe mit seiner Kombination aus historischem Ereignis und überzeitlichem Zeugenkollektiv das Prinzip der zeitlichen Einheit einer *historia* verletzt.[22] Gegen diese Stimmen verteidigte Carlo die Freiheit der künstlerischen Imagination:

> Der Malerei ist es gestattet, Dinge unter dem Anschein der Wahrheit zusammenzufügen, die sich andernfalls nicht verbinden ließen. Obendrein besitzt sie das Vorrecht, der Gegenwart über das Naturmögliche hinaus schon lange vergangene Zeiten hinzuzufügen und beliebig oft verschiedene Zeiten zu mischen: solche, die viele Jahrhunderte später waren, mit solchen, die viele Jahrhunderte früher waren. [...] Diese Unmöglichkeit erlangt durch einen gewissen Kunstgriff Wahrscheinlichkeit: den Deckmantel des Anachronismus, der eine Erlaubnis ist, von der Verschiedenheit der Zeiten Ge-

21 Der 1627/28 verfasste Text ist in mehreren späteren Abschriften überliefert, er ist ediert und wird diskutiert bei Nicholas Turner: Ferrante Carlo's descrittione della Cupola di S. Andrea della Valle dal Cavalier Gio: Lanfranchi, in: Storia dell'arte 12 (1971), S. 297–325. Zum Autor vgl. Martino Capucci: Art. „Carli, Ferdinando", in: Dizionario Biografico degli Italiani, hrsg. von Alberto M. Ghisalberti, Bd. 20, Rom 1977, S. 150–152.

22 Am 28. Juni 1627 fand ein Besuch Urbans VIII. in Sant'Andrea della Valle statt, „a uedere que è stata fenita di dipingere con bellissime figure". Avviso vom 30.06.1627, zitiert nach Costamagna: „... l'aria dipingeva per lui" (s. Anm. 17), S. 195. Lanfranco war noch bis zum September 1628 mit Ergänzungen des Kuppelfreskos beschäftigt, ebd., S. 196.

brauch zu machen und diese in einem Moment zu bündeln, ohne dafür Tadel zu verdienen.[23]

Beispiele für die allgemeine Anerkennung dieses Prinzips seien so populäre Bildthemen wie die *sacra conversazione*, die eine Begegnung von Maria und Christuskind mit Heiligen wie Franziskus oder Caterina von Siena fingiert.

Den Streit um Lanfrancos Fresko hat man bislang nicht konsequent genug auf die Gattung der Deckenmalerei und das Thema des gemalten Himmels bezogen.[24] Auf sie und nicht allein auf die Verstöße gegen das Postulat der Einheit von Zeit und Raum zielten letztlich die Einwände, denn regelkonform waren auch viele Tafelbilder nicht. Entscheidend scheint mir, dass die Kritik genau in einem Moment erhoben wurde, in dem die Deckenmalerei sich anschickte, die Gewölbe der großen Kirchen zu erobern. Bezeichnend für diesen Zusammenhang ist, dass Carlo das Lizenz-Argument um die Idee einer fiktionalen Rahmenhandlung ergänzte, in die das Sichtbarwerden der dargestellten Personen hoch oben an der Kirchendecke eingebettet wird:

> So imaginierte der Maler, dass die Gläubigen den ungeheuerlichen Geheimnissen des heiligen Altars beiwohnen, oder ihre Aufmerksamkeit auf die frommen Gebete im Chor lenken, die die frommen Mönche Gott zu den kanonischen Zeiten darbringen, oder schweigend und gesammelt das eigene Elend, die Hilfe des Himmels, die Gnadenerweise der göttlichen Hand und die Erhöhung der Auserwählten bei Gott betrachten, die all jenen bereitet ist, die die höchste Seligkeit anstreben. Er imaginierte, dass sie [die Gläubigen] dann mitunter die müden Augen zum Vaterland der Lebenden erheben und ihnen dann von ihrer Einbildungskraft ein solcher Anblick der Dinge dort oben angeboten oder dargestellt werde, wie er eben in jenem offenen Himmel zu erblicken ist, den der Maler ins Bild gesetzt hat. Oder auch, dass sich die Luft zerteile und der Himmel sich öffne durch den gütigen Strahl des ersten Lichts, das von da oben herabsteigt, um das schwache sterbliche Sehvermögen zu erleuchten. Und dass sich auf solche Weise den Augen der frommen Beter die himmlische Glorie offenbare und sich in ei-

23 „che la pittura […] s'appartiene alla virtù fantastica, et hà licenza di porre insieme cose con qual che verisimilitudine, che per altro non potriano congiungere, e ch'ella di piu hà ottenuto privilegio sopra il potere della natura d'aggiungere tempi già molto prima passati al p.nte, et spesse volte d'accozzare i tempi, che sono stati molti secoli dopo con quelli, che sono scorsi già molti secoli prima, et che salva questa impossibilità; resa però verisimile da qualche artificio, sotto la coperta del l'anacronismo, ch'è una licenza di abusare senza biasimo delle diversità de i tempi in uno istesso momento." Zitiert nach: Turner: Ferrante Carlo's descrittione (s. Anm. 21), S. 323.

24 Vgl. Lindemann: Bilder vom Himmel (s. Anm. 14), S. 94–97; Hecht: Die Glorie (s. Anm. 14), S. 249–253 u. 304–308.

> nem solchen Ausschnitt enthülle, wie ihn die gemalte Vision in dieser Kuppel darstellt.[25]

Der von Carlo entworfene Fiktionsrahmen wies die gemalte Szenerie im Kuppelraum als Komplement von sakralen Handlungsvollzügen im Inneren des Kirchenraums aus: Liturgie, Chorgebet, Andacht. Präzise wurden diese Vorgänge in der räumlichen Struktur der Kirche verankert, wurden die horizontale Binnentopographie von Laienraum, Altarraum und Mönchschor und die vertikale Achse zwischen den auf dem Kirchenboden stehenden Besuchern und den oben schwebenden Akteuren des Freskos aufgerufen.

Der gemalte Himmel wurde dabei als Ergebnis einer Staffelung von Akten imaginärer Bildproduktion ausgegeben, die zwischen menschlicher Phantasie und göttlicher Revelation changieren: Der Künstler entwarf das Fresko, indem er die Himmels-Imagination der Gläubigen imaginierte, aber auch die Erleuchtung des menschlichen Auges durch einen Vorgang der himmlischen Offenbarung. Gerade wenn man die Passage ungekürzt liest, tritt die Vagheit der Rahmenhandlung hervor, bei der sich unterschiedliche Projektionsrichtungen überkreuzen. Inwiefern die dargestellte Szene als Himmelsbild und wie weit sie als Himmelsöffnung verstanden werden sollte, blieb ein Stück weit in der Schwebe.

Die „dipinta visione", von der Carlo sprach, verstehe ich als das Schlüsselkonzept, welches das gesamte Spektrum der fiktionalen Rahmenhandlung umgreift. In Visionen verschränkten sich subjektive und transzendente Anteile, äußeres und inneres Sehen, Historizität und Aktualität. Ihre Basis waren frühneuzeitliche Konzepte der Imagination als eines Vermögens gemäldeähnlicher Bildschöpfung, die von innen wie von außen gesteuert sein konnte (**Abb. 13**).[26] Genau darin überschnitten sie sich mit zentralen kunsttheoretischen Axiomen, die neben den Eigenanteilen der menschli-

---

25 Zitiert nach Turner: Ferrante Carlo's descrittione (s. Anm. 21), S. 324: „Onde s'imaginò il pittore, che, mentre i fideli assistono à i tremendi misterij del sacro altare, overo accompagnano con attentione le divote preghiere, che alle hore canoniche sono offerte nel Choro da quei divoti religiosi di Dio, ò taciti, e raccolti in se stressi contempl.no la propria miseria, gli aiuti del Cielo, le gratie della divina mano, e la gloria, che godono gli eletti con Dio, et è preparata à chi quà giú virtuosam.te operando à quella soprana beatitudine aspira, s'avviene, che tal hora innalzi gli stanchi lumi alla patria dei viventi venga dalla sua imaginatione propostali, ò rappresentata una tal vista delle cose di la sú, quale à punto si mira nell'aperto Cielo del nostro pittore effigiata; ò pure squarciandosi l'aria, et aprendosi il Cielo per lo benigno raggio del primo lume, che di là sú discende ad illustrare la debol vista mortale, venga à disvelarsi in cotal guisa à gli occhi de i divoti Oratori la gloria celeste, che una tal parte se li riveli, quale ne rappresenta la dipinta visione in questa Cupola."

26 Zu dem hier abgebildeten Stich von Hieronymus Wiericx II vgl. Hecht: Die Glorie (s. Anm. 14), S. 313.

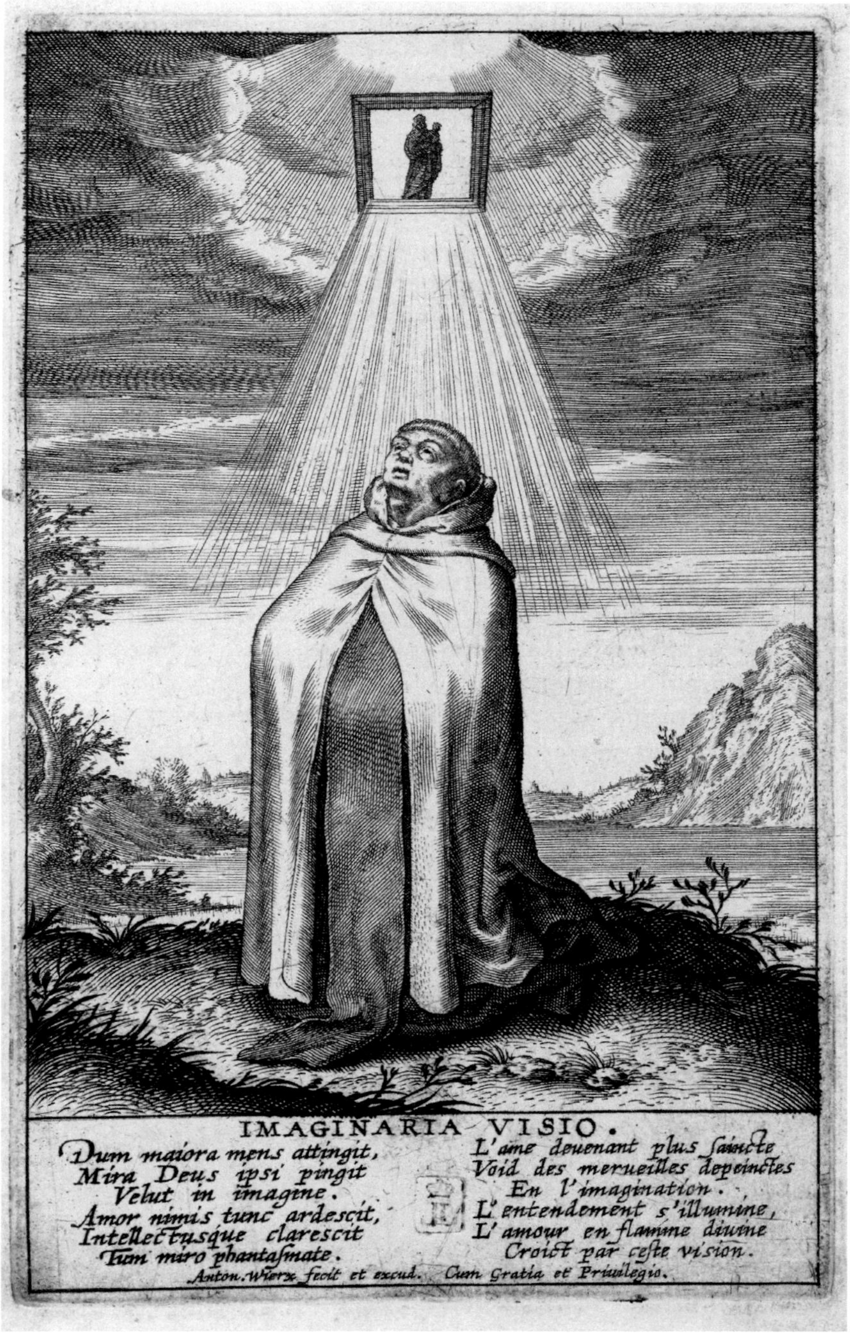

Abb. 13: Antoine Wiericx, Imaginaria Visio, Kupferstich, um 1591, Bibliothèque Royale, Cabinet d'Estampes, Brüssel

chen Imagination von „göttlichen“ Impulsen der Inspiration und Begnadung ausgingen.[27] Ebenso deutlich wie diese Engführung arbeitete Carlos Text das Angebot an den Betrachter heraus, in die Rolle des vom Künstler imaginierten Visionärs zu schlüpfen, der in der Kirche betet und meditiert.[28]

5. Transformationen: Visionen in der Vertikale

Die Visionärsrolle des Betrachters in barocken Kirchenräumen ist nicht denkbar ohne einen längeren Prozess der Transformation von Visionsdarstellungen zwischen spätem Mittelalter und Früher Neuzeit. Frühe Etappen dieses Prozesses waren Experimente, den eigentümlichen Sehmodus der visionären Offenbarung über spektakuläre Verschiebungen des Betrachterstandpunkts anschaulich zu machen und den Betrachter an regelrechten Himmelsreisen teilnehmen zu lassen.[29] Beispielhaft für das Interesse, Visionäre in eine Region jenseits der Fixsternsphäre zu katapultieren, ist ein Tafelbild des mittleren 15. Jahrhunderts mit der Darstellung einer Himmelsvision Francesca Romanas (**Abb. 14**).[30] Die auf Goldgrund gemalte Begegnung Francescas mit der Gottesmutter und dem Christuskind, das sie mit ihren Händen tragen durfte, wurde durch die vertikale Schichtung von dunkleren Himmelssphären und der winzig klein ins Bild ragenden Erd-

27 Vgl. Maria Ruvoldt: The Italian Renaissance Imagery of Inspiration. Metaphors of Sex, Sleep and Dreams, Cambridge u. a. 2004; Olivier Bonfait: „Ingegno divino“ o „beauté du génie“? Bellori, Félibien e il „super-artist“ nel Seicento, in: Elisabeth Oy-Marra, Marieke von Bernstorff, Henry Keazor (Hrsg.): Begrifflichkeit, Konzepte, Definitionen. Schreiben über Kunst und ihre Medien in Giovan Pietro Belloris „Viten“ und der Kunstliteratur der Frühen Neuzeit, Wiesbaden 2014, S. 105–125.

28 Eine solche Untersuchung der Semantik und des impliziten Handlungsrahmens der malerischen Fiktion bietet Möglichkeiten, das traditionelle Paradigma semantisch neutral und statisch aufgefasster „Realitäts-“ bzw. „Fiktionsebenen“ barocker Deckenbilder zu überwinden. Vgl. etwa Karl Möseneder: Bild und Rahmen. Kategorien barocker Stuckdekoration, in: Max Seidel (Hrsg.): L'Europa e l'arte italiana. Per i cento anni dalla fondazione del Kunsthistorisches Institut in Florenz, Venedig 2000, S. 435–450; Karl Möseneder: Correggios Synthese. Zu einem Bild. und Rahmensystem der Renaissance und des Barock, in: Jürgen Putsche (Hrsg.): Stuck des 17. und 18. Jahrhunderts. Geschichte – Technik – Erhaltung, München 2010, S. 62–71.

29 In diesem Sinne stehen sie im Spektrum der Möglichkeiten für die Option der „Simulation“, vgl. David Ganz: Medien der Offenbarung. Visionsdarstellungen im Mittelalter, Berlin 2008.

30 Vgl. Kristin Böse: Gemalte Heiligkeit. Bilderzählungen neuer Heiliger in der italienischen Kunst des 14. und 15. Jahrhunderts, Studien zur internationalen Architektur- und Kunstgeschichte 61, Petersberg 2008, S. 24–28.

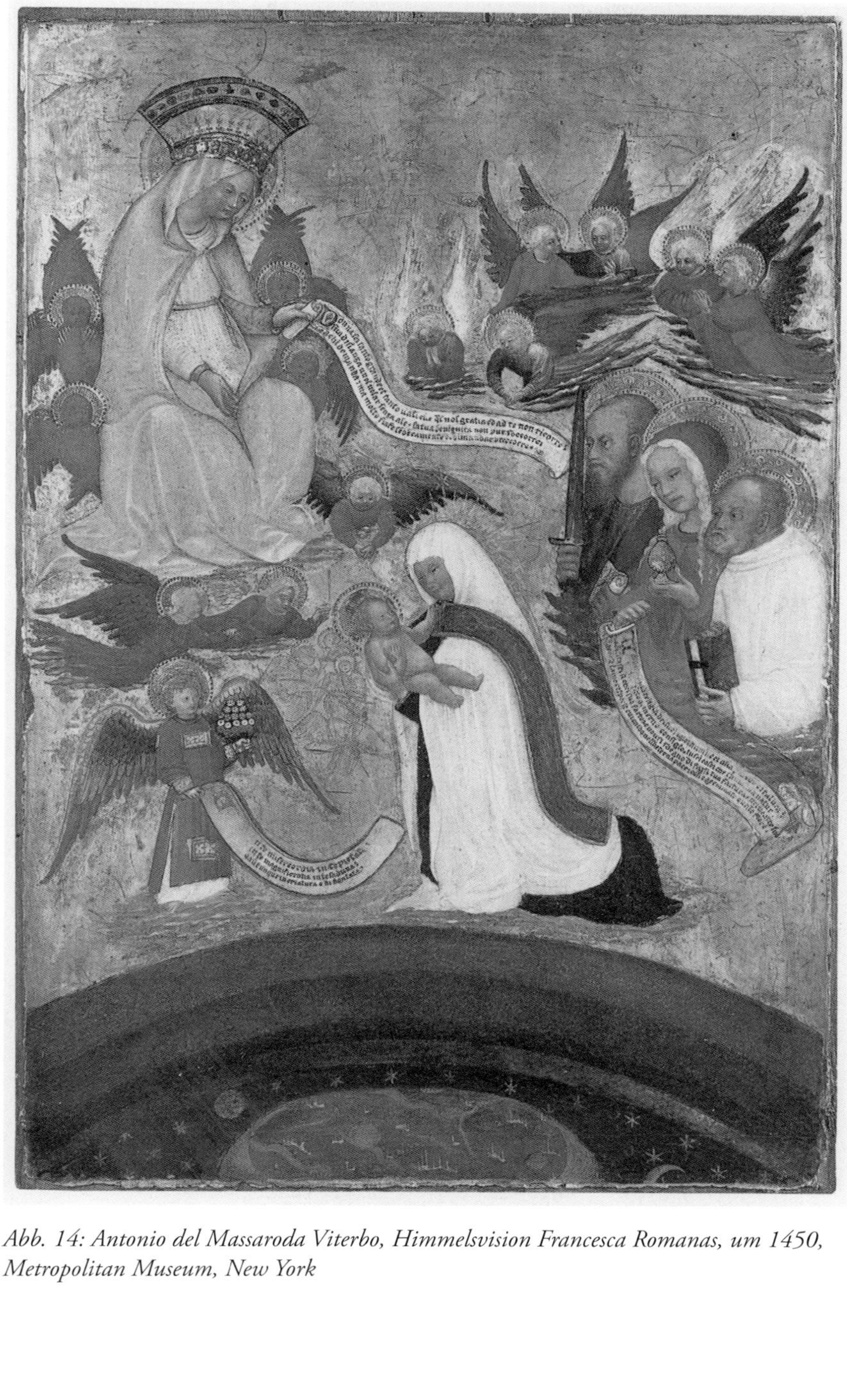

Abb. 14: Antonio del Massaroda Viterbo, Himmelsvision Francesca Romanas, um 1450, Metropolitan Museum, New York

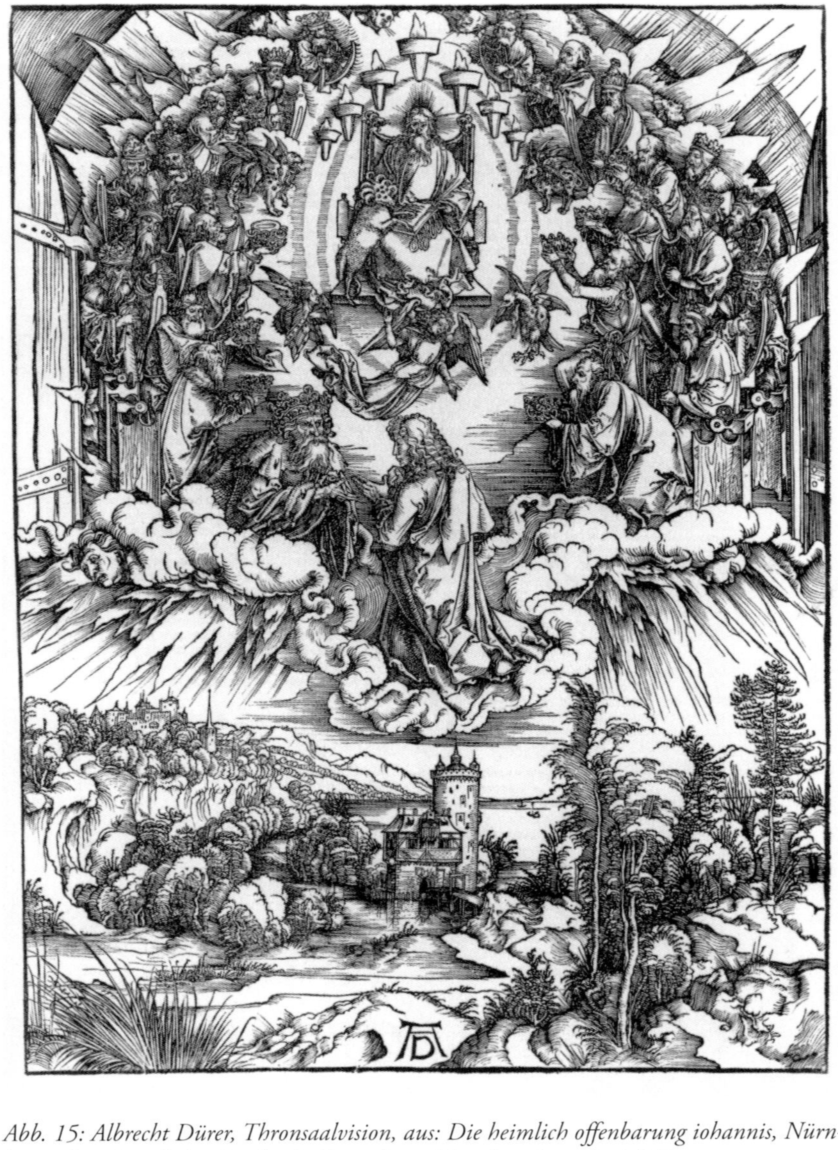

Abb. 15: Albrecht Dürer, Thronsaalvision, aus: Die heimlich offenbarung iohannis, Nürnberg 1498, Staatliche Graphische Sammlung, München: Inv. Nr. 14001

kugel im *coelum empyreum* lokalisiert. Maria, ein Engel und Maria Magdalena halten Spruchbänder mit Zitaten aus dem 33. Gesang von Dantes Paradies.[31] Der visionäre Aufstieg Francescas in den Heiligenhimmel wurde so mit der maßgeblichen literarischen Referenz spätmittelalterlicher Himmelsimagination verknüpft.

Um die Wende vom 15. zum 16. Jahrhundert demonstrierte Albrecht Dürer (1471–1528) in seiner Holzschnitt-Apokalypse, wie sich das alte Thema der Himmelsschau des Johannes in eine Fahrt durch alle Höhen und Tiefen des Kosmos verwandeln ließ (**Abb. 15**).[32] Die Betrachter dieser Blätter waren mit einem stetigen Wechsel von Nah- und Fernsicht, Auf- und Herabblicken konfrontiert. Durch dynamische Wolken- und Wetterphänomene gewann diese bildlich vermittelte Himmelsschau eine eigene empirische Evidenz. Vielfach verschwand dabei die Figur des Johannes im Off des Bildes, so dass die Betrachter sich vorstellen konnten, selbst die Position des Visionärs einzunehmen.

Gegen dieses Spiel mit variablen Perspektiven und einer fiktiven Immersion in jenseitige Himmelsräume etablierten Künstler wie Raffael mit der „Madonna di Foligno" (1511–1512, **Abb. 16**) und Tizian († 1576) mit der „Assunta" (1516–1518) ein bald schon kanonisches Formular frühneuzeitlicher Visionsmalerei, das auf einer „Vertikalisierung der Theophanieerfahrung" basierte. Victor Stoichita spricht von einer Matrix der „Bildverdoppelung", die auf eine „Thematisierung des Sehens", auf eine „Inszenierung des ‚Bildes'", eine „Darstellung der ‚Darstellung'" abzielt.[33] Dabei wurde das oben lokalisierte Visionsbild einem anderen Raum zugewiesen: einem Raum entschwerten Schwebens und Fliegens, einem Raum goldenen Himmelslichts, einem Raum der Wolken, die als Rahmen, fliegende Podeste und als Material für die Formung von Bildkörpern dienten.[34] Die Visionäre wurden im Blick von unten nach oben zu Betrachtern eines göttlichen Bildes.

---

31 Vgl. Böse: Gemalte Heiligkeit (s. Anm. 30), S. 203, K.1.3. Die Texte der Spruchbänder sind zu einem späteren Zeitpunkt erneuert worden, das Spruchband des Christuskindes wurde farbig übermalt. Deshalb ist umstritten, ob die Dante-Zitate ursprünglich sind.

32 Vgl. Michael Camille: Visionary Perception and Images of the Apocalypse in the Later Middle Ages, in: Richard K. Emmerson, Bernard McGinn (Hrsg.): The Apocalypse in the Middle Ages, Ithaca–London 1992, S. 276–289, hier S. 286 f.

33 Vgl. Victor I. Stoichita: Das mystische Auge. Vision und Malerei im Spanien des Goldenen Zeitalters, übers. von Andreas Knop, Bild und Text, München 1997, S. 29–32.

34 Zu den Wolkenelementen vgl. Hubert Damisch: Théorie du /nuage/. Pour une histoire de la peinture, Paris 1972, S. 61–73; John Shearman: Raphael's Clouds and Correggio's, in: Micaela Sambucco Hamoud, Maria Luisa Strocchi (Hrsg.): Studi su Raffaello. Atti del Congresso Internazionale di Studi Firenze-Urbino 1984, Urbino 1987, S. 657–668; Buccheri: The Spectacle of Clouds (s. Anm. 20), S. 57–70.

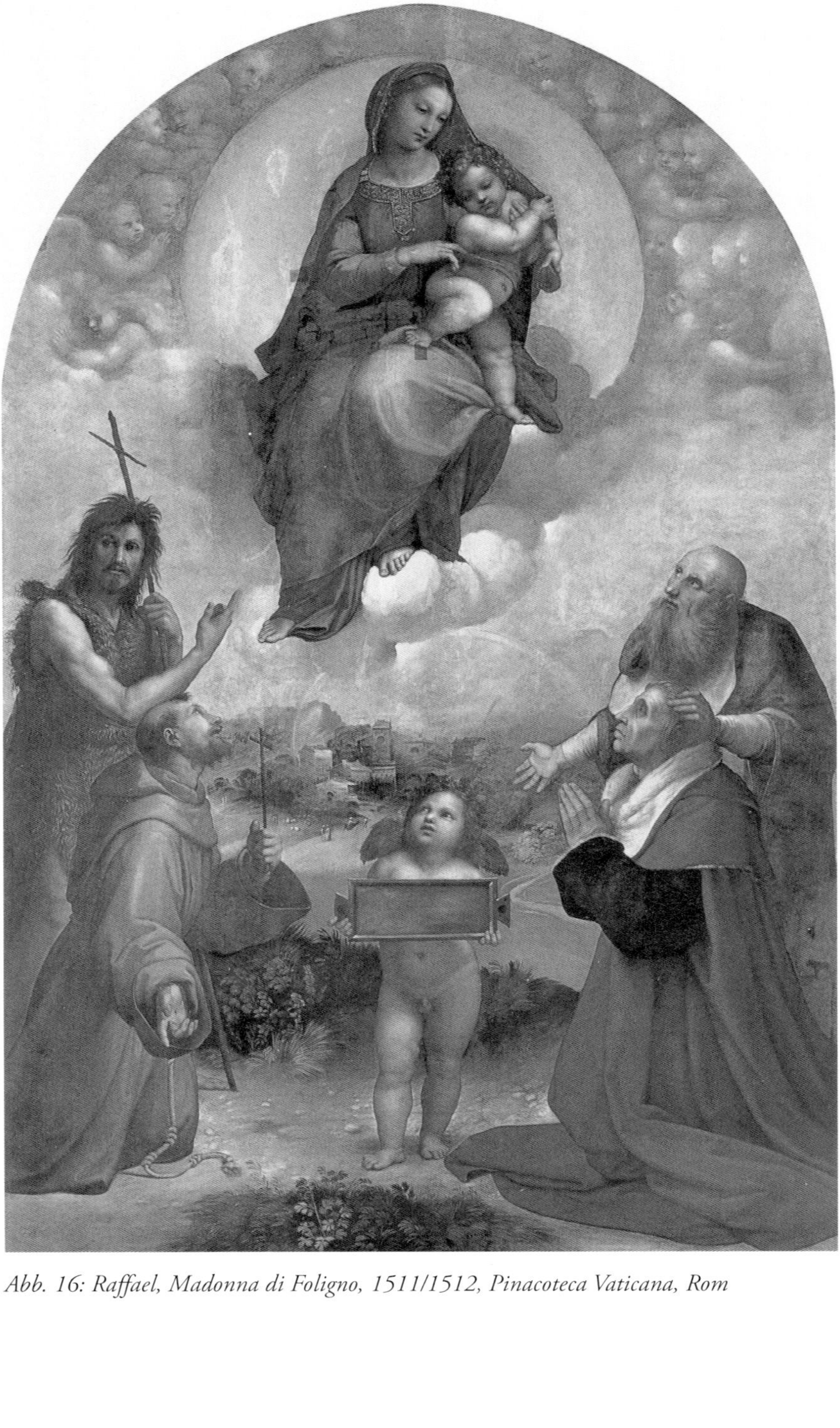

Abb. 16: Raffael, Madonna di Foligno, 1511/1512, Pinacoteca Vaticana, Rom

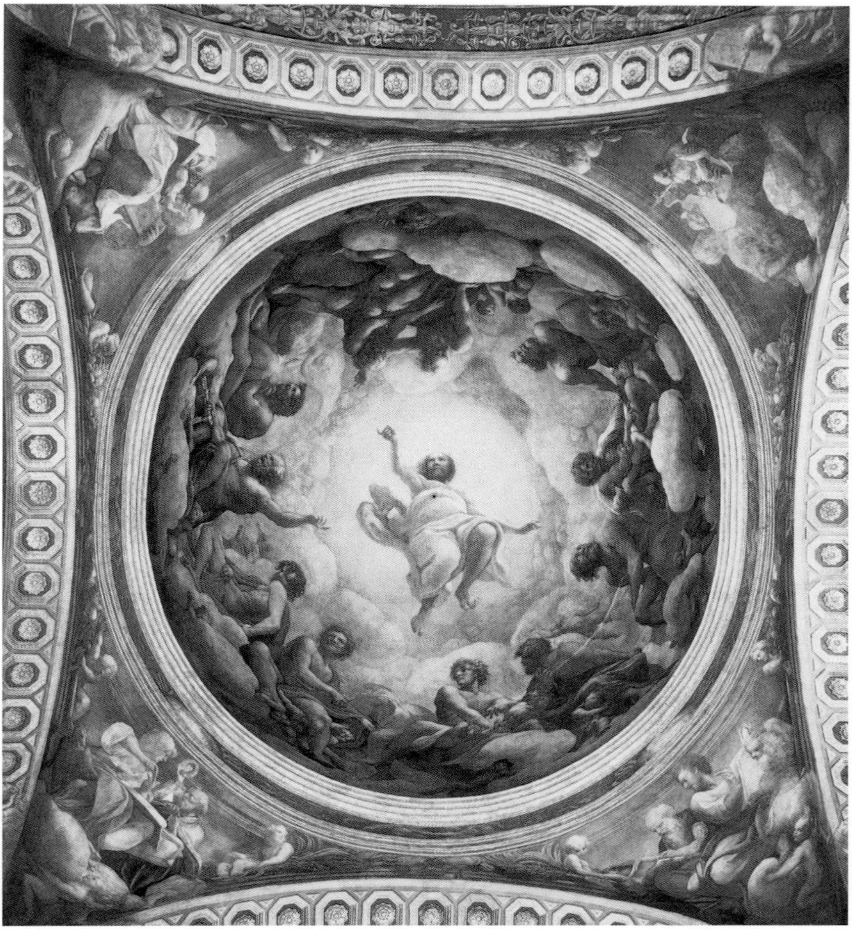

Abb. 17: Correggio, Christus und Apostel, Kuppelfresko in der Kirche San Giovanni Evangelista in Parma, 1520/1525

Correggio (1489–1534) war mit seinen Kuppelfresken in San Giovanni Evangelista (1520–1522, **Abb. 17** und **Farbtafel 12**) und im Dom von Parma (nach 1526, **Abb. 18** und **Farbtafel 13**) der erste, der diese „Vertikalisierung der Theophanieerfahrung" in den monumentalen Rahmen der Deckenmalerei übertrug.[35] In San Giovanni stattete er die Vision Christi unter den Aposteln mit den gleichen Attributen aus, die in den Altartafeln Raffaels und Tizians eine himmlische Erscheinung kennzeichneten. Aber nun waren es die Betrachter, die im Blick von unten nach oben zu Zeugen

35 Vgl. Carolyn Smyth: Correggio's Frescoes in Parma Cathedral, Princeton 1997; Hecht: Die Glorie (s. Anm. 14), S. 209–221.

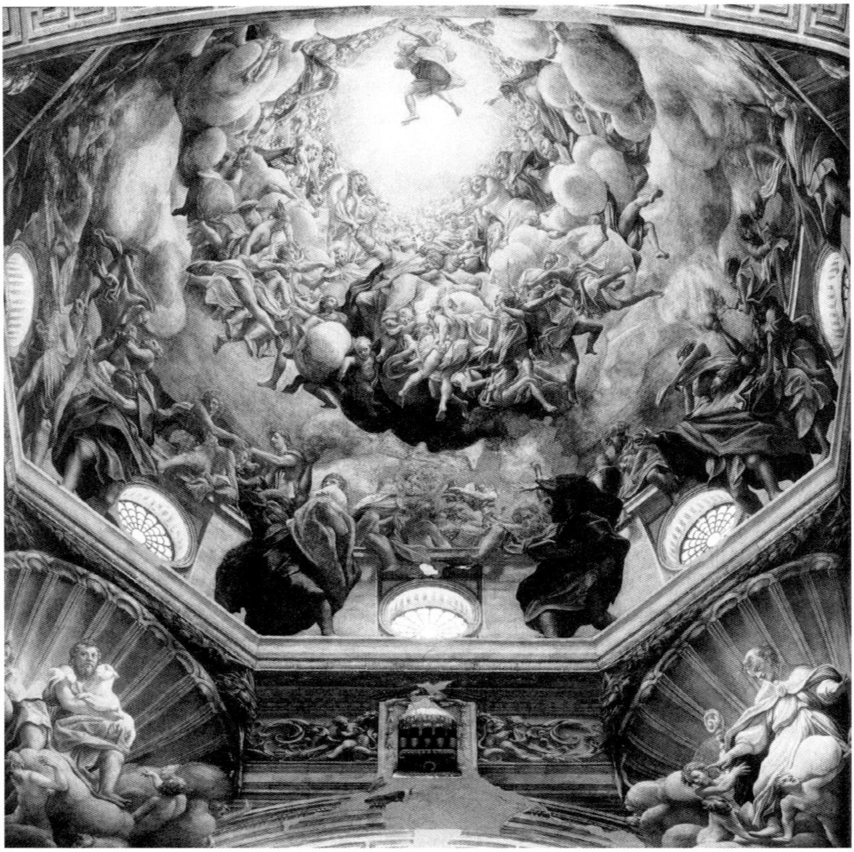

Abb. 18: Correggio, Himmelfahrt Mariens, Kuppelfresko im Dom Santa Maria in Parma, 1524/1530

dieser Vision wurden. Auf ähnliche Weise ließ Correggio die Kirchenbesucher in der Vierung des Doms zu Zeugen der Himmelfahrt Mariens werden, die die Apostel vom Kuppeltambour aus verfolgen. Wie John Shearman hervorhebt, spielt das Kuppelfresko mit der Fiktion, das Grab Mariens befinde sich in der Vierung des Doms.[36] Auch in San Giovanni war am Rande des Kuppelfreskos der nach oben blickende Visionär Johannes dargestellt. Sichtbar war diese Figur allerdings nur von Osten, so dass die von Westen sich nähernden Besucher den Eindruck einer sie ganz direkt adressierenden Vision gewinnen konnten.

36 Vgl. John Shearman: Correggio's Illusionism, in: Marisa Dalai Emiliani (Hrsg.): La prospettiva rinascimentale. Codificazioni e trasgressioni, Florenz 1980, S. 281–294, hier S. 291.

6. Ein visionäres Dispositiv

Rund ein Jahrhundert später bezog sich Lanfranco in Sant'Andrea della Valle unübersehbar auf Correggios Himmelfahrtsbild zurück. An einem entscheidenden Punkt modifizierte er jedoch dessen Bildkonzept: Indem er die bildinternen Betrachterfiguren der Apostel am Grab eliminierte, verschob er das Bildthema von einem körperlichen Vorgang (der leiblichen Aufnahme Mariens in den Himmel) zu einer Vision. Noch Domenichinos Johannesfigur im rechten Pendentiffeld vor dem Presbyterium spielte bei dieser Umdeutung mit: In seinem ekstatischen Aufblick trug der Evangelist ganz entscheidend dazu bei, die Assoziation des Visionären zu verstärken. Und auch er war ein auf Wolken eingeschwebter Akteur, ein Visionär innerhalb der Vision gewissermaßen (**Abb. 19**). Nicht zuletzt dieses Zusammenspiel zweier Bildregister verdeutlicht, dass in Sant'Andrea della Valle ein neuer Typus des visionären Himmelsbildes geschaffen wurde, der den Rahmen des Visionären im Sinne einer anachronistischen „dipinta visione" universell einsetzbar machte und in der barocken Deckenmalerei schnell Verbreitung finden sollte.

Der Raum der Himmelsvision war eine Sphäre des „Wolkigen", in dem Wolken mehr waren als eine Rahmenmarkierung um ein himmlisches Bild.[37] Zu Recht hat Hubert Damisch in seinem Buch *Theorie du nuage* in der Wolke einen Gegenpol zur Berechenbarkeit des zentralperspektivischen Raumes erkannt.[38] Schon bei Raffael und Tizian war die Kontingenz und Transformierbarkeit von Wolken ein wichtiges Merkmal der Differenz von Vision und Realität. Doch es wäre zu einfach, den gemalten Himmel der Kirchengewölbe allein als monumentale Variante eines breiteren Phänomens der Wolkenmalerei abzuhandeln.[39] Denn die Unbestimmtheit von Wolkenformationen verband sich hier mit einer Reihe rezeptionsästhetischer Faktoren zu einem umfassenden Dispositiv der gemalten Vision: der Untersicht (*sotto in su*) auf einem räumlich gekrümmten Bildträger, dem All-Over der Bildkomposition, dem Schwebezustand ohne festen Untergrund. Das Zusammenspiel dieser Merkmale verlieh dem gemalten Himmel der Kirchendecken eine bildtheoretische Sprengkraft, die auf eine Kontrastierung zur kunsttheoretisch favorisierten Bildform des Tafelbildes hinauslief und dessen Kanonizität zu untergraben drohte. Im letzten Abschnitt meines Beitrags möchte ich diese Faktoren kurz diskutieren.

Die Untersicht ist so etwas wie der Inbegriff der neuzeitlichen Deckenmalerei. In ihrer starken Verkürzung adressierten die Deckenbilder das Unten,

37 Vgl. dazu auch den Beitrag von Joseph Imorde in diesem Band, S. 333–361.

38 Vgl. Damisch: Theorie du /nuage/ (s. Anm. 34), S. 11–31 u. 61–73.

39 Dazu zuletzt Buccheri: The Spectacle of Clouds (s. Anm. 20).

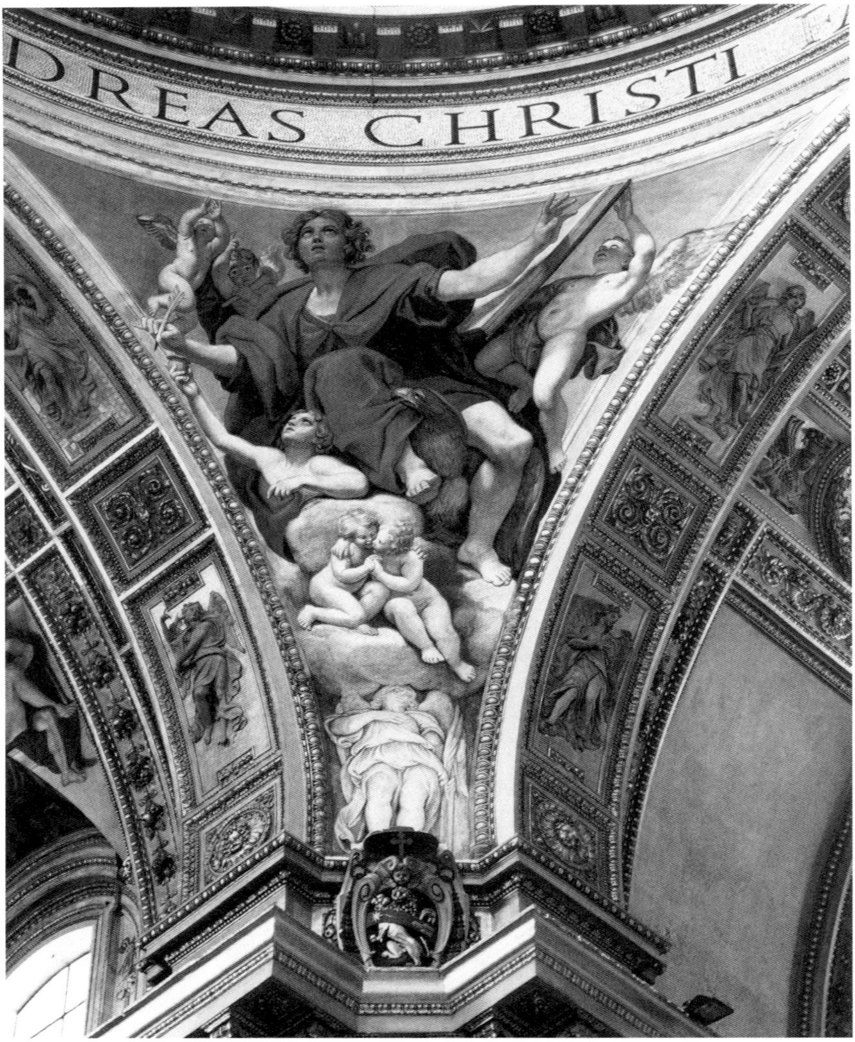

Abb. 19: Domenichino und Giovanni Lanfranco, Ausmalung der Pendentifs und der Kuppel in der römischen Kirche Sant'Andrea della Valle, 1625–1628

in dem sich die Betrachter aufhielten. Die deformierenden *scorci* rückten das gemalte Geschehen in die Gegenwart der Rezeptionssituation. Immer wieder wurden sie in der Kunstliteratur als Mittel gerühmt, die Oberfläche des Bildträgers zu durchstoßen – gerade wenn dieser eine sphärische Krümmung besaß.[40] Im späten 16. Jahrhundert lernten die Künstler, die Herausforderung der perspektivischen Darstellung auf gekrümmten Oberflächen durch anamorphotische Projektion der Bildebene in das Gewölbe hinein zu meistern.[41]

Glatte Illusionseffekte waren aber nicht das Ziel der gemalten Himmel. Denn die Maler verkürzten die Figuren in der Regel weit weniger konsequent als man es für einen nahezu vertikalen Blickwinkel erwarten würde. Diese Zurücknahme konnte den Fiktionsrahmen einer Himmelsvision noch verstärken: die Kirchenbesucher sollten sich nicht als voyeuristische Beobachter, sondern als Betrachter eines belebten „Bildes“ fühlen, das sich ihnen entgegenneigte und aktiv zeigte.[42] Auf der anderen Seite schaltete sich die sphärische Krümmung des Gewölbes bei einer Bewegung der Betrachter doch wieder in die Bildwahrnehmung ein. Je nachdem, von wo man zur Kirchendecke emporblickte, verschob sich die Wahrnehmung der Bildfläche erheblich. Die Plastizität des Bildträgers war ein Faktor, der Betrachter ihrer eigenen Aktivität bei der Betrachtung bewusst werden ließ.[43]

Ähnlich wie die Panoramen des 19. Jahrhunderts mussten die gemalten Himmel der Kuppeln und Kirchendecken immer in einer kreisenden Wanderung des Blicks erschlossen werden.[44] In Lanfrancos Bild verteilte sich die Ansammlung der Heiligen und Engel auf sämtliche Abschnitte des Kuppelrunds – „er [Lanfranco, Anm. d. Verf.] kümmerte sich nicht darum, den Bewohnern des himmlischen Jerusalem getrennte Orte oder Ränge zuzu-

40 Früh greifbar in Condivis Beschreibung der Jonas-Figur Michelangelos in der Sistina, vgl. Ascanio Condivi: Vita di Michelangnolo Buonarotti, Rom 1553 (Neuausgabe Mailand 1964), S. 28.

41 Thematisiert werden diese Verfahren bei Vignola-Danti (Le due regole della prospettiva pratica, Rom 1583), Ludovico Cigoli (Trattato pratico di prospettiva), Abraham Bosse (Moyen universel de pratiquer la perspective sur les tableaux ou surfaces irrégulières, Paris 1653) und später bei Andrea Pozzo: Pespectiva pictorum et architectorum, 2 Bde., Rom 1693–1700. Vgl. Ingrid Sjöström: Quadratura. Studies in Italian Ceiling Painting, Stockholm Studies in the History of Art 30, Stockholm 1978, S. 43.

42 Zu diesem Argument vgl. Ganz: Barocke Bilderbauten (s. Anm. 16), S. 73–77.

43 Pozzos Langhausfresko in Sant'Ignazio, an dem diese Frage üblicherweise diskutiert wird, ist so gesehen nur eine Forcierung allgemeinerer Merkmale des Dispositivs. Vgl. Jasmin Mersmann: „In una occhiata“. Das Ideal des Einen Blicks von Einem Punkt, in: Matthias Bleyl, Pascal Dubourg Glatigny (Hrsg.): Quadratura. Geschichte, Theorie, Technik, Berlin 2011, S. 223–236.

44 Vgl. Stephan Oettermann: Das Panorama. Geschichte eines Massenmediums, Frankfurt a.M. 1980.

weisen".[45] Ein Überblicken des gesamten Bildes von einem Standpunkt war schon aus diesem Grund nicht möglich. Die traditionelle Beschreibung, die „nur" von einem untersichtigen Blickwinkel spricht, ist daher irreführend. Die Rezeptionsform der Himmelsbilder war immer schon eine kinästhetische oder peripatetische.[46]

Für Irritationen – und diesen Fall gab es weder beim Tafelbild noch beim Panorama – musste auch die Achsenverschiebung der Akteure sorgen: Der gemalte Himmel war ein Raum, dessen Bewohner aus der Perspektive der Betrachter teilweise auf dem Kopf standen. Die Körper der Vision begegneten den Kirchenbesuchern in Kongruenz und in Inversion ihrer eigenen Körperachse.[47] Die rezeptionsästhetische Irritation des Neben- und Übereinanders von unterschiedlichen Körpern steigerte sich noch durch den Schwebezustand des Bildpersonals und das Fehlen einer gemeinsamen Standfläche. Die Hinterlegung mit den veränderlichen Volumen der Wolken grundierte die Versammlung des himmlischen Personals mit räumlicher Unschärfe.

Die gemalte Vision der barocken Himmelsbilder verband die Darstellung eines visionär geoffenbarten Himmels mit eigenen Modalitäten von Zeit und Handlung, die zu den präzise vorhersagbaren Kreisbewegungen der Gestirne in scharfem Gegensatz standen. Statt auf die Berechenbarkeit des Diagramms setzten die Himmelsbilder auf die Unberechenbarkeit des Visionären. Den Himmelsbildern fehlte hier aber auch jene Kontrollierbarkeit durch den Blick des Betrachters, die die Normen der zeitgenössischen Kunsttheorie vom Maler einer *historia* forderten, ihr Modus war derjenige eines Könnte-Seins, den Carlo mit Begriffen wie „verisimile" charakterisierte. Der Malerei wurden hier all jene Koordinaten entzogen, die im System der albertianischen Historia als Voraussetzung für die Lesbarkeit des gemalten Vorgangs galten. Die gemalten Himmelsvisionen der barocken Deckenmalerei erinnerten eher an das, was Alberti als tumultuöse Histo-

45 Zitiert nach Turner: Ferrante Carlo's descrittione (s. Anm. 21), S. 124. „non si è curato di asseguar luoghi, ò distinguer ordini trà quei si bei distinti et ordinati Cittadini di Gerusalemme empirea."

46 Vgl. David Ganz, Stefan Neuner (Hrsg.): Mobile Eyes. Peripatetisches Sehen in den Bildkulturen der Vormoderne, eikones, München u. a. 2013.

47 Man kann hier zurückkommen auf die phänomenologischen Überlegungen, die Wolfgang Schöne in seinem berühmten Aufsatz zur Schrägsicht in der barocken Deckenmalerei anstellte: Schöne machte dort darauf aufmerksam, dass die Anbringung figürlicher Bilder an der Decke zu Verschiebungen des achsialen Koordinatensystems der Bildwahrnehmung führt, zu einer Zunahme von Richtungsindetermination in der Zuordnung von Links, Rechts, Vorne und Hinten. Vgl. Wolfgang Schöne: Zur Bedeutung der Schrägsicht für die Deckenmalerei des Barock, in: Martin Gosebruch, Werner Gross (Hrsg.): Festschrift Kurt Badt, Berlin 1961, S. 144–172.

ria tadelte: „So kann ich diejenigen Maler nicht gut finden, die […] sich an keine Komposition halten, sondern ungeordnet und zügellos alles verstreuen, mit dem Ergebnis, dass der Vorgang nicht eine Handlung darzustellen, sondern sich in Aufruhr zu befinden erscheint [sed tumultare historia videtur]."[48]

48 „Improbo quidem eos pictores, qui quo videri copiosi […] eo nullam sequuntur compositionem sed confuse et dissolute omnia disseminant, ex quo non rem agere sed tumultuare historia videtur." Zitiert nach Leon Battista Alberti: De Statua. De Pictura. Elementa Picturae, hrsg. von Oskar Bätschmann und Christoph Schäublin, Darmstadt 2000, S. 266f.

Christian Hecht

Das Licht der sakralen Himmelsikonographie

1624 stiftete der Zuger Alt-Ammann Konrad Zur Lauben (1571–1629) eine Wappenscheibe in den Kreuzgang von Kloster Muri (**Abb. 1** und **Farbtafel 14**).[1] Die Darstellung, die der bedeutende Zuger Glasmaler Christoph Brandenberg schuf, greift auf gefestigte, übliche Ikonographien zurück. Rechts und links unten sieht man die Personifikationen von Gesetz und Friede. Das zentrale Wappen wird begleitet von den Personifikationen der Geduld und der Liebe. Im obersten Bereich erscheint in der Mitte Christus und zwar als gekrönter Schmerzensmann, der aber wie der Weltenrichter auf der Weltkugel thront, um die sich noch die besiegte Satansschlange herumlegt. Die Assoziation an ein Weltgericht wird noch verstärkt, weil der obere Teil des ovalen Schriftbandes an den Regenbogen des Weltgerichts erinnert. Tatsächlich ist aber nicht das allgemeine Gericht gemeint, sondern die individuelle Erlösung, denn Christus zieht mit der linken Hand eine einzelne kindsgestaltige unbekleidete Seele zu sich heran, zweifellos ist es Konrad Zur Lauben selbst. Diese Darstellung der Erlösung erklärt auch das gewählte Bildformular des Schmerzensmannes, der hier als der Christus zu verstehen ist, der immer wieder in der Messe geopfert wird bzw. sich selbst opfert.[2] Das unblutige Opfer auf dem Altar wiederholt das Erlösungsopfer auf Golgatha, durch das Satan besiegt wurde und das nunmehr auch die Erlösung des Stifters bewirken kann, also den Eingang der Seele des Toten in die himmlische Herrlichkeit. „O CONCEDE FINEM BONVM QVOD EST SVPER OM[N]E DONVM“,[3] so lautet die Inschrift oberhalb des Wappens. Darüber liest man als Bezeichnung der himmlischen Herrlichkeit die Worte „SVMMA RERVM“. Um das Katholische der Ikonographie noch deutlicher hervortreten zu lassen, erscheinen neben Christus noch ei-

1 Rolf Hasler: Glasmalerei im Kanton Aargau, Bd. 3: Kreuzgang von Muri, Corpus Vitrearum. Neuzeit 2, [Buchs] 2002, S. 188 f. (Scheibe Süd II a).

2 Vgl. Christian Hecht: Von der Imago Pietatis zur Gregorsmesse. Ikonographie der Eucharistie vom hohen Mittelalter bis zur Epoche des Humanismus, in: Römisches Jahrbuch für Kunstgeschichte 36 (2006), S. 25–44.

3 Es handelt sich um ein Zitat aus einem mittelalterlichen Marienlied, das gelegentlich dem Heiligen Bonaventura zugeschrieben wurde. Die betreffende Passage richtet sich schon in diesem Text eindeutig an Christus selbst. Abgedr. z. B. bei Philipp Wackernagel: Das deutsche Kirchenlied von der ältesten Zeit bis zu Anfang des XVII. Jahrhunderts, Bd. 1, Leipzig 1864, S. 142 f., hier S. 142 (Nr. 229).

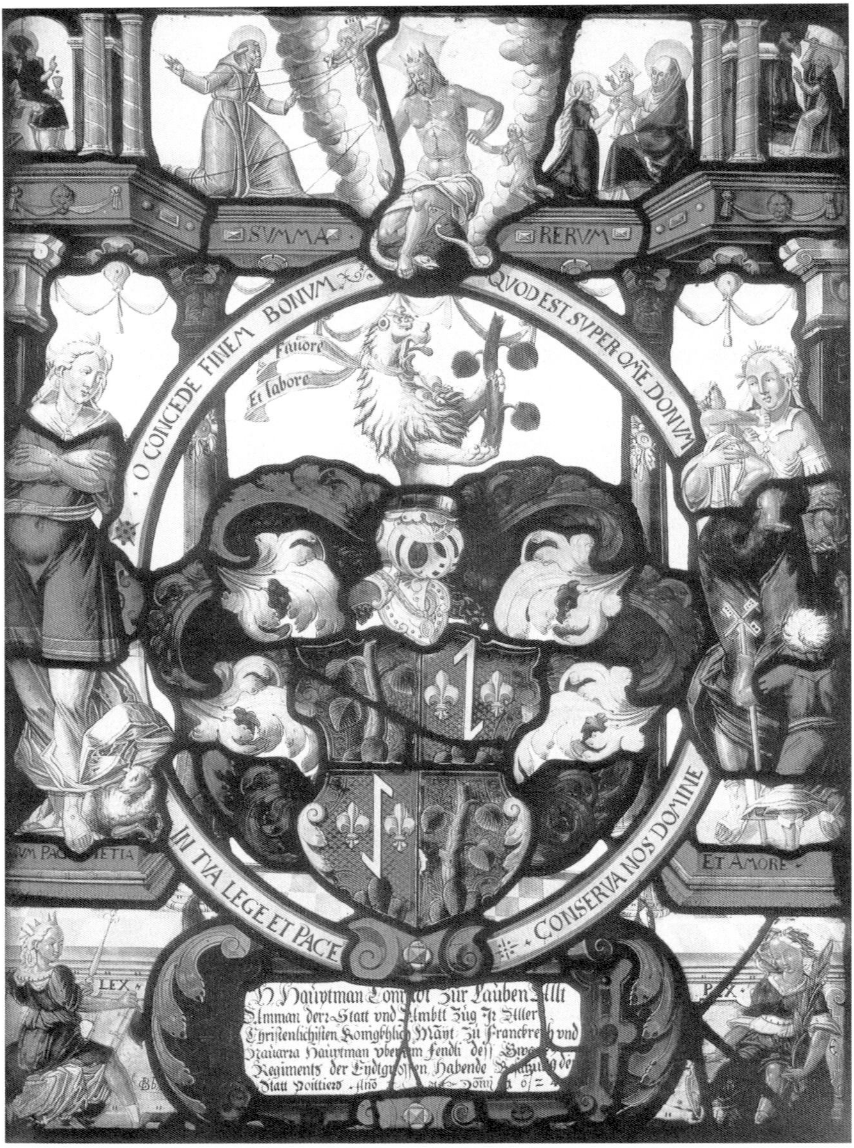

Abb. 1: Christoph Brandenberg, Wappenscheibe für Konrad Zur Lauben, 1624, Kloster Muri, Kreuzgang (Scheibe Süd II a)

nige Heilige, die auf protestantischer Seite besonders wenig geschätzt wurden. Am auffälligsten ist der Heilige Franziskus, dessen Stigmatisation mit der zentralen Christusdarstellung verbunden ist, weil das Seraphskreuz, von dem der Heilige die Wundmale empfängt, dasselbe Kreuz ist, das Christus als Schmerzensmann trägt. Franziskus wird hier vermutlich auf der höherrangigen rechten Seite Christi gezeigt, weil er wirklich als „alter Christus" verstanden wird. Zur Linken Christi erscheint die Heilige Anna, begleitet von Maria und dem Christuskind. In den kleinen ädikulaartigen Architekturen, jeweils rechts und links außen, sieht man noch den Heiligen Konrad von Konstanz, als Bistumspatron, und den heiligen Einsiedler Beatus, der als Apostel der Schweiz verehrt wurde.

Ein Element ist bis jetzt noch nicht benannt: die wolkenbegrenzte Lichtglorie, die Christus umgibt. Angesichts der differenzierten Ikonographie, die in ihrer ausdrücklich katholischen Ausrichtung für Muri typisch ist, darf man sich fragen, ob diese – frühneuzeitliche – Lichterscheinung eine spezielle Bedeutung besitzt oder ob sie nur eine besondere Form des seit der Antike gebräuchlichen Nimbus ist.

Es ist zumindest in diesem Fall und einigen anderen das Thema selbst, das gewisse Aufschlüsse geben kann, gezeigt wird ja die Erlösung einer einzelnen Seele. Zum Vergleich sei auf Tizians berühmte ‚Gloria' verwiesen, die bekanntermaßen die Aufnahme der Seele des Kaisers in den Himmel zeigt.[4] Erwähnt sei auch das Mittelbild[5] von El Grecos Modeneser Triptychon, entstanden gegen 1569. Gezeigt wird hier die Errettung einer einzelnen Seele, gemeint ist allerdings nicht eine konkrete Person, sondern offensichtlich die Kollektivpersönlichkeit des ‚miles christianus'. El Greco orientiert sich für die Hauptgruppe an einer venezianischen Druckgraphik, die nach einer Vorzeichnung[6] des Giovanni Battista Franco, genannt Semolei, geschaffen wurde und die als Titelblatt vieler Ausgaben der sonn- und festtäglichen Episteln und Evangelien weite Verbreitung erreichte. Gezeigt wird auch hier die ‚Aufnahme der Seele in die himmlische Glorie', wie man es auf der Scheibe des Konrad Zur Lauben sieht. Es handelt sich also nicht um ein seltenes oder unverständliches Thema, sondern um eine Ikonographie, die man als dezidiert katholisch wahrnehmen konnte. Nicht zuletzt darum ging es in Muri.

---

4 Vgl. Christian Hecht: Die Glorie. Begriff, Thema, Bildelement in der europäischen Sakralkunst vom Mittelalter bis zum Ausgang des Barock, Regensburg 2003, S. 196–207 u. ö. – Der vorliegende Aufsatz geht in einigen Teilen auf diese Arbeit zurück.

5 Modena, Galleria Estense. Vgl. Harold E. Wethey: El Greco, Princeton 1962, Bd. 2, S. 198–200 (Nr. X-154).

6 Vgl. bes. José Álvarez Lopera: Allegory of the Coronation of the Christian Knight, in: ders. (Hrsg.): El Greco. Identity and Transformation. Crete. Italy. Spain, Ausst.-Kat. Madrid, Rom und Athen, Mailand 1999, S. 354 f. (Kat. Nr. 6. 5).

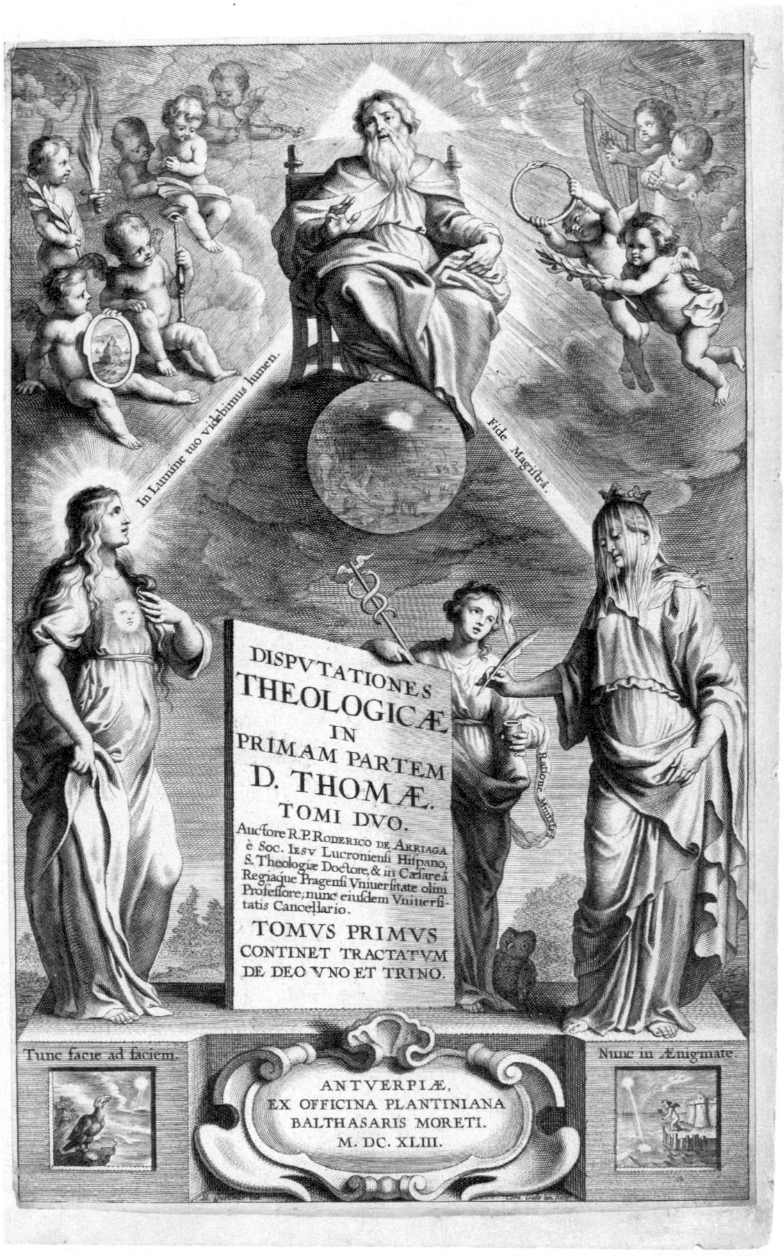

Abb. 2: Cornelius Galle nach Erasmus Quellinus, Titelkupfer zu Roderigo de Arriaga SJ: Dispvtationes Theologicae In Primam Partem D. Thomae Tomi Dvo […], Antwerpen: Plantin-Moretus 1643

Das Thema ist allerdings heute nicht mehr so leicht zugänglich wie 1624. Diese Tatsache hat mit der hier gemeinten Erlösungstheologie zu tun, speziell mit dem Begriff des Glorienlichts, des ‚lumen gloriae',[7] das zwar Licht heißt und als solches gezeigt werden kann, das aber nicht im eigentlichen Sinn Licht ist, sondern die von Gott geschenkte Fähigkeit, Gott auf übernatürlich Weise wahrzunehmen, zu ‚sehen'.

Will man die Sache deutlicher charakterisieren, ist es nötig, einige wichtige eschatologische Aussagen der scholastischen Theologie zu bedenken, wie sie beispielsweise auf dem Titelblatt von Rodrigo de Arriagas Kommentar zum ersten Teil der Summa des Heiligen Thomas verbildlicht werden (**Abb. 2**). Das Buch ist 1643 bei Plantin-Moretus in Antwerpen erschienen, der von Erasmus Quellinus entworfene Stich stammt von Cornelius Galle.[8] Die Bildlösung ist natürlich stark von Rubens abhängig. Das Titelkupfer ist inhaltlich zentriert in der Gestalt Gottes, der über der Weltkugel thront, umgeben von Engeln, die verschiedene Attribute in den Händen halten, bezogen auf die göttlichen Eigenschaften. Wie der Dreiecksnimbus zeigt, ist nicht einfach die erste göttliche Person gemeint, sondern letztlich die gesamte Trinität. Unter der Darstellung Gottes befindet sich die Tafel mit dem Buchtitel. Er wurde gerade von der rechts stehenden Personifikation geschrieben, die noch die Feder in der Hand hält. Es ist die Theologie, die als erste der vier Fakultäten mit einer Krone geschmückt ist. Ihre weiteren Attribute kennzeichnen sie als eine geschöpfliche Wissenschaft, denn der durchsichtige Schleier über ihrem Kopf kommt sowohl der ‚anima rationalis' zu als auch der Fides, schreibt sie doch „Fide magistra", während ihr die Philosophie dienend die Tinte reicht – ‚Ratione ministra'. So besagen es die beigegebenen Inschriften. Die Theologie sieht nur „Nunc in Aenigmate", so wie der geflügelte Putto im Emblem unter ihr die Sonne nicht direkt anschauen kann, sondern nur als Widerspiegelung im Wasser. Anders die auf der linken Seite stehende Veritas. Sie gehört schon dem überirdischen Bereich an und kann deshalb Gott direkt sehen. Unten sieht man daher in einer weiteren emblematischen Darstellung den Adler, der bekanntlich in die Sonne schauen kann, ohne zu erblinden. Die Inschrift lautet: „Tunc facie ad faciem". Es handelt sich um zwei Zitate aus dem ersten Korintherbrief: „Videmus nunc per speculum in enigmate, tunc autem facie ad faciem; nunc cognosco ex parte, tunc autem cognoscam sicut et cognitus sum." – „Wir sehen jetzt durch einen Spiegel ein Rätsel, dereinst aber von

7 Hecht: Die Glorie (s. Anm. 4), S. 31–34 u. ö.

8 Roderigo de Arriaga SJ: Dispvtationes Theologicae In Primam Partem D. Thomae Tomi Dvo […], Antwerpen 1643. Vgl. J. Richard Judson, Carl van de Velde: Book Illustrations and Title-Pages, Corpus Rubenianum Ludwig Burchard XXI, Bd. 1, London–Philadelphia 1978, S. 71.

Angesicht zu Angesicht. Jetzt erkenne ich stückweise, dann aber werde ich [vollkommen] erkennen, wie auch ich erkannt worden bin".

Die auf dem Kupfertitel gezeigte Veritas ist in erster Linie als göttliche Eigenschaft zu verstehen, dennoch wird sie im Bild notwendigerweise mit menschlichen Charakteristika gezeigt, d. h. sie wird gewissermaßen akzidentiell mit göttlichem Licht ausgestattet. Sie strahlt also selbst und trägt außerdem das göttliche Licht in Sonnengestalt auf oder eigentlich im Herzen. Wie gleich noch genauer zu erläutern ist, ist dieses Licht zu verstehen als die Möglichkeit, das göttliche Licht wahrzunehmen, so wie es der Psalm sagt: „in lumine tuo videbimus lumen" (Ps 35, 10 Vulgata), Thomas von Aquin und mit ihm die klassische Theologie prägte aus diesem Vers den Begriff ‚lumen gloriae' – ‚Glorienlicht', gemeint ist die Fähigkeit zur Gottesschau. Genau dieses ‚lumen gloriae' wird im Stich thematisiert.

Der Kupfertitel verbildlicht also zentrale Punkte der katholischen Eschatologie, die das ewige Heil des Menschen wesentlich als Erkenntnis und Schau Gottes versteht. Wie die *Summa theologica* belegt, waren alle diesbezüglichen Fragen im 13. Jahrhundert auf der Seite der Theologie längst geklärt. Und auch das Lehramt hatte sich der Auffassung und dem Sprachgebrauch der Scholastik angeschlossen. So verurteilte das Konzil von Vienne am 6. Mai 1312 in seiner Konstitution „Ad nostrum qui" den Satz: „.quodque anima non indiget lumine gloriae, ipsam elevante ad Deum videndum et eo beate fruendum."[9]

Da es eigentlich in der katholischen Eschatologie keine offenen Fragen gab, erregte Papst Johannes XXII. (1316–1334) außerordentliches Aufsehen, als er Ansichten aussprach, die mit der bisherigen Lehre nicht zu vereinbaren waren. Er lieferte damit das bemerkenswerte Beispiel eines theologisch in die Irre gehenden Papstes. In einer Predigt zum Allerheiligenfest 1331 sowie bei einigen späteren Anlässen sprach der Papst die Meinung aus, die Heiligen verblieben bis zum Jüngsten Gericht „sub altare Dei", wo sie zwar die verherrlichte Menschheit Christi betrachteten, wo ihnen aber der Anblick der Gottheit Christi und der gesamten Dreifaltigkeit noch versagt sei; dieser werde ihnen erst nach dem Jüngsten Gericht zuteil, wenn sie sich „super altare" befänden und Seele und Leib wiedervereinigt seien[10]. Johannes XXII. scheute sich zwar, diese Aussagen amtlich vorzutragen, weshalb man sie später als private Meinungsäußerung einordnen konnte, dennoch

9 Zitiert nach Heinrich Denzinger, Adolf Schönmetzer: Enchiridion symbolorum definitionum et declarationum de rebus fidei et morum, quod primum […], Freiburg i. Br. [36]1976, Nr. 895, S. 282.

10 Zitiert nach Marc Dykmans SJ: Les sermons de Jean XXII sur la vision beatifique, Miscellanea Historiae Pontificiae 34, Rom 1973, S. 93–99. Vgl. Ludwig Ott: Handbuch der Dogmengeschichte, Bd. 4, Faszikel 7b, Eschatologie. In der Scholastik, aus dem Nachlaß bearbeitet von Erich Naab, Freiburg i. Br. u. a. 1990, bes. S. 244.

löste er eine Lawine des Widerspruchs aus. Seine Ansichten entsprachen nicht nur nicht der Tradition, sie waren in sich auch nicht schlüssig. Später war er gezwungen, seine Meinungen zurücknehmen. Nur als Nebenbemerkung: Luther wird die noch radikalere Theorie des Ganztodes vertreten, und auch er setzte sich nicht durch. Luther stellt sich vor, dass die Toten bis zum Jüngsten Tag tot sind: „wir sollen schlaffen, donec veniat [d. h. bis Christus am Jüngsten Tag kommt, Anm. d. Verf.] und klopff an das greblin Et dicat: D[octor] Martine, surge. Ibi in momento surgam und werde ewig mit ihm frolich sein."[11] (Übrigens ein schönes Beispiel für die auch im Jenseits bleibende Bedeutung des Doktortitels.) Johannes XXII. war nicht so weit gegangen wie später Luther und der schwierige Papst hatte sich der Macht der theologischen Argumente gebeugt. Die Rücknahme seiner Thesen verhinderte zwar ein Umsichgreifen der theologischen Krise, Johannes XXII. hatte aber trotzdem dem alten Thema des Papa haereticus zu neuer Aktualität verholfen. Weil er auf diese Weise dem Papsttum selbst gefährlich geworden war, schien es seinem Nachfolger Benedikt XII. dringend geraten, die zentralen Fragen der Eschatologie lehramtlich festzulegen. Das tat er in der 1336 erlassenen Konstitution *Benedictus Deus*, in der er an zentraler Stelle das ‚lumen gloriae' nennt. Dadurch erhielt dieser Begriff eine noch größere Bedeutung, als er sie schon bei Bonaventura und – wie erwähnt – bei Thomas von Aquin[12] gehabt hatte. So zeigt es ja auch der Kupfertitel von Arriagas Kommentarwerk.

Benedikt XII. stützte sich auf wichtige biblische Texte, im Wesentlichen auf eine Passage aus dem ersten Johannesbrief sowie auf den ersten Korintherbrief, der auch auf dem Titelkupfer von Arriagas Kommentar so wichtig ist, und außerdem auf den ersten Johannesbrief (1 Io. 3, 2), in dem ebenfalls das himmlische Leben mit dem Begriff des Sehens umschrieben wird. Hier heißt es: „Carissimi nunc filii Dei sumus, et nondum apparuit quid erimus, scimus quoniam cum apparuit similes ei erimus, quoniam videbimus eum sicuti est" – „Geliebte, jetzt sind wir Söhne Gottes, und es ist noch nicht offenbar geworden, was wir sein werden, wir wissen, wenn er erschienen sein wird, werden wir ihm ähnlich sein, denn wir werden ihn sehen, wie er ist".

Derartige Aussagen bieten allerdings erhebliche philosophisch-theologische Schwierigkeiten, denn der Mensch ist als Geschöpf aufgrund seiner natürlichen Eigenschaften in keiner Weise fähig, den Schöpfer „facie ad faciem" zu sehen. Das Problem ist deshalb so bedeutsam, weil in der klassischen philosophischen Erkenntnislehre, die bis zum Ausgang der Frü-

11 Martin Luther: Predigt am 16. Sonntag nach Trinitatis (28. September 1533), zitiert nach Werke. Kritische Gesamtausgabe (‚Weimarer Ausgabe'), Bd. 37, Weimar 1910, S. 149–151, hier S. 151.

12 Vgl. Ott: Eschatologie (s. Anm. 10), S. 228–235.

hen Neuzeit weitgehend unbestritten war, das Prinzip gilt: Gleiches kann nur durch Gleiches erkannt werden.[13] Wie sowohl die klassische Philosophie als auch die scholastische Theologie betont, ist Gott aber dem Menschen ungleich. Deshalb kann der Mensch mit seinen natürlichen Kräften zwar die Existenz Gottes erkennen, die natürlichen Erkenntnismöglichkeiten reichen aber nicht aus, Gottes Wesen zu durchdringen und als solches zu erkennen. Auch dafür gibt es genügend biblische Aussagen. Erwähnt sei der erste Timotheusbrief (1 Tim. 6, 16), wo es ausdrücklich heißt, der unendliche Gott lebe in unzugänglichem Licht. Der natürliche Mensch, genau genommen seine Geistseele, bedarf also einer ihm an sich nicht zukommenden Fähigkeit, um Gott „zu schauen". Diese Fähigkeit wird als ein übernatürliches Licht bezeichnet, als ‚lumen gloriae'. Wenn es dem Menschen zuteilwird, geschieht die beseligende Schau Gottes, die ‚visio beatifica'.[14] Letztlich beschreiben diese Begriffe die Vergöttlichung des Menschen bei der Aufnahme der Seele in den Himmel.

Das ‚Glorienlicht' ist also gerade kein natürliches Licht, sondern ein rein göttliches, das dem Menschen nur außerhalb einer natürlichen Ordnung zuteilwerden kann. Mit dem ‚lumen gloriae' erklärt die scholastische Theologie, wie der geschöpfliche Mensch, der nur mit einem endlichen Intellekt ausgestattet ist, den unendlichen Gott sehen kann[15]. Man darf vielleicht den aus ganz anderem Zusammenhang stammenden Vierzeiler Goethes zitieren:

Wär' nicht das Auge sonnenhaft,
Die Sonne könnt' es nie erblicken;
Lebt' nicht in uns des Gottes eigne Kraft,
Wie könnt' uns Göttliches entzücken?[16]

---

13 Vgl. z. B. Thomas von Aquin: Summa contra gentiles, Lib. I, Cap. 77 (Editio Leonina, Bd. 13, S. 220): „Cognitio fit secundum quod cognitum est aliquo modo in cognoscente." Vgl. ebd., Lib. I, Cap. 65 (Editio Leonina, Bd. 13, S. 180): „Cognitio autem omnis fit per assimilationem cognoscentis et cogniti."

14 Vgl. bes. Ott: Eschatologie (s. Anm. 10), S. 228–235.

15 Vgl. die klassische Darlegung bei Matthias Joseph Scheeben: Art. „Anschauung Gottes (visio beatifica)", in: Wetzer und Welte's Kirchenlexikon oder Encyklopädie der katholischen Theologie und ihrer Hülfswissenschaften, Bd. 1, 2. Aufl. in neuer Bearbeitung, unter Mitwirkung vieler katholischer Gelehrten begonnen von Joseph Kardinal Hergenröther, fortgesetzt von Dr. Franz Kaulen, Freiburg i. Br. 1886, Sp. 877–884.

16 Der Vierzeiler, der auf einen Gedanken Plotins (I. Enneade, 6, Über die Schönheit, 43), zurückgeht, wurde von Goethe in verschiedenen Fassungen veröffentlicht. Das Gedicht findet sich bereits in den ‚Zahmen Xenien' III (Johann Wolfgang von Goethe: Goethes Werke, hrsg. im Auftrage der Großherzogin Sophie von Sachsen [‚Weimarer Ausgabe'], 1. Abt., Bd. 3, Weimar 1890, S. 279). Die oben zitierte Fassung entstammt der Einleitung des didaktischen Teils der Farbenlehre. Goethe leitete es hier mit den Worten ein:

Goethes Intentionen waren nicht die der hochmittelalterlichen Scholastiker, dennoch verdanken sich diese Verse demselben Prinzip, das auch dem Gedanken des ‚lumen gloriae' zugrunde liegt.

Das Glorienlicht, „des Gottes eigne Kraft", kann also nicht mit dem irdischen Licht verglichen werden, das die Voraussetzung unseres natürlichen Sehvermögens ist, sondern es ist, nun wieder scholastisch ausgedrückt, eine übernatürliche „gnadenhafte Vervollkommnung der menschlichen Erkenntniskraft"[17], durch die der Mensch die Disposition zur unmittelbaren Gottesschau erhält.[18]

Da das ‚lumen gloriae' nicht im gewohnten Sinne Licht als natürliche Helligkeit ist, sondern eher eine innere Disposition der Seele, darf man nicht einfach das auf Gloriendarstellungen zu sehende Licht mit dem ‚lumen gloriae' identifizieren, das wesensmäßig ja gar nicht darstellbar ist. Da aber – wenn auch nur in analoger Weise – das ‚Himmelslicht' eben doch als Licht bezeichnet wird, und es gewissermaßen das Licht ist, das den Erlösten im Himmel scheint und ihnen den Anblick Gottes ermöglicht, so ruft die dargestellte Glorie dennoch – allein durch die Thematisierung des Lichtes – die Vorstellung vom ‚lumen gloriae' hervor. In diesem Sinne ist in der Barockzeit die gemalte Glorie tatsächlich als Verbildlichung des Glorienlichtes verstanden worden. Einen Beleg dafür bietet z. B. das 1734 von dem Bamberger Jesuitenpater Nicolaus Deinhard konzipierte Bildprogramm der Wallfahrtskirche zur Heiligsten Dreifaltigkeit in Gößweinstein. Gleich zu Beginn heißt es: „das gantze werkh ist ein Emblema, welches vorstellet, daß dieses geheimnus [d. h. die Allerheiligste Dreifaltigkeit, Anm. d. Verf.] von Ewigkeit gewesen [...]". In Bezug auf das zentrale Feld im Mittelschiff der Kirche schreibt Deinhard: „[...] das gröste Hauptfeld und Plafond, stellet vor die glorie des menschen, in welcher er per lumen gloriae anschauen wird dieses Höchste geheimnus, als finem ultimum, facie ad faciem. 1. Cor 13: Videmus nunc Speculum in aenigmate tunc autem facie ad faciem. Kan gemahlet werden wie die Heyligste Dreyfaltigkeit in der glorie crönet B: M: V:

„Hierbei erinnern wir uns der alten ionischen Schule, welche mit so großer Bedeutsamkeit immer wiederholte: Nur von Gleichem werde Gleiches erkannt; wie auch der Worte eines alten Mystikers [d. h. Plotins, Anm. d. Verf.], die wir in deutschen Reimen folgendermaßen ausdrücken wollen: Wär' nicht das Auge sonnenhaft [...]". Zitiert nach Johann Wolfgang von Goethe: Goethes Werke, hrsg. im Auftrage der Großherzogin Sophie von Sachsen (‚Weimarer Ausgabe'), 2. Abt., Bd. 1, Weimar 1887, S. XXXI.

17 Vgl. Ludwig Ott: Grundriß der katholischen Dogmatik, Freiburg i. Br. u. a. [10]1980, S. 27.

18 Vgl. z. B. Leonardus Lessius SJ: De Summo Bono et aeterna beatitudine hominis libri quatuor, Antwerpen 1616, Lib. II, Cap. VIII, S. 140–164 (Utrum ad visionem Dei requiratur lumen gloriae, et qua ratione?).

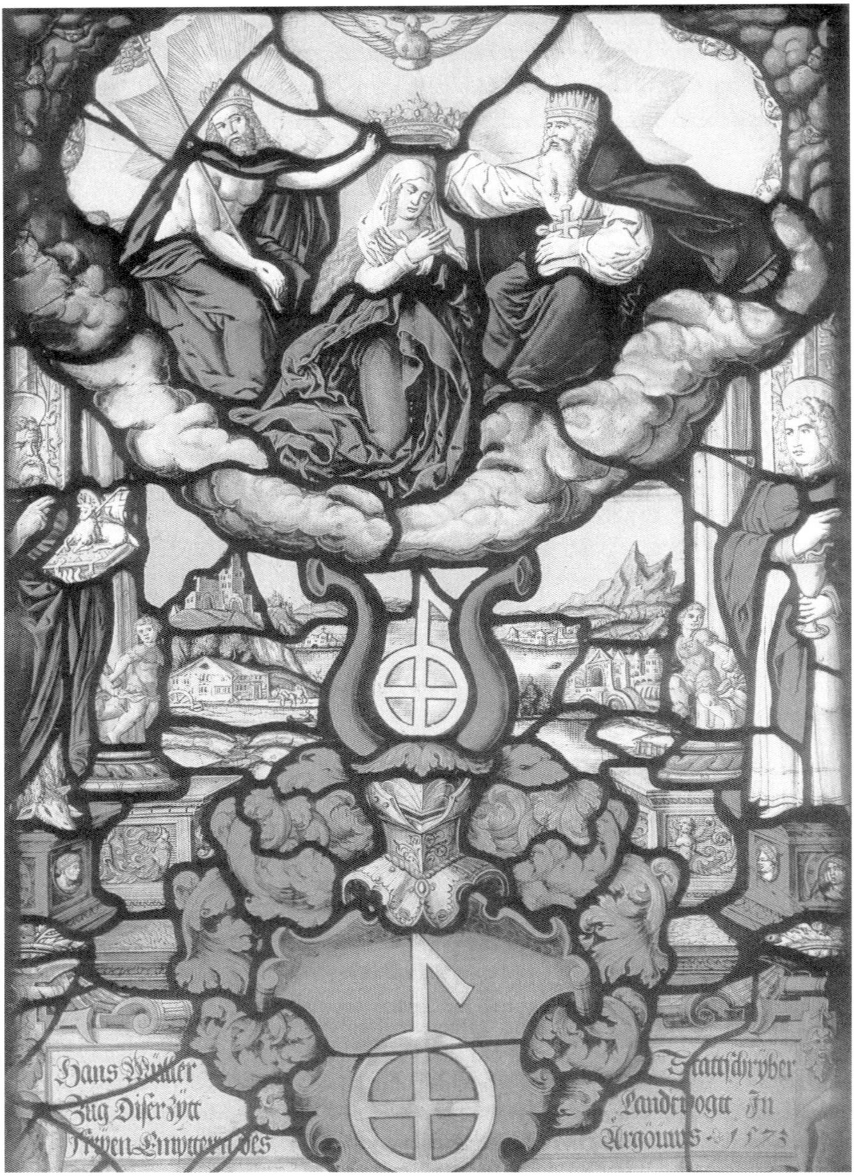

Abb. 3: Unbekannter Zürcher Glasmaler, Wappenscheibe für Hans Müller, 1573, Kloster Muri, Kreuzgang (Scheibe Süd V b)

ringßherumb die Chör deren H: H: Engeln - und ausserwehlten Gottes in der Himmlischen glorie.“[19]

Leider wurde dieses Programm im 18. Jahrhundert nicht umgesetzt, und so lassen sich diese Worte nicht mit ausgeführten Fresken vergleichen[20], aber trotzdem bietet der Text des gelehrten Paters einen wichtigen Beleg dafür, mit welcher Selbstverständlichkeit die gemalte Lichterscheinung der Glorie mit dem ‚lumen gloriae‘ verbunden wurde. Deinhard, der sich zweifellos über den theologischen Charakter des Glorienlichtes im Klaren war, versucht gar nicht, ihn als solchen verbildlichen zu lassen, es „kan“ vielmehr einfach eine Marienkrönung gemalt werden, gewissermaßen als Idealfall der Vergöttlichung eines Menschen.[21]

An dieser Stelle darf nochmals eine Glasmalerei aus Muri genannt werden, auf der schon 1573 die Ikonographie der Marienkrönung benutzt wurde. Es handelt sich um die Scheibe des Zuger Stadtschreibers Hans Müller (**Abb. 3**).[22] Die Darstellung ist wie viele andere auch an Dürers berühmten, 1510 datierten Holzschnitt aus dem Marienleben orientiert. Dieses Vorbild wird hier in einer durchaus gekonnten Weise konkretisiert. Geschickt nutzte der unbekannte Meister die Möglichkeiten der Glasmalerei und stellte einen hellen Lichtgrund her, der sich als überirdisch gut vom blauen Himmel der darunterliegenden irdischen Landschaft unterscheidet.

Vergleichbare frühneuzeitliche Bildwerke, bei denen himmlisch-überirdische Wirklichkeiten als Lichterscheinungen dargestellt wurden, sind nicht zu zählen. Aber selbstverständlich hat es dazu niemals irgendeine kirchliche Festschreibung gegeben – dergleichen war weder nötig noch möglich. Man traute den Künstlern, die ja über genügend Kenntnisse verfügten, immer schon zu, angemessene Bildlösungen zu finden. Bereits im 13. Jahrhundert hatte Wilhelm Durandus, der wichtigste Liturgiker des Mittelalters, geschrieben: „Sed et diuerse ystorie tam noui quam ueteris testamenti pro uoluntate pictorum depinguntur, nam pictoribus atque poetis quelibet audendi semper fuit equa potestas.“ – „Aber auch die verschiedenen Ge-

19 Nicolaus Deinhard SJ: Sinnreiche gedankhen Ad modum Reverendi Patris Deinhard S. J. dahir über die Gössweinsteiner Kirchen Dekhmahlerey, Staatsarchiv Bamberg, Rep. 74^1, Nr. 12, fol. 16, zitiert nach Alfred Schädler (Bearb.): Die Kunstdenkmäler von Oberfranken II. Landkreis Pegnitz, München 1961, S. 211–213, hier S. 211 u. 212. Ein zweites, ebenfalls erhaltenes Programm wurde 1769 von Johann Jakob Michael Küchel vorgelegt (abgedr. ebd., S. 214).

20 Die heute in den barocken Stuckrahmen befindlichen Gemälde wurden 1915 bis 1927 unter Verwendung der Programme des 18. Jahrhunderts von Waldemar Kolmsberger und seinem gleichnamigen Sohn geschaffen. Schädler: Kunstdenkmäler (s. Anm. 19), S. 210.

21 Die Wahl dieses Themas hängt zweifellos mit dem spätgotischen Wallfahrtsbild von Gößweinstein zusammen, das ebendiese Szene darstellt.

22 Hasler: Glasmalerei (s. Anm. 1), S. 207 f. (Scheibe Süd V b).

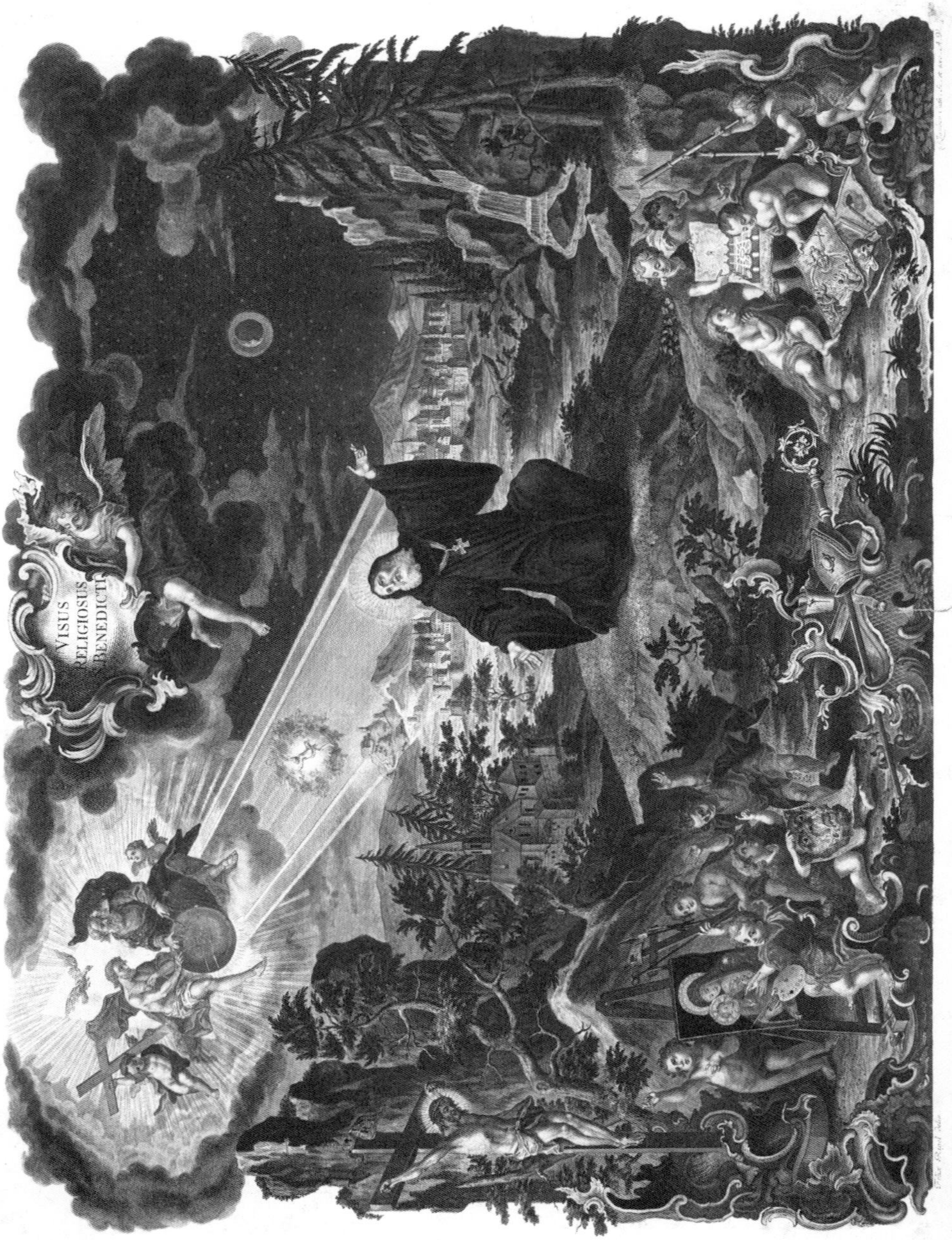

Abb. 4: Joseph Sebastian und Johann Baptist Klauber nach Vitus Felix Rigl, „Visus Religiosus S. Benedicti", kolorierter Kupferstich, um 1750/55

schehnisse des Neuen und des Alten Bundes werden nach dem Willen der Maler gemalt, denn den Malern und Dichtern stand es immer schon frei, alles zu wagen, was sie wollen."[23] Dieses Prinzip gilt unverändert in der Frühen Neuzeit. Es kann daher gar nicht überraschen, wenn es zwar eine starke Tendenz gab, das theologische Glorienlicht mit dem gemalten Licht der Himmelsikonographie zu identifizieren, es jedoch nie zu einem völlig einheitlichen Gebrauch kam. Reglementierungen waren nicht nur nicht erforderlich, sie waren nicht einmal wünschenswert – ein solcher Wunsch lag letztlich außerhalb des Denkbaren. Das bedeutete auf der anderen Seite: Licht, das als himmlisches Licht verstanden werden sollte, konnte in der sakralen Ikonographie immer sehr flexibel eingesetzt werden.

Ein letztes Beispiel mag diese Tatsache anschaulich machen: der „Visus Religiosus S. Benedicti" überschriebene Kupferstich[24] der Augsburger Graphikfirma der Brüder Joseph Sebastian und Johann Baptist Klauber (**Abb. 4** und **Farbtafel 15**). Das Blatt, das nach einer Vorlage des Dillinger Malers Vitus Felix Rigl gestochen wurde, dürfte um 1750 entstanden sein, vielleicht auch etwas später. Es gehört zu einer Folge von Darstellungen der religiösen Sinne, die jeweils einem Ordensgründer oder -heiligen zugeordnet werden. Zweifellos entstanden die Stiche in einem jesuitischen Umfeld. Für den ‚Visus' wurde der Heilige Benedikt gewählt, weil in den *Dialogen* Gregors des Großen berichtet wird, der Heilige habe in einer nächtlichen Vision gesehen, wie eine Seele, die er als die des Bischofs Germanus von Capua erkannte, zum Himmel emporgetragen wurde. Gleichzeitig sah Benedikt die ganze Welt „wie in einem einzigen Sonnenstrahl".[25] Später erfuhr er, der Bischof sei gerade zum Zeitpunkt der Vision gestorben.

Dieses Ereignis ist der Ausgangspunkt für die Konzeption des Stichs. Er zeigt eine vielgestaltige Landschaft, in deren Mitte der Heilige Benedikt kniet, bekleidet mit der Kukulle seines Ordens und das Abtskreuz auf der Brust. Direkt unter ihm, aber schon in den gestochenen Rocaillerahmen des Blattes integriert, sieht man Benedikts übliche Attribute: Stab und Mitra sowie Buch und zerbrochenes Giftglas. Der Heilige ist anbetend niedergesun-

23 Guillelmus Durantus: Guillelmi Duranti Rationale Divinorum Officiorum, Corpus Christianorum. Continuatio medievalis 140, hrsg. von Anselme Davril und Timothy M. Thibodeau, Bd. 1, Turnhout 1995, Lib. I, Cap. III, Nr. 22, S. 42. Vgl. Horaz: Ars poetica, 9–10.

24 Stift Göttweig, Graphische Sammlung. Ein weiteres Exemplar befindet sich in einer Schweizer Sammlung in Einsiedeln. Die ehemals in Bonn befindlichen Blätter des Zyklus sind heute nicht mehr auffindbar. Vgl. Remigius Boving OFM: Die fünf Sinne des Menschen auf Kupferstichen im Bonner Kreuzbergkloster, in: Franziskanische Studien 6 (1919), S. 248–261.

25 „Omnis [...] mundus velut sub uno solis radio collectus [...]". Gregorius Magnus, Dialogi, Lib. II, 35.

ken und nimmt wahr, wie die kindsgestaltige Seele des Germanus, die von einer Feuerkugel umgeben ist, hinschwebt zur links oben gezeigten Trinität. Der Seele wird also im gezeigten Moment die Visio beatifica zuteil.

Die detailreiche Ikonographie, bei der es keineswegs nur um das von Gregor dem Großen beschriebene Ereignis geht, kann an dieser Stelle nicht vollständig wiedergegeben werden.[26] Es soll genügen, kurz auf einige Besonderheiten beim Umgang mit dem dargestellten Licht zu verweisen. Um überhaupt entsprechende gestalterische Lösungen möglich zu machen, verzichtet Rigl darauf, sich streng an den Text zu halten. Während sich bei Gregor das Geschehen im Inneren eines Turmes ereignet, verlegt es Rigl in eine freie Landschaft, sicherlich, weil es ihm auf diese Weise leichter möglich war, eine Himmelszone zu schaffen, die wie üblich den höchsten Rang einnimmt. Rigl ordnet sie im linken oberen Bereich des Bildes an. Hier zeigt er die drei Personen der Trinität, umgeben von Lichtstrahlen, obwohl die Trinität im Text nicht erwähnt wird. Vielleicht hat erst der Stecher der üblichen Strahlenglorie dann noch ein Dreieck eingeschrieben, weshalb er auf eigene Nimben für Vater, Sohn und Geist verzichten kann. Einige von der Trinität ausgehende Lichtstrahlen bilden ein breites Lichtband, das bis hin zum knienden Benedikt reicht. Diese Lichtformation dient dazu, die Vision des Heiligen als solche zu kennzeichnen. Wieder gewinnt die Logik des Bildes Vorrang vor der Logik des Textes. Noch wichtiger aber ist dieses Lichtband, um die Bahn zu markieren, auf der die feurige Kugel mit der Seele des Germanus emporsteigt. Dieses Motiv erklärt auch, warum es im 18. Jahrhundert nötig war, die Trinität bei diesem Thema aufzunehmen, besteht doch die Seligkeit, die Germanus in diesem Moment ja zuteilwird, in nichts anderem als in der Erkenntnis und der Anschauung des dreifaltigen Gottes. Das dürfte auch demjenigen klar gewesen sein, der den Stich sicher noch im 18. Jahrhundert kolorierte; das ungewöhnliche Motiv der Feuerkugel hat er allerdings nicht verstanden, weshalb er aus deren Flammen eine Art grünen Lorbeerkranz macht. Auch sonst wird die Zusammengehörigkeit der himmlischen Lichter durch die Kolorierung ein wenig verunklärt, sollten doch die trinitarische Glorie, die Feuerkugel des Germanus und der Nimbus des Heiligen Benedikt eine Einheit bilden. Obwohl die Zusammengehörigkeit dieser drei Elemente durch das breite Lichtband offensichtlich gemacht wird, betont die Kolorierung die Differenz dieser drei Bildelemente. Mit einiger Sicherheit hat der Kolorist nicht absichtsvoll interpretiert, sondern er folgte einfach den zeitgenössischen Konventionen. Das wird auch deutlich beim links zu sehenden Kreuz sowie beim ebenfalls auf der linken

26 Vgl. Christian Hecht: Katholische Bildertheologie der Frühen Neuzeit. Studien zu Traktaten von Johannes Molanus, Gabriele Paleotti und anderen Autoren, 2. vollst. überarb. Aufl., Berlin 2012, S. 78–81.

Seite gezeigten Marienbild von S. Benedetto in Piscinula in Rom. Beide sind als Bildwerke zu verstehen, dennoch werden nur die Nimben der Ikone als Bestandteile eines Bildwerks kenntlich gemacht. Man sieht an diesem Beispiel, wie wenig selbst bei einem so gut durchdachten Werk, wie es dasjenige von Rigl ist, mit einem völlig einheitlichen Gebrauch der Lichterscheinungen zu rechnen ist.

Der große Stich zeigt also – noch dazu in seiner farblichen Interpretation – einen ausgemacht freien Umgang mit dem Licht der sakralen Himmelsikonographie, gleichzeitig belegt er, wie wichtig der Gedanke des ‚lumen gloriae' – als Licht der sakralen Himmelsikonographie – immer geblieben ist.

Bildnachweis

Abb. 1: Rolf Hasler: Glasmalerei im Kanton Aargau. Kreuzgang von Muri, Corpus Vitrearum. Schweiz. Neuzeit 2, [Buchs] 2002, Abb. S. 85
Abb. 2: Archiv des Verfassers
Abb. 3: Rolf Hasler: Glasmalerei im Kanton Aargau. Kreuzgang von Muri, Corpus Vitrearum. Schweiz. Neuzeit 2, [Buchs] 2002, Abb. S. 98
Abb. 4: Christian Hecht: Katholischer Bildertheologie der Frühen Neuzeit. Studien zu Traktaten von Johannes Molanus, Gabriele Paleotti und anderen Autoren, 3. vollst. überarb. Aufl., Berlin 2016, S. 78

Joseph Imorde

Attraktionen

Der Himmel des Giuseppe da Copertino

> „Das Paradeiß in welches unsere Stamm-Eltern seynd gesetzet worden, war zwar ein Garten des Wollusts, ein Ort des Vergnügens, doch gegen den Himmel wäre es nicht anders, als eine verächtliche Hütte, und obwohlen die Ergötzungen der Welt die Herzen deren Menschen belustigen, so gleichen sie doch einem rinnenden Flußwasser, welches sich in schnellem Lauf wiederum in das bittere Meer ergiesset."[1]

> „Wo der Geist GOttes einfallet, muß alles gleich dem angezündeten Pulver in die Lüfte gehen."[2]

I.

Wer auf den Himmel zu sprechen komme, so meinte der Jesuit Jeremias Drexel einmal, könne schwerlich in die Gefahr geraten, sich in Übertreibungen zu ergehen. Denn die Dinge des Himmels seien, egal was man sage, unendlich viel größer als alle anderen und entzögen sich dergestalt jeder Beschreibung, ja selbst jedem Vorstellungsvermögen. Um vom Jenseits sprechen zu wollen, müsse man gleichsam zu einem Maler werden, in der Aufgabe, auf einer kleinen Leinwand zehntausend bewaffnete Reiter wie-

1 Auserlesene Lob- und Ehrenreden Auf den heiligen Joseph von Kupertin Beichtiger, und Priester aus dem mindern, und Seraphischen Franciscaner-Orden deren Conventualen, Von zerschiedenen erhabnen Wohlrednern gesprochen; da dessen Heiligsprechungs-Feyerlichkeit, samt einer fröhlichen Gedächtniß von der ebenfalls neu selig gesprochenen Ordens-Braut Elisabetha Bona/ Aus dem berühmten, und der Straßburger-Provinz, besagter mindern Brüdern, einderselbten Jungfrauen-Kloster zu Reuthe in Schwaben. Mit allgemeinem Beyfall von dem 31. Julii bis den 7ten Augustmonat 1768. durch eine solenne Octav in der Franciscaner-Kirche zu Constanz abgehalten worden, Konstanz [1768], S. 86.

2 Augustin Beyer: Lobrede Von dem Seligen Beichtiger Josepho von Cupertino, Des Seraphischen Ordens deren Minderen Brüdern Conventualen des heiligen Francisci Priestern und Professen, Als Dessen Feyerliche Seligsprechung In der Löbl. Kloster-Kirchen seines heiligen Ordens zu Tulln Mit möglichster Andacht begangen wurde: Alla vorgetragen Den 18. Septembr. in dem Jahr 1753. als an dem dritten und letzten Tag Gemelter Feyerlichkeit, Wien [1753], ohne Seitenzählung, S. [3].

derzugeben. Bei solch einem Unterfangen bleibe dem Künstler nur eine Lösung, nämlich wenige dieser Krieger auszuführen, um den Rest dann in den Brauntönen des Hintergrundes untergehen zu lassen.[3]

Trotz der betonten Unmöglichkeit, den Himmel in seiner Größe und Schönheit darzustellen, ging es Drexel wie vielen anderen jesuitischen Autoren darum, das gänzlich Unbegreifliche durch Parabeln, Embleme und Metaphern zu vermitteln. Ziel einer solchen *Theologia Symbolica* musste es sein, den Gläubigen einen gangbaren Weg zum Jenseits zu weisen und das anhand von Spuren, Vorstellungen und Abbildern.[4] Den Heiligen der katholischen Kirche kam bei dieser Vermittlungsarbeit eine entscheidende Rolle zu, insofern sie die Wirkungen der Gnade Gottes beispielhaft verkörperten. Sie waren die Vorbilder gottgefälligen Lebens, Exempel tugendhafter Demut und buchstäblich „Vorgänger" auf dem einzuschlagenden Pfad zum Heil.[5] Um des Himmels auf Erden gewärtig zu werden und Gott von

3 Jeremias Drexel: Il Cielo citta de Beati. Parte III dell' Eternità. Spiegata dal P. Geremia Dressellio della Compagnia di Giesu. Volgarizzata dal P. Vincenzo Finochiari, Rom 1646, S. 12 f.: „Quando si parla del Cielo, non v'e pericolo, come nell'altre cose, che si facciano esagerationi. Ciò che di questo si dice, è meno assai della verità. I beni eterni sonno un pelago infinitamente maggiore, che huomo mortale possa istillarlo bene all'orecchie altrui. Le cose del Cielo trapassano ogni discorso, sormontano ogni mente. Hor'havendo io à parlar del [13] Cielo, mi pare, à dir'il vero, di essere un pittore, che habbia à pingere in un piccol quadro dieci mila huomini à cavallo armati. Pingerà questi quindici, ò venti persone; & il resto l'esprime, col pinger solo i moroni."

4 Maximilianus Sandaeus (S. J.): Theologia Symbolica. In quâ origo Symbolorum, eorumq; artificium, ex Sacra-Scripturâ potissimùm eruitur: & eiusdem Symbola omnis generis explicantur. Opus Sacrae Doctrinae studiosis, ac imprimis Concionationibus, & politioris litteraturae amatoribus vtile, Mannheim 1626, S. 505 f.: „Non capit populus spiritualia, quia non videt, non intelligit caelestia, quia non tangit, non percipit aeterna, quia non contrectat: & tamen aliquo modo agnoscere debet, si adfectu in illa rapi oporteat."

5 Cornelius a S. Theresia: Joseph der belobte, zu fliegen jederzeit bereitfertige kupertinische Adler. Das ist: Lob- Ehr und Sitten-Rede auf den Heiligen Joseph von Kupertin des mündern Seraphischen Franciscaner Ordens deren Conventualen. Gehalten bey dessen Heiligsprechung in gedachten Ordens-Kirchen ad S. Salvatorem zu Regenspurg, und auf inständiges Verlangen in Druck gegeben von P. F. Cornelio a S. Theresia barfüssen Carmeliter Bayricher Provinz ordinari Predigern in München den 19 Monats-Tag August 1768, Amberg 1769, S. 24: „O Catholische! in dem alten Testament ware es nichts neues, und in dem neuen ist es schon ein altes Herkommen: daß GOtt das Beyspiel heiliger Männer uns vor Augen gesetzet, auf daß wir deren Fußstapfen betretten sollen." Englischer Liliengeruch 1768, S. 134: „Besonders sollen ihn ansehen die Katholische, und sich befleissen jenem nachzuahmen, dessen Verehrung sie ergötzet: wenn nun auch die Erhebungen, und Entzückungen zu erreichen nicht in unserm Gewalt ist, sondern in dem unerforschlichen Willen GOttes, welcher jeden austheilt, wie er will, so können, und sollen wir uns doch bestreben, daß wir mit einem von denen zeitlichen Dingen abgesönderten Gemüthe, zwar mit dem Körper Fremdlinge, und Wanderer sind, mit dem Geiste aber Bürger der [135] Heiligen, und Hausgenosse GOttes."

Angesicht zu Angesicht zu schauen, brauchte es allerdings auch für diese Erwählten Übung – Übung in körperlicher und geistlicher Abtötung.[6] Denn, wie meinte Agrippa von Nettesheim, das Sehen Gottes

> wird von vielen ein Raptus oder Ekstasis oder geistlicher Tod genennet; denn es wird zu derselben Zeit gleichsam eine Separation oder Scheidung der Seele von dem Leibe, aber nicht des Leibes von der Seele sein. Von diesem Tod wird gesagt: Deum non videbit homo et vivet. Das ist: Der Mensch wird Gott nicht sehen und doch leben. Und anderswo: Pretiosa in conspectu Domini mors Sanctorum. Das ist: Der Tod der Heiligen ist für Gottes Angesicht wert gehalten. […] Sehet also, diesen Tod muss der sterben, welcher die untersten Geheimnisse der prophetischen Theologie begreifen will.[7]

Das hieß praktisch: Um den Geist zum Himmel erheben zu können, musste „der Leib auf Erden gezüchtigt werden".[8]

II.

Dem Heiligen Giuseppe da Copertino aus dem Orden der Franziskaner Minoriten, dessen wunderbare Widerfahrnisse hier ein wenig eingehender geschildert werden sollen, als dem einzigen Protagonisten eines kleinen brauntonigen Gemäldes (**Abb. 1**), wurde von seinen Biographen ein besonderer Hang zu den verschiedensten Formen der Abtötung nachgesagt und dabei immer wieder auf die „Strengigkeit" seines Lebens hinge-

6 Auserlesene Lob- und Ehrenreden (s. Anm. 1), S. 114: „Die Abtodtung wird hauptsächlich durch die drey bekannte Gelübde zu Stand gebracht. Die Armuth entziehet allen Ueberfluß, wordurch die Eigenliebe sonst gezärtelt wird, und ihre Mastung empfangt. Die Keuschheit tödtet das Fleisch, daß es wider den Geist sich nicht mehr empören kann. Der Gehorsam unterdrucket den eignen Willen, und lehret dem Obern folgen, der sie Stelle GOttes vertritt."

7 Agrippa von Nettesheim: Die Eitelkeit und Unsicherheit der Wissenschaften und die Verteidigungsschrift, hrsg. von Fritz Mauthner, 2 Bde., Bibliothek der Philosophen 5 und 8, München 1913, Bd. 2, S. 155–165 [De Theologia Prophetica oder von der weissagerischen Theologie], hier S. 155 f.

8 Carolomann Wenzely: Der vermenschte Dem Geist, und Leib nach fliegende Seraphim. Oder Seliger Josephus von Cupertino. Aus dem Orden der Minderen Brüdern deren Conventualen eines Heil. Vatters Francisci, Wie Ihne Den 17. Septemb. 1753. als den zweyten Tag der drey-tägig-herzlichen Fest-Begängnuß Seiner Seligsprechung in dem uralt- und berühmten GOttes-Haus deren W.W. E.E: P.P. Minoriten zu Wien vor einer ungewöhnlichen Volks-Menge von der Canzel, und auf Verlangen in den Druck vorgestellet. A. R. P. Carolomannus Wenzely, Ord. S. Benedicti, in dem uralten Herzogl. Stift, und Kloster U. L. Frauen zum Schotten. Professus, und ordinari Sonntags-Prediger, Wien [1753], ohne Seitenzählung, S. [9].

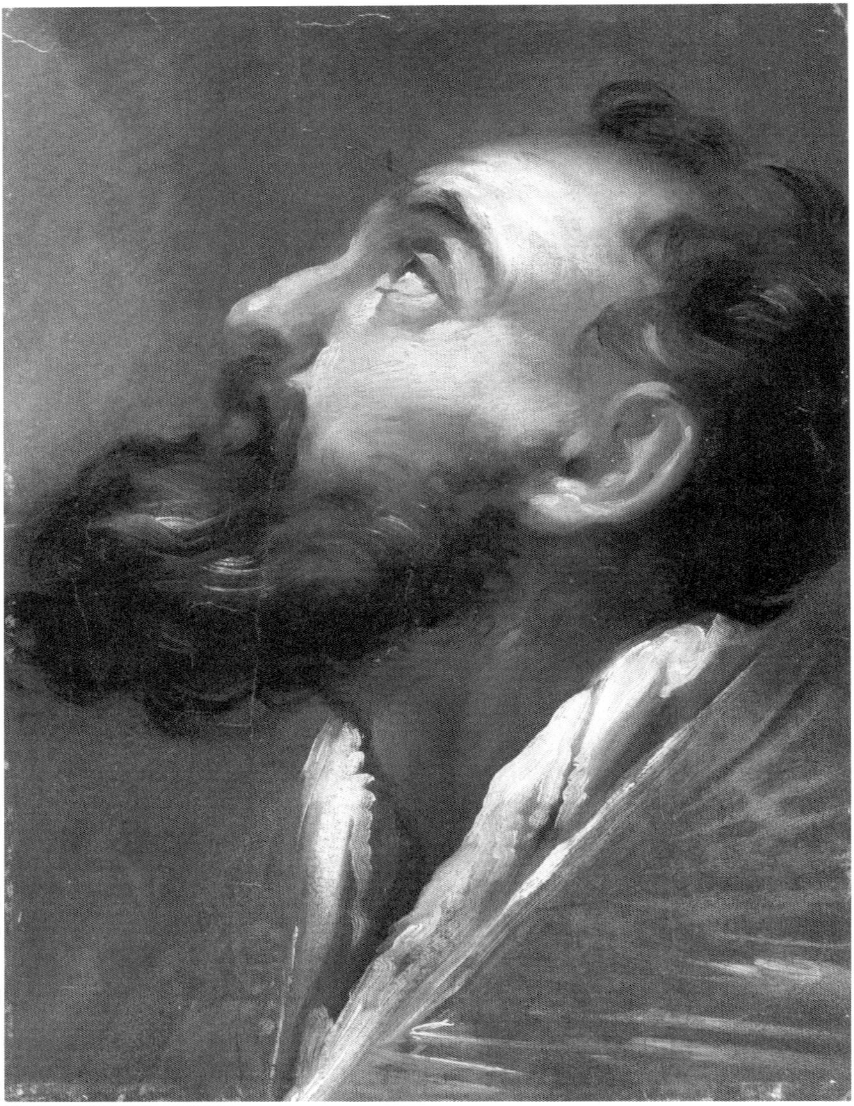

Abb. 1: Giuseppe Cades (1750–1799), Studie für den Kopf eines Heiligen (Giuseppe da Copertino), um 1775, Rom, Kunsthandel

wiesen.[9] Dazu gehörte vor allem das stetige Fasten, wie auch das ununterbrochene Kasteien des Leibes – „sein Fleisch solcher Gestalten zermetzelnd/ daß von seinem Leibe/ zum öfftern/ das Blut/ einem Wasserstrohm gleich/ auff die Erden herunter Geflossen".[10] Die Zelle glich „einer blutigen Metzbank"[11] und das „verspritzte Blut an denen stummen Mauern" gab kläg-

9 Roberto Nuti: Lebens-Beschreibung/ Deß grossen Diener Gottes/ Josephi Von Copertino, Priesters auß den Orden der Mindern Conventualien S. Francisci, Welcher Am achtzehenden Monaths-Tag Septembris, im Jahr ein tausend sechs hundert/ und drey und sechzig/ das Zeitliche geseegnet hat/ und im Gottes-Hauß deß H. Seraphischen Vatters Francisci zu Auximo, oder Ossimo, ruhet. Anfänglichen: Durch P. M. Robertum Nuti, in Wällischer Sprach zusammen getragen/ folgends nach zweymahliger Aufflegung/ Von zweyen Priestern erwelten Ordens/ der Bömischen Provinz, in Latein- und Böhmischer Sprach heraußgelassen. Jetzo aber: Auß dem Lateinischen ins Hoch-Teutsche übertragen/ Durch F. E. M. V. L., Brünn 1695, S. 28. – Eine Auswahl neuerer Forschung zu Giuseppe da Copertino: Nuccia Barbone Pugliese, Tina Piccolo (Hrsg.): Il ‚Santo dei voli'. San Giuseppe da Copertino. Arte, storia, culto, Neapel 2003; Giancarlo Greco, Francesca Salento, Associazione „Pro Loco" di Copertino (Hrsg.): Il frate volante. San Giuseppe da Copertino nella cultura e nella memoria, San Cesario di Lecce 2003; Oronzo Mazzotta, Mario Spedicato (Hrsg.): Processo per la beatificazione e la canonizzazione del Servo di Dio fra Giuseppe Desa di Copertino, Galatina 2004; Francesco Danieli: Il culto frenato. San Giuseppe da Copertino a Galatone, in: L'Idomeneo 15 (2013), S. 113–122; Rosario Jurlaro: La salentinità nella santità di san Giuseppe da Copertino, ebd., S. 105–112; Paola Nestola: S. José de Cupertino: Un santo estravagante. Un itinerario tra letteratura e iconografia portoghese, ebd., S. 51–62; Maria Antonia Nocco: Arti, apparati celebrativi e fonti per San Giuseppe da Copertino a Roma tra Sei e Settecento, ebd., S. 163–206; Giulio Sodano: Sintonie e distonie del miracolo di San Giuseppe da Copertino, ebd., S. 29–40; Mario Spedicato: S. Giuseppe da Copertino tra storia e storiografia, ebd., S. 7–16; Michael Grosso: The Strange Case of St. Joseph of Copertino: Ecstacy and the Mind-Body Problem, Oxford 2015.

10 Ebd., S. 29; Matthäus Gimpel: Josephus Von Cupertino Dreymahl liebes Schäflein Des Guten Hirten Von solchem aufgesucht, und das zweytemahl Der Seraphischen Heerde zugetragen. Auf öffentlicher Kantzel vorgestellet, Da ein Hochlöbl. Convent Ordinis Minorum Conventualium SS. Patris Francisci ad Sanctum Savatorem allhier, Dessen Seeligsprechung Mit Drey-tägiger Solennität Feyrlich begangen Von R. P. Fr. Matthaeo Gempel, SS. Ord. Praed. in dem Hochlöbl. Convent ad S. Blasium p. t. Priore. Den 1. Tag Julii, 1753, Regensburg [1753], S. 31: „Er verfolgte seinen Leib mit so vielfältigen, als scharffen Geissel-Streichen, daß man ihn mehr einen Fleischhacker, als Zärtler seines Fleisch benahmen kunte."

11 Eusebius Franckh: Neues Wunder-Werk Des Allerhöchsten Oder Seliger Josephus von Cupertino. Aus dem Orden der Mindern Brüder deren Conventualen eines Heil. Vatters Francisci, Wie Ihne Den 16. Septembris 1753. Als den ersten Tag der dreytägig-herlichen Fest-Begängnuß Seiner Seligsprechung in dem uralt- und berühmten GOttes-Haus deren W. W. E. E. P. P. Minoriten zu Wien vor einer ungewöhnlichen Volks-Menge von der Canzel, und auf verlangen in den Druck vorgestellet. Fr. Bacc. Eusebius Franckh, Ord. Erem. S. P. Augustini, gewöhnlicher Sonntags-Prediger ad SS. Sebastianum & Rochum auf der Land-straß, Wien [1753], ohne Seitenzählung, S. [9].

liches „Zeugnuß“[12] seiner „ascetischen Selbstnegation“.[13] Die äußerlichen Züchtigungen waren allerdings nur das eine, die unablässige Andacht das andere: „Sein Gebett war so immerwährend, daß man mit guten Grund sagen kan, daß er von seiner Kindheit an bis in Tod mehrer mit dem Gemüt in Himmel, als mit dem Leib auf Erden sich aufgehalten habe.“[14] Das Verlangen galt dem ewigen Leben und war dermaßen „angeflammet/ daß die Augen seines Hertzens/ alleine auff die himmlische Dinge gewendet/ und alle seine Gedancken/ zur alleinigen Vergesellschafftung mit denen Engeln/ und Burgern deß Himmlischen Paradeyses gerichtet waren.“[15] Das Äußere und Natürliche galt ihm dabei nur als Anlass, um auf das Innere und Übernatürliche durchzublicken.[16] Das sah in etwa so aus, dass er, wenn er auf

12 Athanasius Champaigne: Lob-Rede Ueber das Tugend- und Wunder-volle Leben Des Seligen Beichtigers Joseph Von Cupertino, Aus dem Orden deren Mindern Brüdern Conventualen des Heil. Francisci Den 18. Septemb. 1753. als seinem jährlichen Fest- und dritten Tag seiner in seines Ordens-Convent zu Enns feyerlich gehaltener 3. Tägiger Beatifications-Solennität eben allda abgeredet [...], Linz [1753], ohne Seitenzählung, S. [15].

13 Georg Friedrich Daumer: Christina Mirabilis, das Wundergeschöpf des 12. Jahrhunderts, und der heilige Joseph von Copertino, der Wundermann des 17. Jahrhunderts, als vorläufige Repräsentanten einer neuen, künftigen Menschengattung, Paderborn 1864, S. 56.

14 Domenico Bernino: Das Leben Und Die Wunderthaten Des Seeligen Josephi Von Copertino, Priesters aus dem Conventual-Orden deren Minderen des H. Seraphischen Vatters Francisci, welchen Benedictus XIV. jetzt regierender Papst den 24. Februarii dises annoch lauffenden Jahrs 1753. Feyerlichst Seelig gesprochen. Vormalen in Wällischer Sprach weitläufig beschriben Von Domenico Bernino, Nunmehro aber in möglichster Kürtze zusamm gezogen, und in das Teutsche übersetzet: von einem Priester des nemlichen Ordens aus der Steyerischen Provintz in Closter Pettau, Steyr 1753, S. 105; Eucharistie-Buch. Wunderbare Begebenheiten und Erzählungen von dem glorwürdigsten, heiligsten Altarsakrament, hrsg. von Georg Ott, Dekan und Stadtpfarrer in Abensberg, Fünfte Stereotyp-Auflage, mit Titelbild und vielen neuen Holzschnitt-Bildern gezieret, Regensburg–New York–Cincinnati [1868], S. 505 f.

15 Nuti: Lebens-Beschreibung (s. Anm. 9), S. 126. Siehe Jean-Joseph Huguet: Die Andacht zum heiligen Joseph in Beispielen, oder Vortrefflichkeit der Gebete und Tugendübungen zu Ehren dieses heiligen Patriarchen, dargethan in einer großen Menge von bewährten Wundern, Musterbildern und Charakterzügen, zumeist nur aus der Geschichte der Gegenwart. Aus dem Französischen übersetzt, Regensburg 1861, S. 149: „Nicht nur sein Geist lebte im Himmel mit Gott und den Engeln; der Körper selbst, hingezogen und gleichsam verschlungen von der Seele, schien seine Körperlichkeit verloren zu haben und im Voraus mit den Eigenschaften versehen gewesen zu sein, die der Apostel den Leibern der Heiligen zuschreibt.“

16 Domenico Bernino: Vita del venerabile padre Fr. Giuseppe da Copertino de minori conventuali descritta da Domenico Bernino dal medesimo dedicata Alla Santità di Nostro Signore Innocenzo XIII., Venedig 1726, S. 146: „Sicche d'ogni cosa naturale si serviva come di scala alle sopranaturali.“; Angelo Pastrovicchi: Kurtzer Begriff Des Lebens Der Tugenden und Wundern Des Heiligen Josephi Von Copertino Priesters aus dem Orden

Reisen war, alle, die ihm begegneten, für himmlische Personen hielt: In Frauen wollte er die Gottesmutter oder etwa die Heiligen Katherina oder Chiara erkennen, in Männern Apostel wie Petrus, Johannes, oder andere Heilige wie etwa Antonius oder Dominikus.[17]

Diese besondere Ausrichtung auf das Jenseits machte sich vor allem in den häufigen Verzückungen bemerkbar.[18] Alles drängte ihn zur „Entseelung seines Cörpers" und der „Geniessung der ewigen Güter".[19] „Fast täglich wurde er [...] verzucket, und von der Erden aufgehoben".[20] Die kleinsten Anlässe reichten aus, selbst ein „eintziges Wort".[21] „Den Namen JEsus, Maria, oder gewisser Heiligen hören, war schon so viel als den Kupertiner ausser sich bringen."[22] Und egal, in welcher Stellung ihn die Gnade Gottes ereilte, in „gehender, sitzender, oder stehender", stets verblieb er in dieser Haltung ganz unbeweglich, „einer unlebhafften Bildnuß gantz ähnlich/ ausser daß sein Hertz/ und die Pulß-Aderen ein Zeichen deß Lebens von sich gegeben".[23]

Der Conventualen des Heil. Francisci. Aus den Authentischen Processen gezogen/ Und erstlich in Italiänischer Sprache beschrieben Von P. M. Angelo Pastrovicchi O. M. C. Desinitore perpetuo. Nun aber in das Teutsche übersetzet Von Bernardo Ludovico Göldlin, S. Theol. D. Sac. Cur. Xenod. Von deme beygefügt worden Ein Anhang Von denen Processen der Selig- und Heiligsprechungen überhaupt, Luzern 1753, S. 43: „[...] er bediene sich aller natürlichen Dingen nur als Staffeln zur Betrachtung der übernatürlichen [...]."

17 Gustavo Parisciani: L'Inquisizione e il caso S. Giuseppe da Copertino. Con appendice di documenti inediti, Padua 1996, S. 26f.

18 Nova Acta historico-ecclesiastica. Oder Sammlung zu den neueste Kirchengeschichten, Fünf und Sechzigster Theil, Weimar 1769, S. 33: „Die Erhebung des Leibs so vielfältig, daß von keinem Heiligen so viel gelesen werden."; Franckh: Neues Wunder-Werk (s. Anm. 11), ohne Seitenzählung, S. [6]: „[...] weilen er noch als Kind in seinem Gebett vor lauter Liebe gegen GOtt gemeiniglich also ausser sich gesetzet wurde, daß Er von allen Sinnen seines Leibs verlassen, und in seinem Geist vielleicht wie Paulus auch bin in den dritten Himmel entzucket worden."

19 Nuti: Lebens-Beschreibung (s. Anm. 9), S. 128.

20 Bernino: Wunderthaten (s. Anm. 14), S. 64: Gimpel: Cupertino (s. Anm. 10), S. 18: „Kein Gebett ware ohne Süßigkeit, und keine Betrachtung ohne Verzuckung, als daß man fast von keinem anderen Heiligen solches noch lesen, noch hören wird."

21 Nuti: Lebens-Beschreibung (s. Anm. 9), S. 450: „[...] wann nur eine/ auch die geringste Meldung/ von dem schmertzhafften Leyden unsers Heylands/ oder dem Mitleyden seiner Allerseeligsten Mutter/ oder von den Heiligen GOttes/ und der Himmlischen Glory beschehen/ alsogleich verzucket wurde." Und S. 453: „Josephum zu einer Verzuckung zu veranlassen/ ware schon genug/ auch ein eintziges Wort/ von denen obigen angeführten Materien zu melden/ oder sonsten etwas vorzubringen/ so zu einer Sitten-Lehr/ oder heylsamen Betrachtung dienen kunte [...]."

22 Auserlesene Lob- und Ehrenreden (s. Anm. 1), S. 124.

23 Nuti: Lebens-Beschreibung (s. Anm. 9), S. 232; Francisco de Paula Hoffmann: Seraphim Aus dem Seraphischen Orden; Oder Der heelige Josephus von Cupertino, Des Heiligen Ordens deren Mündern Brüdern Conventualen des Heil. Francisci, Bey feyer-

Auch das Traktieren seines Leibes durch missgünstige Mitbrüder brachte ihn nicht dazu, aus seinen verzückten Zuständen zu erwachen.[24] „Man konnte ihn auf der Erde schleifen, und mit Nadeln stechen; ihm die Finger verrenken, mit angezündeten Kerzen die Glieder brennen, mit den Fingerspitzen in die Augen fahren, Splitter unter die Nägel schieben, oder sonst irgend Gewaltsames mit ihm vornehmen; er empfand nichts von Allem."[25] Die Ekstasen überkamen den Heiligen so häufig, dass die Oberen der Franziskaner Minoriten sich dazu genötigt sahen, Giuseppe von den gemeinschaftlichen Funktionen wie dem Chorgebet, den Prozessionen und den Mahlzeiten im Refektorium auszuschließen.[26] Was da störte, waren die unvorhersehbaren und deshalb auch unkontrollierbaren Entrückungen, die etwas Auffallendes, Anstandsloses und nicht selten auch etwas Gewalttätiges an sich hatten.[27]

---

licher Begängnus Seiner Seeligsprechung In dessen Ordens-Kirchen zu Stein Anno 1753. den 17. Septembr. Vormittag In einer Lob-Rede Vorgestellet: Von Francisco de Paula Hoffmann, Can. Reg. Lat. in Thürnstein, Krems [1753], ohne Seitenzählung, S. [8]: „Das Fliegen in der Lufft ware Ihm so gemein, daß Er sich so oft in die Höhe geschwungen, als er den Nahmen seines Geliebten nennen gehöret, oder selbst ausgesprochen."

24 Nuti: Lebens-Beschreibung (s. Anm. 9), S. 450; Bernino: Vita (s. Anm. 16), S. 32 f.; Englischer Liliengeruch von Kupertin aus dem Welschlande. Oder: Wundervolle Lebensgeschichte von dem heilig gesprochenen wunderthätigen Joseph v. Kupertin, des mindern, und seraphischen Franciscaner-Ordens deren Conventualen, aus dem apostolischen Hirtenbriefe, und andern authentischen Zeugnissen zusammen getragen, und samt denen Tagzeiten, Litaneyen, und andern Gebethern in Druck befördert, Konstanz 1768, S. 23: „Wie das Feuer sich jederzeit mit seinen hitzigen Flammen in die Höhe erschwinget, also war die seraphische Liebesbrunst dieses eifrigen Dieners beständig sowohl dem Leibe, als der Seele nach in die göttlichen Geheimnisse vertiefet. [...] Bis an das ende seines Lebens haben selbe [Entzückungen, Anm. d. Verf.] mit solcher Heftigkeit angedauert, daß er sich nicht im geringsten bewegte, wenn er auch mit Nadeln gestochen, mit angezündeten Fackeln ge- [24] brennet, oder mit den Spitzen der Finger in den Augapfeln berühret wurde."; Auserlesene Lob- und Ehrenreden (s. Anm. 1), S. 128: „Die einheimischen Verfolgungen waren bitterer als die auswärtigen. Seine eigenen Ordensbrüder beargwohnten ihn auf die empfindlichste Art: Er mußte über allen Gewalt ein Heuchler, ein Gleißner, ein Leutbetrüger oder wenigstens ein eigensinniger Kopf seyn [...]."

25 Joseph Görres: Die christliche Mystik, Bd. 2, Regensburg 1837, S. 256. Siehe Das tugend- und wundervolle Leben des heiligen Joseph von Copertino, Bekenners und Priesters des seraphischen Ordens der Minderbrüder-Conventualen, gestorben 1663 und heilig gesprochen 1767. Von einem katholischen Priester, Aachen 1843, S. 7–10.

26 Bernino: Vita (s. Anm. 16), S. 26: „Per più di trentacinque anni non fu da' Superiori ammesso con gli altri Frati in Coro, Processioni, e Refettorio, perche con questi suoi Estasi, e Ratti si sturbavano le Funzioni."

27 Daumer: Christina Mirabilis (s. Anm. 13), S. 79 f.: „Diese Ekstasen hatten auch etwas so pathologisch Auffallendes und Gewaltsames, daß sie sich nicht gut mit der Würde vertrugen, welche mit öffentlichen Cultushandlungen verbunden sein muß. Dieses heftige Aufschreien, dieses Rückwärtsstürzen, diese springenden, tanzenden und wirbelnden Bewegungen, [80] dieses Auffliegen auf den Altar u. s. w. war, so wundersam es sein mochte, doch nicht dem vom Priester zu bewahrenden Anstande gemäß."

Die Gnade Gottes senkte sich gleichsam anarchisch in den einfachen Klosterbruder ein und sorgte immer wieder für tumultuarische Unordnung.[28] Denn vom Heiligen Geist entflammt, konnte er in die Lüfte auffahren, „wie ein schnelles Raquet",[29] ganz unvorhersehbar in alle Richtungen. Die Überfülle göttlicher Liebe drängte zu ungeheuren Kraftentladungen.

So wurde der Heilige etwa bei einer Pfingst-Messe unter donnerndem Knall vom Altar fortgeschleudert und irrte daraufhin wie ein Blitz in der Kapelle umher, und das „mit solcher Bewegung, daß alle Zellen desselben Ganges erschüttert, und die hinzugelaufene Religiosen in die Furcht versetzet worden, als wenn ein würkliches Erdbeben vorhanden wäre."[30] Seine Seele war der Zuwendung Gottes in etwa so empfänglich „als das Schießpulver zu Auffangung eines nur kleinesten Feuerfunkens".[31] Der Beginn fast aller Ver-

28 Goffredo Sebasti: Il caso Giuseppe da Copertino. Indagine sulla vita e i prodigi del Santo che volava, Mailand 2003, S. 84f.

29 Englischer Liliengeruch (s. Anm. 24), S. 25. Siehe Matthias Fischer: Aus einem unter der Aschen der Demuth Verborgenen Liebs-Funcken Durch Anwehung des Heiligen Geistes Entstandenes Wunder-Feuer Göttlicher Liebe In dem Seeligen Seraphischen Beichtiger Josepho Von Cupertin, Professen und Priester des Ordens der Minderen Brüdern Conventualern des Heil. Ertz-Vatters Francisci, Der Von jetzo Glorreichst-Regierender Päbstlichen Heiligkeit Benedicto XIV. Entwichenes 1753ste Jahr der Zahl deren Seeligen einverleibet, dieses 1754ste Jahr aber unter dem 3. 4. und 5. Tag Monaths Februarii von der Böhmischen Minoriten-Provintz, insonderheit in der Königlichen Alt-Stadt-Prag bey St. Jacob durch wiederholte Hochfeyerliche Seelig-Sprechungs-Begängnuß Offentlich verehret wurde/ Vermittelst nachstehender Lob-Red, wehrender dieser drey-tägigen Hohen Solemnität erwiesen, von P. Matthias Fischer, gedachten Ordens Priestern, und Predigern allda, Prag [1754], ohne Seitenzählung, S. [11]: „[...] Joseph stiege gleich einem angezündeten Raget über sich, weilen er entbrannte aus Liebe gegen JEsum [...]."

30 Englischer Liliengeruch (s. Anm. 24), S. 42; Vita di S. Giuseppe di Copertino sacerdote professo dell' ordine de' minori conventuali di S. Francesco, Florenz 1768, S. 135: „Celebrando egli la S. Messa, all' intonare il *Veni Sancte Spiritus* tanta fu l' abbondanza di grazia, e l' empito di spirito, da cui fu attratto, che spiccatosi dall' altare non tanto velocemente, quanto impetuosamente andò come fulmine girando per tutta la cappelletta prorompendo in urlo sì strano di veemente rimbombante voce, che ne tremò il Convento; onde i Religiosi uscendo confusi dalle loro celle, e gridandi: *terremoto, terremoto* riempissi si subitaneo spavento tutto il Monastero."; Hoffmann: Seraphim (s. Anm. 23), ohne Seitenzählung, S. [8]: „Es erbebete vor zeiten das Haus worinn sich die Jünger GOttes versammelten, da der ihnen versprochene Geist GOttes gleich eines gewaltigen Windes darinn gehauset. Nicht ein ungleiches ereignete sich mit JOSEPHO, da Er am hohen Pfingst-Fest nach Anhörung dieser Worte: Komm Heiliger Geist, durch ein gantz übernatürliches Liebes-Feuer entzündet wurde; diese führte Ihn mit grossen Un- [9] gestimm in die Höhe und Er schwebte alldorten schier wie der Heilige Geist über denen Aposteln so gewaltsam hin und wieder, daß das Schlaff-Haus, und alle Cellen gleichsam als durch ein Erdbeben erschitterten."

31 Auserlesene Lob- und Ehrenreden (s. Anm. 1), S. 78; Bernino: Vita (s. Anm. 16), S. 146: „Il Padre Girolamo Rodriguez Portoghese della Compagnia di Gesù [...] testificò con giuramento *Che F. Giuseppe era unitissimo sempre con Dio, e ch'erapiù disposto il*

zückungen wurde durch gellende Ausrufe angezeigt. Von der Liebe Gottes entzündet, drängte da etwas Inneres explosionsartig nach außen.[32] „Das Geschrey, das er von sich gabe, ware die Würckung des innerlichen Feuers, das nicht vermögend in ihme verschlossen zu seyn, mit einem Schall von seinem Mund außbrache, eben so wie […] das angezündte Pulver/ wann es auß einem Feur-Gewehr außgehet/ knallet."[33] Die ekstatischen Zustände erreichten schließlich eine solche Frequenz, dass von ununterbrochener Entrückung gesprochen wurde[34] und auch davon, dass Giuseppe – obwohl noch auf Erden lebend – gleichsam schon im Himmel angekommen sei.[35]

---

suo cuore all'unione con Dio, che non è disposta la polvere ad accendersi per ogni piccola favilla di fuoco."

32 [Paolo Antonio Agelli:] Vita del Beato Giuseppe di Copertino, Dell' Ordine de' Minori Conventuali di S. Francesco dideicata all'altezza serenissima di Giuseppe Arciduca d' Austria, Livorno 1753, S. 189: „*Est extasim faciens divinus amor*: così l' Areopagita, riferito dall' Angelico. *Amor est caussa raptus*: così il lodato San Tommaso 22. q. 175. a. 1. Tanti però, e si maravigliosi essendo stati quelli del mostro Beato, dir conviene, che grande oltremodo fosse l' amor suo verso Dio; indicandolo ancora gli alti strilli, che esso mandava, qualora dalla veemenza dell' estasi, o dall' empito de' ratti veniva sorpreso. Imperocchè, come disse egli medesimo a chi di ciò ricercollo: *quale all'accendersi ne' bellici strumenti la polvere, sentesi per l' aere intorno il fragore, e lo scoppio, tale il cuore dell' estatico manda fuori lo strillo perchè acceso dall' amore di Dio.*"

33 Pastrovicchi: Kurtzer Begriff (s. Anm. 16), S. 42. Siehe auch Bernino: Vita (s. Anm. 16), S. 254. Beyer: Lobrede (s. Anm. 2), ohne Seitenzählung, S. [3]: „Wo der Geist GOttes einfallet, muß alles gleich dem angezündeten Pulver in die Lüfte gehen." Bezogen auf den Apostel Paulus ebd., ohne Seitenzählung, S. [5]: „Wo einmal dieses himmlische Feuer einen einzigen Funcken in das Herz fallen lasset, seynd Sinn und Gedancken nach denen ewigen Wohnungen gerichtet. […] Eben zur Zeit, da ihn ein Strahl des Himmels von dem Pferd gestürzet, hat sein Herz Feuer gefangen; und weil dieses wie ein Raget angezündet ist, suchet und wünschet der Apostel seine leibliche Zertrennung; immassen auch das Raget anderst nicht dann mit ihrer Zerschnellung gegen den Himmel steigen kan."

34 Pastrovicchi: Kurtzer Begriff (s. Anm. 16), S. 30: „Selbe waren in der That so häuffig, daß man sie für immerwährende halten konnte, indeme eine oft unmittelbar auf die andere folgte, weilen jedes Ding, das GOTT angienge, ihne in ein starckes Geschrey zu bringen, ausser sich zu reissen, und mit GOtt zu vereinigen im Stande ware." Bonaventura Hartmann: Orazioni panegiriche novena dell SS. Natale e Discorsi sopra la Passione del Signore Cogl' Indici degli Argomenti, e delle cose più Notabili del Padre D. Bonaventura Hartmann Cherico Regolare Teatino, Venedig 1756, S. 72: „[…] il vivere di Giuseppe fu un continuo rapimento in Dio." Ebd., S. 77: „Giuseppe con l' Anima doppiamente in Dio è assorto, con la privazione dell'uso delle potenze, ch' estasi si denomina, con l' alienazione da' sensi, che rapimento si appella. Chi può dunque comprendere la contentezza e giocondità, di cui va glorioso. Sono le estasi ed i ratti a Giuseppe famigliari tanto, che dir possiamo la di lui vita essere un ratto non interrotto di mente e di corpo […]."

35 Seconda Raccolta di Vite de' Santi per ciaschedun giorno dell'anno ovvero appendice alla raccolta delle vite de' Santi pubblicata l'anno MCCCLXIII. alla quale si premette la vita della Santissima Vergine Maria Madre di Dio dedicata alla Santità di Nostro Signore Clemente XIV. Tomo secondo, Rom 1772 [zu Giuseppe da Copertino: S. 203–206.], hier S. 206: „E in Paradiso appunti dir poteva con verità di abitare, poiche era quasi conti-

III.

Das Neue und Außerordentliche dieses permanenten Außersichseins versuchte Domenico Bernino in seiner Lebensbeschreibung des Heiligen begrifflich auseinanderzulegen, indem er die wunderbaren Zustände in „estasi“ und „ratti“, in Verzückungen und Entraffungen schied.[36] Den Raptus dachte er sich dabei als wirkungsmächtiger als die Ekstase, weil dieser nicht nur den Geist, sondern mit diesem zugleich auch den Körper und damit den inneren wie den äußeren Menschen aus seinem alltäglichen Sein herausreiße.[37] Natürlich hatten auch andere Heilige körperliche Erhebungen erlebt, doch überragte Giuseppe da Copertino auf dem Gebiet der

nuamente rapito in Dio.“; Urban Schaukögl: Lob-Rede, Von dem Seeligen Diener Gottes Josepho Von Cupertino, Aus dem Seraphischen Orden deren Minderen Brüdern Conventualen des Heil. Francisci, Vorgetragen In der Closter-Kirchen dises Heiligen Ordens Zu Stein, Den 16. Septembris 1753. als an dem ersten Tag seiner Höchst-prächtig, und feyerlichen Seeligsprechung, Von P. Urbano Schaukegl, Ord. S. Benedicti, des frey- und exempten Stifts Göttweig Professo, und Subpriore, Krems [1753], ohne Seitenzählung, S. [6]: „Überall ware JOSEPHUS ein Englischer Mensch, oder fast ein vermenschlichter Engel.“

36 In der mystischen Tradition wurden die Begriffe *excessus mentis*, *extasis* und *raptus* oft gleichlautend verwendet. Siehe dazu zum Beispiel Kurt Ruh: Geschichte der abendländischen Mystik, Bd. III: Die Mystik des deutschen Predigerordens und ihre Grundlegung durch die Hochscholastik, München 1996, S. 151. Eine Differenzierung auch bei Giovanni Bona: Della discrezione o sia conoscimento degli spiriti libro uno. [...] Dalla Latina nella Italiana favella portata, con avervi delle note agguinte, dal padre F. Vincenzo da Sant' Eraclio Predicator Cappuccino, Rom 1765, S. 162: „Questa è poi la differenza, colla quale si distinguono l'Estasi, ed i Ratti. L'Estasi più soavemente astrae dai sensi la mente. Il Ratto più fortemente, e con una certa violenza: cosichè questo aggiunge a quella, una certa forza, per cui celeramente, e repentissimamente inalza l'Anima dalle sensibili cose, e l'eleva in alto all'intellettuale intelligenza ed amore delle invisibili.“ Und S. 174: „Quando poi l'Anima, senza accorgersene, d'improviso è rapita ai divini spettacoli, suole esser tanta la forza della illustrazione divina, tanta L'efficacia dello spirito dell'Amore, che alle volte il corpo stesso viene in alto rapito: nel qual Ratto soffre tanta violenza, che resisterle non è possibile.“ In der Anmerkung dann auch der Hinweis auf Giuseppe da Copertino: „Favoritissimo fu da Dio questo gran'Uomo in tal dono, ed è assai percio singolare.“ Siehe auch Montague Summers: The Physical Phenomena of Mysticism, New York 1950, S. 67 und Antonio Blasucci: Il fenomeno dell'estasi in S. Giuseppe da Copertino, in: Gustavo Parisciani, Giancarlo Galeazzi (Hrsg.): S: Giuseppe da Copertino tra Storia ed Attualità, Padua 1984, S. 93–118, hier S. 107.

37 Bernino: Vita (s. Anm. 16), S. 150: „[...] fu egli sorpreso in Ratti, che sono molto più potenti, che l' Estasi, perche l' Estasi tirano a se sol la mente, ma i Ratti la mente, e il corpo, l' Uomo interno, e l'esterno.“ Siehe Agelli: Vita (s. Anm. 32), S. 189f.: „L'estasi, come insegnano i Santi, è un alienazione da'sensi per l'assorbimento dell'anima in Dio; e il ratto oltre a ciò importa l'elevazione del corpo, che siegue i voli dell'anima, e sono amendue effetti dell'amore divino. *Est extasim faciens divinus amor*: così l'Areopagita, riferito dall'Angelico. *Amor est caussa raptus*: così il lodato San Tommaso 22. q. 175. a 1.“

Schwebe- und Flugkraft alle diese Fälle bei weitem.[38] Was bei den Erhebungen physikalisch ins Wirken kam und wie die „Flüge" genau zu verstehen waren, ließ sich der hagiographischen Literatur nicht entnehmen. Alle Erklärungen dieser Überwindung der Gravitation wiesen ins Übernatürliche oder Übermenschliche.[39] War es Gott selbst, der den Heiligen so ungestüm zum Himmel emporriss? Waren es die Engel, die ihn gleich einer „Luftrackhet"[40] durch Kirchen und Kapellen sausen ließen? Oder wurde Giuseppe während seiner Entraffungen eine sonst allein den himmlischen Personen vorbehaltene „Agilität" zugestanden und sein Leib dergestalt wider die Gesetze der Schwere disponiert?[41] Mochte es auf diese Fragen auch keine klaren Antworten geben, so sprachen die Tatsachen doch für sich, denn diese bezeugten nicht nur die wunderbaren Entraffungen des Heiligen, sondern sie ließen auch den Willen Gottes deutlich werden, sein Wirken auf Erden nicht nur auf spektakuläre, sondern für viele gar auf skandalöse Weise in Szene zu setzen.[42] Durch die göttliche Liebe[43] und die Kraft des Allmächti-

38 Vgl. Carlos M. N. Eire: The Good, the Bad, and the Airborne: Levitation and the History of the Impossible in Early Modern Europe, in: Marjorie Elizabeth Plummer, Robin B. Barnes (Hrsg.): Ideas and Cultural Margins in Early Modern Germany. Essays in Honor of H. C. Erik Midelfort, Farnham 2009, S. 307–323, hier S. 311–313.

39 Benedicti Papae XIV Doctrina de Servorum Dei Beatificatione et Beatorum Canonizatione in Synopsim redacta ab Emm. De Azevedo S. J. Sacrorum Rituum Consultore, Brüssel 1840, S. 432: „Ex hac intima cum Deo unione adeo cor eius divinae Charitatis igne corrioebatur, et incredibile internae dulcedinis amore totum deflagrabat, ut in ecstases et raptus aliquando erumperet." Siehe Catrien Santing: Tirami sù: Pope Benedict XIV and the Beatification of the Flying Saint Giuseppe da Copertino, in: Ole Peter Grell, Andrew Cunningham (Hrsg.): Medicine and Religion in Enlightenment Europe, The History of Medicine in Context, Aldershot u. a. 2007, S. 79–99, hier S. 99.

40 Cornelius a S. Theresia: Joseph (s. Anm. 5), S. 15: „Nit so schnell wurde mein Heil. Ertzvatter Elias in das Paradeiß entrissen, als Joseph von Kupertin so viel 100 mahl von der Erd erhoben wurde, nit anderst, als wie ein Luftrackhet in die Luft steiget."

41 Alois Adalbert Waibel: Die Mystik. Auch als Zugabe zu seiner „Dogmatik der Religion Jesu Christi", Augsburg 1834, S. 206; Blasucci: Il fenomeno (S. Anm. 36), S. 105. Siehe José Lopez de Ezquerra: Lucerna Mystica pro directoribus animarum. [...], Saragossa 1692, S. 409 und Giovanni Battista Scaramelli: Il Direttorio Mistico, indirizzato a'Direttori di quelle Anime, che Iddio conduce per la via della Contemplazione. [...], Venedig 1754, S. 256.

42 Das tugend- und wundervolle Leben (s. Anm. S. 25), S. 21: „Gott also selbst ist es, Der uns durch solche Gnadenbezeugungen sein Wohlgefallen an Joseph zu erkennen gibt, und dadurch den Glauben und Handlungsweise Josephs als richtig, gut und echt darstellt und bekräftigt." Wilhelm Gustav Werner Volk: Die Tyroler ekstatischen Jungfrauen. Leitsterne in die dunkeln Gebiete der Mystik, Bd. 2, Regensburg 1843, S. 210: „Ueber alle Zweifel historisch beglaubigt sind aber die ekstatischen Flüge des heiligen Joseph von Copertino [...]."

43 Giuseppe Ignazio Montanari: Vita e miracoli di San Giuseppe da Copertino de' Minori Conventuali di S. Francesco descritti da Giuseppe Ignazio Montanari, Fermo 1851, S. 180.

gen – so hieß es – sei der „Kupertiner-Joseph“ über seine Natur selbst emporgehoben und in „einen brennenden Seraph“ verwandelt worden.[44] Als biblische Referenz diente unter anderem der „raptus Pauli“, die Entzückung des Apostels in den dritten Himmel aus 2. Korinther 12.[45] Allerdings war selbst dieser Vergleich nicht stark genug, um die Einzigartigkeit der Flüge und vor allem die Häufigkeit ihres Vorkommens richtig zu fassen und heilsgeschichtlich einzuordnen.[46] Denn:

> Er flog unter dem Chorgesang auf den Altar unter die brennende Kerzen, oder schwung sich mit dem Leib bis an das Kirchengewölbe in einem Wirbel der Entzuckung, wie der eifrige Prophet auf seinem Feuerwagen. Bey öffentlichen Bittgängen därfte ihm kaum ein Kreutz, eine Bildniß der göttlichen Mutter, oder eines besonder von ihm geliebten Heiligen unter die Augen kommen, flogen seine Herzensbegierden hin, solches zu umarmen, zu grüssen, zu ehren, zu küssen, und der Leib mußte mit.[47]

Seine „Aufsteigungskraft“[48] war so außerordentlich, dass auch mit verordneten Bleistiefeln nichts auszurichten war.[49]

Ganz offensichtlich verwandelten sich während der Erhebungen die Kirchen und Kapellen buchstäblich in Abbilder des himmlischen Jerusa-

---

44 Auserlesene Lob- und Ehrenreden (s. Anm. 1), S. 77: „Jene Wunderstücke der Kunst, welche Apelles in Farben schilderte, Lisyppus aus Marmor bildete, verdienten zwar Lobsprüche des Alterthums: doch keiner druckte das Portrait seines sinnreichen Gegenstandes so künstlich aus, als ich die Gnade GOttes in unserm Kupertiner-Joseph ausgedruckt sehe. Diese erschwang sich über seine Natur selbsten empor, und gestaltete aus einem Menschen einen brennenden Cherub, einen brennenden Seraph.“

45 Ebd., S. 79: „[...] redet ihr verschlossene Zellen, stellet unsern Augen vor jene vielfältige Entzuckungen, in welchen Joseph mit Paulo in den dritten Himmel ist erhoben worden: führet uns zu Gemüth jene Liebsseufzer, welche dieser brennende Seraph zu seinem GOtt abgesendet hat.“ Auch Hartmann: Orazioni (s. Anm. 34), S. 77.

46 Anton Staudinger: Der Seelige Josephus von Cupertino, Ein Mensch, Der uns in Zweiffel setzet, Ob er in, oder ausser dem Leib gewesen. Den 18. Herbstmonats 1753. als den dritten Tag der drey-tägig-herzlichen Fest-Begängnuß Seiner Seligsprechung/ in dem uralt- und berühmten Gottes-Haus deren W.W. E.E. P.P Minoriten zu Wien In einer Lob-Rede vorgetragen Von P. Antonio Staudinger, aus der Gesellschaft Jesu, der hohen Metropolitan-Kirchen zu St. Stephan gewöhnlichen Dom-Prediger, Wien [1753], ohne Seitenzählung, S. [10]: „Es seynd zwar vielleicht wenige Heilige im Himmel, die nicht dann und wann von heftiger Liebes-brunst getrieben bis in dritten Himmel mit einem Paulo sich eingedrungen hätten, doch getraue ich mir nicht, einen einzigen aus allen Heiligen unserem Wunder-mann JOSEPHO an die Seiten zu stellen, der so vielmal, und auf so seltsame Art ausser sich gesetzet das Land der Seeligen durchwandert hätte.“

47 Auserlesene Lob- und Ehrenreden (s. Anm. 1), S. 122.

48 Caesar Bandi Ritter von Vesme: Geschichte des Spiritismus. Einzig autorisierte Übersetzung aus dem Italienischen mit Anmerkungen versehen von [Fritz] Feilgenhauer, Bd. 2: Mittelalter und Neuzeit, Leipzig, S. 116.

49 Ernst Benz: Die Vision. Erfahrungsformen und Bilderwelt, Stuttgart 1969, S. 218.

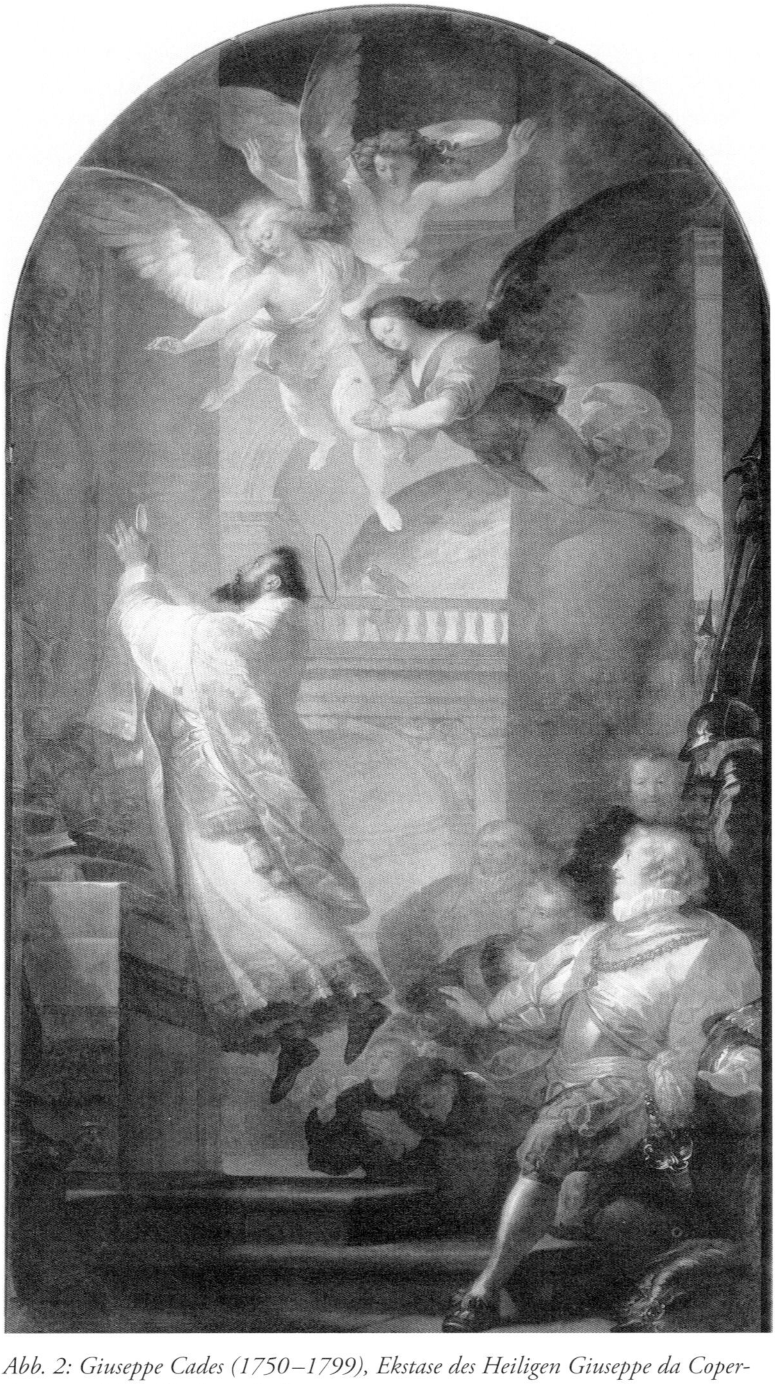

Abb. 2: Giuseppe Cades (1750–1799), Ekstase des Heiligen Giuseppe da Copertino, um 1775, SS. Apostoli, Rom

lem.[50] Die wunderlichen Zustände waren die stärksten Marker eines sich durch Schwerelosigkeit verifizierenden Eingehens in überirdische Gefilde, eine Vorwegnahme eines schon himmlischen Lebens im Irdischen[51] – ein Beleg dafür, „daß ihm Gott die Eigenschaft der Himmelsbürger schon vor dem Tode zugeeignet habe".[52] (**Abb. 2** und **Farbtafel 16**)

Immer wieder wurde die augenfällige Vereinigung des Heiligen mit Gott beobachtet. Zuerst sahen Zeugen Entraffungen bei seinen langen Messen. Ministranten nahmen wahr, „daß er nach und nach/ in die Höhe auffgehoben worden", „eine geraume Zeit/ nur auf den Spitzen der Pantofflen" stehend, um dann hin und wieder „zwey biß drey Spannen hoch/ vor dem Altar-Staffl erhoben" zu werden.[53] Auch außerhalb der Messe drängte es Giuseppe zum Leib Christi und damit zur Verehrung des real präsenten Gottessohnes. So etwa in Assisi, wo er im Beisein vieler Kirchenbesucher aus der Abgeschiedenheit eines Coretto in der Ursula-Kapelle[54] zum Sakramentsaltar schwebte, um vor dem Tabernakel in der Luft kniend mit glänzendem Gesicht – wie ein Seraph – dem Allerheiligsten seine Reverenz zu

50 Franckh: Neues Wunder-Werk (s. Anm. 11), ohne Seitenzählung, S. [14]: „[...] wie oft ist Er nicht bey ausgesetztem hochwürdigen Gut ober denen Häuptern aller Gegenwärtigen durch die Mitte der Kirch, wie jener Apocaliptischer Engel durch die Mitte des Himmels geflogen, bis Er zu dem Thron GOttes, ich verstehe das Ort dieses ausgesetzten Sacraments gekommen ist?"

51 Tanquerey, Adolphe: Compendio di Teologia Ascetica e Mistica. Versione italiana di Filippo Trucco e Luigi Giunta, Paris ^{5}1928, S. 747: „Ben più savio è Benedetto XIV! Egli vuole prima di tutto che, a scanso di inganni, il fatto si bene accertato. Poi dichiara: 1) che la levitazione bene accertata non può spiegarsi naturalmente; 2) ma che non supera le forze dell'angelo e del demonio, i quali hanno potere di sollevare i corpi; 3) che nei Santi questo fenomeno è un'anticipazione della dote dell'agilità propria dei corpi gloriosi."

52 Ferdinand Ignaz Herbst: Katholisches Exempelbuch. Oder: Die Lehre der Kirche in Beispielen aus der Geschichte des Reiches Gottes auf Erden und seinen Gegensatzes in der Welt- und Menschengeschichte. Gesammelt und zum Erstenmale hrsg. von Dr. Ferdinand Ignaz Herbst. Aufs neue durchgesehen, verbessert und vermehrt von Dr. Maximilian Stadlbaur. Erster Theil. Zur katholischen Glaubenslehre, Regensburg 1840, S. 493.

53 Nuti: Lebens-Beschreibung (s. Anm. 9), S. 231f.

54 [Angelo Pastrovicchi:] Compendio della Vita, Virtù, e Miracoli del B. Giuseppe di Copertino. Sacerdote Professo dell' Ordine de' Minori Conventuali di S. Francesco dedicato alla Santità di N. S. Papa Benedetto XIV., Rom 1753, S. 25; Kurtzer Begrif Des Lebens, Tugenden, Tods/ Und Wunderwercken Des Seligen Josephi Von Cupertino, Priesters und Professen des Ordens deren Minderen Brüdern Conventualen des Heiligen Francisci, Welcher Von jetzo glorreichist regierender Päpstlichen Heiligkeit Benedicto dem XIV. der Zahl deren Seligen einverleibet worden. Erstlich gedruckt zu Rom 1753. durch Generoso Salomoni, auf dem Platz des Heil. Ignatii mit Erlaubnuß deren Oberen; nunmehro in eben diesem Jahr aus der Welschen Sprach in die Teutsche übersetzet von einem Priester gemeldten Ordens, Prag 1754, S. 29. Siehe Görres: Die christliche Mystik (s. Anm. 25), S. 545.

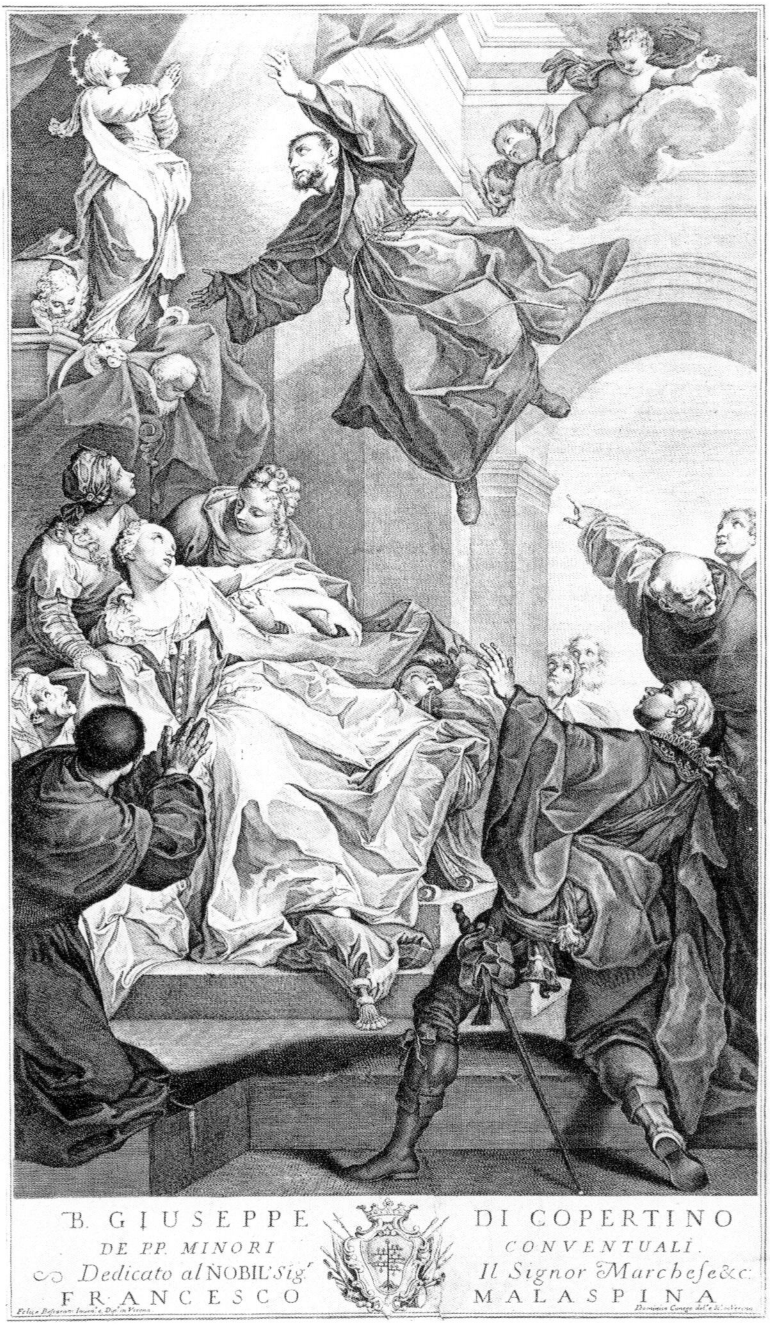

Abb. 3: Domenico Cunego (1727–1803), Ekstase des Heiligen Giuseppe da Copertino in Assisi, um 1755, Museo di Castelvecchio, Verona

erweisen. Bei dieser Gelegenheit sah man, wie Giuseppe die Sandalen von den Füßen glitten und auf den Boden fielen, was den Zuschauern ohne Zweifel das Unerhörte des schwerelosen Fluges noch deutlicher vor Augen stellte.[55] Neben dem Leib Christi huldigte er besonders inbrünstig den Bildern der Gottesmutter.[56] Dies einmal auch in Assisi, wo er über die Köpfe illustrer Gäste hinweg einer Statue Mariens entgegenflog, um vor der Figur der Himmelskönigin für kurze Zeit anbetend zu verweilen.[57] (**Abb. 3**) Aber auch vor Darstellungen anderer Heiliger, etwa jenen des Heiligen Franciscus oder Antonius,[58] sah man ihn in der Luft knien, um die Bilder zu betrachten, zu umarmen, oder gar zu küssen. Die Sinne blieben dabei nicht an der Oberfläche der Bilder haften, sondern drangen offenbar bis zu den Prototypen durch.[59] Die weltlichen Dinge verglich Giuseppe da Copertino gerne mit einer Brille: Eine solche setze man sich ja auch nicht dazu auf, die Brille selbst zu betrachten, sondern um mit ihr in die Ferne zu schauen. So sei das materiell Sichtbare auch nur dazu geschaffen, um auf das Immaterielle und Unsichtbare durchblicken zu können.[60]

---

55 Bernino: Vita (s. Anm. 16), S. 158: „Altra volta medesimamente orando in un Coretto, che corrispondeva all'Altare del Santissimo Sacramento fu da tutto il Popolo della Chiesa veduto a poco a poco, con la Testa avanti, uscir dalle Gelosie di esso Coretto, e fermarsi con le ginocchia in aria rivolto al Tabernacolo, nel cui Ratto cadutegli le Pianelle da' piedi dentro la Cappella del Santissimo, esso comparve tutto risplendente in faccia, come un Serafino. Il Custode corse al Coretto, e dalle Gelosie con la voce, e con la mano chiamollo per Ubbidienza a rientrarvi, e rientrovvi per la medesima strada il buon Servo di Dio, a cui ogni Finestra era Porta, quand' egli da' Ratti era portata al suo Dio."

56 Ebd., S. 162–170; Görres: Die christliche Mystik (s. Anm. 25), S. 543–545.

57 Bernino: Vita (s. Anm. 16), S. 83: „[...] uscito dalla sua Cella, e nella Chiesa entrando per una piccola Porta, situata dirimpetto all' Altare, ove in statua elevata posava la figura della Concezione della Madonna, fugli tutt' una cosa l' entrare, il veder la statua, il dar uno strillo, e il lanciarsi a volo per la distanza di dodici passi sopra le teste dell' Ammiraglio, e delle Donne, all' abbraccio de' piedi della Regina del Cielo, ove immobile perseverando all' adorazione di lei breve spazio di tempo [...]."

58 Ebd., S. 42.

59 Gustavo Parisciani (O. F. M. Conv.): San Giuseppe da Copertino (1603–1663) alla luce dei nuovi documenti, Osimo 1963, S. 377: „‚Gli uomini – diceva Padre Giuseppe – sogliono rimirare et ammirare le belle cose di questo mondo e dicono: ò le belle cose che fa la natura, e non alzano la mente a contemplare il Dio nella natura, dal quale tutte le belle cose derivano. Queste cose visibili devono servire come servono gl'occhiali. Quando uno pone un paro d'occhiali sopra gl'occhi suoi non ve li pone a fine di guardare e vedere li predetti occhiali, ma più tosto a fine che per mezzo degl'occhiali medesimi possa vedere altre cose che dagl'occhi sui sono distanti.'" Auch Gustavo Parisciani (O. F. M. Conv.): Der heilige Josef von Copertino (Ein Auszug aus dem ausführlichen Werk desselben Autors), Osimo 1968, S. 52.

60 Parisciani: San Giuseppe da Copertino (s. Anm. 59), S. 377: „Un altro detto notabile aggiungeva in questo proposito degl'occhiali, cioè: ‚le cose corporee materiali e visibili devono servire come occhiali per vedere et intendere le cose invisibili e spirituali, secondo

IV.

Konfrontiert mit der Frage, was Ekstatiker denn in ihren Entraffungen sehen und erleben würden, gab Giuseppe dem Kardinal Lorenzo Brancati die Antwort, bei den Verzückungen käme es ihm so vor, „als befände er sich in einem grossen Saal von seltenen Kostbarkeiten/ und sähe in einem dort hangenden hellesten Spiegel in einem eintzigen Augenblick die Gestalten aller und jeden gesammlet, wormit er die verborgenen Geheimnussen/ die ihme GOtt in dieser grossen Verinigung offt zu offenbaren beliebte/ sagen wollte."[61] Brancati, der selbst Augenzeuge einer Erhebung geworden war,[62] hatte in seinen *Commentaria* [...] *In Tertium Librum Sententiarum Mag. Dr. Ioannis Duns Scoti* zur Beschreibung der Visionsinhalte den damals seltenen Begriff „musæo" verwendet und war in diesem Zusammenhang auch auf „imagines" zu sprechen gekommen, auf eine Vielzahl von Bildern, deren Wesen sich für den Ekstatiker im besten Falle mit einem einzigen Augenwurf erfassen lasse.[63] Diese bemerkenswerte Formulierung war abhängig

---

è scritto Invisibilia Dei per ea quae facta sunt intellecta conspiciuntur. E perciò, siccome veruno adopera gl'occhiali per fine di vedere li medesimi occhiali, dunque così è pazzia molto manifesta di volere mirare le cose terrene, che sono il mezzo per vedere altre cose invisibili.'"

61 Pastrovicchi: Kurtzer Begriff (s. Anm. 16) 1753, S. 42. Siehe Agelli: Vita (s. Anm. 32), S. 26: „E ciò, che Iddio gli mostrasse lo disse al Sig. Cardinale Lauria, il quale chiedendogli in terza persona: cosa vedessero gli estatici nelle loro Estasi, egli pure in terza persona rispose: ritrovandosi eglina come in mezza ad una gran Galleria di cose belle, o dentro un lucidissimo specchio, che quivi pendeva, in una sola occhiata vedere, e vagheggiare la specie di tutte esse, cioè gli arcani Misterj, che si compiace Iddio rivelar loro in quella gran visione." Siehe Maria Antonietta Epifani: „La gran galleria delle cose belle": san Giuseppe da Copertino tra cielo e terra, in: L'Indomeneo 15 (2013), S. 63–74, hier S. 63.

62 Lorenzo Brancati: Commentaria D. Laurentii Brancati de Lauraea Ordinis Minorum Conventualium S. Francisci In Rom. Sapient. Professoris Theologi, SS. Congreg. Concistor. Indul. Rituum, Visitationis, ac S. Officij Consultatoris & Qualificatoris, Episcoporum Examinatoris, & Bibliotecae Vaticanae Primi Custodis. In Tertium Librum Sententiarum Mag. Dr. Ioannis Duns Scoti Eiusdem Ordinis Doctoris Subtilissimi. Tomus Quartus. In quo continentur Disputationes XX. De Spe, Charitate, Donis Spiritus Sancti, Fructibus, Beatitudinibus, Gratia Habituali, Gratiis Gratis Datis, Et specialiter de Miraculis, Rom 1674, S. 607 [Disp. XX, Art. XXIII, Nr. 934]: „Quidquid sit de hoc, extasis, seu raptus, habent latitudinem; interdum enim maiores, interdum minores sunt (de sensibus abstractionibus non loquimur:) nam extatici aliquando punguntur, vruntur, alijsque modis exagitantur, & nihil sentiunt. aliquando motus inorganicos, vel in aerem, vel in alium locum patiuntur; et aliquando nihil horum, primi generis accidentia omnia ego meis oculis, & pluries vidi in Patre Ioseffo de Cupertino mei ordinis sacerdote; qui de anno 1663. die 18. Septembris obijt. Eaque in processibus iam factis probantur." Siehe auch Bernino: Vita (s. Anm. 16), S. 537 f.

63 Brancati: Commentaria (s. Anm. 62), S. 610 [Disp. XX, Art. XXIII, Nr. 980]: „Idem fere dicit S. Theresia in lib. De Castro interiori cap. 4. Quod nempè Deus extaticis os-

von einer Stelle in der „Seelen-Burg“ der Heiligen Theresa von Avila. Dort wurde auf die vollkommene Unmöglichkeit der Beschreibung himmlischer Eindrücke hingewiesen, dieser Unmöglichkeit aber mit symbolischer Theologie begegnet – in paradoxaler Zuspitzung:

> Mich verlanget sehr eine Gleichnüs zu erdencken/ die ich euch fürstellen möchte/ ob ich dadurch etwas von dem/ was ich sage/ könnte zu verstehen geben; ich halte aber darfür/ daß kein solche Gleichnüs könne erfunden werden/ die sich darauff schicke/ doch wollen wir diese folgende sagen: Kompt einer etwan in eines grossen Herren oder Königs Gemach/ welches sie ihre Silberkammern oder Kunstkammern nennen/ darinnen unzahlbahre Arten von schönen Gläsern/ Gefässen und andern köstlichen Dingen in solcher Ordnung nacheinander gesetzt seynd/ daß man sie fast alle zugleich auff einmahl sehen kann/ wan man hinein gehet. Einstmahls hat man mich in ein solches Zimmer geführet/ in der Hertzogin von Alba ihrem Hoff [...]. Wiewohl ich nun ein Zeitlang an demselben Orth geblieben/ so war doch deß Dings so viel zu sehen/ daß ich gleich alles vergessen/ also daß ich mich keines Stücks auß allen denselben mehr erinnere/ als wan ich es nie gesehen hätte/ wüste auch nicht zu sagen/ wie sie gestaltet gewesen/ nur in gemein erinnert man sich/ daß man es gesehen hab.[64]

---

tendit multa secreta diuina, quandoque per visiones imaginarias, quandoque verò per intellectuales tantùm, exemplificans de aliquo existente in musæo, seù domo, in qua sunt imagines multæ, ac divuersæ, & is circumquaque prospiciens, varietate, & mira picturarum pulchritudine delectatur. Et Frater meus Ioseph à Cupertino, dice, factum Extaticorum hoc similitudine plurium imaginum Musæi declarans, unum addebat: Sin in eo Musæo magnum aliquod adesset speculum, & Imagines omnes suas species in illud immitterent, tunc respiciens speculum, omnia depicta in Musæo existentia unico intuito in Musæo cerneret: Sic aiebat, se habent Extatici, cum Deus eis secreta divina demonstrat.“ Bernino: Vita (s. Anm. 16), S. 538. Auf Seite 53 f. die Italienische Fassung. Siehe auch Giovanni Chiericato: La seconda Età del Mondo overo Ragionamenti sopra la Sacra Genesi. Dall'uscita di Noè dall'Arca dopo il Diluvio sino alla partenza di Abrahamo dalla Chaldea: & alla fugga di Lot suo Nipote da Sodoma. Nelli quali si riferiscono le più celebri Questioni, che fanno gl'Espositori Sacri, Historiche, Mistiche, e Morali, con altre bellissime Erudizioni. Di Giovanni Chiericato preposito dell titolo della SS. Trinità di Padova, Padova 1729, S. 157–159. Ebenso Parisciani: San Giuseppe da Copertino (s. Anm. 59), S. 440, Anm. 9.

64 Theresa von Avila: Opera Oder GOtt-selige Bücher und Schrifften Der H. Seraphischen Jungfrawen Teresa von Jesu, Stiffterinn und Mutter der Discalceaten Carmeliteren und Carmeliterinnen; Welche von der Heiligen Mutter selbsten anfangs in Spanischer Sprach geschrieben/ nachmahls aber durch einen ihres Ordens Pristern mit sonderlichem Fleiß in die Teutsche übersetzt. Anjetzo zum viertenmahl auffgelegt/ an vielen Orthen von den eingeschlichenen Truck-Fehlern corrigirt, und in zwey Theil abgetheilt. Ander Theil Begreifft in sich das Buch von Klosterstifftungen: Kurtze Unterrichtung / wie der Discalceaten Nonnen-Klöster zu visitieren seyen: Die Seelen-Burg/ oder innerliche Wohnungen: Des Seelen Lieb-Seufftzer und Betrachtungen gegen GOtt: Bedencken von der Liebe GOttes über erliche Wort des Hohen-Lieds Salomonis: Send-Schreiben H. Teresa, ne-

Gemeint war, dass es der verzückten Seele so gehe wie dem Besucher einer Wunderkammer, wenn sie durch Gottes Willen einen Blick in die Säle des „empyreischen Himmels" werfen dürfe.[65] Da zeige sich das Schöne in solch einer Mannigfaltigkeit, dass man sich keine Einzelheit recht einprägen könne, sondern nur die vage Erinnerung daran bleibe, unbeschreibliche Dinge gesehen zu haben. Giuseppe sagte 1653 zu einem Padre Libelli:

> Manchmal sieht man viele Dinge Gottes, alle zusammen, ohne von diesen die Formen zu unterscheiden, und das in solch einer Weise, als stünde man in einem gut mit Wandbehängen, Bildern, Spiegeln, Betten mit gestickten Decken und ähnlichen Sachen geschmückten Zimmer; man sieht, was da an Schönem ist, aber alles auf einen Blick, ohne die Teile zu unterscheiden. Bei anderen Gelegenheiten werden einem bestimmte Geheimnisse offenbart, ganz wie es dem göttlichen Willen gefällt.[66]

Was er sah, wenn er entrafft wurde? Hier noch eine weitere Antwort:

> Manchmal die Attribute Gottes, alle zusammen bewundernswürdig, aber undeutlich und geistig verwirrend, so dass sie nicht einzeln zu unterscheiden sind; manchmal jedes für sich und stets neue und kostbare Sachen, wie sie einem in einer großen Galerie vor Augen stehen, in der ebenso das Ganze wie jedes Einzelstück den menschlichen Geist überrascht.[67]

---

ben etlichen andern Verzeichnüssen/ die sie ihre Beicht-Vättern zugeschickt: Sieben Betrachtungen über das Heil. Vatter Unser. Mit zweyfachem Register/ neblich der Capiteln und fürnehmsten Materien, Köln 1732 [Seelen-Burg: S. 209–357.], hier S. 296 f. [Sechste Wohnung, 4. Cap.]

65 Das wird von Giuseppe da Copertino auch auf den Geschmackssinn bezogen. Parisciani: San Giuseppe da Copertino (s. Anm. 59), S. 440: „,Uno che entra in una speziaria, ove sono vasi di liquori odoriferi, ovvero in una cantina dove sono più botti di vino, sente e gode l'odore di quei liquori e del vino, benchè da lui non siano veduti. Così succede nelle estasi. Si sente una consolazione inesplicabile, senza vedere l'oggetto donde deriva. L'estasi è come un assaggio della vera gloria del paradiso.'"

66 Bernino: Vita (s. Anm. 16), S. 95: „Allora l'interrogai, che cosa gli mostrasse Dio di particolare in queste astrazzioni, che parevano così particolari, mi rispose, che alle volte si vedevano molte cose di Dio tutte insieme senza distinguerne le forme, in quella maniera, che incontrandosi uno in una camera ben' abbigliata di tappezzerie, di pitture, di specchi, di letti, con recami, e cose simili, vede ciò che quivi è di bello, ma tutto in un' occhiata, senza distinguerne le parti; Altre volte gli si mostrava qualche misterio particolare, secondo che pareva alla sua Divina volontà; ma mostrando fastidio di dovermi risponder più a lungo sopra qusto soggetto, quasi che con nausea, mi pregò, che non l' interrogassi di vantaggio, perche era ignorante, e non sapeva discorrere." Meine Übersetzung. Siehe Sebasti: Giuseppe da Copertino (s. Anm. 28), S. 89.

67 Bernino: Vita (s. Anm. 16), S. 73: „Interrogato, *Che vedesse in questi Estasi, e Ratti?* rispose: *Alcune volte gli Attributi di Dio tutt' insieme ammirabili, indistintamente, con confusione d' intelletto, che non può distinguerli a parte a parte: altre volte ciascun per se, e sempre cose nove, e preziose, come aperte agli occhi in doviziosa Galeria, in cui il tutto, come ogni*

Im Zustand der Verzückung zog Gott dem Heiligen gleichsam einen Vorhang zur Seite und enthüllte dem menschlichen Auge in gnädiger Herablassung schon die unaussprechlichen Schönheiten des Paradieses.[68]

Während Giuseppe da Copertino in den Kirchen und Kapellen den Bildern in übermenschlicher Weise huldigte, eben so, als stehe er mit den himmlischen Personen schon in direktem Kontakt und sei mit Gott gleichsam vereinigt, wählte er zur Darlegung seiner Entraffungen demütige Vergleiche, Bilder einer auf Distinktion hin organisierten Dingkultur. In den Wunderkammern und Gemäldegalerien des Himmels zeigte sich der Allmächtige seinem Diener nicht von Angesicht zu Angesicht,[69] sondern gab sich nur anhand seiner Attribute zu erkennen, in Form kostbarer Gegenstände. Die Artefakte brachten dabei Macht und Majestät zur Anschauung und sie validierten Herrschaft als ein Höchstmaß an Pracht. Giuseppe da Copertino bezog sich, wenn er vom Himmel sprach, auf frühneuzeitliche Ordnungssysteme, in denen sich Hierarchie mit und durch „Ansehen" materialisierte. Gott hatte sich im Himmel einen ansehnlichen Palast errichtet so wie die großen Herren und Prinzen auf Erden.[70]

---

parte di essa, soprende l' umana intelligenza." Meine Übersetzung. Siehe auch Agelli: Vita (s. Anm. 32), S. 87.

68 Pastrovicchi: Compendio (s. Anm. 54), S. 46: „[...] siccome disse altrove, che l' Anima è da Dio rapita coll' aprir la cortina, e col farle veder a guisa di una gran Galleria molte cose bellissime, e ineffabili del Paradiso [...]." Pastrovicchi: Kurtzer Begriff (s. Anm. 16), S. 75: „[...] und weil er sich offt der lebhafften Gleichnuß, die wir oben angebracht, bediente, die Seele nemlich werde von GOTT entzücket, wann er vor ihr den Vorhang wegnehme, und ihr gleichsam in einer grossen Gallerey viele treffliche, und unaußsprechliche Schönheiten deß Himmels zeige; Also setzte er hinzu, ziehet GOtt der HERR auf das Wort des Gehorsams den Vorhang vor/ und lasset die Seele zu ihren Pflichten wieder frey."

69 Joseph Stainer: Lob-Rede von dem Wachsthum Der Tugend und Ehre Des Seeligen Josephi von Cupertino, Des Heiligen Ordens deren Minderen Brüdern Conventualen des Heil. Francisci Bey gehaltener Feyerlichkeit Seiner in jetzt lauffenden Jahr von Benedicto XIV. geschehenen Seeligsprechung, In dem GOttes-Hauß bemelten Ordens in der Kays. Königl. Und Landsfürstl. Stadt Stein Den 17. Septemb. Nachmittag im Jahr 1753. vorgetragen und auf Verlangen in Druck gegeben Von P. Josepho Stainer Prediger Ordens, und gewöhnlichen Sonntags-Prediger zu Crembs, Krems [1753], ohne Seitenzählung, S. [13]: „Die fast unzahlbaren Entzuckungen brachten ihn bey denen anwesenden Mensschen in so grosse Hochachtung, als der gepflogene Umgang mit GOtt, den Moysen bey den Volck Israel. Dises fangte an sich zu förchten, als es ihren Heerführer nach gehabten Gespräch mit GOtt sein Angesicht mit Glantz umgeben gesehen; und die JOSEPHUM in seinen Entzuckungen bewunderet, haben hernach ihn nicht anderst als mit einer heiligen Ehrforcht ansehen können."

70 Gustavo Parisciani: I tre diari (1645–1652) dell'abate Arcangelo Rosmi su San Giuseppe da Copertino, Ricerche francescane, Padova 1991, S. 302: „Dio Signor nostro ha fatto come fanno li gran signori e precipi i quali, avendo nelle loro città gran palazzi e comodità allo stato loro proporzionate, nondimento sogliono per delizie fabricare qualche

Das war buchstäblich symbolische Theologie und diese zielte auf Glaubensvermittlung, denn: „Der gemeine Mann, welcher bloß an den Sinnen hanget, und die Vernunfft wenig gebrauchen kann, vermag auch nicht zu begreiffen, was die Majestät des Königs ist: aber durch die Dinge, so in die Augen fallen und seine übrige Sinnen rühren, bekommet er einen obzwar undeutlichen, doch klaren Begriff von seiner Majestät oder Macht und Gewalt."[71] Bezeichnenderweise kam in den verschiedenen Biographien immer wieder ein wunderlicher Vorfall zur Sprache, der die Visionen des Heiligen mit der damals herrschenden Gesellschaftsordnung in Verbindung brachte, ein Vorfall, der dem Kardinal und Bischof von Osimo, Antonio Bichi, widerfahren war. Als dieser nämlich den alternden Giuseppe da Copertino in seiner Zelle aufsuchte, setzte er „in seinem Discurs, die Himmlische Hoff-Stadt/ mit denen Hoff-Bedienten eines irdischen Fürstens" in eine Abbildbeziehung.[72] Der Vergleich des „corte celeste" mit dem Hof weltlicher Fürsten löste dann pünktlich eine jener Ekstasen aus, für die der Heilige so berühmt war und deren Zeuge zu werden man sich von einem Besuch bei ihm erhoffte.[73] Nach einem seiner überlauten Schreie warf Giuseppe sich,

bello e gran palazzo in villa [...]. Così il gan prencipe Dio, havendo in cielo le sue delizie, ha voluto nella villa della terra fabricare un bellissimo palazzo, che è stata la Beatissima Vergine, quivi se n'è venuto il Verbo Eterno [...]."

71 Christian Wolff: Vernünfftige Gedanken Von dem Gesellschaftlichen Leben der Menschen Und insonderheit Dem gemeinen Wesen. Zu Beförderung der Glückseeligkeit des menschlichen Geschlechtes Den Liebhabern der Wahrheit mitgetheilet [...], Frankfurt a. M.–Leipzig 1725, S. 505. Fast mit gleichem Wortlaut dann Julius Bernhard von Rohr: Einleitung zur Ceremoniel-Wissenschafft Der großen Herren, Die in vier besondern Theilen Die meisten Ceremniel-Handlungen/ so die Europäischen Piussance überhaupt/ und die Teutschen Landes-Fürsten insonderheit, so wohl in ihren Häusern, in Ansehung ihrer selbst, ihrer Familie und Bedienten, als auch gegen ihre Mit-Regenten, und gegen ihre Unterthanen bey Krieges- und Friedens-Zeiten zu beobachten pflegen, Nebst den mancherley Arten der Divertissemens vorträgt/ sie so viel als möglich in allgemeine Regeln und Lehr-Sätze einschlüßt, und hin und wieder mit einigen historischen Anmerckungen aus dem alten und neuen Geschichten erläutert, ausgearbeitet von Julio Bernhard von Rohr, Neue Auflage, Berlin 1733, S. 2: „Sollen die Unterthanen die Majestät des Königs erkennen, so müssen sie begreiffen, daß bey ihm die höchste Gewalt und Macht sey, und demnach müssen sie ihre Handlungen dergestalt einrichten, damit sie Anlaß nehmen, seine Macht und Gewalt daraus zu erkennen. Der gemeine Mann, welcher bloß an den äußerlichen Sinnen hangt, und die Vernunfft wenig gebraucht, kann sich nicht allein vorstellen, was die Majestät des Königs ist, aber durch die Dinge, so in die Augen fallen, und seine übrigen Sinnen rühren, bekommt er einen klaren Begriff von seiner Majestät, Macht und Gewalt."

72 Nuti: Lebens-Beschreibung (s. Anm. 9), S. 481.

73 Roberto Nuti: Vita del Servo di Dio P. F. Giuseppe da Copertino sacerdote dell'ordine de' minori conventuali. Morto à 18. di Settembre dell' anno 1663. E sepolto nella Chiesa di S. Francesco d'Osimo de' medesimi Padri. Composta dal P. M. Roberto Nuti. Stampata la prima volta dal Cronista della Religione. Corretta, e ristampata dal P. M. Gio: Fe-

den Berichten zufolge, auf die Knie und verweilte mit ausgebreiteten Armen für eine Viertelstunde vollkommen regungslos. Besondere Verwunderung löste die Entrücktheit dadurch aus, dass der Kardinal beobachtete, wie auf den himmelwärts gerichteten Augäpfeln des Heiligen mehrere Fliegen hin und her krochen, „ohne daß selbter/ einiges Zeichen der Empfindlichkeit von sich gegeben".[74] Das Geschehen wertete man als Beleg der sich im Raptus vollziehenden geistigen Entleibung. Die tiefe Kontemplation konnte für die gläubigen Beobachter nur eines bedeuten: Dem heiligen Ekstatiker wurde in diesen Momenten die wunderbare Gnade zuteil, bereits auf Erden in die Schar der Heiligen des Himmels einzugehen und damit zu Lebzeiten schon Teil des göttlichen Hofstaates zu werden.[75]

---

lice Barnabei, del medesimo Ordine Teologo della S. C. R. M. dell' Imperatrice Vedova. Dedicata all' altezza serenissima di Giuseppe Arciduca d'Austria, Wien 1682, S. 458 f.: „Nel principio ch'arrivo in Osimo andò il Signore Cardinal Bighi à visitarlo nel nostro Convento, e prendendo motivo di raggionar de' Cortigiani del cielo, che' assistono eternamente alla Maestà di Dio, paragonando alla Corte celeste quella de' Prencipi terreni; à queste parole il servo di Dio gettò una gran voce, restò fuor di se immobile genuflesso in terra con le braccia aperte, e la faccia rivolta al cielo, e stette in questa guisa per bon spatio di tempo; ritornato poi in se fu interrogato da S. E. per qual consideratione le fusse avuenuto quella estasi; ripose che pensava alla grandezza delle cose Divine, & alla [459] bassezza dell' humane. Quest' estasi cagionò gran devotione, & ammiratione all' occhio purgato dal Signor Cardinal sudetto non solo perche lo vidde in quella maniera in estasi, cosa da lui non più veduta, mà ancora, perche il servo di Dio in quell' atto teneva gl' occhi aperti, e nella pupilla di quelli si vedevano le mosche, senza che sentisse dalle punture die quelle alcuna molestia, come S. R. raccontò più volte con diversi." Montanari: Vita (s. Anm. 43), S. 141.

74 Nuti: Lebens-Beschreibung (s. Anm. 9), S. 481: „Nachdeme Josephus zu Auximo ankommen/ besuchte in der Herr Cardinal Bighi, und vergliche in seinem Discurs, die Himmlische Hoff-Stadt/ mit denen Hoff-Bedienten eines irdischen Fürstens/ Josephus schrye überlaut auff/ fiele auff seine Knie/ und bliebe also mit außgespanten Armben/ und empor gegen Himmel gerichteten Augen/ eine geraume Zeit verzuckt; wurde/ nachdeme er wieder zu sich kommen/ von ihme Cardinalen, auch umb dessen Ursachen befraget/ und habe in Antwort: Er habe die Großmächtigkeit der Himmlischen/ und die Nichtigkeit der irdischen Sachen betrachtet. Dieser Seelen-Flug/ hat bey dem Cardinaln zugleich eine sondere Andacht und Verwunderung verursachet/ indeme er mit seinen Augen gesehen/ daß einige Fliegen/ in deß Dieners Gottes offenen Augen/ hin und her gekrochen/ ohne daß selbter/ einiges Zeichen der Empfindlichkeit von sich gegeben."

75 Bernino: Vita (s. Anm. 16), S. 120: „Trovandosi alla visita di lui nella sua cella il Cardinal Bichi Vescovo della Città, e discorrendosi della corte Celeste, che si paragonava alla corte de'Principi Terreni, il Servo di Dio die in un alto, ed improviso strillo, e gittossi inginocchione della Sedia in Terra, e quivi immobile rimase per la quarta parte di un ora, ed allora fu ancora, che in quel tempo fugli dagli Astanti veduta una Mosca dentro la Cassa, e la pupilla dell'occhio, che aperto mirava verso il Cielo, senza alcun' movimento, o risentimento di lui, che in quell' atto aveva rinunziato ad ogni senso di vita, astratto tutto alla contemplazione della corte del Cielo [...]." Pastrovicchi: Compendio (s. Anm. 54), S. 77. Das tugend- und wundervolle Leben (s. Anm. 25), S. 146: „Auch

V.

Es waren nicht diese oder ähnliche Visionsinhalte, die Giuseppe da Copertino von kritischer Seite den Vorwurf einbrachten, ein Schwärmer, Gaukler oder gar Betrüger zu sein, ein „Affenbild des heiligen Franziskus".[76] Es waren vielmehr die unordentlichen Entzückungen, die zweifelnde Reaktionen auslösten und manchmal gänzlich ins Land der Märchen verwiesen wurden.[77] Aufgeklärte Geister sahen in Anbetracht der Flüge Vernunft und Sittlichkeit entehrt[78] und versuchten sich an scheinbar „natürlichen" Erklärungen,[79] wie Somnambulismus,[80] Halluzination,[81] Hypnose[82] oder Sugge-

der Kardinal Bicho hatte hier [Osimo] mehrmal das Glück, den Heiligen in Ekstase zu sehen. Als dieser einst bei einem Besuche mit ihm in heiligem Gespräche begriffen war, da erhob er sich plötzlich von seinem Stuhle und kiete mit ausgespannten Armen nieder, während die offenen Augen ganz erstarrt und alle Empfindung gewichen war, so daß man, als eine Fliege auf dem Augapfel des offenen Auges saß, nicht die geringste Bewegung an ihm bemerkte."

76 Lodovico Antonio Muratori: Ludwig Anton Muratori über die Einbildungskraft des Menschen, mit vielen Zusätzen hrsg. von Georg Hermann Richerz, Zweyter Theil, Leipzig 1785, S. 179–180, 182, 183.

77 Theodor Trede: Das Heidentum in der römischen Kirche. Bilder aus dem religiösen und sittlichen Leben Süditaliens von Th. Trede, Zweiter Teil, Gotha 1890, Fünftes Kapitel: Olympischer Wohlgeruch, S. 122–138, hier S. 128–129.

78 [Christian David Ade:] Lebens- und Regierungsgeschichte des jetzo glorreich regierenden Papsts Pius des VI. Aus ächten und bewährten Quellen zusammengetragen, Dritter Theil, Cesena 1784, S. 510: „In seiner Lebensbeschreibung werden Dinge als Wunder und Tugenden erzählt und angepriesen, welche Vernunft, Sittlichkeit und Christenthum offenbar entehren."

79 Das tugend- und wundervolle Leben (s. Anm. 25), S. 4: „Denn in jener bekannten wunderscheuen Zeit, gegen das Ende des vorigen und in den zwei ersten Decennien dieses Jahrhunderts, wo die naturalisirende Exegese der Protestanten alles Wunderbare aus dem Leben Jesu wegzubeuteln suchte, und auch manche Katholiken sich anstecken ließen und wenigstens mit etwas Unbehaglichkeit auf die wundervollen Biographien so vieler Heiligen der katholischen Kirche hinblickten, – da konnte es wohl nicht ausbleiben, daß man solche Heilige, bei denen des Wunderbaren gar zu viel vorkam, wenigstens unberücksichtigt und auf sich selbst beruhen ließ."

80 Josef Klinger: Die rätselhafte Erscheinung des Doppelbewußtseins, in: Sphinx Monatsschrift für Seelen und Geistesleben XXII, 119 (Januar 1896), S. 1–33, hier S. 19f.

81 William A. Hammond: Spiritualism and allied Causes and Conditions of Nervous Derangement, New York 1876, S. 79: „It is infinitely more probable that Lord Lindsay had a hallucination than that Mr. Home was, without material aid, and in opposition to the laws of gravity, suspended in the air, and moved about in the manner stated."

82 Hereward Carrington: The Physical Phenomena of Spiritualism. Fraudulent and Genuine. Being a brief account of the most important historical phenomena; A criticism of their evidential value, and a complete exposition of the methods employed in fraudulently reproducing the same [...], London–Boston 1907, S. 387; Henry Ridgely Evans: Hours With the Ghosts or Nineteenth Century Witchcraft. Illustrated Investigations into the Phenomena of Spiritualism and Theosophy, Chicago [1891], S. 108: „Many of

stion.[83] Doch hinderte das die katholische Orthodoxie nicht daran, weiter an die buchstäblich anziehende Kraft göttlicher Liebe zu glauben, die den wunderlichen Frater – und viele andere Heilige – so oft himmelwärts mit fortgerissen hatte.[84] Giuseppe da Copertino war – wenn man so will – der Gipfelpunkt des Antirationalismus. Bezeichnend der Umstand, dass er als „Aethrobat"[85] gegen die Aufklärung in Stellung gebracht wurde, indem er zuerst von Benedikt XIV. (Lambertini) 1753 selig und dann von Clemens XIII. (Rezzonico) 1767 heiliggesprochen wurde.

Und in der Tat ließen sich die Phänomene schwerlich klein reden. Zu viele Menschen hatte sie gesehen, zu viele Würdenträger konnten sie in den Selig- wie auch Heiligsprechungsprozessen bezeugen.[86] Dass sich da Außer-

Home's admirers have declared that he posessed the power of mesmerizing certain of his friends. These gentlemen [Lord Linsay, Lord Adare, Anm. d. Verf.] were no doubt hypnotized and related honestly what they believed they had seen."

83 Rudolf Kleinpaul: Modernes Hexenwesen. Spiritistische und antispiritistische Plaudereien, Leipzig 1900, S. 49: „Die Medien vermögen in Wirklichkeit so wenig als gewöhnliche Menschen, ja, als die großen Zauberer; ein magischer Trick für das Experiment des Fliegens existirt nicht. Noch niemals ist bisher ein Magiker geflogen, man müßte denn den Absturz des Simon Magus als einen Beweis betrachten wollen; [...]. Es handelt sich also hier nur um eine durch die getroffenen Vorbereitungen erleichterte Suggestion. Denn zugetraut wird das Fliegen allerdings, den Fakiren so gut wie den Heiligen und den Hexen; ja, wahrscheinlich trauen es sich diese Individuen selber zu. Und da nun die Spiritisten unter derselben Suggestion leiden, sintemal der Spiritismus die unmittelbare Fortsetzung des mittelalterlichen Hexenwesens ist, und Niemand genug philosophische Bildung hat, um die allmähliche Entstehung eines solchen Irrthums zu begreifen: so versteht es sich, daß die Wundermär immer wieder auftaucht und der übrige Theil der Menschheit nicht recht weiß, was er von solchen Extravaganzen denken soll."

84 Kontroverser Meinung ist Johann Maria Alfieri: Das große Leben des seligen Johannes Grande, genannt: der Sünder, Ordensprozeß von der Regel der barmherzigen Brüder des heiligen Johannes von Gott, [...] deutsch bearbeitet von Mortimer Joh. v. Montbach [...], Wien 1864, S. 226: „Vielleicht möchte eine falsche und gottlose Philosophie, die gewohnt ist über Alles zu lästern, was sie nicht versteht oder was sich nicht nach ihren Lehren richtet, Thatsachen auch natürlich erklären, deren Vorhandensein sie nicht leugnen kann, deren Charakter aber und Ursprung von ihr verabscheut wird. Trotz so vieler neuer Erfindungen vermochte sie aber noch nie, uns das Schauspiel zu gewähren, welches in der katholischen Kirche nicht selten gesehen ward, daß ein katholischer Christ von tadellosem Lebenswandel sich ganz frei von der Erde erhob, und mehrere Stunden in der Luft schwebte, dabei von nichts unterstützt, als von der Kraft der göttlichen Liebe, die ihn dem göttlichen Mittelpunkt entgegen mit sich fortreißt [...]."

85 William Crooks: Human Levitation; Illustrating certain Historical Miracles, in: The Quarterly Journal of Science V (New Series) (1875), S. 31–61, hier S. 54: „Many were levitated only in these unconscious states; others, as Joseph of Cupertino (the greatest aethrobat in all history), both in the trance and ordinary state, and (like Mr. Home) most frequently in the latter; while a very few, as Theresa, seem to have been always conscious when in the air."

86 Huguet: Andacht (s. Anm. 15), S. 152: „Wenn die Wunder, von denen das Leben Josephs voll ist, nur die Mönche, seine Mitbrüder, zu Zeugen hätten, könnten Manche

ordentliches ereignet hatte, etwas, dass „über allen Gesetzen der Erfahrung" lag,[87] stand außer Frage. Das Problem war, die hinter den Flügen wirkenden Mächte dingfest zu machen. Waren es etwa verborgene Fakultäten des Geistes,[88] unverstandene Spielarten des Magnetismus[89] oder die okkulten Kräfte des Astralleibes?[90]

Verdacht schöpfen, diese Letztern hätten durch einen frommen Betrug ihrem Orden einen nicht verdienten Ruhm zu verschaffen gesucht; aber dieser Einwurf schwindet von selbst Angesichts der Thatsachen, die sich am hellen Tage ereigneten, vor mehreren tausend Zeugen, vor Protestanten, Fürsten, die weder getäuscht werden konnten noch wollten, sondern die im Gegentheil nur Interesse daran hatten, sich von der Wahrheit zu überzeugen, und welche alle Mittel besaßen, den Betrug zu entdecken, wenn ein solcher hätte statthaben können."

87 Joseph Ennemoser: Der Magnetismus im Verhältnisse zur Natur und Religion, Stuttgart–Tübingen 1842, S. 379.

88 Zu den Levitationen Giuseppe da Copertinos Wilhelm Hermann Karl Fürst zu Wied-Neuwied: Das unbewußte Geistesleben und die göttliche Offenbarung. Ein Versuch durch genauere Kenntniß der menschlichen Seele Religion und Wissenschaft zu versöhnen, Teil 1, Leipzig 1859, S. 295: „Wir wollen die Genauigkeit dieser Erzählungen dahingestellt sein lassen, allein wir können auch nicht umhin, die Möglichkeit solcher Erscheinungen im Principe anzuerkennen. Denn wenn man sich erinnern will, daß eine geistige Einwirkung dazu gehörte, um den Fuß zum Gehen zu erheben und somit die Schwerkraft zu überwinden, und daß der Geist auch ohne unser Wissen z. B. in somnambulen Zuständen oder beim Tischrücken eine Kraft entwickeln kann, die mit den bekannten mechanischen Gesetzen zu streiten scheint, so ist kein Grund vorhanden, warum nicht eine außerordentlich gesteigerte Geisteskraft noch erstaunlichere Wirkungen hervorbringen sollte. In allen den uns unbewußt geschehenden Kraftäußerungen, die vom Geiste ausgehen, fanden wir, daß eine entgegentretende stoffliche Kraft besiegt und im Dienste des Geistes verwendet wurde. Wir können also auch hier annehmen, daß eine große geistige Concentration den ohnehin durch ascetische Uebungen zum körperlosen Schatten dahingeschwundenen Leib in uns unbekanntem Maße beherrschen könne und selbst zuweilen vermöge, die widerstrebenden Kräfte der Materialität dergestalt aufzuheben, daß die Schwerkraft unwirksam werde und ein wirkliches Schweben und Fliegen eintrete."

89 Schon zu finden in Bernino: Wunderthaten (s. Anm. 14), S. 135: „Dein unversehrte Jungfrauschaft,/ Demut, Armut, Geist, Liebe,/ G'horsam, Strengheit waren die Kraft,/ Die dich in d' Höhe triebe;/ Jesus Maria dein Magnet/ Im Luft dich halten thät." Stainer: Lob-Rede (s. Anm. 69), ohne Seitenzählung , S. [11]: „Wie wir sehen, daß der Magnet das Eisen zu sich ziehet, hat öffters der an bemelten Creutz hangende Heyland der Welt JOSEPHUM von der Erden zu sich in die Höhe erhoben, und mit himmlischen Trost erquicket, von welchen er sich hernach jedesmahls so ungern widerum auf die Erden gelassen, als sich die Kinder von der Mutter-Brust absönderen lassen." Fischer: Wunder-Feuer (s. Anm. 29), ohne Seitenzählung, S. [11]: „[...] das Hertz GOttes wahr jener Magnet, der Josephum sambt seinem außgemergelten Leib gleich einem leichten Strohhalm über die Erd empor zoge [...]." Angelo Pastrovicchi: Kurtzer Begriff Des Lebens, der Tugenden und Wunder des heiligen Josephs von Kupertin Priester aus dem Minoritenorden der Konventualen des heiligen Franciskus Aus den authentischen Processen gezogen, und erstlich in italienischer Sprache geschrieben von P. M. Angelo Pastovicchi,

Es dauerte nicht lange, bis Vertreter einer sich als wissenschaftlich verstehenden Forschung am „Jenseits“ versuchten, den skandalösen Heiligen für die eigene Sache in Dienst zu nehmen und die Schwebezustände mit mehr oder weniger fundierten Annahmen auf den Boden der Tatsachen herabzuziehen.[91] Die Flüge Giuseppe da Copertinos wurden im 19. Jahrhundert gerne als Vorbilder gewählt, wenn Levitationen berühmter „Trancemedien“ wie jene von Daniel Dunglas Home[92] oder William Eglinton[93] erklärt wer-

Ord. Min. Convent. Diffinitore Perpetuo, ac Sancti Officii in Rom Qualificatore. Nun aber in das Deutsche übersetzet, Wien 1768, S. 176: „Mein GOtt! Du bist der Liebs Magnet,/ Und Joseph gleich dem Eisen/ Soll wo der Gnaden Polus steht,/ Die Kraft der Wirkung weisen;/ Denn er, gleich einem Seekompaß/ Auch mitten in den Weillen,/ Kann deiner Liebe Winkelmaaß/ Sich nicht entgegen stellen./ Man sah ihn oft in Lüften schweben,/ Und wo er liebte, dort auch leben.“

90 Karl du Prel: Gravitation und Levitation, in: Die Zukunft 23 (1898), S. 245–257, hier S. 254: „Alle dies Fähigkeiten nun, Gravitationsvermehrung und Levitation, können nicht vom materiellen Körper des Mediums ausgehen, sondern nur vom Astralleib, der selbst odischer Natur und polarisirt, auf das odische Innere der Dinge wirkt.“

91 Gottfried Gentzel: Joseph von Copertino, der fliegende Heilige, in: Psychische Studien 4 (Juni 1877), S. 241–247, hier S. 241: „Ein an Thatsachen überreiches Gebiet, was für den Spiritismus noch auszubeuten ist, weil es bis jetzt kaum berührt worden, machen die Heilgen-Geschichten der römisch-katholischen Kirche aus.“ Siehe Alfred Russel Wallace: Die wissenschaftliche Ansicht des Uebernatürlichen, welche eine experimentelle Untersuchung über die vorgeblichen Kräfte von Hellsehern und Medien durch Männer der Wissenschaft wünschenswerth erscheinen lässt. [...] Mit Bewilligung des Verfassers aus dem vergriffenen Englischen Original-Werke: „The Scientific Aspect oft he Supernatural“ (London, F. Farrah, 1866) in's Deutsche übersetzt von Gr. C. Wittig und hrsg. von Alexander Aksákow [...], Leipzig 1874, S. 90: „Was zum Beispiel kann ein schlagenderes Wunder sein als das Leichtwerden oder Sicherheben des menschlichen Körpers in die Luft ohne sichtbare Ursache [...].“

92 Arthur Conan Doyle: The History of Spiritualism, Bd. I., London u.a. 1926, S. 200: „In 1868 Lord Adare, Lord Lindsay, Captain Wynne, and Mr. Smith Barry saw Home levitate upon many occasions. A very minute account has been left by the first three witnesses of the occurrence of December 16 of this year, when at Ashley House Home, in a state of trance, floated out of the bedroom and into the sitting-room window, passing seventy feet above the street.“

93 Uriarte (d.i. Hans-Wilhelm Steiner), unter Mitwirkung von F. Maier: Die Magie des XIX. Jahrhunderts als Kunst und Geheimwissenschaft, Berlin–Leipzig–Neuwied 1896, S. 134f.: „Ein anderes weltberühmtes Medium war der Engländer W. Eglinton. [...] In einer Sitzung bei Herrn Schmid in St. Annathal soll dieser Eglinton bis zur Decke des Zimmers von unsichtbaren Kräften oder Ätherwesen gehoben worden sein, währenddem Instrumente spielten und die verschiedensten Gegenstände in der Luft herumflogen; dasselbe geschah angeblich bei dem Prinzen Thurn in Prag [...]. Ebenso berichtet der berühmte Maler Professor Gabriel Max in München über eine Séance mit Eglinton, dass eine Glocke, welche sich unter einem auf dem Tisch festgenagelten Korbe befand, plötzlich anfing zu läuten; ein Flügel wurde geöffnet, eine Dame samt ihrem Stuhle emporgehoben, ebenso ein schwerer Tisch, und schliesslich schwebte Eglinton selbst, allen sichtbar, horizontal in der Luft! Prof. Max zog während dieses Experimentes seine Hand

den sollten, denn schon damals – so die Vorstellung – seien ähnliche, wenn nicht gleiche Kräfte ins Wirken gekommen – Magnetismus, Nervenfluid, Elektrizität.[94] Der Physiker und Okkultist William Crooks wies in seinem Artikel „Human Levitation; Illustrating certain Historical Miracles“ aus dem Jahr 1875 als einer der ersten darauf hin, dass sich die vierzig Seligen und Heiligen, von denen Schwebezustände und Flüge überliefert seien, in Nichts von den „spirit-mediums“ der Gegenwart unterscheiden würden, hier wie dort die gleichen Phänomene, zweites Gesicht, Geisterseherei, Trancezustände, Levitationen.[95] Giuseppe da Copertino habe sich, wie auch das Medium Home, dadurch ausgezeichnet, nicht nur in Trance, sondern auch in wachen Zuständen levitieren zu können.[96] Der französische Spiritist Allan Kardec konnte davon sprechen, dass mit und durch die Levitationen der Medien seiner Zeit nun endlich „das Hängen schwerer Körper in der Luft“ erklärt worden sei. „Wir waren davon selbst persönliche Augenzeugen, und Herr Home und auch andere Leute von unserer Bekanntschaft haben zu verschiedenen Malen das vom heil. Kupertin hervorgebrachte Phänomen erneuert. Dieses Phänomen tritt daher an die Reihe der gewöhnlichen Erscheinungen.“[97] Gewöhnlich oder nicht, eine fundierte naturwissenschaftliche Erklärung für die plötzlich eintretende Schwerlosigkeit hatte auch Allan Kardec nicht! Die Sache blieb rätselhaft und umstritten. Für den Philosophen Eduard von Hartmann kamen die Erhebungen nicht etwa durch wirkende Spirits zustande,[98] sondern erklärten sich durch

für einen Moment von der seines Nachbars weg (es war Kette gebildet worden) und im selben Augenblick stürzte Eglinton kopfüber aus der Luft herab, wurde jedoch glücklicherweise noch aufgefangen.“

94 Du Prel: Gravitation (s. Anm. 90), S . 257 f.

95 Crooks: Human Levitation (s. Anm. 85), S. 53.

96 Ebd., S. 54: „Many were levitated only in these unconscious states; others, as Joseph of Cupertino (the greatest aethrobat in all history), both in the trance and ordinary state, and (like Mr. Home) most frequently in the latter; while a very few, as Theresa, seem to have been always conscious when in the air.“

97 Allan Kardec: Das Buch der Medien oder Wegweiser der Medien und der Anrufer, enthaltend eine besondere Belehrung über die Geister, über die Theorie aller Art Kundgebungen, über die Mittel für den Verkehr mit der unsichtbaren Welt, Entdeckung der Mediumität, über Schwierigkeiten und Klippen, welchen man bei der Ausübung des Spiritismus begegnen kann. Aus dem Französischen ins Deutsche übersetzt von Franz Pavlicek, Leipzig ^{3}1899, S. 19 f. Vgl. Joseph Dippel: Der neuere Spiritismus in seinem Wesen dargelegt und nach seinem Werte geprüft, 2. gänzlich umgearb. und erw. Aufl., München 1897, S. 169.

98 James P. Dameron: Spiritism; the Origin of All Religions, San Francisco, Cal. 1885, S. 7: „William Crookes, after making many tests with such mediums as D. D. Home, Kate Fox, and others, says that ‚the spirits can move heavy bodies. That they can make sounds and raps; that they can alter the weight of bodies, and move bodies when at a distance

psychische Energien, das heißt durch kräftige Anregungen des Nervensystems.[99] Ein gewisser Gustav von Gaj glaubte wiederum an eine positiv elektro-magnetische Kraft des Geistes, die auch im Falle Giuseppe da Copertinos willentlich über die negativ geladene Gravitation und damit über die Materie habe „praevaliren" können. Das Schweben von Körpern war diesen Theorien zufolge Ergebnis psychisch-physischer Vorgänge und nicht Wirkung niederer oder höherer Geister, noch weniger allerdings wunderbarer Effekt einer übernatürlichen Gnadenzuweisung Gottes.[100]

Während man den Glauben der katholischen Orthodoxie an die wunderbare Wirkung einer von Gott ausgehenden attrahierenden Kraft lächerlich zu machen versuchte, gab man in den spiritistischen Publikationen dem Effekt der Schwerelosigkeit menschlicher Körper ein scheinbar naturwissenschaftliches Fundament. Der neue Begriff Levitation sollte das unterstreichen. Er war dem hagiographischen Schrifttum des 18. Jahrhunderts unbekannt und auch die katholischen Autoren des 19. Jahrhunderts, allen voran Joseph Görres, taten sich schwer, ihn für die Flüge und Entzückungen Giuseppe da Copertinos zu verwenden. Ein Grund war, dass mit dem Konzept die Motivation hinter den seelischen und körperlichen Entrückungen verloren gehen musste. Den Levitationen kam das abhanden, was die Flüge Giuseppe da Copertinos bedingt und ausgezeichnet hatte, die Attraktion des Himmels.

Bildnachweis

Abb. 1: Marcello Aldega, Duccio K. Marignoli (Hrsg.): Giuseppe Cades, Rome 1750–1799. Draughtsman and Master Painter, Ausst.-Kat. Rom 2003, S. 23
Abb. 2: Maria Teresa Carracciolo: Giuseppe Cades 1750–1799 et la Rome de son temps, Paris 1992, Pl. 6
Abb. 3: Nuccia Barbone Pugliese, Tina Piccolo (Hrsg.): Il ‚Santo dei voli'. San Giuseppe da Copertino. Art, storia, culto, Napoli 2003, S. 195

from the medium; raise tables and chairs of the ground; the levitation of human beings; luminous appearances; the appearance of hands writing; phantom forms and faces."

99 Eduard von Hartmann: Der Spiritismus, Leipzig–Berlin 1885, S. 37.

100 Gustav von Gaj: Ein Versuch zur Erklärung des Phänomens der Levitation, in: Psychische Studien 25 (1898), S. 113–118, hier S. 116 f. Siehe auch Gentzel: Joseph von Copertino (s. Anm. 91), S. 246 f.

Günter Butzer

Injizierte Himmel: die künstlichen Paradiese der Meditation (Dante, Baudelaire, Milton)

– Am I in paradise?
– No.
True Blood V/8

gustate et videte…
Psalm 34,8

Love is the drug,
Roxy Music

Die These, die ich in meinem Beitrag ausführen möchte, lautet wie folgt: In den künstlichen Paradiesen der Meditation wird der Himmel von einem projizierten Bereich zu einem Gegenstand der Introspektion und schließlich zu einem Effekt der Injektion. Damit verbunden ist ein Medienwechsel, der den Himmel weniger als visuelles denn als gustatorisches Phänomen konzipiert und daher verstärkt auf kulinarische statt auf optische Medien setzt, welche dann allerdings – sekundär – wiederum visuelle Wahrnehmungen (im Sinne von Visionen, Träumen, Halluzinationen etc.) freisetzen können. Insofern geht meine Behauptung dahin, dass die meditativen und pharmakologischen Selbsttechniken die physiologischen Grundlagen des Paradieses freilegen und eine zukunftsfähige Variante des transzendenten Himmels jenseits religiöser Topografien anbieten. Zeigen möchte ich dies anhand von drei Texten der europäischen Literatur, die die Frühe Neuzeit zunächst einkreisen, bevor sie sich ihr speziell zuwenden: Dantes *Paradiso*, Baudelaires *Les paradis artificiels* und Miltons *Paradise Lost*.

I. Dante oder Von der Projektion zur Introspektion

Louis Martz hat in seinem Buch *The Paradise Within* eine – wie der Titel verrät – Verinnerlichung des Paradieses im 17. Jahrhundert postuliert, die er an einen Paradigmenwechsel innerhalb der meditativen Literatur knüpft. Diese vollziehe seit der Jahrhundertmitte eine Abwendung von liturgischen Gegenständen (insbesondere dem Abendmahl) und eine Hinwendung zur eigenen Innerlichkeit, die aus einem Wechsel des meditativen Referenzdiskurses resultiere: War im späten 16. und frühen 17. Jahrhundert über die Konfessionsgrenzen hinweg die ignatianische Methodik der Exerzitien das weithin verbreitete Modell meditativer Übung, so wird diese um 1650 von der wesentlich weniger methodisch verfahrenden augustinischen Meditation abgelöst, die sich als inständige Suche nach den Spuren des Göttlichen im eigenen Inneren präsentiert. Augustinus geht nämlich davon aus, dass der Mensch trotz seines postlapsalen Wesens einen Funken der sündenfreien paradiesischen *conditio* bewahrt habe, der auf dem Wege der Meditation frei zu legen sei und eine Erleuchtung herbeiführe, die als Erfahrung des paradiesischen Zustands *ante mortem* zu charakterisieren ist.[1] Diese Suche nach dem inneren Paradies zeichnet Martz in Vaughans Gedichten und Trahernes *Centuries*, aber auch in Miltons *Paradise Lost* und dessen Gegenstück, *Paradise Regained*, nach.

Die Argumentation hat viel für sich und soll hier auch nicht bestritten werden. Ich will im Folgenden lediglich darauf hinweisen, dass es sich bei dem von Martz postulierten Paradigmenwechsel keineswegs um eine reine Innovation handelt, sondern dass hier eher ein Revival vorliegt. Denn eine solche verinnerlichte Auffassung des Paradieses finden wir schon in den augustinisch-mystischen Meditationstexten des hohen und späten Mittelalters bei Bonaventura oder Seuse und nicht zuletzt im frühen 14. Jahrhundert auch in poetischer Form: in Dantes *Paradiso*.[2] In diesem dritten Teil der Göttlichen Komödie steigt Dante, vom Irdischen Paradies – eine Art jenseitiger Relaisstation – herkommend, unter der Führung Beatrices die neun Himmelssphären hinauf bis ins Empyreum, dem Sitz der Seligen und der Trinität. Getrieben wird er vom Sog der göttlichen Liebe, die in Beatrices Schönheit inkarniert erscheint und ihn Stufe um Stufe hinan zieht, obschon der Anblick des Göttlichen für ihn kaum zu ertragen ist, wenn schon der „bel viso" (Par. 18, 17) Beatrices die wunschlose Seligkeit bewirkt. Zwar stellt die Stufung des Paradieses letztlich nur die Veranschaulichung eines *ordo* dar, der sich durch totale Ko-Präsenz auszeichnet;[3] gleichwohl ist diese Stufung als Weg für den Menschen Dante unabdingbar, um sich dem Göttlichen allmählich anzunähern:

1 Vgl. Louis L. Martz: The Paradise Within. Studies in Vaughan, Traherne, and Milton, New Haven–London 1964, S. 17–31.

2 Dantes *Commedia* wird zitiert nach der folgenden Ausgabe: Dante Alighieri: La Commedia secondo l'antica vulgata, hrsg. von Giorgio Petrocchi, 4 Bde., 2. durchges. Aufl., Florenz 1994 (= Le opere di Dante Alighieri. Edizione Nazionale a cura della Società Dantesca Italiana, Bd. VII, 1–4; Paradiso = Bd. 4).

3 Vgl. zur Stufung des Paradieses (eigentlich eine *contradictio in adiecto*): „Chiaro mi fu allor come ogne dove/ in cielo è paradiso, *etsi* la grazia/ del sommo ben d'un modo non vi piove" (Par. 3, 88–90).

D'i Serafin colui che più s'india,
Moïsè, Samuel, e quel Giovanni
che prender vuoli, io dico, non Maria,
non hanno in altro cielo i loro scanni
che questi spirti che mo t'appariro,
né hanno a l'esser lor più o meno anni;
ma tutti fanno bello il primo giro,
e differentemente han dolce vita
per sentir più e men l'etterno spiro.
Qui si mostraro, non perché sortita
sia questa spera lor, ma per far segno
de la celestïal c' ha men salita.
Così parlar conviensi al vostro ingegno,
però che solo da sensato apprende
ciò che fa poscia d'intelletto degno.
(Par. 4, 28–45)

Der gestufte kosmologische Himmel mit den Plätzen der Seligen stellt demnach ein bloßes Zeichen („per far segno", Par. 4, 38) dar, das die unsagbare Herrlichkeit des Paradieses dem beschränkten Geist Dantes näherbringen soll.[4] Den tatsächlichen Sitz der Seligen bildet das Empyreum, und ihre Erscheinung in den unterschiedlichen Himmelssphären dient lediglich der sinnlichen Veranschaulichung. Das unterscheidet das Paradies prinzipiell von Inferno und Purgatorio, den beiden anderen Großräumen des Danteschen Jenseits: „Die Sphären des Himmels, durch die Dante zum Anblick Gottes erhoben wird, sind nicht wie die Kreise der Hölle oder die Stufen des Purgatorio der eigentliche Aufenthaltsort der Seelen, die in ihnen angetroffen werden, sondern ihr Erscheinen in einer der Sphären geschieht nur, um Dante den Rang, den sie in der himmlichen [sic!] Hierarchie einnehmen, sinnlich zu verdeutlichen".[5]

Dante braucht also einen *methodos*, einen stufenweise gegliederten und visuell konzipierten Weg, um sich dem Göttlichen zu nähern, und eben dieser Grundsatz stellt zugleich das Prinzip jeder meditativen Übung dar – nur, dass der meditative Himmel nicht mehr mit den äußeren leiblichen, sondern mit den inneren geistlichen Sinnen geschaut wird, die Projektion mit-

4 Vgl. August Buck: Die Commedia, in: Grundriß der romanischen Literaturen des Mittelalters, hrsg. von Hans Ulrich Gumbrecht und Ulrich Mölk, Bd. X/1: Dantes Commedia und die Dante-Rezeption des 14. und 15. Jahrhunderts, Heidelberg 1987, S. 21–165, hier S. 66: „Obwohl die neun Himmel für Dante eine meßbare Realität darstellen, ist in ihnen doch der für die Hölle und den Läuterungsberg geltende Begriff der Körperhaftigkeit aufgehoben".

5 Erich Auerbach: Dante als Dichter der irdischen Welt, Berlin–Leipzig 1929, Nachdr. Berlin 1969, S. 146.

hin in die Introspektion übergeht. Die *visio Dei* ist das Ziel, auf das man sich Schritt für Schritt zubewegt, und das Bild hierfür ist die *scala*, mit deren Hilfe man sich sukzessive auf die *contemplatio* Gottes vorbereitet.[6] Das lehren die hoch- und spätmittelalterlichen *scalae meditationis*, die von den Vertretern der Devotio moderna (Wessel Gansfort, Jean Mombaer) ins schier Unendliche verfeinert worden sind.[7] Doch eine goldene Leiter sieht auch Dante vor sich in den Himmel ragen, ohne dass er ihr Ende erkennen könnte:

> Dentro al cristallo che 'l vocabol porta,
> cerchiando il mondo, del suo caro duce
> sotto cui giacque ogne malizia morta,
> di color d'oro in che raggio traluce
> vid' io uno scaleo eretto in suso
> tanto, che nol seguiva la mia luce.
> Vidi anche per li gradi scender giuso
> tanti splendor, ch' io pensai ch' ogne lume
> che par nel ciel, quindi fosse diffuso.
> (Par. 21, 25–33)

Bezieht sich diese Beschreibung auf die biblische Jakobsleiter, die von der Sphäre des Saturn ins Empyreum führt, so verwendet Beatrice wenige Verse zuvor den Begriff der *scala*, um ihre mit Dantes Aufstieg stufenweise zunehmende *bellezza* zu bezeichnen, wodurch der zugleich literale (sofern man bei der Paradiesesvision von einem Literalsinn überhaupt sprechen kann, s. u.) und spirituale Gebrauch der *scala* deutlich wird:

> ché la bellezza mia, che per le scale
> de l'etterno palazzo più s'accende,
> com' hai veduto, quanto più si sale,
> se non si temperasse, tanto splende,
> che 'l tuo mortal podere, al suo fulgore,
> sarebbe fronda che trono scoscende.
> (Par. 21, 7–12)

Das Paradies ist, ebenso wie die Schönheit Beatrices, wesenhaft eins, und doch wird es von Dante Stufe um Stufe gemäß dem ptolemäischen Himmelskonzept durchlaufen, um eine allmähliche Gewöhnung der Sinne zu gewährleisten, die sonst, angesichts des himmlischen Glanzes überlas-

6 Vgl. die Verwendung des Kontemplationsbegriffs bei der Betrachtung Christi durch Dante im 31. Canto: „tal era io mirando la vivace/ carità di colui che 'n questo mondo,/ contemplando, gustò di quella pace" (Par. 31, 109–111).

7 Vgl. Günter Butzer: Art. „Meditation", in: Historisches Wörterbuch der Rhetorik, hrsg. von Gert Ueding, Bd. 5, Tübingen 2001, Sp. 1016–1023.

tet, den Tod erleiden würden.[8] Das bedeutet auch, dass der kosmologische Himmel für Dante letztlich nicht mehr als eine sinnliche Hilfskonstruktion darstellt, die auf die Kontemplation eines wesenhaft unsinnlichen Paradieses vorbereitet. Trainiert werden somit nicht die äußeren, sondern – dem Meditationsprogramm gemäß – die inneren ‚geistlichen' Sinne, mit denen allein die Schau des Paradieses möglich ist.[9] Als Vermittler dient aber die *imaginatio*, als deren Produkt Dantes Beschreibung des Paradieses ausgewiesen wird. Die *imaginatio* ist einerseits eine Instanz der sinnlichen Wahrnehmung, die die Bilder bewahrt, die Dante auf seinem Himmelsflug aufnimmt (vgl. Par. 31, 137);[10] andererseits ist sie aber auch die zentrale Schnittstelle zwischen den äußeren und inneren Sinnen und als solche ein wichtiges Organon meditativer Praxis.[11] Von Bonaventura im *Lignum vitae* (im Anschluss an Aristoteles) als Hilfsmittel des Denkens bezeichnet, begegnet sie erstmals bei Geert Groote, dem Begründer der Devotio moderna, und später bei Gerhart Zerbolt als wenn auch gering geschätztes und im Hinblick auf geistigere Bereiche zu überwindendes Medium der Meditation.[12] Noch Ignatius von Loyola verwendet den Begriff der *imaginatio* sowohl für die Präparation des historischen Schauplatzes in der *compositio loci* als auch für die geistige Durchdringung des historischen Geschehens in der *applicatio sensuum*, mithin für die Wahrnehmung mit den äußeren und den inneren Sinnen gleichermaßen. Genau dieser sinnlich-übersinnliche Doppelcharakter ist der *imaginatio* auch bei Dante zu eigen und bezeichnet den ambivalenten Status des Paradiso zwischen äußerer Schau und innerer Vision, zwischen der sinnlich wahrnehmbaren Projektion eines transzendenten Paradieses in den ptolemäischen Himmel und der inneren Erfahrung dieses Paradieses durch das erlebende Subjekt. Dies ist mehr als bloße Alle-

---

8 Buck spricht von der „ständig zunehmende[n] Anpassung seines [sc. Dantes] Sehvermögens an die Lichtwelt des Paradieses, so daß aus der Perspektive der Lichtmetaphysik Dantes Flug durch das Paradies sich darstellt als die Steigerung der Lichtempfänglichkeit seiner Augen bis zur Schau Gottes" (Buck: Die Commedia [s. Anm. 4], S. 82).

9 Auerbach nennt das einen „Weg, der von den Sinnen durch Erkenntnis und Schicksal zu einer zweiten visionären Sinnlichkeit führt" (Auerbach: Dante als Dichter der irdischen Welt [s. Anm. 5], S. 125).

10 Von daher ist Phantasie auch ein zentrales Rezeptionsvermögen, ohne das der Leser das *Paradiso* nicht nachvollziehen kann, wie im 10. Canto angesichts der Beschreibung der Sonne deutlich wird: „E se le fantasie nostre son basse/ a tanta altezza, non è maraviglia;/ ché sopra 'l sol non fu occhio ch'andasse" (Par. 10, 46–48). Wie kurz zuvor gesagt wird, erhält der Leser nur das von Dantes *materia* vorgesetzt, was dieser ihm seiner Aufnahmefähigkeit entsprechend zubereitet hat und was demgemäß für den Rezipienten zu verdauen ist (vgl. Par. 10, 22–27).

11 Vgl. dazu grundsätzlich Günter Butzer: Soliloquium. Theorie und Geschichte des Selbstgesprächs in der europäischen Literatur, München 2008, S. 93–96.

12 Vgl. hierzu und zum Folgenden ebd., S. 169–174.

gorie, oder besser: es ist die Ineinanderblendung der *allegoria in verbis* mit der *allegoria in facto*,[13] weil alles Geschaute Faktum und Fiktum zugleich ist. Der *sensus litteralis* müsste demnach in Dantes Paradies auf den ptolemäischen Kosmos beschränkt werden.[14]

Dantes Weg ins und durchs Paradies ist weniger derjenige eines ‚Reporters' (wie ihn Peter Weiss einmal genannt hat),[15] der seine Beobachtungen und Erfahrungen möglichst objektiv berichtet, als derjenige eines Sünders, dem die Jenseitswanderung als *via purgativa*, als Weg der Reinigung auferlegt ist. Die Ausgangssituation der *Commedia* ist ja die sündhafte Verirrung Dantes, die sich als Hingabe an die weltlichen Leidenschaften äußert und die er in der Begegnung mit den Verdammten und den Büßenden allmählich überwinden kann, so dass er am Ende seiner Wanderung – die zugleich das Ende seines Texts bildet – bereit und fähig ist zur Schau Gottes.[16] So gesehen, ist die *Commedia* weniger ein groß angelegtes Gedächtnistheater (so Frances A. Yates) oder eine *summa poetica* der scholastischen Theologie (so die *communis opinio*)[17] als eine Meditation über die falschen und richtigen Wege des Gläubigen, die den Meditierenden über die größtmögliche Gottesferne im Zentrum des Höllentrichters Schritt für Schritt wieder

13 Zu dieser zeitgenössischen Unterscheidung vgl. Jean Pépin: Art. „allegoria", in: Enciclopedia Dantesca, hrsg. von Umberto Bosco, VI Bde., Roma 1970–1978, Bd. I, S. 151–165.

14 Dante bedient sich des mittelalterlichen Allegorie-Diskurses sowohl in der *Commedia* (vgl. Par. 4, 43–48) als auch im Selbstkommentar im Brief an Cangrande (vgl. Dante Alighieri: Das Schreiben an Cangrande della Scala, lat./dt., übers., eingel. u. komm. von Thomas Ricklin, Hamburg 1993, S. 8–10, 14 [= ep. XIII, 20–25, 33–34]). Aus der Perspektive der hier vorgeschlagenen Lektüre müsste diese allzu einfache Trennung der literalen und allegorischen Bedeutungsebenen zumindest für das *Paradiso* in Frage gestellt werden. Ähnlich argumentiert Manfred Hardt, der in Bezug auf die Epistel an Cangrande und deren Hinweise auf die Allegorese festhält, „daß Bedeutungsdichte, Beziehungsvielfalt und Konnotationsreichtum seiner [sc. Dantes] Dichtung nicht mit den mageren Schulkategorien der Exegeten zu erfassen waren" (Manfred Hardt: Einführung in die Göttliche Komödie, in: Dante Alighieri: Die Göttliche Komödie, it./dt., übertr. von August Vezin, Basel–Rom 1989, S. VII–LXXIX, hier S. XLIX).

15 Vgl. Peter Weiss: Notizbücher 1971–1980, 2 Bde., Frankfurt a. M. 1981, Bd. 1, S. 85.

16 Auerbach spricht von Dantes Wanderung als dem „vorbereitenden Weg der Reinigung", der zur „Wiedergeburt der Einzelseele" führt, „durch die sie der unmittelbaren visio dei zugeführt wird" (Auerbach: Dante als Dichter der irdischen Welt [s. Anm. 5], S. 162). Hardt nennt den Wanderer Dante „eine aktive, dynamische Persönlichkeit, die in ständigem intensivem Sehen, Erkennen, Erschaudern, Bangen und Hoffen eine gewaltige, hochdramatisierte, das Menschenmaß fast sprengende Entwicklung durchläuft, die von der Dunkelheit und Verstrickung des Sündenwaldes in *Inf.* 1 bis zur extremen Läuterung und mystischen Gottesschau in *Par.* 33 führt. Es ist gerade dieser persönliche Läuterungsweg, der dem Gedicht Einheit, Dynamik und Dramatik verleiht" (Hardt: Einführung in die Göttliche Komödie [s. Anm. 14], S. XLIV).

17 Vgl. Frances A. Yates: The Art of Memory, Chicago–London 1966, S. 95 f.; Buck: Die Commedia (s. Anm. 4), S. 21.

dem Göttlichen annähert.[18] Es ist mithin, ganz im Sinne Bonaventuras, einer der theologischen Leitfiguren des *Paradiso*, ein introspektiver Weg ins Paradies, der hier durchlaufen wird und der im höchsten Entzücken der *visio Dei* kulminiert, wo Wahrheit, Schönheit und Liebe (als drei der Attribute Gottes) zusammenfallen.

Im Durchlaufen dieses Wegs bewegt sich Dantes Text zwischen Vision, Fiktion und Traum. Er beschreibt eine monumentale Vision (vgl. Par. 17, 128; 33, 62), die gerade dadurch, dass sie die Grenzen menschlicher Wahrnehmung, Fantasie (vgl. Par. 10, 46–48) und Memoria (vgl. Par. 20, 10–12) vorführt, als eine genuin innere Erfahrung kenntlich wird. Dass Dante den Inhalt der *Commedia* entsprechend den apokryphen und mittelalterlichen Jenseitsdarstellungen als Vision unmittelbar von Gott eingegeben wurde, wird indes heute kaum mehr jemand behaupten. Zwar weisen Formulierungen wie die von der „materia ond' io son fatto scriba" (Par. 10, 27) auf eine inspirierte Dichtungsauffassung hin, doch belegen zahlreiche andere Passagen, in denen Dante die Defizienz der Rede gegenüber dem Geschauten hervorhebt, dass sein Text keineswegs mit dem tatsächlich Erlebten zusammenfällt. Daraus hat man gefolgert, dass das Gesehene einen Effekt der Schrift bildet, die *fictio poetica* geht der *visio* voraus – auch wenn im Werk selbst die Reihenfolge umgekehrt wird.[19] In einer abschließenden Analogie von Vision und Traum wird dieser ambivalente Status von Dantes Paradiesdarstellung noch einmal deutlich:

> Qual è colüi che sognando vede,
> che dopo 'l sogno la passione impressa
> rimane, e l'altro a la mente non riede,
> cotal son io, ché quasi tutta cessa
> mia visïone, e ancor mi distilla
> nel core il dolce che nacque da essa.
> (Par. 33, 58–63)

Die hier postulierte Nähe von *visione* und *sogno* ist durchaus prekär. Denn bewegt sich jene, sofern sie göttlich autorisiert ist, auf dem sicheren Terrain des Wahren und Glaubhaften, stellt dieser nicht zuletzt im poetischen Kon-

18 Dies wird besonders betont bei Dina De Rentiis: Die Zeit der Nachfolge. Zur Interdependenz von *imitatio Christi* und *imitatio auctorum* im 12.–16. Jahrhundert, Tübingen 1996, S. 76–94.

19 Vgl. Vincent Truijen: Art. „visione mistica", in: Enciclopedia Dantesca (s. Anm. 13), Bd. V, S. 1071–1073, der von der *Commedia* als „*visio* come *fictio poetica*" (S. 1073) spricht. Dazu Buck: „Mittels einer dichterischen Fiktion wollte also Dante im Leser den Eindruck erwecken, es handelte sich bei der *Commedia* um die Wiedergabe einer ihm in mystischer Ekstase von Gott gewährten Vision" (Buck: Die Commedia [s. Anm. 4], S. 146).

text ein probates Mittel ästhetischer Verurteilung und diskursiver Ausgrenzung dar, das sich von der Horazischen *Ars poetica* herschreibt. Dort wird gleich zu Beginn eine Dichtung, die dem ethisch-rhetorischen Ideal des Schicklichen (*decorum*) nicht genügt, weil sie aus heterogenen Elementen zusammengefügt ist, mit dem Traum eines Kranken („velut aegri somnia", v. 7) verglichen. Daran anknüpfend, galt in der Frühen Neuzeit die Bezeichnung ‚Traum' als gleichbedeutend mit ‚leerer Erfindung' (Horaz schreibt „vanae fingentur species", v. 7 f.) und wurde, wie etwa bei Ronsard – in Verbindung mit dem Schluss der *Ars poetica* (v. 453 ff.) – in die unmittelbare Nähe des Wahnsinns gestellt. Die *sogni dei pittori* hingegen waren in der bildenden Kunst eine Bezeichnung für die antiken und zeitgenössischen Grotesken und indizierten eine unkontrollierte Produktivität der Einbildungskraft.[20] Wenn also Anselmo Castravilla in seinem *Discorso [...] nel quale si mostra l'imperfettione della comedia di Dante* dessen Werk als Traum bezeichnet,[21] stellt er für alle Wissenden recht deutlich dessen grotesk-krankhafte und damit unglaubwürdige Züge heraus. Der Schritt von der göttlichen Vision zum eitlen Traum erscheint demnach auch für Dante als stets möglicher Schritt von der himmlischen Verzückung in den höllischen Abgrund der Hybris und der Blasphemie.[22]

Schließlich benutzt Dante die Analogie mit dem Traum, um den Zusammenbruch seiner Vision Gottes zu beschreiben, von der lediglich die im Herzen hervorgerufene Süße („nel core il dolce che nacque da essa", Par. 33, 63) zurückbleibe. Dies könnte als zumindest punktuelle Revokation des „Primats des Auges"[23] aufgefasst werden, und tatsächlich vollzieht Dante an dieser prominenten Stelle einen zumeist übersehenen Medienwechsel vom Visuellen ins Gustatorische, der den Charakter der Paradiesdarstellung als innere Wahrnehmung unterstreicht – denn der Geschmack

20 Vgl. Günter Butzer: Soliloquium (s. Anm. 11), S. 396.

21 Vgl. Bernard Weinberg: A History of Literary Criticism in the Italian Renaissance, Bd. 2, Chicago 1961, S. 831–834. Auerbach spricht ohne jede Abwertung davon, dass die Wirklichkeit bei ihrer Transposition in Dantes Jenseits „bei aller greifbaren Echtheit und Eigentlichkeit etwas traumhaft Verändertes, atmosphärisch Eigenes enthält" (Auerbach: Dante als Dichter der irdischen Welt [s. Anm. 5], S. 211).

22 Vgl. Francesco Tateo: Art. „sogno", in: Enciclopedia Dantesca (s. Anm. 13), Bd. V, S. 293, der die ambige Bedeutung des *sogno* zwischen leerem Traum und mystischer Vision deutlich macht; als Zwischenglied nennt er Traumerscheinungen, die vor allem im *Purgatorio* auftreten.

23 Romano Guardini: Das Phänomen des Lichtes in der Göttlichen Komödie, in: ders.: Landschaft der Ewigkeit. Dantestudien, Bd. 2, Mainz–Paderborn ²1996, S. 123–137, hier S. 124. Vgl. Ulrich Leo: Sehen und Schauen bei Dante. Eine Stil-Untersuchung, in: ders.: Sehen und Wirklichkeit bei Dante. Mit einem Nachtrag über das Problem der Literaturgeschichte, Frankfurt a. M. 1957, S. 11–45, der konstatiert, „die ganze Gedanken- und Innenwelt Dantes" sei „vom Gesichtssinn durchlebt und erhellt" (S. 15 f.).

als ‚Nahsinn' ist an die Internalisierung des Objekts gebunden. Die Erfahrung des göttlichen Himmels – darin stimmen Dante und die Meditationstheorien überein – ist eine affektive, auch wenn die Affektion der inneren Sinne nicht mit der Erregung der sinnlichen Leidenschaften, wie sie aus dem Traum zurückbleiben („dopo 'l sogno la passione impressa / rimane", Par. 33, 59 f.), verwechselt werden darf. Denn die Erfahrung Gottes ist ja nichts anderes als eine Innervation der *sensus spirituales*, die aus der geistlichen Affektion hervorgeht und die traditionell als Schmecken der Süße Gottes beschrieben wird.[24] Der Übergang von der *visio* zur *dulcedo Dei* markiert dabei den medialen Wechsel, der bereits in synästhetischen Formulierungen wie „dolce aspetto" (Par. 3, 3) oder „dolce riso" (Par. 30, 26) angelegt, aber nicht konsequent durchgeführt ist. Ihm soll im folgenden Abschnitt weiter nachgegangen werden, weil er den Weg vom introspizierten zum injizierten Himmel weist.

II. Baudelaire oder Von der Projektion zur Injektion

Der Übergang vom projektierten zum injizierten Himmel lässt sich vorab an einer kleinen Geschichte verdeutlichen, die Marco Polo in seinem *Milione* erzählt und die eine beachtliche Karriere in der Novellistik der Frühen Neuzeit durchlaufen hat.[25] Gemeint ist jene bekannte Erzählung von Alaodin, dem Alten vom Berge und sagenhaften Begründer der muslimischen Sekte der Assassinen, der sich als Weiser und Prophet ausgab und einen Garten nach der Paradies-Beschreibung des Koran anlegte, in den er seine zukünftigen Jünger im Rauschzustand entführte, sodass sie nach dem Erwachen glaubten, im himmlischen Paradies zu sein und allen gastronomischen und sexuellen Luxus zu genießen, der den Muslimen (zumindest den männlichen) dort versprochen wird. Der Alte tut dies aber keineswegs aus Nächstenliebe, sondern um sich die jungen Männer zu willfährigen Auftragskillern heranzuziehen. Will er nämlich einen seiner Gegner vernichten und sich dessen Besitz aneignen, holt er mehrere der Jünger auf die gleiche Weise aus dem künstlichen Paradies, wie er sie hineingebracht hat, und kündigt ihnen an, dass sie erst dann wieder dorthin zurückkehren werden, wenn sie den Widersacher ermordet haben.

---

24 Vgl. Joseph Ziegler: Dulcedo Dei. Ein Beitrag zur Theologie der griechischen und lateinischen Bibel, Münster 1937. Dass *dolce* zugleich einen zentralen Begriff in Dantes Dichtungsauffassung bezeichnet, kann hier nur erwähnt werden.

25 Vgl. Marco Polo: Il Milione. Die Wunder der Welt, übers. aus altfrz. und lat. Quellen von Elise Guignard, Zürich 2008, S. 60–64 (= cap. XLI–XLIII).

Diese Parodie des Märtyrertodes behandelt das Paradies als süchtig machende Droge, deren Entzug jede Art von Beschaffungskriminalität für den Süchtigen gerechtfertigt erscheinen lässt. Im 19. Jahrhundert hat man die Geschichte uminterpretiert, und zwar in dem Sinne, dass das Paradies, das der Alte vom Berge erbaut, kein real projektierter Garten mehr ist, sondern ein introspektiv imaginierter. Die Droge wird nicht mehr für den realen Transport ins künstliche Paradies eingesetzt, sondern für den imaginären *transport* im Sinne der Verzückung. Der Rauschzustand, der bei Marco Polo den Übergang von der Alltagswelt ins Paradies markiert, wird mithin als ursächlich für die Paradies-Erfahrung selbst verstanden. Ausgeführt wird dies etwa in Alfred Jarrys kleinem Drama *Le Vieux de la Montagne* aus dem Jahr 1896, doch als erster hat sich wohl Baudelaire diese Auffassung zueigen gemacht.[26] Dass man durch den Drogenrausch hindurch ins Paradies gelangt, ist der Grundgedanke seiner Essays zum Drogenkonsum, die unter dem Titel *Les paradis artificiels* erschienen sind.

Der Rausch – laut Nietzsche der physiologische Kontrapunkt zu Traum und Vision[27] – stellt für Baudelaire eine Möglichkeit dar, das Paradies durch die Apotheke zu erlangen („créer le paradis par la pharmacie", S. 403)[28] und tritt als solche in unmittelbare Konkurrenz zu den Techniken der Meditation. Wie diese ursprünglich den religiösen Virtuosen vorbehalten sind,[29] so jene den ästhetischen Virtuosen in jenem weiten aisthetischen Sinn, den wenig später Rimbaud mit seiner Forderung nach einem „dérèglement de

26 *Transport* ist ein Leitbegriff in der Ästhetik Baudelaires, wie u. a. in der Formel von den „transports de l'esprit et des sens" im letzten Vers seines programmatischen Sonetts *Correspondances* aus den *Fleurs du mal* deutlich wird (vgl. Charles Baudelaire: Les fleurs du mal et autres poèmes, Paris 1964, S. 39 f.). Dass der von Swedenborg entlehnte Begriff der *correspondance* wiederum von substantieller Bedeutung für Baudelaires Rauschkonzeption ist, belegt Alexander Kupfer: Die künstlichen Paradiese. Rausch und Realität seit der Romantik. Ein Handbuch, Stuttgart–Weimar 1996, S. 575–577. Wiederaufgenommen wird Baudelaires Theorie bei Walter Benjamin: Haschisch in Marseille, in: ders., Gesammelte Schriften, hrsg. von Rolf Tiedemann und Hermann Schweppenhäuser, Frankfurt a. M. 1980, Bd. IV/1, S. 409–416 sowie ders.: Protokolle zu Drogenversuchen, in: ders.: Gesammelte Schriften, Bd. VI, S. 558–618.

27 Vgl. Friedrich Nietzsche: Die Geburt der Tragödie, in: ders.: Kritische Studienausgabe, hrsg. von Giorgio Colli und Mazzino Montinari, 15 Bde., München u. a. ^{2}1988, Bd. 1, S. 9–156, hier S. 26–30.

28 Baudelaires Essay *Les paradis artificiels* wird mit Seitenangaben in Klammern im fortlaufenden Text zitiert nach der Ausgabe: Charles Baudelaire: Les paradis artificiels. Opium et Hachisch, in: ders.: Œuvres complètes, texte établi, présenté et annoté par Claude Pichois, Bd. 1, Paris 1975, S. 399–517 (die Erwähnung der Erzählung Marco Polos vom Alten vom Berge dort S. 404).

29 Auch bei Dante ist es nur eine kleine Schar von Lesern (vgl. Par 2, 10: „Voi altri pochi"), die ihm auf seinem Weg durchs Paradies zu folgen vermag.

tous les sens“[30] bezeichnet hat. Wie die religiöse Ekstase, entspringt auch der Drogenrausch laut Baudelaire einem „goût de l'infini“ (S. 402), der auf die mystische *unio* von Gott und Mensch abzielt; in der Art und Weise von deren Evokation offenbaren sich jedoch deutliche Differenzen. Im Unterschied zum nicht provozierbaren und durch den meditativen „exercice journalier de notre volonté“ allenfalls zu erhoffenden „état exceptionel“ (S. 401f.) zeichnet sich das durch die Droge erkaufte Paradies durch drei Eigenschaften aus: (1.) Es kann ohne jeden geistigen Aufwand und ohne jede Arbeit an sich selbst erlangt werden; (2.) es stellt sich ohne Vorbereitung mit einem Mal („d'un seul coup“, S. 402) ein; (3.) im Gegensatz zur meditativen Übung, die nie mit dem Erfolg kalkulieren darf – dieser hängt allein ab von der Gnade Gottes –, ist der Eintritt des künstlichen Rauschparadieses unfehlbar und vollendet damit den technischen Zug, der jeder Meditation innewohnt und in der spätmittelalterlich-frühneuzeitlichen Auffassung der Meditation als *ars* seinen Ausdruck findet.[31]

Durch den Verzehr von Rauschmitteln erreicht man demnach dasselbe Ziel wie vordem durch die mentalen Selbsttechniken der Meditation; er ist aber im Unterschied zu diesen ein *acte gratuit*, der unmittelbar ins Paradies führt. In der Mühelosigkeit, Augenblicklichkeit und Unfehlbarkeit des Drogenrauschs sieht Baudelaire deshalb eine Korruption jenes „goût de l'infini“, den er als Grundlage unseres Strebens nach dem inneren Paradies benannt hat. Und diese „dépravation du sens de l'infini“ bildet die „raison de tous les excès coupables, depuis l'ivresse solitaire et concentrée du littérateur [...] jusqu'à l'ivregnerie la plus répugnante des faubourgs, qui, le cerveau plein de flamme et de gloire, se roule ridiculement dans les ordures de la route“ (S. 403). Um es noch einmal deutlich zu sagen: Baudelaire weist damit der Drogensucht dieselbe Ursache wie der asketischen Übung zu, nämlich das Verlangen, den Sündenfall zumindest zeitweise rückgängig zu machen und in den prälapsalen paradiesischen Zustand zurückzukehren. Dies ist zweifellos ein religiöses Verlangen, aber auch eines, das offenbar den Menschen als Ganzen charakterisiert, unabhängig davon, ob er gläubig ist oder nicht. Noch die abstoßendste Trunksucht der Vorstädte („l'ivregnerie la plus répugnante des faubourgs“) dokumentiert dieses Verlangen, das für Baudelaire zur *conditio humana* gehört, ja deren wichtigsten Teil darstellt. Doch die schiere Praktikabilität des Drogenrauschs begründet auch dessen

30 Arthur Rimbaud: Lettres du voyant, hrsg. von Gérald Schaeffer, Genève 1975, S. 113, 137.

31 Vgl. Ronald J. Corthell: Joseph Hall and Protestant Meditation, in: Texas Studies in Literature and Language 20 (1978), S. 367–385; Thomas O. Sloan: Rhetoric and Meditation: Three Case Studies, in: Journal of Medieval and Renaissance Studies 1 (1971), S. 45–58.

Unmoral,[32] denn sie reduziert die Eigenleistung des Subjekts auf den reinen Konsum, während die *techne* der Meditation den erstrebten paradiesischen Zustand erst herstellen, mithin produzieren muss.[33] Kurz, in der Terminologie des 19. Jahrhunderts: die asketischen Verfahren stellen eine Form der Arbeit dar, die Einnahme von Drogen hingegen eine Form des Luxus. Damit unterläuft diese das göttliche Urteil, das den Menschen nach dem Sündenfall zu Mühe und Leiden (vgl. Gen 3,17–19) verdammt, und eröffnet einen Weg zurück in den Zustand vor dem Sündenfall, den man mit Kleist als Hintereingang ins Paradies bezeichnen könnte.[34] Der Rausch leistet dies aber nur um den Preis, den Sündenfall immer wieder aufs Neue zu wiederholen, da er, wie erwähnt, einem korrupten Verlangen entspringt. Baudelaire bringt dies auf die paradoxe Formulierung, der Mensch erkaufe das Paradies mit seinem ewigen Seelenheil („un paradis qu'on achète au prix de son salut éternel", S. 441). Denn das Verlangen, jenen paradiesischen Zustand ohne jede Mühe zu gewinnen, entspringt eben jener menschlichen Hybris, die den Sündenfall erst provoziert hat.

Diese Hybris wiederholt sich, wenn der Mensch im Rausch einen „degré de joie et de sérénité" erreicht, „où il est *contraint* de s'admirer lui-même. […] Tout est matière à jouissance. […] Et non seulement il se condamne, mais il se glorifie" (S. 434 f.). Beichtkind und Beichtvater in einem, „il s'était donné une facile absolution", oder, schlimmer noch, „il avait tiré de sa condamnation une nouvelle pâture pour son orgueil" (S. 435 f.). Gerade die letzte Formulierung zeigt, dass für Baudelaire der Mensch im Drogenrausch teuflisch geworden ist, denn der Stolz auf seine Verdammung ist jene Eigenschaft, die bspw. Miltons Satan zuallererst auszeichnet und jede Möglichkeit der Gnade untergräbt. Zugleich fühlt sich der Mensch aber als göttliches Wesen, indem er sich zum „centre de l'univers" (S. 436) macht. „[L]a passion", zitiert Baudelaire ein Sprichwort, „rapporte tout à elle" (ebd.). Der Berauschte meint, die ganze Welt sei nur für ihn geschaffen: „Pour moi, l'humanité a travaillé, a été martyrisée, immolée, – pour ser-

32 „C'est l'infaillibilité même du moyen qui en constitue l'immoralité, comme l'infaillibilité supposé de la magie lui impose son stigmate infernal" (S. 339 f.), heißt es pointiert bei Baudelaire.

33 Der Drogenkonsum kehrt demnach die rhetorisch-psychagogische Korrelation von Imagination und Affektion um, indem die Halluzination nicht als Voraussetzung, sondern als Folge der emotionalen Stimulation auftritt – was ihn, etwa aus der Sicht des pseudo-longinschen Traktats *Peri hypsous*, eindeutig als rezeptiv ausweist.

34 „[…] das Paradies ist verriegelt und der Cherub hinter uns; wir müssen die Reise um die Welt machen, und sehen, ob es vielleicht von hinten irgendwo wieder offen ist" (Heinrich von Kleist: Über das Marionettentheater, in: ders.: Sämtliche Werke und Briefe. Münchner Ausgabe, hrsg. von Roland Reuß und Peter Staengle, Bd. 2, München–Frankfurt a. M. 2010, S. 425–433, hier S. 429.

vir de pâture, de *pabulum*, à mon implacable appétit d'émotion, de connaissance et de beauté!" (S. 437).

Indem der Mensch nach dem Paradies strebt, macht er sich schuldig – doch kann er nicht anders, als dem Verlangen nach dem drogeninduzierten „paradis d'occasion" (S. 441) nachzugeben. So nimmt er immer wieder Anlauf, sich zum Engel zu erheben, und fällt doch herab zum Tier (vgl. S. 409). Die Crux der Droge liegt also für Baudelaire darin, „qu'un homme qui peut, avec une cuillerée de confiture, se procurer instantanément tous les biens du ciel et de la terre, n'en gagnera jamais la millième partie par le travail" (S. 438). Damit steht sie im Gegensatz nicht nur zur religiösen Meditation, sondern auch zur Tätigkeit des Poeten, den Baudelaire hier ganz auf die Seite der Askese rückt. Sein „poète attristé", den er am Ende des ersten Teils der *Paradis artificiels* einführt, bricht demgemäß den Stab über jene Unglücklichen „qui n'ont ni jeûné, ni prié", die die Erlösung durch Arbeit („la rédemption par le travail") verweigern und durch die Schwarze Magie der Drogen die Mittel finden „de s'élever, d'un seul coup, à l'éxistence surnaturelle" (S. 441). Die Magie der Drogen betrüge sie, entzünde in ihnen ein falsches Glück und falsches Licht, während die echten Dichter ihre Seele erneuern „par le travail successif et la contemplation" und durch „l'exercice assidu de la volonté et la noblesse permanente de l'intention" für sich einen Garten voll wahrer Schönheit („un jardin de vraie beauté") erschaffen (ebd.).

Die Ernsthaftigkeit dieser Prosopopöie mit ihrer Apotheose der erlösenden Arbeit und der Parteinahme der Poesie für die apollinische Askese und gegen den dionysischen Rausch darf in Zweifel gezogen werden. Denn Baudelaire sah zumindest zeitweise im Drogenrausch ein durchaus probates Mittel, um jene Öffnung der Sinne zu erlangen, die allein das für die poetische Produktion brauchbare Material verschaffen könnte. Insofern würde der Rausch eben jene Position einnehmen, die Baudelaires Poet im obigen Zitat der Arbeit und der Askese – im bürgerlichen Zeitalter zwei Seiten einer Medaille – zuschreibt, ganz im Sinne des surrealistischen „LE POÈTE TRAVAILLE", das Breton über Saint-Pol-Roux kolportiert und das er bekanntlich dem Traum zugeschrieben hat.[35] In der Kreation künstlicher Paradiese tref-

35 Vgl. André Breton: Manifeste du surréalisme, in: ders.: Manifestes du surréalisme, Paris 1977, S. 11–64, hier S. 24. In einem Essay über Poe spricht Baudelaire mit ähnlicher Ausrichtung vom Rausch als „méthode de travail" (vgl. Kupfer: Die künstlichen Paradiese [s. Anm. 26], S. 588). – Die oben diskutierte Zwischenstellung von Dantes *Paradiso* zwischen Vision und Traum wird sowohl von Baudelaire als auch von Breton (und zahlreichen anderen modernen Künstlern) insofern wieder aufgenommen, als auch der Traum als Medium ‚objektiver Phantasie' nicht rein subjektiv-willkürlich ist, sondern den Zugang zum *surnaturel* (Baudelaire) bzw. zur *surréalité* (Breton) eröffnet. Vgl. zu

fen sich mithin Rausch und Dichtung und unterscheiden sich schon dadurch von der Meditation, dass sie eine Pluralität von Paradiesen schaffen, die sie der Alternativlosigkeit des religiösen Paradieses entgegenstellen.[36] Freilich: auch die introspizierten Paradiese der Meditation sind – und das macht sie so anfällig für die Heterodoxie – aufgrund ihrer Subjektbezogenheit plural, so dass eine wesentliche Funktion der Meditationsliteratur darin besteht, die Phantasieproduktion auf die rechten Bahnen zu lenken und jede Art von Schwärmerei (die aufklärerische Bezeichnung für Enthusiasmus) zu vermeiden.[37] Diese Art der Regulierung ist aber in der drogeninduzierten Phantasieproduktion weder möglich noch erwünscht. Dass Baudelaire dennoch zunehmend zur Verurteilung des Drogenrauschs als Medium der Poesie neigt, liegt an einem medialen Problem: Da die Droge die Willenskraft angreift, „de toute les facultés la plus précieuse" (S. 438), nimmt der Berauschte den Traum für die Tat („il confond complètement le rêve avec l'action", S. 436) und ist nicht in der Lage, die Erfahrungen aufzuzeichnen – der Traum bleibt also poetisch unfruchtbar, weil er keine textuellen Spuren hinterlässt.[38]

Für den vorliegenden Zusammenhang entscheidend sind zwei Momente des drogeninduzierten Paradieses: zum einen die Willkürlichkeit der individuellen Paradiesinjektion, die – prinzipiell – jedem jederzeit den Eintritt ins Paradies ermöglicht und damit jede Form der Askese (wörtlich verstanden als Übung) unterläuft. Das Paradies wird damit frei verfügbar und einer grundsätzlichen Popularisierung unterworfen, wie dies schon die Frömmigkeitsbewegungen der Frühen Neuzeit propagiert haben, durch die damit verbundene erhebliche Investition von *labor* aber mit eher bescheidenem

---

Baudelaires Konzept des *surnaturalisme* Felix W. Leakey: Baudelaire and Nature, Manchester 1969, S. 179–195.

36 Baudelaires Konzept der künstlichen Paradiese impliziert mithin „den blasphemischen Gedanken, daß der Mensch auf das Paradies Gottes möglicherweise nicht angewiesen sei, da ihm andere Alternativen zur Auswahl stehen" (Kupfer. Die künstlichen Paradiese [s. Anm. 26], S. 572).

37 Vgl. Stephanie Wodianka: Wege und Abwege der Betrachtung: Gottfried Arnold zur pietistischen „beobachtung des hertzens" als Gefahr, in: Udo Sträter (Hrsg.): Interdisziplinäre Pietismusforschungen. Beiträge zum Ersten Internationalen Kongress für Pietismusforschung 2001, Bd. 1, Tübingen 2005, S. 353–362.

38 Auch dieses Problem wird von Breton, am Beispiel des Surrealisten Robert Desnos, behandelt, „qui, peut-être, s'est le plus approché de la verité surréaliste […]. Aujourd'hui Desnos *parle surréaliste* à volonté. La prodigieuse agilité qu'il met à suivre oralement sa pensée nous vaut autant qu'il nous plaît de discours splendides et qui se perdent, Desnos ayant mieux à faire qu'à les fixer. Il lit en lui à livre ouvert et ne fait rien pour retenir les feuillets qui s'envolent au vent de sa vie" (Breton: Manifeste du surréalisme [s. Anm. 35], S. 42). Die Lösung für dieses Aufzeichnungsproblem stellt natürlich die Technik der *écriture automatique* dar (vgl. ebd., S. 33–35).

Erfolg. Demgegenüber liefern die populären Medien der im 19. Jahrhundert entstehenden Freizeitindustrie eine Vielzahl von Variationen des Rausches, von denen die künstlichen Paradiese des Drogenkonsums nurmehr eine von mehreren Optionen darstellen.[39] Zum anderen vollziehen Baudelaires künstliche Rausch-Paradiese den endgültigen Wechsel vom Primat des Sehens zum Kulinarischen. Der „goût de l'infini" ist insofern sehr wörtlich zu nehmen, als hier – auch das ein Merkmal populärer Kultur seit dem 19. Jahrhundert[40] – die Metapher des Geschmacks wieder ins Literale überführt wird. Im Haschisch-Konsum, der zu Baudelaires Zeiten wesentlich ein gustatorisches Phänomen gewesen ist, zeigt sich die meditative *dulcedo Dei* als kulinarisches Erlebnis und damit als eine leibliche Erfahrung, die die Rhetorik der Meditation auf den Kopf stellt: Bildet bei Dante die intensive Geschmacksempfindung den Höhepunkt einer visuell und auditiv konzipierten Paradieserfahrung, entstehen bei Baudelaire die optischen und akustischen Halluzinationen der künstlichen Rauschparadiese als sekundäre Effekte des Geschmacks.

III. Milton oder Von der Introspektion zur Injektion

Die Introspektionen der meditativen Phantasie werden bei Baudelaire als Wirkungen pharmakologischer Injektion offengelegt – sofern man Injektion im wörtlichen Sinn des lat. *iniectio* als ‚Hineinwerfen' versteht, wie ja auch heutzutage orale Drogen ‚eingeworfen' oder ‚eingeschmissen', also injiziert werden. Indessen scheint mir die halluzinatorische Wirkung – bei Dante: die *visione* bzw. der *sogno* – nicht im Zentrum der künstlichen Paradiesvorstellung zu stehen. Vielmehr ist es die rauschhafte Erhebung (Baudelaires „élévation"),[41] in der die meditativen Verfahren kulminieren, wenn

39 Dem Zusammenhang von Meditation und Unterhaltung wäre weiter nachzugehen. Zu ersten Überlegungen vgl. Günter Butzer: Theorie literarischer Unterhaltung, in: ders., Hubert Zapf (Hrsg.): Theorien der Literatur. Grundlagen und Perspektiven, Bd. 6, Tübingen–Basel 2013, S. 159–179.

40 Vgl. Pierre Bourdieu: Die feinen Unterschiede. Kritik der gesellschaftlichen Urteilskraft, übers. von Bernd Schwibs und Achim Russer, Frankfurt a. M. 1987 [frz. 1979], S. 761–767, der Kants Unterscheidung von „Reflexions-Geschmack" und „Sinnen-Geschmack" auf die Differenz von Hochkultur und populärer Kultur projiziert.

41 Das gleichnamige Gedicht aus den *Fleurs du mal* wäre demnach auch als Beschreibung einer drogeninduzierten Rauscherfahrung zu lesen. Vgl. vv. 13–16: „Derrière les ennuis et les vastes chagrins/ Qui chargent de leur poids l'existence brumeuse,/ Heureux celui qui peut d'une aile vigoureuse/ S'élancer vers les champs lumineux et sereins". In den himmlischen Gefilden der *élévation* wird „le feu clair qui remplit les espaces limpides" getrunken „comme une pure et divine liqueur" (v. 11f.). Auch hier also der Wechsel vom visuellen zum gustatorischen Medium, der durch die Katachrese vom ‚Trinken

den Probanden, wie Dante am Ende des *Paradiso*, Hören und Sehen vergeht. Dahinter steht die schon alludierte Konkurrenz von apollinischer Vision und dionysischem Rausch, die im meditativen Diskurs jederzeit zugunsten des Visionären entschieden wird, die aber, wie sich anhand von Miltons *Paradise Lost* zeigen lässt, unter der Hand immer wieder das Dionysische favorisiert.[42]

Das irdische Paradies stellt, soweit ich sehe, kein prominentes Thema der Meditation dar – weder im Mittelalter noch in der Frühen Neuzeit. Dies mag ein wesentlicher Grund für Milton gewesen sein, sich des Gegenstands anzunehmen, ging es ihm doch nicht nur darum, wie bei den konventionellen religiösen Meditationstexten Wahrheiten des Glaubens durch „wiederholtes Nachdenken" (*cogitatio frequens*)[43] sich anzueignen und zu verinnerlichen; Milton wollte vielmehr in *Paradise Lost* große Poesie produzieren, und diese zeichnet sich zu seiner Zeit durch ein fein austariertes Gleichgewicht zwischen der Nachahmung klassischer Vorbilder und der gezielten Neuerung aus. Das motiviert zweifellos seine Entscheidung, durch die poetische Erzählung des Sündenfalls einerseits ein religiöses Epos in der Tradition von Dantes *Commedia* und Torquato Tassos *Gerusalemme Liberata* vorzulegen; andererseits aber durch die Wahl des Sündenfall-Themas ein sowohl im poetischen als auch im meditativen Kontext der Frühen Neuzeit originelles Thema aufzugreifen, das zudem den Vorteil hat, dass es trotzdem jeder kennt. Den Willen, ein großes Werk der Dichtung zu schaffen, spürt man aus jedem Vers von Miltons Epos, er zeigt sich aber vielleicht am deutlichsten darin, dass er – auch hier dem Vorbild Dantes folgend und es überbietend – in *Paradise Lost* einen neuen Entwurf des Kosmos kreiert, indem er den Sündenfall in eine Perspektive rückt, wie sie (aus christlicher Sicht) weiter nicht gedacht werden kann: denn das Epos erzählt bei weitem nicht nur den Sündenfall, wie er in Genesis 3 berichtet wird, in poetischer Form – das macht nur eines der insgesamt zwölf Bücher des Epos aus –, sondern spannt ihn ein in einen Rahmen, der vom nicht oder nur bedingt biblischen Höllensturz Lucifers über die Schöpfungsgeschichte bis hin zur Erlösungstat Christi reicht.

des Feuers‘ noch stärker betont wird. Vgl. Baudelaire: Les fleurs du mal et autres poèmes (s. Anm. 26), S. 39.

42 Guardini, ein exzellenter Kenner mittelalterlicher Meditationsliteratur, scheut sich nicht, von „Dantes Vision" als „dionysische[m] Ausbruch[ ]" und „dionysische[m] Aufschwung" zu sprechen (vgl. Romano Guardini: Die Erkenntnis und der Lehrer der Wahrheit in Dantes Gedicht, in: ders.: Landschaft der Ewigkeit (s. Anm. 23), S. 152–168, hier S. 166, 168).

43 So die kanonische Bestimmung bei Hugo von St. Viktor: De meditando seu meditandi artificio, in: Patrologia Latina, hrsg. von Jacques P. Migne, 217 Bde., Paris 1841–1864, Bd. 176, Sp. 993–998, hier Sp. 993.

Zudem ist Miltons *Paradise Lost* keine bloß amplifizierende und versifizierte Nacherzählung des biblischen Berichts, sondern eine *meditatio in actu*: eine poetisch ausformulierte Meditation über den Text von Gen 2,8–3,24, die zunächst *seine* Interpretation der Bedeutung des Sündenfalls gibt, die jedoch über die Publikation und die euphorische Rezeption als repräsentativ für seine Epoche aufgefasst werden kann. Miltons Epos will und kann also keine theologische Auslegung des Sündenfalls sein, auch wenn er die Theologoumena seiner Zeit – allen voran die Beziehung von menschlicher Willensfreiheit und göttlicher Gnadenwahl[44] – ausführlich thematisiert; vielmehr gibt er – wiederum vergleichbar mit Dante – eine konkretisierende Vision dessen, was er bei der Meditation des Sündenfalls gedacht und empfunden hat, und das ist, schon allein quantitativ, nicht wenig: aus dem knappen Bericht der Genesis wird ein Epos von 10.565 Blankversen. Seit Milton kennen wir den Höllensturz und den Sündenfall aus der Perspektive Satans, der zumindest in der romantischen Rezeption im Anschluss an William Blake zur zentralen Figur der Erzählung gerät. Seit Milton sind wir auch informiert darüber, wie sich Adam und Eva vor dem Sündenfall im Paradies die Zeit vertrieben haben und auf welche Weise sie Sex miteinander hatten. Seit Milton wissen wir auch – und darum wird es im Folgenden gehen –, was Eva empfunden hat, als sie die verbotene Frucht vom Baum der Erkenntnis des Guten und Bösen verzehrt hat.

Paradise Lost stellt – ich habe es eingangs erwähnt – das Paradebeispiel dar für Martz' These von der Introspektion des Paradieses in einem „interior journey […] from the world we know toward the inward Light by which man is enabled to see a Paradise that lies within the center of the poem and within the center of the mind and memory".[45] Tatsächlich kann man das Epos als monumentale Meditation über den Verlust des äußeren und die Bewahrung des inneren Paradieses lesen, die zugleich die gesamte christliche Heilsgeschichte von der Schöpfung bis zur Erlösung durch Christus umfasst, welch Letztere in der Vision und Narration der beiden letzten Bücher dem Leser vor Augen geführt wird. Dieses innere Paradies ist aber, wie man Miltons Text entnehmen kann, nicht minder ambivalent als dasjenige Baudelaires, und diese Ambivalenz ist an die mediale Differenz von Visus und Gustus geknüpft. Statt dem zweifellos vorhandenen Visionären bei Milton weiter nachzugehen, möchte ich mich im Folgenden auf die vorgebliche Ursache des verlorenen Paradieses im Sündenfall konzentrieren und damit auf die pharmakologische Dimension, die just an dieser Stelle aufscheint und die visuelle Introspektion durch die gustatorische Injektion substituiert.

44 Vgl. Dennis Danielson: The Fall of Man and Milton's Theodicy, in: ders. (Hrsg.): The Cambridge Companion to Milton, Cambridge u. a. 1989, S. 113–129.

45 Martz: The Paradise Within (s. Anm. 1), S. 110, 115.

Den Zustand Adams und Evas im Paradies bezeichnet Miltons Erzähler im dritten Buch als „Reaping immortal fruits of joy and love,/ Uninterrupted joy, anrivalled love/ In blissful solitude“ (III, 67–69)[46] und macht damit frühzeitig deutlich, dass die Freuden des Paradieses ganz wesentlich aus der gustatorisch konzipierten Lust und Liebe des Paares („immortal *fruits* of joy and love“, Hervorh. d. Verf.) aneinander bestehen.[47] *Joy* und *love* als die beiden wichtigsten Merkmale des paradiesischen Zustands werden bei Milton zugleich außerhalb und innerhalb der zeitgenössischen Affektenlehre behandelt und erhalten damit eine ähnliche Ambiguität zugeschrieben wie in den christlichen Psychologien der Zeit. Denn einerseits ist die Liebe der beiden jenseits jeder Leidenschaft angesiedelt – „In loving thou dost well“, sagt der Engel Raphael zu Adam, „in passion not,/ Wherein true love consists not“ (VIII, 588 f.) –, andererseits ist es gerade die Schönheit Evas als Ursprung seiner Liebe, die Adams Weisheit und Vernunft außer Kraft setzt und somit den Leidenschaften zuarbeitet.[48] Vernünftige Liebe und sinnliches Begehren sind demnach schon vor dem Sündenfall nicht strikt zu trennen, und die Ursache hierfür dürfte darin liegen, dass die zitierte „blissful solitude“ (III, 69) für die beiden im Grunde nie bestanden hat.

Denn von Anfang an ist Gott als der Dritte zumindest strukturell anwesend, dessen Verbot erst jenes Begehren hervorruft, das Adam und Eva dann zum Verhängnis wird.[49] Die Übertretung seines Verbots aber erzeugt einen rauschhaften Zustand, der weit über die sexuelle Leidenschaft, die mit ihm

46 Miltons *Paradise Lost* wird im fortlaufenden Text zitiert mit Buch- und Versangabe nach folgender Ausgabe: John Milton: Paradise Lost, edited with an Introduction and Notes by John Leonard, London 2000.

47 Adam und Eve tragen das Paradies in ihrer Beziehung mit sich: „Thus these two/ Imparadised in one another's arms/ The happier Eden“ (IV, 505–7). Das Gleiche gilt auch für die Hölle als inneren Zustand Satans. Vgl. David Loewenstein: Milton. Paradise Lost, Cambridge 1993, S. 74 f., mit zeitgenössischen Belegen aus Marlowes *Doctor Faustus* und Thomas Brownes *Religio Medici*.

48 Vgl. die Worte Adams über Eva zu Raphael: „[...] yet when I approach/ Her loveliness, so absolute she seems/ And in herself complete, so well to know/ Her own, that what she wills to do or say,/ Seems wisest, virtuousest, discreetest, best;/ All higher knowledge in her presence falls/ Degraded, wisdom in discourse with her/ Looses discount'nanced and like folly shows“ (VIII, 546–553).

49 Milton hat in der *Christian Doctrine* das göttliche Verbot als Moment des Paradieses wie folgt begründet: „It was necessary that one thing at least should be either forbidden or commanded, and above all something which was in itself neither good nor evil, so that man's obedience might in this way be made evident“ (The Complete Prose Works of John Milton, hrsg. von Don M. Wolfe, 8 Bde., New Haven 1953–1982, Bd. 6, S. 351f.). Vgl. Stanley Eugene Fish: Surprised by Sin. The Reader in Paradise Lost, London u. a. 1967, S. 241–285, der seine Interpretation des Sündenfalls bei Milton ganz auf den mangelnden Glauben und den daraus resultierenden fehlenden Gehorsam Evas und Adams zurückführt. Warum aber die Gehorsamsprobe überhaupt nötig ist, bleibt unerklärt.

verknüpft ist, hinausgeht und nicht zuletzt auf der Verachtung des angedrohten Todes beruht: So fordert Satan Eva im IX. Buch zum „petty trespass" auf, als Zeichen ihrer

> [...] dauntless virtue, whom the pain
> Of death denounced, whatever thing death be,
> Deterred not from achieving what might lead
> To happier life [...].
>
> (IX, 693–697)

Natürlich ist das die Rhetorik der Verführung, indem aber Eva ihr folgt, begeht sie tatsächlich jene Transgression, für die der Tod keine abschreckende Rolle mehr spielt, sondern als *momentum* in sie eingeht. Man betrachte die Beschreibung von Evas Zustand, nachdem sie die Frucht vom Baum der Erkenntnis gegessen hat:

> Eve
> Intent now wholly on her taste, naught else
> Regarded, such delight till then, as seemed,
> In fruit she never tasted, whether true
> Or fancied so, through expectation high
> Of knowledge, nor was Godhead from her thought.
> Greedily she engorged without restraint,
> And knew not eating death: satiate at length,
> And heightened as with wine, jocund and boon,
> [...].
>
> (IX, 785–793)

Wenn Eva nicht gewahr wird, dass sie den Tod isst, so liegt das daran, dass in ihrem berauschten Zustand der Tod keine Grenze darstellt, ja gar nicht darstellen kann: denn wie mehrfach betont wird, weiß sie nicht und kann nicht wissen, was der Tod ist. Das ist die Paradoxie des ersten Verbots: es *muss* übertreten werden, da die Übertretende nicht von einer Strafe abgeschreckt werden kann, die sie nicht kennt. „What fear I then", sagt Eva zu sich unmittelbar bevor sie die Frucht isst, „rather what know to fear/ Under this ignorance of good and evil,/ Of God or death, of law or penalty?" (IX, 773–775).

Jemandem, der nichts zu fürchten hat, kann man auch nichts verbieten, und darin liegt die prinzipielle Unschuld Evas am Sündenfall. Sie konsumiert die Frucht „without restraint" (IX, 791), und gerade diese Unbeschränktheit bzw. Schrankenlosigkeit führt zu jenem Hochgefühl, das sie – ganz im Sinne Baudelaires – zur Göttin werden lässt. In der vollständigen Konzentration auf den Geschmack erfährt sie eine Verzückung, die sie ins künstliche Paradies des Rauschs entrückt, wo keine Unterscheidung zwischen Wahrheit und Phantasie mehr zu treffen ist. Die Beschreibung ihres Zustands, die Eva Adam gibt, lässt jedenfalls an dessen rauschhaftem Charakter keinen Zweifel aufkommen.[50] Der Baum sei keineswegs gefährlich und führe zum Bösen, sagt sie, sondern habe durchaus göttliche Wirkung, indem er die Augen öffne und diejenigen, die von ihm essen, zu Göttern mache: „growing up to godhead" (IX, 877), so habe sie die Wirkung der Frucht erlebt:

> [...] but I feel
> Far otherwise th' event, not death, but life
> Augmented, opened eyes, new hopes, new joys,
> Taste so divine, that what of sweet[51] before
> Hath touched my sense, flat seems to this, and harsh.
> On my experience, Adam, freely taste,
> And fear of death deliver to the winds.
> (IX, 983–989)[52]

Es ist dieser Geschmack der ‚Süße der Sünde', den Adam und Eva nach ihrer Vertreibung als Moment des „paradise within" (XII, 587) mitnehmen, mithin die gustatorische Variante des künstlichen Paradieses und nicht die Vision Gottes, der sich dort bei Milton – im Unterschied zum biblischen Text – nie blicken lässt (höchstens sehr vermittelt im Traum Adams von seiner Gottesbegegnung, den er Raphael erzählt und der in die Erschaffung Evas mündet; vgl. VIII, 283 ff.). Die explizite Abgrenzung vom dionysischen Enthusiasmus, die der Erzähler von *Paradise Lost* im Eingang des siebten Buches vollführt,[53] scheint daher allenfalls die halbe Wahrheit.

50 Es ist mehr als beachtlich, wie konsequent die Milton-Forschung die – durch die biblische Erzählung ja nicht vorgeprägten – Beschreibungen von Evas Ekstase beim Verzehr der verbotenen Frucht ignoriert und von der Verführungsszene unmittelbar zu den Folgen des Sündenfalls übergeht. Vgl. paradigmatisch die immerhin auf Eva fokussierte Studie von Diane Kelsey McColley: Milton's Eve, Urbana u. a. 1983, S. 205–209.

51 Vgl. V, 294–297, wo das prälapsale Paradies als „wilderness of sweets" bezeichnet wird, „for Nature here/ Wantoned as in her prime, and played at will/ Her virgin fancies, pouring forth more sweet,/ Wild above rule or art; enormous bliss." Im „Wild above rule or art" klingt das pseudo-longinsche Erhabenheits- und Genie-Konzept an, das bekanntlich in die frühe Genie-Auffassung, etwa in Joseph Addisons Essay *On Genius* (*Spectator* No. 160 vom 3.9.1711), eingegangen ist. Vgl. Longinus: Vom Erhabenen, griech./dt., übers. und hrsg. von Otto Schönberger, Stuttgart 1988, S. 80–90 (= cap. 33–36). Dem Zusammenhang lohnte es nachzugehen, zumal Longin die *creatio ex nihilo* in Genesis 1 als Beleg für das Erhabene zitiert (vgl. Longinus: Vom Erhabenen, S. 24–26 [= cap. 9, 9]).

52 Loewenstein (Milton [s. Anm. 47], S. 94) spricht – ungewollt zweideutig – vom „terrific effect of this drug".

53 Der Erzähler ruft Urania an: „But drive far off the barbarous dissonance/ Of Bacchus and his revellers, the race/ Of that wild rout that tore the Thracian bard [sc. Orpheus]/ In

Vielmehr gibt es eine enthusiastische Grundierung des Sündenfalls bei Milton, die diesem – ähnlich wie bei Baudelaire – eine ambivalente Funktion verleiht. Umgekehrt ist lediglich die Erzeugung der Ambivalenz: Während Baudelaire zeigt, wie das künstliche Paradies des Drogenrausches den Sündenfall und damit den Preis des Seelenheils impliziert, stellt Milton dar, wie mit dem Verlust des paradiesischen Zustands eine rauschhafte Glückserfahrung einhergeht, die auf frappante Weise dem Enthusiasmus als Ziel religiöser Askese gleicht. Denn die Steigerung des Lebens („life / Augmented"), die Entregelung der Sinne („opened eyes") und das Schmecken der unendlichen Süße des Göttlichen („Taste so divine"): das sind nicht nur die Elemente des Drogenrauschs, sondern zugleich die ekstatischen Momente, die die Meditation anstrebt, ohne sie als Enthusiasmus anzuerkennen. Der auf Injektion im erwähnten Sinn basierende Rausch erscheint damit als ernstzunehmendes Konkurrenzmodell zur Introspektion der methodischen Meditation, die, wie bereits erwähnt, in ihrer augustinischen Variante gar nicht so methodisch ist, wie man meinen sollte, und dadurch dem Rausch noch näher rückt (wie noch Rimbauds zugleich rauschhafte und schon vom Titel her augustinische *Illuminations* verdeutlichen).

Wenn Baudelaire im Eingang der *Paradis artificiels* schreibt, man müsse, um das künstliche Glück verdauen zu können, erst einmal den Mut haben, es zu verschlucken,[54] so kennzeichnet er die Drogeneinnahme, ganz ähnlich wie Milton, als Abusus verbotener Früchte, deren Genuss einen ekstatischen, göttlichen Zustand herbeiführt, der letztlich vom Ziel der Meditation kaum mehr zu unterscheiden ist.[55] Der christliche Antitypus zum Sündenfall wäre somit nicht (nur), wie Milton argumentiert, die Passion Christi, sondern (auch) das Abendmahl als Urszene christlicher Theophagie, die bei frühneuzeitlichen Autoren den Inbegriff eines meditativen Enthusiasmus bildet, der zugleich ein poetischer ist. Brot und Wein fungieren im Abendmahl als kulinarische Medien, die einen Himmel eröffnen, der den Geschmack der Paradiesesfrucht in sich aufbewahrt hat.[56] Den Endpunkt

---

Rhodope, where woods and rocks had ears/ To rapture, till the savage clamour drowned/ Both harp and voice; nor could the Muse defend/ Her son" (VII, 32–38).

54 „Pour digérer le bonheur naturel, comme l'artificiel, il faut d'abord avoir le courage de l'avaler", mit folgender Fortsetzung: „et ceux qui mériteraient peut-être le bonheur son justement ceux-là à qui la félicité, telle que la conçoivent les mortels, a toujours fait l'effet d'un vomitif" (S. 399).

55 Auch bei Milton geht also, wie bei Baudelaire, der Geschmack der Vision voraus. Vgl. IX, 863–866 (Eve speaking): „This tree is [...] of divine effect/ To open eyes, and make them gods who taste".

56 Damit wird auf neuer Ebene die meditative Bedeutung des Abendmahls restituiert, die Martz, wie eingangs erwähnt, als überwunden ansieht. Vgl. auch zur mediologischen Di-

dieser Reihe aber würden die pharmazeutischen Drogen Baudelaires bilden. Allesamt führen sie in ein künstliches Paradies, dessen gleichbleibende Identität nicht erst die gegenwärtige neurowissenschaftliche Forschung erweisen muss.[57] Es sind dieselben mentalen Zustände, die vom Drogenkonsum – dessen Präfiguration demnach der Sündenfall wäre – und von der Meditation hervorgerufen werden. In dem Moment, in dem das Paradies nicht mehr als jenseitiger und äußerlicher Raum vorgestellt wird, sondern als innerlicher Zustand – und das war mein Ausgangspunkt bei Dante –, kann er auf unterschiedliche Weise erzeugt und erlebt werden: Kontemplation, Rausch, aber auch – darüber wäre eigens zu sprechen – Erinnerung (etwa an die Kindheit – man denke an Prousts *Recherche*, aber auch schon an Trahernes Gedicht *Innocence*) können zum Paradies werden, wenn der Himmel nicht mehr in den Raum projiziert, sondern ins Blut injiziert wird. Die Introspektion wäre dann aber nichts anderes als ein Effekt der Injektion.

* * *

Als Abschluss und Bestätigung der Argumentation soll die bislang letzte Variante der Geschichte des Alten vom Berge dienen. Sie findet sich in Umberto Ecos Roman *Baudolino*. Dort erzählt Abdul, der arabische Freund des Titelhelden, diesem, wie er mit zehn Jahren in den Paradiesgarten Aloadins (des Alten vom Berge) entführt worden sei. Noch zu jung, um selbst als Assassine in Frage zu kommen, sei er einem Eunuchen als Diener zugeteilt worden und habe dabei den Mechanismus des Wundergartens durchschaut:

> Io per cinque anni di giardini non ne ho mai visti, perché i giovani erano sempre e soltanto incatenati a schiera in quel cortile battuto dal sole. Ogni mattina l'eunuco prendeva da un certo armadio dei vasi d'argento che con-

---

mension des Abendmahls Jochen Hörisch: Brot und Wein. Die Poesie des Abendmahls, Frankfurt a. M. 1992. Eine der Kronzeuginnen des enthusiastischen Abendmahls-Verständnisses ist Catharina von Greiffenberg, die Christus in Gestalt der Hostie verspeist, um ihn „in der glückseligen Einsamkeit aufzuwickeln und recht innig und süßest zu beschauen und wiederzukäuen" (Catharina Regina von Greiffenberg: Brief an Sigmund von Birken vom 28.07.1671, in: dies.: Sämtliche Werke, hrsg. von Martin Bircher und Friedhelm Kemp, Millwood, NY 1983, Bd. 1, S. 515 f.). Vgl. dazu Christian Soboth: „HErr/ mein Gedächtniß ist vom Wachs zu deinen lenken" – Formen und Funktionen der memoria in den ‚Geistlichen Sonetten, Liedern und Gedichten' von Catharina Regina von Greiffenberg, in: Gerhard Kurz (Hrsg.): Meditation und Erinnerung in der Frühen Neuzeit, Göttingen 2000, S. 273–290, hier S. 282 sowie zur poetischen Bedeutung des Abendmahls bei Greiffenberg allgemein Burkhard Dohm: Poetische Alchimie. Öffnung zur Sinnlichkeit in der Hohelied- und Bibeldichtung von der protestantischen Barockmystik bis zum Pietismus, Tübingen 2000, S. 86–129.

57 Vgl. z. B. Wolf Singer, Matthieu Ricard: Hirnforschung und Meditation. Ein Dialog, übers. von Susanne Warmuth und Wolf Singer, Frankfurt a. M. 2008.

> tenevano una pasta densa come miele, ma di colore verdastro, passava davanti a ciascuno dei prigionieri e li nutriva di quella sostanza. Essi l'assaporavano, e incominciavano a raccontare a se stessi e agli altri tutte le delizie di cui diceva la leggenda. Capisci, passavano la giornata ad occhi aperti, sorridendo beati. [...] vivevano in catene illusi di vivere in Paradiso [...].[58]

Doch weit davon entfernt, diese Entdeckung als Desillusionierung zu betrachten, besteht Abdul auf der Echtheit der „dolcezza infinita" (S. 96), die die durch die Droge induzierte Vision schließlich auch in seinem Herzen hervorgerufen habe. „[...] la visione era un'illusione, ma quello che ormai sentivo dentro di me non lo era, era desiderio vero. Il desiderio, quando lo provi, non è un'illusione, c'è" (S. 97). Und deshalb, so meine Schlussfolgerung, ist der injizierte Himmel dem projizierten letztlich überlegen. Unabhängig von jeder Astronomie und Theologie, kann er auch dann noch erfahren werden, wenn der Himmel im Verlauf der Neuzeit längst entzaubert ist.

58 Umberto Eco: Baudolino, Milano 2000, S. 95 f. Die folgenden Seitenangaben beziehen sich auf diese Ausgabe.

Verzeichnis der Beiträgerinnen und Beiträger

Markus Bauer, Dr., Studium der Neueren Deutschen Literaturwissenschaft und Geschichte. Freier Journalist und Publizist. Forschungsfelder: Walter Benjamin, Melancholiediskurs, Erich Auerbach, Avantgardeästhetiken, Mitteleuropadiskurs, rumänische Kulturgeschichte. Publikationen (Auswahl): (Hrsg.): *Iaşi/Jassy* (Europa Erlesen), Wien 2018; (Hrsg.): *Moldau/Moldova* (Europa Erlesen), Wien 2018; *In Rumänien. Auf den Spuren einer europäischen Verwandtschaft* (facies nigra, Bd. 4), Berlin 2009; *Farbphantasien, Dingallegorese und Raumzeit. Studien zur Melancholie bei Walter Benjamin*, Wien u. a. 2008; zus. m. Thomas Rahn (Hrsg.): *Die Grenze. Begriff und Inszenierung*, Berlin 1997.
(yxcbauer@t-online.de)

Jörg Jochen Berns, Prof. Dr., Germanistik-, Philosophie- und Geschichtsstudium in Frankfurt a. M., Freiburg i. Br. und Marburg. 1972 bis 2001 Universitätsprofessor am *Institut für Neuere Deutsche Literatur und Medienwissenschaft* Marburg. Thematisch belangvolle Publikationen: *Film vor dem Film. Bewegende und bewegliche Bilder als Mittel der Imaginationssteuerung*, Marburg 2000; *Gedächtnislehren und Gedächtniskünste in Antike und Frühmittelalter*, Tübingen 2003; *Himmelsmaschinen/Höllenmaschinen. Zur Technologie der Ewigkeit*, Berlin 2007; *Die Jagd auf die Nymphe Echo. Zur Technisierung der Wahrnehmung*, Bremen 2010; *Von Strittigkeit der Bilder. Texte des deutschen Bildstreits*, Berlin–Boston 2014.
(berns@mailer.uni-marburg.de)

Wolfgang Brückle, Dr., Studium der Kunstgeschichte und Deutschen Literatur in Marburg, Dijon und Hamburg. Theorie-Dozent an der Hochschule Luzern Kunst & Design und Leiter des SNF-Forschungsprojekts *Postfotografie. Apparate, Praktiken, Bilder in Kunst und Alltagskultur*. Forschungsfelder: Geschichte und Theorie der Fotografie und verwandter Medien; frühneuzeitliche Kunsttheorie; Museumsgeschichte; politische Repräsentation in spätmittelalterlicher Kunst. Veröffentlichungen (Auswahl): zus. m. Pierre Alain Mariaux u. Daniela Mondini (Hrsg.): *Musealisierung mittelalterlicher Kunst. Anlässe, Ansätze, Ansprüche*, München–Berlin 2015; zus. m. Peter J. Schneemann (Hrsg.): *Kunstausbildung. Aneignung und Vermittlung künstlerischer Kompetenz*, München 2008; zus. m. Rachel Mader u. Nicole Schweizer (Hrsg.): *Brennpunkt Schweiz. Positionen in der Videokunst seit 1970* (Schriftenreihe des Berner

Kunstmuseums, Nr. 9) [Ausst.-Kat.], Bern 2005; *Civitas terrena. Staatsrepräsentation und politischer Aristotelismus in der französischen Kunst 1270–1380*, München–Berlin 2005; zus. m. Kathrin Elvers-Švamberk (Hrsg.): *Von Rodin bis Baselitz. Der Torso in der Skulptur der Moderne* [Ausst.-Kat.], Stuttgart 2001.
(wolfgang.brueckle@hslu.ch)

Günter Butzer, Prof. Dr. phil. habil., Studium der Literaturwissenschaft und Philosophie. Professor für Vergleichende Literaturwissenschaft / Europäische Literaturen an der Universität Augsburg. Forschungsfelder: Kulturelles Erinnern und Vergessen, Kanon und Populärkultur, literaturwissenschaftliche Symbolforschung, Theorie der inneren Rede, Medienkulturen des Jenseits. Publikationen (Auswahl): Zus. m. Hubert Zapf (Hrsg.): *Theorien der Literatur*, Bd. 7: *Literatur und die anderen Künste*, Tübingen–Basel 2018; zus. m. Hubert Zapf (Hrsg.): *Große Werke des Films*, Bd. 1, Tübingen–Basel 2015; zus. m. Joachim Jacob (Hrsg.): *Metzler Lexikon literarischer Symbole*, 2., erw. Aufl., Stuttgart–Weimar 2012; zus. m. Joachim Jacob (Hrsg.): *Berührungen. Komparatistische Perspektiven auf die frühe deutsche Nachkriegsliteratur*, München–Paderborn 2012.
(guenter.butzer@philhist.uni-augsburg.de)

David Ganz, Prof. Dr. Nach dem Studium der Kunstgeschichte, Philosophie und Klassischen Archäologie in Heidelberg, Marburg und Bologna promovierte er 2000 an der Universität Hamburg. 2006 habilitierte er sich an der Universität Konstanz, 2007–2013 war er Heisenberg-Stipendiat der DFG. Seit 2013 ist er Inhaber des Lehrstuhls für Kunstgeschichte des Mittelalters an der Universität Zürich. Neuere Publikationen: Zus. m. Cornel Dora (Hrsg.): *Tuotilo. Archeology of an Early Medieval Artist*, St. Gallen–Basel 2017; zus. m. Ulrike Ganz: *Visionen der Endzeit. Die Apokalypse in der mittelalterlichen Buchkunst*, Darmstadt 2016; zus. m. Marius Rimmele (Hrsg.): *Klappeffekte. Faltbare Bildträger in der Vormoderne*, Berlin 2016; *Buch-Gewänder. Prachteinbände im Mittelalter*, Berlin 2015.
(david.ganz@uzh.ch)

Christian Hecht, Prof. Dr., Studium der Kunstgeschichte und der Theologie. Mitarbeiter des Stadtmuseums Weimar. Forschungsfelder: Kunst- und Kulturgeschichte vom Mittelalter bis zur Moderne. Publikationen (Auswahl): „Klassizismus 1905“. Der Neubau des Weimarer Hoftheaters und sein geistesgeschichtliches Umfeld, in: Thorsten Valk (Hrsg.): *Klassizismus am Beginn des 20. Jahrhunderts* (Schriftenreihe des Zentrums für Klassikforschung, Bd. 3), Göttingen (im Druck); Befremdliche Diskrepanz. Oesers Titelvignette zu Winckelmanns Nachahmungsschrift, in: *Die Erfindung des Klassischen. Winckelmann – Lektüren in Weimar. Jahrbuch der Klassik Stiftung Weimar 2017*,

S. 53–74. *Katholische Bildertheologie der frühen Neuzeit. Studien zu Traktaten von Johannes Molanus, Gabriele Paleotti und anderen Autoren*, 3. Aufl., Berlin 2016; Goethes Votivbild des „heiligen Rochus" und das zweite Heft der Zeitschrift Ueber Kunst und Alterthum in den Rhein- und Mayn-Gegenden, in: Albert Meier u. Thorsten Valk (Hrsg.): *Konstellationen der Künste um 1800. Reflexionen, Transformationen, Kombinationen* (Schriftenreihe des Zentrums für Klassikforschung, Bd. 2), Göttingen 2015, S. 297–312.
(Christian.Hecht@stadtweimar.de)

Joseph Imorde, Prof. Dr., Studium der Kunstgeschichte, Philosophie und Musikwissenschaften. Seit 2008 Professor für Kunstgeschichte an der Universität Siegen. Forschungsfelder: Kunst- und Kulturgeschichte der Frühen Neuzeit, Geschichte der Kunstgeschichte, Kulturgeschichte des Okkultismus u. v. m. Publikationen (Auswahl): Zus. m. Andreas Zeising, (Hrsg.): *Lehrgut – Kunstgeschichte in Schulbüchern und Unterrichtsmedien um 1900*, Siegen 2018; *Carlo Dolci: A Refreshment. Leuven 2017*; „Essbares Ansehen: Ordnung und Opulenz in der herrschaftlichen Bankett-Kultur der Frühen Neuzeit", in: *Musik und Vergnügen am Hohen Ufer*, hrsg. v. Sabine Meine, Regensburg 2016, S. 75–88; „Rhetoriken der Empfindsamkeit", in: *Ars – Visus – Affectus*, hrsg. v. Anna Pawlak, Berlin–Boston 2016, S. 125–142.
(imorde@kunstgeschichte.uni-siegen.de)

Bernhard Jahn, Prof. Dr., Studium der Älteren und Neueren deutschen Literatur sowie der Musikwissenschaft an der Ludwig-Maximilians-Universität München. Seit 2010 Professor für Deutsche Literatur des Spätmittelalters und der Frühen Neuzeit an der Universität Hamburg. Forschungsschwerpunkte im Bereich des Theaters in der Frühen Neuzeit mit einem besonderen Interesse am Musiktheater, ferner Interkonfessionalität in der Frühen Neuzeit. DFG-Forschungsprojekte zu Johann Mattheson; zum Hamburger Stadttheater 1770–1850; zur Interkonfessionalität in der Frühen Neuzeit. Zuletzt erschienen: Zus. m. Claudia Maurer Zenck (Hrsg.): *Bühne und Bürgertum. Das Hamburger Stadttheater (1770–1850)*, Frankfurt a. M. 2016; zus. m. Alexander Košenina (Hrsg.): *Friedrich Ludwig Schröders Hamburgische Dramaturgie*, Frankfurt a. M. 2017; (Hrsg.): *Die Musik in der Kultur des Barock*, Laaber 2018.
(fskv03@uni-hamburg.de)

Stephan Oettermann, geb. 1949, Dr. phil. Studierte Neuere Deutsche Literatur und Anglistik in Marburg. Endlich Rentner. Gräbt in seinem Gärtchen und beschäftigt sich ganztags mit den Recherchen zu einem „Bio-bibliographischen Lexikon der Vergnügungskultur" (in mindestens 10 Bänden, die in diesem Leben nicht mehr erscheinen werden). Publikationen zu verschiedenen historischen Schaumedien und Unterhaltungskünsten (Auswahl): Zus. m. Sibylle

Spiegel: *Bio-bibliographisches Lexikon der Zauberkünstler*, Offenbach 2004; *Ankündigungs-Zettel von Kunstreitern, Akrobaten, Tänzern, Taschenspielern, Feuerwerkern, Luftballons und dergleichen*, 7 Bde., Gerolzhofen 2003; *Zeichen auf der Haut. Die Geschichte der Tätowierung in Europa*, Frankfurt a. M. 1985; *Läufer und Vorläufer. Zu einer Kulturgeschichte des Laufsports*, Frankfurt a. M. 1984; *Die Schaulust am Elephanten*, Frankfurt a. M. 1982; *Das Panorama. Die Geschichte eines Massenmediums*, Frankfurt a. M. 1980.
(stephan_oettermann@web.de)

Thomas Rahn, Dr., Studium der Germanistik, Kunstgeschichte und Europäischen Ethnologie in Kiel und Marburg. Derzeit Professurvertretung am Institut für Germanistik der Universität Rostock. Forschungsfelder: Literatur und Kultur der Frühen Neuzeit, insbesondere Theater und Hofkultur, Literatur und Wissen, Mediengeschichte, typographische Semantik in der Literatur. Publikationen (Auswahl): Zus. m. Hole Rößler (Hrsg.): *Medienphantasie und Medienreflexion in der Frühen Neuzeit*, Wiesbaden 2018; zus. m. Rainer Falk (Hrsg.), *Typographie & Literatur*, Frankfurt a. M.–Basel 2016; zus. m. Wolfgang Neuber u. Claus Zittel (Hrsg.): *The Making of Copernicus. Early Modern Transformations of the Scientist and his Science*, Leiden–Boston 2015.
(thrahn@zedat.fu-berlin.de)

Hole Rößler, Dr., Studium der Neueren deutschen Literatur, Theaterwissenschaft und Philosophie. Stellvertretender Leiter der Forschungsabteilung der Herzog August Bibliothek Wolfenbüttel. Forschungsfelder: Wissens- und Kulturgeschichte der Frühen Neuzeit, Wissenschaftsgeschichte, Historische Bild- und Wahrnehmungskulturen. Publikationen (Auswahl): Zus. m. Thomas Rahn (Hrsg.): *Medienphantasie und Medienreflexion in der Frühen Neuzeit*, Wiesbaden 2018; zus. m. Daniel Berndt, Lea Hagedorn u. Ellen Strittmatter (Hrsg.): *Bildnispolitik der Autorschaft. Visuelle Inszenierungen von der Frühen Neuzeit bis zur Gegenwart*, Göttingen 2018; (Hrsg.): *Luthermania – Ansichten einer Kultfigur* (Ausst.-Kat.), Wolfenbüttel–Wiesbaden 2017; zus. m. Jan Lazardzig (Hrsg.): *Technologies of Theatre: Joseph Furttenbach and the Transfer of Mechanical Knowledge in Early Modern Theatre Cultures*, Frankfurt a. M. 2016; Zus. m. Tina Asmussen u. Lucas Burkart (Hrsg.): *Theatrum Kircherianum. Wissenskulturen und Bücherwelten im 17. Jahrhundert*, Wiesbaden 2013.
(roessler@hab.de)

Patrizia Solombrino, lic.phil., Studium der Kunstgeschichte, Italienischen Literatur und Geschichte des Mittelalters an der Universität Basel, wissenschaftliche Mitarbeit in der Graphischen Sammlung ETH Zürich, derzeit als Kunsthistorikerin bei Thomas Ammann Fine Art, Zurich tätig. Forschungsinteressen: Wissenstransfer in Bildern, Zeichnung und Druckgraphik des 15.–17. Jahr-

hunderts und der Gegenwart. Publikationen zu Zeichnungen und Druckgraphik der frühen Neuzeit und Gegenwart sowie zur Wissenschafts- und Technikgeschichte.
(psolombrino@yahoo.de)

Claus Zittel, Prof. Dr., studierte Philosophie, Germanistik, Kunstgeschichte und Psychoanalyse in Frankfurt am Main und Pisa, ist stellvertretender Direktor des Stuttgart Research Centre for Text Studies und lehrt Neuere Deutsche Literaturwissenschaft und Philosophie an den Universitäten Stuttgart und Olsztyn. Seine Forschungsschwerpunkte sind philosophische Ästhetik, Texttheorien, Textologie der Literatur und der Wissenschaften, historische Epistemologie des Bildes, epistemologische Grundlagen der Künste, Geschichte und Philosophie des Wissens. Jüngste Buchveröffentlichungen (Auswahl): (Hrsg.): *Nietzsche-Studien. Internationales Jahrbuch für die Nietzscheforschung*, Berlin 2018 f.; (Hrsg.): *Paul Adler: Absolute Prosa. Elohim, Nämlich, Die Zauberflöte und andere Texte*, Düsseldorf 2018; (Hrsg.): *Max Brod/Felix Weltsch: Anschauung und Begriff. Grundzüge eines Systems philosophischer Begriffsbildung [1913]*, Berlin 2017; zus. m. Christoph Lüthy, Claudia Swann u. Paul Bakker (Hrsg.): *Image, Imagination and Cognition. Medieval and Early Modern Theory and Practice*, Leiden–Boston 2018; zus. m. Marcus Born (Hrsg.): *Denkformen der Literatur und Philosophie*, Paderborn 2018; zus. m. Martin Endres u. Axel Pichler (Hrsg.): *Textologie: Theorie und Praxis eines neuen Ansatzes interdisziplinärer Textforschung*, Berlin–Boston 2017; zus. m. Christian Benne (Hrsg.): *Nietzsches Lyrik. Ein Kompendium*, Stuttgart 2017; zus. m. Martin Endres u. Axel Pichler (Hrsg.): *Text/Kritik: Nietzsche und Adorno*, Berlin 2017.
(claus.zittel@ilw.uni-stuttgart.de)

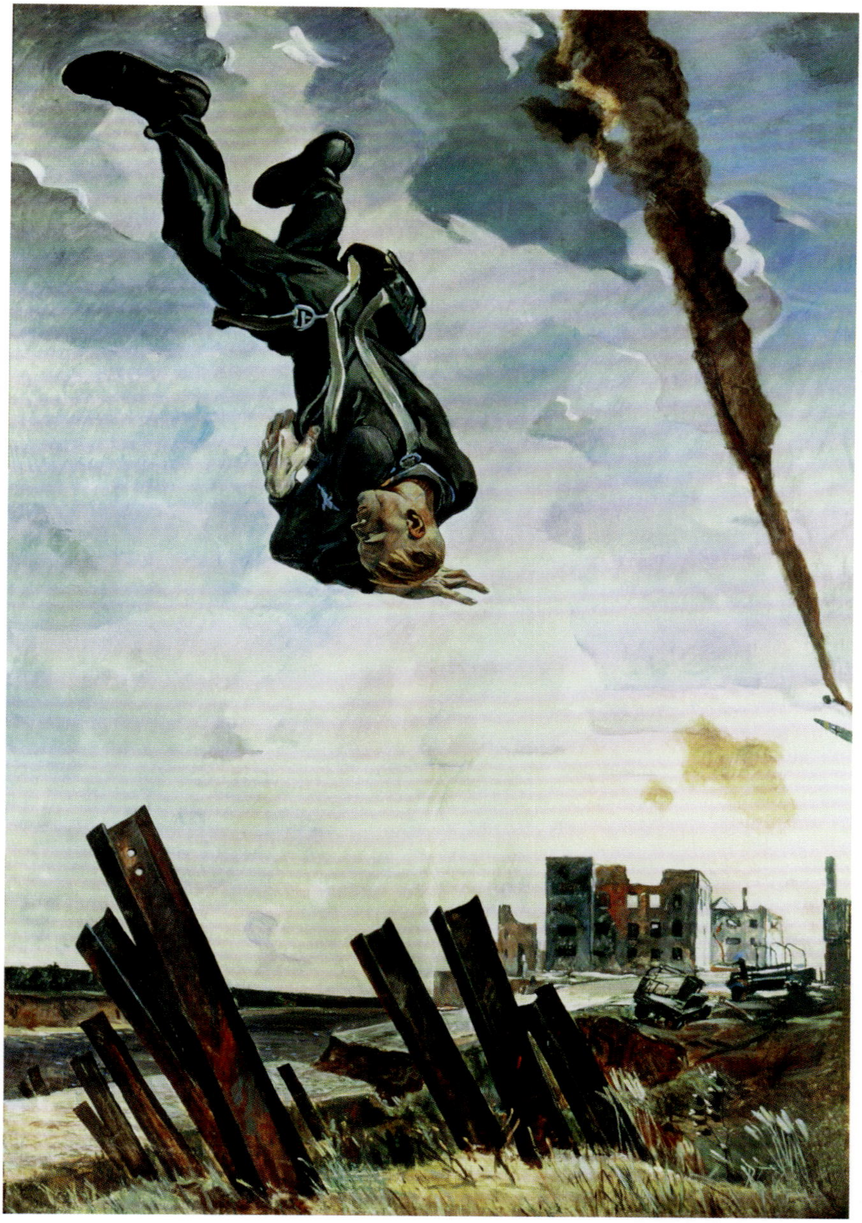

Farbtaf. 1: Alexander Deineka, Abgeschossenes Flieger-Ass, Öl auf Leinwand, 283 x 188 cm, 1943, GRM – Staatliche Russische Museen, St. Petersburg

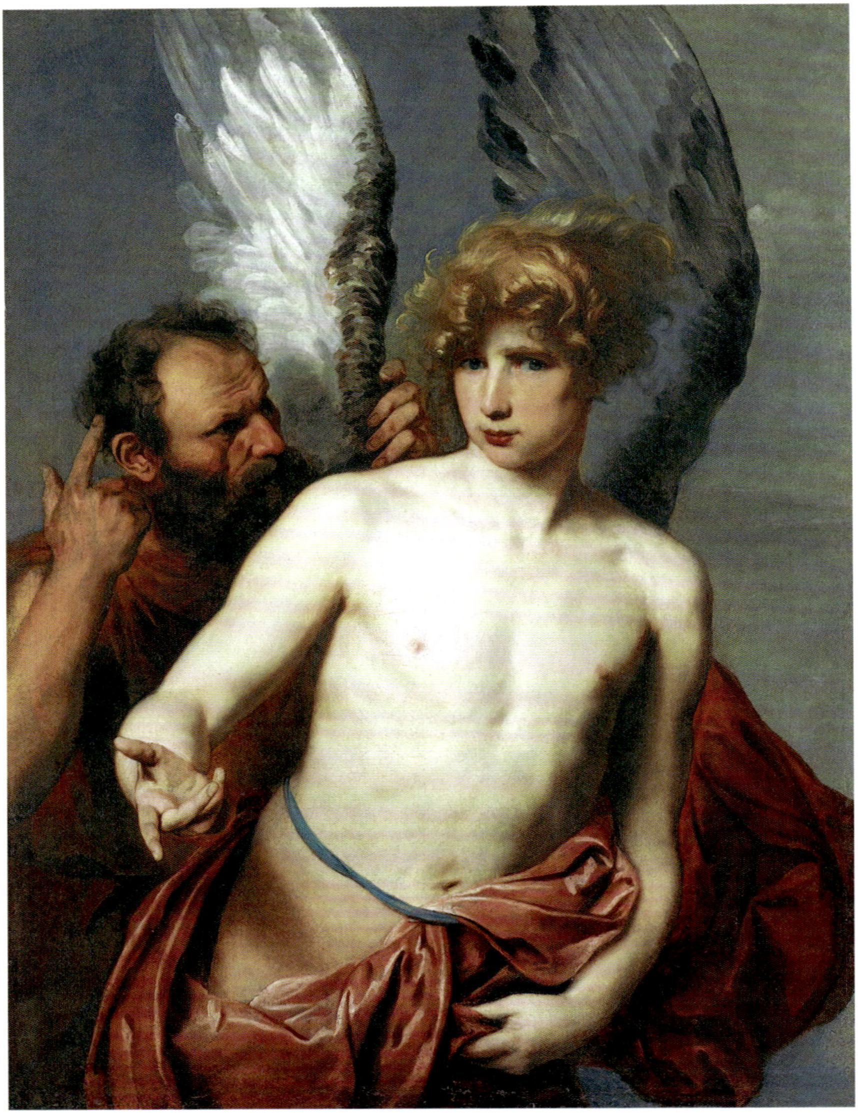

Farbtaf. 2: Anthonis van Dyck [?], Daedalus und Icarus, Öl auf Leinwand, 115,3 x 86,4 cm, Datierung unsicher, Art Gallery of Toronto, Toronto

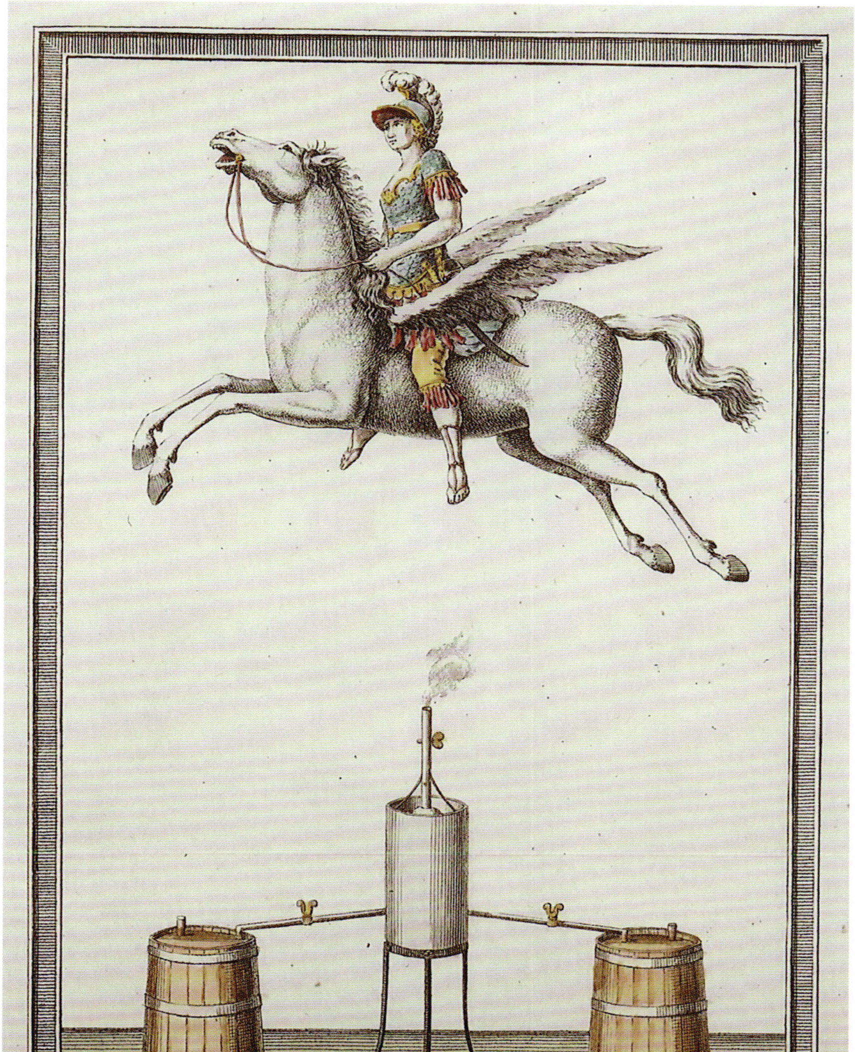

Farbtaf. 3: Johann Martin Weis, Der aerostatische Reiter, auf dem Wasserstoff-Füllapparat, kolorierter Kupferstich, 1784, Hessische Landes- und Hochschulbibliothek, Darmstadt

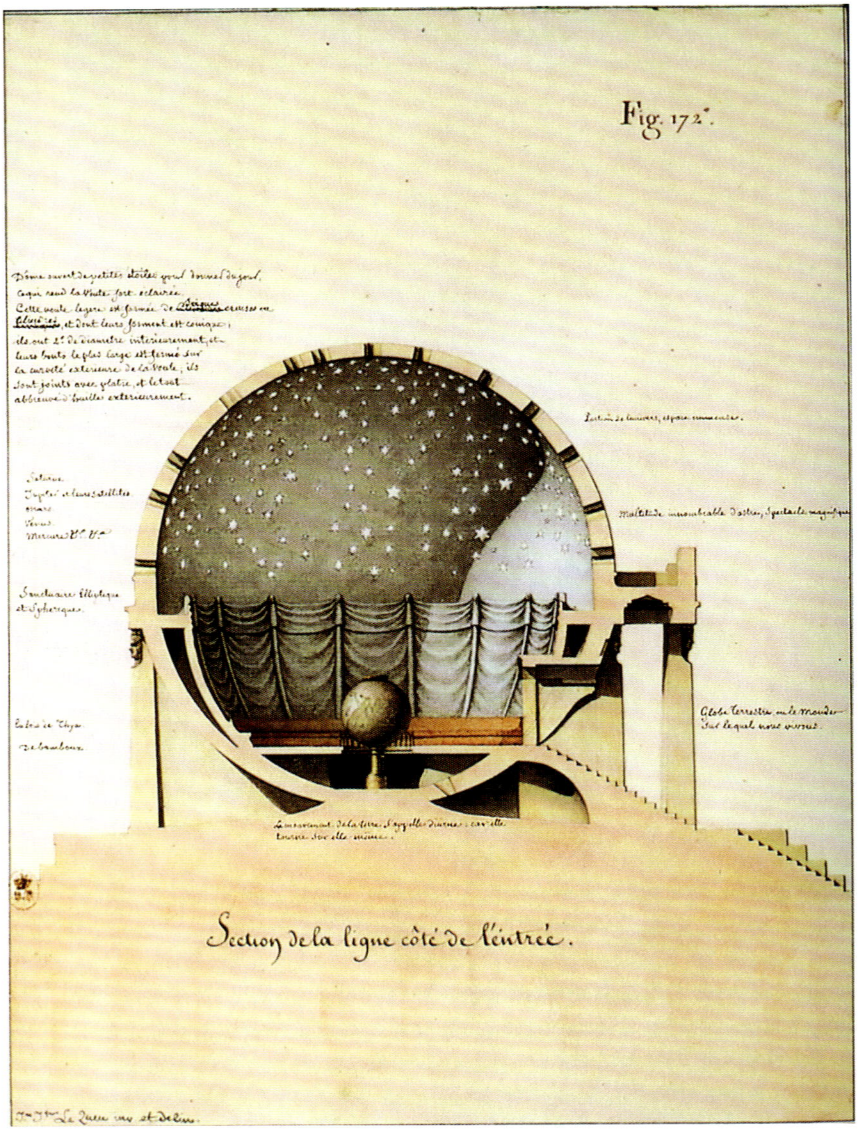

Farbtaf. 4: Jean-Jacques Lequeu, Entwurf eines Temple de la terre [Ausschnitt], farbig lavierte Zeichnung; 51,5 x 35,1 cm, 1794, Bibliothèque nationale de France, Paris

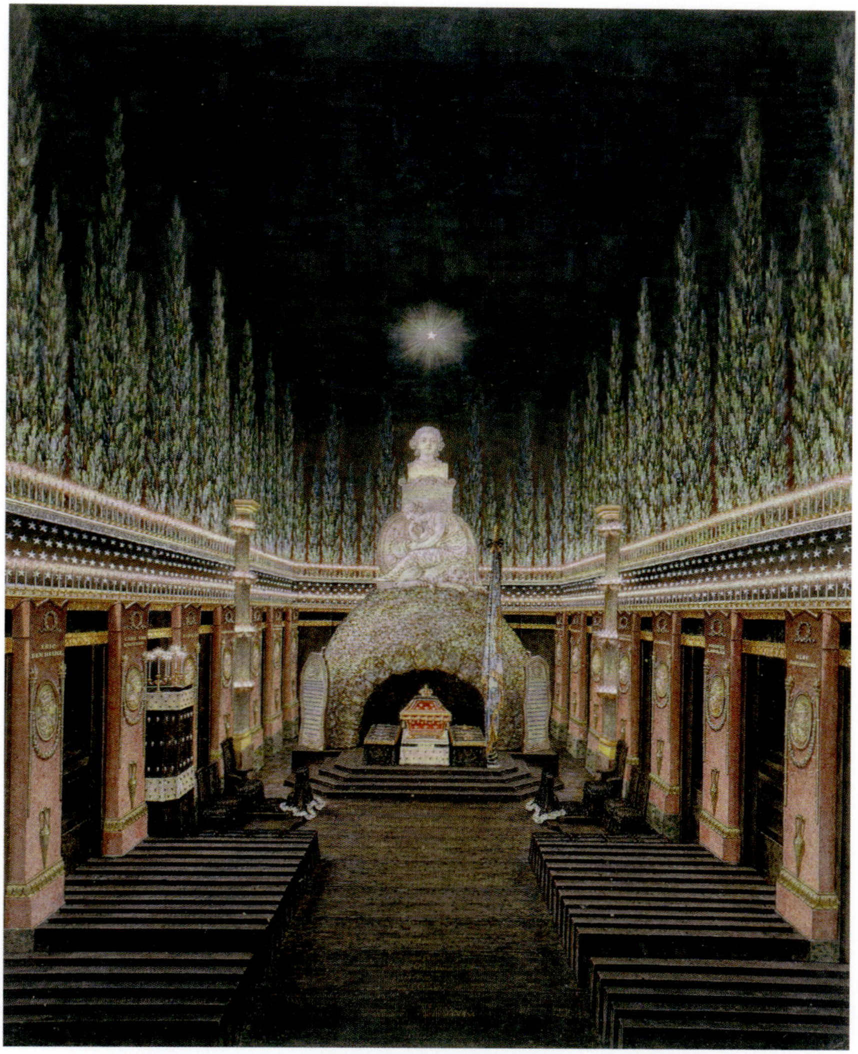

Farbtaf. 5: Olof Fridsberg [zugeschrieben], Aufbahrung Gustavs III. in der Riddarholmkyrkan, Stockholm, aquarellierte Feder, 60,0 x 48,0 cm, 1792, © Nationalmuseum, Bodil Karlsson, Stockholm

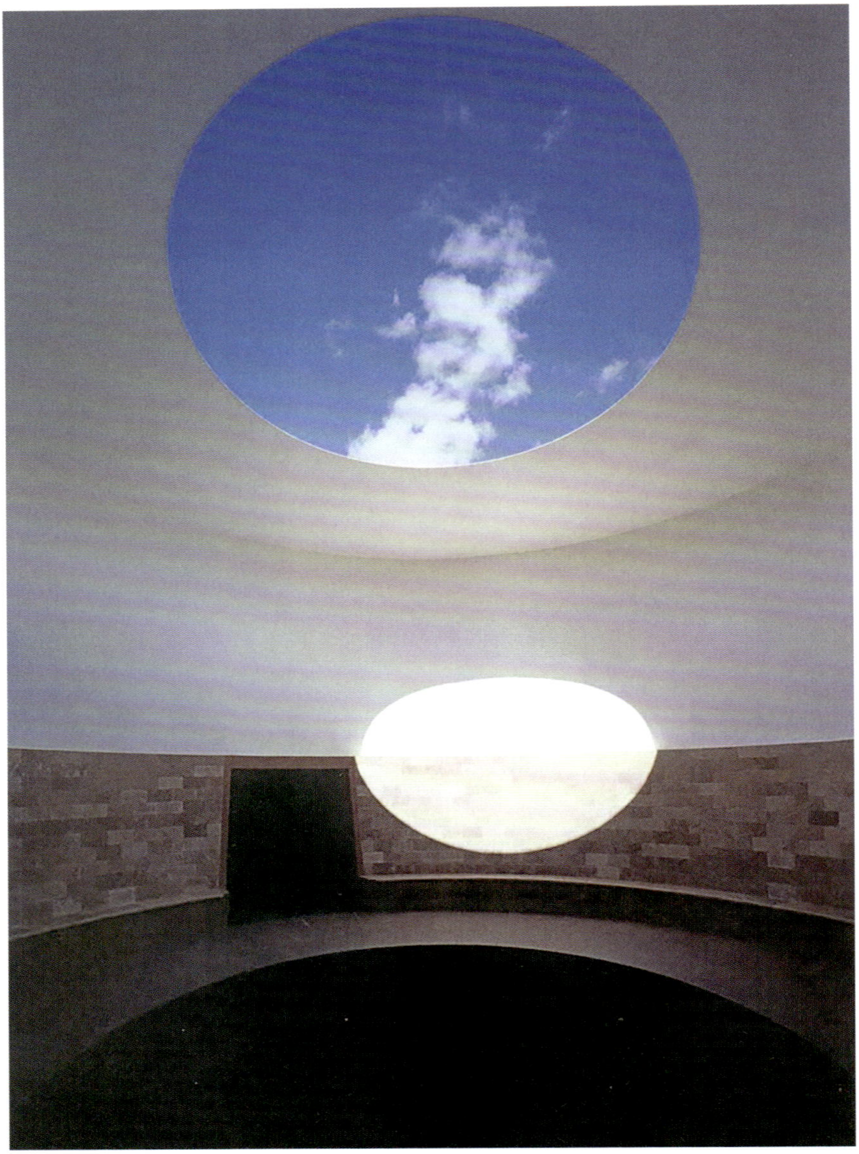

Farbtaf. 6: James Turrell, Skyspace im Roden Crater, Fotografie, nach 1977, © promateria.org

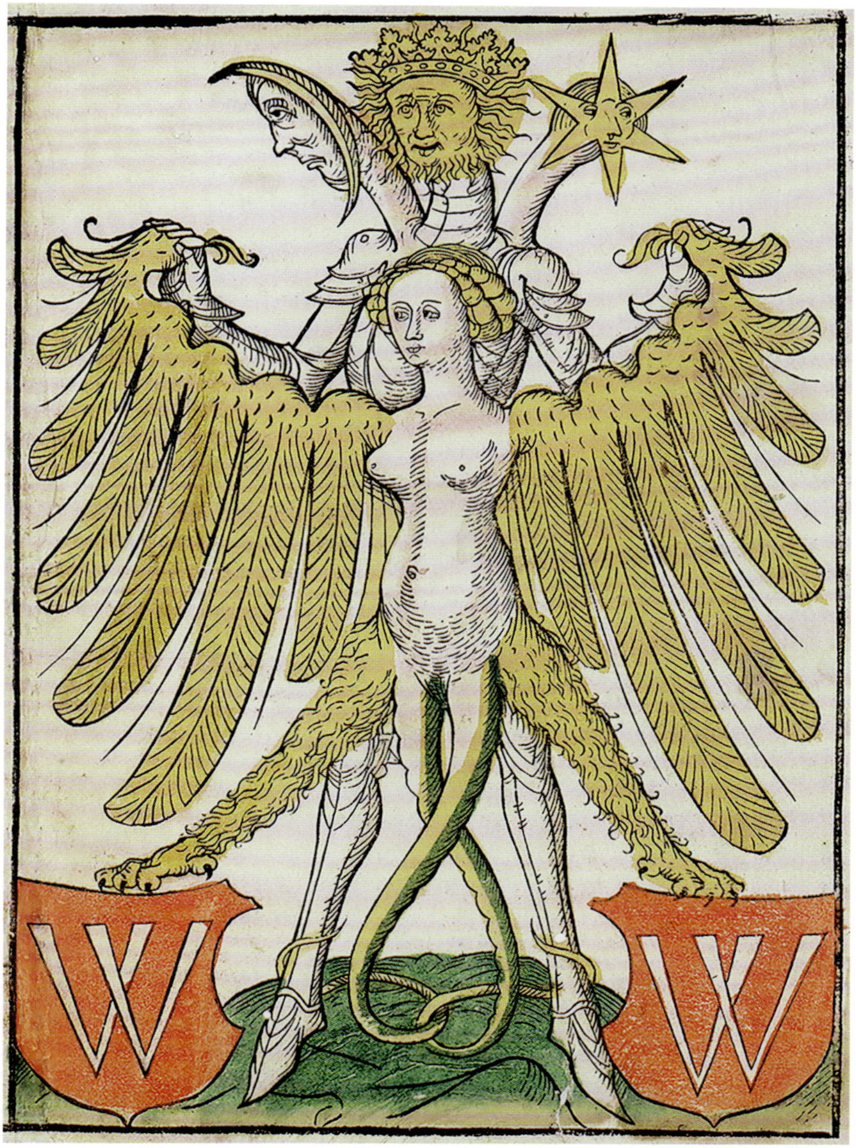

Farbtaf. 7: Jörg Glockendon, Himmelserscheinung bei Konstantinopel, Flugblatt „Kunt und wissent sey allermeniglich das ein solich geschicht [...] gesehen ist worden" (Ausschnitt), kolorierter Holzschnitt, Nürnberg, um 1490/91

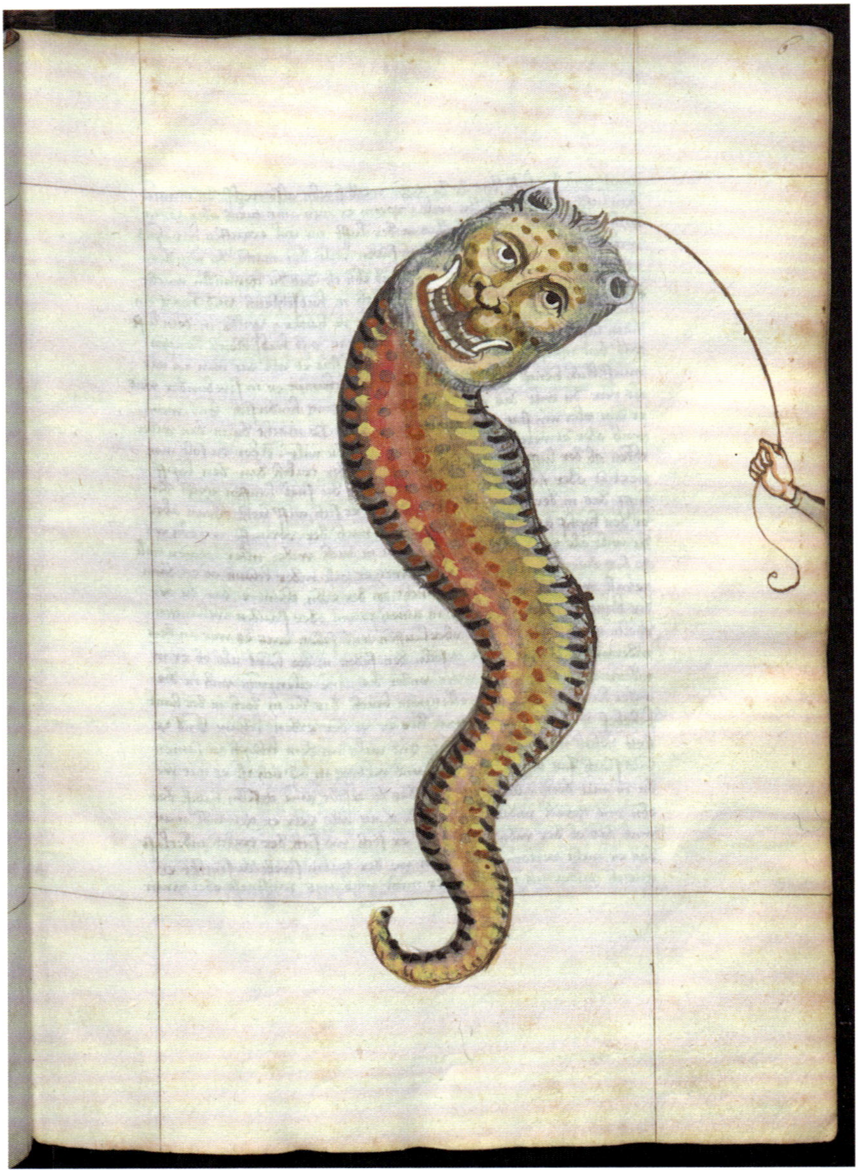

Farbtaf. 8: Unbekannter Verfasser, Anleitung für einen Drachen, um 1430, Österreichische Nationalbibliothek Wien: Cod. 3064, fol. 6r

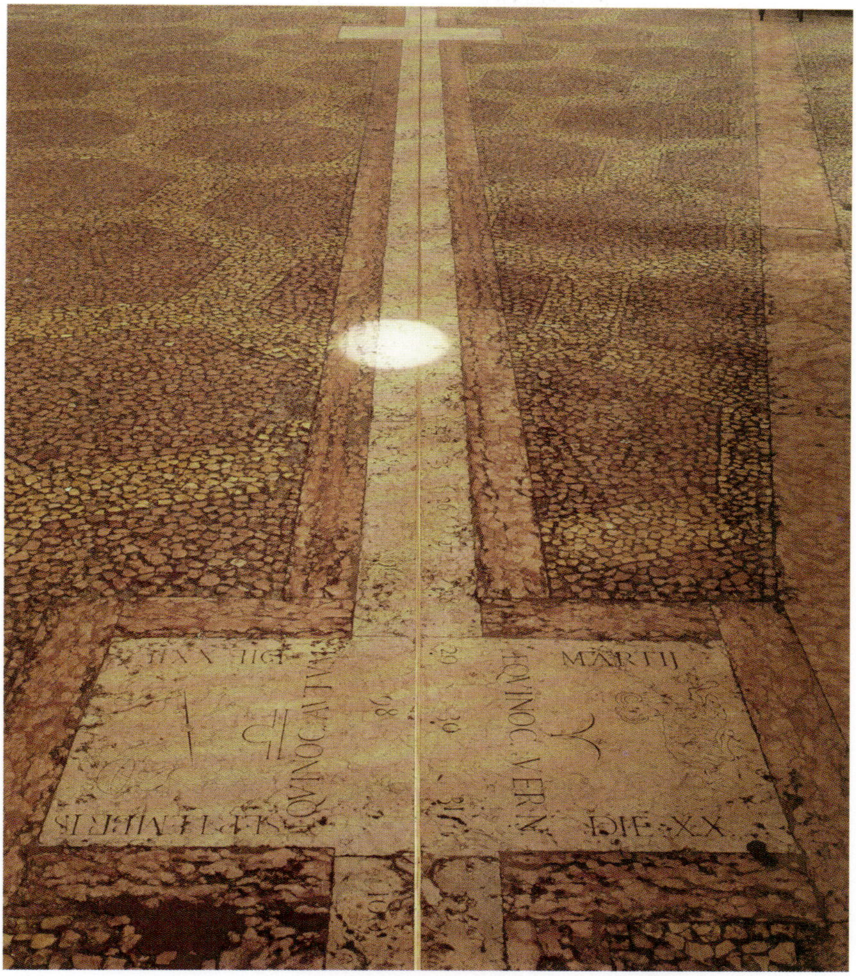

Farbtaf. 9: Meridian im Langhaus von San Petronio in Bologna, um 1655

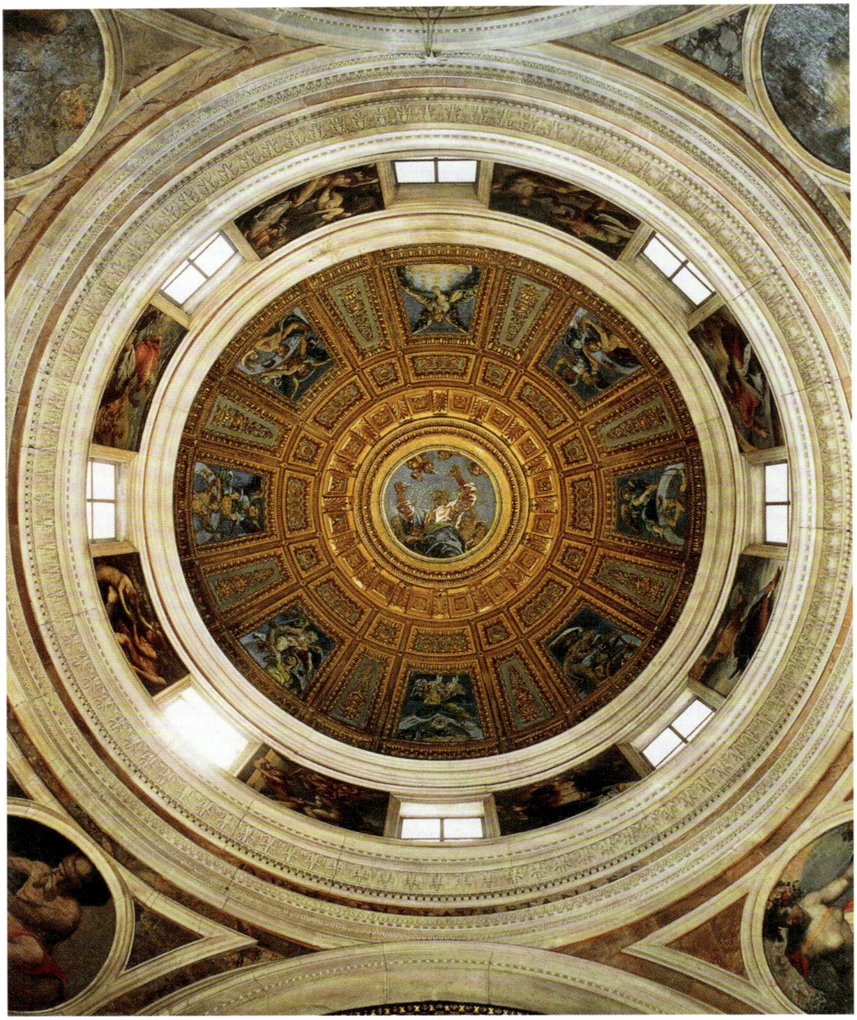

Farbtaf. 10: Raffael, Gottvater, Planeten, Tierkreiszeichen, Kuppelmosaik der Cappella Chigi in Santa Maria del Popolo in Rom, 1516

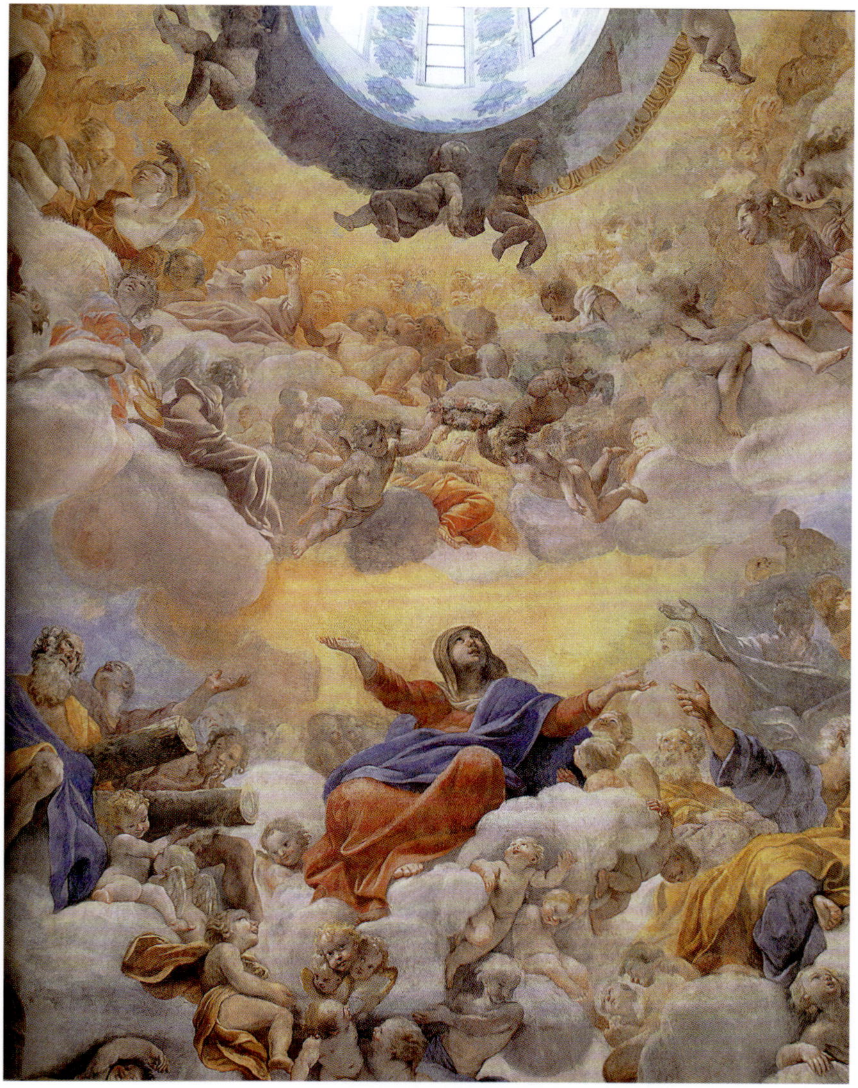

Farbtaf. 11: Giovanni Lanfranco, Detail aus dem Kuppelfresko der römischen Kirche Sant'Andrea della Valle, 1625–1628

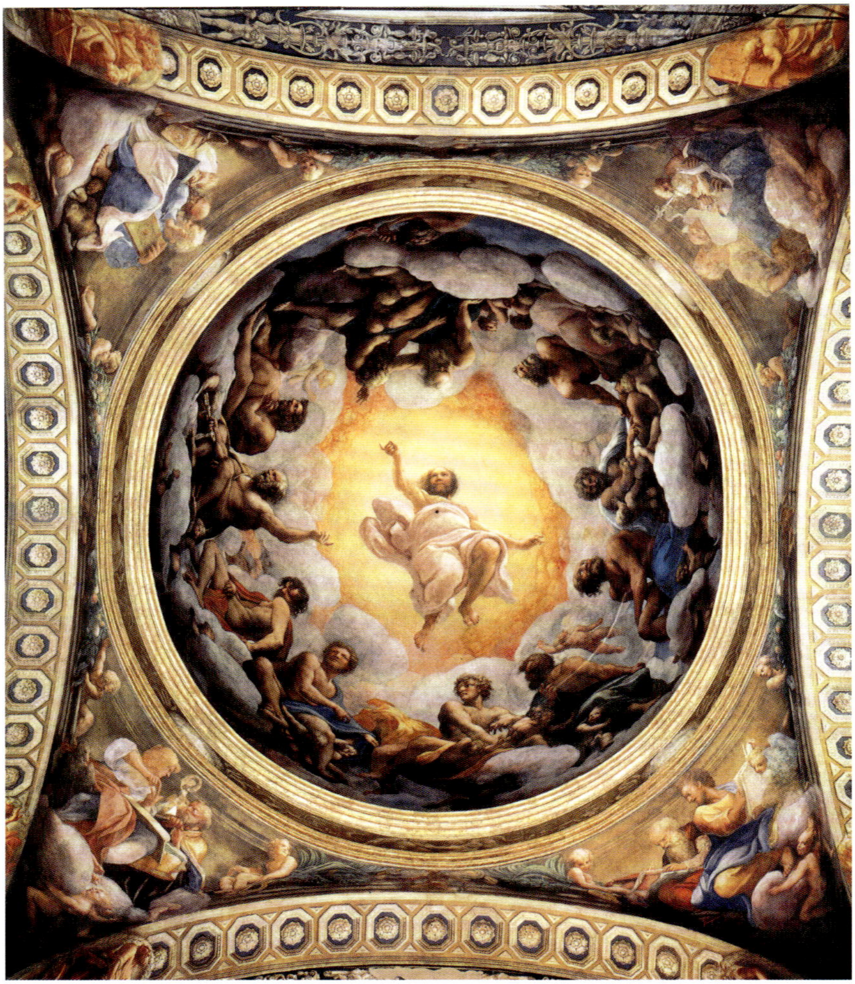

Farbtaf. 12: Correggio, Christus und Apostel, Kuppelfresko in der Kirche San Giovanni Evangelista in Parma, 1520/1525

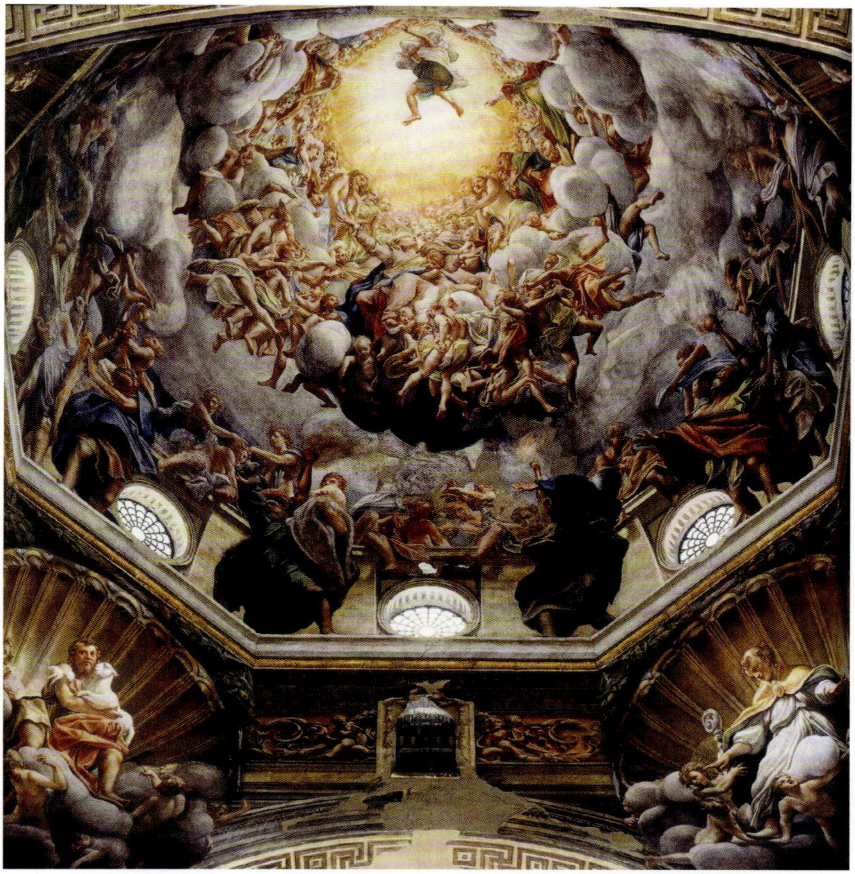

Farbtaf. 13: Correggio, Himmelfahrt Mariens, Kuppelfresko im Dom Santa Maria in Parma, 1524/1530

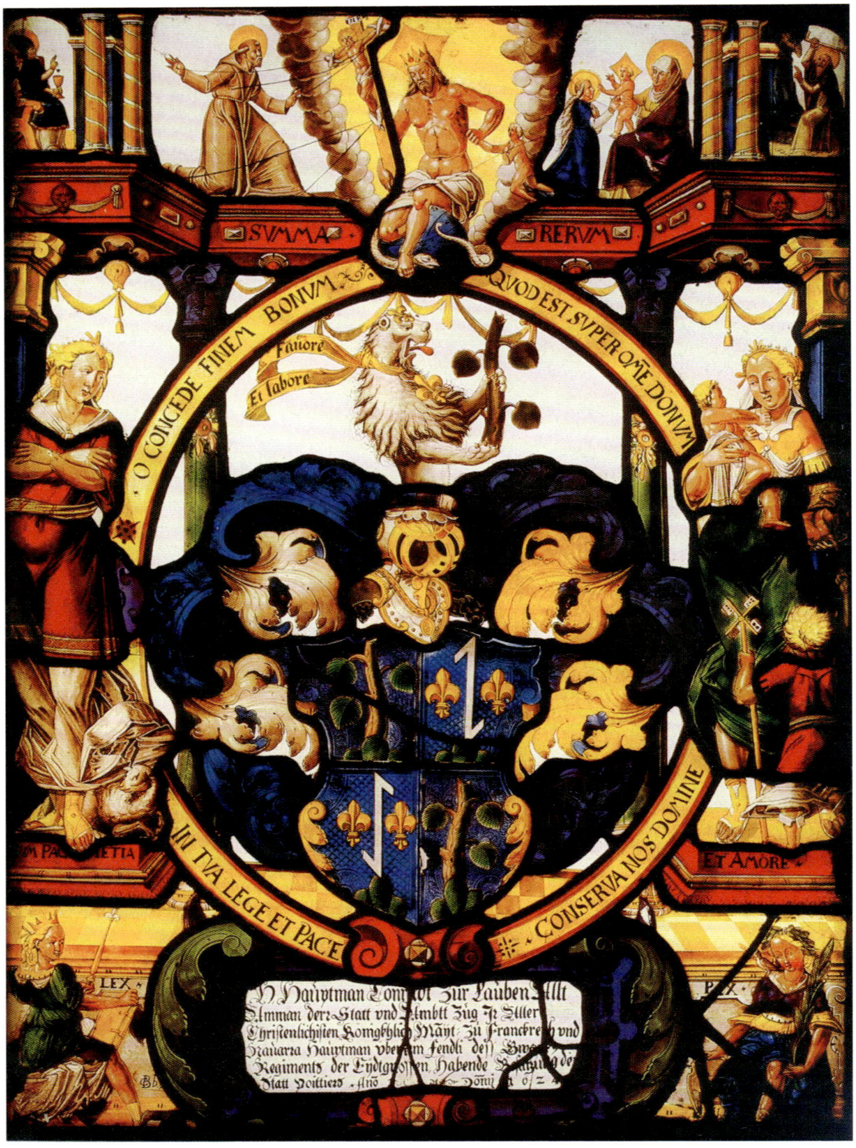

Farbtaf. 14: Christoph Brandenberg, Wappenscheibe für Konrad Zur Lauben, 1624, Kloster Muri, Kreuzgang (Scheibe Süd II a)

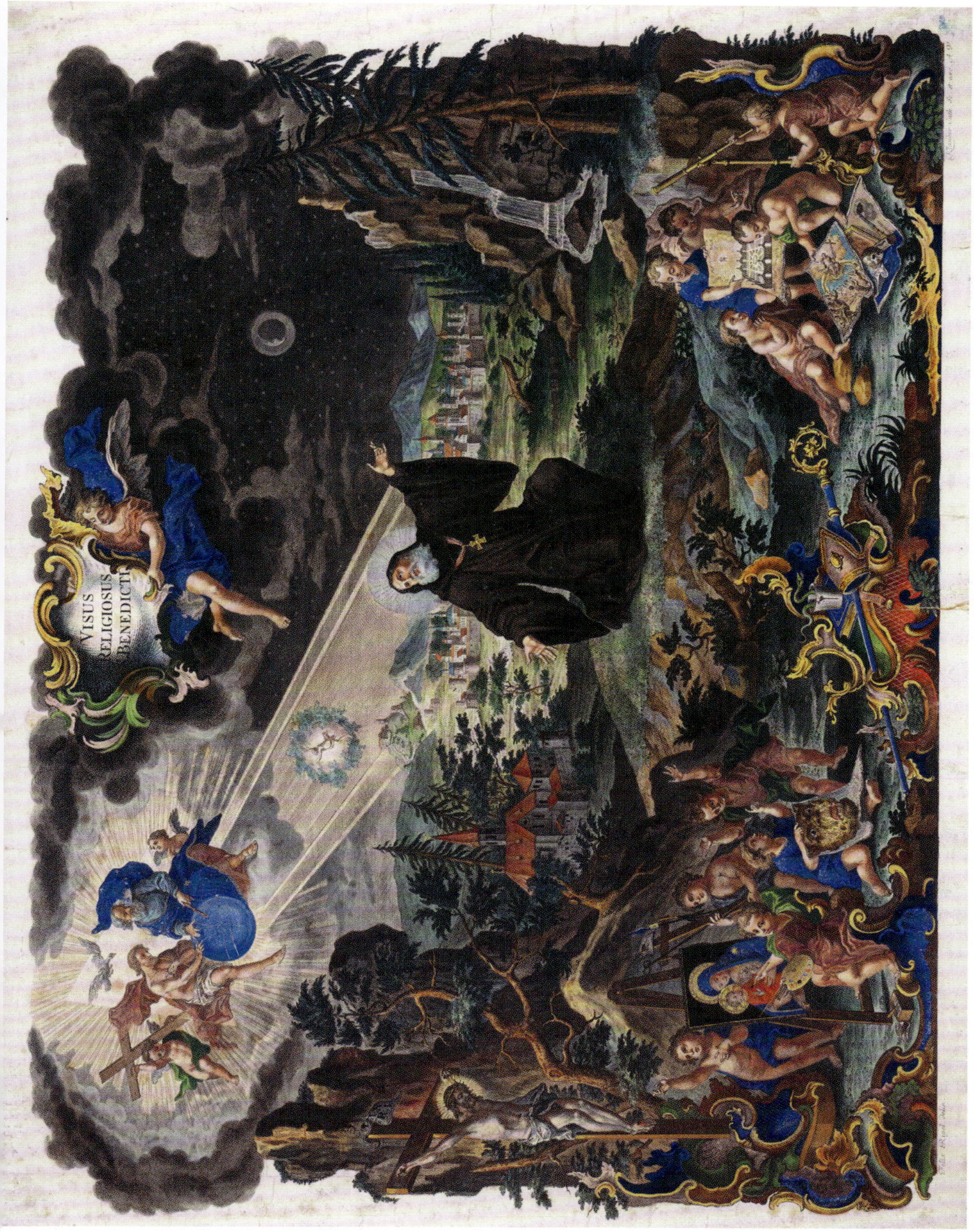

Farbtaf. 15: Joseph Sebastian und Johann Baptist Klauber nach Vitus Felix Rigl, „Visus Religiosus S. Benedicti“, kolorierter Kupferstich, um 1750/55

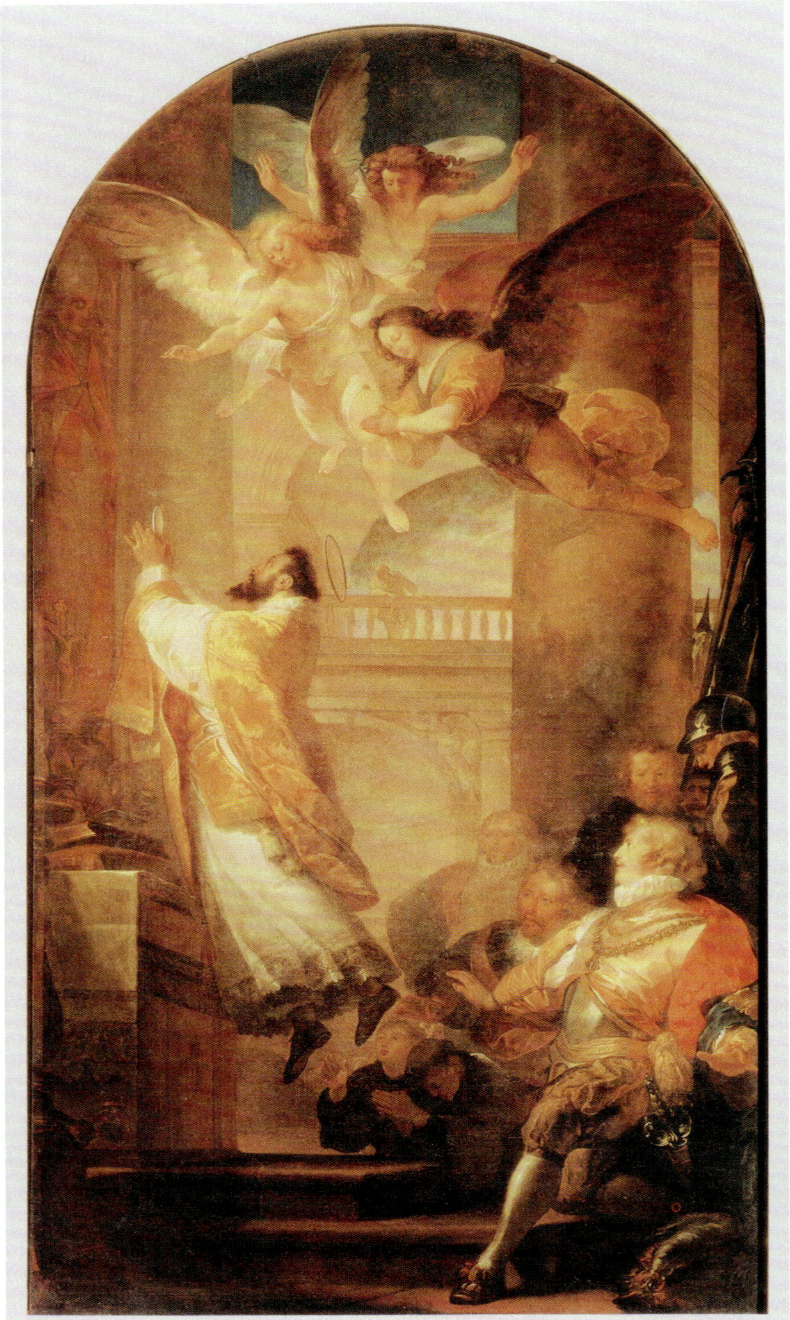

Farbtaf. 16: Giuseppe Cades (1750–1799), Ekstase des Heiligen Giuseppe da Copertino, um 1775, SS. Apostoli, Rom

Beitrag Imorde

Register

A Personalnamen (Personen, Götter, Heilige, Völker)

B Lokalnamen (Städte, Länder, Territorien, Ethnien)